高等院校“十二五”应用型规划教材 [工程管理系列]

工程造价与控制

主编 高群
副主编 曾庆林 李圆
参编 王兴吉

机械工业出版社
China Machine Press

图书在版编目（CIP）数据

工程造价与控制 / 高群主编 . 一北京：机械工业出版社，2015.7
（高等院校“十二五”应用型规划教材 [工程管理系列]）

ISBN 978-7-111-51020-8

I. 工… II. 高… III. 工程造价控制 – 高等学校 – 教材 IV. TU723.3

中国版本图书馆 CIP 数据核字（2015）第 175388 号

本教材主要介绍建设项目全过程工程造价控制的基本原理和实操方法，内容包括理论篇：工程造价管理概论、工程造价构成、建筑工程定额、工程量清单、工程建设各阶段工程造价的编制与确定；实践篇：招标时期的工程量清单计算、投标时期的施工图预算与投标报价、工程造价综合例题。

本教材尽量体现“新”“精”，在内容组织上以必需、实用和够用为原则，简化理论，注重实用性和操作性。本教材为了适应应用型本科教育的特点和国家造价员考证的要求，引入大量工程实例，便于学生理解与自学，内容简明扼要，通俗易懂，力求理论简介够用，特别注重实际操作，集新颖性、全面性、实用性为一体，符合国家和行业有关标准规范，力争使学习者学完本教材后能够满足对企业工程造价的职业技能需求。

本教材不仅可以作为应用型本科院校工程造价、工程管理、建筑工程技术、房地产估价等专业的教材，也可作为从事工程造价管理及相关工作人员的培训教材和学习参考资料。

出版发行：机械工业出版社（北京市西城区百万庄大街 22 号 邮政编码：100037）

责任编辑：左 萌　　责任校对：殷 虹

印 刷：北京瑞德印刷有限公司　　版 次：2015 年 8 月第 1 版第 1 次印刷

开 本：185mm × 260mm 1/16　　印 张：26.5（含 3 印张插页）

书 号：ISBN 978-7-111-51020-8　　定 价：45.00 元

凡购本书，如有缺页、倒页、脱页，由本社发行部调换

客服热线：（010）88379210 88361066　　投稿热线：（010）88379007

购书热线：（010）68326294 88379649 68995259　　读者信箱：hzjg@hzbook.com

Preface 前 言

本教材为了适应应用型本科教育的特点和国家造价员考证的要求，引入大量工程实例，便于学生理解与自学，内容简明扼要，通俗易懂，力求理论简洁够用，特别注重实际操作，集新颖性、全面性、实用性为一体，符合国家和行业有关标准规范，力争使学习者学完本教材后能够满足对企业工程造价的职业技能需求。本教材不仅可以作为应用型本科院校工程造价、工程管理、建筑工程技术、房地产估价等专业的教材，也可作为从事工程造价管理及相关工作人员的培训教材和学习参考资料。

本教材的主要特色是：以工程项目为导向，特别强调工程造价案例实操和案例分析；以教师指导学生实际动手为主，以教师理论教学为辅。本教材能确保及时适应“以工程造价职业能力为本位，以预决算岗位需求为中心，以工作过程为主导，以校企合作为途径，融‘教、学、做’为一体的”工学结合的教育教学改革的新要求。

本教材培养目标是：通过本课程的学习，学生在老师和本教材的指导下，能够满足对企业工程造价的职业技能需求，独立编制完整预算书或投标报价书。

与其他同类教材相比，本教材更强调学生实际操作能力的培养，特别是预算书的编制和与造价员考证相关的工程造价案例分析。在本书的第7章，建议安排2周的实训时间，让学生完成一份完整的预算书。

教学建议

章次	内容	课堂讲授学时	课堂实践学时	实训学时	备注
第1章	工程造价管理概论	2			
第2章	工程造价构成	2			
第3章	建筑工程定额	2			
第4章	工程量清单	2	1 （案例讨论）		重点
第5章	工程建设各阶段工程造价的编制与确定	4	1 （案例讨论）		重点
第6章	招标时期的工程量清单计算	10			
第7章	投标时期的施工图预算与投标报价	20	10 （案例计算）	2周	重点、难点
第8章	工程造价综合例题	6			难点
合计		48	12	2周	

注：各章节根据不同专业的要求在课时浮动范围内调整课时。

本书工程量清单计算规则是按2013年清单计价规范进行编写的，由于我国还处在2008年清单计价规范和2013年清单计价规范实施的过渡期，书中有些部分仍然按照2008年清单计价规范计算。同时，各省的计价定额也在新老过渡期，我们将在以后的再版或修订中进行更新。

考虑到应用型本科教材特点和篇幅所限，教材中还有许多遗憾之处，加之编者水平有限，书中难免有错误和不当之处，敬请读者批评指正。

高群

2015年2月

Contents 目 录

实践篇

理　论　篇

PART1

第 1 章　工程造价管理概论
第 2 章　工程造价构成
第 3 章　建筑工程定额
第 4 章　工程量清单
第 5 章　工程建设各阶段工程造价的编制与确定

Chapter 1

第 1 章 工程造价管理概论

内容提要

本章主要介绍了建设阶段与建设项目组成、工程造价的基本概念、工程造价的特点、工程造价管理的内容、工程造价的管理体制、造价工程师等基本内容。

学习目标

熟悉工程建设程序，了解工程造价的原理，理解工程造价的基本概念，掌握建设工程项目的划分等，使初学工程造价管理的同学对工程造价管理课程有一个整体认识。

作为将来的工程造价从业人员，必须正确理解建筑产品（建筑工程）价格的形成规律，全面掌握和建筑产品价格有关的专业知识，才能合理地确定价格，使价格的职能得以充分发挥，为我国工程建设事业的发展做出贡献。

1.1 工程建设概论

1.1.1 基本建设的概念

基本建设是指固定资产扩大再生产的新建、扩建、改建、恢复工程以及与之相连带的其他工程。它是实现固定资产扩大再生产的一种综合性的经济活动。

在国民经济中，各物质生产部门和非生产部门固定资产的扩大再生产，称为基本建设。即人们使用各种施工机具对各种建筑材料、机械设备等进行建设和安装，使之成为固定资产的过程。

例如，建设工业厂房，再通过购置和安装生产设备形成新的生产能力，从而实现固定资产的扩大再生产。

1.1.2 基本建设的特点

建设程序是由基本建设的特点所决定的。基本建设的特点有以下几点：

(1) 建设周期很长，物质消耗很大。一个项目的建设周期短则两三年，长则十年，建设过程中要消耗大量的人力、财力、物力，而且在建成投产之前只投入不产出。这就要在投资建设之前，必须充分进行建设前期工作，经过详细周密的调查、研究和技术经济论证。搞好可行性研究和项目评估之后，再慎重决策。

(2) 涉及面很广，协作配合、同步建设、综合平衡等问题很复杂，必须协调好各方面的关系，统一建设进度，取得各方面的配合和协作，做到综合平衡。

(3) 建设地点固定的、不可移动。因此，建设之前必须准确掌握基地的地质、水文、气象、社会条件等资料，并需要选择几个方案进行论证和比较。

(4) 建设过程不能间断，要有连续性。由于建筑项目一般都比较复杂，涉及土建、工艺、市政公用设施、交通运输等。要求整个建设过程各阶段、各环节、各步骤一环紧扣一环，循序渐进，有条不紊，否则就会出现矛盾，造成浪费。

(5) 建设项目都有特定的目的和用途，一般只能单独设计、单独建设，即使是相同规模的同类项目，由于地区条件和自然环境不同，也会有很大差别。

1.1.3　基本建设的分类

建筑工程项目种类繁多，为适应科学管理的需要，可从不同角度进行分类，比如投资的再生产性质、投资用途、投资资金、建设规模、建设阶段等。

1. 按投资的再生产性质划分

建筑安装工程项目按投资的再生产性质可划分为新建项目、扩建项目、改建项目、迁建项目和重建项目（或恢复项目）等。

新建项目是指从无到有，“平地起家”，新开始建设的项目。有的建设项目原有基础很小，经扩大建设规模后，其新增加的固定资产价值超过原有固定资产价值3倍以上的，也算新建项目。

扩建项目是指原有企业、事业单位，为扩大原有产品生产能力（或效益）或增加新的产品生产能力，而新建主要车间或工程的项目。

改建项目是指原有企业，为提高生产效率，改进产品质量，或改变产品方向，对原有设备或工程进行改造的项目。有的企业为了平衡生产能力，增建一些附属、辅助车间或非生产性工程，也算改建项目。

迁建项目是指原有企业、事业单位，由于各种原因经上级批准搬迁到另地建设的项目。迁建项目中符合新建、扩建、改建条件的，应分别作为新建、扩建或改建项目。迁建项目不包括留在原址的部分。

恢复项目是指企业、事业单位因自然灾害、战争等原因使原有固定资产全部或部分报废，以后又投资按原有规模重新恢复起来的项目。在恢复的同时进行扩建的，应作为扩建项目。

2. 按投资用途划分

建筑安装工程项目按投资用途可划分为生产性建设项目和非生产性建设项目。

生产性项目是指直接用于物质生产或直接为物质生产服务的项目，主要包括工业项目（含矿业）、建筑业和地区资源勘探事业项目、农林水利项目、运输邮电项目、商业和物资供应项目等。

非生产性项目是指直接用于满足人民物质和文化生活需要的项目，主要包括住宅、教育、文化、卫生、体育、社会福利、科学实验研究项目、金融保险项目、公用生活服务事业项目、行政机关和社会团体办公用房等项目。

3. 按建设资金主要来源划分

资金来源是指筹措资金的途径和金额的多少。建筑安装工程项目按建设资金主要来源可划分为国家投资、利用外资、银行信贷和自筹资金。

国家投资的建筑项目指由中央政府或地方政府部门出资建设的项目，其中包括财政统借、统还的利用外资项目。目前，政府投资项目已由营利性项目向基础设施建设等公益性项目转变。

银行信贷筹资的建筑项目是通过银行信用方式供应基本建设项目。资金的来源有银行自有资金、流通货币、各项存款和金融债券等。

自筹资金的建设项目是指各地区、各部门按照财政制度提留、管理和自行分配于基本建设投资的项目。自筹资金包括地方自筹、部门自筹、企业事业单位自筹和集体、城乡个人筹集资金等。地方和企业的自筹资金，应由建设银行统一管理，其投资要同预算内投资一样，事先要进行可行性研究和技术经济论证，严格按基本建设程序办事，以保障自筹投资有较好的投资效益。

外资项目是指建设单位通过利用国外资金建设的项目。利用多种形式的外资，是我国实行改革开放政策、引进外国先进技术的一个重要步骤，同时也是我国建设项目投资不可缺少的重要资金来源。其主要形式有：外国政府贷款；国际金融组织贷款；国外商业银行贷款；在国外金融市场上发行债券；吸收外国银行、企业和私人存款；利用出口信贷；吸收国外资本直接投资包括与外商合资经营、合作经营、合作开发以及外商独资等形式；补偿贸易；对外加工装配；国际租赁；利用外资的 BOT 方式等。

4. 按建设规模划分

基本建设项目可分为大型项目、中型项目、小型项目；更新改造项目分为限额以上项目、限额以下项目。

基本建设大中小型项目是按项目的建设总规模或总投资来确定的。习惯上将大型和中型项目合称为大中型项目。新建项目按项目的全部设计规模（能力）或所需投资（总概算）计算；扩建项目按扩建新增的设计能力或扩建所需投资（扩建总概算）计算，不包括扩建以前原有的生产能力。但是，新建项目的规模是指经批准的可行性研究报告中规定的近期建设的总规模，而不是指远景规划所设想的长远发展规模。明确分期设计、分期建设的，应按分期规模来计算。

基本建设项目大中小型划分标准，是国家规定的。按总投资划分的项目，能源、交通、原材料工业项目投资额5 000 万元以上，其他项目投资额3 000 万元以上作为大中型，在此标准以下的为小型项目。

5. 按建设阶段划分

建筑安装工程项目按建设阶段可划分为筹建项目、施工项目、投产项目和收尾项目。

筹建项目是指尚未开工，正在进行选址、规划、设施等施工前各项准备工作的建设项目。

施工项目是指报告期内实际施工的建设项目，包括报告期内新开工的项目、上期跨入报告期续建的项目、以前停建而在本期复工的项目、报告期施工并在报告期建成投产或停建的项目。

投产项目是指报告期内建成设计规定的内容，形成设计规定的生产能力（或效益）并投入使用的建设项目，包括部分投产项目和全部投产项目。

收尾项目是指已经建成投产和已经组织验收，设计能力已全部建成，但还遗留少量尾工需继续进行扫尾的建设项目。

1.1.4　基本建设的程序

建设程序是指建设项目从设想、选择、评估、决策、设计、施工到竣工验收、投入使用的整个建设过程中，各项工作必须遵循的先后次序法则。基本建设程序是项目科学决策和顺利进行的重要保证，不可违反，必须共同遵守。

基本建设的程序主要包含：

①提出项目建议书；

②进行可行性研究；

③编制计划任务书，选定建设地点；

④编制设计文件；

⑤建设准备；

⑥制订年度计划；

⑦组织施工；

⑧生产准备；

⑨竣工验收、交付使用；

⑩后评价。

1.1.5　基本建设的组成

（1）建设项目（又称为基本建设）

凡是在一个场地上或者几个场地上，按一个总体进行设计和组织施工的各个工程项目的总和都称为建设项目。

建设项目在行政上具有独立性，实行统一的组织管理，在经济上实现统一核算。

例如，一片住宅小区、一所学校、一家工厂、一所医院等。它可以分解为几个单项工程。

（2）单项工程（又称为工程项目）

单项工程是指具有独立的设计文件，建成以后可以独立发挥生产能力和工程效益，并具有独立存在意义的工程。

单项工程是建设项目的组成部分，一般均指一幢楼，如：教学楼、图书馆、学生宿舍等，它可以单独地使用，能独立地存在。

单项工程可以分解为若干个单位工程。

（3）单位工程

单位工程是指可以单独设计和组织施工，但不能独立发挥生产能力的工程。

单位工程一般有：土建工程、给水排水工程、电气照明工程、工业管道安装工程、机械设备安装工程等。

单位工程不能单独使用，例如，只有土建工程，而没有给水排水、电气照明等辅助工程，一幢楼房如何能使用。

单位工程可以分解为若干个分部工程。

（4）分部工程

分部工程是指按照单位工程的各个部位由不同工种的工人利用不同的工具和材料完成的部分工程。

分部工程是单位工程分解的更小部分。

分部工程按照施工部位可划分为：基础工程、主体工程、屋面工程、楼地面工程、内外装修工程等。

(5) 分项工程（又称定额项目）

分项工程是指通过简单劳动可以完成的工程，它是分部工程的组成部分，是建筑工程的基本构成因素。

分项工程是建筑工程的最小组成元素，若干个分项工程则可以组成一个分部工程，若干个分部工程可以组成一个单位工程，几个单位工程又可以组成一个单项工程，而一个或几个单项工程便可以组成一个建设项目。

1.2 工程造价及其相关概念

1.2.1 工程造价的含义和特点

1. 工程造价的含义

工程造价是指进行某项工程建设所花费的全部费用。工程造价是一个广义概念，在不同的场合，工程造价含义不同。由于研究对象不同，工程造价有建设工程造价、单项工程造价、单位工程造价以及建筑安装工程造价等。工程造价具有两种含义，具体见表1-1所示。

表1-1 工程造价的含义

	第一种含义	第二种含义
定义内容	工程造价是指建设一项工程预期开支或实际开支的全部固定资产投资费用	工程造价是指工程价格，即为建成一项工程，预计或实际在土地市场、设备市场、技术劳务市场，以及承包市场等交易活动中形成的建筑安装工程的价格和建设工程总价格
定义角度	从投资者角度来定义	从市场交易角度来定义
涵盖范围	形成全部固定资产投资费用	全部工程价格或建筑安装工程价格
形成过程	通过项目评估决策，以及招投标一系列投资管理活动形成	以市场为前提，在多次预算基础上，通过“交易”形成工程价格
管理性质	属于投资管理范畴	属于价格管理范畴
管理目标	投资者追求决策的正确性	承包商关注的是利润，追求较高的工程造价
反映的价值量	当两种含义是指工程全部时，反映的价值量相同，即两种含义的同一性；当第二种含义是部分工程价格时，两种含义反映的价值量不同；当投资者是为出售而建的工程，该工程的价格大于投资费用	

2. 工程造价的特点

(1) 工程造价的大额性

能够发挥投资效用的任何一项工程，不仅实物形体庞大，而且造价高昂。工程造价的大额性使其关系到有关各方面的重大经济利益，同时也会对宏观经济产生重大影响。这就决定了工程造价的特殊地位，也说明了造价管理的重要意义。

(2) 工程造价的个别性、差异性

每一项工程都有不同的用途、功能和规模，因而使工程内容和实物形态都具有个别性、差异性。产品的个别性、差异性决定了工程造价的个别性、差异性。同时，每项工程所处的不同地区、地段也使这一特点得到强化。

(3) 工程造价的动态性

一般工程从决策到交付使用，都有一个较长的建设时间。在此期间，由于不可控因素的影响，许多影响工程造价的动态因素，如工程变更、设备材料价格、工资标准以及费率、利率、汇率等都可能发生变化，这些必然会使工程造价产生变动。

(4) 工程造价的层次性

工程造价的层次性取决于工程的层次性。工程造价一般有三个层次：建设项目总造价、单项工程造价和单位工程造价。如果专业分工更细，则分部分项工程也可以作为交换对象，这样工程造价的层次会更多。

(5) 阶段性

工程造价根据建设阶段的不同，同一工程的造价，在不同的建筑阶段，有不同的名称、内容和作用。

(6) 工程造价的兼容性。

工程造价的兼容性首先表现在它具有两种含义；其次表现在工程造价构成因素的广泛性和复杂性。

1.2.2　工程造价的计价特点

1. 计价的单件性

计价的单件性是指建筑产品的单件性特点决定了每项工程都必须单独计算造价。

2. 计价的多次性

计价的多次性是指工程计价对应不同的阶段需要多次进行，因此对于同一个工程，便有了投资估算、概算造价、修正概算造价、预算造价、合同价、结算价、决算价。

3. 计价的组合性

计价的组合性是指工程造价的计算是分部组成的。因为工程本身就是一个综合体，它可以分解成为许多有内在联系的工程，每个工程基本都可以分解单位工程、分部分项工程等。

为了便于对体积庞大的工程项目产品进行计价，我们将建设项目的整体依据其组成进行科学的分解，依次划分为若干个单项工程、单位工程、分部工程和分项工程。我们在造价计算过程中，是依照分部分项工程单价→单位工程造价→单项工程造价→建筑项目总造价这个组合过程进行的。

4. 计价方法的多样性

计价方法的多样性是指工程的多次计价有各不相同的计价依据，每次计价的精确度要求也各不相同，由此决定了计价方法的多样性。例如，投资估算的方法有设备系数法、生产能力指数估算法等；计算概预算造价的方法有单价法和实物法等。

5. 计价依据的复杂性

计价依据的复杂性是由于影响造价的因素多，决定了计价依据的复杂性。计价依据主要可分为以下七类。

（1）设备和工程量计算依据。包括项目建议书、可行性研究报告、设计文件等。

（2）人工、材料、机械等实物消耗量计算依据。包括投资估算指标、概算定额、预算定额等。

（3）工程单价计算依据。包括人工单价、材料价格、材料运杂费、机械台班费等。

（4）设备单价计算依据。包括设备原价、设备运杂费、进口设备关税等。

（5）措施费和工程建设其他费用计算依据。主要是相关的费用定额和指标。

（6）政府规定的税、费。

（7）物价指数和工程造价指数。

工程计价依据的复杂性不仅使计算过程复杂，而且需要计价人员熟悉各类依据，并加以正确应用。

1.2.3 工程造价文件的分类

工程造价从房屋建筑设计、招标与投标到建造施工结束需要进行设计概算的编制、施工图预算的编制、工程招标控制价的编制、工程投标报价的编制、施工预算的编制、工程竣工结算的编制和工程竣工决算的编制，因此每一阶段就有相应的工程造价文件。

1. 设计概算

设计概算，是指设计单位在初步设计或扩大初步设计阶段，在投资估算的控制下由设计单位根据初步设计或者扩大初步设计的图纸及说明书、设备清单、概算定额或概算指标、各项费用取费标准等资料，用科学的方法计算和确定建筑安装工程全部建设费用的经济文件。

设计概算是设计文件的重要组成部分，是编制基本建设计划，实行基本建设投资大包干，控制基本建设拨款和贷款的依据，也是考核设计方案和建设成本是否经济合理的依据。

设计概算包括单位工程概算、单项工程综合概算、其他工程的费用概算，建设项目总概算以及编制说明等。它由单个到综合，局部到总体，逐个编制，层层汇总而成。

设计概算应按建设项目的建设规模、隶属关系和审批程序报请审批。总概算按规定的程序经有权机关批准后，就成为国家控制该建设项目总投资额的主要依据，不得任意突破。

2. 施工图预算

施工图预算是由设计单位在施工图设计完成后，根据施工图设计图纸、现行预算定额、费用定额以及地区设备、材料、人工、施工机械台班等预算价格编制和确定的建筑安装工程造价的文件。

在社会主义市场经济条件下，施工图预算的主要作用如下。

①施工图预算是设计阶段控制工程造价的重要环节，是控制施工图设计不突破设计概算的重要措施。

②施工图预算是编制或调整固定资产投资计划的依据。

③对于实行施工招标的工程不属《清单规范》规定执行范围的，可用施工图预算作为编制招标控制价的依据，此时它是承包企业投标报价的基础。

④对于不宜实行招标而采用施工图预算加调整价结算的工程，施工图预算可作为确定合同价款的基础或作为审查施工企业提出的施工图预算的依据。

施工图预算的内容有单位工程预算、单项工程预算和建设项目总预算。单位工程预算是根据施工图设计文件、现行预算定额；费用定额以及人工、材料、设备、机械台班等预算价格资料，以一定方法编制单位工程的施工图预算；然后汇总所有各单位工程施工图预算，成为单项工程施工图预算；再汇总各所有单项工程施工图预算，便是一个建设项目建筑安装工程的总预算。一般汇总到单项工程施工图预算即可。

3. 招标控制价

招标人根据国家或省级、行业建设主管部门颁发的有关计价依据和办法，以及拟定的招标文件和招标工程量清单，编制的招标工程的最高限价。

投标人的投标报价高于招标控制价的，其投标应予以拒绝。

国有资金投资的工程建设项目应实行工程量清单招标，并应编制招标控制价。

招标控制价应由具有编制能力的招标人，或受其委托具有相应资质的工程造价咨询人编制。

4. 工程投标报价

工程投标报价是投标商根据招标文件对招标工程承包价格做出的要约表示，是投标文件的核心内容。投标报价的编制主要是投标人对承建工程所要发生的各种费用的计算。《建设工程工程量清单计价规范》规定，"投标价是投标人投标时报出的工程造价"。

5. 施工预算

施工预算是施工单位根据施工图纸、施工定额、施工及验收规范、标准图集、施工组织设计（或施工方案）编制的单位工程（或分部分项工程）。施工所需的人工、材料和施工机械台班数量，是施工企业内部文件，也是单位工程（或分部分项工程）施工所需的人工、材料和施工机械台班消耗数量的标准。

建筑企业以单位工程为对象编制的人工、材料、机械台班耗用量及其费用总额，即单位工程计划成本。施工预算是企业进行劳动调配、物资技术供应，反映企业个别劳动量与社会平均劳动量之间的差别，控制成本开支，进行成本分析和班组经济核算的依据。

6. 工程竣工结算

工程竣工结算是指施工企业按照合同规定的内容全部完成所承包的工程，经验收质量合格，并符合合同要求之后，与发包单位进行的最终工程款结算。竣工结算是一种动态的计算，是按照工程实际发生的量与金额来计算的。经审查的工程竣工结算是核定建设工程造价的依据，也是建设项目竣工验收后编制竣工决算和核定新增固定资产价值的依据。

7. 工程竣工决算

竣工决算是由建设单位编制的反映建设项目实际造价和投资效果的文件。其内容应包括从项目策划到竣工投产全过程的全部实际费用：竣工财务决算说明书、竣工财务决算报表、工程竣工图和工程造价对比分析等四个部分。其中竣工财务决算说明书和竣工财务决算报表又合称为竣工财务决算，它是竣工决算的核心内容。

1.3　造价咨询企业资质及执业人员资格制度

1.3.1　造价咨询企业资质制度

《工程造价咨询企业管理办法》（中华人民共和国建设部令第 149 号）（简称《办法》）第八

条规定工程造价咨询企业资质等级分为甲级、乙级。

《办法》第九条规定甲级工程造价咨询企业资质标准如下：

（1）已取得乙级工程造价咨询企业资质证书满3年；

（2）企业出资人中，注册造价工程师人数不低于出资人总人数的60%，且其出资额不低于企业注册资本总额的60%；

（3）技术负责人已取得造价工程师注册证书，并具有工程或工程经济类高级专业技术职称，且从事工程造价专业工作15年以上；

（4）专职从事工程造价专业工作的人员（以下简称专职专业人员）不少于20人，其中，具有工程或者工程经济类中级以上专业技术职称的人员不少于16人；取得造价工程师注册证书的人员不少于10人，其他人员具有从事工程造价专业工作的经历；

（5）企业与专职专业人员签订劳动合同，且专职专业人员符合国家规定的职业年龄（出资人除外）；

（6）专职专业人员人事档案关系由国家认可的人事代理机构代为管理；

（7）企业注册资本不少于人民币100万元；

（8）企业近3年工程造价咨询营业收入累计不低于人民币500万元；

（9）具有固定的办公场所，人均办公建筑面积不少于10平方米；

（10）技术档案管理制度、质量控制制度、财务管理制度齐全；

（11）企业为本单位专职专业人员办理的社会基本养老保险手续齐全；

（12）在申请核定资质等级之日前3年内无本办法第二十七条禁止的行为。

《办法》第十条规定乙级工程造价咨询企业资质标准如下：

（1）企业出资人中，注册造价工程师人数不低于出资人总人数的60%，且其出资额不低于注册资本总额的60%；

（2）技术负责人已取得造价工程师注册证书，并具有工程或工程经济类高级专业技术职称，且从事工程造价专业工作10年以上；

（3）专职专业人员不少于12人，其中，具有工程或者工程经济类中级以上专业技术职称的人员不少于8人；取得造价工程师注册证书的人员不少于6人，其他人员具有从事工程造价专业工作的经历；

（4）企业与专职专业人员签订劳动合同，且专职专业人员符合国家规定的职业年龄（出资人除外）；

（5）专职专业人员人事档案关系由国家认可的人事代理机构代为管理；

（6）企业注册资本不少于人民币50万元；

（7）具有固定的办公场所，人均办公建筑面积不少于10平方米；

（8）技术档案管理制度、质量控制制度、财务管理制度齐全；

（9）企业为本单位专职专业人员办理的社会基本养老保险手续齐全；

（10）暂定期内工程造价咨询营业收入累计不低于人民币50万元；

（11）申请核定资质等级之日前无本办法第二十七条禁止的行为。

《办法》第十一条规定申请甲级工程造价咨询企业资质的，应当向申请人工商注册所在地省、自治区、直辖市人民政府建设主管部门或者国务院有关专业部门提出申请。

省、自治区、直辖市人民政府建设主管部门、国务院有关专业部门应当自受理申请材料之日起20日内审查完毕，并将初审意见和全部申请材料报国务院建设主管部门；国务院建设主管部门应当自受理之日起20日内作出决定。

《办法》第十二条规定申请乙级工程造价咨询企业资质的，由省、自治区、直辖市人民政府建设主管部门审查决定。其中，申请有关专业乙级工程造价咨询企业资质的，由省、自治区、直辖市人民政府建设主管部门会商同级有关专业部门审查决定。

乙级工程造价咨询企业资质许可的实施程序由省、自治区、直辖市人民政府建设主管部门依法确定。

省、自治区、直辖市人民政府建设主管部门应当自作出决定之日起30日内，将准予资质许可的决定报国务院建设主管部门备案。

《办法》第十四条规定新申请工程造价咨询企业资质的，其资质等级按照本办法第十条第（一）项至第（九）项所列资质标准核定为乙级，设暂定期1年。

暂定期届满需继续从事工程造价咨询活动的，应当在暂定期届满30日前，向资质许可机关申请换发资质证书。符合乙级资质条件的，由资质许可机关换发资质证书。

《办法》第十六条规定工程造价咨询企业资质有效期为3年。

资质有效期届满，需要继续从事工程造价咨询活动的，应当在资质有效期届满30日前向资质许可机关提出资质延续申请。资质许可机关应当根据申请作出是否准予延续的决定。准予延续的，资质有效期延续3年。

1.3.2　造价工程师执业资格制度

《注册造价工程师管理办法（中华人民共和国建设部令第150号）》（简称造价师管理办法）已于2006年12月11日经建设部第112次常务会议讨论通过，自2007年3月1日起施行。

《造价师管理办法》第六条第二款规定：取得执业资格的人员，经过注册方能以注册造价工程师的名义执业。

《造价师管理办法》第八条规定：取得执业资格的人员申请注册的，应当向聘用单位工商注册所在地的省、自治区、直辖市人民政府建设主管部门（以下简称省级注册初审机关）或者国务院有关部门（以下简称部门注册初审机关）提出注册申请。对申请初始注册的，注册初审机关应当自受理申请之日起20日内审查完毕，并将申请材料和初审意见报国务院建设主管部门（以下简称注册机关）。注册机关应当自受理之日起20日内作出决定。对申请变更注册、延续注册的，注册初审机关应当自受理申请之日起5日内审查完毕，并将申请材料和初审意见报注册机关。注册机关应当自受理之日起10日内作出决定。注册造价工程师的初始、变更、延续注册，逐步实行网上申报、受理和审批。

《造价师管理办法》第九条规定：取得资格证书的人员，可自资格证书签发之日起1年内申请初始注册。逾期未申请者，须符合继续教育的要求后方可申请初始注册。初始注册的有效期为4年。

《造价师管理办法》第十条规定：注册造价工程师注册有效期满需继续执业的，应当在注册有效期满30日前，按照本办法第八条规定的程序申请延续注册。延续注册的有效期为4年。

《造价师管理办法》第十一条规定：在注册有效期内，注册造价工程师变更执业单位的，应当与原聘用单位解除劳动合同，并按照本办法第八条规定的程序办理变更注册手续。变更注册后延续原注册有效期。

《造价师管理办法》第十二条规定，有下列情形之一的，不予注册：

（1）不具有完全民事行为能力的；

（2）申请在两个或者两个以上单位注册的；

（3）未达到造价工程师继续教育合格标准的；

（4）前一个注册期内工作业绩达不到规定标准或未办理暂停执业手续而脱离工程造价业务岗位的；

（5）受刑事处罚，刑事处罚尚未执行完毕的；

（6）因工程造价业务活动受刑事处罚，自刑事处罚执行完毕之日起至申请注册之日止不满5年的；

（7）因前项规定以外原因受刑事处罚，自处罚决定之日起至申请注册之日止不满3年的；

（8）被吊销注册证书，自被处罚决定之日起至申请注册之日止不满3年的；

（9）以欺骗、贿赂等不正当手段获准注册被撤销，自被撤销注册之日起至申请注册之日止不满3年的；

（10）法律、法规规定不予注册的其他情形。

《造价师管理办法》第十六条规定，注册造价工程师享有下列权利：

（1）使用注册造价工程师名称；

（2）依法独立执行工程造价业务；

（3）在本人执业活动中形成的工程造价成果文件上签字并加盖执业印章；

（4）发起设立工程造价咨询企业；

（5）保管和使用本人的注册证书和执业印章；

（6）参加继续教育。

《造价师管理办法》第十七条规定，注册造价工程师应当履行下列义务：

（1）遵守法律、法规、有关管理规定，恪守职业道德；

（2）保证执业活动成果的质量；

（3）接受继续教育，提高执业水平；

（4）执行工程造价计价标准和计价方法；

（5）与当事人有利害关系的，应当主动回避；

（6）保守在执业中知悉的国家秘密和他人的商业、技术秘密。

思考题

1. 工程建设基本程序包括哪几个阶段？它们的主要内容是什么？
2. 举例说明什么是建设项目、单项工程、单位工程、分部工程和分项工程。
3. 如何理解工程造价的两种含义？
4. 工程造价的计价有哪些特征？
5. 什么是工程造价管理？工程造价管理有哪些内容？
6. 怎样才能合理确定和有效控制工程造价？
7. 什么是造价工程师？对造价工程师有哪些素质要求？

Chapter 2

第2章

工程造价构成

内容提要

建设项目工程造价由建筑安装工程费、设备及工器具购置费、工程建设其他费、预备费、贷款利息和税金组成，本章主要介绍了这些费用的构成和计算方法。

工程造价的构成是工程造价课程学习的重点。

学习目标

掌握工程造价构成的主要内容、各项费用的性质及含义，特别是建筑安装工程费用的分类及其计算方法；要熟悉工程建设其他费用的范围、内容及确定方法。

2.1 概述

2.1.1 建设项目总投资

建设项目总投资，一般是指进行某项工程建设花费的全部费用。生产性建设工程项目总投资包括建设投资和铺底流动资金两部分；非生产性建设工程项目总投资则只包括建设投资。

建设总投资，由设备及工器具购置费、建筑安装工程费、工程建设其他费用、预备费（包括基本预备费和涨价预备费）和建设期利息组成。

设备及工器具购置费，是指按照建设工程设计文件要求，建设单位（或其委托单位）购置或自制达到固定资产标准的设备和新、扩建项目配置的首套工器具及生产家具所需的费用。设备及工器具购置费由设备原价、工器具原价和运杂费（包括设备成套公司服务费）组成。在生产性建设工程项目中，设备及工器具投资主要表现为其他部门创造的价值向建设工程项目中的转移，但这部分投资是建设工程投资中的积极部分，它占项目投资比重的提高，意味着生产技术的进步和资本有机构成的提高。

工程建设其他费用，是指未纳入以上两项的，根据设计文件要求和国家有关规定应由项目投资支付的为保证工程建设顺利完成和交付使用后能够正常发挥效用而发生的一些费用。

工程建设其他费用可分为三类：第一类是土地使用费，包括土地征用及迁移补偿费和土地使用权出让金；第二类是与项目建设有关的费用，包括建设管理费、勘察设计费、研究试验费等；第三类是与未来企业生产经营有关的费用，包括联合试运转费、生产准备费、办公和生活家具购置费等。

铺底流动资金是指生产性建设工程项目为保证生产和经营正常进行，按规定应列入建设工程项目总投资的铺底流动资金。一般按流动资金的30%计算。

建设投资可以分为静态投资部分和动态投资部分。静态投资部分由建筑安装工程费、设备及工器具购置费、工程建设其他费和基本预备费构成。动态投资部分，是指在建设期内，因建设期利息和国家新批准的税费、汇率、利率变动以及建设期价格变动引起的建设投资增加额，包括涨价预备费、建设期利息等。

2.1.2 固定资产投资

固定资产投资包括建筑安装工程费、设备购置费、安装工程费和工程建设其他费用。

其中其他费用包含项目实施费用（可行性研究费用、其他有关费用）和项目实施期间发生的费用（土地征用费、设计费、生产准备、职工培训）。

2.1.3 建筑安装工程造价的构成

建筑安装工程费，是指建设单位用于建筑和安装工程方面的投资，它由建筑工程费和安装工程费两部分组成。建筑工程费是指建设工程涉及范围内的建筑物、构筑物、场地平整、道路、室外管道铺设、大型土石方工程费用等。安装工程费是指主要生产、辅助生产、公用工程等单项工程中需要安装的机械设备、电气设备、专用设备、仪器仪表等设备的安装及配件工程费，以及工艺、供热、供水等各种管道、配件、闸门和供电外线安装工程费用等。

根据“建标［2003］206号关于印发《建筑安装工程费用项目组成》的通知”的规定：建筑安装工程费由直接费、间接费、利润和税金组成，具体内容如图2-1所示。直接费由直接工程费

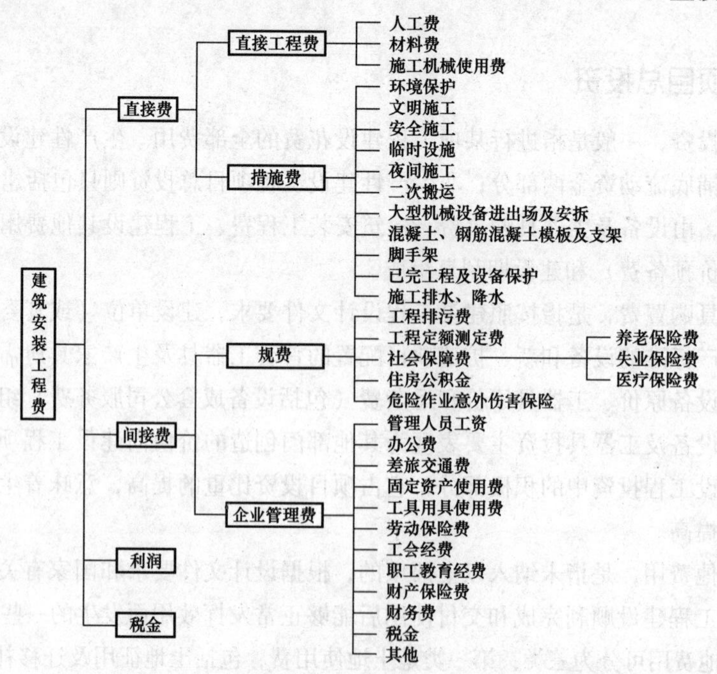

图2-1 定额计价时建筑安装工程费用项目组成

和措施费组成，间接费由规费和企业管理费组成。而根据《建设工程工程量清单计价规范》（GB 50500—2013）的规定，采用工程量清单计价时，建筑安装工程造价由分部分项工程费、措施项目费、其他项目费、规费和税金组成，如图 2-2 所示。二者包含的内容并无实质差异。前者主要表述的是建筑安装工程费用项目的组成，而后者规定的建筑安装工程造价组成是基于建筑安装工程在工程交易和工程实施阶段工程造价的组价要求，包括索赔等，内容更全面、更具体。二者仅在计算的角度上存在差异。

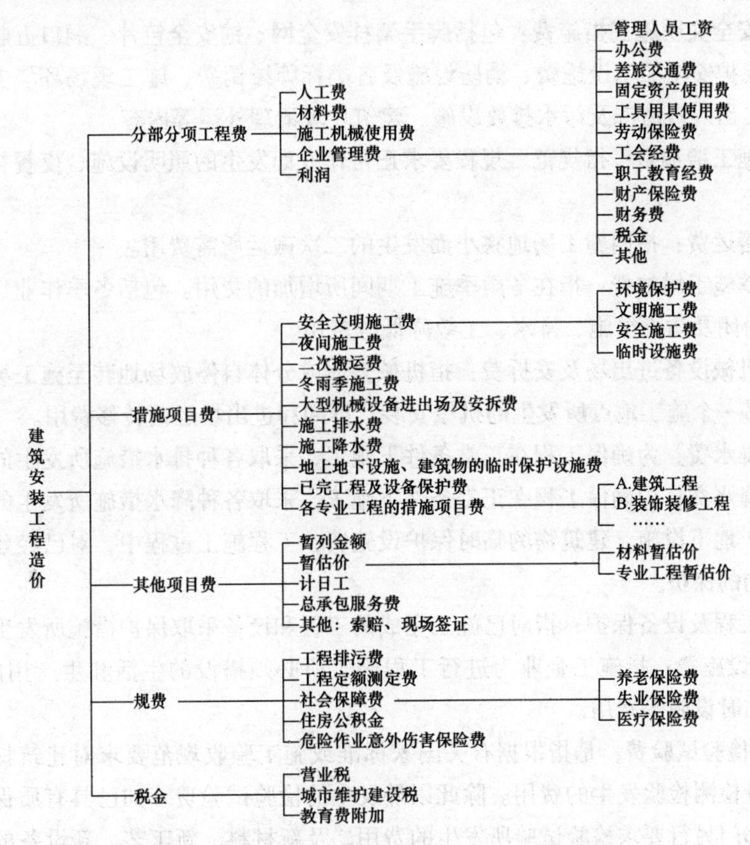

图 2-2　工程量清单计价时建筑安装工程造价构成

2.2　建筑安装工程费用构成

2.2.1　直接费

直接费由直接工程费和措施费组成。

1. 直接工程费

直接工程费就是施工过程中耗费的构成工程实体的各种费用，包括人工费、材料费、施工机械使用费。

人工费包括生产工人的基本工资、生产工人工资性津贴、生产工人的辅助工资、职工福利费和生产工人劳动保护费。人工费作为其他费用的取费基础，要单列出来。

材料费包括材料原价或供应价、运输损耗费、检验试验费、材料运杂费和采购保管费。

施工机械使用费是指施工机械作业所发生的机械使用费以及机械安拆费和场外运输等费用。

2. 措施费

措施费是指为完成工程项目施工所必须发生的施工准备和施工过程中技术、生活、安全、环境保护等方面的非工程实体项目的费用。

措施费包括的内容如下。

（1）现场安全文明施工措施费：包括脚手架挂安全网、铺安全笆片、洞口五临边及电梯井护栏费用、电气保护安全照明设施费、消防设施及各类标牌摊销费、施工现场环境美化、现场生活卫生设施、施工出入口清洗及污水排放设施、建筑垃圾清理外运等内容。

（2）夜间施工增加费：指规范、规程要求正常作业而发生的照明设施、夜餐补助和工效降低等费用。

（3）二次搬运费：指因施工场地狭小而发生的二次搬运所需费用。

（4）冬雨季施工增加费：指在冬雨季施工期间所增加的费用。包括冬季作业、临时取暖、建筑物门窗洞口封闭及防雨措施、排水、工效降低等费用。

（5）大型机械设备进出场及安拆费：指机械整体或分体自停放场地转至施工场地，或由一个施工地点运至另一个施工地点所发生的机械安装、拆卸和进出场运输转移费用。

（6）施工排水费：为确保工程在正常条件下施工，采取各种排水措施所发生的费用。

（7）施工降水费：为确保工程在正常条件下施工，采取各种降水措施所发生的费用。

（8）地上、地下设施，建筑物的临时保护设施费：工程施工过程中，对已经建成的地上、地下设施和建筑物的保护。

（9）已完工程及设备保护：指对已施工完成的工程和设备采取保护措施所发生的费用。

（10）临时设施费：指施工企业为进行工程施工所必须搭设的生活和生产用的临时建筑物、构筑物和其他临时设施等费用。

（11）企业检验试验费：是指根据有关国家标准或施工验收规范要求对建筑材料、构配件和建筑物工程质量检测检验发生的费用。除此以外发生的检验试验费，如已具有质保书材料，而建设单位或质监部门另行要求检验试验所发生的费用，及新材料、新工艺、新设备的试验费等应另行向建设单位收取。

（12）赶工措施费：若建设单位对工期有特殊要求，则施工单位必须增加的施工成本费。

（13）工程按质论价：指建设单位要求施工单位完成的单位工程质量达到经有权部门鉴定为优良工程所必须增加的施工成本费。

（14）特殊条件下施工增加费：

①地下不明障碍物、铁路、航空、航运等交通干扰而发生的施工降效费用。

②在有毒有害气体和有放射性物质区或范围内的施工人员的保健费，与建设单位职工享受同等特殊保健津贴，享受人数，根据现场实际完成的工程量（区域外加工的制品不应计入）的计价表耗工数，并加计10%的现场管理人员的人工数确定。

2.2.2 间接费

建筑安装工程间接费是指虽不直接由施工的工艺过程所引起，却与工程的总体有关的，建筑安装企业为组织施工和进行经营管理，以及间接为建筑安装生产服务的各项费用。间接费包括规费和企业管理费。

1. 规费

规费是政府和有关权力部门规定必须缴纳的费用，其包括工程排污费、工程定额测定费、社会保障费、住房公积金和危险作业意外伤害保险。

工程排污费是指施工现场按规定缴纳的工程排污费。

工程定额测定费是指按规定支付工程造价（定额）管理部门的定额测定费。根据财政部、国家发展改革委《关于公布取消和停止征收 100 项行政事业性收费项目的通知》（财综〔2008〕78 号）规定，自 2009 年 1 月 1 日起，停止征收工程定额测定费。

社会保险费，包括养老保险费、失业保险费、医疗保险费。其中养老保险是指企业按照规定标准为职工缴纳的基本养老保险费；失业保险费是指企业按照国家规定标准为职工缴纳的失业保险费；医疗保险是指企业按照规定标准为职工缴纳的医疗保险费。

住房公积金是指企业按规定标准为职工缴纳的住房公积金。

危险作业意外伤害保险是指按照《中华人民共和国建筑法》规定，企业为从事危险作业的建筑安装施工人员支付的意外伤害保险。

规费的计算公式为：规费 = 计算基数 × 规费费率。规费的计算基数可以是“直接费”“人工费和机械费合计”或“人工费”。投标人在投标报价时，规费的计算基数和费率一般按国家及有关部门规定及费率标准执行。

2. 企业管理费

企业管理费是指建筑安装企业组织施工生产和经营管理所需费用，其包括管理人员工资、办公费、差旅交通费、固定资产使用费、工具用具使用费、劳动保险费、工会经费、职工教育经费、财产保险费、财务费、税金和其他。

管理人员工资是指管理人员的基本工资、工资性补贴、职工福利费、劳动保护费等。

办公费是指企业管理办公用的文具、纸张、账表、印刷、邮电、书报、会议、水电、烧水和集体取暖（包括现场临时宿舍取暖）用煤等费用。

差旅交通费是指职工因公出差、调动工作的差旅费、住勤补助费，市内交通费和误餐补助费，职工探亲路费，劳动力招募费，职工离退休、退职一次性路费，工伤人员就医路费，工地转移费以及管理部门使用的交通工具的油料、燃料及牌照费。

固定资产使用费是指管理和试验部门及附属生产单位使用的属于固定资产的房屋、设备仪器等的折旧、大修、维修或租赁费。

工具用具使用费是指管理使用的不属于固定资产的生产工具、器具、家具、交通工具和检验、试验、测绘、消防用具等的购置、维修和摊销费。

劳动保险费是指由企业支付离退休职工的易地安家补助费、职工退职金、六个月以上的病假人员工资、职工死亡丧葬补助费、抚恤费、按规定支付给离休干部的各项经费。

工会经费是指企业按职工工资总额计提的工会经费。

职工教育经费是指企业为职工学习先进技术和提高文化水平，按职工工资总额计提的费用。

财产保险费是指施工管理用财产、车辆保险费。

财务费是指企业为筹集资金而发生的各种费用。

2.2.3 利润

利润是指施工企业完成所承包工程获得的盈利。按照不同的计价程序，利润的计算方法有所不同。具体计算公式为

利润＝计算基数×利润率

计算基数可采用：

（1）以直接费和间接费合计为计算基础；

（2）以人工费和机械费合计为计算基础；

（3）以人工费为计算基础。

随着市场经济的进一步发展，企业决定利润率水平的自主权将会更大。在投标报价时企业可以根据工程的难易程度、市场竞争情况和自身的经营管理水平自行确定合理的利润率。

2.2.4 税金

税金是指企业按规定缴纳的房产税、车船使用税、土地使用税、印花税等。建筑安装工程税金是指国家税法规定的应计入建筑安装工程造价的营业税、城市维护建设税及教育费附加。

1. 营业税

营业税的税额为营业额的3%。计算公式为

营业税＝营业额×3%

其中，营业额是指从事建筑、安装、修缮、装饰及其他工程作业收取的全部收入，还包括建筑、修缮、装饰工程所用原材料及其他物资和动力的价款，当安装设备的价值作为安装工程产值时，亦包括所安装设备的价款。但建筑业的总承包人将工程分包或转包给他人的，其营业额中不包括付给分包或转包人的价款。

2. 城市维护建设税

城市维护建设税是国家为了加强城乡的维护建设，扩大和稳定城市、乡镇维护建设资金来源，而对有经营收入的单位和个人征收的一种税。

城市维护建设税应纳税额的计算公式为

应纳税额＝应纳营业税额×适用税率

城市维护建设税的纳税人所在地为市区的，按营业税的7%征收；所在地为县镇的，按营业税的5%征收；所在地为农村的，按营业税的3%征收。

3. 教育费附加

教育费附加税额为营业税的3%。计算公式为

应纳税额＝应纳营业税额×3%

4. 地方教育附加

地方教育附加税额为营业税的2%。计算公式为

应纳税额＝应纳营业税额×2%

为了计算上的方便，可将营业税、城市维护建设税和教育费附加合并在一起计算，以工程成

本加利润为基数计算税金，即

$$税金=(直接费+间接费+利润)\times 税率$$

$$税率(计税系数)=\{1/[1-营业税税率\times(1+城市维护建设税税率+教育费附加费率+地方教育附加费率)]-1\}\times 100\%$$

如果纳税人所在地为市区的，则

$$税率(计税系数)=\left[\frac{1}{1-3\%\times 1+7\%+3\%+2\%}-1\right]\times 100\%=3.48\%$$

如果纳税人所在地为县镇的，则

$$税率(计税系数)=\left[\frac{1}{1-3\%\times 1+5\%+3\%+2\%}-1\right]\times 100\%=3.41\%$$

如果纳税人所在地为农村的，则

$$税率(计税系数)=\left[\frac{1}{1-3\%\times 1+1\%+3\%+2\%}-1\right]\times 100\%=3.28\%$$

2.3　建设工程施工取费计算程序和规则

根据《建筑工程施工发包与承包计价管理办法》（中华人民共和国住房和城乡建设部令第 16 号）的规定，发包与承包价的计算方法分为工料单价法和综合单价法。

2.3.1　工料单价法计价程序

工料单价法是计算出分部分项工程量后乘以工料单价，合计得到直接工程费，直接工程费汇总后再加措施费、间接费、利润和税金生成工程承发包价，其计算程序分为三种。

以直接费为计算基础的工料单价法计价程序见表 2-1。

表 2-1　以直接费为计算基础的工料单价法计价程序

序号	费用项目	计算方法	备注
(1)	直接工程费	按预算表	
(2)	措施费	按规定标准计算	
(3)	小计（直接费）	(1)+(2)	
(4)	间接费	(3)×相应费率	
(5)	利润	[(3)+(4)]×相应利润率	
(6)	合计	(3)+(4)+(5)	
(7)	含税造价	(6)×(1+相应税率)	

例 2-1

某土方工程直接工程费为 1 000 万元，以直接费为计算基础计算建筑安装工程费，其措施费为直接工程费的 5%，间接费费率为 8%，利润率为 4%，综合计税系数为 3.41%。列表计算该工程建筑安装工程造价。

建筑安装工程造价计算过程见表 2-2。

表 2-2 建筑安装工程造价计算过程

序号	费用项目	计算方法（单位：万元）
(1)	直接工程费	1 000
(2)	措施费	(1)×5% =50
(3)	直接费	(1)+(2)=1 000+50=1 050
(4)	间接费	(3)×8% =1 050×8% =84
(5)	利润	[(3)+(4)]×4% =(1 050+84)×4% =45.36
(6)	不含税造价	(3)+(4)+(5)=1 050+84+45.36=1 179.36
(7)	税金	(6)×3.41% =1 179.36×3.41% =40.216
(8)	含税造价	(6)+(7)=1 179.36+40.216=1 219.576

以人工费和机械费为计算基础的工料单价法计价程序见表2-3。

表 2-3 以人工费和机械费为计算基础的工料单价法计价程序

序号	费用项目	计算方法	备注
(1)	直接工程费	按预算表	
(2)	其中人工费和机械费	按预算表	
(3)	措施费	按规定标准计算	
(4)	其中人工费和机械费	按规定标准计算	
(5)	小计	(1)+(3)	
(6)	人工费和机械费小计	(2)+(4)	
(7)	间接费	(6)×相应费率	
(8)	利润	(6)×相应利润率	
(9)	合计	(5)+(7)+(8)	
(10)	含税造价	(9)×(1+相应税率)	

以人工费为计算基础的工料单价法计价程序见表2-4。

表 2-4 以人工费为计算基础的工料单价法计价程序

序号	费用项目	计算方法	备注
(1)	直接工程费	按预算表	
(2)	直接工程费中人工费	按预算表	
(3)	措施费	按规定标准计算	
(4)	措施费中人工费	按规定标准计算	
(5)	小计	(1)+(3)	
(6)	人工费小计	(2)+(4)	
(7)	间接费	(6)×相应费率	
(8)	利润	(6)×相应利润率	
(9)	合计	(5)+(7)+(8)	
(10)	含税造价	(9)×(1+相应税率)	

2.3.2 综合单价法计价程序

综合单价分为全费用综合单价和部分费用综合单价，全费用综合单价其单价内容包括直接工程费、措施费、间接费、利润和税金。由于大多数情况下措施费由投标人单独报价，而不包括在综合单价中，此时综合单价仅包括直接工程费、间接费、利润和税金。

综合单价如果是全费用综合单价，则综合单价乘以各分项工程量汇总后，就生成工程承发包价格。如果综合单价是部分费用综合单价，如综合单价不包括措施费，则综合单价乘以各分项工程量汇总后，还需加上措施费才得到工程承发包价格。

由于各分部分项工程中的人工、材料、机械含量的比例不同，各分项工程可根据其材料费占人工费、材料费、机械费合计的比例（以字母“C”代表该项比值）在以下三种计算程序中选择一种计算不含措施费的综合单价。

当 $C > C_0$（C_0 为本地区原费用定额测算所选典型工程材料费占人工费、材料费和机械费合计的比例）时，可采用以人工费、材料费、机械费合计（直接工程费）为基数计算该分项的间接费和利润，见表 2-5。

表 2-5　以直接工程费为计算基础的综合单价法计价程序

序号	费用项目	计算方法	备注
(1)	分项直接工程费	人工费 + 材料费 + 机械费	
(2)	间接费	(1) × 相应费率	
(3)	利润	[(1) + (2)] × 相应利润率	
(4)	合计	(1) + (2) + (3)	
(5)	含税造价	(4) × (1 + 相应税率)	

当 $C < C_0$ 时，可采用以人工费和机械费合计为基数计算该分项的间接费和利润，见表 2-6。

表 2-6　以人工费和机械费为计算基础的综合单价法计价程序

序号	费用项目	计算方法	备注
(1)	分项直接工程费	人工费 + 材料费 + 机械费	
(2)	其中人工费和机械费	人工费 + 机械费	
(3)	间接费	(2) × 相应费率	
(3)	利润	(2) × 相应利润率	
(4)	合计	(1) + (3) + (4)	
(5)	含税造价	(5) × (1 + 相应税率)	

如该分项的直接工程费仅为人工费，无材料费和机械费时，可采用以人工费为基数计算该分项的间接费和利润，见表 2-7。

表 2-7　以人工费为计算基础的综合单价法计价程序

序号	费用项目	计算方法	备注
(1)	分项直接工程费	人工费 + 材料费 + 机械费	
(2)	直接工程费中人工费	人工费	
(3)	间接费	(2) × 相应费率	
(4)	利润	(2) × 相应利润率	
(5)	合计	(1) + (3) + (4)	
(6)	含税造价	(5) × (1 + 相应税率)	

2.4 设备及工器具购置费用构成

设备及工器具购置费用是由设备购置费和工具、器具及生产家具购置费组成的。它是固定资产投资中的积极部分。在生产性工程建设中，设备及工器具购置费用占工程造价比重的增大，意味着生产技术的进步和资本有机构成的提高。

2.4.1 设备购置费的构成及计算

设备购置费是指为建设项目购置或自制的达到固定资产标准的各种国产或进口设备、工具、器具的购置费用。它由设备原价和设备运杂费构成。

设备购置费 = 设备原价 + 设备运杂费

设备原价是指国产设备或进口设备的原价；设备运杂费是指除设备原价之外的关于设备采购、运输、途中包装及仓库保管等方面支出费用的总和。

1. 国产设备原价的构成及计算

国产设备原价一般指的是设备制造厂的交货价，或订货合同价。它一般根据生产厂或供应商的询价、报价、合同价确定，或采用一定的计算方法确定。它分为国产标准设备原价和国产非标准设备原价。

(1) 国产标准设备原价

国产标准设备是指按照主管部门颁布的标准图纸和技术要求，由我国设备生产厂指生产的，符合国家质量检测标准和设备。

国产标准设备的原价有带有备件的原价和不带有备件的原价两种。在计算时，一般采用带有备件的原价。

(2) 国产非标准设备原价

国产非标准设备是指国家尚无定型标准，各设备生产厂不可能在工艺过程中采用指生产，只能按一次订货，并根据具体的设计图纸制造的设备。

非标准设备原价有多种不同的计算方法，如成本计算估价法、系列设备插入估价法、分部组合估价法、定额估价法等。

2. 进口设备原价的构成及计算

进口设备的原价是指进口设备的抵岸价，通常是由进口设备的到岸价（CIF）和进口从属费构成。

进口设备的到岸价，即抵达买方边境港口或边境车站的价格。在国际贸易中，交易双方使用的交货类别不同，则交易价格的构成内容也有所差异。

进口从属费包括银行财务费、外贸手续费、进口关税、消费税、进口环节增值税等，进口车辆的还需缴纳车辆购置税。

(1) 进口设备的交货价格

在国际贸易中，较为广泛使用的交易价格术语有 FOB、CFR 和 CIF。

①FOB。意为装运港船上交货，亦称为离岸价格。它是指当货物在指定的装运港超过船舷，

卖方即完成交货义务。风险转移，以在指定的装运港货物超过船舷时为分界点。费用划分与风险转移的分界点相一致。

在FOB交货方式下，卖方的基本义务有：办理出口清关手续，自负风险和费用，领取出口许可证及其他官方文件；在约定的日期或期限内，在合同规定的装运港，按港口惯常的方式，把货物装上买方指定的船只，并及时通知买方；承担货物在装运港超过船舷之前的一切费用和风险；向买方提供商业发票和证明货物已交至船上的装运单据或具有同等效力的电子单证。

买方的基本义务有：负责租船订舱，按时派船到合同约定的装运港接运货物，支付运费，并将船期、船名及装船地点及时通知卖方；负担货物在装运港超过船舷后的各种费用以及货物灭失或损坏的一切风险；负责获取进口许可证或其他官方文件，以及办理货物入境手续；受领卖方提供的各种单证，按合同规定支付货款。

②CFR。意为成本加运费，或称为运费在内价。它是指在装运港货物超过船舷卖方即完成交货，卖方需支付将货物运至指定的目的港所需的运费和费用，但交货后货物灭失或损坏的风险，以及由于各种事件造成的任何额外费用，却由卖方转移到买方。与FOB价格相比，CFR的费用划分与风险转移的分界点是不一致的。

在CFR交货方式下，卖方的基本义务有：提供合同规定的货物，负责订立运输合同并租船订舱，在合同规定的装运港和规定的期限内，将货物上船并及时通知买方，支付运至目的港的运费；负责办理出口清关手续，提供出口许可证及其他官方文件；承担货物在装运港超过船舷之前的一切费用和风险；按合同规定提供正式有效的运输单据、发票或具有同等效力的电子单证。

买方的基本义务有：承担货物在装运港超过船舷后的一切风险及运输途中因遭遇风险所引起的额外费用；在合同规定的目的港受领货物，办理进口清关手续，交纳进口税；受领卖方提供的各种约定的单证，并按合同规定支付货款。

③CIF。意为成本加保险费、运费，习惯称为到岸价格。

在CIF中，卖方除负有与CFR相同的义务外，还应办理货物在运输途中最低险别的海运保险，并应支付保险费。

如买方需要更高的保险险别，则需要与卖方明确地达成协议，或者自行做出额外的保险安排。除保险这项义务之外，买方的义务也与CFR相同。

（2）进口设备到岸价的构成及计算

$$
\begin{aligned}
\text{进口设备到岸价(CIF)} &= \text{货价(FOB)} + \text{国际运费} + \text{运输保险费} \\
&= \text{运费在内价(CFR)} + \text{运输保险费}
\end{aligned}
$$

①货价。一般指装运港船上交货价（FOB），又分为原币货价和人民币货价。原币货价一律折算为美元表示，人民币货价按原币货价乘以外汇市场美元兑换人民币汇率中间价确定。

②国际运费。即从装运港（站）到达我国目的港（站）的运费。我国进口设备大部分采用海洋运输，小部分采用铁路运输，个别采用航空运输。

$$\text{国际运费} = \text{原币货价} \times \text{运费费率}$$

$$\text{国际运费} = \text{运量} \times \text{单位运价}$$

③运输保险费。它是一种财产保险。

$$\text{运输保险费} = \frac{\text{原币货价} + \text{国外运费}}{1 - \text{保险费费率}} \times \text{保险费费率}$$

(3) 进口从属费的构成及计算

进口从属费 = 银行财务费 + 外贸手续费 + 关税 + 消费税 + 进口环节增值税 + 车辆购置税

①银行财务费。一般是指在国际贸易结算中，中国银行为进出口商提供金融结算服务所收取的费用。

银行财务费 = 离岸价格(FOB) × 人民币外汇汇率 × 银行财务费费率

②外贸手续费。指按对外经济贸易部规定的外贸手续费率计取的费用，外贸手续费费率一般为1.5%。

外贸手续费 = 到岸价格(CIF) × 人民币外汇汇率 × 外贸手续费费率

③关税。由海关对进出国境或关境的货物和物品征收的一种税。

关税 = 到岸价格(CIF) × 人民币外汇汇率 × 进口关税税率

到岸价格作为关税的计征基数时，通常又可称为关税完税价格。

④消费税。仅对部分进口设备（如轿车、摩托车等）征收的税。

$$\text{应纳消费税额} = \frac{\text{到岸价(CIF)} \times \text{人民币外汇汇率} + \text{关税}}{1 - \text{消费税税率}} \times \text{消费税税率}$$

⑤进口环节增值税。是对从事进口贸易的单位和个人，在进口商品报关进口后征收的税种。

进口产品增值税额 = 组成计税价格 × 增值税税率

组成计税价格 = 关税完税价格 + 关税 + 消费税

⑥车辆购置税。进口车辆需缴进口车辆购置附加费。

进口车辆购置附加费 =（关税完税价格 + 关税 + 消费税）× 车辆购置税率

从某国进口设备，重量1 000吨，装运港船上交货价为400万美元，工程建设项目位于国内某省会城市。如果国际运费标准为300元/吨，海上运输保险费率为3‰，银行财务费率为5‰，外贸手续费率为1.5%，关税税率为22%，增值税的税率为17%，消费税税率为10%，银行外汇牌价为1美元=6.8元人民币，对该设备的原价进行估算。

解：

FOB=400×6.8=2 720（万元）

国际运费=300×1 000×6.8=204（万元）

海运保险费=(2 720+204)/(1−0.3%)×0.3% =8.80（万元）

CIF=2 720+204+8.80=2 932.80（万元）

银行财务费=2 720×5‰=13.60（万元）

外贸手续费=2 932.80×1.5% =43.99（万元）

关税=2 932.80×22% =645.22（万元）

消费税=(2 932.80+645.22)/(1−10%)×10% =397.56（万元）

增值税=(2 932.80+645.22+397.56)×17% =675.85（万元）

进口从属费=13.60+43.99+645.22+397.56+678.85=1 776.22（万元）

进口设备原价=2 932.80+1 776.22=4 709.02（万元）

3. 设备运杂费的构成及计算

（1）设备运杂费的构成

①运费和装卸费。国产设备由设备制造厂交货地点起至工地仓库（或施工组织设计指定的需要安装设备的堆放地点）止所发生的运费和装卸费；进口设备则由我国到岸港口或边境车站起至工地仓库（或施工组织设计指定的需要安装设备的堆放地点）止所发生的运费和装卸费。

②包装费。在设备原价中没有包含的，为运输而进行的包装支出的各种费用。

③设备供销部门的手续费。

④采购与仓库保管费，指采购、验收、保管和收发设备所发生的各种费用，包括设备采购人员、保管人员和管理人员的工资、工资附加费、办公费、差旅交通费，设备供应部分办公和仓库所占固定资产使用费、工具用具使用费、劳动保护费、检验试验费等。

（2）设备运杂费的计算。

$$设备运杂费 = 设备原价 \times 设备运杂费费率$$

2.4.2　工具、器具及生产家具购置费的构成及计算

工具、器具及生产家具购置费，是指新建或扩建项目初步设计规定的，保证初期正常生产必须购置的没有达到固定资产标准的设备、仪器、工卡模具、器具、生产家具和备品备件等的购置费用。

$$工具、器具及生产家具购置费 = 设备购置费 \times 定额费率$$

2.5　工程建设其他费用

工程建设其他费用，是指应在建设项目的建设投资中开支的，为保证工程建设顺利完成和交付使用后能够正常发挥效用而发生的土地使用费、与项目建设有关的费用和与未来企业生产经营有关的费用。

2.5.1　土地使用费

任何一个建设项目都固定于一定地点与地面相连接，必须占用一定量的土地，也就必然要发生为获得建设用地而支付的费用，包括通过划拨方式取得土地使用权而支付的土地征用及迁移补偿费或通过土地使用权出让方式取得土地使用权而支付的土地使用权出让金两种。

1. 土地征用及迁移补偿费

土地征用及迁移补偿费，是指建设项目通过划拨方式取得无限期的土地使用权，依照《中华人民共和国土地管理法》等规定所支付的费用。其总和一般不超过被征土地年产值的30倍，土地年产值则按该地被征用前三年的平均产量和国家规定的价格计算。

（1）土地补偿费

土地补偿费征用耕地（包括菜地）的补偿标准，按政府规定，一般为该耕地被征用前三年平均年产值的6~10倍，具体补偿标准由省、自治区、直辖市人民政府在此范围内制定。征用园地、鱼塘、藕塘、苇塘、宅基地、林地、牧场、草原等的补偿标准，由省、自治区、直辖市参照

征用耕地的土地补偿费制定。

征收无收益的土地，不予补偿。

土地补偿费归农村集体经济组织所有。

(2) 青苗补偿费和被征用土地上的房屋、水井、树木等附着物补偿费

这些补偿费的标准由省、自治区、直辖市人民政府制定。

如果征用城市郊区的菜地时，还应按照有关规定向国家缴纳新菜地开发建设基金。

地上附着物及青苗补偿费归地上附着物及青苗的所有者所有。

(3) 安置补助费

征用耕地、菜地的，其安置补助费按照需要安置的农业人口数计算。每一个需要安置的农业人口的安置补助费标准，为该地被征用前三年平均产值的4~6倍，每公顷被征用耕地的安置补助费，最高不得超过被征用前三年平均年产值的15倍。

(4) 耕地占用税或城镇土地使用税、土地登记费及征地管理费等

县市土地管理机关从征地费中提取土地管理费的比率，按征地工作量大小，视不同情况，在1%~4%幅度内提取。

(5) 征地动迁费

征地动迁费包括征用土地上的房屋及附属构筑物、城市公共设施等拆除、迁建补偿费、搬迁运输费，企业单位搬迁造成的减产、停工损失、拆迁管理费等。

(6) 水利水电工程水库淹没处理补偿费

水利水电工程水库淹没处理补偿费包括农村移民安置迁建费，城市迁建补偿费，库区工矿企业、交通、电力、通信、广播、管网、水利等的恢复、迁建补偿费，库底清理费，防护工程费，环境影响补偿费用等。

2. 土地使用权出让金

土地使用权出让金，是指建设项目通过土地使用权出让方式，取得有限期的土地使用权，依照《中华人民共和国城镇国有土地使用权出让和转让暂行条例》规定，支付的土地使用权出让金。

(1) 明确国家是城市土地的唯一所有者，并分层次、有偿、有限期地出让、转让城市土地。

第一层次是城市政府将土地使用权出让给用地者，该层次由城市政府垄断经营。出让对象可以是有法人资格的企事业单位，也可以是外商。

第二层次及以下层次的转让则发生在使用者之间。

(2) 城市土地的出让和转让可以采用协议、招标、公开拍卖等方式。

(3) 在有偿出让和转让土地时，政府对地价不做统一规定，但应坚持：

①地价对目前的投资环境不产生大的影响；

②地价与当地的社会经济承受能力相适应；

③地价要考虑已投入的土地开发费用、土地市场供求关系、土地用途和使用年限。

(4) 政府有偿出让土地使用权的期限

各地可根据时间、区位等各种条件做不同的规定。

(5) 土地有偿出让和转让，土地使用者和所有者要签约，明确使用者对土地享有的权利和对

土地所有者应承担的义务：

①有偿出让和转让使用权，要向土地受让者征收契税；

②转让土地如有增值，要向转让者征收土地增值税；

③在土地转让期间，国家要区别不同地段、不同用途向土地使用者收取土地占用费。

2.5.2　与项目建设有关的费用

1. 建设管理费

建设管理是指建设项目从筹建开始直至工程竣工验收合格或交付使用为止发生的项目建设管理费用。内容包括：

(1) 建设单位管理费

建设单位管理费是指建设单位发生的管理性质的开支。包括工作人员工资、工资性补贴、施工现场津贴、职业福利费、住房基金、基本养老保险费、基本医疗保险费、失业保险费、工伤保险费、办公费、差旅交通费、劳动保护费、工具用具使用费、固定资产使用费、必要的办公及生活用品购置费、必要的通信设备及交通工具购置费、零星固定资产购置费、招募生产工人费、技术图书资料费、业务招待费、设计审查费、工程招标费、合同契约公证费、法律顾问费、咨询费、完工清理费、竣工验收费、印花税和其他管理性开支。

(2) 工程监理费

工程监理费是指建设单位委托工程监理单位实施工程监理的费用。

此项费用应按国家发改委与原建设部联合发布的《建设工程监理与相关服务性收费管理规定》(发改价格〔2007〕670号）计算。依法必须实行监理的建设工程施工阶段的监理收费实行政府指导价；其他建设工程施工阶段的监理收费和其他阶段的监理与相关服务收费实行市场调节价。

$$建设单位管理费 = 工程费用 \times 建设单位管理费费率$$

2. 可行性研究费

可行性研究费是指在建设项目前期工作中，编制和评估项目建议书（或预可行性研究报告）、可行性研究报告所需的费用。

此项费用应依据前期研究委托合同计列，或参照《国家计委关于印发〈建设项目前期工作咨询收费暂行规定〉的通知》（计价格〔1999〕1283号）规定计算。

3. 研究试验费

研究试验费是指为建设项目提供和验证设计参数、数据、资料等所进行的必要的试验费用以及设计规定在施工中必须进行试验、验证所需费用。

研究试验费包括自行或委托其他部门研究试验所需人工费、材料费、试验设备及仪器使用费等。这项费用按照设计单位根据本工程项目的需要提出的研究试验内容和要求计算。在计算时要注意不应包括以下项目：

①应由科技三项费用（即新产品试制费、中间试验费和重要科学研究补助费）开支的项目；

②应在建筑安装费用中列支的施工企业对建筑材料、构件和建筑物进行一般鉴定、检查所发生的费用及技术革新的研究试验费；

③应由勘察设计费或工程费用中开支的项目。

4. 勘察设计费

勘察设计费是指委托勘察设计单位进行工程水文地质勘查、工程设计所发生的各项费用。

其中包括工程勘察费、初步设计费（基础设计费）、施工图设计费（详细设计费）、设计模型制作费。此项费用应按《关于发布〈工程勘察设计收费管理规定〉的通知》（计价格〔2002〕10号）的规定计算。

5. 环境影响评价费

环境影响评价费是按照《中华人民共和国环境保护法》《中华人民共和国环境影响评价法》等规定，为全面、详细评价本建设项目对环境可能产生的污染或造成的重大影响所需的费用。

其中包括编制环境影响报告书（含大纲）、环境影响报告表以及对环境影响报告书（含大纲）、环境影响报告表进行评估等所需的费用。此项费用可参照《关于规范环境影响咨询收费有关问题的通知》（计价格〔2002〕125号）规定计算。

6. 劳动安全卫生评价费

劳动安全卫生评价费是指按照原劳动部《建设项目（工程）劳动安全卫生监察规定》和《建设项目（工程）劳动安全卫生预评价管理办法》的规定，为预测和分析建设项目存在的职业危险、危害因素的各类和危险危害程度，并提出先进、科学、合理可行的劳动安全卫生技术和管理对策所需的费用。

其中包括编制建设项目劳动安全卫生预评价大纲和劳动安全卫生预评价报告书以及为编制上述文件所进行的工程分析和环境现状调查等所需的费用。

7. 场地准备及临时设施费

（1）建设项目场地准备费是指建设项目为达到工程开工条件进行的场地平整和对建设场地余留的有碍于施工建设的设备进行拆除清理的费用。

（2）建设单位临时设施费是指为满足施工建设需要而提供到场地界区的、未列入工程费用的临时水、电、路、气、通信等其他工程费用和建设单位的现场临时建（构）筑物的搭设、维修、拆除、摊销或建设期间租赁费用，以及施工期间专用公路或桥梁的加固、养护、维护等费用。

8. 引进技术和引进设备其他费用

（1）引进项目图纸资料翻译复制费、备品备件测绘费。可根据引进项目的具体情况计列或按引进货价（FOB）的比例估列；引进项目发生备品备件测绘费时按具体情况估列。

（2）出国人员费用。包括买方人员出国设计联络、出国考察、联合设计、监造、培训等所发生的旅费、生活费等。

（3）来华人员费用。包括卖方来华工程技术人员的现场办公费用、往返现场交通费用、接待费用等。

（4）银行担保及承诺费。指引进项目由国内外金融机构出面承担风险和责任担保所发生的费用，以及支付贷款机构的承诺费用。

9. 工程保险费

工程保险费是指建设项目在建设期间根据需要对建筑工程、安装工程、机器设备和人身安全进行投保而发生的保险费用。

工程保险费包括建筑安装工程一切险、引进设备财产保险和人身意外伤害险等。

根据不同的工程类别，其分别以建筑、安装工程费乘以建筑、安装工程保险费率计算。

10. 特殊设备安全监督检验费

特殊设备安全监督检验费是指在施工现场组装的锅炉及压力容器、压力管道、消防设备、燃气设备、电梯等特殊设备和设施，由安全监察部门按照有关安全监察条例和实施细则以及设计技术要求进行安全检验、应由建设项目支付的、向安全监察部门缴纳的费用。

11. 市政公用设施费

市政公用设施费是指使用市政公用设施的建设项目，按照项目所在地省一级人民政府有关规定建设或缴纳的市政公用设施建设配套费用，以及绿化工程补偿费用。

2.5.3　与未来企业生产经营有关的费用

1. 联合试运转费

联合试运转费是指新建项目或新增加生产能力的工程，在交付生产前按照批准的设计文件所规定的工程质量标准和技术要求，进行整个生产线或装置的负荷联合试运转或局部联运试车所发生的费用将支出（试运转支出大于收入的差额部分费用）。

试运转支出包括试运转所需的原料、燃料及动力消耗、低值易耗品、其他物料消耗、工具用具使用费、机械使用费、保险金、施工单位参加联合试运转人员的工资，以及专家指导费等。

试运转收入包括：试运转期间的产品销售收入和其他收入。

联合试运转费不包括应由设备安装工程费用开支的调试及试车费用，以及在试运转中暴露出来的因施工原因或设备缺陷等发生的处理费用。

2. 生产准备费

生产准备费是指新建项目或新增生产能力的项目，为保证竣工交付使用进行必要的生产准备所发生的费用。其中包括：

①生产职工培训费，包括自行培训或委托其他单位培训的人员的工资、工资性补贴、职工福利费、差旅交通费、学习资料费、学习费、劳动保护费等。

②生产单位提前进厂参加施工、设备安装、调试等以及熟悉工艺流程及设备性能等人员的工资、工资性补贴、职工福利费、差旅交通费、劳动保护费等。

生产准备费一般根据需要培训和提前进厂人员的人数及培训时间按生产准备费指标进行估算。

3. 办公和生活家具购置费

办公和生活家具购置费是指为保证新建、改建、扩建项目初期正常生产、使用和管理所必须购置的办公和生活家具、用具的费用。

一般按照设计定员人数乘以综合指标计算，一般为600～1 000元/人。

2.6 预备费和建设期贷款利息

2.6.1 基本预备费

基本预备费是指在项目实施中可能发生难以预料的支出，需要预先预留的费用，又称不可预见费。其主要是指设计变更及施工过程中可能增加工程量的费用。计算公式为：

基本预备费 =（设备及工器具购置费 + 建筑安装工程费 + 工程建设其他费）× 基本预备费费率

2.6.2 涨价预备费

涨价预备费（价差预备费）是指建设工程项目在建设期内由于价格等变化引起投资增加，需要事先预留的费用。涨价预备费以建筑安装工程费、设备及工器具购置费之和为计算基数。计算公式为

$$PC = \sum_{t=1}^{n} I_t[(1+f)^t - 1]$$

式中，PC是涨价预备费；I_t是建设期中第t年的投资额，包括工程费用、工程建设其他费用及基本预备费；n是建设期年份数；f是建设期价格上涨指数。

如果建设前期有一段决策调研阶段，则涨价预备费计算公式为

$$PC = \sum_{t=1}^{n} I_t[(1+f)^m (1+f)^{0.5} (1+f)^{t-1} - 1]$$

式中，PC是涨价预备费；n是建设期年份数；I_t是建设期中第t年的投资额，包括工程费用、工程建设其他费用及基本预备费；f是建设期价格上涨指数；m是建设前期年限（从编制估算到开工建设，单位：年）。

2.6.3 建设期贷款利息

建设期利息包括向国内银行和其他非银行金融机构贷款、出口信贷、外国政府贷款、国际商业银行贷款以及在境内外发行的债券等在建设期间内应偿还的借款利息。

当总贷款是分年均衡发放时，建设期利息的计算可按当年借款在年中支用考虑，即当年贷款按半年计息，上年贷款按全年计息。

$$q_j = \left(P_{j-1} + \frac{1}{2}A_j\right) \times i$$

式中，q_j是建设期第j年应计利息；P_{j-1}是建设期第（$j-1$）年末贷款累计金额与利息累计金额之和；A_j是建设期第j年贷款金额；i是年利率。

国外贷款利息的计算中，还应包括国外贷款银行根据贷款协议向贷款方以年利率的方式收取的手续费、管理费、承诺费；以及国内代理机构经国家主管部门批准的以年利率的方式向贷款单位收取的转贷费、担保费、管理费等。

思考题

1. 工程造价由哪几个部分组成？
2. 建设工程造价与一般工业产品的价格构成有什么不同？请举例说明。
3. 某建设工程的基价直接费为220万元，其他直接费、临时设施费、现场管理费、企业管理费和财务费用的综合费率为20%，计划利润为10%，税率为3.5%，试求该建设工程的工程造价。
4. 直接工程费包括哪几个方面内容？
5. 间接费包括哪些内容？
6. 简述设备、工器具费用构成。
7. 设备购置费由哪些费用组成？如何计算国产标准设备的购置费？
8. 什么是工程建设其他费用？它由哪些费用组成？
9. 预备费包括哪些内容？如何计算？
10. 某建设项目计划总投资1 500万元，全部贷款筹资，分3年均衡投放。第一年投资500万元，第二年投资800万元，第三年投资200万元。建设期内年投资上涨率为5%，贷款名义利率为12%，每半年结算一次。试计算该建设项目的涨价预备费和建设期贷款利息。
11. 某建设项目的工程费用构成如下：主要生产项目8 000万元，辅助项目5 000万元，公用工程2 000万元，环境保护工程600万元，总图运输工程290万元，服务项目190万元，生活福利200万元，厂外工程120万元，工程建设其他费用500万元，基本预备费为10%，建设期价格上涨率为5%，建设期为3年，每年的投资额相等。项目第一年贷款4 000万元，第二年贷款2 500万元，第三年贷款2 500万元，贷款年利率为5%，按季结算。固定资产投资方向调节税税率为5%。试求该建设项目的基本预备费、涨价预备费、建设期贷款利息、固定资产投资方向调节税和总投资。

Chapter 3

第3章

建筑工程定额

内容提要

本章主要介绍了工程造价计价的概念、内容、分类的基本知识，还介绍了施工定额、预算定额、概算定额、概算指标、估算指标和工程造价指数等内容。

学习目标

了解工程造价计价的种类和编制原理，理解和掌握预算定额、概算定额、概算指标、费用定额的概念以及它们之间的区别与联系，明确工程造价计价依据的作用及特点，理解基础单价、定额基价、费用定额包括的内容和计算方法，达到灵活与综合应用预算定额的目的。

3.1 工程建设定额概述

3.1.1 定额的概念、含义和特点

定额是一种规定的额度，广义地说，也是处理特定事物的数量界限。在现代经济和社会活动中，定额无处不在，人们需要利用其对社会经济生活中复杂多样的事物进行计划、调节、组织、预测、控制、咨询等一系列管理活动。定额是管理的基础。

工程建设定额，是额定消耗量标准，是指按照国家有关的产品标准、设计规范和施工验收规范、质量评定标准，并参考行业、地方标准以及有代表性的工程设计、施工资料确定的工程建设过程中完成规定计量单位产品所消耗的人工、材料、机械等消耗量的标准。这种规定的额度反映在一定的社会生产力发展水平下，完成某项建设工程的各种生产消耗之间特定的数量关系，考虑的是正常的施工条件下，大多数施工企业的技术装备程度，合理的施工工期、施工工艺和劳动组织下的社会平均消耗水平。

建筑工程定额是指在正常的施工条件、先进合理的施工工艺和施工组织的条件下，用科学的方法制定的每完成一定计量单位的质量合格的建筑产品所必须消耗的人工、材料、机械设备及其资金的数量标准。

由于工程建设产品具有构造复杂，产品规模宏大，种类繁多，生产周期长等技术经济特点，造成了工程建设产品外延的不确定性。因此，工程建设产品可以指工程建设的最终产品，也可以

是构成工程项目的某些完整的产品，也可以是完整产品中的某些较大组成部分，还可以是较大组成部分中的较小部分，或更为细小的部分。这些特点使定额在工程建设管理中占有重要的地位，同时也决定了工程建设定额的多种类、多层次性，使定额具有如下特点。

(1) 科学性。工程建设定额的科学性包括两重含义。一重含义是指工程建设定额和生产力发展水平相适应，反映出工程建设中生产消费的客观规律。另一重含义，是指工程建设定额管理在理论、方法和手段上适应现代科学技术和信息社会发展的需要。

工程定额的科学性，首先表现在用科学的态度制定定额，尊重客观实际，力求定额水平合理；其次表现在制定定额的技术方法上；最后，表现在定额制定和贯彻的一体化。

(2) 统一性。工程建设定额的统一性按照其影响力和执行范围来看，有全国统一定额，地区统一定额和行业统一定额等；按照定额的制定、颁布和贯彻使用来看，有统一的程序、统一的原则、统一的要求和统一的用途。

(3) 指导性。工程定额的指导性体现在两个方面：一方面工程定额作为国家各地区和行业颁布的指导性依据，可以规范建设市场的交易行为，在具体的建设产品定价过程中也可以起到相应的参考性作用，同时统一定额还可以作为政府投资项目定价以及造价控制的重要依据；另一方面，在现行的工程量清单计价方式下，体现交易双方自主定价的特点，投标人报价的主要依据是企业定额，但企业定额的编制和完善仍然离不开统一定额的指导。

(4) 稳定性与时效性。工程建设定额中的任何一种都是一定时期技术发展和管理水平的反映，因而在一段时间内都表现出稳定的状态。稳定的时间有长有短，一般为5~10年。当生产力向前发展了，定额就会与已经发展了的生产力不相适应。这样，这原有的作用就会逐步减弱以致消失，需要重新编制或修订。

(5) 系统性。工程建设定额是相对独立的系统。它是由多种定额结合而成的有机的整体。它的结构复杂，有鲜明的层次，有明确的目标。

3.1.2　定额的分类

建筑安装工程定额的种类很多，但不论何种定额，其包含的生产要素是共同的，即人工、材料和机械等三要素。建筑安装工程定额可按不同的标准进行划分。

1. 按生产要素内容分类

建筑安装工程定额按生产要素内容分类可划分为人工定额、材料消耗定额和施工机械台班使用定额。

人工定额，也称劳动定额，是指在正常的施工技术和组织条件下，完成单位合格产品所必需的人工消耗量标准。

材料消耗定额是指在合理和节约使用材料的条件下，生产单位合格产品所必须消耗的一定规格的材料、成品、半成品和水、电等资源的数量标准。

施工机械台班使用定额也称施工机械台班消耗定额，是指施工机械在正常施工条件下完成单位合格产品所必需的工作时间。它反映了合理地、均衡地组织劳动和使用机械时该机械在单位时间内的生产效率。

2. 按编制程序和用途分类

工程建设定额按编制程序和用途分类可分为施工定额、预算定额、概算定额、概算指标和投资估算指标五种。

①施工定额。施工定额是以同一性质的施工过程——工序作为研究对象，表示生产产品数量与时间消耗综合关系的定额。施工定额是施工企业（建筑安装企业）组织生产和加强管理在企业内部使用的一种定额，属于企业定额的性质。施工定额是建设工程定额中分项最细、定额子目最多的一种定额，也是建设工程定额中的基础性定额。施工定额由人工定额、材料消耗定额和施工机械台班使用定额所组成。

施工定额是施工企业进行施工组织、成本管理、经济核算和投标报价的重要依据。施工定额直接应用于施工项目的管理，用来编制施工作业计划、签发施工任务单、签发限额领料单，以及结算计件工资或计量奖励工资等。施工定额和施工生产结合紧密，施工定额的定额水平反映施工企业生产与组织的技术水平和管理水平。施工定额也是编制预算定额的基础。

②预算定额。预算定额是以建筑物或构筑物各个分部分项工程为对象编制的定额。它是以施工定额为基础综合扩大编制的，同时也是编制概算定额的基础。其中的人工、材料和机械台班的消耗水平根据施工定额综合取定，定额项目的综合程度大于施工定额。预算定额是编制施工图预算的主要依据，是编制单位估价表、确定工程造价、控制建设工程投资的基础和依据。与施工定额不同，预算定额是社会性的，而施工定额则是企业性的。

③概算定额。概算定额是以扩大的分部分项工程为对象编制的。概算定额是编制扩大初步设计概算、确定建设项目投资额的依据。概算定额一般是在预算定额的基础上综合扩大而成的，每一综合分项概算定额都包含了数项预算定额。

④概算指标。概算指标是概算定额的扩大与合并，它是以整个建筑物和构筑物为对象，以更为扩大的计量单位来编制的。概算指标的设定和初步设计的深度相适应，一般是在概算定额和预算定额的基础上编制的，是设计单位编制设计概算或建设单位编制年度投资计划的依据，也可作为编制估算指标的基础。

⑤投资估算指标。投资估算指标通常以独立的单项工程或完整的工程项目为对象，以确定的生产要素消耗数量标准或项目费用标准为依据，将已建工程或现有工程的价格数据和资料分析、归纳和整理编制而成。投资估算指标是在项目建议书和可行性研究阶段编制投资估算、计算投资需要量时使用的一种指标，是合理确定建设工程项目投资的基础。

3. 按编制单位和适用范围分类

工程建设定额可分为国家定额、行业定额、地区定额、企业定额和补充定额。

①国家定额。国家定额是指由国家建设行政主管部门组织，依据有关国家标准和规范，综合全国工程建设的技术与管理状况等编制和发布，在全国范围内使用的定额。

②行业定额。行业定额是指由行业建设行政主管部门组织，依据有关行业标准和规范，考虑行业工程建设特点等情况所编制和发布，在本行业范围内使用的定额。

③地区定额。地区定额是指由地区建设行政主管部门组织，考虑地区工程建设特点和情况制定发布，在本地区内使用的定额。

④企业定额。企业定额是指由施工企业自行组织，主要根据企业的自身情况，包括人员素质、机械装备程度、技术和管理水平等编制，在本企业内部使用的定额。

⑤补充定额。补充定额是指随着设计、施工技术的发展，现行定额不能满足需要的情况下，

为了补充缺项所编制的定额。补充定额只能在指定的范围内使用，常作为以后修订定额的基础。

4. 按投资的费用性质分类

按照投资的费用性质，建设工程定额可分为建筑工程定额、设备安装工程定额、建筑安装工程费用定额、工器具定额以及工程建设其他费用定额等。

（1）建筑工程定额。建筑工程定额是建筑工程的施工定额、预算定额、概算定额和概算指标的统称。建筑工程一般理解为房屋和构筑物工程。建筑工程定额在整个建设工程定额中占有突出的地位。

（2）设备安装工程定额。设备安装工程定额是设备安装工程的施工定额、预算定额、概算定额和概算指标的统称。设备安装工程一般是指对需要安装的设备进行定位、组合、校正、调试等工作的工程。在通用定额中有时把建筑工程定额和安装工程定额合二为一，称为建筑安装工程定额。建筑安装工程定额属于直接工程费定额，仅仅包括施工过程中人工、材料、机械台班消耗的数量标准。

（3）建筑安装工程费用定额。建筑安装工程费用定额一般包括两部分内容：措施费定额和间接费定额。

（4）工具、器具定额。工具、器具定额是为新建或扩建项目投产运转首次配置的工具、器具数量标准。工具和器具是指按照有关规定不够固定资产标准而起劳动手段作用的工具、器具和生产用家具。

（5）工程建设其他费用定额。工程建设其他费用定额是独立于建筑安装工程定额、设备和工器具购置之外的其他费用开支的标准。其他费用定额是按各项独立费用分别编制的，以便合理控制这些费用的开支。

3.2 工程定额计价的基本方法

3.2.1 工程定额体系

新中国成立以来，建筑安装行业发展很快，在经营生产管理中，各类标准工程定额是核算工程成本，确定工程造价的基本依据。这些工程定额经过多次修订，已经形成一个由全国统一定额、地方估价表、行业定额、企业定额等组成的较完整的定额体系，属于工程经济标准化范畴。

定额体系包括施工定额、预算定额、概算定额、概算指标和投资估算指标。施工定额是其他各类定额的编制基础。预算定额、概算定额、概算指标和投资估算指标，分别适用于工程建设的不同阶段，从预算定额到投资估算指标的应用，几乎涵盖了整个工程造价的计价过程。劳动消耗定额、材料消耗定额和机械消耗定额则是施工定额、预算定额、概算定额的组成部分。

3.2.2 定额计价的基本程序和特点

定额计价模式，是根据预算定额规定的计量单位和计算规则，逐项计算拟建工程施工图设计中的分项工程量，套用预算定额（或消耗量定额）单价确定直接工程费、施工技术措施费；然后再按规定的计费程序和费率确定施工组织措施费、间接费、利润；按当时的市场信息价格进行动态调整；按规定计取税金，经汇总后形成的工程造价的计价模式。

定额计价的特点就一个量与价结合的过程。可以用公式进一步表明确定建筑产品价格定额计价的基本方法和程序。

（1）每一计量单位建筑产品的基本构造要素（假定建筑产品）的直接工程费单价

=人工费+材料费+施工机械使用费

式中，人工费=Σ(人工工日数量×人工日工资标准)

材料费=Σ(材料用量×材料预算价格)+检验试验费

机械使用费=Σ(机械台班用量×台班单价)

（2）单位工程直接费=Σ(假定建筑产品工程量×直接工程费单价)+措施费。

（3）单位工程概预算造价=单位工程直接费+间接费+利润+税金。

（4）单项工程概算造价=Σ单位工程概预算造价+设备、工器具购置费。

（5）全部工程概算造价=Σ单项工程的概算造价+预备费+有关的其他费用。

3.2.3 工程定额计价方法的性质

我国建筑产品价格市场化经历了“国家定价”“国家指导价”和“国家调控价”三个阶段。定额计价是以概预算定额、各种费用定额为基础依据，按照规定的计算程序确定工程造价的特殊计价方法。因此，利用工程建设定额计算工程造价就价格形成而言，介于国家指导价和国家调控价之间。

第一阶段，国家定价阶段主要特征是：

（1）这种“价格”分为设计概算、施工图预算、工程费用签证和竣工结算。

（2）这种“价格”属于国家定价的价格形式，国家是这一价格形式的决策主体。

第二阶段，国家指导价阶段，其价格形成的特征如下。

（1）计划控制性。作为评标基础的标底价格要按照国家工程造价管理部门规定的定额和有关取费标准制定。标底价格的最高数额受到国家批准的工程概算控制。

（2）国家指导性。国家工程招标管理部门对标底的价格进行审查，管理部门组成的监督小组直接监督、指导大中型工程招标、投标、评标和决标过程。

（3）竞争性。投标单位可以根据本企业的条件和经营状况确定投标报价，并以价格作为竞争承包工程手段。招标单位可以在标底价格的基础上，择优确定中标单位和工程中标价格。

第三阶段，国家调控价阶段，国家调控招标投标价格形成特征如下。

（1）自发形成。由工程承发包双方根据工程自身的物质劳动消耗、供求状况等协商议定，不受国家计划调控。

（2）自发波动。随着工程市场供求关系的不断变化，工程价格经常处于上升或者下降的波动之中。

（3）自发调节。通过价格的波动，自发调节着建筑产品的品种和数量，以保持工程投资与工程生产能力的平衡。

3.2.4 工程定额计价方法的改革

计划经济体制下的定额计价制度在国内工程造价管理体现出以下特点：

(1) 政府特别是中央政府是工程项目的唯一投资主体。

(2) 建筑业不是生产部门，而是消费部门。

(3) 工程造价管理被简单地理解为投资的节约。

市场经济体制下的定额计价制度的改革分两个阶段：

工程定额计价制度第一阶段改革的核心思想是“量价分离”，即由国务院建设行政主管部门制定符合国家有关标准、规范，并反映一定时期施工水平的人工、材料、机械等消耗量标准，实现国家对消耗量标准的宏观管理。对人工、材料、机械的单价等，工程造价管理机构依据市场价格的变化发布工程造价相关信息和指数，将过去完全由政府计划统一管理的定额计价改变为“控制量、指导价、竞争费。”

工程定额计价制度改革的第二阶段的核心问题是工程造价计价方式的改革。在建设市场的交易过程中，传统的定额计价制度与市场主体要求拥有自主定价权之间发生了矛盾和冲突，主要表现为：

(1) 浪费了大量的人力、物力，招投标双方存在着大量的重复劳动。

(2) 投标单位的报价按统一定额计算，不能按照自己的具体施工条件、施工设备和技术专长来确定报价；不能按照自己的采购优势来确定材料预算价格；不能按照企业的管理水平来确定工程的费用开支；企业的优势体现不到投标报价中。

政府主管部门推行了工程量清单计价制度，以适应市场定价的改革目标。在这种定价方式下，工程量清单报价由招标者给出工程清单，投标者填单价，单价完全依据企业技术、管理水平的整体实力而定，充分发挥工程建设市场主体的主动性和能动性，是一种与市场经济相适应的工程计价方式。

3.3 施工定额

3.3.1 施工定额概述

1. 施工定额的概念

施工定额是指具有合理劳动组织的建筑安装工人小组在正常施工条件下完成单位合格产品所需消耗的人工、材料以及施工机械台班的数量标准。

施工定额是以施工过程为制定对象，是施工企业内部使用的一种定额，它用来编制施工预算、编制作业进度计划、签发工程任务单、结算计件工资和超额奖励以及材料节约奖金等。

施工定额是以工序定额为基础，综合合并而成的，它囊括了人工定额、材料消耗定额和机械台班使用定额三个部分。

施工定额的制定基础应以平均先进水平为准，以便于应用为原则，并应用科学的方法编制。

2. 施工定额的作用

(1) 它是编制施工预算、加强企业成本管理的基础；

(2) 它是企业计划管理的依据；

(3) 它是组织和指挥施工生产的有效工具；

(4) 它是计算工人劳动报酬的依据。

3. 施工定额的组成

（1）人工定额（劳动定额）；

（2）材料消耗定额；

（3）施工机械台班消耗定额。

3.3.2 人工定额

1. 人工定额的概念

人工定额是指在一定的生产技术和生产组织的条件下，为生产一定和产品或完成一定的工作所规定的必要的劳动消耗标准。

人工定额是施工过程中的一种人工消耗定额，也称为劳动定额。

2. 人工定额的形式

人工定额从形式上可分为时间定额和产量定额两种。

（1）时间定额

时间定额是指在一定的生产技术和生产组织条件下，某小组或个人，完成单位合格产品所必需消耗的工作时间。

时间定额以“工日”为单位，每一个工日工作时间按 8 小时计算。

$$\text{单位产品的时间定额} = \frac{1}{\text{每工的产量}}$$

（2）产量定额

产量定额是指在一定的生产技术和生产组织条件下，某小组或个人，在单位时间（一般指一个工日）里所完成的合格产品的数量。

产量定额的单位是以产品的单位计量。如米、立方米、个等。

$$\text{每工的产量定额} = \frac{1}{\text{单位产品的时间定额(工日)}}$$

$$\text{每班的产量定额} = \frac{\text{小组成员工日数总和}}{\text{单位产品的时间定额(工日)}}$$

时间定额与产量定额互为倒数关系。

3. 人工定额的制定

（1）制定原则

①取平均先进水平。平均先进水平，就是在正常的条件下，多数工人和多数企业经过努力能够达到和超过的水平，它低于先进水平，略高于平均水平。

水平过高，大家都达不到定额水平，会挫伤工人的积极性；水平过低，不经过努力就能大幅度地超过定额，起不到鼓励先进和调动积极性的作用。

②产品要达到并符合质量要求。产品质量要符合国家颁发的施工验收规范和现行的《建筑安装工程质量检验评价标准》的要求。

③合理的劳动组织。按照国家颁发的《建筑安装工人技术等级标准》，合理地组织劳动力，根据施工过程的技术复杂程度和工艺要求，配备适应技术等级的工人及其合理的数量。在保证工

程质量的前提下，以较少的劳动消耗，生产出较多的产品。

④明确劳动手段和对象。任何施工过程，都是劳动者借助劳动手段作用于劳动对象。不同的劳动手段和不同的劳动对象，对劳动者的效率有不同的影响。因此要明确劳动手段和劳动对象。

⑤简明适用。

（2）制定方法

①技术测定法。技术测定法是指根据先进合理的技术条件、劳动组织条件以及施工条件对施工过程中各道工序的工作时间组成进行分析、测定的一种定额测定方法。

技术测定法的优点：资料真实、依据充分、方法科学、准确率高。但是，这种方法工作量大，耗用的时间较长。

②比较类推法（典型定额法）。比较类推法是指根据一个已测定好的精确的、典型项目的定额，推算出同类型的相应项目的定额的一种方法。

比较类推法的优点：简单易行、工作量小、计算简便而准确。

③统计分析法。根据一定时期内实际生产中工作时间消耗和完成产品数量的统计资料（包括施工任务单、考勤表等）和原始记录，加以科学地分析、统计，并考虑当前在施工技术与施工组织变化的情况下，经分析研究后制定定额的方法，称为统计分析法。

统计分析法的优点：简便易行、较能反映实际情况。

统计分析法的缺点：容易包括偶然因素而影响定额水平。

④经验估计法。经验估计法是指根据老工人、施工技术人员以及定额制定人员的实践经验，经过分析图纸和现场观察、分析施工工艺、施工的生产技术组织条件以及操作方法的繁简和难易程度等情况进行座谈讨论从而估算定额的一种方法。

经验估计法的优点：制定定额的过程短，工作量小。

经验估计法的缺点：由于参加估工人员经验具有局限性，编制的准确性差。

3.3.3 材料消耗定额

1. 材料消耗定额的概念

材料消耗定额是指在合理地使用材料（即正常施工）的条件下，生产单位质量合格的建筑产品所必需消耗的一定品种和规格的建筑材料、半成品、构配件和各种资源的数量标准。

用科学的方法，正确地规定材料消耗定额，对合理使用材料、减少材料的浪费和积压，正确地计算建筑产品的造价以及保证正常施工有着极为重要的意义。

在建筑产品的成本中，材料费平均占总造价的60%～70%。

2. 材料消耗定额的构成

完成单位合格的建筑产品所必需的材料总耗用量由单位合格产品的净用量以及合理的损耗两部分组成。

材料的总耗用量 = 材料的净用量 + 材料合理的损耗量

材料合理的损耗量是指不可避免的损耗量。如场内运输中的损耗、加工制作中的损耗等。

材料的损耗量 = 材料的净用量 × 材料的损耗率

材料的总耗用量 = 材料的净用量 ×（1 + 材料的损耗率）

3. 材料消耗定额的制定方法

(1) 现场观测法

现场观测法是在现场对施工过程进行观察，记录产品的完成数量、材料的消耗数量以及作业方法等具体情况，通过分析与计算，来确定在合理使用材料的条件下，完成合格产品的材料耗用量的一种方法。

观测对象的选择是现场观测法的首要任务。选择不同的对象，观测的结果就不一样，如果选择的对象不好，得出的观测结果也就不正确。

观测法还要注意区分不可避免的材料消耗以及可以避免的材料消耗，可以避免的材料消耗是不能列入定额的。

(2) 试验法

试验法又称为实验室试验法。它是指在试验室里进行材料耗用量的试验，测定数据，从而确定材料消耗定额的一种方法。

试验法的缺点如下：

①有些材料不适宜在试验室中进行试验；

②它有局限性，无法估计施工中具体的某些因素对材料消耗的影响，从而影响定额的准确性。

(3) 统计分析法

根据工程开始时拨给分部分项工程的材料数量和完工后退回的材料数量，进行分析、计算材料消耗的方法，称为统计分析法。

统计法是通过现场用料的大量统计资料进行分析计算，而得到材料消耗的数据。这种方法简单易行，不必组织专人测定和试验，但其精度受统计资料准确性的影响，因此准确性较差。应用此法时，必须特别注意统计资料的真实性、系统性，提高准确程度。

(4) 理论计算法

理论计算法是根据施工图中所标明的材料及构造，结合理论公式来计算材料消耗的各种方法。

理论计算法是一种理论计算测定法，此法适用于几何形状较规则的材料，它在工程中使用较多，结果也比较准确。

要特别注意的是，计算法只能算出单位产品的材料净用量，而材料的损耗量仍要在现场通过实测来取得。

4. 周转材料消耗定额的制定

周转材料是指在施工过程中不是通常的一次性消耗完的，而是经过修理、补充以后可以多次周转使用，逐渐消耗尽的材料。

周转材料是施工作业用料，也称为施工手段用料，它们在每一次的施工中，只受到一些损耗，而经过修理，可供下一次施工继续使用。如模板、钢板桩、扣件、脚手架等。

周转性材料消耗定额，应当按照多次使用，分期摊销的方式进行计算。现以钢筋混凝土模板为例，介绍周转性材料摊销量的计算。

(1) 现浇钢筋混凝土构件模板摊销量的计算

①一次使用量。所谓一次使用量是指周转性材料为完成产品每一次生产时所需用的材料数

量。即周转材料一次使用的基本量（一次投入量）。

$$一次使用量 = \frac{每10m^3混凝土和模板接触面积 \times 每m^2接触面积模板用量}{(1 - 模板制作安装损耗率)}$$

②材料周转次数。是指周转材料从第一次使用起，可以重复使用的次数。

③材料补损量。补损量是指周转使用一次后由于损坏需补充的数量，也就是在第二次和以后各次周转中为了修补难于避免的损耗所需要的材料消耗，通常用补损率来表示。

$$补损率 = \frac{平均损耗率}{一次使用量} \times 100\%$$

④周转使用量。周转使用量是指周转材料在周转使用和补损条件下，每周转使用一次平均所需材料数量。

周转使用量是根据一定的周转次数和每次使用后需补损的数量（即损耗率）来确定的。

$$周转使用量 = \frac{一次使用量 + 一次使用量 \times (周转次数 - 1) \times 补损率}{周转次数}$$

$$= 一次使用量 \times \frac{1 + (周转次数 - 1) \times 补损率}{周转次数}$$

⑤周转回收量。周转回收量是指周转材料在一定的周转次数下，每周转使用一次平均可以回收材料的数量。

$$周转回收量 = \frac{一次使用量 - 一次使用量 \times 补损率}{周转次数} = 一次使用量 \times \frac{1 - 补损率}{周转次数}$$

⑥周转摊销量。周转摊销量是指分摊在每次周转使用中的材料消耗量。

$$周转摊销量 = 周转使用量 - 周转回收量$$

（2）预制钢筋混凝土构件模板摊销量的计算

预制钢筋混凝土构件与现浇构件计算方法不同，预制钢筋混凝土构件是按多次使用平均摊销的计算方法，不考虑每次周转损耗率。

$$摊销量 = \frac{一次使用量}{周转次数}$$

3.3.4　机械台班使用定额

1. 机械台班使用定额的概念

机械台班使用定额是指机械在正常的施工条件和合理组织的条件下完成单位合格产品所必需消耗的时间数量标准。

机械台班使用定额又可称为机械台班定额、机械使用定额、机械设备利用定额等。

2. 机械台班使用定额的形式

（1）机械时间定额

机械时间定额是指在正常的施工条件和合理的劳动组织下，完成单位合格产品所必需的机械台班数量标准。

$$机械时间定额 = \frac{1}{机械台班产量}$$

机械时间定额的单位为“台班”，每一台班按8小时计算。一个台班的工作，既包括机械的运行，又包括工人的劳动。

（2）机械台班产量定额

机械台班产量定额是指在正常的施工条件和合理的劳动组织下，每一个机械台班所必须完成合格产品的数量。

$$机械台班产量定额 = \frac{1}{机械时间定额}$$

机械时间定额与机械台班产量定额互为倒数关系。

3.4 建筑工程预算定额

3.4.1 预算定额的含义和作用

预算定额是规定消耗在单位工程基本结构要素上的劳动力、材料和机械数量上的标准，是计算建筑安装产品价格的基础。所谓工程基本结构要素，就是通常所说的分项工程和结构构件。

预算定额按工程基本构造要素规定人工、材料和机械的消耗数量，以满足编制施工图预算、确定和控制工程造价的要求。

预算定额属于计价定额。预算定额是工程建设中一项重要的技术经济指标，反映了在完成单位分项工程消耗的活劳动和物化劳动的数量限制。这种限度最终决定着单项工程和单位工程的成本和造价。编制施工图预算时，需要按照施工图纸和工程量计算规则计算工程量，还需要借助于某些可靠的参数计算人工、材料和机械（台班）的消耗量，并在此基础上计算出资金的需要量，计算出建筑安装工程的价格。

预算定额的作用如下所述。

（1）预算定额是编制施工图预算、确定和控制建筑安装工程造价的基础。施工图预算是施工图设计文件之一，是控制和确定建筑安装工程造价的必要手段。编制施工图预算，除设计文件决定的建设工程的功能、规模、尺寸和文字说明是计算分部分项工程量和结构构件数量的依据外，预算定额是确定一定计量单位工程人工、材料、机械消耗量的依据，也是计算分项工程单价的基础。

（2）预算定额是对设计方案进行技术经济比较、技术经济分析的依据。设计方案在设计工作中居于中心地位。设计方案的选择要满足功能、符合设计规范，既要技术先进又要经济合理。根据预算定额对方案进行技术经济分析和比较，是选择经济合理设计方案的重要方法。对设计方案进行比较，主要是通过定额对不同方案所需人工、材料和机械台班消耗量等进行比较。这种比较可以判明不同方案对工程造价的影响。对于新结构、新材料的应用和推广，也需要借助于预算定额进行技术分析和比较，从技术与经济的结合上考虑普遍采用的可能性和效益。

（3）预算定额是施工企业进行经济活动分析的参考依据。实行经济核算的根本目的，是用经济的方法促使企业在保证质量和工期的条件下，用较少的劳动消耗取得预定的经济效果。目前，我国的预算定额仍决定着企业的收入，企业必须以预算定额作为评价企业工作的重要标准。企业可根据预算定额，对施工中的人工、材料、机械的消耗情况进行具体的分析，以便找出低工效、高消耗的薄弱环节及其原因。为实现经济效益的增长由粗放型向集约型转变提供对比数据，促进企业提供在市场上的竞争的能力。

（4）预算定额是编制招标控制价、投标报价的基础。在深化改革过程中，在市场经济体制下预算定额作为编制招标控制价的依据和施工企业报价的基础作用仍将存在，这是由于它本身的科学性和权威性决定的。

（5）预算定额是编制概算定额和估算指标的基础。概算定额和估算指标是在预算定额基础上经综合扩大编制的，也需要利用预算定额作为编制依据，这样做不但可以节省编制工作中的人力、物力和时间，收到事半功倍的效果，还可以使概算定额和概算指标在水平上与预算定额一致，以避免造成执行中的不一致。

3.4.2 预算定额的编制

预算定额是在施工定额的基础上进行综合扩大编制而成的。预算定额中的人工、材料和施工机械台班的消耗水平根据施工定额综合取定，定额子目的综合程度大于施工定额，从而可以简化施工图预算的编制工作。预算定额是编制施工图预算的主要依据。

预算定额项目中人工、材料和施工机械台班消耗量指标，应根据编制预算定额的原则、依据，采用理论与实际相结合、图纸计算与施工现场测算相结合、编制定额人员与现场工作人员相结合等方法进行计算。

表3-1为1995年《全国统一建筑工程基础定额》中砖石结构工程分部部分砖墙项目的示例。

表3-1 砖墙定额示例

工作内容：调、运、铺砂浆，运砖、砌砖包括窗台虎头砖、腰线、门窗套I安装木砖、铁件等

计量单位：$10m^3$

定额编号			4-2	4-3	4-5	4-8	4-10	4-11
项目		单位	单面清水砖墙			混水砖墙		
			1/2砖	1砖	1砖半	1/2砖	1砖	1砖半
人工	综合工日	工日	21.79	18.87	17.83	20.14	16.08	15.63
材料	水泥砂浆M5	m^3	—	—	—	1.95	—	—
	水泥砂浆M10	m^3	1.95					
	水泥混合砂浆M2.5	m^3	—	2.25	2.40	—	2.25	2.04
	烧结普通砖	千块	5.641	5.314	5.350	5.641	5.341	5.350
	水	m^3	1.13	1.06	1.07	1.33	1.06	1.07
机械	灰浆搅拌机200L	台班	0.33	0.38	0.40	0.33	0.38	0.40

预算定额的说明包括定额总说明、分部工程说明及各分项工程说明。涉及各分部需说明的共性问题列入总说明，属某一分部需说明的事项列章节说明。

3.4.3 预算定额的组成

预算定额的组成包含预算定额总说明、工程量计算规则、分部工程说明、分项工程定额表头说明和定额项目表五部分内容。

预算定额总说明内容列出下列事宜：

（1）预算定额的适用范围、指导思想及目的作用。

（2）预算定额的编制原则、主要依据及上级下达的有关定额修编文件。

（3）使用本定额必须遵守的规则及适用范围。

（4）定额所采用的材料规格、材质标准，允许换算的原则。

（5）定额在编制过程中已经包括及未包括的内容。

（6）各分部工程定额的共性问题的有关统一规定及使用方法。

在工程量计算规则内容中，必须根据国家有关规定，对工程量的计算做出统一的规定。工程量是核算工程造价的基础，是分析建筑工程技术经济指标的重要数据，是编制计划和统计工作的指标依据。

分部工程说明包含的内容如下：

（1）分部工程所包括的定额项目内容。

（2）分部工程各定额项目工程量的计算方法。

（3）分部工程定额内综合的内容及允许换算和不得换算的界限及其他规定。

（4）使用本分部工程允许增减系数范围的界定。

分项工程定额表头说明由以下内容组成：

（1）在定额项目表表头上方说明分项工程工作内容。

（2）本分项工程包括的主要工序及操作方法。

定额项目表由以下内容组成：

（1）分项工程定额编号（子目号）。

（2）分项工程定额名称。

（3）预算价值（基价）。其中包括人工费、材料费、机械费。

（4）人工表现形式。包括工日数量、工日单价。

（5）材料（含构配件）表现形式。材料栏内一系列主要材料和周转使用材料名称及消耗数量。次要材料一般都以其他材料形式以金额“元”或占主要材料的比例表示。

（6）施工机械表现形式。机械栏内有两种列法：一种列主要机械名称规格和数量；另一种次要机械以其他机械费形式用金额“元”或占主要机械的比例表示。

（7）预算定额的基价。人工工日单价、材料价格、机械台班单价均以预算价格为准。

（8）说明和附注。在定额表下说明应调整、换算的内容和方法。

预算定额采用量价分离的表现形式。每一个定额子目既以实物消耗量的形式反映定额编制当年的资源消耗水平，又按编制年份某一地区的价格水平，以价目表的形式反映当时的生产力水平，以适应工程建设管理的需要。

3.5 建筑安装工程人工、材料、机械台班单价的确定方法

3.5.1 人工单价的组成和确定

人工单价是指一个建筑安装工人一个工作日在预算中应计入的全部人工费用，它基本反映了建筑安装工人的工资水平和一个工人在一个工作日中可以得到的报酬。建筑安装工人工资的形式一般采用计时工资和计件工资两种。

根据现行规定，人工单价组成内容主要包括以下内容。

(1) 工资（总额)。工资（总额）是指企业直接支付给生产工人的劳动报酬总额，包括基本工资、奖金、津贴、补贴和其他工资。

(2) 职工福利费。职工福利费是指企业按国家规定计提的生产工人的职工福利基金。

(3) 劳动保护费。劳动保护费是指生产工人按国家规定在施工过程中所需的劳动保护用品、保健用品、防暑降温费等。

(4) 工会经费。工会经费是指企业按《中华人民共和国工会法》规定计提的生产工人的工会经费。

(5) 职工教育经费。职工教育经费是指企业按国家规定计提的生产工人的职工教育经费。

(6) 社会保险费。社会保险费是根据各地社会保险有关法规和条例，按规定缴纳的基本养老保险费、基本医疗保险费和失业保险费，包括企业和个人共同承担的费用。

(7) 危险作业意外伤害保险费。危险作业意外伤害保险费是指根据《中华人民共和国建筑法》有关保险规定，由企业为从事危险作业的建筑施工人员支付的意外伤害保险费。

(8) 住房公积金。住房公积金是指根据《住房公积金条例》，按规定缴纳的住房公积金，包括企业和个人共同承担的费用。

(9) 其他。人工单价中不包括管理人员（一般包括项目经理、施工队长、工程师、技术员、财会人员、预算人员、机械师等)、辅助服务人员（一般包括生活管理员、炊事员、医务员、翻译员、小车司机和后勤人员等)、现场保安等的开支费用。

人工单价确定的依据和方法如下所述。

(1) 生产工人基本工资。生产工人的基本工资应执行岗位工资和技能工资制度；

(2) 生产工人工资性补贴。包括按规定标准发放的物价补贴，煤、燃气补贴，交通费补贴，住房补贴，流动施工津贴及地区津贴等。

(3) 生产工人辅助工资、非作业工日的工资和工资性补贴。其是指生产工人年有效施工天数以外无效工作日的工资及工资性补贴，包括职工学习、培训期间的工资，调动工作、探亲、休假期间的工资，因气候影响的停工工资，女工哺乳时间的工资，病假在6个月以内的工资及产、婚、丧假期的工资。

(4) 职工福利费，按规定标准计提。

(5) 生产工人劳动保护费。

影响人工单价的因素是社会平均工资水平、生活消费指数、人工单价的组成内容、劳动力市场供需变化、政府推行的社会保障和福利政策。

我国原工资制度规定的是月工资标准，定额中的人工消耗以工日计，因此将月工资转化为日工资，即：日工资单价 = 月工资单价/月法定工作日。月法定工作日以20.8天计算（按年365天，扣除双休日104天及法定节假日11天，除以12个月计算)。

现行预算定额人工工日不分工种、技术等级，一律以综合工日表示，人工单价采用综合工日单价。所谓综合工日单价是指在具体的资源配置条件下，某具体工程上不同工种、不同技术等级的工人人工单价及其相应的工时比例加权平均所得到的人工单价。综合工日单价是进行工程估价的重要依据，其计算步骤如下。

(1) 根据一定的人工单价费用构成标准，在充分考虑单价影响因素的基础上，分别计算不同工种、不同技术等级工人的人工单价；

（2）根据具体工程的资源配置方案，计算不同工种、不同技术等级的工人在该工程上的工时比例；

（3）把不同工种、不同技术等级工人的人工单价按其相应的工时比例进行加权平均，得到该工程的综合人工单价。

目前我国的人工工日单价组成内容，在各部门、各地区并不完全相同，但其中每一项内容都是根据有关法规、政策文件的精神，结合本部门、本地区的特点，通过反复测算最终确定的。江苏省南京市现行建筑工程一类工、二类工和三类工工日单价分别为82元、79元和74元。各企业可根据本企业的情况选用或重新测定。

例3-1

临时雇用工人综合人工单价的确定。雇用条件如下：

（1）正常工作时间，技术工人79元/工日，普通工人74元/工日。

（2）加班工作时间，按正常工作时间工资标准的1.5倍计算。

（3）如工人的工作效率能达到定额的标准，则除按正常工资标准支付外，还可得基本工资的30%作为奖金。

（4）法定节假日按正常工资支付。

（5）病假工资40元/天。

（6）工器具费为2元/工日。

（7）劳动保险费为工资总额的10%。

（8）非工人原因停工照正常工作工资标准计算。

工作时间的设定如下：

（1）每年按52周计，每周正常工作5天，每周双休日加班。

（2）节假日规定：除11天法定节假日外，每年放假15天，均安排在双休日休息。

（3）非工人原因停工35天，5天病假，全年40天。其中35天在正常上班时间，5天在双休日。

工作时间计算：

（1）正常工作时间

①日历天数　　52×5=260天

②法定节假期　　11天

③非工人原因停工　　35天

　　合计　　214天

（2）加班工作时间

①双休日历天数　　52×2=104天

②扣除法定假期　　15天

③扣除病假停工　　5天

　　合计　　84天

（3）非工人原因停工　　35天

（4）法定节假日　　11天

（5）病假　　5天

年人工费计算详见表3-2。

技工人工单价 = 技工的年人工费 / 一年正常工作时间 = 40 938.7/214
= 198.27(元 / 工日)

普工人工单价 = 普工的年人工费 / 一年正常工作时间 = 38 403.2/214
= 186.43(元 / 工日)

如果技工与普工比为2:1，则综合单价：

198.27 × 2/3 + 1 863.43 × 1/3 = 194.32(元 / 工日)

表3-2　技工与普工年人工费计算

序号	费用项目	公式	技工	普工
1	正常工作工资	214 × 工资标准	17 548	16 478
2	非工人原因停工工资	35 × 工资标准	2 870	2 695
3	基本工资合计	(1) + (2)	20 418	19 173
4	奖金	基本工资 × 30%	6 125.4	5 751.9
5	加班工资	84 × 工资标准 × 1.5	10 332	9 702
6	法定节假日工资	11 × 工资标准	902	847
7	病假工资	5 × 病假工资	200	200
8	工器具费	工作天数 × 2	596	596
9	工资总额	(3) + … + (8)	38 573.4	36 269.9
10	劳动保险费	工资总额 × 10%	3 857.34	3 626.99
11	人工费合计	(9) + (10)	42 430.74	39 896.89

3.5.2　材料价格的确定

建筑工程材料从开采加工，制作出厂直至运输到现场或工地仓库，要经过材料采购、包装、运输、保管等过程，在这些过程中都要发生费用。建筑材料费在建筑安装工程预算造价中占有很大比重，材料费一般占工程造价的60% ~70%，约占直接费的85%，预算定额中的材料费，是根据材料消耗定额和材料预算价格计算的；另外材料预算价格也是建设单位，加工订货单位结算其供应材料，成品及半成品价款的依据。因此，正确细致地编制材料的预算价格，有利于如实反映工程造价、准确地编制基本建设计划和落实投资计划；有利于施工企业、建设单位精打细算，改进管理；有利于工程招投标管理的完善。

材料预算价格是从材料来源地到达工地仓库或施工现场堆放地点过程所发生的全部费用。它是编制预算时各种材料采用的单价。材料价格由以下五个部分组成：原价或出厂价、供销部门手续费、包装费、运杂费和采购及保管费。其中原价、运输费、采购保管费是构成材料预算价格的基本费用，其余两项有可能发生，可能不发生。

材料预算价格 = 原价 + 供销部门手续费 + 包装费 + 运杂费 + 采保费 − 包装品回收价值

1. 原价

材料的原价即出厂价，是没有经过商品流转领域生产厂的出厂价格或商店的批发牌价；而供应价是指生产厂家出厂至商品流转领域后的价格，包括了供销部门的手续费和包装费。原价是按国家指导价或市场调节价确定。国家指导价是政府物价管理部门根据成本、利润分析确定。市场调节价是生产者、经营者根据市场供求关系确定。

同种材料的原价有几种价格时，要用加权平均法确定。

$$材料平均原价 = \sum 供应量 \times 单价 / \sum 供应量$$

2. 供销部门的手续费

供销部门的手续费是必须经过当地的物资部门或供销部门供应时附加的手续费，一般按材料原价的比率确定。

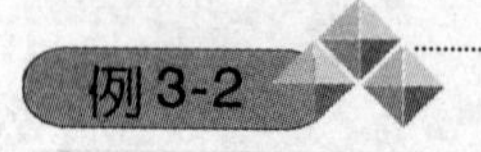

例 3-2

某工地所需标准砖，由甲、乙、丙三地供应，数量和单价如下表 3-3。计算标准砖的加权平均原价和标准砖的供销部门手续费（费率 3%）。

表 3-3 采购标准砖数量与单价

货源地	数量（千块）	出厂价（元/千块）
甲地	500	135
乙地	1 000	132
丙地	700	137

解： 加权平均原价 $P = (135 \times 500 + 132 \times 1\,000 + 137 \times 700)/(500 + 1\,000 + 700)$

$= 134.27$（元/千块）

手续费 $= 134.27 \times 3\% = 4.03$（元/千块）

3. 包装费

包装费一般按包装材料的出厂价格、正常的折旧摊销和因包装发生的其他费用计算。包装费应考虑以下几种情况：

①没有包装的不算费用，厂家自己包装的也不算包装费，因为已把包装费计入原价内；

②采购方自带包装品，要算包装费，多次使用的要摊销；

③包装品有回收价值，要扣除回收价值。

例 3-3

106 墙面涂料用塑料桶包装，每吨用 25 个桶，每个桶的单价 15.00 元，回收率 88%，残值率 70%，试计算每吨 106 涂料的包装费，包装材料的回收值，实际耗用的包装费，回收后的包装材料单价。

解： 106 涂料包装费 $= 15.00 \times 25 = 375.00$（元/t）

包装材料回收值 $= 375.00 \times 88\% \times 70\% = 231.00$（元/t）

实际耗用包装费 $= 375.00 - 231.00 = 144$（元/t）

回收塑料桶的单价 $= 15.00 \times 70\% = 10.50$（元/个）

4. 运杂费

运杂费是指材料来源地（交货地点）起，运至施工地仓库或堆放场地，全部运输过程中所支出的一切费用。其包括车船运输费、调车费、装卸费及合理的运输损耗费。

车船运输费是根据材料的来源地，运输里程、路线、工具，并根据有关规定的运价计算。其计算依据是根据主管部门规定的运价规定和有关规定计算。其计算方式如下：

①工程用的主要材料一般是按重量计算运输费，如三材、地材等。

②在某市场采购品种多、用量不大的材料，如小五金，膨胀螺栓等，运输费可按供应价的比率计算，比率按规定取或按供应价的2%。

材料运输费应根据材料来源地，运输里程、运输方法、运价标准采用加权平均方法计算。

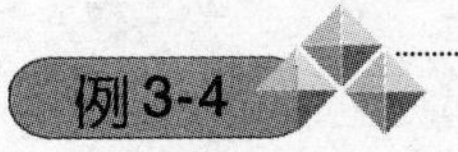

某工地所需标准砖由甲、乙、丙三地供应，各供应数量和运费单价如表3-4所示，求加权平均运费。

表3-4 采购标准砖供应量与运费单价

材料货源地	供应量	运费单价（元/千块）
甲	500	20
乙	1 000	22
丙	700	23

解： 加权平均运费 $=(20\times500+22\times1\,000+23\times700)/(500+1\,000+700)=21.86$（元/千块）

材料运输损耗计算指运输和装卸搬运过程的合理损耗。

一般材料运输损耗＝（原价＋供销部门手续费＋调车费＋包装费＋装卸费＋运输费）×运输损耗率

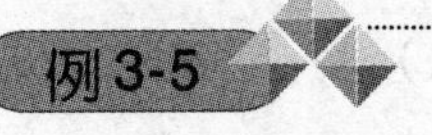

根据下列资料计算某工地所需标准砖的运输损耗和运杂费。

（1）加权平均原价　134.27元/千块

（2）供销部门手续费　4.03元/千块

（3）加权平均运费　21.86元/千块

（4）装卸费　10.00元/千块

（5）运输损耗率　2%

解： 砖运输损耗＝（134.27＋4.03＋21.86＋10.00）×2%＝3.40（元/千块）

砖运杂费＝21.86＋10.00＋3.40＝35.26（元/千块）

5. 材料采购及保管费

采购保管费＝（原价＋手续费＋包装费＋运杂费）×采保费费率

一般材料（如砖、瓦、灰、砂、石）的采保费率为3.5%；三材及其他材料的采保费费率为2%。

建设单位供应的材料，则采保费应区别下列情况确定：

①运至施工工地指定地点交货者，施工单位取采保费的50%。

②运至建设单位工程所在地基建仓库交货者，施工单位取采保费的70%。

③完全由建设单位采购保管收发记账，则施工单位不计。

例3-6

根据下列资料计算某工地标准砖的采购及保管费：

加权平均原价：134.27元/千块；

供销部门手续费：4.03元/千块；

运杂费：35.26元/千块；

采保费率：3.5%。

解：采保费 =（134.27 + 4.03 + 35.26）×3.5% = 6.07（元/千块）

则标准砖材料的预算价格 =(134.27 + 4.03 + 35.26)(1 + 3.5%) = 179.63（元/千块）

例3-7

标准砖规格240mm×115mm×53mm，试确定其预算价格。已经得出的数据如下：平均原价134.27元/千块，30m以内装卸汽车、码堆3.40元/吨，汽车运费11.07元/吨，汽车冲洗费1.50元/千块，场外运输损耗为1.4%，每千块机制红砖重2.6吨，采保费费率3.5%。

解：原价（综合平均）= 134.27元/千块

运杂费：

①装卸费 = 3.40×2.6 = 8.84（元/千块）

②汽车运费 = 11.07×2.6 = 28.78（元/千块）

③汽车冲洗费 = 1.5（元/千块）

④场外运输损耗 =(134.27 + 8.84 + 28.78 + 1.5)×1.4% = 2.43（元/千块）

采保费 =(134.27 + 8.84 + 28.78 + 1.5 + 2.43)×3.5% = 6.15（元/千块）

预算价格 = 134.27 + 8.84 + 28.78 + 1.5 + 2.43 + 6.15 = 181.97（元/千块）

例3-8

某工程使用32.5级水泥，出厂价格为250元/吨，由市建材公司供应，建材公司提货地点是本市的中心仓库。试求某工地仓库水泥的预算价格。供销手续费费率为3%。采购及保管费费率为2%。(某市地区材料预算价格中的外埠运费规定，钢材30元/吨。圆木43元/吨，袋装水泥25元/吨)

解：①32.5级水泥原价为250元/吨。

②供销部门手续费：250×3% = 7.50（元/吨）

③包装费：水泥纸袋包装费已包括在材料原价内，不另计算，但包装回收值应在材料预算价格中扣除。纸袋回收率50%纸袋回收值按0.35元/个计算。则包装费应扣除值为：20×50%×0.35 = 3.50（元/吨）

④运输费：水泥市内运费：8.5元/吨，水泥市外运费：25元/吨。

⑤材料采购及保管费：(250 + 7.5 + 8.5 + 25)×2% = 5.82（元/吨）

某工程仓库32.5级水泥供应价格及预算价格为：

供应价格 = 250 + 25 + 7.5 = 282.50（元/吨）

预算价格 = (282.5 + 8.5 + 5.82) - 3.5 = 293.32（元/吨）

3.5.3 施工机械台班单价的确定

施工机械台班单价是指一台机械一个工作日（台班）在工程估价中应计入的全部机械费用。根据不同的获取方式，工程施工中所使用的机械设备一般可分为外部租用和内部租用两种情况：

（1）外部租用是指向外单位（如设备租赁公司、其他施工企业等）租用机械设备，此种方式下的机械台班单价一般以该机械的租赁单价为基础加以确定。

（2）内部租用是指使用企业自有的机械设备。

由于机械设备是一种固定资产，从成本核算的角度看，其投资一般是通过折旧方式来加以回收的，所以此种方式下的机械台班单价一般可以在该机械折旧费（及大修理费）的基础上再加上相应的运行成本等费用因素，通过企业内部核算来加以确定。但是，如果从投资收益的角度看，机械设备作为一种固定资产，其投资必须从其所实现的收益中得到回收。

施工企业通过拥有机械设备实现收益的方式一般有两种：其一是装备在工程上通过计算相应的机械使用费从工程造价中实现收益；其二是对外出租机械设备通过租金收入实现收益。考虑到企业自备机械具有通过出租实现收益的机会，所以，即使是采用内部租用的方式获取机械设备，在为工程估价而确定机械台班单价的过程中也应该以机械的租赁单价为基础加以确定。

1. 机械租赁单价的费用组成

虽然施工机械的租赁单价可以根据市场情况确定，但是不论是机械的出租单位还是机械的租赁单位在计算其租赁单价时，均必须在充分考虑机械租赁单价的组成因素基础上，通过计算得到可以保本的边际单价水平，并以此为基础根据市场策略增加一定的期望利润来最终确定租赁单价。

在计算机械租赁单价时，一般应考虑以下费用因素：

①拥有费用——指为了拥有该机械设备并保持其正常的使用功能所需发生的费用，包括施工机械的购置成本、折旧及大修理费等。

②使用成本——指在施工机械正常使用过程中所需发生的运行成本，包括使用和修理费用、管理费用、执照及保险费用等。

③机械的出租或使用率——指一年内出租（或使用）机械时间与总时间的比率，它反映该机械投资的效率。

④期望的投资收益率——指投资购买并拥有该施工机械的投资者所希望的收益率，一般可用投资利润率来表示。

我国现行体制下机械台班单价是施工机械每个工作台班所必需消耗的人工、材料、燃料动力和应分摊的费用，每台班按8小时工作制计算。其由七项费用组成，包括：折旧费、大修理费、经常修理费、安拆费及场外运费、燃料动力费、人工费及车船使用税等。

2. 折旧费

折旧费指机械设备在规定的使用年限内，陆续收回其原值及所支付贷款利息的费用。计算公式如下：

$$台班折旧费=\frac{机械预算价格\times(1-残存值)\times贷款利息系数}{耐用总台班}$$

其中机械预算价格包括国产机械预算价格和进口机械预算价格两种情况。国产机械预算价格是指机械出厂价格加上从生产厂家（或销售单位）交货地点运至使用单位验收入库的全部费用，包括出厂价格、供销部门手续费和一次运杂费。进口机械预算价格是由进口机械到岸完税价格加上关税、外贸部门手续费、银行财务费以及由口岸运至使用单位验收入库的全部费用。

残值率是指施工机械报废时其回收的残余价值占机械原值（即机械预算价格）的比率，依据《施工、房地产开发企业财务制度》规定，残值率按照固定资产原值的2%～5%确定。各类施工机械的残值率综合确定如下：运输机械为2%；特、大型机械为3%；中小型机械为4%；掘进机械为5%。

贷款利息系数是指为补偿施工企业贷款购置机械设备所支付的利息，从而合理反映资金的时间价值，以大于1的贷款利息系数，将贷款利息（单利）分摊在台班折旧费中。贷款利息系数计算公式如下：

$$贷款利息系数=1+\frac{(1+n)}{2}i$$

式中，n为机械的折旧年限；i为设备更新贷款年利率。折旧年限是指国家规定的各类固定资产计提折旧的年限。设备更新贷款年利率是以定额编制当年的银行贷款年利率为准。

耐用总台班是指机械在正常施工作业条件下，从投入使用起到报废止，按规定应达到的使用总台班数。机械耐用总台班的计算公式为：

$$耐用总台班=大修间隔台班\times大修周期$$

大修间隔台班是指机械自投入使用起至第一大修止或自上一次大修后投入使用起至下一次大修止，应达到的使用台班数。大修周期即使用周期，是指机械在正常的施工作业条件下，将其寿命期（即耐用总台班）按规定的大修理次数划分为若干个周期。计算公式为：

$$大修周期=寿命期大修理次数+1$$

3. 经常修理费

经常修理费指机械设备除大修理以外必须进行的各级保养（包括一、二、三级保养）以及临时故障排除和机械停置期间的维护保养等所需各项费用；为保障机械正常运转所需替换设备、随机工具附具的摊销及维护费用；机械运转及日常保养所需润滑、擦拭材料费用。机械寿命期内上述各项费用之和分摊到台班费中，即为台班经常修理费。其计算公式为：

$$经常修理费=\frac{\sum\left(\frac{各级保养}{一次费用}\times\frac{寿命期各级}{保养总次数}\right)+\frac{临时故障}{排除费用}}{耐用总台班}+\frac{替换设备}{台班摊销费}+\frac{工具附具}{台班摊销费}+\frac{例保}{辅料费}$$

各级保养一次费用分别是指机械在各个使用周期内为保证机械处于完好状况，必须按规定的各级保养间隔周期、保养范围和内容进行的一、二、三级保养或定期保养所消耗的工时、配件、辅料、油燃料等费用，计算方法同一次大修费计算方法。

寿命期各级保养总次数分别是指一、二、三级保养或定期保养在寿命期内各个使用周期中保养次数之和。

机械临时故障排除费用是指机械除规定的大修理及各级保养以外，临时故障所需费用以及机械在工作日以外的保养维护所需润滑擦拭材料费。经调查和测算，按各级保养（不包括例保辅料费）费用之和的3%计算。

替换设备及工具附具台班摊销费是指轮胎、电缆、蓄电池、运输皮带、钢丝绳、胶皮管、履带板等消耗性物品和按规定随机配备的全套工具附具的台班摊销费用。

例保辅料费是指机械日常保养所需润滑擦拭材料的费用。

4. 安拆费及场外运费

安拆费是指机械在施工现场进行安装、拆卸所需人工、材料、机械和试运转费用以及安装所需的机械辅助设施（如基础、底座、固定锚桩、行走轨道、枕木等）的折旧、搭设、拆除等费用。

场外运费是指机械整体或分体自停置地点运至施工现场或一工地运至另一工地的运输、装卸、辅助材料以及架线等费用。

定额台班基价内所列安拆费及场外运输费，均分别按不同机械、型号、重量、外形、体积、安拆和运输方法测算其工、料、机械的耗用量综合计算取定。除地下工程机械外，均按年平均4次运输、运距平均25km以内考虑。

安拆费及场外运输费的计算公式如下：

$$①\ 台班安拆费=\frac{机械一次安拆费\times年平均安拆次数}{年工作台班}+台班辅助设施摊销费$$

$$②\ 台班辅助设施摊销费=\frac{辅助设施一次费用\times(1-残值率)}{辅助设施耐用台班}$$

$$③\ 台班场外运费=\frac{\left(\begin{array}{c}一次运输\\及装卸费\end{array}+\begin{array}{c}辅助材料\\一次摊销费\end{array}+\begin{array}{c}一次\\架线费\end{array}\right)\times\begin{array}{c}年平均场外\\运输次数\end{array}}{年工作台班}$$

在定额基价中未列此项费用的项目有：一是金属切削加工机械等，由于该类机械系安装在固定的车间房屋内，不需经常安拆运输；二是不需要拆卸安装自身能开行的机械，如水平运输机械；三是不适合按台班摊销本项费用的机械，如特、大型机械，其安拆费及场外运输费按定额规定另行计算。

5. 燃料动力费

燃料动力费指机械设备在运转施工作业中所耗用的固体燃料（煤炭、木材）、液体燃料（汽油、柴油）、电力、水等费用。

定额机械燃料动力消耗量，以实测的消耗量为主，以现行定额消耗量和调查的消耗量为辅的方法确定。计算公式如下：

$$台班燃料动力消耗量=(实测数\times4+定额平均值+调查平均值)/6$$

$$台班燃料动力费=台班燃料动力消耗量\times相应的单价$$

6. 人工费

人工费指机上司机、司炉和其他操作人员的工作日以及上述人员在机械规定的年工作台班以外的人工费用。工作台班以外机上人员人工费用，以增加机上人员的工日数形式列入定额内，按下式计算：

$$台班人工费=定额机上人工工日\times日工资单价$$

$$定额机上人工工日=机上定员工日\times(1+增加工日系数)$$

$$增加工日系数=(年度工日-年工作台班-管理费内非生产天数)/年工作台班$$

7. 车船使用税

车船使用税指按照国家有关规定应交纳的运输机械车船使用税，按各省、自治区、直辖市规定标准计算后列入定额。其计算公式为

$$台班车船使用税 = 载重量 \times 车船使用税 / 年工作台班$$

8. 现行机械台班费标准

在我国现行体制条件下，政府授权部门根据以上所述的机械台班单价的费用组成及确定方法，经综合平均后统一编制，并以《全国统一施工机械台班费用定额》的形式作为一种经济标准要求在编制工程估价（如施工图预算、设计概算、标底报价等）及结算工程造价时必须按该标准执行，不得任意调整及修改。所以，目前在国内编制工程估价时，均以《全国统一施工机械台班费用定额》或该定额在某一地区的单位估价表所规定的台班单价作为计算机械费的依据。

3.6 估算指标、概算指标与概算定额

3.6.1 估算指标

投资估算指标，是在编制项目建议书可行性研究报告和编制设计任务书阶段进行投资估算、计算投资需要量时使用的一种定额。

投资估算指标具有较强的综合性、概括性，往往以独立的单项工程或完整的工程项目为计算对象。它的概略程度与可行性研究阶段相适应。它的主要作用是为项目决策和投资控制提供依据，是一种扩大的技术经济指标。投资估算指标虽然往往根据历史的预、决算资料和价格变动等资料编制，但其编制基础仍离不开预算定额、概算定额。

投资估算指标是确定和控制建设项目全过程各项投资支出的技术经济指标。其范围涉及建设前期、建设实施期和竣工验收交付使用期等各个阶段的费用支出，内容因行业不同而各异，一般可分为建设项目综合指标、单项工程指标和单位工程指标三个层次。建设项目综合指标一般以项目的综合生产能力单位投资表示。单项工程指标一般以单项工程生产能力单位投资表示。单位工程指标按专业性质的同采用不同的方法表示。

3.6.2 概算指标

概算指标是以每 100m^2 建筑面积、每 1 000m^3 建筑体积或每座构筑物为计量单位，规定人工、材料、机械及造价的定额指标。

概算指标是概算定额的扩大与合并，它是以整个房屋或构筑物为对象，以更为扩大的计量单位来编制的，也包括劳动力、材料和机械台班定额三个基本部分。同时，还列出了各结构分部的工程量及单位工程（以体积计或以面积计）的造价。例如每 1 000m^3 房屋或构筑物、每 1 000m 管道或道路、每座小型独立构筑物所需要的人工、材料和机械台班的消耗数量等。

概算指标的作用与概算定额类似，在设计深度不够的情况下，往往用概算指标来编制初步设计概算。因为概算指标比概算定额进一步扩大与综合，所以依据概算指标来估算投资就更为简便，但精确度也随之降低。

由于各种性质建设工程项目所需要的人工、材料和机械台班的数量不同，概算指标通常按工业建筑和民用建筑分别编制。工业建筑中又按各工业部门类别、企业大小、车间结构编制，民用建筑中又按用途性质、建筑层高、结构类别编制。

单位工程概算指标，一般选择常见的工业建筑的辅助车间（如机修车间、金工车间、装配车间、锅炉房、变电站、空压机房、成品仓库、危险品仓库等）和一般民用建筑项目（如工房、单身宿舍、办公楼、教学楼、浴室、门卫室等）为编制对象，根据设计图纸和现行的概算定额等，测算出每100m^2建筑面积或每1 000m^3建筑体积所需的人工、主要材料、机械台班的消耗量指标和相应的费用指标等。

概算指标的组成内容一般分为文字说明、指标列表和附录等几部分。

概算指标的文字说明，其内容通常包括概算指标的编制范围、编制依据、分册情况、指标包括的内容、指标未包括的内容、指标的使用范围、指标允许调整的范围及调整方法等。

建筑工程的指标列表中，房屋建筑、构筑物一般以建筑面积100m^2、建筑体积1 000m^3、“座”“个”等为计量单位，附以必要的示意图，给出建筑物的轮廓示意或单线平面图；列有自然条件、建筑物类型、结构形式、各部位中结构的主要特点、主要工程量；列出综合指标：人工、主要材料、机械台班的消耗量。建筑工程的列表形式中，设备以“t”或“台”为计量单位，也有以设备购置费或设备的百分比表示；列出指标编号、项目名称、规格、综合指标等。

3.6.3 概算定额

概算定额是在预算定额基础上，确定完成合格的单位扩大分项工程或单位扩大结构构件所需消耗的人工、材料和机械台班的数量标准，所以概算定额又称作扩大结构定额。

概算定额是预算定额的合并与扩大。它将预算定额中有联系的若干个分项工程项目的综合为一个概算定额项目。如砖基础概算定额项目，就是以砖基础为主，综合了平整场地、挖地槽、铺设垫层、砌砖基础、铺设防潮层、回填土及运土等预算定额中分项工程项目。

概算定额与预算定额的相同之处在于，它们都是以建（构）筑物各个结构部分和分部分项工程为单位表示的，内容也包括人工、材料和机械台班使用量定额三个基本部分，并列有基准价。概算定额表达的主要内容、表达的主要方式及基本使用方法都与预算定额相近。

概算定额与预算定额的不同之处，在于项目划分和综合扩大程度上的差异，同时，概算定额主要用于设计概算的编制。由于概算定额综合了若干分项工程的预算定额，因此使概算工程量计算和概算表的编制，都比编制施工图预算简化一些。

（1）概算定额的作用

概算定额是在初步设计阶段编制设计概算或技术设计阶段编制修正概算的依据，是确定建设工程项目投资额的依据。概算定额可用于进行设计方案的技术经济比较。概算定额也是编制概算指标的基础。

（2）编制概算定额的一般要求

概算定额的编制深度要适应设计深度的要求。由于概算定额是在初步设计阶段使用的，受初步设计的设计深度所限制，因此定额项目划分应坚持简化、准确和适用的原则。

概算定额水平的确定应与基础定额、预算定额的水平基本一致。它必须反映在正常条件下，大多数企业的设计、生产、施工管理水平。

由于概算定额是在预算定额的基础上，适当地再一次扩大、综合和简化，因而在工程标准、施工方法和工程量取值等方面进行综合、测算时，概算定额与预算定额之间必将产生并允许留有一定的幅度差，以便根据概算定额编制的概算能够控制住施工图预算。

(3) 概算定额的编制方法

概算定额是在预算定额的基础上综合而成的，每一项概算定额项目都包括了数项预算定额的定额项目。直接利用综合预算定额，如砖基础、钢筋混凝土基础、楼梯、阳台、雨篷等。在预算定额的基础上再合并其他次要项目，如墙身包括伸缩缝；地面包括平整场地、回填土、明沟、垫层、找平层、面层及踢脚。改变计量单位，如屋架、天窗架等不再按立方米体积计算，而按屋面水平投影面积计算。采用标准设计图纸的项目，可以根据预先编好的标准预算计算，如构筑物中的烟囱、水塔、水池等，以每座为单位。

工程量计算规则进一步简化。如砖基础、带形基础以轴线（或中心线）长度乘以断面面积计算；内外墙也均以轴线（或中心线）长乘以高，再扣除门窗洞口计算；屋架按屋面投影面积计算；烟囱、水塔按座计算；细小零星占造价比重很小的项目，不计算工程量，按占主要工程的百分比计算。

(4) 概算定额手册的内容

按专业特点和地区特点编制的概算定额手册，内容基本上是由文字说明、定额项目表和附录三个部分组成。

文字说明部分有总说明和分部工程说明。在总说明中，主要阐述概算定额的编制依据、使用范围、包括的内容及作用、应遵守的规则及建筑面积计算规则等。分部工程说明主要阐述本分部工程包括的综合工作内容及分部分项工程的工程量计算规则等。

定额项目表主要包括以下内容：

①定额项目的划分。概算定额项目一般按以下两种方法划分。一是按工程结构划分：一般是按土石方、基础、墙、梁板柱、门窗、楼地面、屋面、装饰、构筑物等工程结构划分；二是按工程部位（分部）划分，一般是按基础、墙体、梁柱、楼地面、屋盖、其他工程部位等划分，如基础工程中包括了砖、石、混凝土基础等项目。

②定额项目表。定额项目表是概算定额手册的主要内容，由若干分节定额组成。各节定额由工程内容、定额表及附注说明组成。定额表中列有定额编号、计量单位、概算价格、人工、材料、机械台班消耗量指标，综合了预算定额的若干项目与数量。以建筑工程概算定额为例说明，见表3-5。

表3-5 现浇钢筋混凝土柱概算定额表

工程内容：模板制作、安装、拆除，钢筋制作、安装，混凝土浇捣，抹灰，刷浆
计量单位：$10m^3$

<table>
<tr><th colspan="2">概算定额编号</th><th></th><th></th><th colspan="2">4-3</th><th colspan="2">4-4</th></tr>
<tr><th colspan="2" rowspan="3">项目</th><th rowspan="3">单位</th><th rowspan="3">单价/元</th><th colspan="4">矩形柱</th></tr>
<tr><th colspan="2">周长1.8m以内</th><th colspan="2">周长1.8m以外</th></tr>
<tr><th>数记</th><th>合价</th><th>数记</th><th>合价</th></tr>
<tr><td colspan="2">基准价</td><td>元</td><td></td><td colspan="2">13 428.76</td><td colspan="2">12 947.26</td></tr>
<tr><td rowspan="3">其中</td><td>人工费</td><td>元</td><td></td><td colspan="2">2 116.40</td><td colspan="2">1 728.76</td></tr>
<tr><td>材料费</td><td>元</td><td></td><td colspan="2">10 272.03</td><td colspan="2">10 361.83</td></tr>
<tr><td>机械费</td><td>元</td><td></td><td colspan="2">1 040.33</td><td colspan="2">856.67</td></tr>
<tr><td colspan="2">合计工</td><td>工日</td><td>22.00</td><td>96.20</td><td>2 116.40</td><td>78.58</td><td>1 728.76</td></tr>
</table>

（续）

概算定额编号				4-3		4-4	
项目		单位	单价/元	矩形柱			
				周长 1.8m 以内		周长 1.8m 以外	
				数记	合价	数记	合价
材料	中（粗）砂（天然）	t	35.81	9.494	339.98	8.817	315.74
	碎石 5 ~20mm	t	36.18	12.207	441.65	12.207	441.65
	石灰浆	m^3	98.89	0.221	20.75	0.155	14.55
	普通木成材	m^3	1 000.00	0.302	302.00	0.187	187.00
	圆钢（钢筋）	t	3 000.00	2.168	6 564.00	2.407	7 221.00
	组合钢模板	kg	4.00	64.416	257.66	39.848	159.39
	钢支撑（钢管）	kg	4.35	34.165	165.70	21.134	102.50
	零星卡具	kg	4.00	33.954	135.82	21.004	84.02
	铁钉	kg	5.96	3.091	18.2	1.912	11.40
	镀锌钢丝 22 号	kg	8.07	8.368	67.53	9.206	74.29
	电焊条	kg	7.84	15.644	122.65	17.212	134.94
	803 涂料	mg	1.45	22.901	33.21	16.038	23.26
	水	m^3	0.99	12.700	12.57	12.300	12.21
	水泥 32.5 级	kg	0.25	664.459	166.11	517.117	129.28
	水泥 42.5 级	kg	0.30	4 141.200	1 242.36	4 141.200	1 242.36
	脚手架	元	—	—	196.00		90.60
	其他材料费	元	—	—	185.62	—	117.64
机械	垂直运输费	元	—	—	628.00		510.00
	其他机械费	元			412.33		346.67

思考题

1. 建筑安装工程定额如何分类？简述其相互关系。
2. 人工消耗定额、材料消耗定额和机械台班使用定额的基本概念是什么？
3. 企业定额编制的原则是什么？
4. 预算定额和施工定额有哪些区别和联系？
5. 什么是材料预算价格？它由哪些费用组成？
6. 某工程欲购买袋装水泥200 吨，市场价310 元/吨，出厂价285 元/吨；运输费厂供为15 元/吨，市场购置运输费为10 元/吨；损耗率厂供为 1%，市场购置损耗费率为 0.4%；采购及保管费费率厂供为 2.5%，市场购置为 2%；水泥袋回收价值为 0.2 元/个。请确定拟选用的采购方案，并计算其预算价格。
7. 什么是机械台班折旧日费？应如何计算？
8. 某施工机械预算价格为 30 万元，贷款利息为 10%，耐用总台班为 8 000 台班，残值率为 3.5%，大修理间隔台班为 1 300 台班，一次大修理需用修理费 6 000 元。试求该机械的大修理费和台班折旧费。

Chapter 4

第4章

工程量清单

内容提要

本章主要介绍了工程量清单计价模式的概念、计算原理、计算依据等内容，并对计算原则的使用注意事项做了介绍，同时也介绍了以模板和脚手架等为主的建筑措施项目费和暂列金额等其他项目清单的内容。

学习目标

深刻理解和认识推行工程量清单报价的重要意义及其作用，了解工程量清单的编制原则和依据，掌握工程量清单的计价方法，以适应实际工作的需要。

4.1 工程量清单的概念

工程量清单是表现拟建工程的分部分项工程项目、措施项目、其他项目、规费项目、税金项目名称和数量的明细清单，是一种用来表达工程计价项目的项目编码、项目名称和描述、单位、数量、单价和合价的表格。

工程量清单是依据招标文件规定、施工设计图纸、计价规范（规则）计算分部分项工程量，并列在清单上作为招标文件的组成部分，可提供编制招标控制价和供投标单位填报单价。工程量清单计价方式招标就是表格中的项目编码、项目名称和描述、单位、数量四个栏目有招标人负责填写后与招标文件一起提供给投标人，而单价和合价两个栏目是由投标人完成。因此，工程量清单是编制招标工程招标控制价和投标报价的依据，也是支付工程进度款和办理工程结算、调整工程量以及工程索赔的依据。

工程量清单计价方式，是在建设工程招投标中，招标人自行或委托具有资质的中介机构编制反映工程实体消耗和措施性消耗的工程量清单，并作为招标文件的一部分提供给投标人，由投标人依据工程量清单自主报价的计价方式。在工程招标中采用工程量清单计价是国际上较为通行的做法。

工程量清单计价是一种主要由市场定价的计价模式。为适应工程投资体制改革和建设管理体制改革的需要，加快我国建筑工程计价模式与国际接轨的步伐，我国自2003年起开始在全国范围内逐步推广工程量清单计价方法。规定全部使用国有资金投资或国有资金投资为主（二者简称“国有资金投资”）的工程建设项目，必须采用工程量清单计价；对于非国有资金投资的工程建设项目，是否采用工程量清单方式计价由项目业主自主确定。

为深入推行工程量清单计价改革工作，规范建设工程工程量清单计价行为，统一建设工程工程量清单的编制和计价方法，以《建设工程工程量清单计价规范》（GB 50500—2008）为基础，推出了新版《建设工程工程量清单计价规范》（GB 50500—2013）（以下简称《计价规范》）。该《计价规范》包括规范条文和附录两部分。规范条文共16章：总则、术语、一般规定、工程量清单编制、招标控制价、投标报价、合同价款约定、工程计量、合同价款调整、合同价款其中支付、竣工结算与支付、合同解除的价款结算与支付、合同价款争议的解决、工程造价鉴定、工程计价资料与档案、工程计价表格。附录共十一个：附录A规定了物价变化合同价款调整方法，附录B~K为各类计价表格的样表。

《计价规范》将计量的内容分离出来，新修编成9个计量规范，即《房屋建筑与装饰工程工程量计算规范》（GB 50854—2013）、《仿古建筑工程工程量计算规范》（GB 50855—2013）、《通用安装工程工程量计算规范》（GB 50856—2013）、《市政工程工程量计算规范》（GB 50857—2013）、《园林绿化工程工程量计算规范》（GB 50858—2013）、《矿山工程工程量计算规范》（GB 50859—2013）、《构筑物工程工程量计算规范》（GB 50860—2013）、《城市轨道交通工程工程量计算规范》（GB 50861—2013）、《爆破工程工程量计算规范》（GB 50862—2013），以下统称《计量规范》。

工程量清单计价方式的特点：

（1）“统一计价规则”。通过制定统一的建设工程工程量清单计价方法、统一的工程量计量规则、统一的工程量清单项目设置规则，达到规范计价行为的目的。这些规则和办法是强制性的，建设各方面都应该遵守，这是工程造价管理部门首次在文件中明确政府应管什么，不应管什么。

（2）“有效控制消耗量”。通过由政府发布统一的社会平均消耗量指导标准，为企业提供一个社会平均尺度，避免企业盲目或随意大幅度减少或扩大消耗量，从而达到保证工程质量的目的。

（3）“彻底放开价格”。将工程消耗量定额中的工、料、机价格和利润、管理费全面放开，由市场的供求关系自行确定价格。

（4）“企业自主报价”。投标企业根据自身的技术专长、材料采购渠道和管理水平等，制定企业自己的报价定额，自主报价。企业尚无报价定额的，可参考使用造价管理部门颁布的《建设工程消耗量定额》。

（5）“市场有序竞争形成价格”。通过建立与国际惯例接轨的工程量清单计价模式，引入充分竞争形成价格的机制，制定衡量投标报价合理性的基础标准，在投标过程中，有效引入竞争机制，淡化标底的作用，在保证质量、工期的前提下，按《中华人民共和国招标投标法》有关规定，最终以“不低于成本”的合理低价者中标。

针对上述特点，不难总结出工程量清单计价的依据主要包括：

（1）工程量清单计价规范规定的计价规则；

（2）政府统一发布的消耗量定额；

（3）企业自主报价时参照的企业定额；

（4）由市场供求关系影响的工、料、机市场价格及企业自行确定的利润、管理费标准。

4.2 分部分项工程量清单

4.2.1 分部分项工程量清单的编制

分部分项工程量清单应包括项目编码、项目名称、项目特征、计量单位和工程量五个部分，应根据《计价规范》和具体计量规范中规定的项目编码、项目名称、项目特征、计量单位和工程量计算规则进行编制。

1. 项目编码的设置

项目编码是分部分项工程清单项目名称的数字标识。分部分项工程量清单项目编码以五级编码设置，采用十二位阿拉伯数字表示。一至九位应按《计量规范》附录的规定统一设置，十至十二位应根据拟建工程的工程量清单项目名称和项目特征设置，同一招标工程的项目编码不得有重码。各级编码代表的含义如下：

①第一级为工程分类顺序码（分二位）：房屋建筑与装饰工程为01、仿古建筑工程为02、通用安装工程为03、市政工程为04、园林绿化工程为05、矿山工程为06、构筑物工程为07、城市轨道交通工程为08、爆破工程为09；

②第二级为附录分类顺序码（分二位）；

③第三级为分部工程顺序码（分二位）；

④第四级为分项工程项目顺序码（分三位）；

⑤第五级为工程量清单项目顺序码（分三位）。

项目编码结构如图4-1所示。

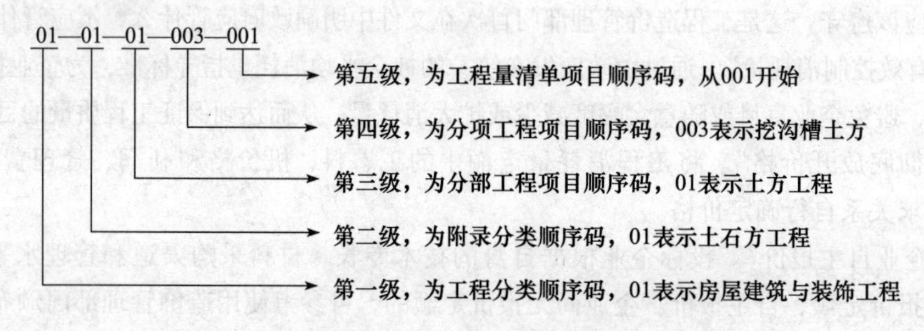

图4-1 项目编码结构（以房屋建筑与装饰工程为例）

2. 项目名称的确定

分部分项工程量清单的项目名称应根据《计量规范》附录的项目名称结合拟建工程的实际确定。《计量规范》附录表中的“项目名称”为分项工程项目名称，一般以工程实体而命名。编制工程量清单时，应以附录中的项目名称为基础，考虑该项目的规格、型号、材质等特征要求，并结合拟建工程的实际情况，对其进行适当的调整或细化，使其能够反映影响工程造价的主要因素。如《房屋建筑与装饰工程工程量计算规范》（GB 50854—2013）中编号为“010502001”的项目名称为“矩形柱”，可根据拟建工程的实际情况写成“C30现浇混凝土矩形柱400×400”。

3. 项目特征的描述

项目特征是指构成分部分项工程量清单项目、措施项目自身价值的本质特征。分部分项工程量清单项目特征应按附录中规定的项目特征，结合拟建工程项目的实际予以描述。分部分项工程量清单的项目特征是确定一个清单项目综合单价的重要依据，在编制的工程量清单中必须对其项目特征进行准确和全面的描述。工程量清单项目特征描述的重要意义有以下几点：

①项目特征是区分清单项目的依据。工程量清单项目特征是用来表述分部分项清单项目的实质内容，用于区分计价规范中同一清单条目下各个具体的清单项目。没有项目特征的准确描述，对于相同或相似的清单项目名称，就无从区分。

②项目特征是确定综合单价的前提。由于工程量清单项目的特征决定了工程实体的实质内容，必然直接决定了工程实体的自身价值。因此，工程量清单项目特征描述的准确与否，直接关系到工程量清单项目综合单价的准确确定。

③项目特征是履行合同义务的基础。实行工程量清单计价，工程量清单及其综合单价则构成施工合同的组成部分。因此，如果工程量清单项目特征的描述不清甚至漏项、错误，就会引起在施工过程中的更改，从而引起分歧、导致纠纷。

由此可见，清单项目特征的描述应根据计价规范附录中有关项目特征的要求，结合技术规范、标准图集、施工图纸，按照工程结构、使用材质及规格或安装位置等，予以详细而准确的表述和说明。一旦离开了清单项目特征的准确描述，清单项目就将没有生命力。

清单项目特征主要涉及项目的自身特征（材质、型号、规格、品牌）、项目的工艺特征以及对项目施工方法可能产生影响的特征。如预应力锚杆、锚索项目特征描述为：①地层情况；②锚杆（索）类型、部位；③钻孔深度；④钻孔直径；⑤杆体材料品种、规格、数量；⑥浆液种类、强度等级。其自身特征为：孔径、孔深、支护厚度、各种材料种类；工艺特征为锚固方法；对项目施工方法可能产生影响的特征：土质情况。这些特征对投标人的报价影响很大。特征描述不清，将导致投标人对招标人的需求理解不全面，达不到正确报价的目的。对清单项目特征不同的项目应分别列项，如基础工程，仅混凝土强度等级不同，足以影响投标人的报价，故应分开列项。

4. 计量单位的选择

分部分项工程量清单的计量单位应按《计量规范》附录中规定的计量单位确定。当计量单位有两个或两个以上时，应根据所编工程量清单项目的特征要求，选择最适宜表述该项目特征并方便计量的单位。除各专业另有特殊规定外，均按以下基本单位计量：

①以重量计算的项目——吨或千克（t或kg）；

②以体积计算的项目——立方米（m^3）；

③以面积计算的项目——平方米（m^2）；

④以长度计算的项目——米（m）；

⑤以自然计量单位计算的项目——套、块、组、台等；

⑥没有具体数量的项目——宗、项等。

以“吨”为计量单位的应保留小数点后三位，第四位小数四舍五入；以“立方米”“平方米”“米”“千克”为计量单位的应保留小数点后二位，第三位小数四舍五入；以“项”“个”

等为计量单位的应取整数。

5. 工程量的计算

分部分项工程量清单中所列工程量应按《计量规范》附录中规定的工程量计算规则计算。工程量计算规则是指对清单项目工程量的计算规定。除另有说明外，所有清单项目的工程量以实体工程量为准，并以完成后的净值来计算。因此，在计算综合单价时应考虑施工中的各种损耗和需要增加的工程量，或在措施费清单中列入相应的措施费用。采用工程量清单计算规则，工程实体的工程量是唯一的。统一的清单工程量，为各投标人提供了一个公平竞争的平台，也方便招标人对各投标人的报价进行对比。

6. 补充项目

编制工程量清单时如果出现《计量规范》附录中未包括的项目，编制人可进行补充，并报省级或行业工程造价管理机构备案。补充项目的编码由对应的《计量规范》的代码与 B 和三位阿拉伯数字组成，并应从××B001 起顺序编制，同一招标工程的项目不得重码。工程量清单中需附有补充项目的名称、项目特征、计量单位、工程量计算规则和工程内容。

4.2.2 分部分项工程量清单计价

1. 工程造价的计算

采用工程量清单计价，建设工程造价由分部分项工程费、措施项目费、其他项目费、规费和税金组成。在工程量清单计价中，如按分部分项工程单价组成来分，工程量清单计价主要有三种形式：①工料单价法；②综合单价法；③全费用综合单价法。

工料单价 = 人工费 + 材料费 + 施工机械使用费

综合单价 = 人工费 + 材料费 + 施工机械使用费 + 管理费 + 利润

全费用综合单价 = 人工费 + 材料费 + 施工机械使用费 + 措施项目费 + 管理费 + 规费 + 利润 + 税金

《计价规范》规定，分部分项工程量清单应采用综合单价计价。利用综合单价法计价，需分项计算清单项目，再汇总得到工程总造价。

分部分项工程费 = ∑ 分部分项工程量 × 分部分项工程综合单价

措施项目费 = ∑ 措施项目工程量 × 措施项目综合单价 + ∑ 单项措施费

其他项目费 = 暂列金额 + 暂估价 + 计日工 + 总承包费 + 其他

单位工程报价 = 分部分项工程费 + 措施项目费 + 其他项目费 + 规费 + 税金

单项工程报价 = ∑ 单位工程报价

总造价 = ∑ 单项工程报价

利用综合单价法计算分部分项工程费需要解决两个核心问题，即确定各分部分项工程的工程量及其综合单价。

2. 分部分项工程量的确定

招标文件中的工程量清单标明的工程量是招标人编制招标控制价和投标人投标报价的共同基础，它是工程量清单编制人按施工图图示尺寸和清单工程量计算规则计算得到的工程净量。但该工程量不能作为承包人在履行合同义务中应予完成的实际和准确的工程量，发包、承包双方进行工程竣工结算时的工程量应按发、承包双方在合同中约定应予计量且按实际完成的工程量确定，当然该工程量的计算也应严格遵照清单工程量计算规则，以实体工程量为准。

3. 综合单价的编制

《计价规范》中的工程量清单综合单价是指完成一个规定计量单位的分部分项工程量清单项目或措施清单项目所需的人工费、材料费、施工机械使用费和企业管理费与利润，以及一定范围内的风险费用。该定义并不是真正意义上的全费用综合单价，而是一种狭义上的综合单价，规费和税金等不可竞争的费用并不包括在项目单价中。

综合单价的计算通常采用定额组价的方法，即以计价定额为基础进行组合计算。由于“计价规范”与“定额”中的工程量计算规则、计量单位、工程内容不尽相同，综合单价的计算不是简单的将其所含的各项费用进行汇总，而是要通过具体计算后综合而成。综合单价的计算可以概括为以下步骤：确定组合定额子目；计算定额子目工程量；测算工、料、机消耗量；确定工、料、机单价；计算清单项目的直接工程费；计算清单项目的管理费和利润和计算清单项目的综合单价。

4. 确定组合定额子目

清单项目一般以一个“综合实体”考虑，包括了较多的工程内容，计价时，可能出现一个清单项目对应多个定额子目的情况。因此计算综合单价的第一步就是将清单项目的工程内容与定额项目的工程内容进行比较，结合清单项目的特征描述，确定拟组价清单项目应该由哪几个定额子目来组合。如“预制预应力 C20 混凝土空心板”项目，计价规范规定此项目包括制作、运输、吊装及接头灌浆，若定额分别列有制作、安装、吊装及接头灌浆，则应用这四个定额子目来组合综合单价；又如“M5 水泥砂浆砌砖基础”项目，《计价规范》中不仅包括主项“砖基础”子目，还包括附项“混凝土基础垫层”子目。

5. 计算定额子目工程量

由于一个清单项目可能对应几个定额子目，而清单工程量计算的是主项工程量，与各定额子目的工程量可能并不一致；即便一个清单项目对应一个定额子目，也可能由于清单工程量计算规则与所采用的定额工程量计算规则之间的差异，而导致二者的计价单位和计算出来的工程量不一致。因此，清单工程量不能直接用于计价，在计价时必须考虑施工方案等各种影响因素，根据所采用的计价定额及相应的工程量计算规则重新计算各定额子目的施工工程量。定额子目工程量的具体计算方法，应严格按照与所采用的定额相对应的工程量计算规则计算。

6. 测算工、料、机消耗量

工、料、机的消耗量一般参照定额进行确定。在编制招标控制价时一般参照政府颁发的消耗量定额；编制投标报价时一般采用反映企业水平的企业定额，投标企业没有企业定额时可参照消耗量定额进行调整。

7. 确定工、料、机单价

人工单价、材料价格和施工机械台班单价，应根据工程项目的具体情况及市场资源的供求状况进行确定，采用市场价格作为参考，并考虑一定的调价系数。

8. 计算清单项目的直接工程费

按确定的分项工程人工、材料和机械的消耗量及询价获得的人工单价、材料单价、施工机械台班单价，与相应的计价工程量相乘得到各定额子目的直接工程费，将各定额子目的直接工程费汇总后算出清单项目的直接工程费。

$$直接工程费 = \sum 计价工程量 \times (\sum 人工消耗量 \times 人工单价 + \sum 材料消耗量 \times 材料单价 + \sum 台班消耗量 \times 台班单价)$$

9. 计算清单项目的管理费和利润

企业管理费及利润通常根据各地区规定的费率乘以规定的计价基础得出。通常情况下，计算公式如下：

$$管理费 = 直接工程费 \times 管理费费率$$

$$利润 = (直接工程费 + 管理费) \times 利润率$$

10. 计算清单项目的综合单价

将清单项目的直接工程费、管理费及利润汇总得到该清单项目合价，将该清单项目合价除以清单项目的工程量即可得到该清单项目的综合单价。

$$综合单价 = (直接工程费 + 管理费 + 利润) / 清单工程量$$

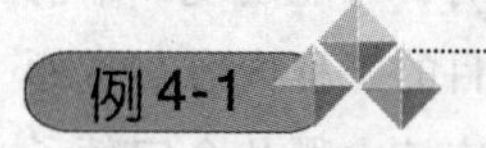

例 4-1

某多层砖混住宅土方工程，土壤类别为三类土；基础为砖大放脚带形基础；垫层宽度为 920mm，挖土深度为 1.8m，基础总长度为 1 590.6m。根据施工方案，土方开挖的工作面宽度各边 0.25m，放坡系数为 0.2。除沟边堆土 1 000m^3 外，现场堆土 2 170.5m^3，运距 60m，采用人工运输。其余土方需装载机装，自卸汽车运，运距 4km。已知人工挖土单价为 8.4 元/m^3，人工运土单价 7.38 元/m^3，装载机装、自卸汽车运土需使用机械有装载机（280 元/台班，0.003 98 台班/m^3）、自卸汽车（340 元/台班，0.049 25 台班/m^3）、推土机（500 元/台班，0.002 96 台班/m^3）和洒水车（300 元/台班，0.000 6 台班/m^3）。另外，装载机装、自卸汽车运土需用工（25 元/工日，0.012 工日/m^3）、用水（水 1.8 元/m^3，每 1m^3 土方需耗水 0.012m^3）。试根据建筑工程量清单计算规则计算土方工程的综合单价（不含措施费、规费和税金），其中管理费取直接工程费的 14%，利润取直接工程费与管理费和的 8%。

解：（1）招标人根据清单规则计算的挖方量。

$$0.92 \times 1.8 \times 1\,590.6 = 2634.034\ (\mathrm{m^3})$$

（2）投标人根据地质资料和施工方案计算挖土方量和运土方量。

①需挖土方量。工作面宽度各边 0.25m，放坡系数为 0.2，则基础挖土方总量为：

$$(0.92 + 2 \times 0.25 + 0.2 \times 1.8) \times 1.8 \times 1\,590.6 = 5\,096.282\ (\mathrm{m^3})$$

②运土方量。沟边堆土 1 000m^3；现场堆土 2 170.5m^3，运距 60m，采用人工运输；装载机装，自卸汽车运，运距 4km，运土方量为：

$$5\,096.282 - 1\,000 - 2\,170.5 = 1\,925.782\ (\mathrm{m^3})$$

（3）人工挖土直接工程费。

人工费： 5 096. 282 ×8. 4 = 42 808. 77（元）

(4) 人工运土（60m内）直接工程费

人工费： 2 170. 5 ×7. 38 = 16 018. 29（元）

(5) 装载机装自卸汽车运土（4km）直接工程费

①人工费： 25 ×0. 012 ×1 925. 782 = 0. 3 ×1 925. 782 = 577. 73（元）

②材料费： 水1. 8 ×0. 012 ×1 925. 782 = 0. 022 ×1 925. 782 = 41. 60（元）

③机械费：

装载机： 280 ×0. 003 98 ×1 925. 782 = 2 146. 09（元）

自卸汽车： 340 ×0. 049 25 ×1 925. 782 = 32 247. 22（元）

推土机： 500 ×0. 002 96 ×1 925. 782 = 2 850. 16（元）

洒水车： 300 ×0. 000 6 ×1 925. 782 = 346. 64（元）

机械费小计：37 590. 11（元）

机械费单价 = 280 ×0. 003 98 + 340 ×0. 049 25 + 500 ×0. 002 96 + 300 ×0. 000 6 = 19. 519（元/m^3）

④机械运土直接工程费合计：38 209. 44 元

(6) 综合单价计算。

①直接工程费合计：42 808. 77 + 16 018. 29 + 38 209. 44 = 97 036. 50（元）

②管理费： 直接工程费 ×14% = 97 036. 50 ×14% = 13 585. 11（元）

③利润： （直接工程费 + 管理费）×8% = (97 036. 50 + 13 585. 11) ×8% = 8 849. 73（元）

④总计： 97 036. 50 + 13 585. 11 + 8 849. 73 = 11 9471. 34（元）

⑤综合单价：按招标人提供的土方挖方总量折算为工程量清单综合单价：

119 471. 34/2 634. 034 = 45. 36（元/m^3）

(7) 综合单价分析。

①人工挖土方：

单位清单工程量 = 5096. 282/2634. 034 = 1. 9348（m^3）

管理费 = 8. 40 ×14% = 1. 176（元/m^3）

利润 = (8. 40 + 1. 176) ×8% = 0. 766（元/m^3）

管理费及利润 = 1. 176 + 0. 766 = 1. 942（元/m^3）

②人工运土方：

单位清单工程量 = 2 170. 5/2 634. 034 = 0. 824 0（m^3）

管理费 = 7. 38 ×14% = 1. 033（元/m^3）

利润 = (7. 38 + 1. 033) ×8% = 0. 673（元/m^3）

管理费及利润 = 1. 033 + 0. 673 = 1. 706（元/m^3）

③装载机自卸汽车运土方：

单位清单工程量 = 1 925. 782/2 634. 034 = 0. 731 1（m^3）

直接工程费用 = 0. 3 + 0. 022 + 19. 519 = 19. 841（元/m^3）

管理费 = 19. 841 ×14% = 2. 778（元/m^3）

利润 = (19. 841 + 2. 778) ×8% = 1. 809 5（元/m^3）

管理费及利润 = 2. 778 + 1. 809 5 = 4. 588（元/m^3）

表4-1为分部分项工程量清单与计价表，表4-2为工程量清单综合单价分析表。

表4-1 分部分项工程量清单与计价表

工程名称：某多层砖混住宅工程　　标段：　　　　第　页　共　页

序号	项目编码	项目名称	项目特征描述	计量单位	工程量	金额（元）		
						综合单价	合价	其中：暂估价
	010101003001	挖基础土方	1. 土壤类别：三类土 2. 挖土深度：1.8m 3. 弃土距离4km	m^3	2 634.034	45.36	119 471.34	
本页小计								
合计								

表4-2 工程量清单综合单价分析表

工程名称：某多层砖混住宅工程　　标段：　　　　第　页　共　页

项目编码	010101003001	项目名称	挖基础土方	计单位	m^3

清单综合单价组成明细											
定额编号	定额名称	定额单位	数量	单价				合价			
				人工费	材料费	机械费	管理费和利润	人工费	材料费	机械费	管理费和利润
	人工挖土	m^3	1.934 8	8.40			1.942	16.25			3.76
	人工运土	m^3	0.824 0	7.38			1.706	6.08			1.41
	装载机装、自卸汽车运土方	m^3	0.731 1	0.30	0.022	19.519	4.588	0.22	0.02	14.27	3.35
人工单价		小计						22.55	0.02	14.27	8.52
元/工日		未计价材料费									
清单项目综合单价								45.36			

材料费明细	主要材料名称、规格、型号	单位	数量	单价（元）	合价（元）	暂估单价（元）	暂估合价（元）
	水	m^3	0.012	1.8	0.022		
	其他材料费		—		—		
	材料费小计		—	0.022	—		

4.3 措施项目清单

4.3.1 措施项目清单的编制

《计价规范》将工程实体项目划分为分部分项工程量清单项目，将非实体项目划分为措施项目。措施项目清单是指为完成工程项目施工，发生于该工程施工准备和施工过程中的技术、生活、安全、环境保护等方面的非工程实体项目清单。

措施项目中不能计算工程量的措施项目清单，以“项”为计量单位，具体项目如表4-3所示。措施项目中可以计算工程量的项目清单宜采用分部分项工程量清单的方式编制，列出项目编码、项目名称、项目特征、计量单位和工程量计算规则，具体参照各工程计量规范附录编写。

表4-3　一般措施项目

序号	项目名称
1	安全文明施工（含环境保护、文明施工、安全施工、临时设施）
2	夜间施工
3	二次搬运
4	冬雨季施工
5	大型机械设备进出场及安拆
6	施工排水
7	施工降水
8	地上、地下设施，建筑物的临时保护设施
9	已完工程及设备保护

措施项目清单的编制应考虑多种因素，除了工程本身的因素外，还要考虑水文、气象、环境、安全和施工企业的实际情况。措施项目清单的设置，需要参考以下内容：

（1）拟建工程的常规施工组织设计，以确定环境保护、文明安全施工、临时设施、材料的二次搬运等项目；

（2）拟建工程的常规施工技术方案，以确定大型机械设备进出场及安拆、混凝土模板及支架、脚手架、施工排水、施工降水、垂直运输机械、组装平台等项目；

（3）参阅相关的施工规范与工程验收规范，以确定施工方案没有表述的但为实现施工规范与工程验收规范要求而必须发生的技术措施；

（4）确定设计文件中不足以写进施工方案，但要通过一定的技术措施才能实现的内容；

（5）确定招标文件中提出的某些需要通过一定的技术措施才能实现的要求。

4.3.2　措施项目费的计算

措施项目费是指为完成工程项目施工，而用于发生在该工程施工准备和施工过程中的技术、生活、安全、环境保护等方面的非工程实体项目所支出的费用。措施项目清单计价应根据建设工程的施工组织设计，可以计算工程量的措施项目，应按分部分项工程量清单的方式采用综合单价计价；其余的措施项目可以以“项”为单位的方式计价，应包括除规费、税金外的全部费用。措施项目清单中的安全文明施工费应按照国家或省级、行业建设主管部门的规定计价，不得作为竞争性费用。

措施项目费的计算方法一般有综合单价法、参数法计价和分包法计价法。

综合单价法与分部分项工程综合单价的计算方法一样，就是根据需要消耗的实物工程量与实物单价计算措施费，适用于可以计算工程量的措施项目，主要是指一些与工程实体有紧密联系的项目，如混凝土模板、脚手架、垂直运输等。与分部分项工程不同，并不要求每个措施项目的综合单价必须包含人工费、材料费、机械费、管理费和利润中的每一项。

参数法计价是指按一定的基数乘系数的方法或自定义公式进行计算。这种方法简单明了，但最大的难点是公式的科学性、准确性难以把握。这种方法主要适用于施工过程中必须发生，但在投标时很难具体分项预测，又无法单独列出项目内容的措施项目。如夜间施工费、二次搬运费、冬雨季施工的计价均可以采用该方法。

分包法计价在分包价格的基础上增加投标人的管理费及风险费进行计价的方法，这种方法适合可以分包的独立项目，如室内空气污染测试等。

有时招标人要求对措施项目费进行明细分析，这时采用参数法组价和分包法组价都是先计算该措施项目的总费用，这就需人为用系数或比例的办法分摊人工费、材料费、机械费、管理费及利润。

4.4 其他项目清单

其他项目清单是指分部分项工程量清单、措施项目清单所包含的内容以外，因招标人的特殊要求而发生的与拟建工程有关的其他费用项目和相应数量的清单。工程建设标准的高低、工程的复杂程度、工程的工期长短、工程的组成内容、发包人对工程管理的要求等都直接影响其他项目清单的具体内容。因此，其他项目清单应根据拟建工程的具体情况，参照《计价规范》提供的四项内容列项：暂列金额、暂估价（包括材料暂估的单价、专业工程暂估价）、计日工和总承包服务费。出现《计价规范》未列的项目，可根据工程实际情况补充。

1. 暂列金额

暂列金额是指招标人在工程量清单中暂定并包括在合同价款中的一笔款项。用于施工合同签订时尚未确定或者不可预见的所需材料、设备、服务的采购，施工中可能发生的工程变更、合同约定调整因素出现时的工程价款调整以及发生的索赔、现场签证确认等的费用。

2. 暂估价

暂估价是指招标人在工程量清单中提供的用于支付必然发生但暂时不能确定价格的材料价款以及专业工程金额。暂估价是在招标阶段预见肯定要发生，但是由于标准尚不明确或者需要由专业承包人来完成，暂时无法确定具体价格时所采用的一种价格形式。

3. 计日工

计日工是为了解决现场发生的零星工作的计价而设立的。计日工以完成零星工作所消耗的人工工时、材料数量、机械台班进行计量，并按照计日工表中填报的适用项目的单价进行计价支付。计日工适用的所谓零星工作一般是指合同约定之外的或者因变更而产生的、工程量清单中没有相应项目的额外工作，尤其是那些时间不允许事先商定价格的额外工作。

编制工程量清单时，计日工表中的人工应按工种，材料和机械应按规格、型号详细列项。其中人工、材料、机械数量，应由招标人根据工程的复杂程度，工程设计质量的优劣及设计深度等因素，按照经验来估算一个比较贴近实际的数量，并作为暂定量写到计日工表中，纳入有效投标竞争，以期获得合理的计日工单价。

4. 总承包服务费

总承包服务费是为了解决招标人在法律、法规允许的条件下进行专业工程发包以及自行采购供应材料、设备时，要求总承包人对发包的专业工程提供协调和配合服务（如分包人使用总包人的脚手架、水电接驳等)；对供应的材料、设备提供收、发和保管服务以及对施工现场进行统一管理；对竣工资料进行统一汇总整理等发生并向总承包人支付的费用。招标人应当预计该项费用并按投标人的投标报价向投标人支付该项费用。

暂列金额和暂估价由招标人按估算金额确定。招标人在工程量清单中提供的暂估价的材料和专业工程，若属于依法必须招标的，由承包人和招标人共同通过招标确定材料单价与专业工程分包价；若材料不属于依法必须招标的，经发包、承包双方协商确认单价后计价；若专业工程不属于依法必须招标的，由发包人、总承包人与分包人按有关计价依据进行计价。

计日工和总承包服务费由承包人根据招标人提出的要求，按估算的费用确定。

4.5 规费项目清单

规费项目清单应按照下列内容列项：

①工程排污费；②社会保障费，包括养老保险费、失业保险费、医疗保险费、生育保险、工伤保险；③住房公积金。

4.6 税金项目清单

税金项目清单应包括下列内容：

①营业税；②城市维护建设税；③教育费附加；④地方教育附加。

思考题

1. 工程量清单计价法的概念和基本原理是什么？
2. 工程量清单计价法有哪些特点？它还存在有什么问题？
3. 我国土建工程预算工程量计算包括哪些分部分项工程？
4. 工程量清单报价的标准格式要包括哪些内容？

Chapter 5

第5章

工程建设各阶段工程造价的编制与确定

内容提要

本章主要介绍了工程项目可行性研究和项目投资估算的概念、内容、编制依据、编制方法等内容，另外介绍了设计概算和施工图预算的概念、内容、分类、作用等内容，还介绍了设计概算和施工图预算的编制要求和编制方法及工程设计方面的相关内容。

学习目标

理解和掌握编制估算的依据和方法，并能熟练运用所学方法进行投资估算的编制。要求学生理解和掌握编制设计概算造价的基本方法和依据，能熟练掌握运用概算定额、概算指标和类似工程指标编制设计概算造价的方法，熟练掌握工程建设其他费用概算造价的计算方法，达到能灵活运用各种方法进行设计概算造价编制的目的；理解施工图预算造价的概念，了解施工图预算造价的内容和作用，熟练掌握编制一般土建工程施工图预算造价的方法并能综合运用于实际工作中。

5.1 建设项目投资估算

5.1.1 项目建议书阶段投资估算

1. 项目建议书投资估算的基本概念

项目建议书投资估算是对拟建工程项目的全部投资费用进行的预测估算，它是项目建议书的重要组成部分，是对项目进行经济评价和投资决策的重要依据之一，对可行性研究及可行性研究投资估算的编制起指导作用。

项目建议书，是国家选择建设项目和进行可行性研究报告编制的依据，是基本建设程序中前期准备工作阶段的第一个工作环节，故具有极其重要的作用。

遵照基本建设程序的规定和要求编制的项目建议书，就其工作深度而言，其投资估算的编制，不是依靠详细的分析计算，而是依靠粗略的估计来进行的。同时，它又是工程造价多次性计价过程中的第一阶段，认真做好项目建议书的投资估算工作，就具有十分重要的意义。

2. 投资估算的内容

根据国家规定，从满足建设项目投资设计和投资规模的角度，建设项目投资估算包括固定资产投资估算和铺底流动资金估算两部分，其构成如图 5-1 所示。

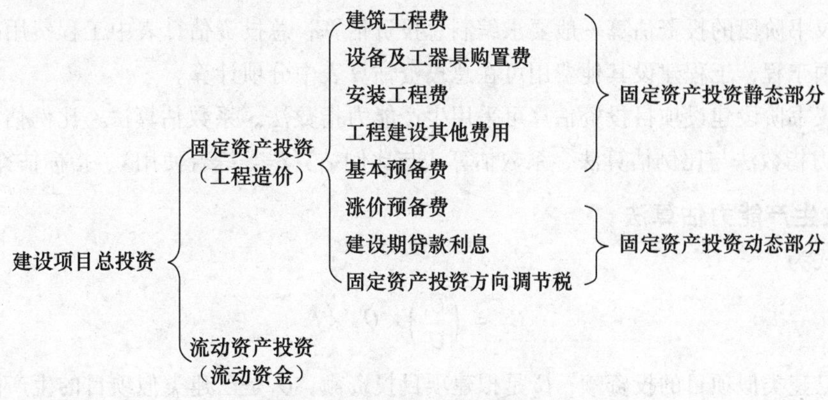

图 5-1　建设项目投资估算构成

固定资产投资估算的内容按照费用的性质划分，包括建筑安装工程费、设备及工器具购置费、工程建设其他费用（此时不含流动资金）、基本预备费、涨价预备费、建设期贷款利息、固定资产投资方向调节税等。其中，建筑安装工程费、设备及工器具购置费形成固定资产，工程建设其他费用可分别形成固定资产、无形资产及其他资产。基本预备费、涨价预备费、建设期贷款利息，在可行性研究阶段为简化计算，一并计入固定资产。

固定资产投资可分为静态部分和动态部分，其中涨价预备费、建设期贷款利息和固定资产投资方向调节税构成动态投资部分，其余部分为静态投资部分。

铺底流动资金是指生产经营性项目投产后，用于购买原材料、燃料、支付工资及其他经营费用等所需的周转资金。它是伴随着固定资产投资而发生的、长期占用的流动资产投资，数量上为流动资产与流动负债的差额。其中，流动资产主要考虑现金、应收账款和存货，流动负债主要考虑应付账款。

3. 投资估算的依据、要求与步骤

投资估算依据：

①专门机构发布的建设工程造价费用构成、估算指标、计算方法，以及其他与工程造价计算有关的文件；

②专门机构发布的工程建设其他费用计算办法和费用标准，以及政府部门发布的物价指数；

③拟建项目各单项工程的建设内容和工程量。

投资估算要求：

①工程内容和费用构成要齐全，计算合理，不重复计算，不提高或者降低估算标准，不漏项，不少算；

②选用标准与具体工程之间存在标准或者条件差异时，应进行必要的换算或调整；

③投资估算精度应能满足控制初步设计概算要求。

投资估算步骤：

①分别估算各单项工程所需的建筑工程费、设备及工器具购置费、安装工程费；

②在汇总各单项工程费用的基础上，估算工程建设其他费用和基本预备费；

③估算涨价预备费和贷款建设期利息；

④估算流动资金。

4. 项目建议书投资估算的编制办法

项目建议书阶段的投资估算一般要求编制总投资估算，总投资估算表中工程费用的内容应分解到主要单项工程，工程建设其他费用可在总投资估算表中分项计算。

项目建议书阶段建设项目投资估算可采用生产能力指数法、系数估算法、比例估算法、混合法（生产能力指数法与比例估算法，系数估算法与比例估算法等综合使用）、指标估算法等。

5. 单位生产能力估算法

计算公式为

$$C_2 = \left(\frac{C_1}{Q_1}\right) \times Q_2 \times f$$

式中，C_1是已建类似项目的投资额；C_2是拟建项目投资额；Q_1是已建类似项目的生产能力；Q_2是拟建项目的生产能力；f是不同时期、不同地点的定额、单价、费用变更等的综合调整系数。

单位生产能力估算法估算误差较大，可达 ±30%。此法只能是粗略地快速估算，由于误差大，应用该估算法时需要小心，应注意以下几点：

①地方性。建设地点不同，地方性差异主要表现为：两地经济情况不同；土壤、地质、水文情况不同；气候、自然条件的差异；材料、设备的来源、运输状况不同等。

②配套性。一个工程项目或装置，均有许多配套装置和设施，也可能产生差异，如公用工程、辅助工程、厂外工程和生活福利工程等，这些工程随地方差异和工程规模的变化均各不相同，它们并不与主体工程的变化成线性关系。

③时间性。工程建设项目的兴建，不一定是在同一时间建设，时间差异或多或少存在，在这段时间内可能在技术、标准、价格等方面发生变化。

6. 生产能力指数法

生产能力指数法又称指数估算法，它是根据已建成的类似项目生产能力和投资额来粗略估算拟建项目投资额的方法。其计算公式为

$$C_2 = C_1 \times \left(\frac{Q_2}{Q_1}\right)^x \times f$$

式中，x 是生产能力指数；其他符号含义同前。

上式表明，造价与规模（或容量）成非线性关系，且单位造价随工程规模（或容量）的增大而减小。在正常情况下，$0 \leqslant x \leqslant 1$，不同生产率水平的国家和不同性质的项目中，$x$ 的取值是不相同的。比如化工项目美国取 $x=0.6$，英国取 $x=0.66$，日本取 $x=0.7$。

若已建类似项目的生产规模与拟建项目生产规模相差不大，Q_1与 Q_2的比值为 0.5 ~ 2，则指数 x 的取值近似为 1。

若已建类似项目的生产规模与拟建项目生产规模相差不大于 50 倍，且拟建项目生产规模的扩大仅靠增大设备规模来达到时，则 x 的取值为 0.6 ~ 0.7；若是靠增加相同规格设备的数量达到时，x 的取值为 0.8 ~ 0.9。

指数法主要应用于拟建装置或项目与用来参考的已知装置或项目的规模不同的场合。

生产能力指数法与单位生产能力估算法相比精确度略高，其误差可控制在 ±20% 以内，尽管估价误差仍较大，但有它独特的好处：即这种估价方法不需要详细的工程设计资料，只知道工艺

流程及规模就可以；其次对于总承包工程而言，可作为估价的旁证，在总承包工程报价时，承包商大都采用这种方法估价。

7. 系数估算法

系数估算法也称为因子估算法，它是以拟建项目的主体工程费或主要设备费为基数，以其他工程费占主体工程费的百分比为系数估算项目总投资的方法。这种方法简单易行，但是精度较低，一般用于项目建议书阶段。系数估算法的种类很多，下面介绍几种主要类型。

①设备系数法。以拟建项目的设备费为基数，根据已建成的同类项目的建筑安装费和其他工程费等占设备价值的百分比，求出拟建项目建筑安装工程费和其他工程费，进而求出建设项目总投资。其计算公式如下：

$$C = E(1 + f_1p_1 + f_2p_2 + f_3p_3 + \cdots) + I$$

式中，C是拟建项目投资额；E是拟建项目设备费；p_1，p_2，p_3…是已建项目中建筑安装费及其他工程费等占设备费的比重；f_1，f_2，f_3…是由于时间因素引起的定额、价格、费用标准等变化的综合调整系数；I是拟建项目的其他费用。

②主体专业系数法。以拟建项目中投资比重较大，并与生产能力直接相关的工艺设备投资为基数，根据已建同类项目的有关统计资料，计算出拟建项目各专业工程（总图、土建、采暖、给排水、管道、电气、自控等）占工艺设备投资的百分比，据以求出拟建项目各专业投资，然后加总即为项目总投资。其计算公式为：

$$C = E(1 + f_1p_1' + f_2p_2' + f_3p_3' + \cdots) + I$$

式中，p_1'，p_2'，p_3'…为已建项目中各专业工程费用占设备费的比重；其他符号同前。

8. 比例估算法

根据统计资料，先求出已有同类企业主要设备投资占全厂建设投资的比例，然后再估算出拟建项目的主要设备投资，即可按比例求出拟建项目的建设投资。其表达式为：

$$I = \frac{1}{K} \times \sum Q_ip_i \times f(i = 1,\cdots,n)$$

式中，I是拟建项目的建设投资；K是主要设备投资占拟建项目投资的比例；n是设备种类数；Q_i是第i种设备的数量；p_i是第i种设备的单价（到厂价格）。

9. 指标估算法

这种方法是把建设项目划分为建筑工程、设备安装工程、设备购置费及其他基本建设费等费用项目或单位工程，再根据各种具体的投资估算指标，进行各项费用项目或单位工程投资的估算，在此基础上，可汇总成每一单项工程的投资。另外，再估算工程建设其他费用及预备费，即求得建设项目总投资。

估算指标是一种比概算指标更为扩大的单位工程指标或单项工程指标。

使用估算指标法应根据不同地区、年代进行调整。因为地区、年代不同，设备与材料的价格均有差异，调整方法可以按主要材料消耗量或“工程量”为计算依据；也可以按不同的工程项目的“万元工料消耗定额”而定不同的系数。如果有关部门已颁布了有关定额或材料价差系数（物价指数），也可以据其调整。

使用估算指标法进行投资估算决不能生搬硬套，必须对工艺流程、定额、价格及费用标准进行分析，经过实事求是的调整与换算后，才能提高其精确度。

10. 涨价预备费的估算

涨价预备费是指建设项目在建设期间由于价格等变化引起工程造价变化的预测预留费用，内容包括：人工、设备、材料、施工机械的价差费，建筑安装工程费及工程建设其他费用调整，利率、汇率调整等增加的费用。

涨价预备费根据国家规定的投资综合价格指数，以估算年份价格水平的投资额为基数，采用复利方法计算。

11. 建设期利息的估算

建设期利息是指项目借款在建设期内发生并计入固定资产投资的利息。计算建设期利息时，为了简化计算，通常假定当年借款按半年计息，以上年度借款按全年计息，计算公式为：

各年应计利息 = (年初借款本息累计 + 本年借款额 /2) × 年利率

年初借款本息累计 = 上一年年初借款本息累计 + 上年借款 + 上年应计利息

本年借款 = 本年度固定资产投资 − 本年自有资金投入

对于有多种借款资金来源，每笔借款的年利率各不相同的项目，既可分别计算每笔借款的利息，也可先计算出各笔借款加权平均的年利率，并以此利率计算全部借款的利息。

12. 流动资金分项详细估算法

流动资金估算一般采用分项详细估算法。个别情况或者小型项目可采用扩大指标法。

流动资金的显著特点是在生产过程中不断周转，其周转额的大小与生产规模及周转速度直接相关。分项详细估算法是根据周转额与周转速度之间的关系，对构成流动资金的各项流动资产和流动负债分别进行估算。在可行性研究中，为简化计算，仅对存货、现金、应收账款和应付账款四项内容进行估算，计算公式为：

流动资金 = 流动资产 + 流动负债

流动资产 = 应收账款 + 存货 + 现金

流动负债 = 应付账款

流动资金本年增加额 = 本年流动资金 − 上年流动资金

估算的具体步骤，首先计算各类流动资产和流动负债的年周转次数，然后再分项估算占用资金额。

(1) 周转次数计算

周转次数是指流动资金的各个构成项目在一年内完成多少个生产过程。

周转次数 = 360d ÷ 最低周转天数

存货、现金、应收账款和应付账款的最低周转天数，可参照同类企业的平均周转天数并结合项目特点确定。又因为周转次数 = 周转额/各项流动资金平均占用额。如果周转次数已知，则各项流动资金平均占用额 = 周转额/周转次数

(2) 应收账款估算

应收账款是指企业对外赊销商品、劳务而占用的资金。应收账款的周转额应为全年赊销销售收入。在可行性研究时，用销售收入代替赊销收入。计算公式为：

应收账款 = 年销售收入 / 应收账款周转次数

(3) 存货估算

存货是企业为销售或者生产耗用而储备的各种物资，主要有原材料、辅助材料、燃料、低值

易耗品、维修备件、包装物、在产品、自制半成品和产成品等。为简化计算，仅考虑外购原材料、外购燃料、在产品和产成品，并分项进行计算。计算公式为：

存货 = 外购原材料 + 外购燃料 + 在产品 + 产成品

外购原材料占用资金 = 年外购原材料总成本/原材料周转次数

外购燃料 = 年外购燃料/按种类分项周转次数

在产品 = (年外购材料、燃料 + 年工资及福利费 + 年修理费 + 年其他制造费)/在成品周转次数

产成品 = 年经营成本/产成品周转次数

（4）现金需要量估算

项目流动资金中的现金是指货币资金，即企业生产运营活动中停留于货币形态的那部分资金，包括企业库存现金和银行存款。计算公式为

现金需要量 = (年工资及福利费 + 年其他费用)/现金周转次数

年其他费用 = 制造费用 + 管理费用 + 销售费用 − (以上三项费用中所含的工资及福利费、折旧费、维简费、摊销费、修理费)

（5）流动负债估算

流动负债是指在一年或者超过一年的一个营业周期内，需要偿还的各种债务。在可行性研究中，流动负债的估算只考虑应付账款一项。计算公式为

应付账款 = (年外购原材料 + 年外购燃料)/应付账款周转次数

根据流动资金各项估算结果，编制流动资金估算表。

5.1.2　可行性研究阶段投资估算

可行性研究阶段投资估算又分为初步可行性研究阶段的投资估算和详细可行性研究阶段的投资估算。

初步可行性研究阶段的投资估算，是在初步可行性研究阶段，在掌握了更详细、更深入的资料条件下，估算建设项目所需的投资额。其对投资估算精度的要求为误差控制在±20%以内。

详细可行性研究阶段的投资估算至关重要，因为这个阶段的投资估算经审查批准之后，便是工程设计任务书中规定的项目投资限额，并可据此列入项目年度基本建设计划。

可行性研究阶段投资估算的编制办法如下。

（1）可行性研究阶段，建设项目投资估算原则上应采用指标估算法，对于对投资有重大影响的主体工程应估算出分部分项工程量，参考相关综合定额（概算指标）或概算定额编制主要单项工程的投资估算。

（2）预可行性研究阶段、方案设计阶段项目建设投资估算视设计深度，宜参照可行性研究阶段的编制办法进行。

（3）在一般的设计条件下，可行性研究投资估算深度内容上应达到“投资估算文件的组成”部分的要求。对于子项单一的大型民用公共建筑，主要单项工程估算应细化到单位工程估算书。可行性研究投资估算深度应满足项目的可行性研究与评估，并最终满足国家和地方相关部门批复或备案的要求。

5.1.3 投资估算报告撰写

投资估算文件一般由封面、签署页、编制说明、投资估算分析、总投资估算表、单项工程估算表、主要技术经济指标等内容构成。

投资估算编制说明一般阐述以下内容：

（1）工程概况。

（2）编制范围。

（3）编制方法。

（4）编制依据。

（5）主要技术经济指标。

（6）有关参数、率值选定的说明。

（7）特殊问题的说明（包括采用新技术、新材料、新设备、新工艺）；必须说明的价格的确定；进口材料、设备、技术费用的构成与计算参数；采用巨形结构、异形结构的费用的估算方法；环保（不限于）投资占总投资的比重；未包括项目或费用的必要说明等。

（8）采用限额设计的工程还应对方案比选的估算和经济指标做进一步说明。

投资分析应包括以下内容：

（1）工程投资比例分析。

（2）分析设备购置费、建筑工程费、安装工程费、工程建设其他费用、预备费占建设总投资的比例；分析引进设备费用占全部设备费用的比例等。

（3）分析影响投资的主要因素。

（4）与国内类似工程项目的比较，分析说明投资高低的原因。

总投资估算包括汇总单项工程估算、工程建设其他费用、估算基本预备费、差价预备费、计算建设期利息等。

单项工程投资估算，应按建设项目划分的各个单项工程分别计算组成工程费用的建筑工程费、设备购置费、安装工程费。

工程建设其他费用估算，应按建设预期将要发生的工程建设其他费用种类，逐渐详细估算其费用金额。

估算人员应根据项目特点，计算并分析整个建设项目、各单项工程和主要单位工程的主要技术经济指标。

5.2 设计概算

设计概算是设计文件的重要组成部分，是由设计单位根据初步设计（或技术设计）图纸及说明、概算定额（或概算指标）、各项费用定额或取费标准（指标）、设备、材料预算价格等资料或参照类似工程预决算文件，编制和确定的建设工程项目从筹建至竣工交付使用所需全部费用的文件。

设计概算可分为单位工程概算、单项工程综合概算和建设工程项目总概算三级。各级概算之间的相互关系如图5-2所示。

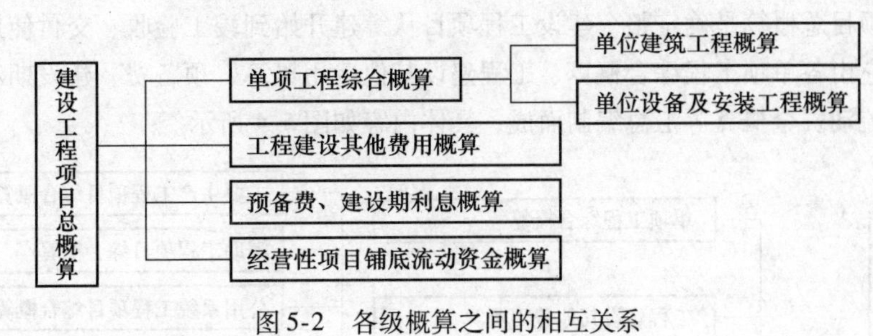

图 5-2　各级概算之间的相互关系

5.2.1　单位工程概算

单位工程概算是确定各单位工程建设费用的文件，它是根据初步设计或扩大初步设计图纸和概算定额或概算指标以及市场价格信息等资料编制而成的。

对于一般工业与民用建筑工程而言，单位工程概算按其工程性质分为建筑工程概算和设备及安装工程概算两大类。建筑工程概算包括土建工程概算、给排水采暖工程概算、通风空调工程概算、电气照明工程概算、弱电工程概算、特殊构筑物工程概算等；设备及安装工程概算包括机械设备及安装工程概算、电气设备及安装工程概算、热力设备及安装工程概算以及工器具及生产家具购置费概算等。

单位工程概算只包括单位工程的工程费用，由直接费、间接费、利润和税金组成，其中直接费是由分部、分项工程直接工程费的汇总加上措施费构成的。

5.2.2　单项工程综合概算和总概算

单项工程综合概算是确定一个单项工程所需建设费用的文件，是由单项工程中的各单位工程概算汇总编制而成的，是建设工程项目总概算的组成部分。对于一般工业与民用建筑工程而言，单项工程综合概算的组成内容如图 5-3 所示。

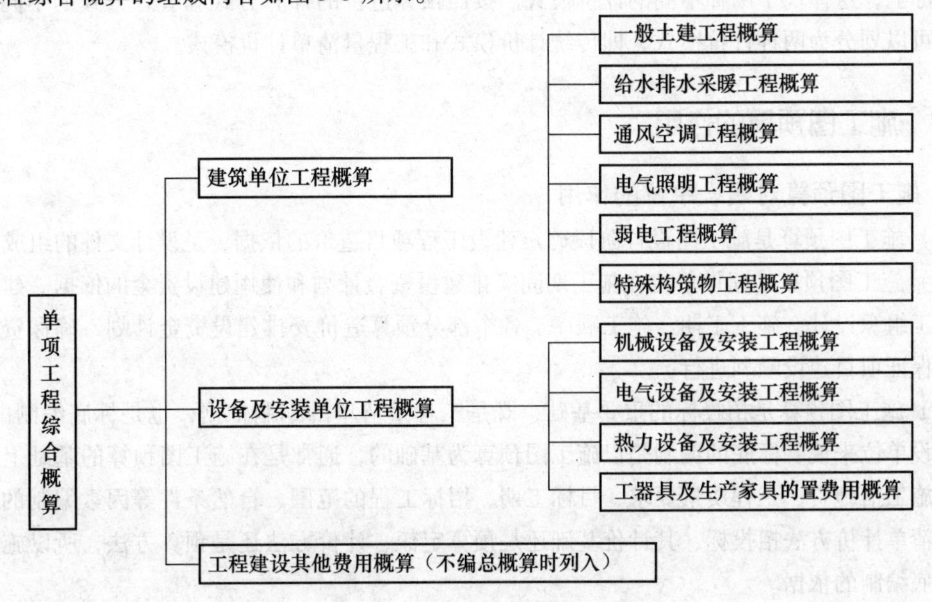

图 5-3　单项工程综合概算的组成

建设工程项目总概算是确定整个建设工程项目从筹建开始到竣工验收、交付使用所需的全部费用的文件，它由各单项工程综合概算、工程建设其他费用概算、预备费、建设期利息概算和经营性项目铺底流动资金概算等汇总编制而成，具体内容如图5-4所示。

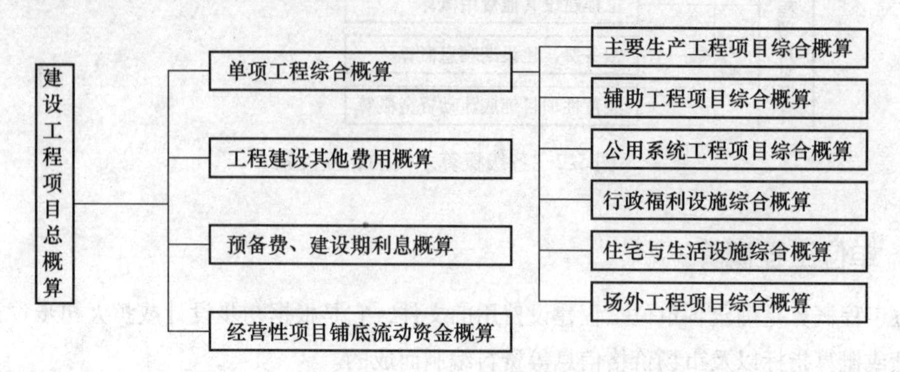

图5-4 建设工程项目总概算的组成

5.3 施工图预算

5.3.1 施工图预算的概念

从传统意义上讲，施工图预算是指在施工图设计完成以后，按照主管部门制定的预算定额、费用定额和其他取费文件等编制的单位工程或单项工程预算价格的文件；从现有意义上讲，只要是按照施工图纸以及计价所需的各种依据在工程实施前所计算的工程价格，均可以称为施工图预算价格。该施工图预算价格可以是按照主管部门统一规定的预算单价、取费标准、计价程序计算得到的计划中的价格，也可以是根据企业自身的实力和市场供求及竞争状况计算的反映市场的价格。实际上，这体现了两种不同的计价模式。按照预算造价的计算方式和管理方式的不同，施工图预算可以划分为两种计价模式，即传统计价模式和工程量清单计价模式。

5.3.2 施工图预算的作用

1. 施工图预算对建设单位的作用

（1）施工图预算是施工图设计阶段确定建设工程项目造价的依据，是设计文件的组成部分。

（2）施工图预算是建设单位在施工期间安排建设资金计划和使用建设资金的依据。建设单位按照施工组织设计、施工工期、施工顺序、各个部分预算造价安排建设资金计划，确保资金有效使用，保证项目建设顺利进行。

（3）施工图预算是招投标的重要基础，既是工程量清单的编制依据，也是标底编制的依据。对于建设单位来说，标底的编制是以施工图预算为基础的，通常是在施工图预算的基础上考虑工程特殊施工措施费、工程质量要求、目标工期、招标工程的范围、自然条件等因素编制的。采用工程量清单计价方法招投标，其计价基础还是预算定额，计价方法还是预算方法，所以施工图预算是标底编制的依据。

（4）施工图预算是拨付进度款及办理结算的依据。

2. 施工图预算对施工单位的作用

（1）施工图预算是确定投标报价的依据。在竞争激烈的建筑市场，施工单位需要根据施工图预算造价，结合企业的投标策略，确定投标报价。

（2）施工图预算是施工单位进行施工准备的依据，是施工单位在施工前组织材料、机具、设备及劳动力供应的重要参考，是施工单位编制进度计划、统计完成工作量、进行经济核算的参考依据。施工图预算的工、料、机分析，为施工单位材料购置、劳动力及机具和设备的配备提供参考。

（3）施工图预算是控制施工成本的依据。根据施工图预算确定的中标价格是施工单位收取工程款的依据，施工单位只有合理利用各项资源，采取技术措施、经济措施和组织措施降低成本，将成本控制在施工图预算以内，施工单位才能获得良好的经济效益。

3. 施工图预算对其他方面的作用

（1）对于工程咨询单位而言，尽可能客观、准确地为委托方做出施工图预算，是其业务水平、素质和信誉的体现。

（2）对于工程造价管理部门而言，施工图预算是监督检查执行定额标准、合理确定工程造价、测算造价指数及审定招标工程标底的重要依据。

5.3.3　施工图预算的编制依据

（1）国家、行业和地方政府有关工程建设和造价管理的法律、法规和规定。

（2）经过批准的施工图纸及施工说明、有关标准图集。

施工图纸及施工说明是编制施工图预算的主要工作对象和依据。而设计图纸中往往运用到部分标准图集，因此各种标准图集也是预算编制的重要依据。

（3）现行预算定额或地区计价表。

地区计价表是根据现行预算定额、地区工人工资标准、施工机械台班使用单价、材料预算价格、利润和管理费等进行编制的，是预算定额在该地区的具体表现形式，也是该地区编制工程预算直接的基础资料。

现行《江苏省建筑与装饰工程计价表》是江苏省编制预算的基本依据。编制工程预算，从划分分部分项工程项目和部分措施项目到计算各项工程量，都必须以计价表为标准和依据。根据计价表也可以查出工程项目所需的人工费、材料费、机械台班使用费、利润、管理费及各项工程的定额单价。

（4）施工组织设计或施工方案。

施工组织设计或施工方案，是建筑工程施工中的重要文件，它对工程施工方法、施工机械选择、材料构件的加工和堆放地点都有明确的规定。这些资料直接影响计算工程量和选套定额单价。

（5）工程地质勘查资料和现场情况。

工程地质情况和工程现场情况都会影响到预算中费用的发生情况，包括土方施工费用、基础施工费用、临时设施费用、施工排水费用等，因此在编制施工图预算时，必须要熟悉工程地质和现场情况。

(6) 费用计算规则和取费标准。

各省、市、自治区都有本地区的建筑工程费用计算规则和各项取费标准，它是计算工程造价的重要依据。

(7) 批准的初步设计及设计概算。

设计概算是拟建工程确定投资的最高限额，一般预算造价不得超过概算造价，否则要调整初步设计。

(8) 地区人工工资、材料及机械台班预算价格。

计价表中的工资、材料及机械台班价格仅限于计价表编制时的水平，在实际编制预算时应结合当时当地的相应工资、材料及机械台班预算价格调整。

(9) 招标文件。

招标文件中有关承包范围、结算方式、包干系数的确定、价差调整等都会影响到预算的编制。施工图预算编制时，还必须要考虑招标文件中所附的虚拟的施工合同。

5.3.4 施工图预算的编制方法

《建筑工程施工发包与承包计价管理办法》(住房和城乡建设部第16号令) 规定，施工图预算、招标标底（相当于现在的招标控制价)、投标报价等由成本、利润和税金构成。其编制可以采用工料单价法和综合单价法两种计价方法，工料单价法是传统的定额计价模式下的施工图预算编制方法，而综合单价法是适应市场经济条件下的工程量清单计价模式下的施工图预算编制方法。

1. 工料单价法

工料单价法是指分部分项工程的单价为直接工程费单价，以分部分项工程量乘以对应分部分项工程单价后的合计为单位直接工程费，直接工程费汇总后另加措施费、间接费、利润、税金形成施工图预算造价。

按照分部分项工程单价产生的方法不同，工料单价法又可分为预算单价法和实物法。

(1) 预算单价法

预算单价法是采用地区定额中的各分项工程工料预算单价（定额基价）乘以相应的各分部分项工程的工程量，求和后得到包括人工费、材料费和施工机械使用费在内的单位工程直接工程费，再根据地区费用定额和各项取费标准，计算出措施费、间接费、利润和税金等，最后汇总得到单位工程施工图预算造价。

这种编制方法，既简化编制工作，又便于进行技术经济分析，但在市场价格波动较大的情况下，用该方法计算的造价可能会偏离实际水平，造成误差，因此需要对价差进行调整。

(2) 实物法

实物法是根据施工图计算的各分部分项工程量分别乘以地区定额中的人工、材料、施工机械台班的定额消耗量，分类汇总得出该单位工程所需的全部人工、材料、施工机械台班消耗数量，然后乘以当时当地人工工日单价、各种材料单价、施工机械台班单价，求出相应的人工费、材料费和机械使用费，再加上措施费，就可以求出该工程的直接费，再根据地区费用定额和各项取费标准，计算出措施费、间接费、利润和税金等，最后汇总得到单位工程施工图预算造价。

实物法的优点是能比较及时地将反映各种材料、人工、机械的当时当地市场单价计入预算价格，不需调价，反映当时当地的工程价格水平。

在市场经济的条件下，人工、材料和机械台班等施工资源的单价是随市场而变化的，而且它们是影响工程造价最活跃、最主要的因素。用实物法编制施工预算，实行“量”“价”分离，计算出量后，不再去套用静态的定额基价，而是套用相应预算定额中的人工、材料、机械台班的消耗量，分别汇总后再乘以市场价格。因此，实物法是与市场经济体制相适应的预算编制方法。

2. 综合单价法

综合单价法是指分项工程单价综合了直接工程费及以外的多项费用，按照单价综合的内容不同，综合单价可以分为全费用综合单价和清单综合单价。

(1) 全费用综合单价

全费用综合单价，即单价中综合了分项工程人工费、材料费、机械费、管理费、利润、规费以及有关文件规定的调价、税金以及一定范围的风险等全部费用。以各分项工程量乘以全费用单价得到合价，再汇总，再加上措施项目的完全价格，就形成了单位工程施工图预算造价。

$$预算造价 = (\sum 分项工程量 \times 分项工程全费用单价) + 措施项目完全价格$$

(2) 清单综合单价

分部分项工程清单综合单价中综合了人工费、材料费、施工机械使用费、企业管理费、利润，并考虑了一定范围的风险费用，但并未包括措施费、规费和税金，因此它是一种不完全单价。以各分部分项工程量乘以该综合单价得到合价，再汇总，再加上措施项目费、规费和税金后，就形成了单位工程的施工图预算造价。

$$预算造价 = (\sum 分项工程量 \times 分项工程不完全单价) + 措施项目不完全价格 + 规费 + 税金$$

5.3.5 施工图预算的编制程序

施工图预算的编制程序如图 5-5 所示。

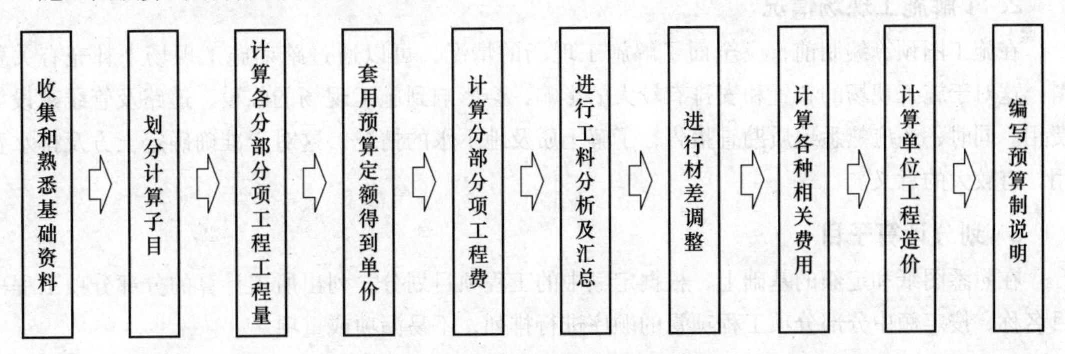

图 5-5　施工图预算的编制程序

5.3.6 施工图预算的编制步骤

施工图预算应由有编制资格的单位和人员进行编制。

1. 收集和熟悉基础资料

在施工图预算编制开始时，应充分收集各类基础资料，包括施工图纸、各种标准图集、地质勘查资料、施工组织设计、拟定合同、地方定额等，这些资料对整个预算的编制都有一定的影响。

（1）熟悉施工图纸

施工图纸是编制预算是重要的依据。只有充分熟悉施工图纸，才能了解设计意图，正确地划分各分部分项工程项目，也才能正确地计算出各分部分项工程的工程量。对建筑物的建筑造型、平面布置、结构类型、应用材料以及图中尺寸、文字说明等方面的熟悉程度，将直接影响到施工图预算编制的速度和精度。

土建工程包括建筑施工图和结构施工图两大部分。建筑施工图一般是表示建筑物的形式、大小、构造、应用材料等方面的图纸；结构施工图一般是表示承重结构部分设计尺寸和用料等方面的图纸。

在熟悉施工图纸时，可以先采用通读的方法，先大概了解整个建筑物的总体情况，熟悉建筑与结构的做法，在编制施工图预算时再精读图纸。在读图过程中，遇有文字说明不清、构造作法不详、尺寸不一致以及用料有差错等情况时，应做好详细记录，并通过合理的途径加以解决。

（2）熟悉定额

定额是编制施工图预算的基础资料和重要依据。在建筑工程中，其分部分项工程的综合单价以及人工、材料、机械台班使用消耗量，都是依据定额来确定的。在编制施工图预算前，必须要熟悉定额的内容、形式和使用方法，才能在施工图预算编制过程中正确应用，才能结合施工图纸，迅速而准确地确定计算子目和准确计算工程量。

（3）熟悉施工组织设计资料

施工组织设计中包括了施工方法、技术组织措施、施工设备、材料供应情况等，这些都对施工图预算的结果有很大的影响，因此，在施工图预算编制前，必须要充分熟悉施工组织设计资料的相关内容，有利于提高施工图预算编制的准确性。

2. 了解施工现场情况

在施工图预算编制前，应全面了解施工现场的情况，可以通过踏勘施工现场来补充有关资料，这对于施工现场的布置和安排有较大的影响，会影响到施工现场的临设、道路及管线敷设等费用。同时，还应熟悉地质勘查报告，了解土质及地下水的情况，这对于准确确定土方及排水费用，有较大的意义。

3. 划分计算子目

在熟悉图纸和定额的基础上，根据定额中的工程项目划分，列出所需计算的分部分项工程项目名称，按定额中分部分项工程项目的顺序进行排列，不易漏项或重项。

4. 计算工程量

工程量是编制施工图预算的重要数据，工程量计算是一项工作量很大而又十分细致的工作，工程量中最基本的数据一定要计算准确。在计算工程量时，应注意以下事项。

（1）严格按照定额规定的工程量计算规则，结合图纸尺寸为依据进行计算。

（2）为了计算统一和便于核算，计算式要清楚。

计算时应注明层次、部位、轴线编号、断面符号；在书写计算式时，应保持一种良好的书写习惯，如计算面积时，宽（高）在前、长度在后，在计算体积时，面积在前、长度在后。

(3) 为了防止遗漏和重复计算，必须按一定的顺序进行计算。

①按顺时针方向，由图左上角开始向右行，绕一周后回到左上方为止；

②按先横后竖、先上后下、先左后右的顺序；

③按图上所注构件、配件编号顺序；

④按定位轴线及编号顺序。

(4) 工程量应采取表格形式和有关数据要求。

一般项目的工程量计算应采取表格形式，即工程量计算表。工程量的计量单位与定额中的计量单位相一致。

对于钢筋的计算，则一般会采用专门的钢筋计算表。

5. 套用定额，编制工程预算表

当工程量计算完成后，根据已算完的工程量，套用定额，查出定额基价及其中的人工费、材料费、机械费、管理费和利润，再与工程量相乘，得出合价及其中的人工费、材料费、机械费、管理费和利润，最后按定额中分部分项工程的排列顺序，以定额编号由小到大逐项填写工程预算表。

6. 计算分部分项工程费

将工程预算表中的工程量与单价相乘，得出合价，把每个分部工程中的合价相加，即可得出该分部工程费的小计，最后将各分部工程费的小计相加，即可得出分部分项工程费的总和。

7. 工料分析及汇总

在计算工程量和编制预算表后对单位工程所需的人工工日数及各种材料需要量进行分析，这就是工料分析。工料分析是控制现场备料，计算人工需要量，编制作业计划，进行财务成本核算和开展班级经济核算的依据。同时，工料分析也是进行人工和材料价差调整的依据。

工料分析一般都采用一定的表格进行。根据已算完的工程量，套用定额，查出定额中各分项工程的各种工、料的定额用量，再与工程量相乘，得出各分项工程的人工及各种材料的用量，最后按定额中分部分项工程的排列顺序，以定额编号由小到大逐项填写工料分析表。

根据工料分析表中的数据，进行人工和各种材料的分类汇总，即可得出该单位工程中的人工和各种材料的总需要量。

在工料分析中，要注意砂浆或混凝土，这些材料要通过砂浆或混凝土配合比表，进行二次分析才能得到水泥、砂、石灰膏等材料的用量。

8. 进行价差调整

由于定额中的工、料、机的价格，是依据定额编制时期所在地区的价格来进行计算的。而在施工图预算编制时，其工、料、机的实际价格，会随着时间的推移而发生变化，所以必须要进行价差的调整。

9. 计算各种费用

按照现行的费用定额和各种取费标准，计算各种相关的费用，包括措施项目费、其他项目费、规费、税金等。

10. 计算工程造价

把分部分项工程费、措施项目费、其他项目费、规费、材差和税金等相加，即可得到工程造价。

用工程造价除以建筑面积，即可得出单方造价。

11. 编写预算编制说明

施工图预算编制完成后，还应编写预算编制说明，目的是让有关单位了解本施工图预算的编制依据、施工方法、材料价差以及其他的一些情况。其应包括以下一些常见的内容：

（1）采用的图纸名称及编号；

（2）采用的定额名称及版本；

（3）采用的费用定额及各种费用的取费标准及相应文件；

（4）编制中存在的问题及处理意见；

（5）有哪些遗留项目或暂估项目；

（6）其他需要说明的问题。

12. 装订签章

填写施工图预算书封面，预算书封面的内容应包括工程编号、工程名称、建设单位、建筑面积、结构类型、预算总造价、单方造价，预算编制单位、单位法人、编制人及编制时间，预算审核单位、单位法人、审核人及审核时间等。

施工预算书按预算书封面、预算编制说明、造价计算表、工程预算表、工料分析表、工程量计算表、钢筋计算表的顺序装订成册。

在已经装订成册的施工图预算书上，预算编制人应签字并加盖有资格证书的印章，经有关负责人审阅签字后，最后加盖公章。

5.4 招标控制价与投标报价

5.4.1 招标控制价

（1）招标控制价的概念

招标控制价是指招标人根据国家或省级、行业建设主管部门颁发的有关计价依据和办法，以及拟定的招标文件和招标工程量清单，编制的招标工程的最高限价。

国有资金投资的工程建设项目应实行工程量清单招标，招标人应编制招标控制价。

投标人的投标报价高于招标控制价的，其投标应予以拒绝。

招标控制价应由具有编制能力的招标人或受其委托具有相应资质的工程造价咨询人编制和复核。

（2）招标控制价的编制依据

①《计价规范》；

②国家或省级、行业建设主管部门颁发的计价定额和计价办法；

③建设工程设计文件及相关资料；

④拟定的招标文件及招标工程量清单；

⑤与建设项目相关的标准、规范、技术资料；

⑥施工现场情况、工程特点及常规施工方案；

⑦工程造价管理机构发布的工程造价信息；工程造价信息没有发布的，参照市场价；

⑧其他的相关资料。

5.4.2　投标报价

1. 投标价的概念

《计价规范》规定，投标价是投标人投标时报出的工程合同价。即投标价是指在工程招标发包过程中，由投标人或受其委托具有相应资质的工程造价咨询人按照招标文件的要求以及有关计价规定，依据发包人提供的工程量清单、施工设计图纸，结合工程项目特点、施工现场情况及企业自身的施工技术、装备和管理水平等，自主确定的工程造价。

投标报价是投标人希望达成工程承包交易的期望价格，但不能高于招标人设定的招标控制价。投标报价的编制是指投标人对拟承建工程项目所要发生的各种费用的计算过程。作为投标计算的必要条件，应预先确定施工方案和施工进度，此外，投标计算还必须与采用的合同形式相一致。

2. 投标报价的原则

（1）根据承包方式做到“精算粗报”

在投标报价时，务必要考虑到承包方式。如果是固定总价合同，则报价时要充分考虑到材料和人工费调整的因素，以及风险因素，工程量的计算要精确无误。如果是单价合同，则报价时工程量只需大致准确即可，而单价中仍要充分考虑到调价及风险因素。如果总价不是一次包死，而是“调价结算”，则可以较少地考虑调价和风险因素，甚至不考虑。

报价的项目不必过细，但是在编制过程中要做到对内细、对外粗，也就是精算粗报。

（2）报价的计算方法要简明，数据资料要有理有据

在投标报价时，计算方法要正确、简明，采用的数据资料要有理有据，这样才能保证报价的准确性。

（3）考虑优惠条件和提出优化设计

在投标竞争激烈的情况下，投标单位往往向建设单位提供各种优惠的条件，以吸引招标人的眼球，达到中标的目的。

在投标报价时，如果发现该工程中某些设计不合理并可以改进，或可利用某项新技术以降低工程造价时，投标人除了按常规进行报价之外，还可以另附修改设计以改善功能、降低造价或缩短工期的方案。这种做法往往会得到建设单位的赏识而大大提高中标机会。但是切忌只提出修改优化方案，而不按原设计进行常规报价。

（4）选择合适的报价策略

在投标报价时，应根据施工企业自身的情况和工程的特点，选择合适的报价策略，包括不平衡报价法、多方案报价法、增加建议方案、突然袭击法、无利润算标法等。比如，对于某些专业性强、难度大、技术条件高、工艺要求苛刻、工期紧，估计一般施工单位不敢轻易承揽的工程，而本施工单位这方面又拥有特殊的技术力量和设备的项目，往往可以略为提高利润率。再比如，为了在某一地区打开局面，往往可考虑低利润报价的策略。

3. 投标报价的编制依据

（1）《计价规范》；

（2）国家或省级、行业建设主管部门颁发的计价办法；

（3）企业定额，国家或省级、行业建设主管部门颁发的计价定额；

（4）招标文件、工程量清单及其补充通知、答疑纪要；

（5）建设工程设计文件及相关资料；

（6）施工现场情况、工程特点及拟定的投标施工组织设计或施工方案；

（7）与建设项目相关的标准、规范等技术资料；

（8）市场价格信息或工程造价管理机构发布的工程造价信息；

（9）其他的相关资料。

4. 投标报价的编制方法

（1）严格按照招标人提供的工程量清单填报价格，所填写的项目编码、项目名称、计量单位、工程量必须与招标人提供的一致。

（2）分部分项工程费应包括完成该项目所需的人工费、材料费、施工机械使用费、企业管理费和利润，以及一定范围内的风险费用，并按招标文件中分部分项工程量清单项目的特征描述计算确定综合单价，且应考虑招标文件中要求投标人承担的风险费用。

（3）招标文件中提供了暂估单价的材料，按暂估的单价计入综合单价。

（4）措施项目费应根据招标文件中的措施项目清单及投标时拟定的施工组织设计或施工方案确定。凡可以计算工程量的措施项目，应按分部分项工程量清单的方式采用综合单价计价；不能算量的措施项目可以“项”为单位的方式计价，应包括除规费、税金之外的全部费用。但要注意安全文明施工措施费应按照国家或省级、行业主管部门的规定计价，不得作为竞争性费用。

（5）暂列金额应按招标人所列的金额填写，不可更改。

（6）材料暂估价应按招标人所列出的单价计入综合单价，其价款不在其他项目费中汇总；专业工程暂估价应按招标人列出的金额填写。

（7）计日工按招标人在其他项目清单中列出的项目和数量，投标人自主确定综合单价并计算计日工费用。

（8）总承包服务费根据招标文件中列出的内容和提出的要求自主确定。

（9）规费和税金应按规定的计算基础和费率计算。

5. 投标报价的管理

（1）投标报价应由投标人或受其委托具有相应资质的工程造价咨询人编制；

（2）投标总价应当与分部分项工程费、措施项目费、其他项目费、规费和税金的合计金额一致；

（3）投标价不得低于成本；

（4）投标人应建立自己的施工定额，这才是实现自主报价的前提；

（5）投标报价文件需要有编制人、投标人及其法定代表人或其委托人签章。

6. 投标报价的组成文件

投标报价的组成文件主要包括：

（1）投标总价表；

（2）总说明；

（3）工程项目总价汇总表；

（4）单项工程费汇总表；

(5) 单位工程费汇总表;

(6) 分部分项工程量清单计价表;

(7) 措施项目清单计价表;

(8) 其他项目清单计价表;

(9) 规费和税金项目清单计价表;

(10) 分部分项工程量清单综合单价分析表;

(11) 措施项目费分析表。

7. 投标报价的注意事项

要提高投标报价的竞争力，必须根据所收集和积累的工程投标信息，迅速提出有竞争力的报价。虽然报价不是中标的唯一竞争条件，但无疑是最主要的条件，尤其是在其他条件相似的情况下，报价是评标定标的主要因素。

(1) 提高报价的准确性

首先是正确分析招标文件，根据实际条件计算出工程成本，再根据竞争条件来考虑利润率，选择“保本有利”或“保本薄利”的原则进行投标。为了提高报价的准确性，应注意审查:

①计算技术和方法有无差错;

②报价有无漏项;

③采用的定额和取费标准是否合理。

(2) 优化施工方案

对于不同的施工方案，其投标报价也不同。在报价时，应根据本企业的实际条件（设备、技术力量、人数等）和工程的状况，在技术经济分析的基础上来选择最能满足招标文件的施工方案，使投标在技术上、经济上均最合理。

(3) 研究招标文件中双方的经济责任

详细研究和分析招标文件，分清双方的经济责任，特别是对暂设工程、材料供应方式及有争议之处，对工期要求和质量标准及验收规范的要求，应予重视和充分掌握。如果某些条件是本企业不具备或是不能达到的，就不能盲目参加投标，以免在项目实施时被动。

(4) 重视现场勘察和资料的利用

在投标前，特别要对交通运输条件、地质、地形、气候、劳动力来源、水电、材料供应、临时道路、招标人可提供的临时用房等进行详细了解，在计算报价时必须详细掌握，并尽可能利用客观已有的有利条件进行报价。

5.5 工程结算

5.5.1 工程结算的概念和依据

1. 工程结算的概念

工程结算是指一个单项工程、单位工程、分部工程或分项工程完工，并经建设单位及有关部门验收点交后，施工企业根据施工过程中现场实际情况的记录、设计变更通知书、现场工程更改签证、预算定额、材料预算价格和各项费用标准等资料，在概算范围内和施工图预算的基础上，按规定编制的向建设单位办理结算工程价款，取得收入，用以补偿施工过程中的资金耗费，确定施工盈亏的经济文件。

2. 工程结算的依据

工程价款结算应按合同约定办理，合同未作约定或约定不明的，发、承包双方应依照下列规定与文件协商处理：

（1）国家有关法律、法规和规章制度；

（2）国务院建设行政主管部门，省、自治区、直辖市或有关部门发布的工程造价计价标准、计价办法等有关规定；

（3）建设项目的补充协议、变更签证和现场签证，以及经发、承包人认可的其他有效文件；

（4）其他可依据的材料。

3. 工程结算的主要方式

（1）定期结算

定期结算是以固定的时间长度为周期，一旦到达约定的时间，即可按本周期内完成的工程内容进行结算。具体的结算周期在合同中明确，常见的结算周期有月结算、双月结算，还有旬结算、季度结算等。

（2）阶段结算

阶段结算是按工程的形象进度，划分不同阶段来支付工程款，一旦约定的工程形象出现，即可完成约定的工程款支付。具体的形象进度在合同中明确，常见的形象进度有土方开挖完成、基础出正负零、主体结构封顶、内外装饰完成等。

4. 工程结算的主要内容

根据《建设项目工程结算编审规程》（CECA/GC 3—2007）中的有关规定，工程价款结算主要包括竣工结算、分阶段结算、专业分包结算和合同中止结算。

（1）竣工结算

建设项目完工并验收后，对所完成的建设项目进行的全面的工程结算。

（2）分阶段结算

在签订的施工承发包合同中，按工程特征划分为不同阶段实施和结算。该阶段合同工作内容已完成，经发包人或有关机构中间验收合格后，由承包人在原合同分阶段价格的基础上编制调整价格并提交发包人审核签认的工程价格，它是表达该工程不同阶段造价和工程价款结算依据的工程中间结算文件。

（3）专业分包结算

在签订的施工承发包合同或由发包人直接签订的分包工程合同中，按工程专业特征分类实施分包和结算。分包合同工作内容已完成，经总包人、发包人或有关机构对专业内容验收合格后，按合同的约定，由分包人在原合同价格基础上编制调整价格并提交总包人、发包人审核签认的工程价格，它是表达该专业分包工程造价和工程价款结算依据的工程分包结算文件。

（4）合同中止结算

工程实施过程中合同中止，对施工承发包合同中已完成且经验收合格的工程内容，经发包人、总包人或有关机构点交后，由承包人按原合同价格或合同约定的定价条款，参照有关计价规定编制合同中止价格，提交发包人或总包人审核签认的工程价格，它是表达该工程合同中止后已完成工程内容的造价和工程价款结算依据的工程经济文件。

5.5.2　工程竣工结算

竣工结算是指承包人按照合同规定的内容全部完成所承包的工程，经验收质量合格并符合合同要求之后，向发包人进行的最终工程价款结算，它是反映整个施工过程全部造价的经济文件。以它为依据通过建设银行，向建设单位办理完工工程结算后，就标志着甲乙双方所承担的合同义务和经济责任的结束。

1. 工程竣工结算的编制依据

工程竣工结算由承包人或受其委托的具有相应资质的工程造价咨询人编制。综合《建设工程工程量清单计价规范》（GB 50500—2013）和《建设项目工程结算编审规程》（CECA/GC 3—2007）的规定，工程竣工结算的主要编制依据包括：

（1）国家有关法律、法规、规章制度和相关的司法解释；

（2）《建设工程工程量清单计价规范》（GB 50500—2013）；

（3）施工承发包合同、专业分包合同及补充合同，有关材料、设备的采购合同；

（4）招标投标文件，包括招标答疑文件、投标承诺、中标报价书及其组成内容；

（5）工程竣工图或施工图、施工图会审纪要，经批准的施工组织设计，以及设计变更、工程洽商和相关会议纪要；

（6）经批准的开竣工报告或停复工报告；

（7）双方确认的工程量；

（8）双方确认追加（减）的工程价款；

（9）双方确认的索赔、现场签证事项及价款；

（10）其他依据。

2. 工程竣工结算的编制内容

在采用工程量清单计价的方式下，工程竣工结算的编制内容应包括：

（1）分部分项工程费应依据双方确认的工程量、合同约定的综合单价计算，如发生调整的，以发、承包双方确认调整的综合单价计算。

（2）措施项目费的计算应按以下原则进行：

①采用综合单价计价的措施项目，应依据发、承包双方确认的工程量和综合单价计算。

②采用“项”计价的措施项目，应依据合同约定的措施项目和金额或发、承包双方确认调整后的措施项目费金额计算。

③措施项目费中的安全文明施工措施费应按照国家或省级、行业建设主管部门的规定计算。

（3）其他项目费的计算应按以下原则进行：

①计日工的费用应按发包人实际签证确认的数量和合同约定的相应综合单价计算。

②暂估价中的材料单价应按发、承包双方最终确认价在综合单价中调整；专业工程暂估价应按中标价或发包人、承包人与分包人最终确认价计算。

③总承包服务费应依据合同约定金额计算，如发生调整的，以发、承包双方确认调整的金额计算。

（4）规费和税金应按国家或省级、行业建设主管部门规定的计取标准计算。

竣工结算办理完毕后，发包人应将竣工结算书报送工程所在地工程造价管理机构备案。竣工结算书作为工程竣工验收备案、交付使用的必备文件。

5.5.3 工程价款结算

1. 工程价款结算的必要性

施工企业在建筑安装工程施工中消耗的生产资料及支付给工人的报酬，必须通过备料款和工程款的形式，分期向建设单位结算以得到补偿。

2. 工程价款结算的方式

工程价款结算根据不同情况，可采取多种方式。目前，主要方式是按月结算、竣工后一次结算、分段结算和目标结款方式。

（1）按月结算

按月结算是实行旬末或月中预支，月终结算，竣工后清算的办法。跨年度的工程，在年终进行工程盘点，办理年度结算。实行旬末或月中预支，月终结算，竣工后结算办法的工程合同，应分期确认合同价款收入的实现，即各月份终了，与发包单位进行已完成工程价款结算时，确认为承包合同已完工部分的工程收入实现，本期收入额为月终结算的已完工程价款金额。

（2）竣工后一次结算

竣工后一次结算是指建设项目或单项工程全部建筑安装工程建设期在12个月以内，或者工程承包合同价值较低，通常在100万元以下的，可以实行工程价款每月月中预支，竣工后一次结算。实行合同完成后一次结算工程价款办法的工程合同，应于合同完成，施工企业与发包单位进行工程合同价款结算时，确认为收入实现，实现的收入额为承发包双方结算的合同价款总额。

（3）分段结算

分段结算即当年开工，当年不能竣工的单项工程或单位工程按照工程形象进度，划分不同阶段进行结算。分段的划分标准，由各部门、自治区、直辖市、计划单列市规定。实行按工程形象进度划分不同阶段、分段结算工程价款办法的工程合同，应按合同规定的形象进度分次确认已完阶段工程收益实现。即应予完成合同规定的工程形象进度或工程阶段，与发包单位进行工程价款结算时，确认为工程收入的实现。

（4）目标结款方式

在工程合同中，将承包工程的内容分解成不同的控制界面，以业主验收控制界面作为支付工程借款的前提条件。也就是说，将合同的工程内容分解成不同的验收单位，当承包商完成单元工程内容并经业主（或其委托人）验收后，业主支付构成单元工程内容的工程价款。

在目标结款方式下，要想获得工程价款，必须按照合同约定的质量标准完成界面内的工程内容；要想尽早获得工程价款，承包商必须充分发挥自己组织实施能力，在保证质量前提下，加快施工进度，这意味着承包商拖延工期时，则业主会推迟付款，将增加承包商的财务费用、运营成本、降低承包商的收益，同样，当承包商提前完成控制界面内的工程内容，则承包商可提前获得结算款项。

3. 工程预付款的支付与扣回

（1）工程预付款的支付

工程预付款是发包人为帮助承包人解决施工准备阶段的资金周转问题而提前支付的一笔款项，用于承包人为合同工程施工购置材料、机械设备、修建临时设施以及施工队伍进场等。工程是否实行预付款，取决于工程性质、承包工程量的大小及发包人在招标文件中的规定工程实行预付款的，发包人应按合同约定的时间和比例（或金额）向承包人支付工程预付款。当合同对工程预付款的支付没有约定时，按照财政部、原建设部印发的《建设工程价款结算暂行办法》（财建〔2004〕369 号）的规定办理。

①工程预付款的额度：包工包料的工程原则上预付比例不低于合同金额（扣除暂列金额）的 10%，不高于合同金额（扣除暂列金额）的 30%，对重大工程项目，按年度工程计划逐年预付。实行工程量清单计价的工程，实体性消耗和非实体性消耗部分应在合同中分别约定预付款比例（或金额）。

②工程预付款的支付时间：在具备施工条件的前提下，发包人应在双方签订合同后的一个月内或约定的开工日期前的 7 天内预付工程款。若发包人未按合同约定预付工程款，承包人应在预付时间到期后 10 天内向发包人发出要求预付的通知，发包人收到通知后仍不按要求预付，承包人可在发出通知 14 天后停止施工，发包人应从约定应付之日起按同期银行贷款利率计算向承包人支付应付预付款的利息，并承担违约责任。

③凡是没有签订合同或不具备施工条件的工程，发包人不得预付工程款，不得以预付款为名转移资金。

（2）工程预付款的扣回

发包人支付给承包人的工程预付款属于预支的性质。随着工程进度的推进，支付的工程进度款数额不断增加，工程所需主要材料、构件的储备逐步减少，原已支付的预付款应以抵扣的方式从工程进度款中予以陆续扣回。

在承包人完成金额累计达到合同总价一定比例（双方合同约定）后，采用等比率或等额扣款的方式分期抵扣。也可针对工程实际情况具体处理，如有些工程工期较短、造价较低，就无须分期扣还；有些工期较长，如跨年度工程，其预付款的占用时间很长，根据需要可以少扣或不扣。

预付的工程款必须在合同中约定扣回方式，常用的扣回方式有以下几种：

①按公式计算起扣点。从未完施工工程尚需的主要材料及构件的价值相当于工程预付款数额时起扣，从每次中间结算工程价款中，按材料及构件比重抵扣工程预付款，至竣工之前全部扣清。其基本计算公式如下：

起扣点的计算公式：

$$T = P - \frac{M}{N}$$

式中，T 是起扣点，即工程预付款开始扣回的累计已完工程价值；P 是承包工程合同总额；M 是工程预付款数额；N 是主要材料及构件所占比重。

第一次扣还工程预付款数额的计算公式：

$$a_1 = (\sum_{i=1}^{n} T_i - T) \times N$$

式中，a_1为第一次扣还工程预付款数；$\sum_{i=1}^{n} T_i$ 为累计已完工程价值。

第二次及以后各次扣还工程预付款数额的计算公式：

$$a_i = T_i \times N$$

式中，a_i为第 i 次扣还工程预付款数额（$i>1$）；T_i为第 i 次扣还工程预付款时，当期结算的已完工程价值。

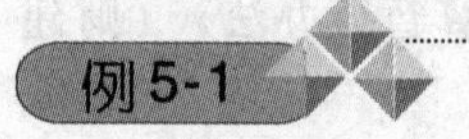

例5-1

某工程合同总额200万元，工程预付款为24万元，主要材料、构件所占比例为60%，问：起扣点为多少万元？

解：按起扣点计算公式：$T = P - \frac{M}{N} = 200 - \frac{24}{60\%} = 160$（万元）

则当工程完成160万元时，本项工程预付款开始起扣。

②协商确定扣回。按公式计算确定起扣点，理论上较为合理，但手续较繁。实际中参照上述公式计算出起扣点，在施工合同中采用协商的起扣点和采用固定的比例扣回办法，承发包双方共同遵守。

③工程最后一次扣回。对于造价不高、工程简单、施工工期短的工程，预付款在施工前一次支付，施工过程中不作扣回，而在工程预付款加已付工程款达到合同价款的90%时，停付工程款。

4. 工程价款调整的原则

(1) 出现合同价款调增事项（不含工程量偏差、计日工、现场签证、施工索赔）后的14天内，承包人应向发包人提交合同价款调增报告并附上相关资料，若承包人在14天内未提交合同价款调增报告的，视为承包人对该事项不存在调整价款。

(2) 发包人应在收到承包人合同价款调增报告及相关资料之日起14天内对其核实，予以确认的应书面通知承包人。如有疑问，应向承包人提出协商意见。发包人在收到合同价款调增报告之日起14天内未确认也未提出协商意见的，视为承包人提交的合同价款调增报告已被发包人认可。发包人提出协商意见的，承包人应在收到协商意见后的14天内对其核实，予以确认的应书面通知发包人。如承包人在收到发包人的协商意见后14天内既不确认也未提出不同意见的，视为发包人提出的意见已被承包人认可。

(3) 如发包人与承包人对不同意见不能达成一致的，只要不实质影响发承包双方履约的，双方应实施该结果，直到其按照合同争议的解决被改变为止。

(4) 出现合同价款调减事项（不含工程量偏差、施工索赔）后的14天内，发包人应向承包人提交合同价款调减报告并附相关资料，若发包人在14天内未提交合同价款调减报告的，视为发包人对该事项不存在调整价款。

(5) 经发承包双方确认调整的合同价款，作为追加（减）合同价款，与工程进度款或结算款同期支付。

5.6　竣工决算

1. 竣工决算的概念

竣工决算是指在竣工验收阶段，当建设项目完工后，由建设单位根据施工图纸、设计变更通知书、施工签证单、预算定额、费用定额以及各种取费标准，计算和确定整个工程实际投入的全部费用的经济文件。

竣工决算是以实物数量和货币指标为计量单位，综合反映竣工项目从筹建开始到项目竣工交付使用为止的全部建设费用、投资效果和财务情况的总结性文件，是竣工验收报告的重要组成部分。

竣工决算是正确核定新增固定资产价值，考核分析投资效果，建立健全经济责任制的依据，是反映建设项目实际造价和投资效果的文件。竣工决算是建设投资管理的重要环节，是工程竣工验收、交付使用的重要依据，也是进行建设项目财务总结、银行对其实行监督的必要手段。

2. 竣工决算的作用

（1）建设项目竣工决算是综合全面地反映竣工项目建设成果及财务情况的总结性文件，它采用货币指标、实物数量、建设工期和各种技术经济指标综合、全面地反映建设项目自开始建设到竣工为止全部建设成果和财务状况。

（2）建设项目竣工决算是办理交付使用资产的依据，也是竣工验收报告的重要组成部分。建设单位与使用单位在办理交付资产的验收交接手续时，通过竣工决算反映了交付使用资产的全部价值，包括固定资产、流动资产、无形资产和其他资产的价值。

（3）建设项目竣工决算是分析和检查设计概算的执行情况，考核建设项目管理水平和投资效果的依据。竣工决算反映了竣工项目计划、实际的建设规模、建设工期以及设计和实际的生产能力，反映了概算总投资和实际的建设成本，同时还反映了所达到的主要技术经济指标。通过对这些指标计划数、概算数与实际数进行对比分析，不仅可以全面掌握建设项目计划和概算执行情况，而且可以考核建设项目投资效果，为今后制订建设项目计划、降低建设成本、提高投资效果提供必要的参考资料。

3. 竣工决算的内容

按照财政部、国家发改委、住房和城乡建设部的有关文件规定，竣工决算是由竣工财务决算说明书、竣工财务决算报表、工程竣工图和工程竣工造价对比分析四部分组成。

（1）竣工决算财务说明书

竣工财务决算说明书主要反映竣工工程建设成果和经验，是对竣工决算报表进行分析和补充说明的文件，是全面考核分析工程投资与造价的书面总结，是竣工决算报告重要的组成部分。其内容包括以下几点。

①建设项目概况，对工程总的评价。一般从进度、质量、安全和造价方面进行分析说明。

②资金来源及运用等财务分析。主要包括工程价款结算、会计财务的处理、财产物资情况及债权债务的清偿情况。

③基本建设收入、投资包干结余、竣工结余资金的上交分配情况。通过对基本建设投资包干

情况的分析，说明投资包干数、实际运用数和节约额、投资包干节余的有机构成和包干节余的分配情况。

④各项经济技术指标。概算执行情况分析，根据实际投资完成额与概算进行对比分析；新增生产能力的效益分析，说明支付使用财产占总投资额的比例、占支付使用财产的比例，不增加固定资产的造价占投资总额的比例，分析有机构成和结果。

⑤工程建设的经验及项目管理和财务管理工作以及竣工财务决算中有待解决的问题。

⑥需要说明的其他事项。

(2) 竣工财务决算报表

大、中型建设项目的竣工财务决算报表包括：建设项目竣工财务决算审批表，大、中型建设项目概况表，大、中型建设项目竣工财务决算表，大、中型建设项目交付使用资产总表，建设项目交付使用资产明细表。

小型建设项目的竣工财务决算报表包括：建设项目竣工财务决算审批表，竣工财务决算总表，建设项目交付使用资产明细表。

(3) 工程竣工图

工程竣工图是真实记录各种地上、地下建筑物、构筑物等情况的技术文件，是工程进行交工验收、维护、改建和扩建的依据，是国家的重要技术档案。

其具体要求包括：

①凡按图施工没有变动的，由承包人在原施工图上加盖“竣工图”标志后，即作为竣工图。

②凡在施工过程中，有一般性设计变更，但能将原施工图加以修改补充作为竣工图的，可以不重新绘制，由承包人负责在原施工图（必须是新蓝图）上注明修改的部分，并附以设计变更通知单和施工说明，加盖“竣工图”标志后，作为竣工图。

③凡结构形式改变、施工工艺改变、平面布置改变，项目改变以及有其他重大改变，不宜再在原施工图上修改、补充时，应重新绘制竣工图。

④为了满足竣工验收和竣工决算需要，还应绘制反映竣工工程全部内容的工程设计平面示意图。

⑤重大的改建、扩建工程项目涉及原有的工程项目变更时，应将相关项目的竣工图资料统一整理归档，并在原图案卷内增补必要的说明。

(4) 工程造价对比分析

对控制工程造价所采取的措施、效果及其动态的变化需要认真对比，总结经验教训。工程造价的主要对比分析内容包括：

①主要实物工程量。

②主要材料消耗量。

③考核设单位管理费、措施费和间接费的取费标准。

4. 竣工决算的编制

(1) 竣工决算的编制依据

①经批准的可行性研究报告、投资估算书、初步设计或扩大初步设计、修正总概算及其批复文件。

②经批准的施工图设计及其施工图预算书。

③设计交底或图纸会审纪要。

④设计变更记录、施工记录或施工签证单及其他施工发生的费用记录。

⑤招标控制价、承包合同、工程结算等有关资料。

⑥历年基建计划、历年财务决算及批复文件。

⑦设备、材料调价文件和调价记录。

⑧有关财务核算制度、办法和其他有关资料。

（2）竣工决算的编制要求

为了严格执行建设项目竣工验收制度，正确核定新增固定资产价值，考核分析投资效果，建立健全经济责任制，所有新建、扩建和改建等建设项目竣工后，都应及时、完整、正确地编制好竣工决算。

①按照规定组织竣工验收，保证竣工决算的及时性。

竣工决算是对建设工程的全面考核。所有的建设项目按照批准的设计文件所规定的内容建成后，具备了投产和使用条件的，都要及时组织验收。对于竣工验收发现的问题，应及时查明原因，采取措施加以解决，以保证建设项目按时交付使用和及时编制竣工决算。

②积累、整理竣工项目资料，保证竣工决算的完整性。

积累、整理竣工项目资料是编制竣工决算的基础工作，它关系到竣工决算的完整性和质量的好坏。

③清理、核对各项账目，保证竣工决算的正确性。

工程竣工后，建设单位要认真核实各项交付使用资产的建设成本，做好各项账务、物资以及债权的清理结余工作，对各种结余的材料、设备、施工机械工具等，要逐项清点核实。

（3）竣工决算的编制步骤

①收集、整理和分析有关依据资料。在编制竣工决算文件之前，应系统地整理所有的技术资料、工程结算的经济文件、施工图纸和各种变更与签证资料，并分析它们的准确性。

②清理各项财务、债务和结余物资。在收集、整理和分析有关资料中，要特别注意建设工程从筹建到竣工投产或使用的全部费用的各项账务、债权和债务的整理，做到工程完毕账目清晰，既要核对账目，又要查点库存实物的数量，做到账与物相等，账与账相符。

③核实工程变动情况。重新核实各单位工程、单项工程造价，将竣工资料与原设计图纸进行查对、核实，必要时可实地测量，确认实际变更情况。

④编制建设工程竣工决算说明。按照建设工程竣工决算说明的内容要求，根据编制依据材料填写报表中的结果，编写文字说明。

⑤填写竣工决算报表。按照建设工程决算表格中的内容，根据编制依据中的有关资料进行统计或计算各个项目和数量，并将其结果填到相应表格的栏目中，完成所有报表的填写。

⑥做好工程造价对比分析。

⑦清理、装订好竣工图。

⑧上报主管部门审查存档。

上述编写的内容经核对无误，装订成册，即为建设工程竣工决算文件。

思考题

1. 某工程合同价款总额为300万元，施工合同规定预付备料款为合同价款的25%，主要材料为工程价款的62.5%，在每月工程款中扣留5%保修金，每月实际完成工作量如表所示，求预付备料款、每月结算工程款。某工程每月实际完成工作量（单位：万元）

月份	1	2	3	4	5	6
完成工作量	20	50	70	75	60	25

2. 某工程建筑安装工程费用造价为2 200万元，主要材料比重62.5%，工期一年，施工合同中规定：①工程开工前支付25%的预付备料款，当完成工程量达到起扣点时，逐次扣还。②保修金3%，逐次扣留。③实际完成工程量少于计划完成量10%以上时，业主按5%扣留工程款，工程如期完工，结算时还给承包商。④业主直接提供的材料款在当次工程款中扣回。⑤工程师签发进度款最低限额400万元。

工程如期完工，每次完成工程费用如表所示。试计算该工程进度款结算金额、竣工结算金额。

结算次数	1	2	3	4	5	6
计划进度	300	500	500	500	260	140
实际完成	260	550	430	460	300	200
甲方供料	20	100	80	100	50	30

实　践　篇

PART2

工程造价实践的四大核心能力：按国家清单计价规范计量、按各省市预算定额（或计价定额）规则计量、基价（或计价定额单价）换算和综合单价编制。

Chapter 6

第 6 章

招标时期的工程量清单计算

内容提要

本章主要介绍了《建设工程工程量清单计价规范》（GB 50500—2013）和《房屋建筑与装饰工程工程量计算规范》（GB 50854—2013）中关于工程量清单计算规则的基本内容，并结合工程实际图纸编写了清单计算案例。

由于清单项目特别宽泛，不可能全部讲解，建议学习重点：1. 建筑面积计算；2. 土建部分：条型基础和独立基础土方计算和混凝土计算、预制方桩管桩灌注桩混凝土计算、砖墙砌体和砖基础计算、柱梁板墙和楼梯混凝土计算、简单构件的钢筋计算；3. 装饰部分：楼地面（包括楼梯）和墙柱面的整体面层（如砂浆）和块料面层（如花岗岩）计算、顶棚抹灰和吊顶计算；4. 措施费：模板、脚手架、超高费、垂直运输计算。

学习目标

通过本章学习，熟悉 2013 清单计价规则，理解清单项目的组成，掌握工程招标时期清单量的计算实操。

6.1 房屋建筑与装饰工程工程量计量

（1）本节按照最新的《建设工程工程量清单计价规范》（GB 50500—2013）和《房屋建筑与装饰工程工程量计算规范》（GB 50854—2013）进行编写。目前我国正处于 GB 50500—2008 和 GB 50500—2013 过渡过程中，工程造价实践中各省市仍然沿用 GB 50500—2008，学习者在学习时注意这两个清单规范的差别。

（2）现浇混凝土工程项目“工作内容”中包括模板工程的内容，同时措施项目中又单列了现浇混凝土模板工程项目。对此，由招标人根据工程实际情况选用，若招标人在措施项目清单中未编列现浇混凝土模板项目清单，即表示现浇混凝土模板项目不单列，现浇混凝土工程项目的综合单价中应包括模板工程费用。

（3）分部分项工程量清单应包括项目编码、项目名称、项目特征、计量单位和工程量。

（4）分部分项工程量清单应根据规定的项目编码、项目名称、项目特征、计量单位和工程量计算规则进行编制。

(5) 分部分项工程量清单的项目编码，应采用十二位阿拉伯数字表示，一至九位应按本节(即 GB 50854—2013 附录) 的规定设置，十至十二位应根据拟建工程的工程量清单项目名称设置，同一招标工程的项目编码不得有重码。

(6) 分部分项工程量清单的项目名称应按本节的项目名称结合拟建工程的实际确定。

(7) 分部分项工程量清单项目特征应按本节中规定的项目特征，结合拟建工程项目的实际予以描述。

(8) 分部分项工程量清单中所列工程量应按本节中规定的工程量计算规则计算。

(9) 分部分项工程量清单的计量单位应按本节中规定的计量单位确定。

(10) 本节中有两个或两个以上计量单位的，应结合拟建工程项目的实际情况，选择其中一个确定。

(11) 工程计量时每一项目汇总的有效位数应遵守下列规定：

①以 "t" 为单位，应保留小数点后三位数字，第四位小数四舍五入；

②以 "m、m^2、m^3、kg" 为单位，应保留小数点后两位数字，第三位小数四舍五入；

③以 "个、件、根、组、系统" 为单位，应取整数。

(12) 编制工程量清单出现本节中未包括的项目，编制人应做补充，并报省级或行业工程造价管理机构备案，省级或行业工程造价管理机构应汇总报住房和城乡建设部标准定额研究所。

补充项目的编码由 GB 50854—2013 规范的代码 01 与 B 和三位阿拉伯数字组成，并应从 01B001 起顺序编制，同一招标工程的项目不得重码。工程量清单中需附有补充项目的名称、项目特征、计量单位、工程量计算规则、工程内容。

(13) 措施项目应根据拟建工程的实际情况列项，若出现本节未列的项目，可根据工程实际情况补充。

6.1.1　土石方工程

6.1.1.1　土方工程

工程量清单项目设置、项目特征描述的内容、计量单位及工程量计算规则，应按表 A.1 的规定执行。

表 A.1　土方工程（编号：010101）

项目编码	项目名称	项目特征	计量单位	工程量计算规则	工作内容
010101001	平整场地	1. 土壤类别 2. 弃土运距 3. 取土运距	m^2	按设计图示尺寸以建筑物首层建筑面积计算	1. 土方挖填 2. 场地找平 3. 运输
010101002	挖一般土方	1. 土壤类别 2. 挖土深度	m^3	按设计图示尺寸以体积计算	1. 排地表水 2. 土方开挖 3. 围护（挡土板）、支撑 4. 基底钎探 5. 运输
010101003	挖沟槽土方			1. 房屋建筑按设计图示尺寸以基础垫层底面积乘以挖土深度计算 2. 构筑物按最大水平投影面积乘以挖土深度（原地面平均标高至坑底高度）以体积计算	
010101004	挖基坑土方				

（续）

项目编码	项目名称	项目特征	计量单位	工程量计算规则	工作内容
010101005	冻土开挖	冻土厚度	m^3	按设计图示尺寸开挖面积乘厚度以体积计算	1. 爆破 2. 开挖 3. 清理 4. 运输
010101006	挖淤泥、流砂	1. 挖掘深度 2. 弃淤泥、流砂距离		按设计图示位置、界限以体积计算	1. 开挖 2. 运输
010101007	管沟土方	1. 土壤类别 2. 管外径 3. 挖沟深度 4. 回填要求	1. m 2. m^3	1. 以米计量，按设计图示以管道中心线长度计算 2. 以立方米计量，按设计图示管底垫层面积乘以挖土深度计算；无管底垫层按管外径的水平投影面积乘以挖土深度计算	1. 排地表水 2. 土方开挖 3. 围护（挡土板）、支撑 4. 运输 5. 回填

注：1. 挖土应按自然地面测量标高至设计地坪标高的平均厚度确定。竖向土方、山坡切土开挖深度应按基础垫层底表面标高至交付施工现场地标高确定，无交付施工场地标高时，应按自然地面标高确定。
2. 建筑物场地厚度≤±300mm 的挖、填、运、找平，应按本表中平整场地项目编码列项。厚度>±300mm 的竖向布置挖土或山坡切土应按本表中挖一般土方项目编码列项。
3. 沟槽、基坑、一般土方的划分为：底宽≤7m，底长>3 倍底宽为沟槽；底长≤3 倍底宽、底面积≤150m^2 为基坑；超出上述范围则为一般土方。
4. 挖土方如需截桩头时，应按桩基工程相关项目编码列项。
5. 弃、取土运距可以不描述，但应注明由投标人根据施工现场实际情况自行考虑，决定报价。
6. 土壤的分类应按表 A.1-1 确定，如土壤类别不能准确划分时，招标人可注明为综合，由投标人根据地勘报告决定报价。
7. 土方体积应按挖掘前的天然密实体积计算。如需按天然密实体积折算时，应按表 A.1-2 系数计算。
8. 挖沟槽、基坑、一般土方因工作面和放坡增加的工程量（管沟工作面增加的工程量），是否并入各土方工程量中，按各省、自治区、直辖市或行业建设主管部门的规定实施，如并入各土方工程量中，办理工程结算时，按经发包人认可的施工组织设计规定计算，编制工程量清单时，可按表 A.1-3、表 A.1-4、表 A.1-5 规定计算。
9. 挖方出现流砂、淤泥时，应根据实际情况由发包人与承包人双方现场签证确认工程量。
10. 管沟土方项目适用于管道（给水排水、工业、电力、通信）、光（电）缆沟（包括：人孔桩、接口坑）及连接井（检查井）等。

表 A.1-1 土壤分类表

土壤分类	土壤名称	开挖方法
一、二类土	粉土、砂土（粉砂、细砂、中砂、粗砂、砾砂）、粉质黏土、弱中盐渍土、软土（淤泥质土、泥炭、泥炭质土）、软塑红黏土、冲填土	用锹，少许用镐、条锄开挖。机械能全部直接铲挖满载者
三类土	黏土、碎石土（圆砾、角砾）、混合土、可塑红黏土、硬塑红黏土、强盐渍土、素填土、压实填土	主要用镐、条锄，少许用锹开挖。机械需部分刨松方能铲挖满载者或可直接铲挖但不能满载者
四类土	碎石土（卵石、碎石、漂石、块石）、坚硬红黏土、超盐渍土、杂填土	全部用镐、条锄挖掘、少许用撬棍挖掘。机械须普遍刨松方能铲挖满载者

注：本表土的名称及其含义按国家标准《岩土工程勘察规范》（GB 50021—2001）（2009 年版）定义。

表 A.1-2 土方体积折算系数表

天然密实度体积	虚方体积	夯实后体积	松填体积
0.77	1.00	0.67	0.83
1.00	1.30	0.87	1.08

（续）

天然密实度体积	虚方体积	夯实后体积	松填体积
1.15	1.50	1.00	1.25
0.92	1.20	0.80	1.00

注：1. 虚方指未经碾压、堆积时间≤1年的土壤。
2. 本表按《全国统一建筑工程预算工程量计算规则》（GJDGZ-101-95）整理。
3. 设计密实度超过规定的，填方体积按工程设计要求执行；无设计要求按各省、自治区、直辖市或行业建设行政主管部门规定的系数执行。

表 A.1-3　放坡系数表

土类别	放坡起点（m）	人工挖土	机械挖土		
			在坑内作业	在坑上作业	顺沟槽在坑上作业
一、二类土	1.20	1:0.5	1:0.33	1:0.75	1:0.5
三类土	1.50	1:0.33	1:0.25	1:0.67	1:0.33
四类土	2.00	1:0.25	1:0.10	1:0.33	1:0.25

注：1. 沟槽、基坑中土类别不同时，分别按其放坡起点、放坡系数、依不同土类别厚度加权平均计算。
2. 计算放坡时，在交接处的重复工程量不予扣除，原槽、坑作基础垫层时，放坡自垫层上表面开始计算。

表 A.1-4　基础施工所需工作面宽度计算表

基础材料	每边各增加工作面宽度（mm）
砖基础	200
浆砌毛石、条石基础	150
混凝土基础垫层支模板	300
混凝土基础支模板	300
基础垂直面做防水层	1 000（防水层面）

注：本表按《全国统一建筑工程预算工程量计算规则》（GJDGZ-101-95）整理。

表 A.1-5　管沟施工每侧所需工作面宽度计算表

管沟材料 \ 管道结构宽（mm）	≤500	≤1 000	≤2 500	>2 500
混凝土及钢筋混凝土管道（mm）	400	500	600	700
其他材质管道（mm）	300	400	500	600

注：1. 本表按《全国统一建筑工程预算工程量计算规则》（GJDGZ-101-95）整理。
2. 管道结构宽：有管座的按基础外缘，无管座的按管道外径。

6.1.1.2　石方工程

工程量清单项目设置、项目特征描述的内容、计量单位及工程量计算规则，应按表 A.2 的规定执行。

表 A.2　石方工程（编号：010102）

项目编码	项目名称	项目特征	计量单位	工程量计算规则	工作内容
010102001	挖一般石方	1. 岩石类别 2. 开凿深度 3. 弃碴运距	m^3	按设计图示尺寸以体积计算	1. 排地表水 2. 凿石 3. 运输
010102002	挖沟槽石方			按设计图示尺寸沟槽底面积乘以挖石深度以体积计算	
010102003	挖基坑石方			按设计图示尺寸基坑底面积乘以挖石深度以体积计算	
010102004	基底摊座		m^2	按设计图示尺寸以展开面积计算	

（续）

项目编码	项目名称	项目特征	计量单位	工程量计算规则	工作内容
010102005	挖管沟石方	1. 岩石类别 2. 管外径 3. 挖沟深度	1. m 2. m^3	1. 以米计量，按设计图示以管道中心线长度计算 2. 以立方米计量，按设计图示截面积乘以长度计算	1. 排地表水 2. 凿石 3. 回填 4. 运输

注：1. 挖石应按自然地面测量标高至设计地坪标高的平均厚度确定。基础石方开挖深度应按基础垫层底表面标高至交付施工现场地标高确定，无交付施工场地标高时，应按自然地面标高确定。

2. 厚度 > ±300mm 的竖向布置挖石或山坡凿石应按本表中挖一般石方项目编码列项。

3. 沟槽、基坑、一般石方的划分为：底宽≤7m，底长 > 3 倍底宽为沟槽；底长≤3 倍底宽、底面积≤150m^2 为基坑；超出上述范围则为一般石方。

4. 弃碴运距可以不描述、但应注明由投标人根据施工现场实际情况自行考虑，决定报价。

5. 岩石的分类应按表 A. 2-1 确定。

6. 石方体积应按挖掘前的天然密实体积计算。如需按天然密实体积折算时，应按规范表 A. 2-2 系数计算。

7. 管沟石方项目适用于管道（给水排水、工业、电力、通信）、电缆沟及连接井（检查井）等。

表 A. 2-1　岩石分类表

岩石分类		代表性岩石	开挖方法
极软岩		1. 全风化的各种岩石 2. 各种半成岩	部分用手凿工具、部分用爆破法开挖
软质岩	软岩	1. 强风化的坚硬岩或较硬岩 2. 中等风化——强风化的较软岩 3. 未风化——微风化的页岩、泥岩、泥质砂岩等	用风镐和爆破法开挖
	较软岩	1. 中等风化——强风化的坚硬岩或较硬岩 2. 未风化——微风化的凝灰岩、千枚岩、泥灰岩、砂质泥岩等	用爆破法开挖
硬质岩	较硬岩	1. 微风化的坚硬岩 2. 未风化——微风化的大理岩、板岩、石灰岩、白云岩、钙质砂岩等	用爆破法开挖
	坚硬岩	未风化——微风化的花岗岩、闪长岩、辉绿岩、玄武岩、安山岩、片麻岩、石英岩、石英砂岩、硅质砾岩、硅质石灰岩等	用爆破法开挖

注：本表依据国家标准《工程岩体分级标准》（GB 50218—1994）和《岩土工程勘察规范》（GB 50021—2001）（2009 年版）整理。

表 A. 2-2　石方体积折算系数表

石方类别	天然密实度体积	虚方体积	松填体积	码方
石方	1.0	1.54	1.31	
块石	1.0	1.75	1.43	1.67
砂夹石	1.0	1.07	0.94	

注：本表按原建设部颁发《爆破工程消耗量定额》（GYD—102—2008）整理。

6.1.1.3　回填

工程量清单项目设置、项目特征描述的内容、计量单位及工程量计算规则，应按表 A. 3 的规定执行。

表A.3　回填（编号：010103）

项目编码	项目名称	项目特征	计量单位	工程量计算规则	工作内容
010103001	回填方	1. 密实度要求 2. 填方材料品种 3. 填方粒径要求 4. 填方来源、运距	m^3	按设计图示尺寸以体积计算 1. 场地回填：回填面积乘平均回填厚度 2. 室内回填：主墙间面积乘回填厚度，不扣除间隔墙 3. 基础回填：挖方体积减去自然地坪以下埋设的基础体积（包括基础垫层及其他构筑物）	1. 运输 2. 回填 3. 压实
010103002	余方弃置	1. 废弃料品种 2. 运距		按挖方清单项目工程量减利用回填方体积（正数）计算	余方点装料运输至弃置点
010103003	缺方内运	1. 填方材料品种 2. 运距		按挖方清单项目工程量减利用回填方体积（负数）计算	取料点装料运输至缺方点

注：1. 填方密实度要求，在无特殊要求情况下，项目特征可描述为满足设计和规范的要求。
2. 填方材料品种可以不描述，但应注明由投标人根据设计要求验方后方可填入，并符合相关工程的质量规范要求。
3. 填方粒径要求，在无特殊要求情况下，项目特征可以不描述。

6.1.1.4　土方工程计算难点分析

1. 平整场地（010101001）

首层面积不是指首层建筑面积，而是指首层占地面积。如：首层阳台，建筑面积算一半，在此全算，但悬挑阳台不算；其他不算建筑面积的地下室采光井、地下室或停车场等的出入口、通风井等均需计算平整场地面积。

难点分析：表A.1的注②：厚度>±300mm的竖向布置挖土按一般挖土项目编码列项。现实中：第一，编制清单时到现场勘查丈量，按规范要求，厚度>±300mm的土方按一般挖土项目编码列项；第二，编制清单时没有勘查现场，按图纸设计，不考虑厚度>±300mm的土方，工程开工后在工程计量中增加一般挖土量；第三，可能是发包方没有做到施工现场“三通一平”，请求发包方完成厚度>±300mm的土方平整。

2. 挖一般土方（010101002）

有土方开挖设计图纸的，按图纸设计体积计算；没有土方开挖设计图纸的，可以按表A.1的注⑧规定计算，如果不考虑工作面和放坡的土方增加量，可按设计图示尺寸以基础垫层底面积乘挖土深度计算，但在投标编制综合单价时要考虑增加的土方量。

难点分析：表A.1的注①：竖向挖土开挖深度应按基础垫层底表面标高至交付施工现场地标高确定，无交付施工现场地标高时，应按自然地面标高确定。现实中：编制清单时，可以按设计图纸的设计室外地面标高确定，工程开工后按实际调整：施工现场标高比设计室外地面标高高的，增加挖一般土方（010101002）量；施工现场标高比设计室外地面标高低的，扣减多算的挖一般土方（010101002）量，增加回填方（010103001）量。

3. 挖沟槽土方（010101003）和挖基坑土方（010101004）

难点分析1：表A.1的注③：沟槽、基坑和一般土方的划分为：底宽≤7m，底长>3倍底宽为沟槽；底长≤3 倍底宽、底面积≤150m^2 为基坑；超出上述范围的为一般土方。一般来说，条型基础（带型基础）按挖沟槽土方，独立基础和 150m^2 以下的整板基础按挖基坑土方，其他的按一般土方。详细分析如下：

第一，底宽 >7m 的，底面积≤150m^2 为基坑；

第二，底宽 >7m 的，底面积 >150m^2 为一般土方；

第三，底宽≤7m，且底长≤3 倍底宽的为基坑，此时的最大面积为 $7 \times 21 = 147$（m^2）。

第四，在纵横交错的条形（带形）基础中，如果长轴线是沟槽土方，就算短轴线的底宽≤7m，且底长≤3 倍底宽的，也要按沟槽土方，不能按基坑土方。

难点分析 2：沟槽土方的体积等于沟槽的长度乘以沟槽的断面面积。外墙基础的沟槽土方的长度为外墙中心线长；内墙基础的沟槽土方长度，为内墙两端的相互垂直的外墙和内墙交接处的外墙基础土方的放坡起点之间的长度。外墙和内墙交接处的重复工程量不予扣除。

难点分析 3：放坡的基坑土方的计算公式：$V = h/6 \times [a \times b + A \times B + (a + A) \times (b + B)]$。

说明：①h 为“四棱台”高度，a 和 b 为“四棱台”下面的两个边长，A、B 为“四棱台”上面的两个边长。

②很多教材、资料和老师都把放坡基坑和独立基础的上部的混凝土叫作四棱台，实际上是错误的，只有四条棱延伸出去相交于一点的才是四棱台，而现实中实际上是可能不交于一点的，真正的四棱台的体积公式是很简单的。

4. 回填（010103）

难点分析：在计算回填土（010103001）、余方弃置（010103002）、缺方内运（010103003）的过程中，总是不断地在天然密实度体积、虚方体积、夯实体积和松填体积之间转换，这是学习者最难掌握的难点。一般而言，新挖土方是天然密实度体积，堆积的是虚方体积，基坑回填土是松填体积或夯实体积，地面回填土一定是夯实体积，建议学习者始终抓住土方总质量不变而体积在不断变化这条主线。比如：开挖 1m^3 天然密实度土方，可以回填基坑 1.08m^3 松填体积。

6.1.2 地基处理与边坡支护工程

6.1.2.1 地基处理。

工程量清单项目设置、项目特征描述的内容、计量单位及工程量计算规则，应按表 B.1 的规定执行。

表 B.1 地基处理（编号：010201）

项目编码	项目名称	项目特征	计量单位	工程量计算规则	工作内容
010201001	换填垫层	1. 材料种类及配比 2. 压实系数 3. 掺加剂品种	m^3	按设计图示尺寸以体积计算	1. 分层铺填 2. 碾压、振密或夯实 3. 材料运输
010201002	铺设土工合成材料	1. 部位 2. 品种 3. 规格	m^2	按设计图示尺寸以面积计算	1. 挖填锚固沟 2. 铺设 3. 固定 4. 运输

（续）

项目编码	项目名称	项目特征	计量单位	工程量计算规则	工作内容
010201003	预压地基	1. 排水竖井种类、断面尺寸、排列方式、间距、深度 2. 预压方法 3. 预压荷载、时间 4. 砂垫层厚度	m^2	按设计图示尺寸以加固面积计算	1. 设置排水竖井、盲沟、滤水管 2. 铺设砂垫层、密封膜 3. 堆载、卸载或抽气设备安拆、抽真空 4. 材料运输
010201004	强夯地基	1. 夯击能量 2. 夯击遍数 3. 地基承载力要求 4. 夯填材料种类			1. 铺设夯填材料 2. 强夯 3. 夯填材料运输
010201005	振冲密实（不填料）	1. 地层情况 2. 振密深度 3. 孔距			1. 振冲加密 2. 泥浆运输
010201006	振冲桩（填料）	1. 地层情况 2. 空桩长度、桩长 3. 桩径 4. 填充材料种类	1. m 2. m^3	1. 以米计量，按设计图示尺寸以桩长计算 2. 以立方米计量，按设计桩截面乘以桩长以体积计算	1. 振冲成孔、填料、振实 2. 材料运输 3. 泥浆运输
010201007	砂石桩	1. 地层情况 2. 空桩长度、桩长 3. 桩径 4. 成孔方法 5. 材料种类、级配		1. 以米计量，按设计图示尺寸以桩长（包括桩尖）计算 2. 以立方米计量，按设计桩截面乘以桩长（包括桩尖）以体积计算	1. 成孔 2. 填充、振实 3. 材料运输
010201008	水泥粉煤灰碎石桩	1. 地层情况 2. 空桩长度、桩长 3. 桩径 4. 成孔方法 5. 混合料强度等级	m	按设计图示尺寸以桩长（包括桩尖）计算	1. 成孔 2. 混合料制作、灌注、养护
010201009	深层搅拌桩	1. 地层情况 2. 空桩长度、桩长 3. 桩截面尺寸 4. 水泥强度等级、掺量		按设计图示尺寸以桩长计算	1. 预搅下钻、水泥浆制作、喷浆搅拌提升成桩 2. 材料运输
010201010	粉喷桩	1. 地层情况 2. 空桩长度、桩长 3. 桩径 4. 粉体种类、掺量 5. 水泥强度等级、石灰粉要求		按设计图示尺寸以桩长计算	1. 预搅下钻、喷粉搅拌提升成桩 2. 材料运输
010201011	夯实水泥土桩	1. 地层情况 2. 空桩长度、桩长 3. 桩径 4. 成孔方法 5. 水泥强度等级 6. 混合料配比		按设计图示尺寸以桩长（包括桩尖）计算	1. 成孔、夯底 2. 水泥土拌和、填料、夯实 3. 材料运输

（续）

项目编码	项目名称	项目特征	计量单位	工程量计算规则	工作内容
010201012	高压喷射注浆桩	1. 地层情况 2. 空桩长度、桩长 3. 桩截面 4. 注浆类型、方法 5. 水泥强度等级	m	按设计图示尺寸以桩长计算	1. 成孔 2. 水泥浆制作、高压喷射注浆 3. 材料运输
010201013	石灰桩	1. 地层情况 2. 空桩长度、桩长 3. 桩径 4. 成孔方法 5. 掺和料种类、配合比		按设计图示尺寸以桩长（包括桩尖）计算	1. 成孔 2. 混合料制作、运输、夯填
010201014	灰土（土）挤密桩	1. 地层情况 2. 空桩长度、桩长 3. 桩径 4. 成孔方法 5. 灰土级配			1. 成孔 2. 灰土拌和、运输、填充、夯实
10201015	柱锤冲扩桩	1. 地层情况 2. 空桩长度、桩长 3. 桩径 4. 成孔方法 5. 桩体材料种类、配合比		按设计图示尺寸以桩长计算	1. 安拔套管 2. 冲孔、填料、夯实 3. 桩体材料制作、运输
010201016	注浆地基	1. 地层情况 2. 空钻深度、注浆深度 3. 注浆间距 4. 浆液种类及配比 5. 注浆方法 6. 水泥强度等级	1. m 2. m^3	1. 以米计量，按设计图示尺寸以钻孔深度计算 2. 以立方米计量，按设计图示尺寸以加固体积计算	1. 成孔 2. 注浆导管制作、安装 3. 浆液制作、压浆 4. 材料运输
10201017	褥垫层	1. 厚度 2. 材料品种及比例	1. m^2 2. m^3	1. 以平方米计量，按设计图示尺寸以铺设面积计算 2. 以立方米计量，按设计图示尺寸以体积计算	材料拌和运输、铺设、压实

注：1. 地层情况按表 A.1-1 和表 A.2-1 的规定，并根据岩土工程勘察报告按单位工程各地层所占比例（包括范围值）进行描述。对无法准确描述的地层情况，可注明由投标人根据岩土工程勘察报告自行决定报价。
2. 项目特征中的桩长应包括桩尖，空桩长度＝孔深－桩长，孔深为自然地面至设计桩底的深度。
3. 高压喷射注浆类型包括旋喷、摆喷、定喷，高压喷射注浆方法包括单管法、双重管法、三重管法。
4. 复合地基的检测费用按国家相关取费标准单独计算，不在本清单项目中。
5. 如采用泥浆护壁成孔，工作内容包括土方、废泥浆外运，如采用沉管灌注成孔，工作内容包括桩尖制作、安装。
6. 弃土（不含泥浆）清理、运输按表 A.3 中相关项目编码列项。

6.1.2.2 基坑与边坡支护

工程量清单项目设置、项目特征描述的内容、计量单位及工程量计算规则，应按表 B.2 的规定执行。

表 B.2　基坑与边坡支护（编码：010202）

项目编码	项目名称	项目特征	计量单位	工程量计算规则	工作内容
010202001	地下连续墙	1. 地层情况 2. 导墙类型、截面 3. 墙体厚度 4. 成槽深度 5. 混凝土类别、强度等级 6. 接头形式	m^3	按设计图示墙中心线长乘以厚度乘以槽深以体积计算	1. 导墙挖填、制作、安装、拆除 2. 挖土成槽、固壁、清底置换 3. 混凝土制作、运输、灌注、养护 4. 接头处理 5. 土方、废泥浆外运 6. 打桩场地硬化及泥浆池、泥浆沟
010202002	咬合灌注桩	1. 地层情况 2. 桩长 3. 桩径 4. 混凝土类别、强度等级 5. 部位	1. m 2. 根	1. 以米计量，按设计图示尺寸以桩长计算 2. 以根计量，按设计图示数量计算	1. 成孔、固壁 2. 混凝土制作、运输、灌注、养护 3. 套管压拔 4. 土方、废泥浆外运 5. 打桩场地硬化及泥浆池、泥浆沟
010202003	圆木桩	1. 地层情况 2. 桩长 3. 材质 4. 尾径 5. 桩倾斜度	1. m 2. 根	1. 以米计量，按设计图示尺寸以桩长（包括桩尖）计算 2. 以根计量，按设计图示数量计算	1. 工作平台搭拆 2. 桩机竖拆、移位 3. 桩靴安装 4. 沉桩
010202004	预制钢筋混凝土板桩	1. 地层情况 2. 送桩深度、桩长 3. 桩截面 4. 混凝土强度等级			1. 工作平台搭拆 2. 桩机竖拆、移位 3. 沉桩 4. 接桩
010202005	型钢桩	1. 地层情况或部位 2. 送桩深度、桩长 3. 规格型号 4. 桩倾斜度 5. 防护材料种类 6. 是否拔出	1. t 2. 根	1. 以吨计量，按设计图示尺寸以质量计算 2. 以根计量，按设计图示数量计算	1. 工作平台搭拆 2. 桩机竖拆、移位 3. 打（拔）桩 4. 接桩 5. 刷防护材料
010202006	钢板桩	1. 地层情况 2. 桩长 3. 板桩厚度	1. t 2. m^2	1. 以吨计量，按设计图示尺寸以质量计算 2. 以平方米计量，按设计图示墙中心线长乘以桩长以面积计算	1. 工作平台搭拆 2. 桩机竖拆、移位 3. 打拔钢板桩
010202007	预应力锚杆、锚索	1. 地层情况 2. 锚杆（索）类型、部位 3. 钻孔深度 4. 钻孔直径 5. 杆体材料品种、规格、数量 6. 浆液种类、强度等级	1. m 2. 根	1. 以米计量，按设计图示尺寸以钻孔深度计算 2. 以根计量，按设计图示数量计算	1. 钻孔、浆液制作、运输、压浆 2. 锚杆、锚索索制作、安装 3. 张拉锚固 4. 锚杆、锚索施工平台搭设、拆除

（续）

项目编码	项目名称	项目特征	计量单位	工程量计算规则	工作内容
010202008	其他锚杆、土钉	1. 地层情况 2. 钻孔深度 3. 钻孔直径 4. 置入方法 5. 杆体材料品种、规格、数量 6. 浆液种类、强度等级	1. m 2. 根	1. 以米计量，按设计图示尺寸以钻孔深度计算 2. 以根计量，按设计图示数量计算	1. 钻孔、浆液制作、运输、压浆 2. 锚杆、土钉制作、安装 3. 锚杆、土钉施工平台搭设、拆除
010202009	喷射混凝土、水泥砂浆	1. 部位 2. 厚度 3. 材料种类 4. 混凝土（砂浆）类别、强度等级	m^2	按设计图示尺寸以面积计算	1. 修整边坡 2. 混凝土（砂浆）制作、运输、喷射、养护 3. 钻排水孔、安装排水管 4. 喷射施工平台搭设、拆除
010202010	混凝土支撑	1. 部位 2. 混凝土强度等级	m^3	按设计图示尺寸以体积计算	1. 模板（支架或支撑）制作、安装、拆除、堆放、运输及清理模内杂物、刷隔离剂等 2. 混凝土制作、运输、浇筑、振捣、养护
010202011	钢支撑	1. 部位 2. 钢材品种、规格 3. 探伤要求	t	按设计图示尺寸以质量计算。不扣除孔眼质量，焊条、铆钉、螺栓等不另增加质量	1. 支撑、铁件制作（摊销、租赁） 2. 支撑、铁件安装 3. 探伤 4. 刷漆 5. 拆除 6. 运输

注：1. 地层情况按表 A. 1-1 和表 A. 2-1 的规定，并根据岩土工程勘察报告按单位工程各地层所占比例（包括范围值）进行描述。对无法准确描述的地层情况，可注明由投标人根据岩土工程勘察报告自行决定报价。
2. 其他锚杆是指不施加预应力的土层锚杆和岩石锚杆。置入方法包括钻孔置入、打入或射入等。
3. 基坑与边坡的检测、变形观测等费用按国家相关取费标准单独计算，不在本清单项目中。
4. 地下连续墙和喷射混凝土的钢筋网及咬合灌注桩的钢筋笼制作、安装，按表 E. 15 中相关项目编码列项。本分部未列的基坑与边坡支护的排桩按表 C. 1 和表 C. 2 中相关项目编码列项。水泥土墙、坑内加固按表 B. 1 中相关项目编码列项。砖、石挡土墙、护坡按表 D. 1 和表 D. 3 中相关项目编码列项。混凝土挡土墙按表 E. 4 中相关项目编码列项。弃土（不含泥浆）清理、运输按表 A. 3 中相关项目编码列项。

6.1.3 桩基工程

6.1.3.1 打桩

工程量清单项目设置、项目特征描述的内容、计量单位及工程量计算规则，应按表 C. 1 的规定执行。

表C.1　打桩（编号：010301）

项目编码	项目名称	项目特征	计量单位	工程量计算规则	工作内容
010301001	预制钢筋混凝土方桩	1. 地层情况 2. 送桩深度、桩长 3. 桩截面 4. 桩倾斜度 5. 混凝土强度等级	1. m 2. 根	1. 以米计量，按设计图示尺寸以桩长（包括桩尖）计算 2. 以根计量，按设计图示数量计算	1. 工作平台搭拆 2. 桩机竖拆、移位 2. 沉桩 3. 接桩 4. 送桩
010301002	预制钢筋混凝土管桩	1. 地层情况 2. 送桩深度、桩长 3. 桩外径、壁厚 4. 桩倾斜度 5. 混凝土强度等级 6. 填充材料种类 7. 防护材料种类			1. 工作平台搭拆 2. 桩机竖拆、移位 3. 沉桩 4. 接桩 5. 送桩 6. 填充材料、刷防护材料
010301003	钢管桩	1. 地层情况 2. 送桩深度、桩长 3. 材质 4. 管径、壁厚 5. 桩倾斜度 6. 填充材料种类 7. 防护材料种类	1. t 2. 根	1. 以吨计量，按设计图示尺寸以质量计算 2. 以根计量，按设计图示数量计算	1. 工作平台搭拆 2. 桩机竖拆、移位 3. 沉桩 4. 接桩 5. 送桩 6. 切割钢管、精割盖帽 7. 管内取土 8. 填充材料、刷防护材料
010301004	截（凿）桩头	1. 桩头截面、高度 2. 混凝土强度等级 3. 有无钢筋	1. m^3 2. 根	1. 以立方米计量，按设计桩截面乘以桩头长度以体积计算 2. 以根计量，按设计图示数量计算	1. 截桩头 2. 凿平 3. 废料外运

注：1. 地层情况按表A.1-1和表A.2-1的规定，并根据岩土工程勘察报告按单位工程各地层所占比例（包括范围值）进行描述。对无法准确描述的地层情况，可注明由投标人根据岩土工程勘察报告自行决定报价。
2. 项目特征中的桩截面、混凝土强度等级、桩类型等可直接用标准图代号或设计桩型进行描述。
3. 打桩项目包括成品桩购置费，如果用现场预制桩，应包括现场预制的所有费用。
4. 打试验桩和打斜桩应按相应项目编码单独列项，并应在项目特征中注明试验桩或斜桩（斜率）。
5. 桩基础的承载力检测、桩身完整性检测等费用按国家相关取费标准单独计算，不在本清单项目中。

6.1.3.2　灌注桩

工程量清单项目设置、项目特征描述的内容、计量单位及工程量计算规则，应按表C.2的规定执行。

表C.2　灌注桩（编号：010302）

项目编码	项目名称	项目特征	计量单位	工程量计算规则	工作内容
010302001	泥浆护壁成孔灌注桩	1. 地层情况 2. 空桩长度、桩长 3. 桩径 4. 成孔方法 5. 护筒类型、长度 6. 混凝土类别、强度等级	1. m 2. m^3 3. 根	1. 以米计量，按设计图示尺寸以桩长（包括桩尖）计算 2. 以立方米计量，按不同截面在桩上范围内以体积计算。 3. 以根计量，按设计图示数量计算	1. 护筒埋设 2. 成孔、固壁 3. 混凝土制作、运输、灌注、养护 4. 土方、废泥浆外运 5. 打桩场地硬化及泥浆池、泥浆沟

（续）

项目编码	项目名称	项目特征	计量单位	工程量计算规则	工作内容
010302002	沉管灌注桩	1. 地层情况 2. 空桩长度、桩长 3. 复打长度 4. 桩径 5. 沉管方法 6. 桩尖类型 7. 混凝土类别、强度等级	1. m 2. m^3 3. 根	1. 以米计量，按设计图示尺寸以桩长（包括桩尖）计算 2. 以立方米计量，按不同截面在桩上范围内以体积计算 3. 以根计量，按设计图示数量计算	1. 打（沉）拔钢管 2. 桩尖制作、安装 3. 混凝土制作、运输、灌注、养护
010302003	干作业成孔灌注桩	1. 地层情况 2. 空桩长度、桩长 3. 桩径 4. 扩孔直径、高度 5. 成孔方法 6. 混凝土类别、强度等级			1. 成孔、扩孔 2. 混凝土制作、运输、灌注、振捣、养护
010302004	挖孔桩土（石）方	1. 土（石）类别 2. 挖孔深度 3. 弃土（石）运距	m^3	按设计图示尺寸截面面积乘以挖孔深度以立方米计算	1. 排地表水 2. 挖土、凿石 3. 基底钎探 4. 运输
010302005	人工挖孔灌注桩	1. 桩芯长度 2. 桩芯直径、扩底直径、扩底高度 3. 护壁厚度、高度 4. 护壁混凝土类别、强度等级 5. 桩芯混凝土类别、强度等级	1. m^3 2. 根	1. 以立方米计量，按桩芯混凝土体积计算 2. 以根计量，按设计图示数量计算	1. 护壁制作 2. 混凝土制作、运输、灌注、振捣、养护
010302006	钻孔压浆桩	1. 地层情况 2. 空钻长度、桩长 2. 钻孔直径 3. 水泥强度等级	1. m 2. 根	1. 以米计量，按设计图示尺寸以桩长计算 2. 以根计量，按设计图示数量计算	钻孔、下注浆管、投放集料、浆液制作、运输、压浆
010302007	桩底注浆	1. 注浆导管材料、规格 2. 注浆导管长度 3. 单孔注浆量 4. 水泥强度等级	孔	按设计图示以注浆孔数计算	1. 注浆导管制作、安装 2. 浆液制作、运输、压浆

注：1. 地层情况按表 A.1-1 和表 A.2-1 的规定，并根据岩土工程勘察报告按单位工程各地层所占比例（包括范围值）进行描述。对无法准确描述的地层情况，可注明由投标人根据岩土工程勘察报告自行决定报价。
2. 项目特征中的桩长应包括桩尖，空桩长度 = 孔深 - 桩长，孔深为自然地面至设计桩底的深度。
3. 项目特征中的桩截面（桩径）、混凝土强度等级、桩类型等可直接用标准图代号或设计桩型进行描述。
4. 泥浆护壁成孔灌注桩是指在泥浆护壁条件下成孔，采用水下灌注混凝土的桩。其成孔方法包括冲击钻成孔、冲抓锥成孔、回旋钻成孔、潜水钻成孔、泥浆护壁的旋挖成孔等。
5. 沉管灌注桩的沉管方法包括锤击沉管法、振动沉管法、振动冲击沉管法、内夯沉管法等。
6. 干作业成孔灌注桩是指不用泥浆护壁和套管护壁的情况下，用钻机成孔后，下钢筋笼，灌注混凝土的桩，适用于地下水位以上的土层使用。其成孔方法包括螺旋钻成孔、螺旋钻成孔扩底、干作业的旋挖成孔等。
7. 桩基础的承载力检测、桩身完整性检测等费用按国家相关取费标准单独计算，不在本清单项目中。
8. 混凝土灌注桩的钢筋笼制作、安装，按附录 E 中相关项目编码列项。

6.1.4 砌筑工程

6.1.4.1 砖砌体

工程量清单项目设置、项目特征描述的内容、计量单位及工程量计算规则，应按表 D.1 的规定执行。

表 D.1　砖砌体（编号：010401）

项目编码	项目名称	项目特征	计量单位	工程量计算规则	工作内容
010401001	砖基础	1. 砖品种、规格、强度等级 2. 基础类型 3. 砂浆强度等级 4. 防潮层材料种类	m^3	按设计图示尺寸以体积计算。包括附墙垛基础宽出部分体积，扣除地梁（圈梁）、构造柱所占体积，不扣除基础大放脚T形接头处的重叠部分及嵌入基础内的钢筋、铁件、管道、基础砂浆防潮层和单个面积≤0.3m^2的孔洞所占体积，靠墙暖气沟的挑檐不增加 基础长度：外墙按外墙中心线，内墙按内墙净长线计算	1. 砂浆制作、运输 2. 砌砖 3. 防潮层铺设 4. 材料运输
010401002	砖砌挖孔桩护壁	1. 砖品种、规格、强度等级 2. 砂浆强度等级		按设计图示尺寸以立方米计算	1. 砂浆制作、运输 2. 砌砖 3. 材料运输
010401003	实心砖墙	1. 砖品种、规格、强度等级 2. 墙体类型 3. 砂浆强度等级、配合比	m^3	按设计图示尺寸以体积计算。扣除门窗洞口、过人洞、空圈、嵌入墙内的钢筋混凝土柱、梁、圈梁、挑梁、过梁及凹进墙内的壁龛、管槽、暖气槽、消火栓箱所占体积，不扣除梁头、板头、檩头、垫木、木楞头、沿椽木、木砖、门窗走头、砖墙内加固钢筋、木筋、铁件、钢管及单个面积≤0.3m^2的孔洞所占的体积。凸出墙面的腰线、挑檐、压顶、窗台线、虎头砖、门窗套的体积亦不增加。凸出墙面的砖垛并入墙体体积内计算 1. 墙长度：外墙按中心线、内墙按净长计算 2. 墙高度： （1）外墙：斜（坡）屋面无檐口天棚者算至屋面板底；有屋架且室内外均有天棚者算至屋架下弦底另加200mm；无天棚者算至屋架下弦底另加300mm，出檐宽度超过600mm时按实砌高度计算；与钢筋混凝土楼板隔层者算至板顶。平屋顶算至钢筋混凝土板底 （2）内墙：位于屋架下弦者，算至屋架下弦底；无屋架者算至天棚底另加100mm；有钢筋混凝土楼板隔层者算至楼板顶；有框架梁时算至梁底 （3）女儿墙：从屋面板上表面算至女儿墙顶面（如有混凝土压顶时算至压顶下表面） （4）内、外山墙：按其平均高度计算 3. 框架间墙：不分内外墙按墙体净尺寸以体积计算 4. 围墙：高度算至压顶上表面（如有混凝土压顶时算至压顶下表面），围墙柱并入围墙体积内	1. 砂浆制作、运输 2. 砌砖 3. 刮缝 4. 砖压顶砌筑 5. 材料运输
010401004	多孔砖墙				
010401005	空心砖墙				
010401006	空斗墙	1. 砖品种、规格、强度等级 2. 墙体类型 3. 砂浆强度等级、配合比	m^3	按设计图示尺寸以空斗墙外形体积计算。墙角、内外墙交接处、门窗洞口立边、窗台砖、屋檐处的实砌部分体积并入空斗墙体积内	1. 砂浆制作、运输 2. 砌砖 3. 装填充料 4. 刮缝 5. 材料运输
010401007	空花墙			按设计图示尺寸以空花部分外形体积计算，不扣除空洞部分体积	
010404008	填充墙			按设计图示尺寸以填充墙外形体积计算	

（续）

项目编码	项目名称	项目特征	计量单位	工程量计算规则	工作内容
010401009	实心砖柱	1. 砖品种、规格、强度等级 2. 柱类型 3. 砂浆强度等级、配合比	m^3	按设计图示尺寸以体积计算。扣除混凝土及钢筋混凝土梁垫、梁头所占体积	1. 砂浆制作、运输 2. 砌砖 3. 刮缝 4. 材料运输
010404010	多孔砖柱				
010404011	砖检查井	1. 井截面 2. 垫层材料种类、厚度 3. 底板厚度 4. 井盖安装 5. 混凝土强度等级 6. 砂浆强度等级 7. 防潮层材料种类	座	按设计图示数量计算	1. 土方挖、运 2. 砂浆制作、运输 3. 铺设垫层 4. 底板混凝土制作、运输、浇筑、振捣、养护 5. 砌砖 6. 刮缝 7. 井池底、壁抹灰 8. 抹防潮层 9. 回填 10. 材料运输
010404013	零星砌砖	1. 零星砌砖名称、部位 2. 砂浆强度等级、配合比	1. m^3 2. m^2 3. m 4. 个	1. 以立方米计量，按设计图示尺寸截面积乘以长度计算 2. 以平方米计量，按设计图示尺寸水平投影面积计算 3. 以米计量，按设计图示尺寸长度计算 4. 以个计量，按设计图示数量计算	1. 砂浆制作、运输 2. 砌砖 3. 刮缝 4. 材料运输
010404014	砖散水、地坪	1. 砖品种、规格、强度等级 2. 垫层材料种类、厚度 3. 散水、地坪厚度 4. 面层种类、厚度 5. 砂浆强度等级	m^2	按设计图示尺寸以面积计算	1. 土方挖、运 2. 地基找平、夯实 3. 铺设垫层 4. 砌砖散水、地坪 5. 抹砂浆面层
010404015	砖地沟、明沟	1. 砖品种、规格、强度等级 2. 沟截面尺寸 3. 垫层材料种类、厚度 4. 混凝土强度等级 5. 砂浆强度等级	m	以米计量，按设计图示以中心线长度计算	1. 土方挖、运 2. 铺设垫层 3. 底板混凝土制作、运输、浇筑、振捣、养护 4. 砌砖 5. 刮缝、抹灰 6. 材料运输

注：1. “砖基础”项目适用于各种类型砖基础：柱基础、墙基础、管道基础等。
2. 基础与墙（柱）身使用同一种材料时，以设计室内地面为界（有地下室者，以地下室室内设计地面为界），以下为基础，以上为墙（柱）身。基础与墙身使用不同材料时，位于设计室内地面高度≤±300mm 时，以不同材料为分界线，高度>±300mm 时，以设计室内地面为分界线。
3. 砖围墙以设计室外地坪为界，以下为基础，以上为墙身。
4. 框架外表面的镶贴砖部分，按零星项目编码列项。
5. 附墙烟囱、通风道、垃圾道、应按设计图示尺寸以体积（扣除孔洞所占体积）计算并入所依附的墙体体积内。当设计规定孔洞内需抹灰时，应按表 L.3 中零星抹灰项目编码列项。
6. 空斗墙的窗间墙、窗台下、楼板下、梁头下等的实砌部分，按零星砌砖项目编码列项。
7. “空花墙”项目适用于各种类型的空花墙，使用混凝土花格砌筑的空花墙，实砌墙体与混凝土花格应分别计算，混凝土花格按混凝土及钢筋混凝土中预制构件相关项目编码列项。
8. 台阶、台阶挡墙、梯带、锅台、炉灶、蹲台、池槽、池槽腿、砖胎模、花台、花池、楼梯栏板、阳台栏板、地垄墙、≤$0.3m^2$ 的孔洞填塞等，应按零星砌砖项目编码列项。砖砌锅台与炉灶可按外形尺寸以个计算，砖砌台阶可按水平投影面积以平方米计算，小便槽、地垄墙可按长度计算、其他工程按立方米计算。
9. 砖砌体内钢筋加固，应按表 E.15 中相关项目编码列项。
10. 砖砌体勾缝按表 L.1 中相关项目编码列项。
11. 检查井内的爬梯按表 E.15 中相关项目编码列项；井、池内的混凝土构件按表 E.1～表 E.10 中混凝土及钢筋混凝土预制构件编码列项。
12. 如施工图设计标注做法见标准图集时，应注明标注图集的编码、页号及节点大样。

6.1.4.2　砌块砌体

工程量清单项目设置、项目特征描述的内容、计量单位及工程量计算规则，应按表 D.2 的规定执行。

表 D.2　砌块砌体（编号：010402）

项目编码	项目名称	项目特征	计量单位	工程量计算规则	工作内容
010402001	砌块墙	1. 砌块品种、规格、强度等级 2. 墙体类型 3. 砂浆强度等级	m^3	按设计图示尺寸以体积计算。扣除门窗洞口、过人洞、空圈、嵌入墙内的钢筋混凝土柱、梁、圈梁、挑梁、过梁及凹进墙内的壁龛、管槽、暖气槽、消火栓箱所占体积，不扣除梁头、板头、椽头、垫木、木楞头、沿椽木、木砖、门窗走头、砌块墙内加固钢筋、木筋、铁件、钢管及单个面积≤0.3m^2 的孔洞所占的体积。凸出墙面的腰线、挑檐、压顶、窗台线、虎头砖、门窗套的体积亦不增加。凸出墙面的砖垛并入墙体体积内计算 1. 墙长度：外墙按中心线、内墙按净长计算 2. 墙高度 （1）外墙：斜（坡）屋面无檐口天棚者算至屋面板底；有屋架且室内外均有天棚者算至屋架下弦底另加 200mm；无天棚者算至屋架下弦底另加 300mm，出檐宽度超过 600mm 时按实砌高度计算；与钢筋混凝土楼板隔层者算至板顶；平屋面算至钢筋混凝土板底 （2）内墙：位于屋架下弦者，算至屋架下弦底；无屋架者算至天棚底另加 100mm；有钢筋混凝土楼板隔层者算至楼板顶；有框架梁时算至梁底 （3）女儿墙：从屋面板上表面算至女儿墙顶面（如有混凝土压顶时算至压顶下表面） （4）内、外山墙：按其平均高度计算。 3. 框架间墙：不分内外墙按墙体净尺寸以体积计算 4. 围墙：高度算至压顶上表面（如有混凝土压顶时算至压顶下表面），围墙柱并入围墙体积内	1. 砂浆制作、运输 2. 砌砖、砌块 3. 勾缝 4. 材料运输
010402002	砌块柱	1. 砖品种、规格、强度等级 2. 墙体类型 3. 砂浆强度等级		按设计图示尺寸以体积计算。扣除混凝土及钢筋混凝土梁垫、梁头、板头所占体积	

注：1. 砌体内加筋、墙体拉结的制作、安装，应按表 E.15 中相关项目编码列项。
2. 砌块排列应上、下错缝搭砌，如果搭错缝长度满足不了规定的压搭要求，应采取压砌钢筋网片的措施，具体构造要求按设计规定。若设计无规定时，应注明由投标人根据工程实际情况自行考虑。
3. 砌体垂直灰缝宽 >30mm 时，采用 C20 细石混凝土灌实。灌注的混凝土应按表 E.1 ~ 表 E.7 相关项目编码列项。

6.1.4.3　石砌体

工程量清单项目设置、项目特征描述的内容、计量单位及工程量计算规则，应按表 D.3 的规定执行。

表 D.3　石砌体（编号：010403）

项目编码	项目名称	项目特征	计量单位	工程量计算规则	工作内容
010403001	石基础	1. 石料种类、规格 2. 基础类型 3. 砂浆强度等级	m^3	按设计图示尺寸以体积计算 包括附墙垛基础宽出部分体积，不扣除基础砂浆防潮层及单个面积≤0.3m^2 的孔洞所占体积，靠墙暖气沟的挑檐不增加体积。基础长度：外墙按中心线，内墙按净长计算	1. 砂浆制作、运输 2. 吊装 3. 砌石 4. 防潮层铺设 5. 材料运输

（续）

项目编码	项目名称	项目特征	计量单位	工程量计算规则	工作内容
010403002	石勒脚	1. 石料种类、规格 2. 石表面加工要求 3. 勾缝要求 4. 砂浆强度等级、配合比	m^3	按设计图示尺寸以体积计算，扣除单个面积 >0.3m^2 的孔洞所占的体积	1. 砂浆制作、运输 2. 吊装 3. 砌石 4. 石表面加工 5. 勾缝 6. 材料运输
010403003	石墙	1. 石料种类、规格 2. 石表面加工要求 3. 勾缝要求 4. 砂浆强度等级、配合比		按设计图示尺寸以体积计算。扣除门窗洞口、过人洞、空圈、嵌入墙内的钢筋混凝土柱、梁、圈梁、挑梁、过梁及凹进墙内的壁龛、管槽、暖气槽、消火栓箱所占体积，不扣除梁头、板头、檩头、垫木、木楞头、沿椽木、木砖、门窗走头、石墙内加固钢筋、木筋、铁件、钢管及单个面积≤0.3m^2 的孔洞所占的体积。凸出墙面的腰线、挑檐、压顶、窗台线、虎头砖、门窗套的体积亦不增加。凸出墙面的砖垛并入墙体体积内计算 1. 墙长度：外墙按中心线、内墙按净长计算 2. 墙高度 （1）外墙：斜（坡）屋面无檐口天棚者算至屋面板底；有屋架且室内外均有天棚者算至屋架下弦底另加 200mm；无天棚者算至屋架下弦底另加 300mm，出檐宽度超过 600mm 时按实砌高度计算；平屋顶算至钢筋混凝土板底 （2）内墙：位于屋架下弦者，算至屋架下弦底；无屋架者算至天棚底另加 100mm；有钢筋混凝土楼板隔层者算至楼板顶；有框架梁时算至梁底 （3）女儿墙：从屋面板上表面算至女儿墙顶面（如有混凝土压顶时算至压顶下表面） （4）内、外山墙：按其平均高度计算 3. 围墙：高度算至压顶上表面（如有混凝土压顶时算至压顶下表面），围墙柱并入围墙体积内	
010403004	石挡土墙	1. 石料种类、规格 2. 石表面加工要求 3. 勾缝要求 4. 砂浆强度等级、配合比		按设计图示尺寸以体积计算	1. 砂浆制作、运输 2. 吊装 3. 砌石 4. 变形缝、泄水孔、压顶抹灰 5. 滤水层 6. 勾缝 7. 材料运输
010403005	石柱				
010403006	石栏杆	1. 石料种类、规格 2. 石表面加工要求 3. 勾缝要求 4. 砂浆强度等级、配合比	m	按设计图示以长度计算	1. 砂浆制作、运输 2. 吊装 3. 砌石 4. 石表面加工 5. 勾缝 6. 材料运输
010403007	石护坡	1. 垫层材料种类、厚度 2. 石料种类、规格 3. 护坡厚度、高度 4. 石表面加工要求 5. 勾缝要求 6. 砂浆强度等级、配合比	m^3	按设计图示尺寸以体积计算	1. 铺设垫层 2. 石料加工 3. 砂浆制作、运输 4. 砌石 5. 石表面加工 6. 勾缝 7. 材料运输
010403008	石台阶				
010403009	石坡道		m^2	按设计图示以水平投影面积计算	

（续）

项目编码	项目名称	项目特征	计量单位	工程量计算规则	工作内容
010403010	石地沟、明沟	1. 沟截面尺寸 3. 土壤类别、运距 4. 垫层材料种类、厚度 5. 石料种类、规格 6. 石表面加工要求 7. 勾缝要求 8. 砂浆强度等级、配合比	m	按设计图示以中心线长度计算	1. 土方挖、运 2. 砂浆制作、运输 3. 铺设垫层 4. 砌石 5. 石表面加工 6. 勾缝 7. 回填 8. 材料运输

注：1. 石基础、石勒脚、石墙的划分：基础与勒脚应以设计室外地坪为界。勒脚与墙身应以设计室内地面为界。石围墙内外地坪标高不同时，应以较低地坪标高为界，以下为基础；内外标高之差为挡土墙时，挡土墙以上为墙身。
2. “石基础”项目适用于各种规格（粗料石、细料石等）、各种材质（砂石、青石等）和各种类型（柱基、墙基、直形、弧形等）基础。
3. “石勒脚”“石墙”项目适用于各种规格（粗料石、细料石等）、各种材质（砂石、青石、大理石、花岗石等）和各种类型（直形、弧形等）勒脚和墙体。
4. “石挡土墙”项目适用于各种规格（粗料石、细料石、块石、毛石、卵石等）、各种材质（砂石、青石、石灰石等）和各种类型（直形、弧形、台阶形等）挡土墙。
5. “石柱”项目适用于各种规格、各种石质、各种类型的石柱。
6. “石栏杆”项目适用于无雕饰的一般石栏杆。
7. “石护坡”项目适用于各种石质和各种石料（粗料石、细料石、片石、块石、毛石、卵石等）
8. “石台阶”项目包括石梯带（垂带），不包括石梯膀，石梯膀应按表D.3石挡土墙项目编码列项。
9. 如施工图设计标注做法见标准图集时，应注明标注图集的编码、页号及节点大样。

6.1.4.4　垫层

工程量清单项目设置、项目特征描述的内容、计量单位及工程量计算规则，应按表B.3.4的规定执行。

表D.4　垫层（编号：010404）

项目编码	项目名称	项目特征	计量单位	工程量计算规则	工作内容
010404001	垫层	垫层材料种类、配合比、厚度	m^3	按设计图示尺寸以立方米计算	1. 垫层材料的拌制 2. 垫层铺设 3. 材料运输

注：除混凝土垫层应按表E.1～表E.7中相关项目编码列项外，没有包括垫层要求的清单项目应按本表垫层项目编码列项。

6.1.4.5　其他相关问题的处理方法

标准砖尺寸应为240mm×115mm×53mm。标准砖墙厚度应按D.5计算。

表D.5　标准墙计算厚度表

砖数（厚度）	1/4	1/2	3/4	1	$1\frac{1}{2}$	2	$2\frac{1}{2}$	3
计算厚度（mm）	53	115	180	240	365	490	615	740

6.1.5　混凝土及钢筋混凝土工程

6.1.5.1　现浇混凝土基础

工程量清单项目设置、项目特征描述的内容、计量单位、工程量计算规则应按表E.1的规定执行。

表 E.1 现浇混凝土基础（编号：010501）

项目编码	项目名称	项目特征	计量单位	工程量计算规则	工作内容
010501001	垫层	1. 混凝土类别 2. 混凝土强度等级	m^3	按设计图示尺寸以体积计算。不扣除构件内钢筋、预埋铁件和伸入承台基础的桩头所占体积	1. 模板及支撑制作、安装、拆除、堆放、运输及清理模内杂物、刷隔离剂等 2. 混凝土制作、运输、浇筑、振捣、养护
010501002	带形基础				
010501003	独立基础				
010501004	满堂基础				
010501005	桩承台基础				
010501006	设备基础	1. 混凝土类别 2. 混凝土强度等级 3. 灌浆材料、灌浆材料强度等级			

注：1. 有肋带形基础、无肋带形基础应按表 E.1 中相关项目列项，并注明肋高。

2. 箱式满堂基础中柱、梁、墙、板按表 E.2、表 E.3、表 E.4、表 E.5 相关项目分别编码列项；箱式满堂基础底板按表 E.1 的满堂基础项目列项。

3. 框架式设备基础中柱、梁、墙、板分别按表 E.2、表 E.3、表 E.4、表 E.5 相关项目编码列项；基础部分按表 E.1 相关项目编码列项。

4. 如为毛石混凝土基础，项目特征应描述毛石所占比例。

6.1.5.2 现浇混凝土柱

工程量清单项目设置、项目特征描述的内容、计量单位、工程量计算规则应按表 E.2 的规定执行。

表 E.2 现浇混凝土柱（编号：010502）

项目编码	项目名称	项目特征	计量单位	工程量计算规则	工作内容
010502001	矩形柱	1. 混凝土类别 2. 混凝土强度等级	m^3	按设计图示尺寸以体积计算。不扣除构件内钢筋，预埋铁件所占体积。型钢混凝土柱扣除构件内型钢所占体积。柱高： 1. 有梁板的柱高，应自柱基上表面（或楼板上表面）至上一层楼板上表面之间的高度计算 2. 无梁板的柱高，应自柱基上表面（或楼板上表面）至柱帽下表面之间的高度计算 3. 框架柱的柱高：应自柱基上表面至柱顶高度计算 4. 构造柱按全高计算，嵌接墙体部分（马牙槎）并入柱身体积 5. 依附柱上的牛腿和升板的柱帽，并入柱身体积计算	1. 模板及支架（撑）制作、安装、拆除、堆放、运输及清理模内杂物、刷隔离剂等 2. 混凝土制作、运输、浇筑、振捣、养护
010502002	构造柱				
010502003	异形柱	1. 柱形状 2. 混凝土类别 3. 混凝土强度等级			

注：混凝土类别指清水混凝土、彩色混凝土等，如在同一地区既使用预拌（商品）混凝土，又允许现场搅拌混凝土时，也应注明。

6.1.5.3 现浇混凝土梁

工程量清单项目设置、项目特征描述的内容、计量单位、工程量计算规则应按表 E.3 的规定执行。

表E.3　现浇混凝土梁（编号：010503）

项目编码	项目名称	项目特征	计量单位	工程量计算规则	工作内容
010503001	基础梁	1. 混凝土类别 2. 混凝土强度等级	m^3	按设计图示尺寸以体积计算。不扣除构件内钢筋、预埋铁件所占体积，伸入墙内的梁头、梁垫并入梁体积内。型钢混凝土梁扣除构件内型钢所占体积 梁长： 1. 梁与柱连接时，梁长算至柱侧面 2. 主梁与次梁连接时，次梁长算至主梁侧面	1. 模板及支架（撑）制作、安装、拆除、堆放、运输及清理模内杂物、刷隔离剂等 2. 混凝土制作、运输、浇筑、振捣、养护
010503002	矩形梁				
010503003	异形梁				
010503004	圈梁				
010503005	过梁				
010503006	弧形、拱形梁	1. 混凝土类别 2. 混凝土强度等级	m^3	按设计图示尺寸以体积计算。不扣除构件内钢筋、预埋铁件所占体积，伸入墙内的梁头、梁垫并入梁体积内 梁长： 1. 梁与柱连接时，梁长算至柱侧面 2. 主梁与次梁连接时，次梁长算至主梁侧面	1. 模板及支架（撑）制作、安装、拆除、堆放、运输及清理模内杂物、刷隔离剂等 2. 混凝土制作、运输、浇筑、振捣、养护

6.1.5.4　现浇混凝土墙

工程量清单项目设置、项目特征描述的内容、计量单位、工程量计算规则应按表E.4的规定执行。

表E.4　现浇混凝土墙（编号：010504）

项目编码	项目名称	项目特征	计量单位	工程量计算规则	工作内容
010504001	直形墙	1. 混凝土类别 2. 混凝土强度等级	m^3	按设计图示尺寸以体积计算。不扣除构件内钢筋、预埋铁件所占体积，扣除门窗洞口及单个面积 $>0.3m^2$ 的孔洞所占体积，墙垛及突出墙面部分并入墙体体积内计算	1. 模板及支架（撑）制作、安装、拆除、堆放、运输及清理模内杂物、刷隔离剂等 2. 混凝土制作、运输、浇筑、振捣、养护
010504002	弧形墙				
010504003	短肢剪力墙				
010504004	挡土墙				

注：1. 墙肢截面的最大长度与厚度之比小于或等于6倍的剪力墙，按短肢剪力墙项目列项。

2. L、Y、T、十字、Z形、一字形等短肢剪力墙的单肢中心线长≤0.4m，按柱项目列项。

6.1.5.5　现浇混凝土板

工程量清单项目设置、项目特征描述的内容、计量单位、工程量计算规则应按表E.5的规定执行。

表E.5　现浇混凝土板（编号：010505）

项目编码	项目名称	项目特征	计量单位	工程量计算规则	工作内容
010505001	有梁板	1. 混凝土类别 2. 混凝土强度等级	m^3	按设计图示尺寸以体积计算，不扣除构件内钢筋、预埋铁件及单个面积≤$0.3m^2$ 的柱、垛以及孔洞所占体积。压形钢板混凝土楼板扣除构件内压形钢板所占体积。有梁板（包括主、次梁与板）按梁、板体积之和计算，无梁板按板和柱帽体积之和计算，各类板伸入墙内的板头并入板体积内，薄壳板的肋、基梁并入薄壳体积内计算	1. 模板及支架（撑）制作、安装、拆除、堆放、运输及清理模内杂物、刷隔离剂等 2. 混凝土制作、运输、浇筑、振捣、养护
010505002	无梁板				
010505003	平板				
010505004	拱板				
010505005	薄壳板				
010505006	栏板				

（续）

项目编码	项目名称	项目特征	计量单位	工程量计算规则	工作内容
010505007	天沟（檐沟）、挑檐板	1. 混凝土类别 2. 混凝土强度等级	m^3	按设计图示尺寸以体积计算	1. 模板及支架（撑）制作、安装、拆除、堆放、运输及清理模内杂物、刷隔离剂等 2. 混凝土制作、运输、浇筑、振捣、养护
010505008	雨篷、悬挑板、阳台板			按设计图示尺寸以墙外部分体积计算。包括伸出墙外的牛腿和雨篷反挑檐的体积	
010505009	其他板			按设计图示尺寸以体积计算	

注：现浇挑檐、天沟板、雨篷、阳台与板（包括屋面板、楼板）连接时，以外墙外边线为分界线；与圈梁（包括其他梁）连接时，以梁外边线为分界线。外边线以外为挑檐、天沟、雨篷或阳台。

6.1.5.6 现浇混凝土楼梯

工程量清单项目设置、项目特征描述的内容、计量单位、工程量计算规则应按表E.6的规定执行。

表E.6 现浇混凝土楼梯（编号：010506）

项目编码	项目名称	项目特征	计量单位	工程量计算规则	工作内容
010506001	直形楼梯	1. 混凝土类别 2. 混凝土强度等级	1. m^2 2. m^3	1. 以平方米计量，按设计图示尺寸以水平投影面积计算。不扣除宽度≤500mm的楼梯井，伸入墙内部分不计算 2. 以立方米计量，按设计图示尺寸以体积计算	1. 模板及支架（撑）制作、安装、拆除、堆放、运输及清理模内杂物、刷隔离剂等 2. 混凝土制作、运输、浇筑、振捣、养护
010506002	弧形楼梯				

注：整体楼梯（包括直形楼梯、弧形楼梯）水平投影面积包括休息平台、平台梁、斜梁和楼梯的连接梁。当整体楼梯与现浇楼板无梯梁连接时，以楼梯的最后一个踏步边缘加300mm为界。

6.1.5.7 现浇混凝土其他构件

工程量清单项目设置、项目特征描述的内容、计量单位、工程量计算规则应按表E.7的规定执行。

表E.7 现浇混凝土其他构件（编号：010507）

项目编码	项目名称	项目特征	计量单位	工程量计算规则	工作内容
010507001	散水、坡道	1. 垫层材料种类、厚度 2. 面层厚度 3. 混凝土类别 4. 混凝土强度等级 5. 变形缝填塞材料种类	m^2	以平方米计量，按设计图示尺寸以面积计算。不扣除单个≤$0.3m^2$的孔洞所占面积	1. 地基夯实 2. 铺设垫层 3. 模板及支撑制作、安装、拆除、堆放、运输及清理模内杂物、刷隔离剂等 4. 混凝土制作、运输、浇筑、振捣、养护 5. 变形缝填塞
010507002	电缆沟、地沟	1. 土壤类别 2. 沟截面净空尺寸 3. 垫层材料种类、厚度 4. 混凝土类别 5. 混凝土强度等级 6. 防护材料种类	m	以米计量，按设计图示以中心线长计算	1. 挖填、运土石方 2. 铺设垫层 3. 模板及支撑制作、安装、拆除、堆放、运输及清理模内杂物、刷隔离剂等 4. 混凝土制作、运输、浇筑、振捣、养护 5. 刷防护材料

（续）

项目编码	项目名称	项目特征	计量单位	工程量计算规则	工作内容
010507003	台阶	1. 踏步高宽比 2. 混凝土类别 3. 混凝土强度等级	1. m^2 2. m^3	1. 以平方米计量，按设计图示尺寸水平投影面积计算 2. 以立方米计量，按设计图示尺寸以体积计算	1. 模板及支撑制作、安装、拆除、堆放、运输及清理模内杂物、刷隔离剂等 2. 混凝土制作、运输、浇筑、振捣、养护
010507004	扶手、压顶	1. 断面尺寸 2. 混凝土类别 3. 混凝土强度等级	1. m 2. m^3	1. 以米计量，按设计图示的延长米计算 2. 以立方米计量，按设计图示尺寸以体积计算	1. 模板及支架（撑）制作、安装、拆除、堆放、运输及清理模内杂物、刷隔离剂等 2. 混凝土制作、运输、浇筑、振捣、养护
010507005	化粪池底	1. 混凝土强度等级 2. 防水、抗渗要求	m^3	按设计图示尺寸以体积计算。不扣除构件内钢筋、预埋铁件所占体积	1. 模板及支架（撑）制作、安装、拆除、堆放、运输及清理模内杂物、刷隔离剂等 2. 混凝土制作、运输、浇筑、振捣、养护
010507006	化粪池壁				
010507007	化粪池顶				
010507008	检查井底				
010507009	检查井壁				
010507010	检查井顶				
010507011	其他构件	1. 构件的类型 2. 构件规格 3. 部位 4. 混凝土类别 5. 混凝土强度等级			

注：1. 现浇混凝土小型池槽、垫块、门框等，应按表E.7中其他构件项目编码列项。
2. 架空式混凝土台阶，按现浇楼梯计算。

6.1.5.8　后浇带

工程量清单项目设置、项目特征描述的内容、计量单位、工程量计算规则应按表E.8的规定执行。

表E.8　后浇带（编号：010508）

项目编码	项目名称	项目特征	计量单位	工程量计算规则	工作内容
010508001	后浇带	1. 混凝土类别 2. 混凝土强度等级	m^3	按设计图示尺寸以体积计算	1. 模板及支架（撑）制作、安装、拆除、堆放、运输及清理模内杂物、刷隔离剂等 2. 混凝土制作、运输、浇筑、振捣、养护及混凝土交接面、钢筋等的清理

6.1.5.9　预制混凝土柱

工程量清单项目设置、项目特征描述的内容、计量单位、工程量计算规则应按表E.9的规定执行。

表E.9　预制混凝土柱（编号：010509）

项目编码	项目名称	项目特征	计量单位	工程量计算规则	工作内容
010509001	矩形柱	1. 图代号 2. 单件体积 3. 安装高度 4. 混凝土强度等级 5. 砂浆强度等级、配合比	1. m^3 2. 根	1. 以立方米计量，按设计图示尺寸以体积计算。不扣除构件内钢筋、预埋铁件所占体积 2. 以根计量，按设计图示尺寸以数量计算	1. 构件安装 2. 砂浆制作、运输 3. 接头灌缝、养护
010509002	异形柱				

注：以根计量，必须描述单件体积。

6.1.5.10 预制混凝土梁

工程量清单项目设置、项目特征描述的内容、计量单位、工程量计算规则应按表 E.10 的规定执行。

表 E.10 预制混凝土梁（编号：010510）

项目编码	项目名称	项目特征	计量单位	工程量计算规则	工作内容
010510001	矩形梁	1. 图代号 2. 单件体积 3. 安装高度 4. 混凝土强度等级 5. 砂浆强度等级、配合比	1. m^3 2. 根	1. 以立方米计量，按设计图示尺寸以体积计算。不扣除构件内钢筋、预埋铁件所占体积 2. 以根计量，按设计图示尺寸以数量计算。	1. 构件安装 2. 砂浆制作、运输 3. 接头灌缝、养护
010510002	异形梁				
010510003	过梁				
010510004	拱形梁				
010510005	鱼腹式吊车梁				
010510006	风道梁				

注：以根计量，必须描述单件体积。

6.1.5.11 预制混凝土屋架

工程量清单项目设置、项目特征描述的内容、计量单位、工程量计算规则应按表 E.11 的规定执行。

表 E.11 预制混凝土屋架（编号：010511）

项目编码	项目名称	项目特征	计量单位	工程量计算规则	工作内容
010511001	折线型屋架	1. 图代号 2. 单件体积 3. 安装高度 4. 混凝土强度等级 5. 砂浆强度等级、配合比	1. m^3 2. 榀	1. 以立方米计量，按设计图示尺寸以体积计算。不扣除构件内钢筋、预埋铁件所占体积 2. 以榀计量，按设计图示尺寸以数量计算	1. 构件安装 2. 砂浆制作、运输 3. 接头灌缝、养护
010511002	组合屋架				
010511003	薄腹屋架				
010511004	门式刚架屋架				
010511005	天窗架屋架				

注：1. 以榀计量，必须描述单件体积。
2. 三角形屋架应按 E.11 中折线型屋架项目编码列项。

6.1.5.12 预制混凝土板

工程量清单项目设置、项目特征描述的内容、计量单位、工程量计算规则应按表 E.12 的规定执行。

表 E.12 预制混凝土板（编号：010512）

项目编码	项目名称	项目特征	计量单位	工程量计算规则	工作内容
010512001	平板	1. 图代号 2. 单件体积 3. 安装高度 4. 混凝土强度等级 5. 砂浆强度等级、配合比	1. m^3 2. 块	1. 以立方米计量，按设计图示尺寸以体积计算。不扣除构件内钢筋、预埋铁件及单个尺寸≤300mm×300mm 的孔洞所占体积，扣除空心板空洞体积 2. 以块计量，按设计图示尺寸以“数量”计算	1. 构件安装 2. 砂浆制作、运输 3. 接头灌缝、养护
010512002	空心板				
010512003	槽形板				
010512004	网架板				
010512005	折线板				
010512006	带肋板				
010512007	大型板				

（续）

项目编码	项目名称	项目特征	计量单位	工程量计算规则	工作内容
010512008	沟盖板、井盖板、井圈	1. 单件体积 2. 安装高度 3. 混凝土强度等级 4. 砂浆强度等级、配合比	1. m^3 2. 块（套）	1. 以立方米计量，按设计图示尺寸以体积计算。不扣除构件内钢筋、预埋铁件所占体积 2. 以块计量，按设计图示尺寸以“数量”计算	1. 构件安装 2. 砂浆制作、运输 3. 接头灌缝、养护

注：1. 以块、套计量，必须描述单件体积。

2. 不带肋的预制遮阳板、雨篷板、挑檐板、拦板等，应按表 E. 12 中平板项目编码列项。

3. 预制 F 形板、双 T 形板、单肋板和带反挑檐的雨篷板、挑檐板、遮阳板等，应按表 E. 12 中带肋板项目编码列项。

4. 预制大型墙板、大型楼板、大型屋面板等，应按表 B. 12 中大型板项目编码列项。

6.1.5.13　预制混凝土楼梯

工程量清单项目设置、项目特征描述的内容、计量单位、工程量计算规则应按表 E. 13 的规定执行。

表 E. 13　预制混凝土楼梯（编号：010513）

项目编码	项目名称	项目特征	计量单位	工程量计算规则	工作内容
010513001	楼梯	1. 楼梯类型 2. 单件体积 3. 混凝土强度等级 4. 砂浆强度等级	1. m^3 2. 块	1. 以立方米计量，按设计图示尺寸以体积计算。不扣除构件内钢筋、预埋铁件所占体积，扣除空心踏步板空洞体积 2. 以块计量，按设计图示数量计算	1. 构件安装 2. 砂浆制作、运输 3. 接头灌缝、养护

注：以块计量，必须描述单件体积。

6.1.5.14　其他预制构件

工程量清单项目设置、项目特征描述的内容、计量单位、工程量计算规则应按表 E. 14 的规定执行。

表 E. 14　其他预制构件（编号：010514）

项目编码	项目名称	项目特征	计量单位	工程量计算规则	工作内容
010514001	垃圾道、通风道、烟道	1. 单件体积 2. 混凝土强度等级 3. 砂浆强度等级	1. m^3 2. m^2 3. 根（块）	1. 以立方米计量，按设计图示尺寸以体积计算。不扣除构件内钢筋、预埋铁件及单个面积≤300mm×300mm 的孔洞所占体积，扣除烟道、垃圾道、通风道的孔洞所占体积 2. 以平方米计量，按设计图示尺寸以面积计算。不扣除构件内钢筋、预埋铁件及单个面积≤300mm×300mm 的孔洞所占面积 3. 以根计量，按设计图示尺寸以数量计算	1. 构件安装 2. 砂浆制作、运输 3. 接头灌缝、养护 4. 酸洗、打蜡
010514002	其他构件	1. 单件体积 2. 构件的类型 3. 混凝土强度等级 4. 砂浆强度等级			
010514003	水磨石构件	1. 构件的类型 2. 单件体积 3. 水磨石面层厚度 4. 混凝土强度等级 5. 水泥石子浆配合比 6. 石子品种、规格、颜色 7. 酸洗、打蜡要求			

注：1. 以块、根计量，必须描述单件体积。

2. 预制钢筋混凝土小型池槽、压顶、扶手、垫块、隔热板、花格等，按本表中其他构件项目编码列项。

6.1.5.15 钢筋工程

工程量清单项目设置、项目特征描述的内容、计量单位、工程量计算规则应按表 E.15 的规定执行。

表 E.15 钢筋工程（编号：010515）

<table>
<tr><th>项目编码</th><th>项目名称</th><th>项目特征</th><th>计量单位</th><th>工程量计算规则</th><th>工作内容</th></tr>
<tr><td>010515001</td><td>现浇构件钢筋</td><td rowspan="3">钢筋种类、规格</td><td rowspan="9">t</td><td rowspan="3">按设计图示钢筋（网）长度（面积）乘单位理论质量计算</td><td>1. 钢筋制作、运输
2. 钢筋安装
3. 焊接</td></tr>
<tr><td>010515002</td><td>钢筋网片</td><td>1. 钢筋网制作、运输
2. 钢筋网安装
3. 焊接</td></tr>
<tr><td>010515003</td><td>钢筋笼</td><td>1. 钢筋笼制作、运输
2. 钢筋笼安装
3. 焊接</td></tr>
<tr><td>010515004</td><td>先张法预应力钢筋</td><td>1. 钢筋种类、规格
2. 锚具种类</td><td>按设计图示钢筋长度乘单位理论质量计算</td><td>1. 钢筋制作、运输
2. 钢筋张拉</td></tr>
<tr><td>010515005</td><td>后张法预应力钢筋</td><td rowspan="3">1. 钢筋种类、规格
2. 钢丝种类、规格
3. 钢绞线种类、规格
4. 锚具种类
5. 砂浆强度等级</td><td rowspan="3">按设计图示钢筋（丝束、绞线）长度乘单位理论质量计算
1. 低合金钢筋两端均采用螺杆锚具时，钢筋长度按孔道长度减 0.35m 计算，螺杆另行计算
2. 低合金钢筋一端采用镦头插片、另一端采用螺杆锚具时，钢筋长度按孔道长度计算，螺杆另行计算
3. 低合金钢筋一端采用镦头插片、另一端采用帮条锚具时，钢筋增加 0.15m 计算；两端均采用帮条锚具时，钢筋长度按孔道长度增加 0.3m 计算
4. 低合金钢筋采用后张混凝土自锚时，钢筋长度按孔道长度增加 0.35m 计算
5. 低合金钢筋（钢绞线）采用 JM、XM、QM 型锚具，孔道长度≤20m 时，钢筋长度增加 1m 计算，孔道长度 >20m 时，钢筋长度增加 1.8m 计算
6. 碳素钢丝采用锥形锚具，孔道长度≤20m 时，钢丝束长度按孔道长度增加 1m 计算，孔道长度 >20m 时，钢丝束长度按孔道长度增加 1.8m 计算
7. 碳素钢丝采用镦头锚具时，钢丝束长度按孔道长度增加 0.35m 计算</td><td rowspan="3">1. 钢筋、钢丝、钢绞线制作、运输
2. 钢筋、钢丝、钢绞线安装
3. 预埋管孔道铺设
4. 锚具安装
5. 砂浆制作、运输
6. 孔道压浆、养护</td></tr>
<tr><td>010515006</td><td>预应力钢丝</td></tr>
<tr><td>010515007</td><td>预应力钢绞线</td></tr>
<tr><td>010515008</td><td>支撑钢筋（铁马）</td><td>1. 钢筋种类
2. 规格</td><td>按钢筋长度乘单位理论质量计算</td><td>钢筋制作、焊接、安装</td></tr>
<tr><td>01051509</td><td>声测管</td><td>1. 材质
2. 规格型号</td><td>按设计图示尺寸质量计算</td><td>1. 检测管截断、封头
2. 套管制作、焊接
3. 定位、固定</td></tr>
</table>

注：1. 现浇构件中伸出构件的锚固钢筋应并入钢筋工程量内。除设计（包括规范规定）标明的搭接外，其他施工搭接不计算工程量，在综合单价中综合考虑。

2. 现浇构件中固定位置的支撑钢筋、双层钢筋用的“铁马”在编制工程量清单时，其工程数量可为暂估量，结算时按现场签证数量计算。

6.1.5.16　螺栓、铁件

工程量清单项目设置、项目特征描述的内容、计量单位、工程量计算规则应按表 E.16 的规定执行。

表 E.16　螺栓、铁件（编号：010516）

项目编码	项目名称	项目特征	计量单位	工程量计算规则	工作内容
010516001	螺栓	1. 螺栓种类 2. 规格	t	按设计图示尺寸以质量计算	1. 螺栓、铁件制作、运输 2. 螺栓、铁件安装
010516002	预埋铁件	1. 钢材种类 2. 规格 3. 铁件尺寸	t		
010516003	机械连接	1. 连接方式 2. 螺纹套筒种类 3. 规格	个	按数量计算	1. 钢筋套丝 2. 套筒连接

注：编制工程量清单时，其工程数量可为暂估量，实际工程量按现场签证数量计算。

6.1.5.17　其他相关问题的处理方法

预制混凝土构件或预制钢筋混凝土构件，如施工图设计标注做法见标准图集时，项目特征注明标准图集的编码、页号及节点大样即可。

6.1.6　金属结构工程

6.1.6.1　钢网架

工程量清单项目设置、项目特征描述、计量单位及工程量计算规则应按表 F.1 的规定执行。

表 F.1　钢网架（编码：010601）

项目编码	项目名称	项目特征	计量单位	工程量计算规则	工作内容
010601001	钢网架	1. 钢材品种、规格 2. 网架节点形式、连接方式 3. 网架跨度、安装高度 4. 探伤要求 5. 防火要求	t	按设计图示尺寸以质量计算。不扣除孔眼的质量，焊条、铆钉、螺栓等不另增加质量	1. 拼装 2. 安装 3. 探伤 4. 补刷油漆

6.1.6.2　钢屋架、钢托架、钢桁架、钢桥架

工程量清单项目设置、项目特征描述、计量单位及工程量计算规则应按表 F.2 的规定执行。

表 F.2　钢屋架、钢托架、钢桁架、钢桥架（编码：010602）

项目编码	项目名称	项目特征	计量单位	工程量计算规则	工作内容
010602001	钢屋架	1. 钢材品种、规格 2. 单榀质量 3. 屋架跨度、安装高度 4. 螺栓种类 5. 探伤要求 6. 防火要求	1. 榀 2. t	1. 以榀计量，按设计图示数量计算 2. 以吨计量，按设计图示尺寸以质量计算。不扣除孔眼的质量，焊条、铆钉、螺栓等不另增加质量	1. 拼装 2. 安装 3. 探伤 4. 补刷油漆

（续）

<table>
<tr><th>项目编码</th><th>项目名称</th><th>项目特征</th><th>计量单位</th><th>工程量计算规则</th><th>工作内容</th></tr>
<tr><td>010602002</td><td>钢托架</td><td rowspan="2">1. 钢材品种、规格
2. 单榀质量
3. 安装高度
4. 螺栓种类
5. 探伤要求
6. 防火要求</td><td rowspan="3">t</td><td rowspan="3">按设计图示尺寸以质量计算。不扣除孔眼的质量，焊条、铆钉、螺栓等不另增加质量</td><td rowspan="3">1. 拼装
2. 安装
3. 探伤
4. 补刷油漆</td></tr>
<tr><td>010602003</td><td>钢桁架</td></tr>
<tr><td>010602004</td><td>钢桥架</td><td>1. 桥架类型
2. 钢材品种、规格
3. 单榀质量
4. 安装高度
5. 螺栓种类
6. 探伤要求</td></tr>
</table>

注：1. 螺栓种类指普通或高强。

2. 以榀计量，按标准图设计的应注明标准图代号，按非标准图设计的项目特征必须描述单榀屋架的质量。

6.1.6.3 钢柱

工程量清单项目设置、项目特征描述、计量单位及工程量计算规则应按表 F.3 的规定执行。

表 F.3 钢柱（编码：010603）

<table>
<tr><th>项目编码</th><th>项目名称</th><th>项目特征</th><th>计量单位</th><th>工程量计算规则</th><th>工作内容</th></tr>
<tr><td>010603001</td><td>实腹钢柱</td><td rowspan="2">1. 柱类型
2. 钢材品种、规格
3. 单根柱质量
4. 螺栓种类
5. 探伤要求
6. 防火要求</td><td rowspan="3">t</td><td rowspan="2">按设计图示尺寸以质量计算。不扣除孔眼的质量，焊条、铆钉、螺栓等不另增加质量，依附在钢柱上的牛腿及悬臂梁等并入钢柱工程量内</td><td rowspan="3">1. 拼装
2. 安装
3. 探伤
4. 补刷油漆</td></tr>
<tr><td>010603002</td><td>空腹钢柱</td></tr>
<tr><td>010603003</td><td>钢管柱</td><td>1. 钢材品种、规格
2. 单根柱质量
3. 螺栓种类
4. 探伤要求
5. 防火要求</td><td>按设计图示尺寸以质量计算。不扣除孔眼的质量，焊条、铆钉、螺栓等不另增加质量，钢管柱上的节点板、加强环、内衬管、牛腿等并入钢管柱工程量内</td></tr>
</table>

注：1. 螺栓种类指普通或高强。

2. 实腹钢柱类型指十字、T、L、H 形等。

3. 空腹钢柱类型指箱形、格构式等。

4. 型钢混凝土柱浇筑钢筋混凝土，其混凝土和钢筋应按表 E.1 ~ 表 E.10 混凝土及钢筋混凝土工程中相关项目编码列项。

6.1.6.4 钢梁

工程量清单项目设置、项目特征描述、计量单位及工程量计算规则应按表 F.4 的规定执行。

表 F.4　钢梁（编码：010604）

项目编码	项目名称	项目特征	计量单位	工程量计算规则	工作内容
010604001	钢梁	1. 梁类型 2. 钢材品种、规格 3. 单根质量 4. 螺栓种类 5. 安装高度 6. 探伤要求 7. 防火要求	t	按设计图示尺寸以质量计算。不扣除孔眼的质量，焊条、铆钉、螺栓等不另增加质量，制动梁、制动板、制动桁架、车挡并入钢吊车梁工程量内	1. 拼装 2. 安装 3. 探伤 4. 补刷油漆
010604002	钢吊车梁	1. 钢材品种、规格 2. 单根质量 3. 螺栓种类 4. 安装高度 5. 探伤要求 6. 防火要求	t	按设计图示尺寸以质量计算。不扣除孔眼的质量，焊条、铆钉、螺栓等不另增加质量，制动梁、制动板、制动桁架、车挡并入钢吊车梁工程量内	1. 拼装 2. 安装 3. 探伤 4. 补刷油漆

注：1. 螺栓种类指普通或高强。
2. 梁类型指 H、L、T 形、箱形、格构式等。
3. 型钢混凝土梁浇筑钢筋混凝土，其混凝土和钢筋应按表 E.1～表 E.10 混凝土及钢筋混凝土工程中相关项目编码列项。

6.1.6.5　钢板楼板、墙板

工程量清单项目设置、项目特征描述、计量单位及工程量计算规则应按表 F.5 的规定执行。

表 F.5　钢板楼板、墙板（编码：010605）

项目编码	项目名称	项目特征	计量单位	工程量计算规则	工作内容
010605001	钢板楼板	1. 钢材品种、规格 2. 钢板厚度 3. 螺栓种类 4. 防火要求	m^2	按设计图示尺寸以铺设水平投影面积计算。不扣除单个面积≤0.3m^2柱、垛及孔洞所占面积	1. 拼装 2. 安装 3. 探伤 4. 补刷油漆
010605002	钢板墙板	1. 钢材品种、规格 2. 钢板厚度、复合板厚度 3. 螺栓种类 4. 复合板夹芯材料种类、层数、型号、规格 6. 防火要求		按设计图示尺寸以铺挂展开面积计算。不扣除单个面积≤0.3m^2的梁、孔洞所占面积，包角、包边、窗台泛水等不另加面积	

注：1. 螺栓种类指普通或高强。
2. 钢板楼板上浇筑钢筋混凝土，其混凝土和钢筋应按表 E.1～表 E.10 混凝土及钢筋混凝土工程中相关项目编码列项。
3. 压型钢楼板按钢楼板项目编码列项。

6.1.6.6　钢构件

工程量清单项目设置、项目特征描述、计量单位及工程量计算规则应按表 F.6 的规定执行。

表 F.6 钢构件（编码：010606）

项目编码	项目名称	项目特征	计量单位	工程量计算规则	工作内容
010606001	钢支撑、钢拉条	1. 钢材品种、规格 2. 构件类型 3. 安装高度 4. 螺栓种类 5. 探伤要求 6. 防火要求	t	按设计图示尺寸以质量计算。不扣除孔眼的质量，焊条、铆钉、螺栓等不另增加质量	1. 拼装 2. 安装 3. 探伤 4. 补刷油漆
010606002	钢檩条	1. 钢材品种、规格 2. 构件类型 3. 单根质量 4. 安装高度 5. 螺栓种类 6. 探伤要求 7. 防火要求			
010606003	钢天窗架	1. 钢材品种、规格 2. 单榀质量 3. 安装高度 4. 螺栓种类 5. 探伤要求 6. 防火要求			
010606004	钢挡风架	1. 钢材品种、规格 2. 单榀质量 3. 螺栓种类 4. 探伤要求 5. 防火要求			
010606005	钢墙架				
010606006	钢平台	1. 钢材品种、规格 2. 螺栓种类 3. 防火要求			
010606007	钢走道				
010606008	钢梯	1. 钢材品种、规格 2. 钢梯形式 3. 螺栓种类 4. 防火要求			
010606009	钢护栏	1. 钢材品种、规格 2. 防火要求			
010606010	钢漏斗	1. 钢材品种、规格 2. 漏斗、天沟形式 3. 安装高度 4. 探伤要求		按设计图示尺寸以质量计算，不扣除孔眼的质量，焊条、铆钉、螺栓等不另增加质量，依附漏斗或天沟的型钢并入漏斗或天沟工程量内	1. 拼装 2. 安装 3. 探伤 4. 补刷油漆
010606011	钢板天沟				
010606012	钢支架	1. 钢材品种、规格 2. 单付重量 3. 防火要求		按设计图示尺寸以质量计算，不扣除孔眼的质量，焊条、铆钉、螺栓等不另增加质量	
010606013	零星钢构件	1. 构件名称 2. 钢材品种、规格			

注：1. 螺栓种类指普通或高强。
2. 钢墙架项目包括墙架柱、墙架梁和连接杆件。
3. 钢支撑、钢拉条类型指单式、复式；钢檩条类型指型钢式、格构式；钢漏斗形式指方形、圆形；天沟形式指矩形沟或半圆形沟。
4. 加工铁件等小型构件，应按零星钢构件项目编码列项。

6.1.6.7　金属制品

工程量清单项目设置、项目特征描述、计量单位及工程量计算规则应按表 F.7 的规定执行。

表 F.7　金属制品（编码：010607）

项目编码	项目名称	项目特征	计量单位	工程量计算规则	工作内容
010607001	成品空调金属百叶护栏	1. 材料品种、规格 2. 边框材质	m^2	按设计图示尺寸以框外围展开面积计算	1. 安装 2. 校正 3. 预埋铁件及安螺栓
010607002	成品栅栏	1. 材料品种、规格 2. 边框及立柱型钢品种、规格			1. 安装 2. 校正 3. 预埋铁件 4. 安螺栓及金属立柱
010607003	成品雨篷	1. 材料品种、规格 2. 雨篷宽度 3. 晾衣竿品种、规格	1. m 2. m^2	1. 以米计量，按设计图示接触边以米计算 2. 以平方米计量，按设计图示尺寸以展开面积计算	1. 安装 2. 校正 3. 预埋铁件及安螺栓
010607004	金属网栏	1. 材料品种、规格 2. 边框及立柱型钢品种、规格	m^2	按设计图示尺寸以框外围展开面积计算	1. 安装 2. 校正 3. 安螺栓及金属立柱
010607005	砌块墙钢丝网加固	1. 材料品种、规格 2. 加固方式		按设计图示尺寸以面积计算	1. 铺贴 2. 铆固
010607006	后浇带金属网				

6.1.6.8　其他相关问题的处理方法

（1）金属构件的切边，不规则及多边形钢板发生的损耗在综合单价中考虑。

（2）防火要求指耐火极限。

6.1.7　木结构工程

6.1.7.1　木屋架

工程量清单项目设置、项目特征描述、计量单位及工程量计算规则应按表 G.1 的规定执行。

表 G.1　木屋架（编码：010701）

项目编码	项目名称	项目特征	计量单位	工程量计算规则	工作内容
010701001	木屋架	1. 跨度 2. 材料品种、规格 3. 刨光要求 4. 拉杆及夹板种类 5. 防护材料种类	1. 榀 2. m^3	1. 以榀计量，按设计图示数量计算 2. 以立方米计量，按设计图示的规格尺寸以体积计算	1. 制作 2. 运输 3. 安装 4. 刷防护材料

（续）

项目编码	项目名称	项目特征	计量单位	工程量计算规则	工作内容
010701002	钢木屋架	1. 跨度 2. 木材品种、规格 3. 刨光要求 4. 钢材品种、规格 5. 防护材料种类	榀	以榀计量，按设计图示数量计算	1. 制作 2. 运输 3. 安装 4. 刷防护材料

注：1. 屋架的跨度应以上、下弦中心线两交点之间的距离计算。
2. 带气楼的屋架和马尾、折角以及正交部分的半屋架，按相关屋架相目编码列项。
3. 以榀计量，按标准图设计，项目特征必须标注标准图代号。

6.1.7.2 木构件

工程量清单项目设置、项目特征描述、计量单位及工程量计算规则应按表 G.2 的规定执行。

表 G.2 木构件（编码：010702）

项目编码	项目名称	项目特征	计量单位	工程量计算规则	工作内容
010702001	木柱	1. 构件规格尺寸 2. 木材种类 3. 刨光要求 4. 防护材料种类	m^3	按设计图示尺寸以体积计算	1. 制作 2. 运输 3. 安装 4. 刷防护材料
010702002	木梁				
010702003	木檩		1. m^3 2. m	1. 以立方米计量，按设计图示尺寸以体积计算 2. 以米计量，按设计图示尺寸以长度计算	
010702004	木楼梯	1. 楼梯形式 2. 木材种类 3. 刨光要求 4. 防护材料种类	m^2	按设计图示尺寸以水平投影面积计算。不扣除宽度≤300mm 的楼梯井，伸入墙内部分不计算	
010702005	其他木构件	1. 构件名称 2. 构件规格尺寸 3. 木材种类 4. 刨光要求 5. 防护材料种类	1. m^3 2. m	1. 以立方米计量，按设计图示尺寸以体积计算 2. 以米计量，按设计图示尺寸以长度计算	

注：1. 木楼梯的栏杆（栏板）、扶手，应按表 O.3 中的相关项目编码列项。
2. 以米计量，项目特征必须描述构件规格尺寸。

6.1.7.3 屋面木基层

工程量清单项目设置、项目特征描述、计量单位及工程量计算规则应按表 G.3 的规定执行。

表 G.3 屋面木基层（编码：010703）

项目编码	项目名称	项目特征	计量单位	工程量计算规则	工作内容
010703001	屋面木基层	1. 椽子断面尺寸及椽距 2. 望板材料种类、厚度 3. 防护材料种类	m^2	按设计图示尺寸以斜面积计算。不扣除房上烟囱、风帽底座、风道、小气窗、斜沟等所占面积。小气窗的出檐部分不增加面积	1. 椽子制作、安装 2. 望板制作、安装 3. 顺水条和挂瓦条制作、安装 4. 刷防护材料

6.1.8　门窗工程

6.1.8.1　木门

工程量清单项目设置、项目特征描述、计量单位及工程量计算规则应按表H.1的规定执行。

表H.1　木门（编码：010801）

项目编码	项目名称	项目特征	计量单位	工程量计算规则	工作内容
010801001	木质门	1. 门代号及洞口尺寸 2. 镶嵌玻璃品种、厚度	1. 樘 2. m^2	1. 以樘计量，按设计图示数量计算 2. 以平方米计量，按设计图示洞口尺寸以面积计算	1. 门安装 2. 玻璃安装 3. 五金安装
010801002	木质门带套				
010801003	木质连窗门				
010801004	木质防火门	1. 门代号及洞口尺寸 2. 镶嵌玻璃品种、厚度			
010801005	木门框	1. 门代号及洞口尺寸 2. 框截面尺寸 3. 防护材料种类			1. 木门框制作、安装 2. 运输 3. 刷防护材料
010801006	门锁安装	1. 锁品种 2. 锁规格	个（套）	按设计图示数量计算	安装

注：1. 木质门应区分镶板木门、企口木板门、实木装饰门、胶合板门、夹板装饰门、木纱门、全玻门（带木质扇框）、木质半玻门（带木质扇框）等项目，分别编码列项。

2. 木门五金应包括：折页、插销、门碰珠、弓背拉手、搭机、木螺钉、弹簧折页（自动门）、管子拉手（自由门、地弹门）、地弹簧（地弹门）、角铁、门轧头（地弹门、自由门）等。

3. 木质门带套计量按洞口尺寸以面积计算，不包括门套的面积。

4. 以樘计量，项目特征必须描述洞口尺寸，以平方米计量，项目特征可不描述洞口尺寸。

5. 单独制作安装木门框按木门框项目编码列项。

6.1.8.2　金属门

工程量清单项目设置、项目特征描述、计量单位及工程量计算规则应按表H.2的规定执行。

表H.2　金属门（编码：010802）

项目编码	项目名称	项目特征	计量单位	工程量计算规则	工作内容
010802001	金属（塑钢）门	1. 门代号及洞口尺寸 2. 门框或扇外围尺寸 3. 门框、扇材质 4. 玻璃品种、厚度	1. 樘 2. m^2	1. 以樘计量，按设计图示数量计算 2. 以平方米计量，按设计图示洞口尺寸以面积计算	1. 门安装 2. 五金安装 3. 玻璃安装
010802002	彩板门	1. 门代号及洞口尺寸 2. 门框或扇外围尺寸			
010802003	钢质防火门	1. 门代号及洞口尺寸 2. 门框或扇外围尺寸 3. 门框、扇材质			
010702004	防盗门	1. 门代号及洞口尺寸 2. 门框或扇外围尺寸 3. 门框、扇材质			1. 门安装 2. 五金安装

注：1. 金属门应区分金属平开门、金属推拉门、金属地弹门、全玻门（带金属扇框）、金属半玻门（带扇框）等项目，分别编码列项。

2. 铝合金门五金包括：地弹簧、门锁、拉手、门插、门铰、螺钉等。

3. 其他金属门五金包括L型执手插锁（双舌）、执手锁（单舌）、门轨头、地锁、防盗门机、门眼（猫眼）、门碰珠、电子锁（磁卡锁）、闭门器、装饰拉手等。

4. 以樘计量，项目特征必须描述洞口尺寸，没有洞口尺寸必须描述门框或扇外围尺寸，以平方米计量，项目特征可不描述洞口尺寸及框、扇的外围尺寸。

5. 以平方米计量，无设计图示洞口尺寸，按门框、扇外围以面积计算。

6.1.8.3 金属卷帘（闸）门

工程量清单项目设置、项目特征描述、计量单位及工程量计算规则应按表 H.3 的规定执行。

表 H.3 金属卷帘（闸）门（编码：010803）

项目编码	项目名称	项目特征	计量单位	工程量计算规则	工作内容
010803001	金属卷帘（闸）门	1. 门代号及洞口尺寸 2. 门材质 3. 启动装置品种、规格	1. 樘 2. m^2	1. 以樘计量，按设计图示数量计算 2. 以平方米计量，按设计图示洞口尺寸以面积计算	1. 门运输、安装 2. 启动装置、活动小门、五金安装
010803002	防火卷帘（闸）门				

注：以樘计量，项目特征必须描述洞口尺寸，以平方米计量，项目特征可不描述洞口尺寸。

6.1.8.4 厂库房大门、特种门

工程量清单项目设置、项目特征描述、计量单位及工程量计算规则应按表 H.4 的规定执行。

表 H.4 厂库房大门、特种门（编码：010804）

项目编码	项目名称	项目特征	计量单位	工程量计算规则	工作内容
010804001	木板大门	1. 门代号及洞口尺寸 2. 门框或扇外围尺寸 3. 门框、扇材质 4. 五金种类、规格 5. 防护材料种类	1. 樘 2. m^2	1. 以樘计量，按设计图示数量计算 2. 以平方米计量，按设计图示洞口尺寸以面积计算	1. 门（骨架）制作、运输 2. 门、五金配件安装 3. 刷防护材料
010804002	钢木大门				
010804003	全钢板大门				
010804004	防护铁丝门			1. 以樘计量，按设计图示数量计算 2. 以平方米计量，按设计图示门框或扇以面积计算	
010804005	金属格栅门	1. 门代号及洞口尺寸 2. 门框或扇外围尺寸 3. 门框、扇材质 4. 启动装置的品种、规格		1. 以樘计量，按设计图示数量计算 2. 以平方米计量，按设计图示洞口尺寸以面积计算	1. 门安装 2. 启动装置、五金配件安装
010804006	钢质花饰大门	1. 门代号及洞口尺寸 2. 门框或扇外围尺寸 3. 门框、扇材质		1. 以樘计量，按设计图示数量计算 2. 以平方米计量，按设计图示门框或扇以面积计算	1. 门安装 2. 五金配件安装
010804007	特种门			1. 以樘计量，按设计图示数量计算 2. 以平方米计量，按设计图示洞口尺寸以面积计算	

注：1. 特种门应区分冷藏门、冷冻间门、保温门、变电室门、隔声门、防射电门、人防门、金库门等项目，分别编码列项。

2. 以樘计量，项目特征必须描述洞口尺寸，没有洞口尺寸必须描述门框或扇外围尺寸，以平方米计量，项目特征可不描述洞口尺寸及框、扇的外围尺寸。

3. 以平方米计量，无设计图示洞口尺寸，按门框、扇外围以面积计算。

4. 门开启方式指推拉或平开。

6.1.8.5　其他门

工程量清单项目设置、项目特征描述、计量单位及工程量计算规则应按表H.5的规定执行。

表H.5　其他门（编码：010805）

项目编码	项目名称	项目特征	计量单位	工程量计算规则	工作内容
010805001	平开电子感应门	1. 门代号及洞口尺寸 2. 门框或扇外围尺寸 3. 门框、扇材质 4. 玻璃品种、厚度 5. 启动装置的品种、规格 6. 电子配件品种、规格	1. 樘 2. m^2	1. 以樘计量，按设计图示数量计算 2. 以平方米计量，按设计图示洞口尺寸以面积计算	1. 门安装 2. 启动装置、五金、电子配件安装
010805002	旋转门				
010805003	电子对讲门	1. 门代号及洞口尺寸 2. 门框或扇外围尺寸 3. 门材质 4. 玻璃品种、厚度 5. 启动装置的品种、规格 6. 电子配件品种、规格	1. 樘 2. m^2	1. 以樘计量，按设计图示数量计算 2. 以平方米计量，按设计图示洞口尺寸以面积计算	1. 门安装 2. 启动装置、五金、电子配件安装
010805004	电动伸缩门				
010805005	全玻自由门	1. 门代号及洞口尺寸 2. 门框或扇外围尺寸 3. 框材质 4. 玻璃品种、厚度			1. 门安装 2. 五金安装
010805006	镜面不锈钢饰面门	1. 门代号及洞口尺寸 2. 门框或扇外围尺寸 3. 框、扇材质 4. 玻璃品种、厚度			

注：1. 以樘计量，项目特征必须描述洞口尺寸，没有洞口尺寸必须描述门框或扇外围尺寸，以平方米计量，项目特征可不描述洞口尺寸及框、扇的外围尺寸。
2. 以平方米计量，无设计图示洞口尺寸，按门框、扇外围以面积计算。

6.1.8.6　木窗

工程量清单项目设置、项目特征描述、计量单位及工程量计算规则应按表H.6的规定执行。

表H.6　木窗（编码：010806）

项目编码	项目名称	项目特征	计量单位	工程量计算规则	工作内容
010806001	木质窗	1. 窗代号及洞口尺寸 3. 玻璃品种、厚度 4. 防护材料种类	1. 樘 2. m^2	1. 以樘计量，按设计图示数量计算 2. 以平方米计量，按设计图示洞口尺寸以面积计算	1. 窗制作、运输、安装 2. 五金、玻璃安装 3. 刷防护材料
010806002	木橱窗	1. 窗代号 2. 框截面及外围展开面积 3. 玻璃品种、厚度 4. 防护材料种类		1. 以樘计量，按设计图示数量计算 2. 以平方米计量，按设计图示尺寸以框外围展开面积计算	
010806003	木飘（凸）窗				

（续）

项目编码	项目名称	项目特征	计量单位	工程量计算规则	工作内容
010806004	木质成品窗	1. 窗代号及洞口尺寸 2. 玻璃品种、厚度	1. 樘 2. m^2	1. 以樘计量，按设计图示数量计算 2. 以平方米计量，按设计图示洞口尺寸以面积计算	1. 窗安装 2. 五金、玻璃安装

注：1. 木质窗应区分木百叶窗、木组合窗、木天窗、木固定窗、木装饰空花窗等项目，分别编码列项

2. 以樘计量，项目特征必须描述洞口尺寸，没有洞口尺寸必须描述窗框外围尺寸，以平方米计量，项目特征可不描述洞口尺寸及框的外围尺寸。

3. 以平方米计量，无设计图示洞口尺寸，按窗框外围以面积计算。

4. 木橱窗、木飘（凸）窗以樘计量，项目特征必须描述框截面及外围展开面积。

5. 木窗五金包括：折页、插销、风钩、木螺钉、滑轮、滑轨（推拉窗）等。

6. 窗开启方式指平开、推拉、上或中悬。

7. 窗形状指矩形或异形。

6.1.8.7 金属窗

工程量清单项目设置、项目特征描述、计量单位及工程量计算规则应按表 H.7 的规定执行。

表 H.7 金属窗（编码：010807）

项目编码	项目名称	项目特征	计量单位	工程量计算规则	工作内容
010807001	金属（塑钢、断桥）窗	1. 窗代号及洞口尺寸 2. 框、扇材质 3. 玻璃品种、厚度	1. 樘 2. m^2	1. 以樘计量，按设计图示数量计算 2. 以平方米计量，按设计图示洞口尺寸以面积计算	1. 窗安装 2. 五金、玻璃安装
010807002	金属防火窗				
010807003	金属百叶窗				
010807004	金属纱窗	1. 窗代号及洞口尺寸 2. 框材质 3. 窗纱材料品种、规格			1. 窗安装 2. 五金安装
010807005	金属格栅窗	1. 窗代号及洞口尺寸 2. 框外围尺寸 3. 框、扇材质		1. 以樘计量，按设计图示数量计算 2. 以平方米计量，按设计图示洞口尺寸以面积计算	1. 窗安装 2. 五金安装
010807006	金属（塑钢、断桥）橱窗	1. 窗代号 2. 框外围展开面积 3. 框、扇材质 4. 玻璃品种、厚度 5. 防护材料种类		1. 以樘计量，按设计图示数量计算 2. 以平方米计量，按设计图示尺寸以框外围展开面积计算	1. 窗制作、运输、安装 2. 五金、玻璃安装 3. 刷防护材料
010807007	金属（塑钢、断桥）飘(凸)窗	1. 窗代号 2. 框外围展开面积 3. 框、扇材质 4. 玻璃品种、厚度			1. 窗安装 2. 五金、玻璃安装
010807008	彩板窗	1. 窗代号及洞口尺寸 2. 框外围尺寸 3. 框、扇材质 4. 玻璃品种、厚度		1. 以樘计量，按设计图示数量计算 2. 以平方米计量，按设计图示洞口尺寸或框外围以面积计算	

注：1. 金属窗应区分金属组合窗、防盗窗等项目，分别编码列项。

2. 以樘计量，项目特征必须描述洞口尺寸，没有洞口尺寸必须描述窗框外围尺寸，以平方米计量，项目特征可不描述洞口尺寸及框的外围尺寸。

3. 以平方米计量，无设计图示洞口尺寸，按窗框外围以面积计算。

4. 金属橱窗、飘（凸）窗以樘计量，项目特征必须描述框外围展开面积。

5. 金属窗中铝合金窗五金应包括：卡锁、滑轮、铰拉、执手、拉把、拉手、风撑、角码、牛角制等。

6. 其他金属窗五金包括：折页、螺钉、执手、卡锁、风撑、滑轮滑轨（推拉窗）等。

6.1.8.8　门窗套

工程量清单项目设置、项目特征描述、计量单位及工程量计算规则应按表H.8的规定执行。

表H.8　门窗套（编码：010808）

<table>
<tr><th>项目编码</th><th>项目名称</th><th>项目特征</th><th>计量单位</th><th>工程量计算规则</th><th>工作内容</th></tr>
<tr><td>010808001</td><td>木门窗套</td><td>1. 窗代号及洞口尺寸
2. 门窗套展开宽度
3. 基层材料种类
4. 面层材料品种、规格
5. 线条品种、规格
6. 防护材料种类</td><td rowspan="5">1. 樘
2. m^2
3. m</td><td rowspan="5">1. 以樘计量，按设计图示数量计算
2. 以平方米计量，按设计图示尺寸以展开面积计算
3. 以米计量，按设计图示中心以延长米计算</td><td rowspan="3">1. 清理基层
2. 立筋制作、安装
3. 基层板安装
4. 面层铺贴
5. 线条安装
6. 刷防护材料</td></tr>
<tr><td>010808002</td><td>木筒子板</td><td>1. 筒子板宽度
2. 基层材料种类
3. 面层材料品种、规格
4. 线条品种、规格
5. 防护材料种类</td></tr>
<tr><td>010808003</td><td>饰面夹板筒子板</td><td>1. 筒子板宽度
2. 基层材料种类
3. 面层材料品种、规格
4. 线条品种、规格
5. 防护材料种类</td></tr>
<tr><td>010808004</td><td>金属门窗套</td><td>1. 窗代号及洞口尺寸
2. 门窗套展开宽度
3. 基层材料种类
4. 面层材料品种、规格
5. 防护材料种类</td><td>1. 清理基层
2. 立筋制作、安装
3. 基层板安装
4. 面层铺贴
5. 刷防护材料</td></tr>
<tr><td>010808005</td><td>石材门窗套</td><td>1. 窗代号及洞口尺寸
2. 门窗套展开宽度
3. 底层厚度、砂浆配合比
4. 面层材料品种、规格
5. 线条品种、规格</td><td>1. 清理基层
2. 立筋制作、安装
3. 基层抹灰
4. 面层铺贴
5. 线条安装</td></tr>
<tr><td>010808006</td><td>门窗木贴脸</td><td>1. 门窗代号及洞口尺寸
2. 贴脸板宽度
3. 防护材料种类</td><td>1. 樘
2. m</td><td>1. 以樘计量，按设计图示数量计算
2. 以米计量，按设计图示尺寸以延长米计算</td><td>贴脸板安装</td></tr>
<tr><td>010808007</td><td>成品木门窗套</td><td>1. 窗代号及洞口尺寸
2. 门窗套展开宽度
3. 门窗套材料品种、规格</td><td>1. 樘
2. m^2
3. m</td><td>1. 以樘计量，按设计图示数量计算
2. 以平方米计量，按设计图示尺寸以展开面积计算
3. 以米计量，按设计图示中心以延长米计算</td><td>1. 清理基层
2. 立筋制作、安装
3. 板安装</td></tr>
</table>

注：1. 以樘计量，项目特征必须描述洞口尺寸、门窗套展开宽度。
2. 以平方米计量，项目特征可不描述洞口尺寸、门窗套展开宽度。
3. 以米计量，项目特征必须描述门窗套展开宽度、筒子板及贴脸宽度。

6.1.8.9　窗台板

工程量清单项目设置、项目特征描述、计量单位及工程量计算规则应按表H.9的规定执行。

表 H.9 窗台板（编码：010809）

项目编码	项目名称	项目特征	计量单位	工程量计算规则	工作内容
010809001	木窗台板	1. 基层材料种类 2. 窗台面板材质、规格、颜色 3. 防护材料种类	m^2	按设计图示尺寸以展开面积计算	1. 基层清理 2. 基层制作、安装 3. 窗台板制作、安装 4. 刷防护材料
010809002	铝塑窗台板				
010809003	金属窗台板				
010809004	石材窗台板	1. 粘结层厚度、砂浆配合比 2. 窗台板材质、规格、颜色			1. 基层清理 2. 抹找平层 3. 窗台板制作、安装

6.1.8.10 窗帘、窗帘盒、轨

工程量清单项目设置、项目特征描述、计量单位及工程量计算规则应按表 H.10 的规定执行。

表 H.10 窗帘、窗帘盒、轨（编码：010810）

项目编码	项目名称	项目特征	计量单位	工程量计算规则	工作内容
010810001	窗帘（杆）	1. 窗帘材质 2. 窗帘高度、宽度 3. 窗帘层数 4. 带幔要求	1. m 2. m^2	1. 以米计量，按设计图示尺寸以长度计算 2. 以平方米计量，按图示尺寸以展开面积计算	1. 制作、运输 2. 安装
010810002	木窗帘盒	1. 窗帘盒材质、规格 2. 防护材料种类	m	按设计图示尺寸以长度计算	1. 制作、运输、安装 2. 刷防护材料
010810003	饰面夹板、塑料窗帘盒				
010810004	铝合金窗帘盒				
010810005	窗帘轨	1. 窗帘轨材质、规格 3. 防护材料种类			

注：1. 窗帘若是双层，项目特征必须描述每层材质。
2. 窗帘以米计量，项目特征必须描述窗帘高度和宽。

6.1.9 屋面及防水工程

6.1.9.1 瓦、型材及其他屋面

工程量清单项目设置、项目特征描述、计量单位及工程量计算规则应按表 I.1 的规定执行。

表 I.1 瓦、型材及其他屋面（编码：010901）

项目编码	项目名称	项目特征	计量单位	工程量计算规则	工作内容
010901001	瓦屋面	1. 瓦品种、规格 2. 粘结层砂浆的配合比	m^2	按设计图示尺寸以斜面积计算。不扣除房上烟囱、风帽底座、风道、小气窗、斜沟等所占面积。小气窗的出檐部分不增加面积	1. 砂浆制作、运输、摊铺、养护 2. 安瓦、作瓦脊
010901002	型材屋面	1. 型材品种、规格 2. 金属檩条材料品种、规格 3. 接缝、嵌缝材料种类			1. 檩条制作、运输、安装 2. 屋面型材安装 3. 接缝、嵌缝

（续）

项目编码	项目名称	项目特征	计量单位	工程量计算规则	工作内容
010901003	阳光板屋面	1. 阳光板品种、规格 2. 骨架材料品种、规格 3. 接缝、嵌缝材料种类 4. 油漆品种、刷漆遍数	m^2	按设计图示尺寸以斜面积计算。不扣除房上烟囱、风帽底座、风道、小气窗、斜沟等所占面积。小气窗的出檐部分不增加面积	1. 骨架制作、运输、安装、刷防护材料、油漆 2. 阳光板安装 3. 接缝、嵌缝
010901004	玻璃钢屋面	1. 玻璃钢品种、规格 2. 骨架材料品种、规格 3. 玻璃钢固定方式 4. 接缝、嵌缝材料种类 5. 油漆品种、刷漆遍数		按设计图示尺寸以斜面积计算 不扣除屋面面积≤0.3m^2孔洞所占面积	1. 骨架制作、运输、安装、刷防护材料、油漆 2. 玻璃钢制作、安装 3. 接缝、嵌缝
010901005	膜结构屋面	1. 膜布品种、规格 2. 支柱（网架）钢材品种、规格 3. 钢丝绳品种、规格 4. 锚固基座做法 5. 油漆品种、刷漆遍数		按设计图示尺寸以需要覆盖的水平投影面积计算	1. 膜布热压胶接 2. 支柱（网架）制作、安装 3. 膜布安装 4. 穿钢丝绳、锚头锚固 5. 锚固基座挖土、回填 6. 刷防护材料，油漆

注：1. 瓦屋面，若是在木基层上铺瓦，项目特征不必描述粘结层砂浆的配合比，瓦屋面铺防水层，按表I.2屋面防水及其他中相关项目编码列项。
2. 型材屋面、阳光板屋面、玻璃钢屋面的柱、梁、屋架，按表F.2、表F.3、表F.4金属结构工程、表G.1和表G.2木结构工程中相关项目编码列项。

6.1.9.2　屋面防水及其他

工程量清单项目设置、项目特征描述、计量单位及工程量计算规则应按表I.2的规定执行。

表I.2　屋面防水及其他（编码：010902）

项目编码	项目名称	项目特征	计量单位	工程量计算规则	工作内容
010902001	屋面卷材防水	1. 卷材品种、规格、厚度 2. 防水层数 3. 防水层做法	m^2	按设计图示尺寸以面积计算 1. 斜屋顶（不包括平屋顶找坡）按斜面积计算，平屋顶按水平投影面积计算 2. 不扣除房上烟囱、风帽底座、风道、屋面小气窗和斜沟所占面积 3. 屋面的女儿墙、伸缩缝和天窗等处的弯起部分，并入屋面工程量内	1. 基层处理 2. 刷底油 3. 铺油毡卷材、接缝
010902002	屋面涂膜防水	1. 防水膜品种 2. 涂膜厚度、遍数 3. 增强材料种类			1. 基层处理 2. 刷基层处理剂 3. 铺布、喷涂防水层
010902003	屋面刚性层	1. 刚性层厚度 2. 混凝土强度等级 3. 嵌缝材料种类 4. 钢筋规格、型号		按设计图示尺寸以面积计算。不扣除房上烟囱、风帽底座、风道等所占面积	1. 基层处理 2. 混凝土制作、运输、铺筑、养护 3. 钢筋制安
010902004	屋面排水管	1. 排水管品种、规格 2. 雨水斗、山墙出水口品种、规格 3. 接缝、嵌缝材料种类 4. 油漆品种、刷漆遍数	m	按设计图示尺寸以长度计算。如设计未标注尺寸，以檐口至设计室外散水上表面垂直距离计算	1. 排水管及配件安装、固定 2. 雨水斗、山墙出水口、雨水箅子安装 3. 接缝、嵌缝 4. 刷漆

（续）

项目编码	项目名称	项目特征	计量单位	工程量计算规则	工作内容
010902005	屋面排（透）气管	1. 排（透）气管品种、规格 2. 接缝、嵌缝材料种类 3. 油漆品种、刷漆遍数	m	按设计图示尺寸以长度计算	1. 排（透）气管及配件安装、固定 2. 铁件制作、安装 3. 接缝、嵌缝 4. 刷漆
010902006	屋面（廊、阳台）泄（吐）水管	1. 吐水管品种、规格 2. 接缝、嵌缝材料种类 3. 吐水管长度 4. 油漆品种、刷漆遍数	根（个）	按设计图示数量计算	1. 水管及配件安装、固定 2. 接缝、嵌缝 3. 刷漆
010902007	屋面天沟、檐沟	1. 材料品种、规格 2. 接缝、嵌缝材料种类	m^2	按设计图示尺寸以展开面积计算	1. 天沟材料铺设 2. 天沟配件安装 3. 接缝、嵌缝 4. 刷防护材料
010902008	屋面变形缝	1. 嵌缝材料种类 2. 止水带材料种类 3. 盖缝材料 4. 防护材料种类	m	按设计图示以长度计算	1. 清缝 2. 填塞防水材料 3. 止水带安装 4. 盖缝制作、安装 5. 刷防护材料

注：1. 屋面刚性层防水，按屋面卷材防水、屋面涂膜防水项目编码列项；屋面刚性层无钢筋，其钢筋项目特征不必描述。
2. 屋面找平层按表 K.1 楼地面装饰工程“平面砂浆找平层”项目编码列项。
3. 屋面防水搭接及附加层用量不另行计算，在综合单价中考虑。

6.1.9.3 墙面防水、防潮

工程量清单项目设置、项目特征描述、计量单位及工程量计算规则应按表 I.3 的规定执行。

表 I.3 墙面防水、防潮（编码：010903）

项目编码	项目名称	项目特征	计量单位	工程量计算规则	工作内容
010903001	墙面卷材防水	1. 卷材品种、规格、厚度 2. 防水层数 3. 防水层做法	m^2	按设计图示尺寸以面积计算	1. 基层处理 2. 刷粘结剂 3. 铺防水卷材 4. 接缝、嵌缝
010903002	墙面涂膜防水	1. 防水膜品种 2. 涂膜厚度、遍数 3. 增强材料种类			1. 基层处理 2. 刷基层处理剂 3. 铺布、喷涂防水层
010903003	墙面砂浆防水（防潮）	1. 防水层做法 2. 砂浆厚度、配合比 3. 钢丝网规格			1. 基层处理 2. 挂钢丝网片 3. 设置分格缝 4. 砂浆制作、运输、摊铺、养护
010903004	墙面变形缝	1. 嵌缝材料种类 2. 止水带材料种类 3. 盖缝材料 4. 防护材料种类	m	按设计图示以长度计算	1. 清缝 2. 填塞防水材料 3. 止水带安装 4. 盖缝制作、安装 5. 刷防护材料

注：1. 墙面防水搭接及附加层用量不另行计算，在综合单价中考虑。
2. 墙面变形缝，若做双面，工程量乘系数 2。
3. 墙面找平层按表 L.1 柱面装饰与隔断工程“立面砂浆找平层”项目编码列项。

6.1.9.4　楼（地）面防水、防潮

工程量清单项目设置、项目特征描述、计量单位及工程量计算规则应按表 I.4 的规定执行。

表 I.4　楼（地）面防水、防潮（编码：010904）

项目编码	项目名称	项目特征	计量单位	工程量计算规则	工作内容
010904001	楼（地）面卷材防水	1. 卷材品种、规格、厚度 2. 防水层数 3. 防水层做法	m^2	按设计图示尺寸以面积计算 1. 楼（地）面防水：按主墙间净空面积计算，扣除凸出地面的构筑物、设备基础等所占面积，不扣除间壁墙及单个面积≤0.3m^2 柱、垛、烟囱和孔洞所占面积 2. 楼（地）面防水反边高度≤300mm 算作地面防水，反边高度>300mm 算作墙面防水	1. 基层处理 2. 刷黏结剂 3. 铺防水卷材 4. 接缝、嵌缝
010904002	楼（地）面涂膜防水	1. 防水膜品种 2. 涂膜厚度、遍数 3. 增强材料种类			1. 基层处理 2. 刷基层处理剂 3. 铺布、喷涂防水层
010904003	楼（地）面砂浆防水（防潮）	1. 防水层做法 2. 砂浆厚度、配合比			1. 基层处理 2. 砂浆制作、运输、摊铺、养护
010904004	楼（地）面变形缝	1. 嵌缝材料种类 2. 止水带材料种类 3. 盖缝材料 4. 防护材料种类	m	按设计图示以长度计算	1. 清缝 2. 填塞防水材料 3. 止水带安装 4. 盖缝制作、安装 5. 刷防护材料

注：1. 楼（地）面防水找平层按表 K.1 楼地面装饰工程“平面砂浆找平层”项目编码列项。
　　2. 楼（地）面防水搭接及附加层用量不另行计算，在综合单价中考虑。

6.1.10　保温、隔热、防腐工程

6.1.10.1　保温、隔热

工程量清单项目设置、项目特征描述、计量单位及工程量计算规则应按表 J.1 的规定执行。

表 J.1　保温、隔热（编码：011001）

项目编码	项目名称	项目特征	计量单位	工程量计算规则	工作内容
011001001	保温隔热屋面	1. 保温隔热材料品种、规格、厚度 2. 隔气层材料品种、厚度 3. 粘结材料种类、做法 5. 防护材料种类、做法	m^2	按设计图示尺寸以面积计算。扣除面积>0.3m^2 孔洞及占位面积	1. 基层清理 2. 刷粘结材料 3. 铺粘保温层 4. 铺、刷（喷）防护材料
011001002	保温隔热天棚	1. 保温隔热面层材料品种、规格、性能 2. 保温隔热材料品种、规格及厚度 3. 粘结材料种类及做法 4. 防护材料种类及做法		按设计图示尺寸以面积计算。扣除面积>0.3m^2 上柱、垛、孔洞所占面积	

（续）

项目编码	项目名称	项目特征	计量单位	工程量计算规则	工作内容
011001003	保温隔热墙面	1. 保温隔热部位 2. 保温隔热方式 3. 踢脚线、勒脚线保温做法 4. 龙骨材料品种、规格 5. 保温隔热面层材料品种、规格、性能 6. 保温隔热材料品种、规格及厚度 7. 增强网及抗裂防水砂浆种类 8. 粘结材料种类及做法 9. 防护材料种类及做法	m^2	按设计图示尺寸以面积计算。扣除门窗洞口以及面积 >0.3m^2 梁、孔洞所占面积；门窗洞口侧壁需作保温时，并入保温墙体工程量内	1. 基层清理 2. 刷界面剂 3. 安装龙骨 4. 填贴保温材料 5. 保温板安装 6. 粘贴面层 7. 铺设增强格网、抹抗裂、防水砂浆面层 8. 嵌缝 9. 铺、刷（喷）防护材料
011001004	保温柱、梁			按设计图示尺寸以面积计算 1. 柱按设计图示柱断面保温层中心线展开长度乘保温层高度以面积计算，扣除面积 >0.3m^2 梁所占面积 2. 梁按设计图示梁断面保温层中心线展开长度乘保温层长度以面积计算	
011001005	保温隔热楼地面	1. 保温隔热部位 2. 保温隔热材料品种、规格、厚度 3. 隔气层材料品种、厚度 4. 粘结材料种类、做法 5. 防护材料种类、做法		按设计图示尺寸以面积计算。扣除面积 >0.3m^2 柱、垛、孔洞所占面积	1. 基层清理 2. 刷粘结材料 3. 铺粘保温层 4. 铺、刷（喷）防护材料
011001006	其他保温隔热	1. 保温隔热部位 2. 保温隔热方式 3. 隔气层材料品种、厚度 4. 保温隔热面层材料品种、规格、性能 5. 保温隔热材料品种、规格及厚度 6. 粘结材料种类及做法 7. 增强网及抗裂防水砂浆种类 8. 防护材料种类及做法	m^2	按设计图示尺寸以展开面积计算。扣除面积 >0.3m^2 孔洞及占位面积	1. 基层清理 2. 刷界面剂 3. 安装龙骨 4. 填贴保温材料 5. 保温板安装 6. 粘贴面层 7. 铺设增强格网、抹抗裂防水砂浆面层 8. 嵌缝 9. 铺、刷（喷）防护材料

注：1. 保温隔热装饰面层，按本规范附录 K、L、M、N、O 中相关项目编码列项；仅做找平层按表 K.1 中“平面砂浆找平层”或表 L.1“立面砂浆找平层”项目编码列项。
2. 柱帽保温隔热应并入天棚保温隔热工程量内。
3. 池槽保温隔热应按其他保温隔热项目编码列项。
4. 保温隔热方式：指内保温、外保温、夹心保温。

6.1.10.2 防腐面层

工程量清单项目设置、项目特征描述、计量单位及工程量计算规则应按表 J.2 的规定执行。

表 J.2 防腐面层（编码：011002）

项目编码	项目名称	项目特征	计量单位	工程量计算规则	工作内容
011002001	防腐混凝土面层	1. 防腐部位 2. 面层厚度 3. 混凝土种类 4. 胶泥种类、配合比	m^2	按设计图示尺寸以面积计算。 1. 平面防腐：扣除凸出地面的构筑物、设备基础等以及面积 >0.3m^2 孔洞、柱、垛所占面积 2. 立面防腐：扣除门、窗、洞口以及面积 >0.3m^2 孔洞、梁所占面积，门、窗、洞口侧壁、垛突出部分按展开面积并入墙面积内	1. 基层清理 2. 基层刷稀胶泥 3. 混凝土制作、运输、摊铺、养护

（续）

项目编码	项目名称	项目特征	计量单位	工程量计算规则	工作内容
011002002	防腐砂浆面层	1. 防腐部位 2. 面层厚度 3. 砂浆、胶泥种类、配合比	m^2	按设计图示尺寸以面积计算。 1. 平面防腐：扣除凸出地面的构筑物、设备基础等以及面积 > 0.3m^2孔洞、柱、垛所占面积 2. 立面防腐：扣除门、窗、洞口以及面积 > 0.3m^2孔洞、梁所占面积，门、窗、洞口侧壁、垛突出部分按展开面积并入墙面积内	1. 基层清理 2. 基层刷稀胶泥 3. 砂浆制作、运输、摊铺、养护
011002003	防腐胶泥面层	1. 防腐部位 2. 面层厚度 3. 胶泥种类、配合比			1. 基层清理 2. 胶泥调制、摊铺
011002004	玻璃钢防腐面层	1. 防腐部位 2. 玻璃钢种类 3. 贴布材料的种类、层数 4. 面层材料品种			1. 基层清理 2. 刷底漆、刮腻子 3. 胶浆配制、涂刷 4. 粘布、涂刷面层
011002005	聚氯乙烯板面层	1. 防腐部位 2. 面层材料品种、厚度 3. 粘结材料种类			1. 基层清理 2. 配料、涂胶 3. 聚氯乙烯板铺设
011002006	块料防腐面层	1. 防腐部位 2. 块料品种、规格 3. 粘结材料种类 4. 勾缝材料种类			1. 基层清理 2. 铺贴块料 3. 胶泥调制、勾缝
011002007	池、槽块料防腐面层	1. 防腐池、槽名称、代号 2. 块料品种、规格 3. 粘结材料种类 4. 勾缝材料种类	m^2	按设计图示尺寸以展开面积计算	1. 基层清理 2. 铺贴块料 3. 胶泥调制、勾缝

注：防腐踢脚线，应按表K.5中“踢脚线”项目编码列项。

6.1.10.3　其他防腐工程

工程量清单项目设置、项目特征描述、计量单位及工程量计算规则应按表J.3的规定执行。

表J.3　其他防腐（编码：011003）

项目编码	项目名称	项目特征	计量单位	工程量计算规则	工作内容
011003001	隔离层	1. 隔离层部位 2. 隔离层材料品种 3. 隔离层做法 4. 粘贴材料种类	m^2	按设计图示尺寸以面积计算。 1. 平面防腐：扣除凸出地面的构筑物、设备基础等以及面积 > 0.3m^2孔洞、柱、垛所占面积 2. 立面防腐：扣除门、窗、洞口以及面积 > 0.3m^2孔洞、梁所占面积，门、窗、洞口侧壁、垛突出部分按展开面积并入墙面积内	1. 基层清理、刷油 2. 煮沥青 3. 胶泥调制 4. 隔离层铺设
011003002	砌筑沥青浸渍砖	1. 砌筑部位 2. 浸渍砖规格 3. 胶泥种类 4. 浸渍砖砌法	m^3	按设计图示尺寸以体积计算	1. 基层清理 2. 胶泥调制 3. 浸渍砖铺砌
011003003	防腐涂料	1. 涂刷部位 2. 基层材料类型 3. 刮腻子的种类、遍数 4. 涂料品种、刷涂遍数	m^2	按设计图示尺寸以面积计算。 1. 平面防腐：扣除凸出地面的构筑物、设备基础等以及面积 > 0.3m^2孔洞、柱、垛所占面积 2. 立面防腐：扣除门、窗、洞口以及面积 > 0.3m^2孔洞、梁所占面积，门、窗、洞口侧壁、垛突出部分按展开面积并入墙面积内	1. 基层清理 2. 刮腻子 3. 刷涂料

注：浸渍砖砌法指平砌、立砌。

6.1.11 楼地面装饰工程

6.1.11.1 抹灰工程

工程量清单项目的设置、项目特征描述的内容、计量单位、工程量计算规则应按表 K.1 执行。

表 K.1 楼地面抹灰（编码：011101）

项目编码	项目名称	项目特征	计量单位	工程量计算规则	工作内容
011101001	水泥砂浆楼地面	1. 垫层材料种类、厚度 2. 找平层厚度、砂浆配合比 3. 素水泥浆遍数 4. 面层厚度、砂浆配合比 5. 面层做法要求	m^2	按设计图示尺寸以面积计算。扣除凸出地面构筑物、设备基础、室内管道、地沟等所占面积，不扣除间壁墙及≤0.3m^2柱、垛、附墙烟囱及孔洞所占面积。门洞、空圈、暖气包槽、壁龛的开口部分不增加面积	1. 基层清理 2. 垫层铺设 3. 抹找平层 4. 抹面层 5. 材料运输
011101002	现浇水磨石楼地面	1. 垫层材料种类、厚度 2. 找平层厚度、砂浆配合比 3. 面层厚度、水泥石子浆配合比 4. 嵌条材料种类、规格 5. 石子种类、规格、颜色 6. 颜料种类、颜色 7. 图案要求 8. 磨光、酸洗、打蜡要求			1. 基层清理 2. 垫层铺设 3. 抹找平层 4. 面层铺设 5. 嵌缝条安装 6. 磨光、酸洗打蜡 7. 材料运输
011101003	细石混凝土楼地面	1. 垫层材料种类、厚度 2. 找平层厚度、砂浆配合比 3. 面层厚度、混凝土强度等级			1. 基层清理 2. 垫层铺设 3. 抹找平层 4. 面层铺设 5. 材料运输
011101004	菱苦土楼地面	1. 垫层材料种类、厚度 2. 找平层厚度、砂浆配合比 3. 面层厚度 4. 打蜡要求			1. 基层清理 2. 垫层铺设 3. 抹找平层 4. 面层铺设 5. 打蜡 6. 材料运输
011101005	自流坪楼地面	1. 垫层材料种类、厚度 2. 找平层厚度、砂浆配合比			1. 基层清理 2. 垫层铺设 3. 抹找平层 4. 材料运输
011101006	平面砂浆找平层	1. 找平层砂浆配合比、厚度 2. 界面剂材料种类 3. 中层漆材料种类、厚度 4. 面漆材料种类、厚度 5. 面层材料种类		按设计图示尺寸以面积计算	1. 基层处理 2. 抹找平层 3. 涂界面剂 4. 涂刷中层漆 5. 打磨、吸尘 6. 镘自流平面漆（浆） 7. 拌和自流平浆料 8. 铺面层

注：1. 水泥砂浆面层处理是拉毛还是提浆压光应在面层做法要求中描述。
2. 平面砂浆找平层只适用于仅做找平层的平面抹灰。
3. 间壁墙指墙厚≤120mm 的墙。

6.1.11.2　块料面层

工程量清单项目的设置、项目特征描述的内容、计量单位、工程量计算规则应按表K.2执行。

表K.2　楼地面镶贴（编码：011102）

项目编码	项目名称	项目特征	计量单位	工程量计算规则	工作内容
011102001	石材楼地面	1. 找平层厚度、砂浆配合比 2. 结合层厚度、砂浆配合比 3. 面层材料品种、规格、颜色 4. 嵌缝材料种类 5. 防护层材料种类 6. 酸洗、打蜡要求	m^2	按设计图示尺寸以面积计算。门洞、空圈、暖气包槽、壁龛的开口部分并入相应的工程量内	1. 基层清理、抹找平层 2. 面层铺设、磨边 3. 嵌缝 4. 刷防护材料 5. 酸洗、打蜡 6. 材料运输
011102002	碎石材楼地面				
011102003	块料楼地面	1. 垫层材料种类、厚度 2. 找平层厚度、砂浆配合比 3. 结合层厚度、砂浆配合比 4. 面层材料品种、规格、颜色 5. 嵌缝材料种类 6. 防护层材料种类 8. 酸洗、打蜡要求			

注：1. 在描述碎石材项目的面层材料特征时可不用描述规格、品牌、颜色。

2. 石材、块料与粘结材料的结合面刷防渗材料的种类在防护层材料种类中描述。

3. 上表工作内容中的磨边指施工现场磨边，后面章节工作内容中涉及的磨边含义同此条。

6.1.11.3　橡塑面层

工程量清单项目的设置、项目特征描述的内容、计量单位、工程量计算规则应按表K.3执行。

表K.3　橡塑面层（编码：011103）

项目编码	项目名称	项目特征	计量单位	工程量计算规则	工作内容
011103001	橡胶板楼地面	1. 粘结层厚度、材料种类 2. 面层材料品种、规格、颜色 3. 压线条种类	m^2	按设计图示尺寸以面积计算。门洞、空圈、暖气包槽、壁龛的开口部分并入相应的工程量内	1. 基层清理 2. 面层铺贴 3. 压缝条装钉 4. 材料运输
011103002	橡胶板卷材楼地面				
011103003	塑料板楼地面				
011103004	塑料卷材楼地面				

6.1.11.4　其他材料面层

工程量清单项目的设置、项目特征描述的内容、计量单位、工程量计算规则应按表K.4执行。

表 K.4　其他材料面层（编码：011104）

项目编码	项目名称	项目特征	计量单位	工程量计算规则	工作内容
011104001	地毯楼地面	1. 面层材料品种、规格、颜色 2. 防护材料种类 3. 粘结材料种类 4. 压线条种类	m^2	按设计图示尺寸以面积计算。门洞、空圈、暖气包槽、壁龛的开口部分并入相应的工程量内	1. 基层清理 2. 铺贴面层 3. 刷防护材料 4. 装钉压条 5. 材料运输
011104002	竹木地板	1. 龙骨材料种类、规格、铺设间距 2. 基层材料种类、规格 3. 面层材料品种、规格、颜色 4. 防护材料种类			1. 基层清理 2. 龙骨铺设 3. 基层铺设 4. 面层铺贴 5. 刷防护材料 6. 材料运输
011104003	金属复合地板	1. 龙骨材料种类、规格、铺设间距 2. 基层材料种类、规格 3. 面层材料品种、规格、颜色 4. 防护材料种类			
011104004	防静电活动地板	1. 支架高度、材料种类 2. 面层材料品种、规格、颜色 3. 防护材料种类			1. 基层清理 2. 固定支架安装 3. 活动面层安装 4. 刷防护材料 5. 材料运输

6.1.11.5　踢脚线

工程量清单项目的设置、项目特征描述的内容、计量单位、工程量计算规则应按表 K.5 执行。

表 K.5　踢脚线（编码：011105）

项目编码	项目名称	项目特征	计量单位	工程量计算规则	工作内容
011105001	水泥砂浆踢脚线	1. 踢脚线高度 2. 底层厚度、砂浆配合比 3. 面层厚度、砂浆配合比	1. m^2 2. m	1. 按设计图示长度乘高度以面积计算 2. 按延长米计算	1. 基层清理 2. 底层和面层抹灰 3. 材料运输
011105002	石材踢脚线	1. 踢脚线高度 2. 粘贴层厚度、材料种类 3. 面层材料品种、规格、颜色 4. 防护材料种类			1. 基层清理 2. 底层抹灰 3. 面层铺贴、磨边 4. 擦缝 5. 磨光、酸洗、打蜡 6. 刷防护材料 7. 材料运输
011105003	块料踢脚线				
011105004	塑料板踢脚线	1. 踢脚线高度 2. 粘结层厚度、材料种类 3. 面层材料种类、规格、颜色	1. m^2 2. m	1. 按设计图示长度乘高度以面积计算 2. 按延长米计算	1. 基层清理 2. 基层铺贴 3. 面层铺贴 4. 材料运输
011105005	木质踢脚线	1. 踢脚线高度 2. 基层材料种类、规格 3. 面层材料品种、规格、颜色			
011105006	金属踢脚线				
011105007	防静电踢脚线				

注：石材、块料与粘结材料的结合面刷防渗材料的种类在防护层材料种类中描述。

6.1.11.6　楼梯面层

工程量清单项目的设置、项目特征描述的内容、计量单位、工程量计算规则应按表K.6执行。

表K.6　楼梯面层（编码：011106）

<table>
<tr><th>项目编码</th><th>项目名称</th><th>项目特征</th><th>计量单位</th><th>工程量计算规则</th><th>工作内容</th></tr>
<tr><td>011106001</td><td>石材楼梯面层</td><td rowspan="3">1. 找平层厚度、砂浆配合比
2. 粘结层厚度、材料种类
3. 面层材料品种、规格、颜色
4. 防滑条材料种类、规格
5. 勾缝材料种类
6. 防护层材料种类
7. 酸洗、打蜡要求</td><td rowspan="4">m²</td><td rowspan="4">按设计图示尺寸以楼梯（包括踏步、休息平台及≤500mm的楼梯井）水平投影面积计算。楼梯与楼地面相连时，算至梯口梁内侧边沿；无梯口梁者，算至最上一层踏步边沿加300mm</td><td rowspan="3">1. 基层清理
2. 抹找平层
3. 面层铺贴、磨边
4. 贴嵌防滑条
5. 勾缝
6. 刷防护材料
7. 酸洗、打蜡
8. 材料运输</td></tr>
<tr><td>011106002</td><td>块料楼梯面层</td></tr>
<tr><td>011106003</td><td>拼碎块料面层</td></tr>
<tr><td>011106004</td><td>水泥砂浆楼梯面层</td><td>1. 找平层厚度、砂浆配合比
2. 面层厚度、砂浆配合比
3. 防滑条材料种类、规格</td><td>1. 基层清理
2. 抹找平层
3. 抹面层
4. 抹防滑条
5. 材料运输</td></tr>
<tr><td>011106005</td><td>现浇水磨石楼梯面层</td><td>1. 找平层厚度、砂浆配合比
2. 面层厚度、水泥石子浆配合比
3. 防滑条材料种类、规格
4. 石子种类、规格、颜色
5. 颜料种类、颜色
6. 磨光、酸洗打蜡要求</td><td rowspan="5">m²</td><td rowspan="5">按设计图示尺寸以楼梯（包括踏步、休息平台及≤500mm的楼梯井）水平投影面积计算。楼梯与楼地面相连时，算至梯口梁内侧边沿；无梯口梁者，算至最上一层踏步边沿加300mm</td><td>1. 基层清理
2. 抹找平层
3. 抹面层
4. 贴嵌防滑条
5. 磨光、酸洗、打蜡
6. 材料运输</td></tr>
<tr><td>011106006</td><td>地毯楼梯面层</td><td>1. 基层种类
2. 面层材料品种、规格、颜色
3. 防护材料种类
4. 粘结材料种类
5. 固定配件材料种类、规格</td><td>1. 基层清理
2. 铺贴面层
3. 固定配件安装
4. 刷防护材料
5. 材料运输</td></tr>
<tr><td>011106007</td><td>木板楼梯面层</td><td>1. 基层材料种类、规格
2. 面层材料品种、规格、颜色
3. 粘结材料种类
4. 防护材料种类</td><td>1. 基层清理
2. 基层铺贴
3. 面层铺贴
4. 刷防护材料
5. 材料运输</td></tr>
<tr><td>011106008</td><td>橡胶板楼梯面层</td><td rowspan="2">1. 粘结层厚度、材料种类
2. 面层材料品种、规格、颜色
3. 压线条种类</td><td rowspan="2">1. 基层清理
2. 面层铺贴
3. 压缝条装钉
4. 材料运输</td></tr>
<tr><td>011106009</td><td>塑料板楼梯面层</td></tr>
</table>

注：1. 在描述碎石材项目的面层材料特征时可不用描述规格、品牌、颜色。
2. 石材、块料与粘结材料的结合面刷防渗材料的种类在防护层材料种类中描述。

6.1.11.7　台阶装饰

工程量清单项目的设置、项目特征描述的内容、计量单位、工程量计算规则应按表K.7执行。

表 K.7 台阶装饰（编码：011107）

项目编码	项目名称	项目特征	计量单位	工程量计算规则	工作内容
011107001	石材台阶面	1. 找平层厚度、砂浆配合比 2. 粘结层材料种类 3. 面层材料品种、规格、颜色 4. 勾缝材料种类 5. 防滑条材料种类、规格 6. 防护材料种类	m^2	按设计图示尺寸以台阶（包括最上层踏步边沿加 300mm）水平投影面积计算	1. 基层清理 2. 抹找平层 3. 面层铺贴 4. 贴嵌防滑条 5. 勾缝 6. 刷防护材料 7. 材料运输
011107002	块料台阶面				
011107003	拼碎块料台阶面				
011107004	水泥砂浆台阶面	1. 垫层材料种类、厚度 2. 找平层厚度、砂浆配合比 3. 面层厚度、砂浆配合比 4. 防滑条材料种类	m^2	按设计图示尺寸以台阶（包括最上层踏步边沿加 300mm）水平投影面积计算	1. 基层清理 2. 铺设垫层 3. 抹找平层 4. 抹面层 5. 抹防滑条 6. 材料运输
011107005	现浇水磨石台阶面	1. 垫层材料种类、厚度 2. 找平层厚度、砂浆配合比 3. 面层厚度、水泥石子浆配合比 4. 防滑条材料种类、规格 5. 石子种类、规格、颜色 6. 颜料种类、颜色 7. 磨光、酸洗、打蜡要求			1. 清理基层 2. 铺设垫层 3. 抹找平层 4. 抹面层 5. 贴嵌防滑条 6. 打磨、酸洗、打蜡 7. 材料运输
011107006	剁假石台阶面	1. 垫层材料种类、厚度 2. 找平层厚度、砂浆配合比 3. 面层厚度、砂浆配合比 4. 剁假石要求			1. 清理基层 2. 铺设垫层 3. 抹找平层 4. 抹面层 5. 剁假石 6. 材料运输

注：1. 在描述碎石材项目的面层材料特征时可不用描述规格、品牌、颜色。
2. 石材、块料与粘结材料的结合面刷防渗材料的种类在防护层材料种类中描述。

6.1.11.8 零星装饰项目

工程量清单项目的设置、项目特征描述的内容、计量单位、工程量计算规则应按表 K.8 执行。

表 K.8 零星装饰项目（编码：011108）

项目编码	项目名称	项目特征	计量单位	工程量计算规则	工作内容
011108001	石材零星项目	1. 工程部位 2. 找平层厚度、砂浆配合比 3. 贴结合层厚度、材料种类 4. 面层材料品种、规格、颜色 5. 勾缝材料种类 6. 防护材料种类 7. 酸洗、打蜡要求	m^2	按设计图示尺寸以面积计算	1. 清理基层 2. 抹找平层 3. 面层铺贴、磨边 4. 勾缝 5. 刷防护材料 6. 酸洗、打蜡 7. 材料运输
011108002	拼碎石材零星项目				
011108003	块料零星项目				
011108004	水泥砂浆零星项目	1. 工程部位 2. 找平层厚度、砂浆配合比 3. 面层厚度、砂浆厚度	m^2	按设计图示尺寸以面积计算	1. 清理基层 2. 抹找平层 3. 抹面层 4. 材料运输

注：1. 楼梯、台阶牵边和侧面镶贴块料面层，$\leq 0.5m^2$ 的少量分散的楼地面镶贴块料面层，应按表 K.8 零星装饰项目执行。
2. 石材、块料与粘结材料的结合面刷防渗材料的种类在防护层材料种类中描述。

6.1.12　墙、柱面装饰与隔断、幕墙工程

6.1.12.1　墙面抹灰

工程量清单项目的设置、项目特征描述的内容、计量单位、工程量计算规则应按表L.1执行。

表L.1　墙面抹灰（编码：011201）

项目编码	项目名称	项目特征	计量单位	工程量计算规则	工作内容
011201001	墙面一般抹灰	1. 墙体类型 2. 底层厚度、砂浆配合比 3. 面层厚度、砂浆配合比 4. 装饰面材料种类 5. 分格缝宽度、材料种类	m²	按设计图示尺寸以面积计算。扣除墙裙、门窗洞口及单个>0.3m²的孔洞面积，不扣除踢脚线、挂镜线和墙与构件交接处的面积，门窗洞口和孔洞的侧壁及顶面不增加面积。附墙柱、梁、垛、烟囱侧壁并入相应的墙面面积内 1. 外墙抹灰面积按外墙垂直投影面积计算 2. 外墙裙抹灰面积按其长度乘以高度计算 3. 内墙抹灰面积按主墙间的净长乘以高度计算 （1）无墙裙的，高度按室内楼地面至天棚底面计算 （2）有墙裙的，高度按墙裙顶至天棚底面计算 4. 内墙裙抹灰面按内墙净长乘以高度计算	1. 基层清理 2. 砂浆制作、运输 3. 底层抹灰 4. 抹面层 5. 抹装饰面 6. 勾分格缝
011201002	墙面装饰抹灰				
011201003	墙面勾缝	1. 墙体类型 2. 找平的砂浆厚度、配合比			1. 基层清理 2. 砂浆制作、运输 3. 抹灰找平
011201004	立面砂浆找平层	1. 墙体类型 2. 勾缝类型 3. 勾缝材料种类			1. 基层清理 2. 砂浆制作、运输 3. 勾缝

注：1. 立面砂浆找平项目适用于仅做找平层的立面抹灰。
2. 抹石灰砂浆、水泥砂浆、混合砂浆、聚合物水泥砂浆、麻刀石灰浆、石膏灰浆等按墙面一般抹灰列项，水刷石、斩假石、干粘石、假面砖等按墙面装饰抹灰列项。
3. 飘窗凸出外墙面增加的抹灰不计算工程量，在综合单价中考虑。

6.1.12.2　柱（梁）面抹灰

工程量清单项目的设置、项目特征描述的内容、计量单位、工程量计算规则应按表L.2执行。

表L.2　柱（梁）面抹灰（编码：011202）

项目编码	项目名称	项目特征	计量单位	工程量计算规则	工作内容
011202001	柱、梁面一般抹灰	1. 柱体类型 2. 底层厚度、砂浆配合比 3. 面层厚度、砂浆配合比 4. 装饰面材料种类 5. 分格缝宽度、材料种类	m²	1. 柱面抹灰：按设计图示柱断面周长乘高度以面积计算 2. 梁面抹灰：按设计图示梁断面周长乘长度以面积计算	1. 基层清理 2. 砂浆制作、运输 3. 底层抹灰 4. 抹面层 5. 勾分格缝
011202002	柱、梁面装饰抹灰				
011202003	柱、梁面砂浆找平	1. 柱体类型 2. 找平的砂浆厚度、配合比			1. 基层清理 2. 砂浆制作、运输 3. 抹灰找平
011202004	柱、梁面勾缝	1. 墙体类型 2. 勾缝类型 3. 勾缝材料种类	m²	按设计图示柱断面周长乘高度以面积计算	1. 基层清理 2. 砂浆制作、运输 3. 勾缝

注：1. 砂浆找平项目适用于仅做找平层的柱（梁）面抹灰。
2. 抹石灰砂浆、水泥砂浆、混合砂浆、聚合物水泥砂浆、麻刀石灰浆、石膏灰浆等按柱（梁）面一般抹灰编码列项，水刷石、斩假石、干粘石、假面砖等按柱（梁）面装饰抹灰编码列项。

6.1.12.3 零星抹灰

工程量清单项目的设置、项目特征描述的内容、计量单位、工程量计算规则应按表 L.3 执行。

表 L.3 零星抹灰（编码：011203）

项目编码	项目名称	项目特征	计量单位	工程量计算规则	工作内容
011203001	零星项目一般抹灰	1. 墙体类型 2. 底层厚度、砂浆配合比 3. 面层厚度、砂浆配合比 4. 装饰面材料种类 5. 分格缝宽度、材料种类	m^2	按设计图示尺寸以面积计算	1. 基层清理 2. 砂浆制作、运输 3. 底层抹灰 4. 抹面层 5. 抹装饰面 6. 勾分格缝
011203002	零星项目装饰抹灰	1. 墙体类型 2. 底层厚度、砂浆配合比 3. 面层厚度、砂浆配合比 4. 装饰面材料种类 5. 分格缝宽度、材料种类			
011203003	零星项目砂浆找平	1. 基层类型 2. 找平的砂浆厚度、配合比			1. 基层清理 2. 砂浆制作、运输 3. 抹灰找平

注：1. 抹石灰砂浆、水泥砂浆、混合砂浆、聚合物水泥砂浆、麻刀石灰浆、石膏灰浆等按零星项目一般抹灰编码列项，水刷石、斩假石、干粘石、假面砖等按零星项目装饰抹灰编码列项。

2. 墙、柱（梁）面≤$0.5m^2$ 的少量分散的抹灰按表 L.3 零星抹灰项目编码列项。

6.1.12.4 墙面块料面层

工程量清单项目的设置、项目特征描述的内容、计量单位、工程量计算规则应按表 L.4 执行。

表 L.4 墙面块料面层（编码：011204）

项目编码	项目名称	项目特征	计量单位	工程量计算规则	工作内容
011204001	石材墙面	1. 墙体类型 2. 安装方式 3. 面层材料品种、规格、颜色 4. 缝宽、嵌缝材料种类 5. 防护材料种类 6. 磨光、酸洗、打蜡要求	m^2	按镶贴表面积计算	1. 基层清理 2. 砂浆制作、运输 3. 粘结层铺贴 4. 面层安装 5. 嵌缝 6. 刷防护材料 7. 磨光、酸洗、打蜡
011204002	拼碎石材墙面				
011204003	块料墙面				
011204004	干挂石材钢骨架	1. 骨架种类、规格 2. 防锈漆品种遍数	t	按设计图示以质量计算	1. 骨架制作、运输、安装 2. 刷漆

注：1. 在描述碎块项目的面层材料特征时可不用描述规格、品牌、颜色。

2. 石材、块料与粘结材料的结合面刷防渗材料的种类在防护层材料种类中描述。

3. 安装方式可描述为砂浆或粘结剂粘贴、挂贴、干挂等，不论哪种安装方式，都要详细描述与组价相关的内容。

6.1.12.5 柱（梁）面镶贴块料

工程量清单项目的设置、项目特征描述的内容、计量单位、工程量计算规则应按表 L.5 执行。

表L.5　柱（梁）面镶贴块料（编码：011205）

项目编码	项目名称	项目特征	计量单位	工程量计算规则	工作内容
011205001	石材柱面	1. 柱截面类型、尺寸 2. 安装方式 3. 面层材料品种、规格、颜色 4. 缝宽、嵌缝材料种类 5. 防护材料种类 6. 磨光、酸洗、打蜡要求	m^2	按镶贴表面积计算	1. 基层清理 2. 砂浆制作、运输 3. 粘结层铺贴 4. 面层安装 5. 嵌缝 6. 刷防护材料 7. 磨光、酸洗、打蜡
011205002	块料柱面				
011205003	拼碎块柱面				
011205004	石材梁面	1. 安装方式 2. 面层材料品种、规格、颜色 3. 缝宽、嵌缝材料种类 4. 防护材料种类 5. 磨光、酸洗、打蜡要求	m^2	按镶贴表面积计算	1. 基层清理 2. 砂浆制作、运输 3. 粘结层铺贴 4. 面层安装 5. 嵌缝 6. 刷防护材料 7. 磨光、酸洗、打蜡
011205005	块料梁面				

注：1. 在描述碎块项目的面层材料特征时可不用描述规格、品牌、颜色。
2. 石材、块料与粘结材料的结合面刷防渗材料的种类在防护层材料种类中描述。
3. 柱梁面干挂石材的钢骨架按表L.4相应项目编码列项。

6.1.12.6　镶贴零星块料

工程量清单项目的设置、项目特征描述的内容、计量单位、工程量计算规则应按表L.6执行。

表L.6　镶贴零星块料（编码：011206）

项目编码	项目名称	项目特征	计量单位	工程量计算规则	工作内容
011206001	石材零星项目	1. 安装方式 2. 面层材料品种、规格、颜色 3. 缝宽、嵌缝材料种类 4. 防护材料种类 5. 磨光、酸洗、打蜡要求	m^2	按镶贴表面积计算	1. 基层清理 2. 砂浆制作、运输 3. 面层安装 4. 嵌缝 5. 刷防护材料 6. 磨光、酸洗、打蜡
011206002	块料零星项目				
011206003	拼碎块零星项目				

注：1. 在描述碎块项目的面层材料特征时可不用描述规格、品牌、颜色。
2. 石材、块料与粘结材料的结合面刷防渗材料的种类在防护层材料种类中描述。
3. 零星项目干挂石材的钢骨架按表L.4相应项目编码列项。
4. 墙柱面≤$0.5m^2$的少量分散的镶贴块料面层应按零星项目执行。

6.1.12.7　墙饰面

工程量清单项目的设置、项目特征描述的内容、计量单位、工程量计算规则应按表L.7执行。

表L.7　墙饰面（编码：011207）

项目编码	项目名称	项目特征	计量单位	工程量计算规则	工作内容
011207001	墙面装饰板	1. 龙骨材料种类、规格、中距 2. 隔离层材料种类、规格 3. 基层材料种类、规格 4. 面层材料品种、规格、颜色 5. 压条材料种类、规格	m^2	按设计图示墙净长乘净高以面积计算。扣除门窗洞口及单个>$0.3m^2$的孔洞所占面积	1. 基层清理 2. 龙骨制作、运输、安装 3. 钉隔离层 4. 基层铺钉 5. 面层铺贴

6.1.12.8 柱（梁）饰面

工程量清单项目的设置、项目特征描述的内容、计量单位、工程量计算规则应按表 L.8 执行。

表 L.8 柱（梁）饰面（编码：011208）

项目编码	项目名称	项目特征	计量单位	工程量计算规则	工作内容
011208001	柱（梁）面装饰	1. 龙骨材料种类、规格、中距 2. 隔离层材料种类 3. 基层材料种类、规格 4. 面层材料品种、规格、颜色 5. 压条材料种类、规格	m^2	按设计图示饰面外围尺寸以面积计算。柱帽、柱墩并入相应柱饰面工程量内	1. 清理基层 2. 龙骨制作、运输、安装 3. 钉隔离层 4. 基层铺钉 5. 面层铺贴

6.1.12.9 幕墙工程

工程量清单项目的设置、项目特征描述的内容、计量单位、工程量计算规则应按表 L.9 执行。

表 L.9 幕墙工程（编码：011209）

项目编码	项目名称	项目特征	计量单位	工程量计算规则	工作内容
011209001	带骨架幕墙	1. 骨架材料种类、规格、中距 2. 面层材料品种、规格、颜色 3. 面层固定方式 4. 隔离带、框边封闭材料品种、规格 5. 嵌缝、塞口材料种类	m^2	按设计图示框外围尺寸以面积计算。与幕墙同种材质的窗所占面积不扣除	1. 骨架制作、运输、安装 2. 面层安装 3. 隔离带、框边封闭 4. 嵌缝、塞口 5. 清洗
011209002	全玻（无框玻璃）幕墙	1. 玻璃品种、规格、颜色 2. 粘结塞口材料种类 3. 固定方式		按设计图示尺寸以面积计算。带肋全玻幕墙按展开面积计算	1. 幕墙安装 2. 嵌缝、塞口 3. 清洗

6.1.12.10 隔断

工程量清单项目的设置、项目特征描述的内容、计量单位、工程量计算规则应按表 L.10 执行。

表 L.10 隔断（编码：011210）

项目编码	项目名称	项目特征	计量单位	工程量计算规则	工作内容
011210001	木隔断	1. 骨架、边框材料种类、规格 2. 隔板材料品种、规格、颜色 3. 嵌缝、塞口材料品种 4. 压条材料种类	m^2	按设计图示框外围尺寸以面积计算。不扣除单个 ≤0.3m^2 的孔洞所占面积；浴厕门的材质与隔断相同时，门的面积并入隔断面积内	1. 骨架及边框制作、运输、安装 2. 隔板制作、运输、安装 3. 嵌缝、塞口 4. 装钉压条

（续）

<table>
<tr><th>项目编码</th><th>项目名称</th><th>项目特征</th><th>计量单位</th><th>工程量计算规则</th><th>工作内容</th></tr>
<tr><td>011210002</td><td>金属隔断</td><td>1. 骨架、边框材料种类、规格
2. 隔板材料品种、规格、颜色
3. 嵌缝、塞口材料品种</td><td rowspan="3">m²</td><td>按设计图示框外围尺寸以面积计算。不扣除单个≤0.3m²的孔洞所占面积；浴厕门的材质与隔断相同时，门的面积并入隔断面积内</td><td>1. 骨架及边框制作、运输、安装
2. 隔板制作、运输、安装
3. 嵌缝、塞口</td></tr>
<tr><td>011210003</td><td>玻璃隔断</td><td>1. 边框材料种类、规格
2. 玻璃品种、规格、颜色
3. 嵌缝、塞口材料品种</td><td rowspan="2">按设计图示框外围尺寸以面积计算。不扣除单个≤0.3m²的孔洞所占面积</td><td>1. 边框制作、运输、安装
2. 玻璃制作、运输、安装
3. 嵌缝、塞口</td></tr>
<tr><td>011210004</td><td>塑料隔断</td><td>1. 边框材料种类、规格
2. 隔板材料品种、规格、颜色
3. 嵌缝、塞口材料品种</td><td>1. 骨架及边框制作、运输、安装
2. 隔板制作、运输、安装
3. 嵌缝、塞口</td></tr>
<tr><td>011210005</td><td>成品隔断</td><td>1. 隔断材料品种、规格、颜色
2. 配件品种、规格。</td><td>1. m²
2. 间</td><td>1. 按设计图示框外围尺寸以面积计算
2. 按设计间的数量以间计算</td><td>1. 隔断运输、安装
2. 嵌缝、塞口</td></tr>
<tr><td>011210006</td><td>其他隔断</td><td>1. 骨架、边框材料种类、规格
2. 隔板材料品种、规格、颜色
3. 嵌缝、塞口材料品种</td><td>m²</td><td>按设计图示框外围尺寸以面积计算。不扣除单个≤0.3m²的孔洞所占面积</td><td>1. 骨架及边框安装
2. 隔板安装
3. 嵌缝、塞口</td></tr>
</table>

6.1.13　天棚工程

6.1.13.1　天棚抹灰

工程量清单项目的设置、项目特征描述的内容、计量单位、工程量计算规则应按表 M.1 执行。

表 M.1　天棚抹灰（编码：011301）

项目编码	项目名称	项目特征	计量单位	工程量计算规则	工作内容
011301001	天棚抹灰	1. 基层类型 2. 抹灰厚度、材料种类 3. 砂浆配合比	m²	按设计图示尺寸以水平投影面积计算。不扣除间壁墙、垛、柱、附墙烟囱、检查口和管道所占的面积，带梁天棚、梁两侧抹灰面积并入天棚面积内，板式楼梯底面抹灰按斜面积计算，锯齿形楼梯底板抹灰按展开面积计算	1. 基层清理 2. 底层抹灰 3. 抹面层

6.1.13.2　天棚吊顶

工程量清单项目的设置、项目特征描述的内容、计量单位、工程量计算规则应按表 M.2

执行。

表 M.2 天棚吊顶（编码：011302）

项目编码	项目名称	项目特征	计量单位	工程量计算规则	工作内容
011302001	吊顶天棚	1. 吊顶形式、吊杆规格、高度 2. 龙骨材料种类、规格、中距 3. 基层材料种类、规格 4. 面层材料品种、规格、 5. 压条材料种类、规格 6. 嵌缝材料种类 7. 防护材料种类	m^2	按设计图示尺寸以水平投影面积计算。天棚面中的灯槽及跌级、锯齿形、吊挂式、藻井式天棚面积不展开计算。不扣除间壁墙、检查口、附墙烟囱、柱垛和管道所占面积，扣除单个 $>0.3m^2$ 的孔洞、独立柱及与天棚相连的窗帘盒所占的面积	1. 基层清理、吊杆安装 2. 龙骨安装 3. 基层板铺贴 4. 面层铺贴 5. 嵌缝 6. 刷防护材料
011302002	格栅吊顶	1. 龙骨材料种类、规格、中距 2. 基层材料种类、规格 3. 面层材料品种、规格、 4. 防护材料种类		按设计图示尺寸以水平投影面积计算	1. 基层清理 2. 安装龙骨 3. 基层板铺贴 4. 面层铺贴 5. 刷防护材料
011302003	吊筒吊顶	1. 吊筒形状、规格 2. 吊筒材料种类 3. 防护材料种类			1. 基层清理 2. 吊筒制作安装 3. 刷防护材料
011302004	藤条造型悬挂吊顶	1. 骨架材料种类、规格 2. 面层材料品种、规格	m^2	按设计图示尺寸以水平投影面积计算	1. 基层清理 3. 龙骨安装 4. 铺贴面层
011302005	织物软雕吊顶				1. 基层清理 2. 龙骨安装 3. 铺贴面层
011302006	网架（装饰）吊顶	1. 网架材料品种、规格			1. 基层清理 2. 网架制作安装

6.1.13.3 采光天棚工程

工程量清单项目的设置、项目特征描述的内容、计量单位、工程量计算规则应按表 M.3 执行。

表 M.3 采光天棚工程（编码：011303）

项目编码	项目名称	项目特征	计量单位	工程量计算规则	工作内容
011303001	采光天棚	1. 骨架类型 2. 固定类型、固定材料品种、规格 3. 面层材料品种、规格 4. 嵌缝、塞口材料种类	m^2	按框外围展开面积计算	1. 清理基层 2. 面层制安 3. 嵌缝、塞口 4. 清洗

注：采光天棚骨架不包括在本节中，应单独按附录 F 相关项目编码列项。

6.1.13.4 天棚其他装饰

工程量清单项目的设置、项目特征描述的内容、计量单位、工程量计算规则应按表 M.4 执行。

表 M.4 天棚其他装饰（编码：011304）

项目编码	项目名称	项目特征	计量单位	工程量计算规则	工作内容
011304001	灯带（槽）	1. 灯带型式、尺寸 2. 格栅片材料品种、规格 3. 安装固定方式	m^2	按设计图示尺寸以框外围面积计算	安装、固定
011304002	送风口、回风口	1. 风口材料品种、规格、 2. 安装固定方式 3. 防护材料种类	个	按设计图示数量计算	1. 安装、固定 2. 刷防护材料

6.1.14 油漆、涂料、裱糊工程

6.1.14.1 门油漆

工程量清单项目设置、项目特征描述的内容、计量单位、工程量计算规则应按表N.1的规定执行。

表 N.1 保温、隔热（编码：011401）

项目编码	项目名称	项目特征	计量单位	工程量计算规则	工作内容
011401001	木门油漆	1. 门类型 2. 门代号及洞口尺寸 3. 腻子种类 4. 刮腻子遍数 5. 防护材料种类 6. 油漆品种、刷漆遍数	1. 樘 2. m^2	1. 以樘计量，按设计图示数量计量 2. 以平方米计量，按设计图示洞口尺寸以面积计算以樘计量，按设计图示数量计量	1. 基层清理 2. 刮腻子 3. 刷防护材料、油漆
011401002	金属门油漆				1. 除锈、基层清理 2. 刮腻子 3. 刷防护材料、油漆

注：1. 木门油漆应区分木大门、单层木门、双层（一玻一纱）木门、双层（单裁口）木门、全玻自由门、半玻自由门、装饰门及有框门或无框门等项目，分别编码列项。
2. 金属门油漆应区分平开门、推拉门、钢制防火门列项。
3. 以平方米计量，项目特征可不必描述洞口尺寸。

6.1.14.2 窗油漆

工程量清单项目设置、项目特征描述的内容、计量单位、工程量计算规则应按表N.2的规定执行。

表 N.2 窗油漆（编号：011402）

项目编码	项目名称	项目特征	计量单位	工程量计算规则	工作内容
011402001	木窗油漆	1. 窗类型 2. 窗代号及洞口尺寸 3. 腻子种类 4. 刮腻子遍数 5. 防护材料种类 6. 油漆品种、刷漆遍数	1. 樘 2. m^2	1. 以樘计量，按设计图示数量计量 2. 以平方米计量，按设计图示洞口尺寸以面积计算	1. 基层清理 2. 刮腻子 3. 刷防护材料、油漆
011402002	金属窗油漆				1. 除锈、基层清理 2. 刮腻子 3. 刷防护材料、油漆

注：1. 木窗油漆应区分单层木门、双层（一玻一纱）木窗、双层框扇（单裁口）木窗、双层框三层（二玻一纱）木窗、单层组合窗、双层组合窗、木百叶窗、木推拉窗等项目，分别编码列项。
2. 金属窗油漆应区分平开窗、推拉窗、固定窗、组合窗、金属隔栅窗分别列项。
3. 以平方米计量，项目特征可不必描述洞口尺寸。

6.1.14.3 木扶手及其他板条、线条油漆

工程量清单项目设置、项目特征描述的内容、计量单位、工程量计算规则应按表N.3的规定执行。

表 N. 3 木扶手及其他板条、线条油漆（编号：011403）

项目编码	项目名称	项目特征	计量单位	工程量计算规则	工作内容
011403001	木扶手油漆	1. 断面尺寸 2. 腻子种类 3. 刮腻子遍数 4. 防护材料种类 5. 油漆品种、刷漆遍数	m	按设计图示尺寸以长度计算	1. 基层清理 2. 刮腻子 3. 刷防护材料、油漆
011403002	窗帘盒油漆				
011403003	封檐板、顺水板油漆				
011403004	挂衣板、黑板框油漆				
011403005	挂镜线、窗帘棍、单独木线油漆				

注：木扶手应区分带托板与不带托板，分别编码列项，若是木栏杆带扶手，木扶手不应单独列项，应包含在木栏杆油漆中。

6. 1. 14. 4 木材面油漆

工程量清单项目设置、项目特征描述的内容、计量单位、工程量计算规则应按表 N. 4 的规定执行。

表 N. 4 木材面油漆（编号：011404）

项目编码	项目名称	项目特征	计量单位	工程量计算规则	工作内容
011404001	木板、纤维板、胶合板油漆	1. 腻子种类 2. 刮腻子遍数 3. 防护材料种类 4. 油漆品种、刷漆遍数	m^2	按设计图示尺寸以面积计算	1. 基层清理 2. 刮腻子 3. 刷防护材料、油漆
011404002	木护墙、木墙裙油漆				
011404003	窗台板、筒子板、盖板、门窗套、踢脚线油漆				
011404004	清水板条天棚、檐口油漆				
011404005	木方格吊顶天棚油漆				
011404006	吸声板墙面、天棚面油漆				
011404007	暖气罩油漆				
011404008	木间壁、木隔断油漆				
011404009	玻璃间壁露明墙筋油漆			按设计图示尺寸以单面外围面积计算	
011404010	木栅栏、木栏杆（带扶手）油漆				
011404011	衣柜、壁柜油漆	1. 腻子种类 2. 刮腻子遍数 3. 防护材料种类 4. 油漆品种、刷漆遍数	m^2	按设计图示尺寸以油漆部分展开面积计算	1. 基层清理 2. 刮腻子 3. 刷防护材料、油漆
011404012	梁柱饰面油漆				
011404013	零星木装修油漆				
011404014	木地板油漆			按设计图示尺寸以面积计算。空洞、空圈、暖气包槽、壁龛的开口部分并入相应的工程量内	1. 基层清理 2. 烫蜡
011404015	木地板烫硬蜡面	1. 硬蜡品种 2. 面层处理要求			

6. 1. 14. 5 金属面油漆

工程量清单项目设置、项目特征描述的内容、计量单位、工程量计算规则应按表 N. 5 的规定执行。

表 N. 5 金属面油漆（编号：011405）

项目编码	项目名称	项目特征	计量单位	工程量计算规则	工作内容
011405001	金属面油漆	1. 构件名称 2. 腻子种类 3. 刮腻子要求 4. 防护材料种类 5. 油漆品种、刷漆遍数	1. t 2. m^2	1. 以吨计量，按设计图示尺寸以质量计算 2. 以平方米计量，按设计展开面积计算	1. 基层清理 2. 刮腻子 3. 刷防护材料、油漆

6.1.14.6　抹灰面油漆

工程量清单项目设置、项目特征描述的内容、计量单位、工程量计算规则应按表 N.6 的规定执行。

表 N.6　抹灰面油漆（编号：011406）

项目编码	项目名称	项目特征	计量单位	工程量计算规则	工作内容
011406001	抹灰面油漆	1. 基层类型 2. 腻子种类 3. 刮腻子遍数 4. 防护材料种类 5. 油漆品种、刷漆遍数	m^2	按设计图示尺寸以面积计算	1. 基层清理 2. 刮腻子 3. 刷防护材料、油漆
011406002	抹灰线条油漆	1. 线条宽度、道数 2. 腻子种类 3. 刮腻子遍数 4. 防护材料种类 5. 油漆品种、刷漆遍数	m	按设计图示尺寸以长度计算	
011406003	满刮腻子	1. 基层类型 2. 腻子种类 3. 刮腻子遍数	m^2	按设计图示尺寸以面积计算	1. 基层清理 2. 刮腻子

6.1.14.7　喷刷涂料

工程量清单项目设置、项目特征描述的内容、计量单位、工程量计算规则应按表 N.7 的规定执行。

表 N.7　喷刷涂料（编号：011407）

项目编码	项目名称	项目特征	计量单位	工程量计算规则	工作内容
011407001	墙面喷刷涂料	1. 基层类型 2. 喷刷涂料部位 3. 腻子种类 4. 刮腻子要求 5. 涂料品种、喷刷遍数	m^2	按设计图示尺寸以面积计算	1. 基层清理 2. 刮腻子 3. 刷、喷涂料
011407002	天棚喷刷涂料				
011407003	空花格、栏杆刷涂料	1. 腻子种类 2. 刮腻子遍数 3. 涂料品种、刷喷遍数	m^2	按设计图示尺寸以单面外围面积计算	1. 基层清理 2. 刮腻子 3. 刷、喷涂料
011407004	线条刷涂料	1. 基层清理 2. 线条宽度 3. 刮腻子遍数 4. 刷防护材料、油漆	m	按设计图示尺寸以长度计算	
011407005	金属构件刷防火涂料	1. 喷刷防火涂料构件名称 2. 防火等级要求 3. 涂料品种、喷刷遍数	1. m^2 2. t	1. 以吨计量，按设计图示尺寸以质量计算 2. 以平方米计量，按设计展开面积计算	1. 基层清理 2. 刷防护材料、油漆
011407006	木材构件喷刷防火涂料		1. m^2 2. m^3	1. 以平方米计量，按设计图示尺寸以面积计算。 2. 以立方米计量，按设计结构尺寸以体积计算。	1. 基层清理 2. 刷防火材料

注：喷刷墙面涂料部位要注明内墙或外墙。

6.1.14.8 裱糊

工程量清单项目设置、项目特征描述的内容、计量单位、工程量计算规则应按表N.8的规定执行。

表N.8 裱糊（编号：011408）

项目编码	项目名称	项目特征	计量单位	工程量计算规则	工作内容
011408001	墙纸裱糊	1. 基层类型 2. 裱糊部位 3. 腻子种类 4. 刮腻子遍数 5. 粘结材料种类 6. 防护材料种类 7. 面层材料品种、规格、颜色	m^2	按设计图示尺寸以面积计算	1. 基层清理 2. 刮腻子 3. 面层铺粘 4. 刷防护材料
011408002	织锦缎裱糊				

6.1.15 其他装饰工程

6.1.15.1 柜类、货架

工程量清单项目设置、项目特征描述的内容、计量单位、工程量计算规则应按表O.1的规定执行。

表O.1 柜类、货架（编号：011501）

项目编码	项目名称	项目特征	计量单位	工程量计算规则	工作内容
011501001	柜台	1. 台柜规格 2. 材料种类、规格 3. 五金种类、规格 4. 防护材料种类 5. 油漆品种、刷漆遍数	1. 个 2. m 3. m^3	1. 以个计量，按设计图示数量计量 2. 以米计量，按设计图示尺寸以延长米计算 3. 以立方米计量，按设计图示尺寸以体积计算	1. 台柜制作、运输、安装（安放） 2. 刷防护材料、油漆 3. 五金件安装
011501002	酒柜				
011501003	衣柜				
011501004	存包柜				
011501005	鞋柜				
011501006	书柜				
011501007	厨房壁柜				
011501008	木壁柜				
011501009	厨房低柜				
011501010	厨房吊柜				
011501011	矮柜				
011501012	吧台背柜				
011501013	酒吧吊柜				
011501014	酒吧台				
011501015	展台				
011501016	收银台				
011501017	试衣间				
011501018	货架				
011501019	书架				
011501020	服务台				

6.1.15.2　压条、装饰线

工程量清单项目设置、项目特征描述的内容、计量单位、工程量计算规则应按表O.2的规定执行。

表O.2　装饰线（编号：011502）

项目编码	项目名称	项目特征	计量单位	工程量计算规则	工作内容
011502001	金属装饰线	1. 基层类型 2. 线条材料品种、规格、颜色 3. 防护材料种类	m	按设计图示尺寸以长度计算	1. 线条制作、安装 2. 刷防护材料
011502002	木质装饰线				
011502003	石材装饰线				
011502004	石膏装饰线				
011502005	镜面玻璃线	1. 基层类型 2. 线条材料品种、规格、颜色 3. 防护材料种类			
011502006	铝塑装饰线				
011502007	塑料装饰线				

6.1.15.3　扶手、栏杆、栏板装饰

工程量清单项目的设置、项目特征描述的内容、计量单位、工程量计算规则应按表O.3执行。

表O.3　扶手、栏杆、栏板装饰（编码：011503）

项目编码	项目名称	项目特征	计量单位	工程量计算规则	工作内容
011503001	金属扶手、栏杆、栏板	1. 扶手材料种类、规格、品牌 2. 栏杆材料种类、规格、品牌 3. 栏板材料种类、规格、品牌、颜色 4. 固定配件种类 5. 防护材料种类	m	按设计图示以扶手中心线长度（包括弯头长度）计算	1. 制作 2. 运输 3. 安装 4. 刷防护材料
011503002	硬木扶手、栏杆、栏板				
011503003	塑料扶手、栏杆、栏板				
011503004	金属靠墙扶手	1. 扶手材料种类、规格、品牌 2. 固定配件种类 3. 防护材料种类			
011503005	硬木靠墙扶手				
011503006	塑料靠墙扶手				
011503006	玻璃栏板	1. 栏杆玻璃的种类、规格、颜色、品牌 2. 固定方式 3. 固定配件种类	m	按设计图示以扶手中心线长度（包括弯头长度）计算	1. 制作 2. 运输 3. 安装 4. 刷防护材料

6.1.15.4　暖气罩

工程量清单项目设置、项目特征描述的内容、计量单位、工程量计算规则、应按表O.4的规定执行。

表O.4　暖气罩（编号：011504）

项目编码	项目名称	项目特征	计量单位	工程量计算规则	工作内容
011504001	饰面板暖气罩	1. 暖气罩材质 2. 防护材料种类	m^2	按设计图示尺寸以垂直投影面积（不展开）计算	1. 暖气罩制作、运输、安装 2. 刷防护材料、油漆
011504002	塑料板暖气罩				
011504003	金属暖气罩				

6.1.15.5 浴厕配件

工程量清单项目设置、项目特征描述的内容、计量单位、工程量计算规则应按表 O.5 的规定执行。

表 O.5 浴厕配件（编号：011505）

项目编码	项目名称	项目特征	计量单位	工程量计算规则	工作内容
011505001	洗漱台	1. 材料品种、规格、品牌、颜色 2. 支架、配件品种、规格、品牌	1. m^2 2. 个	1. 按设计图示尺寸以台面外接矩形面积计算。不扣除孔洞、挖弯、削角所占面积，挡板、吊沿板面积并入台面面积内 2. 按设计图示数量计算	1. 台面及支架、运输、安装 2. 杆、环、盒、配件安装 3. 刷油漆
011505002	晒衣架		个	按设计图示数量计算	
011505003	帘子杆				
011505004	浴缸拉手、				
011505005	卫生间扶手				
011505006	毛巾杆（架）	1. 材料品种、规格、品牌、颜色 2. 支架、配件品种、规格、品牌	套	按设计图示数量计算	1. 台面及支架制作、运输、安装 2. 杆、环、盒、配件安装 3. 刷油漆
011505007	毛巾环		副		
011505008	卫生纸盒		个		
011505009	肥皂盒				
011505010	镜面玻璃	1. 镜面玻璃品种、规格 2. 框材质、断面尺寸 3. 基层材料种类 4. 防护材料种类	m^2	按设计图示尺寸以边框外围面积计算	1. 基层安装 2. 玻璃及框制作、运输、安装
011505011	镜箱	1. 箱材质、规格 2. 玻璃品种、规格 3. 基层材料种类 4. 防护材料种类 5. 油漆品种、刷漆遍数	个	按设计图示数量计算	1. 基层安装 2. 箱体制作、运输、安装 3. 玻璃安装 4. 刷防护材料、油漆

6.1.15.6 雨篷、旗杆

工程量清单项目设置、项目特征描述的内容、计量单位、工程量计算规则应按表 O.6 的规定执行。

表 O.6 雨篷、旗杆（编号：011506）

项目编码	项目名称	项目特征	计量单位	工程量计算规则	工作内容
011506001	雨篷吊挂饰面	1. 基层类型 2. 龙骨材料种类、规格、中距 3. 面层材料品种、规格、品牌 4. 吊顶（天棚）材料品种、规格、品牌 5. 嵌缝材料种类 6. 防护材料种类	m^2	按设计图示尺寸以水平投影面积计算	1. 底层抹灰 2. 龙骨基层安装 3. 面层安装 4. 刷防护材料、油漆

（续）

项目编码	项目名称	项目特征	计量单位	工程量计算规则	工作内容
011506002	金属旗杆	1. 旗杆材料、种类、规格 2. 旗杆高度 3. 基础材料种类 4. 基座材料种类 5. 基座面层材料、种类、规格	根	按设计图示数量计算	1. 土石挖、填、运 2. 基础混凝土浇筑 3. 旗杆制作、安装 4. 旗杆台座制作、饰面
011506003	玻璃雨篷	1. 玻璃雨篷固定方式 2. 龙骨材料种类、规格、中距 3. 玻璃材料品种、规格、品牌 4. 嵌缝材料种类 5. 防护材料种类	m^2	按设计图示尺寸以水平投影面积计算	1. 龙骨基层安装 2. 面层安装 3. 刷防护材料、油漆

6.1.15.7　招牌、灯箱

工程量清单项目设置、项目特征描述的内容、计量单位，应按表O.7的规定执行。

表O.7　招牌、灯箱（编号：011507）

项目编码	项目名称	项目特征	计量单位	工程量计算规则	工作内容
011507001	平面、箱式招牌	1. 箱体规格 2. 基层材料种类 3. 面层材料种类 4. 防护材料种类	m^2	按设计图示尺寸以正立面边框外围面积计算。复杂形的凸凹造型部分不增加面积	1. 基层安装 2. 箱体及支架制作、运输、安装 3. 面层制作、安装 4. 刷防护材料、油漆
011507002	竖式标箱		个	按设计图示数量计算	
011507003	灯箱				

6.1.15.8　美术字

工程量清单项目设置、项目特征描述的内容、计量单位，应按表O.8的规定执行。

表O.8　美术字（编号：011508）

项目编码	项目名称	项目特征	计量单位	工程量计算规则	工作内容
011508001	泡沫塑料字	1. 基层类型 2. 镌字材料品种、颜色 3. 字体规格 4. 固定方式 5. 油漆品种、刷漆遍数	个	按设计图示数量计算	1. 字制作、运输、安装 2. 刷油漆
011508002	有机玻璃字				
011508003	木质字				
011508004	金属字				
011508005	吸塑字				

6.1.16　拆除工程

6.1.16.1　砖砌体拆除

工程量清单项目的设置、项目特征描述的内容、计量单位、工程量计算规则应按表P.1执行。

表 P.1 砖砌体拆除（编码：011601）

项目编码	项目名称	项目特征	计量单位	工程量计算规则	工作内容
011601001	砖砌体拆除	1. 砌体名称 2. 砌体材质 3. 拆除高度 4. 拆除砌体的截面尺寸 5. 砌体表面的附着物种类	1. m^3 2. m	1. 以平方米计量，按拆除的体积计算 2. 以米计量，按拆除的延长米计算	1. 拆除 2. 控制扬尘 3. 清理 4. 建渣场内、外运输

注：1. 砌体名称指墙、柱、水池等。
2. 砌体表面的附着物种类指抹灰层、块料层、龙骨及装饰面层等。
3. 以 m 计量，如砖地沟、砖明沟等必须描述拆除部位的截面尺寸；以立方米计量，截面尺寸则不必描述。

6.1.16.2 混凝土及钢筋混凝土构件拆除

工程量清单项目的设置、项目特征描述的内容、计量单位、工程量计算规则应按表 P.2 执行。

表 P.2 混凝土及钢筋混凝土构件拆除（编码：011602）

项目编码	项目名称	项目特征	计量单位	工程量计算规则	工作内容
011602001	混凝土构件拆除	1. 构件名称 2. 拆除构件的厚度或规格尺寸 3. 构件表面的附着物种类	1. m^3 2. m^2 3. m	1. 以立方米计算，按拆除构件的混凝土体积计算 2. 以平方米计算，按拆除部位的面积计算 3. 以米计算，按拆除部位的延长米计算	1. 拆除 2. 控制扬尘 3. 清理 4. 建渣场内、外运输
011602002	钢筋混凝土构件拆除				

注：1. 以立方米作为计量单位时，可不描述构件的规格尺寸，以平方米作为计量单位时，则应描述构件的厚度，以米作为计量单位时，则必须描述构件的规格尺寸。
2. 构件表面的附着物种类指抹灰层、块料层、龙骨及装饰面层等。

6.1.16.3 木构件拆除

工程量清单项目的设置、项目特征描述的内容、计量单位、工程量计算规则应按表 P.3 执行。

表 P.3 木构件拆除（编码：011603）

项目编码	项目名称	项目特征	计量单位	工程量计算规则	工作内容
011603001	木构件拆除	1. 构件名称 2. 拆除构件的厚度或规格尺寸 3. 构件表面的附着物种类	1. m^3 2. m^2 3. m	1. 以立方米计算，按拆除构件的混凝土体积计算 2. 以平方米计算，按拆除面积计算 3. 以米计算，按拆除延长米计算	1. 拆除 2. 控制扬尘 3. 清理 4. 建渣场内、外运输

注：1. 拆除木构件应按木梁、木柱、木楼梯、木屋架、承重木楼板等分别在构件名称中描述。
2. 以立方米作为计量单位时，可不描述构件的规格尺寸，以平方米作为计量单位时，则应描述构件的厚度，以米作为计量单位时，则必须描述构件的规格尺寸。
3. 构件表面的附着物种类指抹灰层、块料层、龙骨及装饰面层等。

6.1.16.4 抹灰层拆除

工程量清单项目的设置、项目特征描述的内容、计量单位、工程量计算规则应按表 P.4 执行。

表 P.4　抹灰面拆除（编码：011604）

项目编码	项目名称	项目特征	计量单位	工程量计算规则	工作内容
011604001	平面抹灰层拆除	1. 拆除部位 2. 抹灰层种类	m^2	按拆除部位的面积计算	1. 拆除 2. 控制扬尘 3. 清理 4. 建渣场内、外运输
011604002	立面抹灰层拆除				
011604003	天棚抹灰面拆除				

注：1. 单独拆除抹灰层应按表 P.4 项目编码列项。
2. 抹灰层种类可描述为一般抹灰或装饰抹灰。

6.1.16.5　块料面层拆除

工程量清单项目的设置、项目特征描述的内容、计量单位、工程量计算规则应按表 P.5 执行。

表 P.5　块料面层拆除（编码：011605）

项目编码	项目名称	项目特征	计量单位	工程量计算规则	工作内容
011605001	平面块料拆除	1. 拆除的基层类型 2. 饰面材料种类	m^2	按拆除面积计算	1. 拆除 2. 控制扬尘 3. 清理 4. 建渣场内、外运输
011605002	立面块料拆除				

注：1. 如仅拆除块料层，拆除的基层类型不用描述。
2. 拆除的基层类型的描述指砂浆层、防水层、干挂或挂贴所采用的钢骨架层等。

6.1.16.6　龙骨及饰面拆除

工程量清单项目的设置、项目特征描述的内容、计量单位、工程量计算规则应按表 P.6 执行。

表 P.6　龙骨及饰面拆除（编码：011606）

项目编码	项目名称	项目特征	计量单位	工程量计算规则	工作内容
011606001	楼地面龙骨及饰面拆除	1. 拆除的基层类型 2. 龙骨及饰面种类	m^2	按拆除面积计算	1. 拆除 2. 控制扬尘 3. 清理 4. 建渣场内、外运输
011606002	墙柱面龙骨及饰面拆除				
011606003	天棚面龙骨及饰面拆除				

注：1. 基层类型的描述指砂浆层、防水层等。
2. 如仅拆除龙骨及饰面，拆除的基层类型不用描述。
3. 如只拆除饰面，不用描述龙骨材料种类。

6.1.16.7　屋面拆除

工程量清单项目的设置、项目特征描述的内容、计量单位、工程量计算规则应按表 P.7 执行。

表 P.7　屋面拆除（编码：011607）

项目编码	项目名称	项目特征	计量单位	工程量计算规则	工作内容
011607001	刚性层拆除	刚性层厚度	m^2	按铲除部位的面积计算	1. 铲除 2. 控制扬尘 3. 清理 4. 建渣场内、外运输
011607002	防水层拆除	防水层种类			

6.1.16.8 铲除油漆涂料裱糊面

工程量清单项目的设置、项目特征描述的内容、计量单位、工程量计算规则应按表 P.8 执行。

表 P.8 铲除油漆涂料裱糊面（编码：011608）

项目编码	项目名称	项目特征	计量单位	工程量计算规则	工作内容
011608001	铲除油漆面	1. 铲除部位名称 2. 铲除部位的截面尺寸	1. m^2 2. m	1. 以平方米计算，按铲除部位的面积计算 2. 以米计算，按铲除部位的延长米计算	1. 铲除 2. 控制扬尘 3. 清理 4. 建渣场内、外运输
011608002	铲除涂料面				
011608003	铲除裱糊面				

注：1. 单独铲除油漆涂料裱糊面的工程按表 P.8 编码列项。
2. 铲除部位名称的描述指墙面、柱面、天棚、门窗等。
3. 按米计量，必须描述铲除部位的截面尺寸，以平方米计量时，则不用描述铲除部位的截面尺寸。

6.1.16.9 栏杆栏板、轻质隔断隔墙拆除

工程量清单项目的设置、项目特征描述的内容、计量单位、工程量计算规则应按表 P.9 执行。

表 P.9 栏杆、轻质隔断隔墙拆除（编码：011609）

项目编码	项目名称	项目特征	计量单位	工程量计算规则	工作内容
011609001	栏杆、栏板拆除	1. 栏杆（板）的高度 2. 栏杆、栏板种类	1. m^2 2. m	1. 以平方米计量，按拆除部位的面积计算 2. 以米计量，按拆除的延长米计算	1. 拆除 2. 控制扬尘 3. 清理 4. 建渣场内、外运输
011609002	隔断隔墙拆除	1. 拆除隔墙的骨架种类 2. 拆除隔墙的饰面种类	m^2	按拆除部位的面积计算	

注：以平方米计量，不用描述栏杆（板）的高度。

6.1.16.10 门窗拆除

工程量清单项目的设置、项目特征描述的内容、计量单位、工程量计算规则应按表 P.10 执行。

表 P.10 门窗拆除（编码：011610）

项目编码	项目名称	项目特征	计量单位	工程量计算规则	工作内容
011610001	木门窗拆除	1. 室内高度 2. 门窗洞口尺寸	1. m^2 2. 樘	1. 以平方米计量，按拆除面积计算 2. 以樘计量，按拆除樘数计算	1. 拆除 2. 控制扬尘 3. 清理 4. 建渣场内、外运输
011610002	金属门窗拆除				

注：门窗拆除以平方米计量，不用描述门窗的洞口尺寸。室内高度指室内楼地面至门窗的上边框。

6.1.16.11 金属构件拆除

工程量清单项目的设置、项目特征描述的内容、计量单位、工程量计算规则应按表 P.11 执行。

表 P. 11　金属构件拆除（编码：011611）

项目编码	项目名称	项目特征	计量单位	工程量计算规则	工作内容
011611001	钢梁拆除	1. 构件名称 2. 拆除构件的规格尺寸	1. t 2. m	1. 以吨计算，按拆除构件的质量计算 2. 以米计算，按拆除延长米计算	1. 拆除 2. 控制扬尘 3. 清理 4. 建渣场内、外运输
011611002	钢柱拆除				
011611003	钢网架拆除		t	按拆除构件的质量计算	
011611004	钢支撑、钢墙架拆除		1. t 2. m	1. 以吨计算，按拆除构件的质量计算 2. 以米计算，按拆除延长米计算	
011611005	其他金属构件拆除				

注：拆除金属栏杆、栏板按表 P. 9 相应清单编码执行。

6. 1. 16. 12　管道及卫生洁具拆除

工程量清单项目的设置、项目特征描述的内容、计量单位、工程量计算规则应按表 P. 12 执行。

表 P. 12　管道及卫生洁具拆除（编码：011612）

项目编码	项目名称	项目特征	计量单位	工程量计算规则	工作内容
011612001	管道拆除	1. 管道种类、材质 2. 管道上的附着物种类	m	按拆除管道的延长米计算	1. 拆除 2. 控制扬尘 3. 清理 4. 建渣场内、外运输
011612002	卫生洁具拆除	卫生洁具种类	1. 套 2. 个	按拆除的数量计算	

6. 1. 16. 13　灯具、玻璃拆除

工程量清单项目的设置、项目特征描述的内容、计量单位、工程量计算规则应按表 P. 13 执行。

表 P. 13　灯具、玻璃拆除（编码：011613）

项目编码	项目名称	项目特征	计量单位	工程量计算规则	工作内容
011613001	灯具拆除	1. 拆除灯具高度 2. 灯具种类	套	按拆除的数量计算	1. 拆除 2. 控制扬尘 3. 清理 4. 建渣场内、外运输
011613002	玻璃拆除	1. 玻璃厚度 2. 拆除部位	m^2	按拆除的面积计算	

注：拆除部位的描述指门窗玻璃、隔断玻璃、墙玻璃、家具玻璃等。

6. 1. 16. 14　其他构件拆除

工程量清单项目的设置、项目特征描述的内容、计量单位、工程量计算规则应按表 P. 14 执行。

表 P. 14　其他构件拆除（编码：011614）

项目编码	项目名称	项目特征	计量单位	工程量计算规则	工作内容
011614001	暖气罩拆除	暖气罩材质	1. 个 2. m	1. 以个为单位计量，按拆除个数计算 2. 以米为单位计量，按拆除延长米计算	1. 拆除 2. 控制扬尘 3. 清理 4. 建渣场内、外运输
011614002	柜体拆除	1. 柜体材质 2. 柜体尺寸：长、宽、高			
011614003	窗台板拆除	窗台板平面尺寸	1. 块 2. m	1. 以块计量，按拆除数量计算 2. 以米计量，按拆除的延长米计算	
011614004	筒子板拆除	筒子板的平面尺寸			
011614005	窗帘盒拆除	窗帘盒的平面尺寸	m	按拆除的延长米计算	
011614006	窗帘轨拆除	窗帘轨的材质			

注：双轨窗帘轨拆除按双轨长度分别计算工程量。

6.1.16.15 开孔（打洞）

工程量清单项目的设置、项目特征描述的内容、计量单位、工程量计算规则应按表 P.15 执行。

表 P.15 开孔（打洞）（编码：011615）

项目编码	项目名称	项目特征	计量单位	工程量计算规则	工作内容
011615001	开孔（打洞）	1. 部位 2. 打洞部位材质 3. 洞尺寸	个	按数量计算	1. 拆除 2. 控制扬尘 3. 清理 4. 建渣场内、外运输

注：1. 部位可描述为墙面或楼板。

2. 打洞部位材质可描述为页岩砖或空心砖或钢筋混凝土等。

6.1.17 措施项目

6.1.17.1 一般措施项目

工程量清单项目设置、计量单位、工作内容及包含范围应按表 Q.1 的规定执行。

表 Q.1 一般措施项目（011701）

项目编码	项目名称	工作内容及包含范围
011701001	安全文明施工（含环境保护、文明施工、安全施工、临时设施）	1. 环境保护包含范围：现场施工机械设备降低噪声、防扰民措施费用；水泥和其他易飞扬细颗粒建筑材料密闭存放或采取覆盖措施等费用；工程防扬尘洒水费用；土石方、建渣外运车辆冲洗、防洒漏等费用；现场污染源的控制、生活垃圾清理外运、场地排水排污措施的费用；其他环境保护措施费用 2. 文明施工包含范围："五牌一图"的费用；现场围挡的墙面美化（包括内外粉刷、刷白、标语等）、压顶装饰费用；现场厕所便槽刷白、贴面砖，水泥砂浆地面或地砖费用，建筑物内临时便溺设施费用；其他施工现场临时设施的装饰装修、美化措施费用；现场生活卫生设施费用；符合卫生要求的饮水设备、淋浴、消毒等设施费用；生活用洁净燃料费用；防煤气中毒、防蚊虫叮咬等措施费用；施工现场操作场地的硬化费用；现场绿化费用、治安综合治理费用；现场配备医药保健器材、物品费用和急救人员培训费用；用于现场工人的防暑降温费、电风扇、空调等设备及用电费用；其他文明施工措施费用 3. 安全施工包含范围：安全资料、特殊作业专项方案的编制，安全施工标志的购置及安全宣传的费用；"三宝"（安全帽、安全带、安全网）、"四口"（楼梯口、电梯井口、通道口、预留洞口），"五临边"（阳台围边、楼板围边、屋面围边、槽坑围边、卸料平台两侧），水平防护架、垂直防护架、外架封闭等防护的费用；施工安全用电的费用，包括配电箱三级配电、两级保护装置要求、外电防护措施；起重机、塔吊等起重设备（含井架、门架）及外用电梯的安全防护措施（含警示标志）费用及卸料平台的临边防护、层间安全门、防护棚等设施费用；建筑工地起重机械的检验检测费用；施工机具防护棚及其围栏的安全保护设施费用；施工安全防护通道的费用；工人的安全防护用品、用具购置费用；消防设施与消防器材的配置费用；电气保护、安全照明设施费；其他安全防护措施费用 4. 临时设施包含范围：施工现场采用彩色、定型钢板，砖、混凝土砌块等围挡的安砌、维修、拆除费或摊销费；施工现场临时建筑物、构筑物的搭设、维修、拆除或摊销的费用；如临时宿舍、办公室，食堂、厨房、厕所、诊疗所、临时文化福利用房、临时仓库、加工场、搅拌台、临时简易水塔、水池等。施工现场临时设施的搭设、维修、拆除或摊销的费用。如临时供水管道、临时供电管线、小型临时设施等；施工现场规定范围内临时简易道路铺设，临时排水沟、排水设施安砌、维修、拆除的费用；其他临时设施费搭设、维修、拆除或摊销的费用
011701002	夜间施工	1. 夜间固定照明灯具和临时可移动照明灯具的设置、拆除 2. 夜间施工时，施工现场交通标志、安全标牌、警示灯等的设置、移动、拆除 3. 包括夜间照明设备摊销及照明用电、施工人员夜班补助、夜间施工劳动效率降低等费用
011701003	非夜间施工照明	为保证工程施工正常进行，在如地下室等特殊施工部位施工时所采用的照明设备的安拆、维护、摊销及照明用电等费用

（续）

项目编码	项目名称	工作内容及包含范围
011701004	二次搬运	包括由于施工场地条件限制而发生的材料、成品、半成品等一次运输不能到达堆放地点，必须进行二次或多次搬运的费用
011701005	冬雨季施工	1. 冬雨（风）季施工时增加的临时设施（防寒保温、防雨、防风设施）的搭设、拆除 2. 冬雨（风）季施工时，对砌体、混凝土等采用的特殊加温、保温和养护措施 3. 冬雨（风）季施工时，施工现场的防滑处理、对影响施工的雨雪的清除 4. 包括冬雨（风）季施工时增加的临时设施的摊销、施工人员的劳动保护用品、冬雨（风）季施工劳动效率降低等费用
011701006	大型机械设备进出场及安拆	1. 大型机械设备进出场包括施工机械整体或分体自停放场地运至施工现场，或由一个施工地点运至另一个施工地点，所发生的施工机械进出场运输及转移费用，由机械设备的装卸、运输及辅助材料费等构成 2. 大型机械设备安拆费包括施工机械在施工现场进行安装、拆卸所需的人工费、材料费、机械费、试运转费和安装所需的辅助设施的费用
011701007	施工排水	包括排水沟槽开挖、砌筑、维修，排水管道的铺设、维修，排水的费用以及专人值守的费用等
011701008	施工降水	包括成井、井管安装、排水管道安拆及摊销、降水设备的安拆及维护的费用，抽水的费用以及专人值守的费用等
011701009	地上、地下设施、建筑物的临时保护设施	在工程施工过程中，对已建成的地上、地下设施和建筑物进行的遮盖、封闭、隔离等必要保护措施所发生的费用
011701010	已完工程及设备保护	对已完工程及设备采取的覆盖、包裹、封闭、隔离等必要保护措施所发生的费用

注：1. 安全文明施工费是指工程施工期间按照国家现行的环境保护、建筑施工安全、施工现场环境与卫生标准和有关规定，购置和更新施工安全防护用具及设施、改善安全生产条件和作业环境所需要的费用。
2. 施工排水是指为保证工程在正常条件下施工，所采取的排水措施所发生的费用。
3. 施工降水是指为保证工程在正常条件下施工，所采取的降低地下水位的措施所发生的费用。

6.1.17.2　脚手架工程

工程量清单项目设置、项目特征描述的内容、计量单位及工程量计算规则，应按表 Q.2 的规定执行。

表 Q.2　脚手架工程（编码：011702）

项目编码	项目名称	项目特征	计量单位	工程量计算规则	工作内容
011702001	综合脚手架	1. 建筑结构形式 2. 檐口高度	m^2	按建筑面积计算	1. 场内、场外材料搬运 2. 搭、拆脚手架、斜道、上料平台 3. 安全网的铺设 4. 选择附墙点与主体连接 5. 测试电动装置、安全锁等 6. 拆除脚手架后材料的堆放
011702002	外脚手架	1. 搭设方式 2. 搭设高度 3. 脚手架材质	m^2	按所服务对象的垂直投影面积计算	1. 场内、场外材料搬运 2. 搭、拆脚手架、斜道、上料平台 3. 安全网的铺设 4. 拆除脚手架后材料的堆放
011702003	里脚手架				
011702004	悬空脚手架	1. 搭设方式 2. 悬挑宽度 3. 脚手架材质		按搭设的水平投影面积计算	
011702005	挑脚手架		m	按搭设长度乘以搭设层数以延长米计算	
011702006	满堂脚手架	1. 搭设方式 2. 搭设高度 3. 脚手架材质	m^2	按搭设的水平投影面积计算	

（续）

项目编码	项目名称	项目特征	计量单位	工程量计算规则	工作内容
011702007	整体提升架	1. 搭设方式及启动装置 2. 搭设高度	m^2	按所服务对象的垂直投影面积计算	1. 场内、场外材料搬运 2. 选择附墙点与主体连接 3. 搭、拆脚手架、斜道、上料平台 4. 安全网的铺设 5. 测试电动装置、安全锁等 6. 拆除脚手架后材料的堆放
011702008	外装饰吊篮	1. 升降方式及启动装置 2. 搭设高度及吊篮型号	m^2	按所服务对象的垂直投影面积计算	1. 场内、场外材料搬运 2. 吊篮的安装 3. 测试电动装置、安全锁、平衡控制器等 4. 吊篮的拆卸

注：1. 使用综合脚手架时，不再使用外脚手架、里脚手架等单项脚手架；综合脚手架适用于能够按“建筑面积计算规范”计算建筑面积的建筑工程脚手架，不适用于房屋加层、构筑物及附属工程脚手架。
2. 同一建筑物有不同檐高时，按建筑物竖向切面分别按不同檐高编列清单项目。
3. 整体提升架已包括2m高的防护架体设施。
4. 建筑面积计算按《建筑工程建筑面积计算规范》（GB/T 50353—2013）
5. 脚手架材质可以不描述，但应注明由投标人根据工程实际情况按照《建筑施工扣件式钢管脚手架安全技术规范》《建筑施工附着升降脚手架管理规定》等规范自行确定。

6.1.17.3 混凝土模板及支架（撑）

工程量清单项目设置、项目特征描述的内容、计量单位、工程量计算规则及工作内容，应按表 Q.3 的规定执行。

表 Q.3 混凝土模板及支架（撑）（编码：011703）

项目编码	项目名称	项目特征	计量单位	工程量计算规则	工作内容
011703001	垫层	基础形状	m^2	按模板与现浇混凝土构件的接触面积计算 ①现浇钢筋混凝土墙、板单孔面积≤0.3m^2的孔洞不予扣除，洞侧壁模板亦不增加；单孔面积>0.3m^2时应予扣除，洞侧壁模板面积并入墙、板工程量内计算 ②现浇框架分别按梁、板、柱有关规定计算；附墙柱、暗梁、暗柱并入墙内工程量内计算 ③柱、梁、墙、板相互连接的重叠部分，均不计算模板面积 ④构造柱按图示外露部分计算模板面积	1. 模板制作 2. 模板安装、拆除、整理堆放及场内外运输 3. 清理模板粘结物及模内杂物、刷隔离剂等
011703002	带形基础				
011703003	独立基础				
011703004	满堂基础				
011703005	设备基础				
011703006	桩承台基础				
011703007	矩形柱	柱截面尺寸			
011703008	构造柱				
011703009	异形柱	柱截面形状、尺寸			
011703010	基础梁	梁截面			
011703011	矩形梁				
011703012	异形梁				
011703013	圈梁				
011703014	过梁				
011703015	弧形、拱形梁				
011703016	直形墙	墙厚度			
011703017	弧形墙				
011703018	短肢剪力墙、电梯井壁				
011703019	有梁板	板厚度			
011703020	无梁板				
011703021	平板				
011703022	拱板				
011703023	薄壳板				
011703024	栏板				
011703025	其他板				

（续）

项目编码	项目名称	项目特征	计量单位	工程量计算规则	工作内容
011703026	天沟、檐沟	构件类型	m^2	按模板与现浇混凝土构件的接触面积计算按图示外挑部分尺寸的水平投影面积计算，挑出墙外的悬臂梁及板边不另计算	1. 模板制作 2. 模板安装、拆除、整理堆放及场内外运输 3. 清理模板粘结物及模内杂物、刷隔离剂等
011703027	雨篷、悬挑板、阳台板	1. 构件类型 2. 板厚度			
011703028	直形楼梯	形状	m^2	按楼梯（包括休息平台、平台梁、斜梁和楼层板的连接梁）的水平投影面积计算，不扣除宽度≤500mm的楼梯井所占面积，楼梯踏步、踏步板、平台梁等侧面模板不另计算，伸入墙内部分亦不增加	
011703029	弧形楼梯				
011703030	其他现浇构件	构件类型	m^2	按模板与现浇混凝土构件的接触面积计算	
011703031	电缆沟、地沟	1. 沟类型 2. 沟截面	m^2	按模板与电缆沟、地沟接触的面积计算	
011703032	台阶	形状	m^2	按图示台阶水平投影面积计算，台阶端头两侧不另计算模板面积。架空式混凝土台阶，按现浇楼梯计算	
011703033	扶手	扶手断面尺寸	m^2	按模板与扶手的接触面积计算	
011703034	散水	坡度	m^2	按模板与散水的接触面积计算	1. 模板制作 2. 模板安装、拆除、整理堆放及场内外运输 3. 清理模板粘结物及模内杂物、刷隔离剂等
011703035	后浇带	后浇带部位	m^2	按模板与后浇带的接触面积计算	
011703036	化粪池底	化粪池规格	m^2	按模板与混凝土接触面积	
011703037	化粪池壁				
011703038	化粪池顶				
011703039	检查井底	检查井规格		按模板与混凝土接触面积	1. 模板制作 2. 模板安装、拆除、整理堆放及场内外运输 3. 清理模板粘结物及模内杂物、刷隔离剂等
011703040	检查井壁				
011703041	检查井顶				

注：1. 原槽浇灌的混凝土基础、垫层，不计算模板。

2. 此混凝土模板及支撑（架）项目，只适用于以平方米计量，按模板与混凝土构件的接触面积计算，以立方米计量，模板及支撑（支架）不再单列，按混凝土及钢筋混凝土实体项目执行，综合单价中应包含模板及支架。

3. 采用清水模板时，应在特征中注明。

6.1.17.4 垂直运输

工程量清单项目设置、项目特征描述的内容、计量单位、工程量计算规则应按表 Q.4 的规定执行。

表 Q.4 垂直运输（011704）

项目编码	项目名称	项目特征	计量单位	工程量计算规则	工作内容
011704001	垂直运输	1. 建筑物建筑类型及结构形式 2. 地下室建筑面积 3. 建筑物檐口高度、层数	1. m^2 2. 天	1. 按《建筑工程建筑面积计算规范》GB/T 50353—2013 的规定计算建筑物的建筑面积 2. 按施工工期日历天数	1. 垂直运输机械的固定装置、基础制作、安装 2. 行走式垂直运输机械轨道的铺设、拆除、摊销

注：1. 建筑物的檐口高度是指设计室外地坪至檐口滴水的高度（平屋顶系指屋面板底高度），突出主体建筑物屋顶的电梯机房、楼梯出口间、水箱间、瞭望塔、排烟机房等不计入檐口高度。
2. 垂直运输机械指施工工程在合理工期内所需垂直运输机械。
3. 同一建筑物有不同檐高时，按建筑物的不同檐高做纵向分割，分别计算建筑面积，以不同檐高分别编码列项。

6.1.17.5 超高施工增加

工程量清单项目设置、项目特征描述的内容、计量单位、工程量计算规则应按表 Q.5 的规定执行。

表 Q.5 超高施工增加（011705）

项目编码	项目名称	项目特征	计量单位	工程量计算规则	工作内容
011705001	超高施工增加	1. 建筑物建筑类型及结构形式 2. 建筑物檐口高度、层数 3. 单层建筑物檐口高度超过 20m，多层建筑物超过 6 层部分的建筑面积	m^2	按《建筑工程建筑面积计算规范》（GB/T 50353—2013）的规定计算建筑物超高部分的建筑面积	1. 建筑物超高引起的人工工效降低以及由于人工工效降低引起的机械降效 2. 高层施工用水加压水泵的安装、拆除及工作台班 3. 通信联络设备的使用及摊销

注：1. 单层建筑物檐口高度超过 20m，多层建筑物超过 6 层时，可按超高部分的建筑面积计算超高施工增加。计算层数时，地下室不计入层数。
2. 同一建筑物有不同檐高时，可按不同高度的建筑面积分别计算建筑面积，以不同檐高分别编码列项。

6.2 建筑与装饰工程工程量清单编制实例

6.2.1 工程图纸

工程图纸请见本书最后的拉页部分。

6.2.2　分部分项工程量清单与计价表

分部分项工程量清单与计价表

工程名称：综合楼（土建）　　　　　　　　　　　标段

序号	项目编码	项目名称	项目特征描述	计量单位	工程量	金额（元）		
						综合单价	合价	其中：暂估价
		A.1土（石）方工程						
1	010101001001	平整场地	1. 土壤类别：三类土	m^2	359.740			
2	010101003001	挖基础土方	1. 土壤类别：三类土 2. 基础类型：独立 3. 弃土运距：150m	m^3	184.630			
3	010101003002	挖基础土方	1. 土壤类别：三类土 2. 基础类型：条形 3. 弃土运距：150m	m^3	39.860			
4	010103001001	土（石）方回填	1. 土质要求：有机质不超过5% 2. 密实度要求：≥0.96 3. 夯填（碾压）：分层夯实 4. 运输距离：150m	m^3	104.320			
		分部小计						
		A.3砌筑工程						
5	010301001001	砖基础	1. 砖品种、规格、强度等级：灰砂砖240mm×115mm×53mmMU15 2. 基础类型：条形 3. 砂浆强度等级：水泥砂浆M7.5	m^3	16.100			
6	010302001001	实心砖墙	1. 砖品种、规格、强度等级：混凝土砖 2. 墙体类型：女儿墙 3. 墙体厚度：240mm 4. 墙体高度：1 540mm 5. 砂浆强度等级、配合比：混合M5.0	m^3	11.010			
7	010302006001	零星砌砖	1. 零星砌砖名称、部位：女儿墙 2. 砂浆强度等级、配合比：混合M5.0	m^3	3.560			
8	010302006002	零星砌砖	1. 零星砌砖名称、部位：阳台栏板 2. 砂浆强度等级、配合比：混合M5.0	m^3	8.650			
9	010302006003	零星砌砖	1. 零星砌砖名称、部位：砖砌花池 2. 砂浆强度等级、配合比：混合砂浆M5.0	m^3	2.190			
10	010302006004	零星砌砖	1. 零星砌砖名称、部位：挡土墙台阶、坡道 2. 砂浆强度等级、配合比：混合M5.0	m^3	2.980			

（续）

序号	项目编码	项目名称	项目特征描述	计量单位	工程量	金额（元）		
						综合单价	合价	其中：暂估价
11	010304001001	空心砖墙、砌块墙	1. 墙体类型：外墙 2. 墙体厚度：240mm 3. 空心砖、砌块品种、规格、强度等级：淤泥烧结节能保温空心砖≥MU5 240mm×115mm×90mm 4. 砂浆强度等级、配合比：混合砂浆 M5.0	m^3	84.740			
12	010304001002	空心砖墙、砌块墙	1. 墙体类型：内墙 2. 墙体厚度：240mm 3. 空心砖、砌块品种、规格、强度等级：淤泥烧结节能保温空心砖≥MU5 240mm×115mm×90mm 4. 砂浆强度等级、配合比：混合砂浆 M5.0	m^3	96.700			
		分部小计						
		A.4 混凝土及钢筋混凝土工程						
13	010401006001	垫层（独立基础下）	1. 混凝土强度等级：C10 2. 混凝土拌和料要求：商品混凝土	m^3	20.520			
14	010401002001	独立基础	1. 混凝土强度等级：C25 2. 混凝土拌和料要求：商品混凝土	m^3	69.190			
15	010401006002	垫层（带形基础下）	1. 混凝土强度等级：C10 2. 混凝土拌和料要求：商品混凝土	m^3	4.430			
16	010401001001	带形基础（楼梯底层踏步下）	1. 混凝土强度等级：C25 2. 混凝土拌和料要求：商品混凝土	m^3	0.490			
17	010401001002	带形基础	1. 混凝土强度等级：C25 2. 混凝土拌和料要求：商品混凝土	m^3	8.640			
18	010402001001	矩形柱	1. 柱高度：3.6m 内 2. 柱截面尺寸：400mm×400mm 3. 混凝土强度等级：C25 4. 混凝土拌和料要求：商品混凝土	m^3	38.370			
19	010402001002	矩形柱	1. 柱高度：3.6m 内 2. 柱截面尺寸：350mm×350mm 3. 混凝土强度等级：C25 4. 混凝土拌和料要求：商品混凝土	m^3	13.890			
20	010402001003	矩形柱	1. 柱高度：3.6m 内 2. 柱截面尺寸：240mm×240mm 3. 混凝土强度等级：C25 4. 混凝土拌和料要求：商品混凝土	m^3	2.270			

（续）

序号	项目编码	项目名称	项目特征描述	计量单位	工程量	金额（元）		
						综合单价	合价	其中：暂估价
21	010402001004	矩形柱	1. 柱截面尺寸：240mm×240mm+240mm×30mm 240mm×240mm+240mm×30mm×2 240mm×240mm+240mm×30mm×3 240mm×240mm+240mm×30mm×4 2. 混凝土强度等级：C25 3. 混凝土拌和料要求：商品混凝土	m^3	2.720			
22	010402001005	矩形柱（阳台栏板处）	1. 柱截面尺寸：120mm×120mm+120mm×30mm×2 2. 混凝土强度等级：C25 3. 混凝土拌和料要求：商品混凝土	m^3	0.390			
23	010403002001	矩形梁	1. 混凝土强度等级：C25 2. 混凝土拌和料要求：商品混凝土	m^3	2.950			
24	010403004001	圈梁（地圈梁）	1. 梁底标高：−0.31m 2. 梁截面：240mm×240mm 3. 混凝土强度等级：C25 4. 混凝土拌和料要求：商品混凝土	m^3	6.440			
25	010403004002	圈梁（窗台板）	1. 梁截面：240mm×100mm 2. 混凝土强度等级：C25 3. 混凝土拌和料要求：商品混凝土	m^3	2.410			
26	010403004003	圈梁（止水带）	1. 混凝土强度等级：C25 2. 混凝土拌和料要求：商品混凝土	m^3	0.320			
27	010403005001	过梁	1. 混凝土强度等级：C25 2. 混凝土拌和料要求：商品混凝土	m^3	4.570			
28	010405001001	有梁板（梁）	1. 混凝土强度等级：C25 2. 混凝土拌和料要求：商品混凝土	m^3	53.770			
29	010405001002	有梁板（板）	1. 板厚度：150mm 2. 混凝土强度等级：C25 3. 混凝土拌和料要求：商品混凝土	m^3	9.900			
30	010405001003	有梁板（板）	1. 板厚度：120mm 2. 混凝土强度等级：C25 3. 混凝土拌和料要求：商品混凝土	m^3	40.350			
31	010405001004	有梁板（板）	1. 板厚度：110mm 2. 混凝土强度等级：C25 3. 混凝土拌和料要求：商品混凝土	m^3	37.420			

（续）

序号	项目编码	项目名称	项目特征描述	计量单位	工程量	金额（元）		
						综合单价	合价	其中：暂估价
32	010405001005	有梁板（板）	1. 板厚度：100mm 2. 混凝土强度等级：C25 3. 混凝土拌和料要求：商品混凝土	m^3	26.480			
33	010405007001	天沟、挑檐板	1. 混凝土强度等级：C25 2. 混凝土拌和料要求：商品混凝土	m^3	4.510			
34	010405008001	雨篷、阳台板（空调搁板）	1. 混凝土强度等级：C25 2. 混凝土拌和料要求：商品混凝土	m^3	1.070			
35	010406001001	直形楼梯	1. 混凝土强度等级：C25 2. 混凝土拌和料要求：商品混凝土	m^2	63.150			
36	010407001001	其他构件	1. 构件的类型：女儿墙压顶 2. 混凝土强度等级：C20 3. 混凝土拌和料要求：商品混凝土	m^3	1.730			
37	010407001002	其他构件	1. 构件的类型：阳台混凝土压顶 2. 构件规格：120mm×100mm 3. 混凝土强度等级：C20 4. 混凝土拌和料要求：商品混凝土	m^3	0.910			
38	010407001003	其他构件	1. 构件的类型：混凝土台阶 2. 混凝土强度等级：C15 3. 混凝土拌和料要求：商品混凝土	m^2	19.210			
39	010407002001	散水、坡道（坡道）	1. 垫层材料种类、厚度：200mm厚的碎砖灌1:5水泥砂浆、100mm厚混凝土 2. 面层厚度：1:2的水泥砂浆25mm厚抹出60mm宽成深锯齿形表面 3. 混凝土强度等级：C15 4. 混凝土拌和料要求：商品混凝土	m^2	6.120			
40	010416001001	现浇混凝土钢筋	1. 种类、规格：ϕ12mm以内HPB300级钢筋	t	13.079			
41	010416001002	现浇混凝土钢筋	1. 种类、规格：ϕ12mm以内HRB335级钢筋	t	4.849			
42	010416001003	现浇混凝土钢筋	1. 种类、规格：ϕ25mm以内HRB335级钢筋	t	16.972			
43	010416001004	现浇混凝土钢筋	1. 种类、规格：ϕ6~10mmHRB400级钢筋	t	9.514			
44	010416001005	现浇混凝土钢筋	1. 种类、规格：ϕ12~22mmHRB400级钢筋	t	2.327			

（续）

序号	项目编码	项目名称	项目特征描述	计量单位	工程量	金额（元）		
						综合单价	合价	其中：暂估价
45	010416001006	现浇混凝土钢筋	1. 种类、规格：冷拔钢丝ϕ4mm	t	0.486			
46	010416001007	现浇混凝土钢筋	1. 种类、规格：钢筋加固ϕ12以内HRB300级钢筋	t	0.782			
47	010416001008	现浇混凝土钢筋	1. 种类、规格：电渣压力焊接头	个	740.000			
		分部小计						
		A.5 厂库房大门、特种门、木结构工程						
48	010503004001	其他木构件	1. 构件名称：上人孔盖板 2. 防护材料种类：白铁皮包面	m^2	0.490			
		分部小计						
		A.6 金属结构工程						
49	010606008001	钢梯	1. 钢材品种、规格：HRB335级钢筋 2. 钢梯形式：U型爬梯 3. 油漆品种、刷漆遍数：防锈漆一遍，调和漆两遍	t	0.035			
		分部小计						
		A.7 屋面及防水工程						
50	010702001001	屋面卷材防水	1. 卷材品种、规格：聚酯复合防水卷材二层 2. 找平层材料种类及厚度：泡沫混凝土建筑找坡2% 20mm厚1:3水泥砂浆	m^2	365.800			
51	010702003001	屋面刚性防水	1. 防水层厚度：40mm 2. 嵌缝材料种类：沥青 3. 混凝土强度等级：C20	m^2	338.210			
52	010702004001	屋面排水管	1. 排水管品种、规格、品牌、颜色：PVC水落管Φ110PVC水斗Φ110屋面铸铁落水口（带罩）Φ110	m	44.400			
53	010703001001	卷材防水（挑檐）	1. 卷材、涂膜品种：聚酯胎卷材 2. 找平层材料品种、厚度：20mm厚1:3水泥砂浆	m^2	88.350			
		分部小计						
		A.8 防腐、隔热、保温工程						
54	010803001001	保温隔热屋面	1. 保温隔热部位：屋面 2. 保温隔热方式（内保温、外保温、夹心保温）：外保温 3. 保温隔热材料品种、规格及厚度：挤塑聚苯乙烯泡沫塑料板40mm厚 4. 找平层材料种类：20mm厚1:3水泥砂浆（内掺3%~5%防水剂）	m^2	338.210			
		分部小计						
		B.1 楼地面工程						

（续）

序号	项目编码	项目名称	项目特征描述	计量单位	工程量	金额（元）		
						综合单价	合价	其中：暂估价
55	020101001001	水泥砂浆楼地面	1. 找平层厚度、砂浆配合比：20mm厚1:3水泥砂浆 2. 面层厚度、砂浆配合比：10mm厚1:2水泥砂浆	m^2	579.700			
56	020102002001	块料楼地面	1. 素土夯实 2. 30mm厚碎砖夯实 3. 40抹面、厚C15混凝土 4. 210mm厚泡沫混凝土 5. 40mm厚C20细石混凝土，内配双向ϕ4@150 6. 20mm厚1:3水泥砂浆找平 7. 5mm厚1:2水泥砂浆铺贴600mm×600mm地砖	m^2	312.010			
57	020105001001	水泥砂浆踢脚线	1. 踢脚线高度：200mm 2. 底层厚度、砂浆配合比：界面处理剂一道，8mm厚2:1:8mm水泥石灰膏砂浆打底 3. 面层厚度、砂浆配合比：6mm厚1:2.5水泥砂浆	m^2	128.580			
58	020106003001	水泥砂浆楼梯面	1. 找平层厚度、砂浆配合比：20mm厚1:2水泥砂浆 2. 面层厚度、砂浆配合比：10mm厚1:2水泥砂浆	m^2	63.150			
59	020107001001	金属栏杆（空调搁板处）	1. 扶手材料种类、颜色：铸铁金黄色 2. 栏杆材料种类、颜色：铸铁金黄色	m	26.220			
60	020107001002	金属栏杆（屋顶女儿墙上）	1. 栏杆材料种类、规格：不锈钢钢管ϕ76mm	m	55.200			
61	020107001003	金属扶手带栏杆、栏板（底层坡道处）	1. 扶手材料种类、规格：镜面不锈钢钢管Φ76.2mm×1.5mm 2. 栏杆材料种类、规格：镜面不锈钢管Φ31.8mm×1.2mm镜面不锈钢管Φ63.5mm×1.5mm	m	8.400			
62	020107002001	硬木扶手带栏杆、栏板	1. 扶手材料种类：硬木 2. 栏杆材料种类：型钢 3. 油漆品种、刷漆遍数：木扶手底油一遍、磁漆一遍、刮腻子调和漆二遍金属面调和漆二遍	m	33.410			
63	020108002001	块料台阶面	1. 找平层厚度、砂浆配合比：20mm厚1:3水泥砂浆 2. 黏结层材料种类：5mm厚1:2水泥砂浆 3. 面层材料品种、规格、品牌、颜色：地砖300mm×300mm	m^2	29.310			
64	020109004001	水泥砂浆零星项目	1. 工程部位：空调搁板	m^2	9.900			

（续）

序号	项目编码	项目名称	项目特征描述	计量单位	工程量	金额（元）		
						综合单价	合价	其中：暂估价
		分部小计			m^2			
		B.2墙、柱面工程			m^2			
65	020201001001	墙面一般抹灰	1. 墙体类型：外墙 2. 底层厚度、砂浆配合比：3mm厚NALC防水界面剂防裂钢丝网一道 3. 面层厚度、砂浆配合比：8mm厚1:3聚合物砂浆1-2遍	m^2	464.880			
66	020201001002	墙面一般抹灰	1. 墙体类型：内墙 2. 底层厚度、砂浆配合比：刷界面剂一道，防裂钢丝网一道15mm厚1:3水泥砂浆 3. 面层厚度、砂浆配合比：10mm厚1:2水泥砂浆	m^2	1 492.360			
67	020201001003	墙面一般抹灰	1. 墙体类型：1 600mm高女儿墙内侧 2. 底层厚度、砂浆配合比：12mm厚1:3水泥砂浆 3. 面层厚度、砂浆配合比：8mm厚1:2.5水泥砂浆	m^2	53.840			
68	020202001001	柱面一般抹灰（室外冷桥部位）	1. 专用界面砂浆一道（防水） 2. 25mm厚挤塑聚苯乙烯泡沫塑料板 3. 防裂钢丝网一道 4. 8mm厚聚合物砂浆	m^2	140.680			
69	020202001002	柱面一般抹灰（屋顶构架柱、梁）	1. 柱体类型：混凝土柱 2. 底层厚度、砂浆配合比：12mm厚1:3水泥砂浆 3. 面层厚度、砂浆配合比：8mm厚1:2.5水泥砂浆	m^2	57.120			
70	020202001003	柱面一般抹灰（室外独立柱）	1. 底层厚度、砂浆配合比：12mm厚1:3水泥砂浆 2. 面层厚度、砂浆配合比：8mm厚1:2.5水泥砂浆	m^2	172.500			
71	020202001004	柱面一般抹灰（室内柱面）	1. 柱体类型：混凝土柱 2. 底层厚度、砂浆配合比：刷界面剂一道，防裂钢丝网一道15mm厚1:3水泥砂浆 3. 面层厚度、砂浆配合比：10mm厚1:2水泥砂浆	m^2	91.070			
72	020203001001	零星项目一般抹灰	1. 抹灰部位：400mm高女儿墙内侧 2. 底层厚度、砂浆配合比：12mm厚1:3水泥砂浆 3. 面层厚度、砂浆配合比：8mm厚1:2水泥砂浆	m^2	21.500			

（续）

序号	项目编码	项目名称	项目特征描述	计量单位	工程量	金额（元）		
						综合单价	合价	其中：暂估价
73	020203001002	零星项目一般抹灰	1. 抹灰部位：混凝土压顶 2. 底层厚度、砂浆配合比：12mm 厚 1:3 水泥砂浆 3. 面层厚度、砂浆配合比：8mm 厚 1:2 水泥砂浆	m^2	26.250			
74	020203001003	零星项目一般抹灰	1. 抹灰部位：阳台栏板外侧 2. 底层厚度、砂浆配合比：12mm 厚 1:3 水泥砂浆 3. 面层厚度、砂浆配合比：8mm 厚 1:2 水泥砂浆	m^2	92.100			
75	020203001004	零星项目一般抹灰	1. 抹灰部位：阳台栏板内侧 2. 底层厚度、砂浆配合比：12mm 厚 1:3 水泥砂浆 3. 面层厚度、砂浆配合比：8mm 厚 1:2 水泥砂浆	m^2	82.460			
76	020203001005	零星项目一般抹灰	1. 抹灰部位：阳台栏板压顶 2. 底层厚度、砂浆配合比：12mm 厚 1:3 水泥砂浆 3. 面层厚度、砂浆配合比：8mm 厚 1:2 水泥砂浆	m^2	7.280			
77	020203001006	零星项目一般抹灰	1. 抹灰部位：台阶、坡道处挡土墙 2. 底层厚度、砂浆配合比：12mm 厚 1:3 水泥砂浆 3. 面层厚度、砂浆配合比：8mm 厚 1:2 水泥砂浆	m^2	9.260			
78	020206003001	块料零星项目	1. 柱、墙体类型：阳台栏板外侧 2. 底层厚度、砂浆配合比：12mm 厚 1:3 水泥砂浆 3. 粘结层厚度、材料种类：5mm 厚 1:0.1:2.5 混合砂浆 4. 挂贴方式：粘贴 5. 面层材料品种、规格、品牌、颜色：七彩面砖152mm×152mm	m^2	20.740			
79	020206003002	块料零星项目	1. 柱、墙体类型：花池 2. 底层厚度、砂浆配合比：12mm 厚 1:3 水泥砂浆 3. 粘结层厚度、材料种类：5mm 厚 1:0.1:2.5 混合砂浆 4. 挂贴方式：粘贴 5. 面层材料品种、规格、品牌、颜色：100mm×200mm 面砖白色	m^2	2.750			
		分部小计						
		B.3 天棚工程						
80	020301001001	天棚抹灰	1. 基层类型：混凝土 2. 抹灰厚度、材料种类：批白水泥腻子	m^2	1191.470			
		分部小计						

（续）

序号	项目编码	项目名称	项目特征描述	计量单位	工程量	金额（元）		
						综合单价	合价	其中：暂估价
		B.4 门窗工程						
本页小计								
81	020401003001	实木装饰门	1. 门类型：成品实木门（含门套） 2. 框截面尺寸、单扇面积：1 000mm × 2 700mm	樘	21.000			
82	020406001001	金属推拉窗	1. 窗类型：塑钢中空玻璃推拉窗 2. 框材质、外围尺寸：塑钢 80 系列 3. 玻璃品种、厚度、五金材料、品种、规格：中空玻璃 5mm + 9mm + 5mm	m^2	168.480			
83	020406009001	金属格栅窗	1. 窗类型：防盗栅 2. 框材质、外围尺寸：不锈钢钢管	m^2	57.960			
		分部小计						
		B.5 油漆、涂料、裱糊工程						
84	020507001001	刷喷涂料	1. 基层类型：混凝土、砖 2. 刮腻子要求：刮防水腻子 1 或 2 遍 3. 涂料品种、刷喷遍数：外墙涂料	m^2	907.840			
85	020507001002	刷喷涂料	1. 基层类型：混凝土 2. 涂料品种、刷喷遍数：磁性涂料	m^2	2934.410			
		分部小计						
合　计								

6.2.3　工程量计算书

工程量计算书

工程名称：综合楼（土建）　　　　标段：

序号	位置	名称	子目名称及公式	单位	相同数量	合计
1			建筑工程			
2			A.1 土（石）方工程			
3	010101001001		平整场地 1. 土壤类别：三类土	m^2		359.740
			(3.0 + 0.24) × 2.96 + (35.2 + 0.24) × (9.64 + 0.24)		1.00	359.738
4	010101003001		挖基础土方 1. 土壤类别：三类土 2. 基础类型：独立 3. 弃土运距：150m	m^3		184.630
		J-1	(2.9 + 0.2) × (2.9 + 0.2) × (1.2 − 0.3) × 2		1.00	17.298

（续）

序号	位置	名称	子目名称及公式	单位	相同数量	合计
		J-2	(2.7+0.2)×(3.1+0.2)×(1.2-0.3)×4		1.00	34.452
		J-3	(2.6+0.2)×(3.0+0.2)×(1.2-0.3)×4		1.00	32.256
		J-4	(2.3+0.2)×(2.9+0.2)×(1.2-0.3)×2		1.00	13.950
		J-5	(1.9+0.2)×(2.8+0.2)×(1.2-0.3)×2		1.00	11.340
		J-6	(2.0+0.2)×(3.89+0.2)×(1.2-0.3)×2		1.00	16.196
		J-7	(2.1+0.2)×(4.2+0.2)×(1.2-0.3)×2		1.00	18.216
		J-8	(2.25+0.2)×(4.44+0.2)×(1.2-0.3)×4		1.00	40.925
5	010101003002		挖基础土方 1. 土壤类别：三类土 2. 基础类型：条形 3. 弃土运距：150m	m^3		39.860
	C-C，1~10轴		(35.2-1.055×2-2.25×4-2.1×2-2.9×2-0.1-0.1×2×8)×(0.6+0.1×2)×(1.2-0.3)		1.00	8.921
	D-D，1~10轴		(35.2-1.23×2-2.7×4-2.6×4-0.1×2×9)×(0.6+0.1×2)×(1.2-0.3)		1.00	7.013
	1-1，10-10，C~D轴		(7.6-1.53-1.35-0.1×2)×(0.6+0.1×2)×(1.2-0.3)×2		1.00	6.509
	3-3，4-4，C~D轴		(7.6-1.58-1.53-0.1×2)×(0.6+0.1×2)×(1.2-0.3)×2		1.00	6.178
	6-6，C~D轴		(7.6-1.63-1.6-0.1×2)×(0.6+0.1×2)×(1.2-0.3)		1.00	3.002
	8-8，9-9，C~D轴		(7.6-1.58-1.45-0.1×2)×(0.6+0.1×2)×(1.2-0.3)×2		1.00	6.293
	楼梯下		1.35×(0.6+0.2)×(1.1+0.1-0.3)×2		1.00	1.944
6	010103001001		土（石）方回填 1. 土质要求：有机质不超过5% 2. 密实度要求：0.96下 3. 夯填（碾压）：分层夯实 4. 运输距离：150m	m^3		104.320
	一、总挖土方量				1.00	
			184.63+39.86		1.00	224.490
	二、扣砖基础				1.00	
	C，1~10轴	J0.6	-(35.2-1.055×2-2.25×4-2.1×2-2.9×2)×(1.1-0.25-0.24+0.066-0.06)×0.24		1.00	-2.083
		J-6	-[(1.1-0.25-0.3-0.24-0.06)×0.1×0.24+(1.1-0.25-0.3-0.24+1.1-0.25-0.24-0.06×2)×(2.0×0.5-0.35×0.5-0.1)×0.5×0.24]×2		1.00	-0.151

（续）

序号	位置	名称	子目名称及公式	单位	相同数量	合计
		J-8	-[(1.1-0.25-0.35-0.24-0.06)×0.075×0.24+(1.1-0.25-0.35-0.24+1.1-0.25-0.24-0.06×2)×(2.25×0.5-0.35×0.5-0.075)×0.5×0.24]×2×4		1.00	-0.659
		J-1	-[(1.1-0.25-0.25-0.24-0.06)×0.05×0.24+(1.1-0.25-0.25-0.24+1.1-0.25-0.24-0.06×2)×(2.9×0.5-0.35×0.5-0.05)×0.5×0.24]×2×2		1.00	-0.514
		J-7	-[(1.1-0.25-0.3-0.24-0.06)×0.075×0.24+(1.1-0.25-0.3-0.24+1.1-0.25-0.24-0.06×2)×(2.1×0.5-0.35×0.5-0.075)×0.5×0.24]×2×2		1.00	-0.325
	D，1~10 轴	J0.6	-(35.2-1.23×2-2.7×4-2.6×4)×(1.1-0.25-0.24+0.066-0.06)×0.24		1.00	-1.706
		J-4	-[(1.1-0.25-0.25-0.24-0.06)×0.05×0.24+(1.1-0.25-0.25-0.24+1.1-0.25-0.24-0.06×2)×(2.3×0.5-0.4×0.5-0.05)×0.5×0.24]×2		1.00	-0.191
		J-2	-[(1.1-0.25-0.3-0.24-0.06)×0.05×0.24+(1.1-0.25-0.3-0.24+1.1-0.25-0.24-0.06×2)×(2.7×0.5-0.4×0.5-0.05)×0.5×0.24]×2×4		1.00	-0.869
		J-3	-[(1.1-0.25-0.3-0.24-0.06)×0.05×0.24+(1.1-0.25-0.3-0.24+1.1-0.25-0.24-0.06×2)×(2.6×0.5-0.4×0.5-0.05)×0.5×0.24]×2×4		1.00	-0.830
	1、10，C~D 轴	J0.6	-(7.6-1.35-1.53)×(1.1-0.25-0.24+0.066-0.06)×0.24×2		1.00	-1.396
		J-6	-[(1.1-0.25-0.3-0.24-0.06)×0.05×0.24+(1.1-0.25-0.3-0.24+1.1-0.25-0.24-0.06×2)×(1.35-0.23-0.05)×0.5×0.24]×2		1.00	-0.211
			-(2.04-0.24)×(1.1-0.55-0.3)×0.24×2		1.00	-0.216
		J-4	-[(1.1-0.25-0.25-0.24-0.06)×0.05×0.24+(1.1-0.25-0.25-0.24+1.1-0.25-0.24-0.06×2)×(1.53-0.28-0.05)×0.5×0.24]×2		1.00	-0.252
	3、4，C~D 轴	J0.6	-(7.6-1.58-1.53-0.3)×(1.1-0.25-0.24+0.066-0.06)×0.24×2		1.00	-1.239
		J-1	-[(1.1-0.25-0.25-0.24-0.06)×0.05×0.24+(1.1-0.25-0.25-0.24+1.1-0.25-0.24-0.06×2)×(1.53-0.23-0.05)×0.5×0.24]×2		1.00	-0.262
		J-3	-[(1.1-0.25-0.3-0.24-0.06)×0.05×0.24+(1.1-0.25-0.3-0.24+1.1-0.25-0.24-0.06×2)×(1.58-0.28-0.05)×0.5×0.24]×2		1.00	-0.246

（续）

序号	位置	名称	子目名称及公式	单位	相同数量	合计
	6，C～D轴	J0.6	－（7.6－1.63－1.6）×（1.1－0.25－0.24＋0.066－0.06）×0.24		1.00	－0.646
		J-8	－［（1.1－0.25－0.35－0.24－0.06）×0.05×0.24＋（1.1－0.25－0.35－0.24＋1.1－0.25－0.24－0.06×2）×（1.6－0.23－0.05）×0.5×0.24］		1.00	－0.121
		J-2	－［（1.1－0.25－0.3－0.24－0.06）×0.05×0.24＋（1.1－0.25－0.3－0.24＋1.1－0.25－0.24－0.06×2）×（1.63－0.28－0.05）×0.5×0.24］		1.00	－0.128
	8、9，C～D轴	J0.6	－（7.6－1.58－1.45）×（1.1－0.25－0.24＋0.066－0.06）×0.24×2		1.00	－1.351
		J-7	－［（1.1－0.25－0.3－0.24－0.06）×0.05×0.24＋（1.1－0.25－0.3－0.24＋1.1－0.25－0.24）－0.06×2×（1.45－0.23－0.05）×0.5×0.24］×2		1.00	－1.812
		J-3	－［（1.1－0.25－0.3－0.24－0.06）×0.05×0.24＋（1.1－0.25－0.3－0.24＋1.1－0.25－0.24－0.06×2）×（1.58－0.28－0.05）×0.5×0.24］×2		1.00	－0.246
	楼梯底层		－1.35×（1.07－0.3－0.15＋0.066－0.15）×0.24×2		1.00	－0.347
	三、扣独立基础		－69.19		1.00	－69.190
	四、扣条形基础		－0.49－8.635		1.00	－9.125
	五、扣混凝土垫层		－20.52－4.428		1.00	－24.948
	六、扣框架柱				1.00	
					1.00	
	A轴	KZ-7	－（1.1－0.5－0.3）×0.4×0.4×2		1.00	－0.096
	B轴	KZ-1、KZ-15、KZ-17、KZ-18	－（1.1－0.55－0.3）×0.4×0.4×4		1.00	－0.160
		KZ-4、KZ-10、KZ-13、KZ-14	－（1.1－0.6－0.3）×0.4×0.4×4		1.00	－0.128
	D轴	KZ-3	－（1.1－0.5－0.3）×0.4×0.4		1.00	－0.048
		KZ-6	－（1.1－0.55－0.3）×0.4×0.4		1.00	－0.040
		KZ-9	－［（1.1－0.55－0.3）×0.4×0.4］×2		1.00	－0.080
		KZ-12 <5、7轴>	－（1.1－0.55－0.3）×0.4×0.4×2		1.00	－0.080
		KZ12 <6轴>	－（1.1－0.55－0.3）×0.4×0.4		1.00	－0.040
		KZ-16 <8轴>	－（1.1－0.55－0.3）×0.4×0.4		1.00	－0.040
		KZ-16 <9轴>	－（1.1－0.55－0.3）×0.4×0.4		1.00	－0.040
		KZ-20	－（1.1－0.5－0.3）×0.4×0.4		1.00	－0.048
	C轴	KZ-2	－（1.1－0.55－0.3）×0.35×0.35		1.00	－0.031
		KZ-5 <2轴>	－（1.1－0.6－0.3）×0.35×0.35		1.00	－0.025

（续）

序号	位置	名称	子目名称及公式	单位	相同数量	合计
		KZ-5 <8 轴 >	−(1.1−0.55−0.3)×0.35×0.35		1.00	−0.031
		KZ-5 <9 轴 >	−(1.1−0.55−0.3)×0.35×0.35		1.00	−0.031
		KZ-8 <3.4 轴 >	−(1.1−0.5−0.3)×0.35×0.35×2		1.00	−0.074
		KZ-8 <7 轴 >	−(1.1−0.55−0.3)×0.35×0.35		1.00	−0.031
		KZ-11 <5 轴 >	−(1.1−0.6−0.3)×0.35×0.35		1.00	−0.025
		KZ-11 <6 轴 >	−(1.1−0.6−0.3)×0.35×0.35		1.00	−0.025
		KZ-19	−(1.1−0.55−0.3)×0.35×0.35		1.00	−0.031
					1.00	
					1.00	
7			A.3 砌筑工程			
8	010301001001		砖基础 1. 砖品种、规格、强度等级：灰砂砖 240mm×115mm×53mm MU15 2. 基础类型：条形 3. 砂浆强度等级：水泥砂浆 M7.5	m^3		16.100
	C，1～10 轴	J0.6	(35.2−1.055×2−2.25×4−2.1×2−2.9×2)×(1.1−0.25−0.24+0.066)×0.24		1.00	2.286
		J-6	[(1.1−0.25−0.3−0.24)×0.1×0.24+(1.1−0.25−0.3−0.24+1.1−0.25−0.24)×(2.0×0.5−0.35×0.5−0.1)×0.5×0.24]×2		1.00	0.175
		J-8	[(1.1−0.25−0.35−0.24)×0.075×0.24+(1.1−0.25−0.35−0.24+1.1−0.25−0.24)×(2.25×0.5−0.35×0.5−0.075)×0.5×0.24]×2×4		1.00	0.768
		J-1	[(1.1−0.25−0.25−0.24)×0.05×0.24+(1.1−0.25−0.25−0.24+1.1−0.25−0.24)×(2.9×0.5−0.35×0.5−0.05)×0.5×0.24]×2×2		1.00	0.588
		J-7	[(1.1−0.25−0.3−0.24)×0.075×0.24+(1.1−0.25−0.3−0.24+1.1−0.25−0.24)×(2.1×0.5−0.35×0.5−0.075)×0.5×0.24]×2×2		1.00	0.376
	D，1～10 轴	J0.6	(35.2−1.23×2−2.7×4−2.6×4)×(1.1−0.25−0.24+0.066)×0.24		1.00	1.872
		J-4	[(1.1−0.25−0.25−0.24)×0.05×0.24+(1.1−0.25−0.25−0.24+1.1−0.25−0.24)×(2.3×0.5−0.4×0.5−0.05)×0.5×0.24]×2		1.00	0.218
		J-2	[(1.1−0.25−0.3−0.24)×0.05×0.24+(1.1−0.25−0.3−0.24+1.1−0.25−0.24)×(2.7×0.5−0.4×0.5−0.05)×0.5×0.24]×2×4		1.00	1.001

（续）

序号	位置	名称	子目名称及公式	单位	相同数量	合计
		J-3	[(1.1 - 0.25 - 0.3 - 0.24) × 0.05 × 0.24 + (1.1 - 0.25 - 0.3 - 0.24 + 1.1 - 0.25 - 0.24) × (2.6 × 0.5 - 0.4 × 0.5 - 0.05) × 0.5 × 0.24] × 2 × 4		1.00	0.957
	1、10，C ~ D 轴	J0.6	(7.6 - 1.35 - 1.53) × (1.1 - 0.25 - 0.24 + 0.066) × 0.24 × 2		1.00	1.532
		J-6	[(1.1 - 0.25 - 0.3 - 0.24) × 0.05 × 0.24 + (1.1 - 0.25 - 0.3 - 0.24 + 1.1 - 0.25 - 0.24) × (1.35 - 0.23 - 0.05) × 0.5 × 0.24] × 2		1.00	0.244
			(2.04 - 0.24) × (1.1 - 0.55) × 0.24 × 2		1.00	0.475
		J-4	[(1.1 - 0.25 - 0.25 - 0.24) × 0.05 × 0.24 + (1.1 - 0.25 - 0.25 - 0.24 + 1.1 - 0.25 - 0.24) × (1.53 - 0.28 - 0.05) × 0.5 × 0.24] × 2		1.00	0.288
	3、4，C ~ D 轴	J0.6	(7.6 - 1.58 - 1.53 - 0.3) × (1.1 - 0.25 - 0.24 + 0.066) × 0.24 × 2		1.00	1.360
		J-1	[(1.1 - 0.25 - 0.25 - 0.24) × 0.05 × 0.24 + (1.1 - 0.25 - 0.25 - 0.24 + 1.1 - 0.25 - 0.24) × (1.53 - 0.23 - 0.05) × 0.5 × 0.24] × 2		1.00	0.300
		J-3	[(1.1 - 0.25 - 0.3 - 0.24) × 0.05 × 0.24 + (1.1 - 0.25 - 0.3 - 0.24 + 1.1 - 0.25 - 0.24) × (1.58 - 0.28 - 0.05) × 0.5 × 0.24] × 2		1.00	0.283
	6，C ~ D 轴	J0.6	(7.6 - 1.63 - 1.6) × (1.1 - 0.25 - 0.24 + 0.066) × 0.24		1.00	0.709
		J-8	(1.1 - 0.25 - 0.35 - 0.24) × 0.05 × 0.24 + (1.1 - 0.25 - 0.35 - 0.24 + 1.1 - 0.25 - 0.24) × (1.6 - 0.23 - 0.05) × 0.5 × 0.24		1.00	0.141
		J-2	(1.1 - 0.25 - 0.3 - 0.24) × 0.05 × 0.24 + (1.1 - 0.25 - 0.3 - 0.24 + 1.1 - 0.25 - 0.24) × (1.63 - 0.28 - 0.05) × 0.5 × 0.24		1.00	0.147
	8、9，C ~ D 轴	J0.6	(7.6 - 1.58 - 1.45 - 0.3) × (1.1 - 0.25 - 0.24 + 0.066) × 0.24 × 2		1.00	1.386
		J-7	[(1.1 - 0.25 - 0.3 - 0.24) × 0.05 × 0.24 + (1.1 - 0.25 - 0.3 - 0.24 + 1.1 - 0.25 - 0.24) × (1.45 - 0.23 - 0.05) × 0.5 × 0.24] × 2		1.00	0.266
		J-3	[(1.1 - 0.25 - 0.3 - 0.24) × 0.05 × 0.24 + (1.1 - 0.25 - 0.3 - 0.24 + 1.1 - 0.25 - 0.24) × (1.58 - 0.28 - 0.05) × 0.5 × 0.24] × 2		1.00	0.283
	楼梯底层		1.35 × (1.07 - 0.3 - 0.15 + 0.066) × 0.24 × 2		1.00	0.445
9	010302001001		实心砖墙 1. 砖品种、规格、强度等级：混凝土砖 2. 墙体类型：女儿墙 3. 墙体厚度：240mm 4. 墙体高度：1 540mm 5. 砂浆强度等级、配合比：混合 M5.0	m^3		11.010

（续）

序号	位置	名称	子目名称及公式	单位	相同数量	合计
	10.8m D，1～10轴		(35.2－0.24×18－0.03×2×18)×(1.6－0.06)×0.24		1.00	11.014
					1.00	
10	010302006001		零星砌砖 1. 零星砌砖名称、部位：女儿墙 2. 砂浆强度等级、配合比：混合M5.0	m^3		3.560
	10.8m B～D，1、10轴		(2.04+7.6－0.24－0.24×3－0.03×2×3)×0.32×0.24×2		1.00	1.306
	10.8m 1～10，B，轴		(35.2－0.23×2－0.35×6－0.24×11－0.03×2×11)×0.32×0.24		1.00	2.253
					1.00	
11	010302006002		零星砌砖 1. 零星砌砖名称、部位：阳台栏板 2. 砂浆强度等级、配合比：混合M5.0	m^3		8.650
	二、三层		(35.2+2.96×2－0.28×2－0.4×8+0.4－0.12－0.12×9－0.03×2×9)×1.0×0.12×2		1.00	8.645
12	010302006003		零星砌砖 1. 零星砌砖名称、部位：砖砌花池 2. 砂浆强度等级、配合比：混合砂浆M5.0	m^3		2.190
			[0.12×0.36+(0.5－0.12+0.3+0.2)×0.24]×[(2.8+1.26+0.24×2)×2－0.2－0.28]		1.00	2.188
13	010302006004		零星砌砖 1. 零星砌砖名称、部位：挡土墙台阶、坡道 2. 砂浆强度等级、配合比：混合M5.0	m^3		2.980
	台阶		[0.36×0.12+(0.5－0.12)×0.24+0.3×0.24]×(2.96－0.2+0.24)		1.00	0.619
	坡道		[(0.37+0.065×2)×0.12+0.37×(0.5－0.12+0.3×0.5)+0.24×0.3]×3.6×2		1.00	2.362
14	010304001001		空心砖墙、砌块墙 1. 墙体类型：外墙 2. 墙体厚度：240mm 3. 空心砖、砌块品种、规格、强度等级：淤泥烧结节能保温空心砖≥MU5 240mm×115mm×90mm 4. 砂浆强度等级、配合比：混合砂浆M5.0	m^3		84.740
	一层D1～10轴		(35.2－0.28×2－0.4×8)×(3.6－0.4)×0.24		1.00	24.146
	1、10，B～C轴		(2.04－0.24)×(3.6－0.3)×0.24×2		1.00	2.851
	1、10，C～D轴		(7.6－0.23－0.28)×(3.6－0.7)×0.24×2		1.00	9.869
	扣门窗洞口		(－2.1×1.8×6－2.4×1.8×1)×0.24		1.00	－6.480
	二层D1～10轴		(35.2－0.28×2－0.4×8)×(3.6－0.4)×0.24		1.00	24.146
	1、10，C～D轴		(2.04－0.24)×(3.6－0.3)×0.24×2		1.00	2.851
	1、10，C～D轴		(7.6－0.23－0.28)×(3.6－0.7)×0.24×2		1.00	9.869

（续）

序号	位置	名称	子目名称及公式	单位	相同数量	合计
	扣门窗洞口		(−2.1×1.8×6−2.4×1.8×1−1.8×1.5×2)×0.24		1.00	−7.776
	三层 D1～10 轴		(35.2−0.28×2−0.4×8)×(3.6−0.4)×0.24		1.00	24.146
	1、10，B～C 轴		(2.04−0.24)×(3.6−0.3)×0.24×2		1.00	2.851
	1、10，C～D 轴		(7.6−0.23−0.28)×(3.6−0.7)×0.24×2		1.00	9.869
	扣门窗洞口		(−2.1×1.8×6−2.4×1.8×1−1.8×1.5×2)×0.24		1.00	−7.776
	扣窗台板				1.00	
		C-1	−(2.1+0.15×2)×0.24×0.1×18		1.00	−1.037
		C-2	−(2.4+0.15×2)×0.24×0.1×3		1.00	−0.194
	扣止水带空调搁板处		−(1.5−0.2)×0.24×0.1×1×3		1.00	−0.094
			−(2.0−0.4)×0.24×0.1×2×3		1.00	−0.230
	扣过梁				1.00	
	一层 D，1～3 轴		−(4.2×2−0.28−0.4×1.5)×0.24×0.12		1.00	−0.217
	一层 D，4～8 轴		−(4.2×4−0.4×4)×0.24×0.12		1.00	−0.438
	一层 D，9～10 轴		−(4.0−0.4×0.5−0.28)×0.24×0.12		1.00	−0.101
	二层、三层同一层		−(0.217+0.438+0.101)×2		1.00	−1.512
					1.00	
					1.00	
15	010304001002		空心砖墙、砌块墙 1. 墙体类型：内墙 2. 墙体厚度：240 3. 空心砖、砌块品种、规格、强度等级：淤泥烧结节能保温空心砖≥MU5 240×115×90mm 4. 砂浆强度等级、配合比：混合砂浆 M5.0	m^3		96.700
	一层 C，1～10 轴		(35.2−3.0×2−0.23×2−0.35×6)×(3.6−0.4)×0.24		1.00	20.460
	3、4、6、8、9、C～D 轴		(7.6−0.23−0.28)×(3.6−0.7)×0.24×5		1.00	24.673
	扣门窗洞口		(−1.0×2.7×7−2.1×1.8×6−1.6×1.8×1)×0.24		1.00	−10.670
	二层 C，1～10 轴		(35.2−3.0×2−0.23×2−0.35×6)×(3.6−0.4)×0.24		1.00	20.460
	3、4、6、8、9、C～D 轴		(7.6−0.23−0.28)×(3.6−0.7)×0.24×5		1.00	24.673
	扣门窗洞口		(−1.0×2.7×7−2.1×1.8×6−1.6×1.8×1)×0.24		1.00	−10.670
	三层 C，1～10 轴		(35.2−3.0×2−0.23×2−0.35×6)×(3.6−0.4)×0.24		1.00	20.460
	3、4、6、8、9、C～D 轴		(7.6−0.23−0.28)×(3.6−0.7)×0.24×5		1.00	24.673
	扣门窗洞口		(−1.0×2.7×7−2.1×1.8×6−1.6×1.8×1)×0.24		1.00	−10.670
	扣楼梯处正负零以上柱		−0.24×0.24×(3.6+1.8)×2×2		1.00	−1.244
	扣楼梯梁 1.77m、5.37m	TL2	−(3.0−0.4)×0.24×0.3×2×2		1.00	−0.749
	1.77m、5.37m	TL3	−(2.63−0.28−0.24)×0.24×0.3×2×2×2		1.00	−1.215

（续）

序号	位置	名称	子目名称及公式	单位	相同数量	合计
	扣窗台板	C-1	−(2.1+0.15×2)×0.24×0.1×18		1.00	−1.037
		C-4	−(1.6+0.15×2)×0.24×0.1×3		1.00	−0.137
	扣过梁				1.00	
	一层 C，1～3 轴		−(4.2×2−0.23−0.35×1.5)×0.24×0.12		1.00	−0.220
	一层 C，4～8 轴		−(4.2×4−0.35×4)×0.24×0.12		1.00	−0.444
	一层 C，9～10 轴		−(4.0−0.35×0.5−0.23)×0.24×0.12		1.00	−0.104
	二层、三层同一层		−(0.22+0.444+0.104)×2		1.00	−1.536
16			A.4 混凝土及钢筋混凝土工程			
17	010401006001		垫层（独立基础下） 1. 混凝土强度等级：C10 2. 混凝土拌和料要求：商品混凝土	m^3		20.520
		J-1	(2.9+0.2)×(2.9+0.1×2)×0.1×2		1.00	1.922
		J-2	(2.7+0.2)×(3.1+0.1×2)×0.1×4		1.00	3.828
		J-3	(2.6+0.2)×(3.0+0.1×2)×0.1×4		1.00	3.584
		J-4	(2.3+0.2)×(2.9+0.1×2)×0.1×2		1.00	1.550
		J-5	(1.9+0.2)×(2.8+0.1×2)×0.1×2		1.00	1.260
		J-6	(2.0+0.2)×(3.89+0.1×2)×0.1×2		1.00	1.800
		J-7	(2.1+0.2)×(4.2+0.1×2)×0.1×2		1.00	2.024
		J-8	(2.25+0.2)×(4.44+0.1×2)×0.1×4		1.00	4.547
18	010401002001		独立基础 1. 混凝土强度等级：C25 2. 混凝土拌和料要求：商品混凝土	m^3		69.190
		J-1	{2.9×2.9×0.25+0.25/6×[2.9×2.9+(2.9+0.45)×(2.9+0.45)+(0.45×0.45)]}×2		1.00	5.858
		J-2	{2.7×3.1×0.25+0.3/6×[2.7×3.1+0.5×0.5+(2.7+0.5)×(3.1+0.5)]}×4		1.00	12.398
		J-3	{2.6×3.0×0.25+0.3/6×[2.6×3.0+0.5×0.5+(2.6+0.5)×(3.0+0.5)]}×4		1.00	11.580
		J-4	{2.3×2.9×0.25+0.25/6×[2.3×2.9+0.5×0.5+(2.3+0.5)×(2.9+0.5)]}×2		1.00	4.705
		J-5	{1.9×2.8×0.25+0.25/6×[1.9×2.8+0.5×0.5+(1.9+0.5)×(2.8+0.5)]}×2		1.00	3.784
		J-6	{2.0×3.89×0.25+0.3/6×[2.0×3.89+0.55×2.65+(2.0+0.55)×(3.89+2.65)]}×2		1.00	6.482
		J-7	{2.1×4.2×0.25+0.3/6×[2.1×4.2+2.65×0.5+(2.1+0.5)×(4.2+2.65)]}×2		1.00	7.206
		J-8	{2.25×4.44×0.25+0.35/6×[2.25×4.44+0.5×2.65+(2.25+0.5)×(4.44+2.65)]}×4		1.00	17.180
19	010401006002		垫层（带形基础下） 1. 混凝土强度等级：C10 2. 混凝土拌和料要求：商品混凝土	m^3		4.430
	C，1～10 轴		(35.2−1.055×2−2.25×4−2.1×2−2.9×2−0.1−0.1×2×8)×(0.6+0.1×2)×0.1		1.00	0.991

（续）

序号	位置	名称	子目名称及公式	单位	相同数量	合计
	D，1～10轴		(35.2－1.23×2－2.7×4－2.6×4－0.1×2×9)×(0.6＋0.1×2)×0.1		1.00	0.779
	1、10，C～D轴		(7.6－1.35－1.53－0.1×2)×(0.6＋0.1×2)×0.1×2		1.00	0.723
	3、4，C～D轴		(7.6－1.53－1.58－0.1×2)×(0.6＋0.1×2)×0.1×2		1.00	0.686
	6，C～D轴		(7.6－1.6－1.63－0.1×2)×(0.6＋0.1×2)×0.1		1.00	0.334
	8、9，C～D轴		(7.6－1.45－1.58－0.1×2)×(0.6＋0.1×2)×0.1×2		1.00	0.699
	楼梯下		(0.6＋0.1×2)×1.35×0.1×2		1.00	0.216
20	010401001001		带形基础（楼梯底层踏步下） 1. 混凝土强度等级：C25 2. 混凝土拌和料要求：商品混凝土	m^3		0.490
	楼梯底层踏步下		0.6×0.3×1.35×2		1.00	0.486
21	010401001002		带形基础 1. 混凝土强度等级：C25 2. 混凝土拌和料要求：商品混凝土	m^3		8.640
	C，1～10轴		(35.2－1.055×2－2.25×4－2.1×2－2.9×2)×0.6×0.25		1.00	2.114
	D，1～10轴		(35.2－1.23×2－2.7×4－2.6×4)×0.6×0.25		1.00	1.731
	1、10，C～D轴		(7.6－1.35－1.53)×0.6×0.25×2		1.00	1.416
	3、4，C～D轴		(7.6－1.53－1.58)×0.6×0.25×2		1.00	1.347
	6，C～D轴		(7.6－1.6－1.63)×0.6×0.25		1.00	0.656
	8、9，C～D轴		(7.6－1.45－1.58)×0.6×0.25×2		1.00	1.371
22	010402001001		矩形柱 1. 柱高度：3.6m内 2. 柱截面尺寸：400mm×400mm 3. 混凝土强度等级：C25 4. 混凝土拌和料要求：商品混凝土	m^3		38.370
	－1.1～10.8m A轴	KZ-7	(1.1－0.5＋10.8)×0.4×0.4×2		1.00	3.648
	－1.1～10.8m B轴	KZ-1、 KZ-15、 KZ-17、 KZ-18	(1.1－0.55＋10.8)×0.4×0.4×4		1.00	7.264
		KZ-4、 KZ-10、 KZ-13、 KZ-14	(1.1－0.6＋10.8)×0.4×0.4×4		1.00	7.232
	－1.1～10.8m D轴	KZ-3	(1.1－0.5＋10.8)×0.4×0.4		1.00	1.824
		KZ-6	(1.1－0.55＋10.8)×0.4×0.4		1.00	1.816
		KZ-9	[(1.1－0.55＋10.8)×0.4×0.4]×2		1.00	3.632
		KZ-12 <5、7轴>	(1.1－0.55＋10.8)×0.4×0.4×2		1.00	3.632
		KZ12 <6轴>	(1.1－0.55＋10.8)×0.4×0.4		1.00	1.816
		KZ-16 <8轴>	(1.1－0.55＋10.8)×0.4×0.4		1.00	1.816
		KZ-16 <9轴>	(1.1－0.55＋10.8)×0.4×0.4		1.00	1.816

（续）

序号	位置	名称	子目名称及公式	单位	相同数量	合计
		KZ-20	(1.1 - 0.5 + 10.8) × 0.4 × 0.4		1.00	1.824
	屋顶构架 B 轴		0.4 × 0.4 × 1.6 × 8		1.00	2.048
23	010402001002		矩形柱 1. 柱高度：3.6m 内 2. 柱截面尺寸：350mm × 350mm 3. 混凝土强度等级：C25 4. 混凝土拌和料要求：商品混凝土	m^3		13.890
	-1.1 ~ 10.8m C 轴	KZ-2	(1.1 - 0.55 + 10.8) × 0.35 × 0.35		1.00	1.390
		KZ-5 <2 轴>	(1.1 - 0.6 + 10.8) × 0.35 × 0.35		1.00	1.384
		KZ-5 <8 轴>	(1.1 - 0.55 + 10.8) × 0.35 × 0.35		1.00	1.390
		KZ-5 <9 轴>	(1.1 - 0.55 + 10.8) × 0.35 × 0.35		1.00	1.390
		KZ-8 <3.4 轴>	(1.1 - 0.5 + 10.8) × 0.35 × 0.35 × 2		1.00	2.793
		KZ-8 <7 轴>	(1.1 - 0.6 + 10.8) × 0.35 × 0.35		1.00	1.384
		KZ-11 <5 轴>	(1.1 - 0.6 + 10.8) × 0.35 × 0.35		1.00	1.384
		KZ-11 <6 轴>	(1.1 - 0.6 + 10.8) × 0.35 × 0.35		1.00	1.384
		KZ-19	(1.1 - 0.55 + 10.8) × 0.35 × 0.35		1.00	1.390
24	010402001003		矩形柱 1. 柱高度：3.6m 内 2. 柱截面尺寸：240mm × 240mm 3. 混凝土强度等级：C25 4. 混凝土拌和料要求：商品混凝土	m^3		2.270
	楼梯处正负零以上		0.24 × 0.24 × (3.6 + 1.8) × 2 × 2		1.00	1.244
	屋顶构架		1.05 × 0.24 × 0.24 × (11 + 3 × 2)		1.00	1.028
25	010402001004		矩形柱 1. 柱截面尺寸：240mm × 240mm + 240mm × 30mm 240mm × 240mm + 240mm × 30mm × 2 240mm × 240mm + 240mm × 30mm × 3 240mm × 240mm + 240mm × 30mm × 4 2. 混凝土强度等级：C25 3. 混凝土拌和料要求：商品混凝土	m^3		2.720
	楼梯处正负零以下		(1.1 - 0.25) × (0.24 × 0.24 + 0.24 × 0.03 × 2) × 2 × 2		1.00	0.245
	女儿墙 D，1 ~ 10 轴		(1.6 - 0.06) × (0.24 × 0.24 + 0.24 × 0.03 × 2) × 17		1.00	1.885
			(1.6 - 0.06) × (0.24 × 0.24 + 0.24 × 0.03) × 2		1.00	0.200
	女儿墙 B，1 ~ 10 轴		0.32 × (0.24 × 0.24 + 0.24 × 0.03 × 2) × 11		1.00	0.253
	女儿墙 1、10，B ~ D 轴		0.32 × (0.24 × 0.24 + 0.24 × 0.03 × 2) × 3 × 2		1.00	0.138
26	010402001005		矩形柱（阳台栏板处） 1. 柱截面尺寸：120mm × 120mm + 120mm × 30mm × 2 2. 混凝土强度等级：C25 3. 混凝土拌和料要求：商品混凝土	m^3		0.390

（续）

序号	位置	名称	子目名称及公式	单位	相同数量	合计
	二、三层阳台栏板处		(0.12×0.12+0.12×0.03×2)×(1.1−0.1)×9×2		1.00	0.389
27	010403002001		矩形梁 1. 混凝土强度等级：C25 2. 混凝土拌和料要求：商品混凝土	m³		2.950
	3.57m D，3~4、8~9轴	KL10	(3.0−0.4)×0.24×0.4×2		1.00	0.499
	7.17m D，3~4、8~9轴	KL8	(3.0−0.4)×0.24×0.4×2		1.00	0.499
	屋面构架1、10，B~D轴		(2.04+7.6−0.12−0.12−0.03)×0.24×0.15×2		1.00	0.675
	12.4m B，1~10轴		(35.2+0.24)×0.24×0.15		1.00	1.276
28	010403004001		圈梁（地圈梁） 1. 梁底标高：−0.31m 2. 梁截面：240mm×240mm 3. 混凝土强度等级：C25 4. 混凝土拌和料要求：商品混凝土	m³		6.440
		C-C， 1~10轴	(35.2−0.23×2−0.35×8)×0.24×0.24		1.00	1.840
		D-D， 1~10轴	(35.2−0.28×2−0.4×8)×0.24×0.24		1.00	1.811
		1-1，6-6， 10-10， C~D轴	(7.6−0.23−0.28)×0.24×0.24×3		1.00	1.225
		3-3 4-4 8-8 9-9 C~D轴	(7.6−0.23−0.28−0.3)×0.24×0.24×4		1.00	1.564
29	010403004002		圈梁（窗台板） 1. 梁截面：240mm×100mm 2. 混凝土强度等级：C25 3. 混凝土拌和料要求：商品混凝土	m³		2.410
		C-1	(2.1+0.15×2)×0.24×0.1×36		1.00	2.074
		C-2	(2.4+0.15×2)×0.24×0.1×3		1.00	0.194
		C-4	(1.6+0.15×2)×0.24×0.1×3		1.00	0.137
30	010403004003		圈梁（止水带） 1. 混凝土强度等级：C25 2. 混凝土拌和料要求：商品混凝土	m³		0.320
	空调搁板处		(1.5−0.2)×0.24×0.1×1×3		1.00	0.094
			(2.0−0.4)×0.24×0.1×2×3		1.00	0.230
31	010403005001		过梁 1. 混凝土强度等级：C25 2. 混凝土拌和料要求：商品混凝土	m³		4.570
	一层C，1~3		(4.2×2−0.23−0.35×1.5)×0.24×0.12		1.00	0.220
	一层C，4~8		(4.2×4−0.35×4)×0.24×0.12		1.00	0.444
	一层C，9~10		(4.0−0.35×0.5−0.23)×0.24×0.12		1.00	0.104
	一层D，1~3		(4.2×2−0.28−0.4×1.5)×0.24×0.12		1.00	0.217
	一层D，4~8		(4.2×4−0.4×4)×0.24×0.12		1.00	0.438
	一层D，9~10		(4.0−0.4×0.5−0.28)×0.24×0.12		1.00	0.101
	二层、三层同一层		(0.22+0.444+0.104+0.217+0.438+0.101)×2		1.00	3.048
					1.00	
32	010405001001		有梁板（梁） 1. 混凝土强度等级：C25 2. 混凝土拌和料要求：商品混凝土	m³		53.770

（续）

序号	位置	名称	子目名称及公式	单位	相同数量	合计
	3.57m A，3～4轴	KL7	(3.0－0.2×2)×(0.4－0.1)×0.24		1.00	0.187
	B，1～10轴	KL8	(35.2－0.28×2－0.4×6－0.24×2)×(0.4－0.1)×0.12		1.00	1.143
	C，1～3.4～5、7～8轴	KL9	(4.2×4－0.23－0.35×3.5)×(0.4－0.12)×0.24		1.00	1.031
	C，5～7轴	KL9	(4.2×2－0.35×2)×(0.4－0.11)×0.24		1.00	0.536
	C，3～4、8～9轴	KL9	(3.0－0.35)×(0.4－0.1)×0.24×2		1.00	0.382
	C，9～10轴	KL9	(4.0－0.175－0.23)×(0.4－0.15)×0.24		1.00	0.216
	D，1～3、4～5、7～8轴	KL10	(4.2×4－0.28－0.4×3.5)×(0.4－0.12)×0.24		1.00	1.016
	D，5～7轴	KL10	(4.2×2－0.4×2)×(0.4－0.11)×0.24		1.00	0.529
	D，9～10轴	KL10	(4.0－0.2－0.28)×(0.4－0.15)×0.24		1.00	0.211
	1，B～C轴	KL1	(2.04－0.24)×(0.3－0.1)×0.24		1.00	0.086
	1，C～D轴	KL1	(1.88＋5.72－0.23－0.28)×(0.7－0.12)×0.24		1.00	0.987
	2，B～C轴	KL2	(2.04－0.24)×(0.3－0.1)×0.24		1.00	0.086
	2，C～D轴	KL2	(1.88＋5.72－0.23－0.28)×(0.7－0.12)×0.24		1.00	0.987
	3、4，A～C轴	KL3	(2.96＋2.04－0.2－0.12)×(0.5－0.1)×0.24×2		1.00	0.899
	3、4，C～1/C轴	KL3	(1.88－0.23＋0.12)×(0.7－0.11)×0.24×2		1.00	0.501
	3、4，1/C～D轴	KL3	(5.72－0.12－0.28)×(0.7－0.12)×0.24×2		1.00	1.481
	5、7，B～C轴	KL2	(2.04－0.24)×(0.3－0.1)×0.24×2		1.00	0.173
	5、7，C～D轴	KL2	(1.88＋5.72－0.23－0.28)×(0.7－0.115)×0.24×2		1.00	1.991
	6，B～C轴	KL2	(2.04－0.24)×(0.3－0.1)×0.24		1.00	0.086
	6，C～D轴	KL2	(1.88＋5.72－0.23－0.28)×(0.7－0.11)×0.24		1.00	1.004
	8，B～C轴	KL5	(2.04－0.24)×(0.3－0.1)×0.24		1.00	0.086
	8，C～1/C轴	KL5	(1.88－0.23＋0.12)×(0.7－0.11)×0.24		1.00	0.251
	8，1/C～D轴	KL5	(5.72－0.12－0.28)×(0.7－0.12)×0.24		1.00	0.741
	9，B～C轴	KL5	(2.04－0.24)×(0.3－0.1)×0.24		1.00	0.086
	9，C～1/C轴	KL5	(1.88－0.23＋0.12)×(0.7－0.125)×0.24		1.00	0.244
	9，1/C～D轴	KL5	(5.72－0.12－0.28)×(0.7－0.15)×0.24		1.00	0.702
	10，B～C轴	KL6	(2.04－0.24)×(0.3－0.1)×0.24		1.00	0.086
	10，C～D轴	KL6	(1.88＋5.72－0.23－0.28)×(0.7－0.15)×0.24		1.00	0.936
	7.17m A，3～4轴	KL5	(3.0－0.2×2)×(0.4－0.1)×0.24		1.00	0.187
	B，1～10轴	KL6	(35.2－0.28×2－0.4×6－0.24×2)×(0.4－0.1)×0.12		1.00	1.143
	C，1～3、4～5、7～8轴	KL7	(4.2×4－0.23－0.35×3.5)×(0.4－0.12)×0.24		1.00	1.031
	C，5～7轴	KL7	(4.2×2－0.35×2)×(0.4－0.11)×0.24		1.00	0.536
	C，3～4、8～9轴	KL7	(3.0－0.35)×(0.4－0.1)×0.24×2		1.00	0.382
	C，9～10轴	KL7	(4.0－0.175－0.23)×(0.4－0.15)×0.24		1.00	0.216
	D，1～3、4～5、7～8轴	KL8	(4.2×4－0.28－0.4×3.5)×(0.4－0.12)×0.24		1.00	1.016
	D，5～7轴	KL8	(4.2×2－0.4×2)×(0.4－0.11)×0.24		1.00	0.529
	D，9～10轴	KL8	(4.0－0.2－0.28)×(0.4－0.15)×0.24		1.00	0.211

（续）

序号	位置	名称	子目名称及公式	单位	相同数量	合计
	1，B～C轴	KL1	(2.04－0.24)×(0.3－0.1)×0.24		1.00	0.086
	1，C～D轴	KL1	(1.88＋5.72－0.23－0.28)×(0.7－0.12)×0.24		1.00	0.987
	2，B～C轴	KL2	(2.04－0.24)×(0.3－0.1)×0.24		1.00	0.086
	2，C～D轴	KL2	(1.88＋5.72－0.23－0.28)×(0.7－0.12)×0.24		1.00	0.987
	3、4，A～C轴	KL3	(2.96＋2.04－0.2－0.12)×(0.5－0.1)×0.24×2		1.00	0.899
	3、4，C～1/C轴	KL3	(1.88－0.23＋0.12)×(0.7－0.11)×0.24×2		1.00	0.501
	3、4，1/C～D轴	KL3	(5.72－0.12－0.28)×(0.7－0.12)×0.24×2		1.00	1.481
	5、7，B～C轴	KL2	(2.04－0.24)×(0.3－0.1)×0.24×2		1.00	0.173
	5、7，C～D轴	KL2	(1.88＋5.72－0.23－0.28)×(0.7－0.115)×0.24×2		1.00	1.991
	6，B～C轴	KL2	(2.04－0.24)×(0.3－0.1)×0.24		1.00	0.086
	6，C～D轴	KL2	(1.88＋5.72－0.23－0.28)×(0.7－0.11)×0.24		1.00	1.004
	8，B～C轴	KL4	(2.04－0.24)×(0.3－0.1)×0.24		1.00	0.086
	8，C～1/C轴	KL4	(1.88－0.23＋0.12)×(0.7－0.11)×0.24		1.00	0.251
	8，1/C～D轴	KL4	(5.72－0.12－0.28)×(0.7－0.12)×0.24		1.00	0.741
	9，B～C轴	KL4	(2.04－0.24)×(0.3－0.1)×0.24		1.00	0.086
	9，C～1/C轴	KL4	(1.88－0.23＋0.12)×(0.7－0.125)×0.24		1.00	0.244
	9，1/C～D轴	KL4	(5.72－0.12－0.28)×(0.7－0.15)×0.24		1.00	0.702
	10，B～C轴	KL1	(2.04－0.24)×(0.3－0.1)×0.24		1.00	0.086
	10，C～D轴	KL1	(1.88＋5.72－0.23－0.28)×(0.7－0.15)×0.24		1.00	0.936
	10.8m A，3～4轴	WKL3	(3.0－0.4)×(0.4－0.1)×0.24		1.00	0.187
	B，1～10轴	WKL4	(35.2－0.23×2－0.35×6－0.24×2)×(0.4－0.1)×0.24		1.00	2.316
	C，1～2、9～10轴	WKL4	(4.2＋4.0－0.23×2－0.35)×(0.4－0.11)×0.24		1.00	0.514
	C，2～9轴	WKL4	(35.2－4.2－4.0－0.35×7)×(0.4－0.105)×0.24		1.00	1.738
	D，1～2、9～10轴	WKL4	(4.2＋4.0－0.28×2－0.4)×(0.4－0.12)×0.24		1.00	0.487
	C，2～9轴	WKL4	(35.2－4.2－4.0－0.4×7)×(0.4－0.11)×0.24		1.00	1.684
	1、10，B～C轴	WKL1	(2.04－0.24)×(0.3－0.1)×0.24×2		1.00	0.173
	1、10，C～D轴	WKL1	(7.6－0.23－0.28)×(0.7－0.12)×0.24×2		1.00	1.974
	2、9，B～C轴	WKL1	(2.04－0.24)×(0.3－0.1)×0.24×2		1.00	0.173
	2、9，C～D轴	WKL1	(7.6－0.23－0.28)×(0.7－0.115)×0.24×2		1.00	1.991
	3、4，A～C轴	WKL1	(2.96＋2.04－0.1－0.12－0.24)×(0.5－0.1)×0.24×2		1.00	0.872
	3、4，C～D轴	WKL1	(7.6－0.23－0.28)×(0.7－0.11)×0.24×2		1.00	2.008
	5、6、7、8，B～C轴	WKL1	(2.04－0.24)×(0.3－0.1)×0.24×4		1.00	0.346
	5、6、7、8，C～D轴	WKL1	(7.6－0.23－0.28)×(0.7－0.11)×0.24×4		1.00	4.016

（续）

序号	位置	名称	子目名称及公式	单位	相同数量	合计
	楼梯处 1.77m、5.37m	TL2	(3.0－0.4)×0.24×0.3×2×2		1.00	0.749
	1.77m、5.37m	TL3	(2.63－0.28－0.24)×0.24×0.3×2×2×2		1.00	1.215
33	010405001002		有梁板（板） 1. 板厚度：150mm 2. 混凝土强度等级：C25 3. 混凝土拌和料要求：商品混凝土	m^3		9.900
	3.57m C～D，9～10 轴		(4.0＋0.24)×(1.88＋5.72＋0.24)×0.15－(1.88＋0.12－0.12)×0.12×0.15		1.00	4.952
	7.17m C～D，9～10 轴		(4.0＋0.24)×(1.88＋5.72＋0.24)×0.15－(1.88＋0.12－0.12)×0.12×0.15		1.00	4.952
34	010405001003		有梁板（板） 1. 板厚度：120mm 2. 混凝土强度等级：C25 3. 混凝土拌和料要求：商品混凝土	m^3		40.350
	3.57m C～D，1～3 轴		(4.2×2＋0.24)×(1.88＋5.72＋0.24)×0.12－(1.88＋0.12－0.12)×0.12×0.12		1.00	8.101
	3.57m C～D，4～5、7～8 轴		[(4.2＋0.12)×(1.88＋5.72＋0.24)×0.12－(1.88＋0.12－0.12)×0.12×0.12]×2		1.00	8.074
	7.17m C～D，1～3 轴		(4.2×2＋0.24)×(1.88＋5.72＋0.24)×0.12－(1.88＋0.12－0.12)×0.12×0.12		1.00	8.101
	7.17m C～D，4～5、7～8 轴		[(4.2＋0.12)×(1.88＋5.72＋0.24)×0.12－(1.88＋0.12－0.12)×0.12×0.12]×2		1.00	8.074
	10.8m C-D，1～2、9～10 轴		(4.2＋0.12)×(7.6＋0.12)×0.12×2		1.00	8.004
35	010405001004		有梁板（板） 1. 板厚度：110mm 2. 混凝土强度等级：C25 3. 混凝土拌和料要求：商品混凝土	m^3		37.420
	3.57mm C～D，5～7 轴		4.2×2×(1.88＋5.72＋0.24)×0.11		1.00	7.244
	7.17mm C～D，5～7 轴		4.2×2×(1.88＋5.72＋0.24)×0.11		1.00	7.244
	10.8mm C～D，2～9 轴		(4.2×5＋3.0×2)×(1.88＋5.72＋0.12)×0.11		1.00	22.928
36	010405001005		有梁板（板） 1. 板厚度：100mm 2. 混凝土强度等级：C25 3. 混凝土拌和料要求：商品混凝土	m^3		26.480
	3.57m A～B，3～4 轴		(3.0＋0.24)×(2.96＋0.12)×0.1		1.00	0.998
	3.57m B～C，1～10 轴		(35.2＋0.24)×(2.04－0.12)×0.1		1.00	6.805
	3.57m C～1/C，3～4，8～9 轴		3.0×(1.88＋0.12－0.12)×0.1×2		1.00	1.128
	7.17m A～B，3～4 轴		(3.0＋0.24)×(2.96＋0.12)×0.1		1.00	0.998
	7.17m B～C，1～10 轴		(35.2＋0.24)×(2.04－0.12)×0.1		1.00	6.805
	7.17m C～1/C，3～4，8～9 轴		3.0×(1.88＋0.12－0.12)×0.1×2		1.00	1.128
	10.8m A～B，3～4 轴		(3.0＋0.24)×2.96×0.1		1.00	0.959
	10.8m B～C，1～10 轴		(35.2＋0.24)×(2.04＋0.12)×0.1		1.00	7.655
37	010405007001		天沟、挑檐板 1. 混凝土强度等级：C25 2. 混凝土拌和料要求：商品混凝土	m^3		4.510
	10.8m B，1/6～1/9 轴		(0.62＋4.2＋3.0＋0.62)×[(0.075＋0.15)×0.5×0.6＋0.66×0.15]		1.00	1.405

（续）

序号	位置	名称	子目名称及公式	单位	相同数量	合计
	10.8m A～B，3～4轴		2.96×(0.075+0.15)×0.5×0.6×2+(3.0+0.24)×(0.075+0.15)×0.5×0.62+0.6×0.62×（0.075+0.15）×0.5×2		1.00	0.709
	12.4m B，1～10轴		35.44×(0.075+0.15)×0.5×0.6		1.00	2.392
38	010405008001		雨篷、阳台板（空调搁板） 1. 混凝土标号：C25 2. 混凝土拌和料要求：商品混凝土	m^3		1.070
	空调搁板		[(1.5+2.0×2)×0.6×0.1+(1.5+2.0×2-0.06×3+0.6×2×3-0.06×3)×0.06×0.05]×3		1.00	1.069
39	010406001001		直形楼梯 1. 混凝土强度等级：C25 2. 混凝土拌和料要求：商品混凝土	m^2		63.150
			(3.0-0.24)×(2.97+0.24+2.63-0.12)×2×2		1.00	63.149
40	010407001001		其他构件 1. 构件的类型：女儿墙压顶 2. 混凝土强度等级：C20 3. 混凝土拌和料要求：商品混凝土	m^3		1.730
	11.2m B～D，1、10轴		(2.04+7.6-0.24)×0.24×0.08×2		1.00	0.361
	11.2m 1～10，B，轴		(35.2-0.23×2-0.35×6)×0.24×0.08		1.00	0.627
	12.4m D，1～10轴		(35.2+0.24)×(0.08+0.06)×0.5×(0.24+0.06)		1.00	0.744
41	010407001002		其他构件 1. 构件的类型：阳台混凝土压顶 2. 构件规格：120mm×100mm 3. 混凝土强度等级：C20 4. 混凝土拌和料要求：商品混凝土	m^3		0.910
	二、三层		(35.2-0.28×2-0.4×8+2.96×2+0.4+0.12)×0.12×0.1×2		1.00	0.909
42	010407001003		其他构件 1. 构件的类型：混凝土台阶 2. 混凝土强度等级：C15 3. 混凝土拌和料要求：商品混凝土	m^2		19.210
	A，3～4轴		(3.0-0.4)×0.3+(3.0-0.12+0.12)×0.3-0.08×0.16-0.16×0.32		1.00	1.616
	B，1～3轴		(4.2×2-0.23-0.4-0.24-1.26-0.12)×0.3+(4.2×2-0.24-1.26-0.12)×0.3		1.00	3.879
	B，4～8轴		(4.2×4-0.12-0.4×3.5)×0.3+(4.2×4-0.12-0.4×0.5)×0.3		1.00	9.528
	B，8～10轴		(3.0+4.0+0.05+0.12)×0.6-0.1×0.35-0.1×0.4×2		1.00	4.187
43	010407002001		散水、坡道（坡道） 1. 垫层材料种类、厚度：200mm厚的碎砖灌1:5水泥砂浆、100mm厚混凝土 2. 面层厚度：1:2的水泥砂浆25mm厚抹出60mm宽成深锯齿形表面 3. 混凝土强度等级：C15 4. 混凝土拌和料要求：商品混凝土	m^2		6.120

（续）

序号	位置	名称	子目名称及公式	单位	相同数量	合计
			3.6×(1.5+0.1×2)		1.00	6.120
44	010416001001		现浇混凝土钢筋 1. 种类、规格：ϕ12mm 以内 HPB 300 级钢筋	t		13.079
45	010416001002		现浇混凝土钢筋 1. 种类、规格：ϕ12mm 以内 HRB 335 级钢筋	t		4.849
46	010416001003		现浇混凝土钢筋 1. 种类、规格：ϕ25mm 以内 HRB 335 级钢筋	t		16.972
47	010416001004		现浇混凝土钢筋 1. 种类、规格：Φ6～10mm HRB 400 级钢	t		9.514
48	010416001005		现浇混凝土钢筋 1. 种类、规格：ϕ12－22mm HRB 400 钢筋	t		2.327
49	010416001006		现浇混凝土钢筋 1. 种类、规格：冷拔钢丝 ϕ4mm	t		0.486
50	010416001007		现浇混凝土钢筋 1. 种类、规格：钢筋加固 ϕ12 以内 HPB 300 级钢筋	t		0.782
51	010416001008		现浇混凝土钢筋 1. 种类、规格：电渣压力焊接头	个		740.000
52			A.5 厂库房大门、特种门、木结构工程			
53	010503004001		其他木构件 1. 构件名称：上人孔盖板 2. 防护材料种类：白铁皮包面	m^2		0.490
			0.7×0.7×1		1.00	0.490
54			A.6 金属结构工程			
55	010606008001		钢梯 1. 钢材品种、规格：HRB 335 级钢筋 2. 钢梯形式：U 型爬梯 3. 油漆品种、刷漆遍数：防锈漆一遍，调和漆两遍	t		0.035
			0.035		1.00	0.035
56			A.7 屋面及防水工程			
57	010702001001		屋面卷材防水 1. 卷材品种、规格：聚酯复合防水卷材二层 2. 找平层材料种类及厚度：泡沫混凝土建筑找坡 2%20mm 厚 1:3 水泥砂浆	m^2		365.800
	平面		(35.2－0.24)×(9.64－0.24)+(3.0+0.24)×2.96		1.00	338.214
	立面		(35.2－0.24+9.64－0.24)×2×0.3+(3.0+0.24)×0.3		1.00	27.588
					1.00	
58	010702003001		屋面刚性防水 1. 防水层厚度：40mm 2. 嵌缝材料种类：沥青 3. 混凝土强度等级：C20	m^2		338.210

（续）

序号	位置	名称	子目名称及公式	单位	相同数量	合计
	平面		(35.2 - 0.24) × (9.64 - 0.24) + (3.0 + 0.24) ×2.96		1.00	338.214
					1.00	
59	010702004001		屋面排水管 1. 排水管品种、规格、品牌、颜色：PVC 落水管 Φ110mm PVC 水斗 Φ110mm 屋面铸铁落水口（带罩）Φ110mm	m		44.400
			(10.8 +0.3) ×4		1.00	44.400
60	010703001001		卷材防水（挑檐） 1. 卷材、涂膜品种：聚酯胎卷材 2. 找平层材料品种、厚度：20mm 厚 1:3水泥砂浆	m^2		88.350
	10.8m A ~ B、3 ~4 轴	平面	3.24 ×0.62 +2.96 ×0.6 ×2		1.00	5.561
		侧边	(3.0 +0.24 +2.96 ×2 +0.6 ×2 +0.62 ×2) ×0.075		1.00	0.870
	10.8m B，1/6 ~1/9 轴	平面	8.44 ×1.26		1.00	10.634
		侧边	8.44 ×0.3 +8.44 ×0.075 +(0.075 +0.15) ×0.6 ×2 +0.15 ×0.66 ×2		1.00	3.633
	12.4m B，1 ~10 轴	平面	35.44 ×(0.6 +0.24)		1.00	29.770
		侧边	35.44 ×(0.075 +0.6 +0.24 +0.15) +(0.075 +0.15) ×0.5 ×0.6 ×2		1.00	37.879
61			A.8 防腐、隔热、保温工程			
62	010803001001		保温隔热屋面 1. 保温隔热部位：屋面 2. 保温隔热方式（内保温、外保温、夹心保温）：外保温 3. 保温隔热材料品种、规格及厚度：挤塑聚苯乙烯泡沫塑料板40mm 厚 4. 找平层材料种类：20mm 厚 1:3 水泥砂浆（内掺3% ~5% 防水剂）	m^2		338.210
	平面		(35.2 -0.24) ×(9.64 -0.24) +(3.0 +0.24) ×2.96		1.00	338.214
					1.00	
63			装饰装修工程			
64			B.1 楼地面工程			
65	020101001001		水泥砂浆楼地面 1. 找平层厚度、砂浆配合比：20mm 厚 1:3 水泥砂浆 2. 面层厚度、砂浆配合比：10mm 厚 1:2水泥砂浆	m^2		579.700
	二层 A ~ B，3 ~4 轴		(3.0 -0.12) ×(2.96 -0.06 +0.12)		1.00	8.698
	B ~ C，1 ~10 轴		(35.2 -0.24) ×1.8		1.00	62.928
	C ~1/C，3 ~4、8 ~9 轴		(3.0 -0.24) ×1.88 ×2		1.00	10.378
	C ~D，1 ~3、4 ~8、9 ~10 轴		(35.2 -3.0 ×2 -0.24 ×4) ×(7.6 -0.24)		1.00	207.846
	三层同二层		8.698 +62.928 +10.378 +207.846		1.00	289.850

（续）

序号	位置	名称	子目名称及公式	单位	相同数量	合计
66	020102002001		块料楼地面 1. 素土夯实 2. 30mm 厚碎砖夯实 3. 40 抹面、厚 C15 混凝土 4. 210mm 厚泡沫混凝土 5. 40mm 厚 C20 细石混凝土，内配双向Φ4@150 6. 20mm 厚1:3 水泥砂浆找平 7. 5mm 厚 1:2 水泥砂浆铺贴 600mm × 600mm 地砖	m^2		312.010
	A～B，3～4 轴		(3.0 − 0.12 + 0.12) × (2.96 − 0.12 + 0.3 × 2 + 0.12 − 0.3 × 2)		1.00	8.880
	B～C，1～10 轴		(35.2 − 0.24) × (2.04 − 0.6)		1.00	50.342
	1/A，8～10 轴		(3.0 + 4.0 − 0.15 − 0.3 + 0.12 − 0.3 × 2) × 0.6		1.00	3.642
	C～D，1～10 轴		(35.2 − 0.24 × 6) × (7.6 − 0.24) + (3.0 − 0.24) × 0.24 × 2 − 1.35 × 0.24 × 2 <楼梯底层>		1.00	249.150
67	020105001001		水泥砂浆踢脚线 1. 踢脚线高度：200mm 2. 底层厚度、砂浆配合比：界面处理剂一道，8mm 厚 2:1:8 水泥石灰膏砂浆打底 3. 面层厚度、砂浆配合比：6mm 厚 1:2.5水泥砂浆	m^2		128.580
	一层 C，1～3 轴		[4.2 × 2 − 0.12 + 0.35 × 0.5 + 4.2 × 2 − 0.24 + (0.35 − 0.24) × 2] × 0.2		1.00	3.367
	C，4～8 轴		[4.2 × 4 + 0.35 + 4.2 × 4 − 0.24 × 2 + (0.35 − 0.24) × 2 × 2] × 0.2		1.00	6.782
	C，9～10 轴		(4.0 + 0.35 × 0.5 − 0.12 + 4.0 − 0.24) × 0.2		1.00	1.563
	一层 D，1～10 轴		[35.2 − 0.24 × 6 + (0.35 − 0.24) × 2 × 3] × 0.2		1.00	6.884
	一层 1、10，B～D 轴		(2.04 + 7.6 − 0.24 × 2) × 2 × 0.2		1.00	3.664
	一层 3、4、8、9，C～D 轴		[7.6 × 2 − 0.24 + (0.35 − 0.24) × 0.5] × 4 × 0.2		1.00	12.012
	一层 6，C～D 轴		(7.6 − 0.24) × 2 × 0.2		1.00	2.944
	二层 C，1～3 轴		[4.2 × 2 − 0.12 + 0.35 × 0.5 + 4.2 × 2 − 0.24 + (0.35 − 0.24) × 2] × 0.2		1.00	3.367
	C，4～8 轴		[4.2 × 4 + 0.35 + 4.2 × 4 − 0.24 × 2 + (0.35 − 0.24) × 2 × 2] × 0.2		1.00	6.782
	C，9～10 轴		(4.0 + 0.35 × 0.5 − 0.12 + 4.0 − 0.24) × 0.2		1.00	1.563
	二层 D，1～10 轴		[35.2 − 3.0 × 2 − 0.24 × 4 + (0.35 − 0.24) × 2 × 3] × 0.2		1.00	5.780
	二层 1、10，B～D 轴		(2.04 + 7.6 − 0.24 × 2) × 2 × 0.2		1.00	3.664
	二层 3、4、8、9，C～D 轴		[7.6 − 0.24 + 1.88 − 0.12 + 0.12 + (0.35 − 0.24) × 0.5] × 4 × 0.2		1.00	7.436
	二层 6，C～D 轴		(7.6 − 0.24) × 2 × 0.2		1.00	2.944
	三层同二层		(16.835 + 33.91 + 7.815 + 28.9 + 18.32 + 37.18 + 14.72) × 0.2		1.00	31.536
	楼梯间		[(7.6 − 2.97 − 1.88) × 2 + (3.0 − 0.24) + 2.97 × 1.18 × 2] × 2 × 2 × 0.2		1.00	12.215

（续）

序号	位置	名称	子目名称及公式	单位	相同数量	合计
	走道外侧栏板处				1.00	
	二、三层 A，3~4 轴		(3.0-0.2×2)×2×0.2		1.00	1.040
	B，1~3 轴		(4.2×2-0.12+0.06)×2×0.2		1.00	3.336
	4~10 轴		(4.2×4+3.0+4.0-0.12-0.06)×2×0.2		1.00	9.448
	A~B，3、4 轴		(2.96+0.12-0.06-0.2)×2×2×0.2		1.00	2.256
68	020106003001		水泥砂浆楼梯面 1. 找平层厚度、砂浆配合比：20mm 厚 1:2 水泥砂浆 2. 面层厚度、砂浆配合比：10mm 厚 1:2水泥砂浆	m^2		63.150
			(3.0-0.24)×(2.97+0.24+2.63-0.12)×2×2		1.00	63.149
69	020107001001		金属栏杆（空调搁板处） 1. 扶手材料种类、颜色：铸铁金黄色 2. 栏杆材料种类、颜色：铸铁金黄色	m		26.220
	空调搁板处		(1.5+2.0×2+0.6×6-0.06×2×3)×3		1.00	26.220
70	020107001002		金属栏杆（屋顶女儿墙上） 1. 栏杆材料种类、规格：不锈钢钢管 ϕ76mm	m		55.200
	屋顶女儿墙上		(2.04+7.6+0.24)×2+35.44		1.00	55.200
71	020107001003		金属扶手带栏杆、栏板（底层坡道处） 1. 扶手材料种类、规格：镜面不锈钢钢管 Φ76.2mm×1.5mm 2. 栏杆材料种类、规格：镜面不锈钢管 Φ31.8mm×1.2mm 镜面不锈钢管 Φ63.5mm×1.5mm	m		8.400
	底层坡道处		(3.6+0.3×2)×2		1.00	8.400
72	020107002001		硬木扶手带栏杆、栏板 1. 扶手材料种类：硬木 2. 栏杆材料种类：型钢 3. 油漆品种、刷漆遍数：木扶手底油一遍、磁漆一遍、刮腻子调和漆二遍金属面调和漆二遍	m		33.410
			[(2.97+0.27)×1.18×4+1.35+0.06]×2		1.00	33.406
73	020108002001		块料台阶面 1. 找平层厚度、砂浆配合比：20mm 厚 1:3 水泥砂浆 2. 粘结层材料种类：5mm 厚 1:2 水泥砂浆 3. 面层材料品种、规格、品牌、颜色：地砖 300mm×300mm	m^2		29.310
	A，3~4 轴平面		(3.0-0.4)×0.3+(3.0-0.12+0.12)×0.3-0.08×0.16-0.16×0.32		1.00	1.616
	侧面		(3.0-0.4)×0.15×2		1.00	0.780
	B，1~3 轴平面		(4.2×2-0.23-0.4-0.24-1.26-0.12)×0.3+(4.2×2-0.24-1.26-0.12)×0.3		1.00	3.879

（续）

序号	位置	名称	子目名称及公式	单位	相同数量	合计
	侧面		(4.2×2－0.4－0.28－0.24－1.26－0.12)×0.15×2		1.00	1.830
	B，4～8轴平面		(4.2×4－0.12－0.4×3.5)×0.3＋(4.2×4－0.12－0.4×0.5)×0.3		1.00	9.528
	侧面		(4.2×4－0.12－0.4×3.5)×0.15×2		1.00	4.584
	B，8～10轴平面		(3.0＋4.0＋0.05＋0.12)×0.6－0.1×0.35－0.1×0.4×2		1.00	4.187
	侧面		(3.0×4.0＋0.15＋0.12＋0.6－0.4＋0.6－0.4)×0.15＋(3.0＋4.0－0.15＋0.12－0.3)×0.15		1.00	2.901
74	020109004001		水泥砂浆零星项目 1. 工程部位：空调搁板	m²		9.900
	空调搁板		(1.5＋2.0×2)×0.6×3		1.00	9.900
75			B.2 墙、柱面工程			
76	020201001001		墙面一般抹灰 1. 墙体类型：外墙 2. 底层厚度、砂浆配合比：3mm厚NALC防水界面剂防裂钢丝网一道 3. 面层厚度、砂浆配合比：8mm厚1:3聚合物砂浆1或2遍	m²		464.880
	北立面		(35.44－0.4×10)×(0.3＋10.8＋1.6＋0.02－0.4×3)		1.00	362.189
			<扣门窗洞口>－(2.1×1.8×6×3＋2.4×1.8×1×3＋1.8×1.5×2×2)＋<加门窗洞口侧边>(2.1＋1.8)×2×0.12×6×3＋(2.4＋1.8)×2×0.12×1×3＋(1.8＋1.5)×2×0.12×2×2		1.00	－68.760
	东西立面		(2.04－0.24)×(0.3＋10.8＋0.4－0.3×3)×2＋(7.6－0.23－0.28)×(0.3＋10.8＋0.4－0.7×3)×2		1.00	171.452
					1.00	
77	020201001002		墙面一般抹灰 1. 墙体类型：内墙 2. 底层厚度、砂浆配合比：刷界面剂一道防裂钢丝网一道15mm厚1:3水泥砂浆 3. 面层厚度、砂浆配合比：10mm厚1:2水泥砂浆	m²		1492.360
	一层C，1～3、4～10轴		(35.2－0.24－3.0×2＋0.35×2)×(3.6－0.1)		1.00	103.810
			(4.2×2－0.23－0.35×1.5)×(3.6－0.12)		1.00	26.605
			(4.2×2－0.35×2)×(3.6－0.12)		1.00	26.796
			(4.2×2－0.35×2)×(3.6－0.11)		1.00	26.873
			(4.0－0.35×0.5－0.23)×(3.6－0.15)		1.00	12.403
			<扣门窗洞口>－(1.0×2.7×7＋2.1×1.8×6＋1.6×1.8×1)×2		1.00	－88.920
	一层D，1～10轴		(4.2×4－0.28－0.4×3.5)×(3.6－0.12)		1.00	52.618

（续）

序号	位置	名称	子目名称及公式	单位	相同数量	合计
			(4.2×2－0.4×2)×(3.6－0.11)		1.00	26.524
			(3.0－0.4)×3.6×2		1.00	18.720
			(4.0－0.2－0.28)×(3.6－0.15)		1.00	12.144
			<扣门窗洞口>－(2.1×1.8×6＋2.4×1.8×1)		1.00	－27.000
	一层1，B～D轴		(2.04－0.24)×(3.6－0.1)＋(7.6－0.23－0.28)×(3.6－0.12)		1.00	30.973
	一层3、4、8，C～D轴		[(7.6－0.23－0.28)×(3.6－0.12)＋(1.88－0.23＋0.12)×(3.6－0.1)＋(5.72－0.12－0.28)×3.6]×3		1.00	150.061
	一层6，C～D轴		(7.6－0.23－0.28)×(3.6－0.11)×2		1.00	49.488
	一层9，C～D轴		(1.88－0.23＋0.12)×(3.6－0.1)＋(5.72－0.12－0.28)×3.6＋(7.6－0.23－0.28)×(3.6－0.15)		1.00	49.808
	一层10，C～D轴		(2.04－0.24)×(3.6－0.1)＋(7.6－0.23－0.28)×(3.6－0.15)		1.00	30.761
	二层C，1～3、4～10轴		(35.2－0.24－3.0×2＋0.35×2)×(3.6－0.1)		1.00	103.810
			(4.2×2－0.23－0.35×1.5)×(3.6－0.12)		1.00	26.605
			(4.2×2－0.35×2)×(3.6－0.12)		1.00	26.796
			(4.2×2－0.35×2)×(3.6－0.11)		1.00	26.873
			(4.0－0.35×0.5－0.23)×(3.6－0.15)		1.00	12.403
			<扣门窗洞口>－(1.0×2.7×7＋2.1×1.8×6＋1.6×1.8×1)×2		1.00	－88.920
	二层D，1～10轴		(4.2×4－0.28－0.4×3.5)×(3.6－0.12)		1.00	52.618
			(4.2×2－0.4×2)×(3.6－0.11)		1.00	26.524
			(3.0－0.4)×3.6×2		1.00	18.720
			(4.0－0.2－0.28)×(3.6－0.15)		1.00	12.144
			<扣门窗洞口>－(2.1×1.8×6＋2.4×1.8×1＋1.8×1.5×2)		1.00	－32.400
	二层1，B～D轴		(2.04－0.24)×(3.6－0.1)＋(7.6－0.23－0.28)×(3.6－0.12)		1.00	30.973
	二层3、4、8，C～D轴		[(7.6－0.23－0.28)×(3.6－0.12)＋(1.88－0.23＋0.12)×(3.6－0.1)＋(5.72－0.12－0.28)×3.6]×3		1.00	150.061
	二层6，C～D轴		(7.6－0.23－0.28)×(3.6－0.11)×2		1.00	49.488
	二层9，C～D轴		(1.88－0.23＋0.12)×(3.6－0.1)＋(5.72－0.12－0.28)×3.6＋(7.6－0.23－0.28)×(3.6－0.15)		1.00	49.808
	二层10，C～D轴		(2.04－0.24)×(3.6－0.1)＋(7.6－0.23－0.28)×(3.6－0.15)		1.00	30.761
	三层C，1～3、4～10轴		(35.2－0.24－3.0×2＋0.35×2)×(3.6－0.1)		1.00	103.810
			(4.2＋4.0－0.23×2－0.35)×(3.6－0.12)		1.00	25.717
			(4.2×5－0.35×5)×(3.6－0.11)		1.00	67.183
			<扣门窗洞口>－(1.0×2.7×7＋2.1×1.8×6＋1.6×1.8×1)×2		1.00	－88.920

（续）

序号	位置	名称	子目名称及公式	单位	相同数量	合计
	三层 D，1 ~ 10 轴		(4.2 + 4.0 − 0.28 × 2 − 0.4) × (3.6 − 0.12)		1.00	25.195
			(4.2 × 5 + 3.0 × 2 − 0.4 × 7) × (3.6 − 0.11)		1.00	84.458
			<扣门窗洞口> − (2.1 × 1.8 × 6 + 2.4 × 1.8 × 1 + 1.8 × 1.5 × 2)		1.00	−32.400
	三层 1、10，B ~ D 轴		[(2.04 − 0.24) × (3.6 − 0.1) + (7.6 − 0.23 − 0.28) × (3.6 − 0.12)] × 2		1.00	61.946
	三层 3、4、6、8、9，C ~ D 轴		(7.6 − 0.23 − 0.28) × (3.6 − 0.11) × 5 × 2		1.00	247.441
78	020201001003		墙面一般抹灰 1. 墙体类型：1 600mm 高女儿墙内侧 2. 底层厚度、砂浆配合比：12mm 厚 1:3 水泥砂浆 3. 面层厚度、砂浆配合比：8mm 厚 1:2.5 水泥砂浆	m^2		53.840
	D，1 ~ 10 轴		(35.2 − 0.24) × (1.6 − 0.06)		1.00	53.838
					1.00	
79	020202001001		柱面一般抹灰（室外冷桥部位） 1. 专用界面砂浆一道（防水） 2. 25mm 厚挤塑聚苯乙烯泡沫塑料板 3. 防裂钢丝网一道 4. 8mm 厚聚合物砂浆	m^2		140.680
	D，1 ~ 10 轴	梁	(35.2 − 0.28 × 2 − 0.4 × 8) × 0.4 × 3		1.00	37.728
		柱	(10.8 + 0.3) × 0.4 × 10		1.00	44.400
	1、10，B ~ D 轴	梁	(2.04 − 0.24) × 0.3 × 2 × 3 + (7.6 − 0.23 − 0.28) × 0.7 × 2 × 3		1.00	33.018
		柱	(10.8 + 0.3) × (0.4 × 2 + 0.35) × 2		1.00	25.530
80	020202001002		柱面一般抹灰（屋顶构架柱、梁） 1. 柱体类型：混凝土柱 2. 底层厚度、砂浆配合比：12mm 厚 1:3 水泥砂浆 3. 面层厚度、砂浆配合比：8mm 厚 1:2.5 水泥砂浆	m^2		57.120
	B，1 ~ 10 轴	柱	(1.6 − 0.15) × 0.4 × 4 × 8 + 0.24 × 4 × 1.05 × 11		1.00	29.648
		梁下口	(35.2 − 0.28 × 2 − 0.4 × 6 − 0.24 × 11) × 0.24		1.00	7.104
	1、10，B ~ D 轴	柱	1.05 × 0.24 × 4 × 3 × 2		1.00	6.048
		梁	(2.04 + 7.6 − 0.24) × (0.24 + 0.15) × 2 × 2 − 0.24 × 0.24 × 3 × 2		1.00	14.318
81	020202001003		柱面一般抹灰（室外独立柱） 1. 底层厚度、砂浆配合比：12mm 厚 1:3 水泥砂浆 2. 面层厚度、砂浆配合比：8mm 厚 1:2.5 水泥砂浆	m^2		172.500
	一层 A，3 轴		0.4 × 4 × (0.3 + 3.6 − 0.1) − (0.4 × 0.5 − 0.12) × 0.3 − 0.3 × 0.15 − (0.4 − 0.3) × 0.3		1.00	5.981
	A，4 轴		0.4 × 4 × (0.3 + 3.6 − 0.1) − 0.3 × 0.15 − (0.4 − 0.3) × 0.3 − 0.3 × 0.3 + (0.4 × 3 − 0.4 − 0.12) × 0.1		1.00	5.983
	一层 B，1 轴		0.4 × 3 × (0.3 + 3.6 − 0.1) − 0.3 × 0.15 − (0.4 − 0.24) × 0.3 + (0.4 × 3 − 0.12) × 0.1		1.00	4.575

（续）

序号	位置	名称	子目名称及公式	单位	相同数量	合计
	B，2、5、6、7 轴		[0.4×4×(0.3+3.6−0.1)−0.3×0.15×2−0.4×0.3]×4+(0.4×3−0.12×2)×0.1×4		1.00	23.864
	B，8 轴		0.4×4×(0.3+3.6−0.1)−0.3×0.15−(0.4−0.3)×0.5×0.3−0.4×0.3×2+(0.4×3−0.12×2)×0.1		1.00	5.876
	B，9 轴		0.4×4×(3.6−0.1)+(0.4×3−0.12×2)×0.1		1.00	5.696
	B，10 轴		0.4×4×(0.3+3.6−0.1)−0.3×0.15−(0.4−0.3)×0.3−0.4×0.3−(0.4−0.24)×0.3+(0.4×3−0.12)×0.1		1.00	5.945
	二层 A，3、4 轴		(0.4×4×(3.6−0.1)+(0.4×3−0.4−0.12)×0.1)×2		1.00	11.336
	二层 B，1 轴		0.4×3×(0.3+3.6−0.1)−0.3×0.15−(0.4−0.24)×0.3+(0.4×3−0.12)×0.1		1.00	4.575
	B，2、5、6、7 轴		[0.4×4×(0.3+3.6−0.1)−0.3×0.15×2−0.4×0.3]×4+(0.4×3−0.12×2)×0.1×4		1.00	23.864
	B，8 轴		0.4×4×(0.3+3.6−0.1)−0.3×0.15−(0.4−0.3)×0.5×0.3−0.4×0.3×2+(0.4×3−0.12×2)×0.1		1.00	5.876
	B，9 轴		0.4×4×(3.6−0.1)+(0.4×3−0.12×2)×0.1		1.00	5.696
	B，10 轴		0.4×4×(0.3+3.6−0.1)−0.3×0.15−(0.4−0.3)×0.3−0.4×0.3−(0.4−0.24)×0.3+(0.4×3−0.12)×0.1		1.00	5.945
	三层同二层		11.336+4.575+23.864+5.876+5.696+5.945		1.00	57.292
					1.00	
82	020202001004		柱面一般抹灰（室内柱面） 1. 柱体类型：混凝土柱 2. 底层厚度、砂浆配合比：刷界面剂一道，防裂钢丝网一道 15mm 厚 1:3 水泥砂浆 3. 面层厚度、砂浆配合比：10mm 厚 1:2水泥砂浆	m^2		91.070
	一层 C，1 轴		(0.35×2−0.24×2)×(3.6−0.12)		1.00	0.766
	C，2 轴		(0.35×3−0.24×2)×(3.6−0.12)		1.00	1.984
	C，3、4、8 轴		(0.35×3−0.24×2)×(3.6−0.11)×3		1.00	5.968
	C，6 轴		(0.35×3−0.24×3)×(3.6−0.11)		1.00	1.152
	C，5、7 轴		(0.35×3−0.24×2)×(3.6−0.115)×2		1.00	3.973
	C，9 轴		(0.35×3−0.24×2)×(3.6−0.125)		1.00	1.981
	C，10 轴		(0.35×2−0.24×2)×(3.6−0.15)		1.00	0.759
	D，1 轴		(0.4×2−0.24×2)×(3.6−0.12)		1.00	1.114
	D，2 轴		(0.4×3−0.24×2)×(3.6−0.12)		1.00	2.506
	D，3、4、8 轴		(0.4×3−0.24×3)×(3.6−0.12×0.5)×3		1.00	5.098
	D，5、7 轴		(0.4×3−0.24×2)×(3.6−0.115)×2		1.00	5.018
	D，6 轴		(0.4×3−0.24×3)×(3.6−0.11)		1.00	1.675
	D，9 轴		(0.4×3−0.24×3)×(3.6−0.15×0.5)		1.00	1.692

（续）

序号	位置	名称	子目名称及公式	单位	相同数量	合计
	D，10轴		(0.4×2－0.24×2)×(3.6－0.15)		1.00	1.104
	二层同一层		0.766＋1.984＋5.968＋1.152＋3.973＋1.981＋0.759＋1.114＋2.506＋5.098＋5.018＋1.675＋1.692＋1.104		1.00	34.790
	三层C，1.10轴		(0.4×2－0.24×2)×(3.6－0.12)×2		1.00	2.227
	C，2轴		(0.4×3－0.24×2)×(3.6－0.115)		1.00	2.509
	C，3、4、8、9轴		(0.4×3－0.24×2)×(3.6－0.11)×4		1.00	10.051
	C，5、7轴		(0.4×3－0.24×2)×(3.6－0.11)×2		1.00	5.026
	C，6轴		(0.4×3－0.24×3)×(3.6－0.11)		1.00	1.675
					1.00	
					1.00	
					1.00	
					1.00	
83	020203001001		零星项目一般抹灰 1. 抹灰部位：400mm高女儿墙内侧 2. 底层厚度、砂浆配合比：12mm厚1:3水泥砂浆 3. 面层厚度、砂浆配合比：8mm厚1:2水泥砂浆	m^2		21.500
	B，1～10轴		(35.2－0.24)×0.4		1.00	13.984
	1、10，B～D轴		(9.64－0.24)×0.4×2		1.00	7.520
					1.00	
84	020203001002		零星项目一般抹灰 1. 抹灰部位：混凝土压顶 2. 底层厚度、砂浆配合比：12mm厚1:3水泥砂浆 3. 面层厚度、砂浆配合比：8mm厚1:2水泥砂浆	m^2		26.250
	B，1～10轴		(35.2－0.23×2－0.35×6－0.24×11)×0.24		1.00	7.200
	D，1～10轴		(35.2＋0.24)×(0.24＋0.06×3)		1.00	14.885
	1、10，B～D轴		(9.64－0.24－0.24×3)×0.24×2		1.00	4.166
85	020203001003		零星项目一般抹灰 1. 抹灰部位：阳台栏板外侧 2. 底层厚度、砂浆配合比：12mm厚1:3水泥砂浆 3. 面层厚度、砂浆配合比：8mm厚1:2水泥砂浆	m^2		92.100
	二、三层		(35.2＋2.96×2－4.2－3.0－0.28×2－0.4×6＋0.4－0.12－0.12×9＋0.03×2×9)×(1.1＋0.4)×2		1.00	92.100
					1.00	
86	020203001004		零星项目一般抹灰 1. 抹灰部位：阳台栏板内侧 2. 底层厚度、砂浆配合比：12mm厚1:3水泥砂浆 3. 面层厚度、砂浆配合比：8mm厚1:2水泥砂浆	m^2		82.460
	二、三层		(35.2＋2.96×2－0.28×2－0.4×6＋0.12－0.4×2)×1.1×2		1.00	82.456

（续）

序号	位置	名称	子目名称及公式	单位	相同数量	合计
87	020203001005		零星项目一般抹灰 1. 抹灰部位：阳台栏板压顶 2. 底层厚度、砂浆配合比：12mm 厚 1:3水泥砂浆 3. 面层厚度、砂浆配合比：8mm 厚1:2 水泥砂浆	m^2		7. 280
	二、三层		(35. 2 + 2. 96 × 2 − 4. 2 − 3. 9 − 0. 28 × 2 − 0. 4 × 6 + 0. 4 − 0. 12) × 0. 12 × 2		1. 00	7. 282
88	020203001006		零星项目一般抹灰 1. 抹灰部位：台阶、坡道处挡土墙 2. 底层厚度、砂浆配合比：12mm 厚 1:3水泥砂浆 3. 面层厚度、砂浆配合比：8mm 厚1:2 水泥砂浆	m^2		9. 260
	台阶		(0. 1 + 0. 3 + 0. 24) × (2. 96 − 0. 2 + 0. 24) − (1. 5 + 0. 1 × 2) × 0. 3		1. 00	1. 410
	坡道		(0. 1 + 0. 3 × 0. 5 + 0. 3 × 2 + 0. 24) × 3. 6 × 2		1. 00	7. 848
					1. 00	
89	020206003001		块料零星项目 1. 柱、墙体类型：阳台栏板外侧 2. 底层厚度、砂浆配合比：12mm 厚 1:3水泥砂浆 3. 粘结层厚度、材料种类：5mm 厚 1:0. 1:2. 5混合砂浆 4. 挂贴方式：粘贴 5. 面层材料品种、规格、品牌、颜色：七彩面砖 152mm × 152mm	m^2		20. 740
	二、三层		(4. 2 + 3. 0 − 0. 4 × 2) × (1. 1 + 0. 4 + 0. 12) × 2		1. 00	20. 736
90	020206003002		块料零星项目 1. 柱、墙体类型：花池 2. 底层厚度、砂浆配合比：12mm 厚 1:3水泥砂浆 3. 粘结层厚度、材料种类：5mm 厚 1:0. 1:2. 5混合砂浆 4. 挂贴方式：粘贴 5. 面层材料品种、规格、品牌、颜色：100mm × 200mm 面砖白色	m^2		2. 750
			(0. 2 × 2 + 0. 24) × (2. 8 + 1. 26 + 0. 24)		1. 00	2. 752
91			B. 3 天棚工程			
92	020301001001		天棚抹灰 1. 基层类型：混凝土 2. 抹灰厚度、材料种类：批白水泥腻子	m^2		1 191. 470
	一层天棚 3 ~ 4，A ~ B 轴		(3. 0 + 0. 12) × 2. 96 + <加下挂梁> (3. 0 − 0. 4) × (0. 4 × 2 − 0. 1) + <加下挂梁> (2. 96 − 0. 2) × (0. 5 × 2 − 0. 1) × 2		1. 00	16. 023
	1 ~ 10，B ~ C 轴		(35. 2 − 0. 24) × (2. 04 − 0. 12) + <加下挂梁> (35. 2 − 0. 24) × (0. 4 − 0. 1) + <加下挂梁> (2. 04 − 0. 24) × (0. 3 × 2 − 0. 1 × 2) × 8		1. 00	83. 371

（续）

序号	位置	名称	子目名称及公式	单位	相同数量	合计
	1 ~3，C ~D 轴		(4.2 ×2 −0.24) ×(7.6 −0.24) + <加下挂梁>(7.6 −0.23 −0.28) ×(0.7 ×2 −0.12 ×2)		1.00	68.282
	3 ~4、8 ~9，C ~D 轴		[(3.0 −0.24) ×(1.88 −0.12 +0.12) + <加下挂梁>(3.0 −0.35) ×(0.4 ×2 −0.1 ×2)] ×2		1.00	13.558
	4 ~8，C ~D 轴		(4.2 ×4 −0.24 ×2) ×(7.6 −0.24) + <加下挂梁>(7.6 −0.23 −0.28) ×(0.7 ×4 −0.11 ×2 −0.12 ×2)		1.00	136.706
	9 ~10，C ~D 轴		(4.0 −0.24) ×(7.6 −0.24)		1.00	27.674
	二层天棚同一层		16.023 + 83.371 + 68.282 + 13.558 + 136.706 +27.674		1.00	345.614
					1.00	
	三层天棚 3 ~4，A ~B 轴		(3.0 +0.12) ×2.96 + <加下挂梁>(3.0 −0.4) ×(0.4 ×2 −0.1) + <加下挂梁>(2.96 −0.2) ×(0.5 ×2 −0.1) ×2		1.00	16.023
	1 ~10，B ~C 轴		(35.2 −0.24) ×(2.04 −0.12) + <加下挂梁>(35.2 −0.24) ×(0.4 −0.1) + <加下挂梁>(2.04 −0.24) ×(0.3 ×2 −0.1 ×2) ×8		1.00	83.371
	1 ~3，C ~D 轴		(4.2 ×2 −0.24) ×(7.6 −0.24) + <加下挂梁>(7.6 −0.23 −0.28) ×(0.7 ×2 −0.12 −0.11)		1.00	68.353
	3 ~4、8 ~9，C ~D 轴		[(3.0 −0.24) ×7.6 + <加下挂梁>(3.0 −0.35) ×(0.4 ×2 −0.1 −0.11)] ×2		1.00	45.079
	4 ~8，C ~D 轴		(4.2 ×4 −0.24 ×2) ×(7.6 −0.24) + <加下挂梁>(7.6 −0.23 −0.28) ×(0.7 ×4 −0.11 ×4)		1.00	136.848
	9 ~10，C ~D 轴		(4.0 −0.24) ×(7.6 −0.24)		1.00	27.674
					1.00	
	挑檐板天棚 10.8m B，1/6 ~1/9 轴		(0.62 +4.2 +3.0 +0.62) ×(0.605 +0.66)		1.00	10.677
	挑檐板天棚 10.8m A ~B，3 ~4 轴		2.96 ×2 ×0.605 +3.24 ×0.625 +0.605 ×0.625 ×2		1.00	6.363
	挑檐板天棚 12.4m B，1 ~10 轴		35.44 ×0.605		1.00	21.441
					1.00	
					1.00	
	楼梯天棚		63.15 ×1.18		1.00	74.517
	空调搁板天棚		(1.5 +2.0 ×2) ×0.6 ×3		1.00	9.900
93			B.4 门窗工程			
94	020401003001		实木装饰门 1. 门类型：成品实木门（含门套） 2. 框截面尺寸、单扇面积：1 000mm ×2 700mm	樘		21.000
		M-1	7 ×3		1.00	21.000
95	020406001001		金属推拉窗 1. 窗类型：塑钢中空玻璃推拉窗 2. 框材质、外围尺寸：塑钢 80 系列 3. 玻璃品种、厚度、五金材料、品种、规格：中空玻璃 5 +9 +5	m^2		168.480

（续）

序号	位置	名称	子目名称及公式	单位	相同数量	合计
		C-1	2.1×1.8×36		1.00	136.080
		C-2	2.4×1.8×3		1.00	12.960
		C-3	1.8×1.5×4		1.00	10.800
		C-4	1.6×1.8×3		1.00	8.640
96	020406009001		金属格栅窗 1. 窗类型：防盗栅 2. 框材质、外围尺寸：不锈钢钢管	m^2		57.960
		C-1	2.1×1.8×6×2		1.00	45.360
		C-2	2.4×1.8		1.00	4.320
		C-3	1.8×1.5×2		1.00	5.400
		C-4	1.6×1.8×1		1.00	2.880
97			B.5 油漆、涂料、裱糊工程			
98	020507001001		刷喷涂料 1. 基层类型：混凝土、砖 2. 刮腻子要求：刮防水腻子1或2遍 3. 涂料品种、刷喷遍数：外墙涂料	m^2		907.840
	外墙面抹灰		464.88		1.00	464.880
	外墙柱梁面冷桥部位		140.68		1.00	140.680
	构架柱梁B，1～10轴	柱	(1.6－0.15)×0.4×2×8＋0.24×1×1.05×11		1.00	12.052
		梁下口	(35.2－0.28×2－0.4×6－0.24×11)×0.24		1.00	7.104
	构架柱梁1、10，B～D轴	柱	1.05×0.24×1×3×2		1.00	1.512
		梁	(2.04＋7.6－0.24)×(0.24＋0.15)×2×2－0.24×0.24×3×2		1.00	14.318
					1.00	
	室外独立柱一层A，3轴		0.4×4×(0.3＋3.6－0.1)－(0.4×0.5－0.12)×0.3－0.3×0.15－(0.4－0.3)×0.3		1.00	5.981
	A，4轴		0.4×4×(0.3＋3.6－0.1)－0.3×0.15－(0.4－0.3)×0.3－0.3×0.3＋(0.4×3－0.4－0.12)×0.1		1.00	5.983
	一层B，1轴		0.4×3×(0.3＋3.6－0.1)－0.3×0.15－(0.4－0.24)×0.3＋(0.4×3－0.12)×0.1		1.00	4.575
	B，2、5、6、7轴		(0.4×4×(0.3＋3.6－0.1)－0.3×0.15×2－0.4×0.3)×4＋(0.4×3－0.12×2)×0.1×4		1.00	23.864
	B，8轴		0.4×4×(0.3＋3.6－0.1)－0.3×0.15－(0.4－0.3)×0.5×0.3－0.4×0.3×2＋(0.4×3－0.12×2)×0.1		1.00	5.876
	B，9轴		0.4×4×(3.6－0.1)＋(0.4×3－0.12×2)×0.1		1.00	5.696
	B，10轴		0.4×4×(0.3＋3.6－0.1)－0.3×0.15－(0.4－0.3)×0.3－0.4×0.3－(0.4－0.24)×0.3＋(0.4×3－0.12)×0.1		1.00	5.945
	二层A，3、4轴		[0.4×4×(3.6－0.1)＋(0.4×3－0.4－0.12)×0.1]×2		1.00	11.336
	二层B，1轴		0.4×3×(0.3＋3.6－0.1)－0.3×0.15－(0.4－0.24)×0.3＋(0.4×3－0.12)×0.1		1.00	4.575

（续）

序号	位置	名称	子目名称及公式	单位	相同数量	合计
	B，2、5、6、7轴		(0.4×4×(0.3+3.6−0.1)−0.3×0.15×2−0.4×0.3)×4+(0.4×3−0.12×2)×0.1×4		1.00	23.864
	B，8轴		0.4×4×(0.3+3.6−0.1)−0.3×0.15−(0.4−0.3)×0.5×0.3−0.4×0.3×2+(0.4×3−0.12×2)×0.1		1.00	5.876
	B，9轴		0.4×4×(3.6−0.1)+(0.4×3−0.12×2)×0.1		1.00	5.696
	B，10轴		0.4×4×(0.3+3.6−0.1)−0.3×0.15−(0.4−0.3)×0.3−0.4×0.3−(0.4−0.24)×0.3+(0.4×3−0.12)×0.1		1.00	5.945
	三层同二层		11.336+4.575+23.864+5.876+5.696+5.945		1.00	57.292
	扣阳台栏板与柱交界处		−1.1×0.12×9×2		1.00	−2.376
					1.00	
	挑檐板侧边10.8m B，1/6~1/9轴		(0.62+4.2+3.0+0.62)×0.075+[(0.075+0.15)×0.5×0.6+0.66×0.15]×2		1.00	0.966
	10.8m A~B，3~4轴		(2.96+0.74+3.0+0.72×2+2.96+0.74)×0.075		1.00	0.888
	12.4m B，1~10轴		35.44×0.075+(0.075+0.15)×0.5×0.6×2		1.00	2.793
	阳台栏板侧边二、三层		(35.2+2.96×2−4.2−3.0−0.28×2−0.4×4−0.12−0.4×2)×(1.1+0.4)×2		1.00	92.520
99	020507001002		刷喷涂料 1. 基层类型：混凝土 2. 涂料品种、刷喷遍数：磁性涂料	m^2		2934.410
	一、内墙面				1.00	
	一层C，1~3、4~10轴		(35.2−0.24−3.0×2+0.35×2)×(3.6−0.1)		1.00	103.810
			(4.2×2−0.23−0.35×1.5)×(3.6−0.12)		1.00	26.605
			(4.2×2−0.35×2)×(3.6−0.12)		1.00	26.796
			(4.2×2−0.35×2)×(3.6−0.11)		1.00	26.873
			(4.0−0.35×0.5−0.23)×(3.6−0.15)		1.00	12.403
			<扣门窗洞口>−(1.0×2.7×7+2.1×1.8×6+1.6×1.8×1)×2		1.00	−88.920
			<加门窗洞口侧边>[(1.0+2.7×2)×7+(2.1+1.8)×2×6+(1.6+1.8)×2×1]×0.1×2		1.00	19.680
	一层D，1~10轴		(4.2×4−0.28−0.4×3.5)×(3.6−0.12)		1.00	52.618
			(4.2×2−0.4×2)×(3.6−0.11)		1.00	26.524
			(3.0−0.4)×3.6×2		1.00	18.720
			(4.0−0.2−0.28)×(3.6−0.15)		1.00	12.144
			<扣门窗洞口>−(2.1×1.8×6+2.4×1.8×1)		1.00	−27.000
			<加门窗洞口侧边>[(2.1+1.8)×2×6+(2.4+1.8)×2×1]×0.1		1.00	5.520

（续）

序号	位置	名称	子目名称及公式	单位	相同数量	合计
	一层1，B～D轴		(2.04－0.24)×(3.6－0.1)+(7.6－0.23－0.28)×(3.6－0.12)		1.00	30.973
	一层3、4、8，C～D轴		[(7.6－0.23－0.28)×(3.6－0.12)+(1.88－0.23+0.12)×(3.6－0.1)+(5.72－0.12－0.28)×3.6]×3		1.00	150.061
	一层6，C～D轴		(7.6－0.23－0.28)×(3.6－0.11)×2		1.00	49.488
	一层9，C～D轴		(1.88－0.23+0.12)×(3.6－0.1)+(5.72－0.12－0.28)×3.6+(7.6－0.23－0.28)×(3.6－0.15)		1.00	49.808
	一层10，C～D轴		(2.04－0.24)×(3.6－0.1)+(7.6－0.23－0.28)×(3.6－0.15)		1.00	30.761
	二层C，1～3、4～10轴		(35.2－0.24－3.0×2+0.35×2)×(3.6－0.1)		1.00	103.810
			(4.2×2－0.23－0.35×1.5)×(3.6－0.12)		1.00	26.605
			(4.2×2－0.35×2)×(3.6－0.12)		1.00	26.796
			(4.2×2－0.35×2)×(3.6－0.11)		1.00	26.873
			(4.0－0.35×0.5－0.23)×(3.6－0.15)		1.00	12.403
			<扣门窗洞口>－(1.0×2.7×7+2.1×1.8×6+1.6×1.8×1)×2		1.00	－88.920
			<加门窗洞口侧边>[(1.0+2.7×2)×7+(2.1+1.8)×2×6+(1.6+1.8)×2×1]×0.1		1.00	9.840
	二层D，1～10轴		(4.2×4－0.28－0.4×3.5)×(3.6－0.12)		1.00	52.618
			(4.2×2－0.4×2)×(3.6－0.11)		1.00	26.524
			(3.0－0.4)×3.6×2		1.00	18.720
			(4.0－0.2－0.28)×(3.6－0.15)		1.00	12.144
			<扣门窗洞口>－(2.1×1.8×6+2.4×1.8×1+1.8×1.5×2)		1.00	－32.400
			<加门窗洞口侧边>[(2.1+1.8)×2×6+(2.4+1.8)×2×1+(1.8+1.5)×2×2]×0.1		1.00	6.840
	二层1，B～D轴		(2.04－0.24)×(3.6－0.1)+(7.6－0.23－0.28)×(3.6－0.12)		1.00	30.973
	二层3、4、8，C～D轴		[(7.6－0.23－0.28)×(3.6－0.12)+(1.88－0.23+0.12)×(3.6－0.1)+(5.72－0.12－0.28)×3.6]×3		1.00	150.061
	二层6，C～D轴		(7.6－0.23－0.28)×(3.6－0.11)×2		1.00	49.488
	二层9，C～D轴		(1.88－0.23+0.12)×(3.6－0.1)+(5.72－0.12－0.28)×3.6+(7.6－0.23－0.28)×(3.6－0.15)		1.00	49.808
	二层10，C～D轴		(2.04－0.24)×(3.6－0.1)+(7.6－0.23－0.28)×(3.6－0.15)		1.00	30.761
	三层C，1～3、4～10轴		(35.2－0.24－3.0×2+0.35×2)×(3.6－0.1)		1.00	103.810
			(4.2+4.0－0.23×2－0.35)×(3.6－0.12)		1.00	25.717
			(4.2×5+3.0×2－0.35×7)×(3.6－0.11)		1.00	85.680

（续）

序号	位置	名称	子目名称及公式	单位	相同数量	合计
			<扣门窗洞口> -（1.0×2.7×7+2.1×1.8×6+1.6×1.8×1）×2		1.00	-88.920
			<加门窗洞口侧边>[（1.0+2.7×2）×7+（2.1+1.8）×2×6+（1.6+1.8）×2×1]×0.1		1.00	9.840
	三层D，1~10轴		（4.2+4.0-0.28×2-0.4）×（3.6-0.12）		1.00	25.195
			（4.2×5+3.0×2-0.4×7）×（3.6-0.11）		1.00	84.458
			<扣门窗洞口> -（2.1×1.8×6+2.4×1.8×1+1.8×1.5×2）		1.00	-32.400
			<加门窗洞口侧边>[（2.1+1.8）×2×6+（2.4+1.8）×2×1+（1.8+1.5）×2×2]×0.1		1.00	6.840
	三层1、10，B~D轴		[（2.04-0.24）×（3.6-0.1）+（7.6-0.23-0.28）×（3.6-0.12）]×2		1.00	61.946
	三层3、4、6、8、9，C~D轴		（7.6-0.23-0.28）×（3.6-0.11）×5×2		1.00	247.441
	二、室内柱面		91.07		1.00	91.070
	三、阳台栏板内侧边		（35.2+2.96×2-0.28×2-0.4×6+0.12-0.4×2）×1.1×2		1.00	82.456
	四、室内外天棚面		1 191.47		1.00	1191.470
100			通用措施项目			
101			现场安全文明施工	项		1.000
102			基本费	项		1.000
103			考评费	项		1.000
104			奖励费	项		1.000
105			夜间施工	项		1.000
106			冬雨季施工	项		1.000
107			已完工程及设备保护	项		1.000
108			临时设施	项		1.000
109			材料与设备检验试验	项		1.000
110			赶工措施	项		1.000
111			工程按质论价	项		1.000
112			专业工程措施项目			
113			住宅工程分户验收	项		1.000
114			通用措施项目			
115	CS00011		二次搬运	项		1.000
116	CS00012		大型机械设备进出场及安拆	项		1.000
117	CS00013		施工排水	项		1.000
118	CS00014		施工降水	项		1.000
119	CS00015		地上、地下设施，建筑物的临时保护设施	项		1.000
120	CS00016		特殊条件下施工增加	项		1.000
121			专业工程措施项目			
122	CS01002		脚手架	项		1.000
123			混凝土、钢筋混凝土模板及支架	项		1.000
124	CS01003		垂直运输机械	项		1.000

Chapter 7

第7章

投标时期的施工图预算与投标报价

内容提要

本章主要介绍了我国最新的《建筑工程建筑面积计算规范》（GB/T 50353—2013）、2014年版《江苏省建筑与装饰工程计价定额》中的工程量计算规则，并结合工程实际图纸编写了编制综合单价的投标报价案例。各省计价定额中的工程量计算规则大都力求和清单计算规则保持一致，唯有土方的计算差别较大。

建议学习重点：1. 建筑面积计算；2. 对照第6章学习重点，编制预算和投标报价。

学习目标

通过本章学习，熟悉各省计价定额的工程量计算规则，特别是土方的计算规则，并结合第6章的工程量清单，运用各省的计价定额，编制综合单价和投标报价，掌握工程投标时期投标报价计算实操。

7.1 建筑面积的计算

7.1.1 术语

（1）建筑面积（construction area）：建筑物（包括墙体）所形成的楼地面面积。

（2）自然层（floor）：按楼板、地板结构分层的楼层。

（3）结构层高（structure story height）：楼面或地面结构层上表面至上部结构层上表面之间的垂直距离。

（4）围护结构（building enclosure）：围合建筑空间的墙体、门、窗。

（5）建筑空间（space）：以建筑界面限定的、供人们生活和活动的场所。

（6）结构净高（structure net height）：楼面或地面结构层上表面至上部结构层下表面之间的垂直距离。

（7）围护设施（enclosure facilities）：为保障安全而设置的栏杆、栏板等围挡。

（8）地下室（basement）：室内地平面低于室外地平面的高度超过室内净高的1/2的房间。

（9）半地下室（semi-basement）：室内地平面低于室外地平面的高度超过室内净高的1/3，且不超过1/2的房间。

（10）架空层（stilt floor）：仅有结构支撑而无外围护结构的开敞空间层。

（11）走廊（corridor）：建筑物中的水平交通空间。

（12）架空走廊（elevated corridor）：专门设置在建筑物的二层或二层以上，作为不同建筑物之间水平交通的空间。

（13）结构层（structure layer）：整体结构体系中承重的楼板层。

（14）落地橱窗（french window）：突出外墙面且根基落地的橱窗。

（15）凸窗（飘窗）（bay window）：凸出建筑物外墙面的窗户。

（16）檐廊（eaves gallery）：建筑物挑檐下的水平交通空间。

（17）挑廊（overhanging corridor）：挑出建筑物外墙的水平交通空间。

（18）门斗（air lock）：建筑物入口处两道门之间的空间。

（19）雨篷（canopy）：建筑出入口上方为遮挡雨水而设置的部件。

（20）门廊（porch）：建筑物入口前有顶棚的半围合空间。

（21）楼梯（stairs）：由连续行走的梯级、休息平台和维护安全的栏杆（或栏板）、扶手以及相应的支托结构组成的作为楼层之间垂直交通使用的建筑部件。

（22）阳台（balcony）：附设于建筑物外墙，设有栏杆或栏板，可供人活动的室外空间。

（23）主体结构（major structure）：接受、承担和传递建设工程所有上部荷载，维持上部结构整体性、稳定性和安全性的有机联系的构造。

（24）变形缝（deformation joint）：防止建筑物在某些因素作用下引起开裂甚至破坏而预留的构造缝。

（25）骑楼（overhang）：建筑底层沿街面后退且留出公共人行空间的建筑物。

（26）过街楼（overhead building）：跨越道路上空并与两边建筑相连接的建筑物。

（27）建筑物通道（passage）：为穿过建筑物而设置的空间。

（28）露台（terrace）：设置在屋面、首层地面或雨篷上的供人室外活动的有围护设施的平台。

（29）勒脚（plinth）：在房屋外墙接近地面部位设置的饰面保护构造。

（30）台阶（step）：联系室内外地坪或同楼层不同标高而设置的阶梯形踏步。

7.1.2　计算建筑面积的规定

（1）建筑物的建筑面积应按自然层外墙结构外围水平面积之和计算。结构层高在 2.20m 及以上的，应计算全面积；结构层高在 2.20m 以下的，应计算 1/2 面积。

（2）建筑物内设有局部楼层时，对于局部楼层的二层及以上楼层，有围护结构的应按其围护结构外围水平面积计算，无围护结构的应按其结构底板水平面积计算，且结构层高在 2.20m 及以上的，应计算全面积，结构层高在 2.20m 以下的，应计算 1/2 面积。

（3）对于形成建筑空间的坡屋顶，结构净高在 2.10m 及以上的部位应计算全面积；结构净高在 1.20m 及以上至 2.10m 以下的部位应计算 1/2 面积；结构净高在 1.20m 以下的部位不应计算建筑面积。

（4）对于场馆看台下的建筑空间，结构净高在 2.10m 及以上的部位应计算全面积；结构净高在 1.20m 及以上至 2.10m 以下的部位应计算 1/2 面积；结构净高在 1.20m 以下的部位不应计算建筑面积。室内单独设置的有围护设施的悬挑看台，应按看台结构底板水平投影面积计算建筑面积。有顶盖无围护结构的场馆看台应按其顶盖水平投影面积的 1/2 计算面积。

（5）地下室、半地下室应按其结构外围水平面积计算。结构层高在2.20m及以上的，应计算全面积；结构层高在2.20m以下的，应计算1/2面积。

（6）出入口外墙外侧坡道有顶盖的部位，应按其外墙结构外围水平面积的1/2计算面积。

（7）建筑物架空层及坡地建筑物吊脚架空层，应按其顶板水平投影计算建筑面积。结构层高在2.20m及以上的，应计算全面积；结构层高在2.20m以下的，应计算1/2面积。

（8）建筑物的门厅、大厅应按一层计算建筑面积，门厅、大厅内设置的走廊应按走廊结构底板水平投影面积计算建筑面积。结构层高在2.20m及以上的，应计算全面积；结构层高在2.20m以下的，应计算1/2面积。

（9）对于建筑物间的架空走廊，有顶盖和围护结构的，应按其围护结构外围水平面积计算全面积；无围护结构、有围护设施的，应按其结构底板水平投影面积计算1/2面积。

（10）对于立体书库、立体仓库、立体车库，有围护结构的，应按其围护结构外围水平面积计算建筑面积；无围护结构、有围护设施的，应按其结构底板水平投影面积计算建筑面积。无结构层的应按一层计算，有结构层的应按其结构层面积分别计算。结构层高在2.20m及以上的，应计算全面积；结构层高在2.20m以下的，应计算1/2面积。

（11）有围护结构的舞台灯光控制室，应按其围护结构外围水平面积计算。结构层高在2.20m及以上的，应计算全面积；结构层高在2.20m以下的，应计算1/2面积。

（12）附属在建筑物外墙的落地橱窗，应按其围护结构外围水平面积计算。结构层高在2.20m及以上的，应计算全面积；结构层高在2.20m以下的，应计算1/2面积。

（13）窗台与室内楼地面高差在0.45m以下且结构净高在2.10m及以上的凸（飘）窗，应按其围护结构外围水平面积计算1/2面积。

（14）有围护设施的室外走廊（挑廊），应按其结构底板水平投影面积计算1/2面积；有围护设施（或柱）的檐廊，应按其围护设施（或柱）外围水平面积计算1/2面积。

（15）门斗应按其围护结构外围水平面积计算建筑面积，且结构层高在2.20m及以上的，应计算全面积；结构层高在2.20m以下的，应计算1/2面积。

（16）门廊应按其顶板的水平投影面积的1/2计算建筑面积；有柱雨篷应按其结构板水平投影面积的1/2计算建筑面积；无柱雨篷的结构外边线至外墙结构外边线的宽度在2.10m及以上的，应按雨篷结构板的水平投影面积的1/2计算建筑面积。

（17）设在建筑物顶部的、有围护结构的楼梯间、水箱间、电梯机房等，结构层高在2.20m及以上的应计算全面积；结构层高在2.20m以下的，应计算1/2面积。

（18）围护结构不垂直于水平面的楼层，应按其底板面的外墙外围水平面积计算。结构净高在2.10m及以上的部位，应计算全面积；结构净高在1.20m及以上至2.10m以下的部位，应计算1/2面积；结构净高在1.20m以下的部位，不应计算建筑面积。

（19）建筑物的室内楼梯、电梯井、提物井、管道井、通风排气竖井、烟道，应并入建筑物的自然层计算建筑面积。有顶盖的采光井应按一层计算面积，且结构净高在2.10m及以上的，应计算全面积；结构净高在2.10m以下的，应计算1/2面积。

（20）室外楼梯应并入所依附建筑物自然层，并应按其水平投影面积的1/2计算建筑面积。

（21）在主体结构内的阳台，应按其结构外围水平面积计算全面积；在主体结构外的阳台，应按其结构底板水平投影面积计算1/2面积。

（22）有顶盖无围护结构的车棚、货棚、站台、加油站、收费站等，应按其顶盖水平投影面积的 1/2 计算建筑面积。

（23）以幕墙作为围护结构的建筑物，应按幕墙外边线计算建筑面积。

（24）建筑物的外墙外保温层，应按其保温材料的水平截面积计算，并计入自然层建筑面积。

（25）与室内相通的变形缝，应按其自然层合并在建筑物建筑面积内计算。对于高低联跨的建筑物，当高低跨内部连通时，其变形缝应计算在低跨面积内。

（26）对于建筑物内的设备层、管道层、避难层等有结构层的楼层，结构层高在 2.20m 及以上的，应计算全面积；结构层高在 2.20m 以下的，应计算 1/2 面积。

（27）下列项目不应计算建筑面积：

①与建筑物内不相连通的建筑部件；

②骑楼、过街楼底层的开放公共空间和建筑物通道；

③舞台及后台悬挂幕布和布景的天桥、挑台等；

④露台、露天游泳池、花架、屋顶的水箱及装饰性结构构件；

⑤建筑物内的操作平台、上料平台、安装箱和罐体的平台；

⑥勒脚、附墙柱、垛、台阶、墙面抹灰、装饰面、镶贴块料面层、装饰性幕墙，主体结构外的空调室外机搁板（箱）、构件、配件，挑出宽度在 2.10m 以下的无柱雨篷和顶盖高度达到或超过两个楼层的无柱雨篷；

⑦窗台与室内地面高差在 0.45m 以下且结构净高在 2.10m 以下的凸（飘）窗，窗台与室内地面高差在 0.45m 及以上的凸（飘）窗；

⑧室外爬梯、室外专用消防钢楼梯；

⑨无围护结构的观光电梯；

⑩建筑物以外的地下人防通道，独立的烟囱、烟道、地沟、油（水）罐、气柜、水塔、贮油（水）池、贮仓、栈桥等构筑物。

7.2　建筑与装饰工程工程量计算

各省市预算定额（有的省份叫计价表）中规定的建筑与装饰工程工程量计算规则有一定的差异，但基本原理大致相同，而且各省的计算规则与 2008 年清单计算规则差别较大，各省的计算规则将和 2013 年清单计算规则更加接近。2013 年清单计算规则各省还没有完全执行，各省的预算定额（或计价表）也在积极的修订中，江苏省 2014 年预算定额也已经出台，新老规则大部分相同，全省还在新老规则的过渡期，现暂以《江苏省建筑与装饰工程计价表》（2004 年）的规定为例介绍建筑与装饰工程工程量计算规则，同时，以“注”的形式，标注了 2004 年和 2014 年两个规则的主要差别。

7.2.1　土石方工程

1. 人工土石方

（1）一般规则。

①土方体积，以挖凿前的天然密实体积（m^3）为准，若虚方计算，按《房屋建筑与装饰工程工

程量计算规范》（GB 50854—2013）（以下简称《房屋装饰计算规范》）中表 A. 1-2 进行折算。

②挖土一律以设计室外地坪标高为起点，深度按图示尺寸计算。

③按不同的土壤类别、挖土深度、干湿土分别计算工程量。

④在同一槽、坑内或沟内干、湿土时应分别计算，但使用定额时，按槽、坑或沟的全深计算。

（2）平整场地工程量，按下列规定计算：

①平整场地是指建筑物场地挖、填土方厚度在±300mm 以内及找平。

②平整场地工程量按建筑物外墙外边线每边各加 2m，以平方米计算。

（3）沟槽、基坑土方工程量，按下列规定计算：

①沟槽、基坑划分。凡沟槽底宽在 3m 以内，沟槽底长大于 3 倍槽底宽的为沟槽；凡土方基坑底面面积在 $20m^2$ 以内的为基坑；凡沟槽底宽在 3m 以上，基坑底面面积在 $20m^2$ 以上，平整场地挖填方厚度在 ±300mm 以上，均按挖土方计算。

注： 2014 年江苏省预算定额关于沟槽、基坑的划分：

底宽≤7m 且底长 >3 倍底宽的为沟槽；底长≤3 倍的底宽且底面面积 $150m^2$ 的为基坑；凡沟槽底宽在 7m 以上，基坑底面面积在 $150m^2$ 以上，按挖一般土方或挖一般石方计算。

②沟槽工程量按沟槽长度乘沟槽截面面积（m^2）计算。

沟槽长度（m），外墙按图示基础中心线长度计算：内墙按图示基础底宽加工作宽度之间净长度计算。沟槽宽（m）按设计宽度加基础施工所需工作面宽度计算。突出墙面的附墙烟囱、垛等体积并入沟槽土方工程量内。

③挖基槽、基坑、土方需放坡时，按施工组织设计规定计算，施工组织设计无明显规定时，放坡高度和比例按《房屋装饰计算规范》中表 A. 1-3 计算。

④基础施工所需工作面宽度按表《房屋装饰计算规范》中 A. 1-4 规定计算。

⑤沟槽、基坑需支挡土板时，挡土板面积按槽、坑边实际支挡板面积（即：每块挡板的最长边×挡板的最宽边之积）计算。

⑥管道沟槽按图示中心线长度计算，沟底宽度设计有规定的，按设计规定；设计未规定的，按表 7-1 宽度计算：

表 7-1　管道地沟沟底宽度计算表

管径（mm）	铸铁管、钢管、石棉水泥管（m）	混凝土、钢筋混凝土、预应力混凝土管（m）
50 ~ 70	0. 60	0. 80
100 ~ 200	0. 70	0. 90
250 ~ 350	0. 80	1. 00
400 ~ 450	1. 00	1. 30
500 ~ 600	1. 30	1. 50
700 ~ 800	1. 60	1. 80
900 ~ 1 000	1. 80	2. 00
1 100 ~ 1 200	2. 00	2. 30
1 300 ~ 1 400	2. 20	2. 60

注：按表 7-1 计算管道沟土方工程量时，各种井类及管道接口等处需加宽增加的土方量，不另行计算；底面面积大于 $20m^2$ 的井类，其增加的土方量并入管沟土方内计算。

⑦管道地沟、地槽、基坑深度，按图示槽、坑、垫层底面至室外地坪深度计算。

（4）岩石开凿及爆破工程量，区别石质按下列规定计算：

①人工凿岩石按图示尺寸以立方米计算。

②爆破岩石按图示尺寸以立方米计算；基槽、坑深度允许超挖：普坚石、次坚石200mm；特坚石150mm。超挖部分岩石并入相应工程量内。爆破后的清理、修整执行人工清理定额。

(5) 回填土区分夯填、松填以立方米计算。

①基槽、坑回填土体积=挖土体积-设计室外地坪以下埋设的体积（包括基础垫层、柱、墙基础及柱等）。

②室内回填土体积按主墙间净面积乘填土厚度计算，不扣除附垛及附墙烟囱等体积。

③管道沟槽回填，以挖方体积减去管外径所占体积计算。管外径小于或等于500mm时，不扣除管道所占体积。管径超过500mm以上时，按表7-2规定扣除（单位：立方米/每米管长）。

表 7-2

管道名称	直径（mm）501~600	直径（mm）601~800	直径（mm）801~1 000	直径（mm）1 101~1 200	直径（mm）1 201~1 400
钢管	0.21	0.44	0.71		
铸铁管、石棉水泥管	0.24	0.49	0.77		
混凝土管、钢筋混凝土管	0.33	0.60	0.92	1.15	1.35

(6) 余土外运、缺土内运工程量按下式计算：

运土工程量=挖土工程量-回填土工程量。正值为余土外运，负值为缺土外运。

2. 机械土、石方

(1) 机械土、石方运距按下列规定计算：

①推土机推距：按挖方区重心至回填区重心之间的直线距离计算；

②铲运机运距：按挖方区重心至卸土区重心加转向距离45m计算；

③自卸汽车运距：按挖方区重心至填土区（或堆放地点）重心的最短距离计算。

(2) 强夯加固地基，以夯锤底面面积计算，并根据设计要求的夯击能量和每点夯击数，执行相应定额。

(3) 建筑场地原土碾压以平方米计算，填土碾压按图示填土厚度以立方米计算。

7.2.2 打桩及基础垫层

1. 打桩

(1) 打预制钢筋混凝土桩的体积，按设计桩长（包括桩尖，不扣除桩尖虚体积）乘以桩截面面积以立方米计算：管桩的空心体积应扣除，管桩的空心部分设计要求灌注混凝土或其他填充材料时，应另行计算。

(2) 接桩：按每个接头计算。

(3) 送桩：以送桩长度（自桩顶面至自然地坪另加500mm）乘桩截面面积以立方米计算。

(4) 打孔沉管、夯扩灌注桩：

①灌注混凝土、砂、碎石桩使用活瓣桩尖时，单打、复打桩体积均按设计桩长（包括桩尖）另加250mm（设计有规定，按设计要求）乘以标准管外径以立方米计算。使用预制钢筋混凝土桩尖时，单打、复打桩体积均按设计桩长（不包括预制桩尖）另加250mm乘以标准管外径以立方米计算。

②打孔、沉管灌注桩空沉管部分，按空沉管的实体积计算。

③夯扩桩体积分别按每次设计夯扩前投料长度（不包括预制桩尖）乘以标准管内径体积计算，最后管内灌注混凝土按设计桩长另加250mm乘以标准管外径体积计算。

④打孔灌注桩、夯扩桩使用预制钢筋混凝土桩尖的，桩尖个数另列项目计算，单打、复打的桩尖按单打、复打次数之和计算（每只桩尖30元）。

（5）泥浆护壁钻孔灌注桩：

①钻土孔与钻岩石孔工程量应分别计算。钻土孔自自然地面至岩石表面之深度乘设计桩截面面积以立方米计算：钻岩石孔以入岩深度乘桩截面面积以立方米计算。

②混凝土灌入量以设计桩长（含桩尖长）另加一个直径（设计有规定的，按设计要求）乘桩截面面积以立方米计算：地下室基础超灌高度按现场具体情况另行计算。

③泥浆外运的体积等于钻孔的体积以立方米计算。

（6）凿灌注混凝土桩头按立方米计算，凿、截断预制方（管）桩均以根计算。

（7）深层搅拌桩、粉喷桩加固地基，按设计长度另加500mm（设计有规定，按设计要求）乘以设计截面面积以立方米计算（双轴的工程量不得重复计算），群桩间的搭接不扣除。

（8）人工挖孔灌注混凝土桩中挖井坑土、挖井坑岩石、砖砌井壁、混凝土井壁、井壁内灌注混凝土均按图示尺寸以立方米计算。

（9）长螺旋或旋挖法钻孔灌注桩的单桩体积，按设计桩长（含桩尖）另加500mm（设计有规定，按设计要求）再乘以螺旋外径或设计截面面积以立方米计算。

（10）基坑锚喷护壁成孔及孔内注浆按设计图纸以延长米计算，两者工程量应相等。护壁喷射混凝土按设计图纸以平方米计算。

（11）土钉支护钉土锚杆按设计图纸以延长米计算，挂钢筋网按设计图纸以平方米计算。

2. 基础垫层

（1）基础垫层是指砖、石、混凝土、钢筋混凝土等基础下的垫层，按图示尺寸以立方米计算。

（2）外墙基础垫层长度按外墙中心线长度计算，内墙基础垫层长度按内墙基础垫层净长计算。

7.2.3 砌筑工程

1. 砌筑工程量一般规则

（1）计算墙体工程量时，应扣除门窗洞口、过人洞、空圈、嵌入墙身的钢筋混凝土柱、梁、过梁、圈梁、挑梁、混凝土墙基防潮层和暖气包、壁龛的体积，不扣除梁头、梁垫、外墙预制板头、擦条头、垫木、木楞头、沿椽木、木砖、门窗走头、砖砌体内的加固钢筋、木筋、铁件、钢管及每个面积在0.3m^2以下的孔洞等所占的体积。突出墙面的窗台虎头砖、压顶线、山墙泛水、烟囱根、门窗套及三皮砖以内的腰线、挑檐等体积亦不增加。

（2）附墙砖垛、三皮砖以上的腰线、挑檐等体积，并入墙身体积内计算。

（3）附墙烟囱、通风道、垃圾道按其外形体积并入所依附的墙体积内合并计算，不扣除每个横截面在0.1m^2以内的孔洞体积。

（4）弧形墙按其弧形墙中心线部分的体积计算。

2. 墙体厚度

标准砖墙计算厚度按表 7-3 计算。

表 7-3　标准砖墙计算厚度

砖墙计算厚度（mm）	$\frac{1}{4}$	$\frac{1}{2}$	$\frac{3}{4}$	1	$1\frac{1}{2}$	2
标准砖	53	115	180	240	365	490

3. 基础与墙身的划分

（1）砖墙：

①基础与墙身使用同一种材料时，以设计室内地坪（有地下室者以地下室设计室内地坪）为界，以下为基础，以上为墙身。

②基础、墙身使用不同材料时，位于设计室内地坪±300mm 以内，以不同材料为分界线，超过 300mm 以设计室内地坪分界。

（2）石墙：外墙以设计室外地坪，内墙以设计室内地坪为界，以下为基础，以上为墙身。

（3）砖石围墙以设计室外地坪为分界线，以下为基础，以上为墙身。

4. 砖石基础长度的确定

（1）外墙墙基按外墙中心线长度计算。

（2）内墙墙基按内墙基最上一步净长度计算。基础大放脚 T 形接头处重叠部分以及嵌入基础的钢筋，铁件、管道、基础防水砂浆防潮层、通过基础单个面积在 0.3m^2 以内孔洞所占的体积不扣除，但靠墙暖气沟的挑檐亦不增加。附墙垛基础宽出部分体积，并入所依附的基础工程量内。基础大放脚的折加高度和增加断面如表 7-4 所示。

表 7-4　砖墙基础大放脚折加高度和增加断面面积计算表

放脚层数	折加高度、基础墙厚和砖数（m）												增加断面面积（m^2）	
	$\frac{1}{2}$（0.115）		1（0.24）		$1\frac{1}{2}$（0.365）		2（0.49）		$2\frac{1}{2}$（0.615）		3（0.74）			
	等高	不等高	等高	不等高	等高	不等高	等高	不等高	等高	不等高	等高	不等高	等高	不等高
1	0.137	0.137	0.066	0.066	0.043	0.043	0.032	0.032	0.026	0.026	0.021	0.021	0.015 75	0.015 75
2	0.411	0.342	0.197	0.164	0.129	0.108	0.096	0.080	0.077	0.064	0.064	0.053	0.047 25	0.039 38
3			0.394	0.328	0.259	0.216	0.193	0.161	0.154	0.128	0.128	0.106	0.094 5	0.078 75
4			0.656	0.525	0.432	0.345	0.321	0.257	0.256	0.205	0.213	0.170	0.157 5	0.126 0
5			0.984	0.788	0.647	0.518	0.482	0.380	0.384	0.307	0.319	0.255	0.236 3	0.189 0
6			1.378	1.083	0.906	0.712	0.672	0.530	0.538	0.419	0.447	0.351	0.330 8	0.259 9
7			1.838	1.444	1.208	0.949	0.900	0.707	0.717	0.563	0.596	0.468	0.441 0	0.346 5
8			2.363	1.838	1.553	1.208	1.157	0.900	0.922	0.717	0.766	0.596	0.567 0	0.441 1
9			2.953	2.297	1.942	1.510	1.447	1.125	1.153	0.896	0.958	0.745	0.708 8	0.551 3
10			3.610	2.789	2.372	1.834	1.768	1.366	1.409	1.088	1.171	0.905	0.866 3	0.669 4

5. 墙身长度的确定

外墙按外墙中心线，内墙按内墙净长线计算。

6. 墙身高度的确定

墙身高度设计有明确高度时以设计高度计算，未明确时按下列规定计算：

（1）外墙：

坡（斜）屋面无檐口天棚者，算至墙中心线屋面板底；无屋面板，算至椽子顶面；有屋架且室内外均有天棚者，算至屋架下弦底面另加200mm；无天棚，算至屋架下弦另加300mm；有现浇钢筋混凝土平板楼层者，应算至平板底面；有女儿墙应自外墙梁（板）顶面至图示女儿墙顶面；有混凝土压顶者，算至压顶底面；分别以不同厚度按外墙定额执行。

（2）内墙：

内墙位于屋架下，其高度算至屋架底；无屋架，算至天棚底另加120mm（注：2014年江苏预算定额：加100mm）；有钢筋混凝土楼隔层者，算至钢筋混凝土板底；有框架梁时，算至梁底面；同一墙上板厚不同时，按平均高度计算。

7. 框架砌体的计算

框架间砌体分别按内、外墙不同砂浆强度以框架间净面积乘墙厚计算，套相应定额。框架外表面镶包砖部分也并入墙身工程量内一并计算（注：2014年江苏预算定额：按零星砌砖子目计算）。

8. 空斗墙、空花墙、围墙的计算

（1）空花墙按空花部分的外形体积以立方米计算，空花墙外有实砌墙，其实砌部分应以立方米另列项目计算。

（2）空斗墙按外形尺寸以立方米计算（计算规则同实心墙）。

（3）围墙：砖砌围墙按设计图示尺寸以立方米计算，其围墙附垛及砖压顶应并入墙身工程量内；砖围墙上有混凝土花格、混凝土压顶时，混凝土花格及压顶应按第5章规定另行计算，其围墙高度算至混凝土压顶下表面。

9. 多孔砖、空心砖墙的计算

多孔砖、空心砖墙按图示墙厚以立方米计算，不扣除砖孔空心部分体积。

10. 填充墙的计算

填充墙按外形体积以立方米计算，其实砌部分及填充料已包括在定额内，不另计算。

砖柱基、柱身不分断面均以设计体积计算，柱身、柱基工程量合并套“砖柱”定额。柱基与柱身砌体品种不同时，应分开计算并分别套用相应定额。

11. 砖砌地下室的计算

砖砌地下室墙身及基础按设计图示以立方米计算，内、外墙身工程量合并计算按相应内墙定额执行。墙身外侧面砌贴砖按设计厚度以立方米计算。

12. 砌块及砌块墙的计算

加气混凝土、硅酸盐砌块、小型空心砌块墙按图示尺寸以立方米计算，砌块本身空心体积不予扣除。

砌体中设计钢筋砖过梁时，应另行计算，套“小型砌体”定额。

13. 毛石墙、方整石墙的计算

毛石墙、方整石墙按图示尺寸以立方米计算。方整石墙单面出垛并入墙身工程量内，双面出墙垛按柱计算。标准砖镶砌门、窗口立边、窗台虎头砖、钢筋砖过梁等按实砌砖体积另列项目计算，套“小型砌体”定额。

14. 墙基防潮层的计算

墙基防潮层按墙基顶面水平宽度乘以长度以平方米计算，有附垛时将附垛面积并入墙基内。

15. 其他项目的计算

（1）砖砌台阶按水平投影面积以平方米计算。

（2）毛石、方整石台阶均以图示尺寸按立方米计算，毛石台阶按毛石基础定额执行。

（3）墙面、柱、底座、台阶的剁斧以设计展开面积计算：窗台、腰线以 10 延长米计算。

（4）砖砌地沟沟底与沟壁工程量合并以立方米计算。

（5）毛石砌体打荒、錾凿、剁斧按砌体裸露外表面积计算（錾凿包括打荒，剁斧包括打荒、錾凿，打荒、錾凿、剁斧不能同时列入）。

7.2.4 钢筋工程

1. 一般规则

（1）钢筋工程应区别现浇构件、预制构件、加工厂预制构件、预应力构件、点焊网片等以及不同规格分别按设计展开长度（展开长度、保护层、搭接长度应符合规范规定）乘理论质量（见表 7-5）以吨计算。

表 7-5　钢筋理论质量表

直径（mm）	截面面积（cm^2）	理论质量（kg/m）	直径（mm）	截面面积（cm^2）	理论质量（kg/m）
3	0.071	0.055	21	3.464	2.720
4	0.126	0.099	22	3.801	2.984
5	0.196	0.154	23	4.155	3.260
6	0.283	0.222	24	4.524	3.551
6.5	0.332	0.261	25	4.909	3.850
7	0.385	0.302	26	5.390	4.170
8	0.503	0.395	27	5.726	4.495
9	0.635	0.499	28	6.153	4.830
10	0.785	0.617	30	7.069	5.550
11	0.950	0.750	32	8.043	6.310
12	1.131	0.888	34	9.079	7.130
13	1.327	1.040	35	9.620	7.500
14	1.539	1.208	36	10.179	7.990
15	1.767	1.390	38	11.340	8.902
16	2.011	1.578	40	12.561	9.865
17	2.270	1.780	42	13.850	10.879
18	2.545	1.998	45	15.940	12.490
19	2.835	2.230	48	18.100	14.210
20	3.142	2.466	50	19.635	15.410

（2）计算钢筋工程量时，搭接长度按规范规定计算。当梁、板（包括整板基础）ϕ8 以上的通筋未设计搭接位置时，预算书暂按 8m（注：2014 年江苏预算定额：按 9m）。一个双面电焊接头考虑，结算时应按钢筋实际定尺长度调整搭接个数，搭接方式按已审定的施工组织设计确定。

（3）先张法预应力构件中的预应力和非预应力钢筋工程量应合并按设计长度计算，按预应力钢筋定额（梁、大型屋面板、F 板执行 ϕ5 外的定额，其余均执行 ϕ5 内定额）执行。后张法预应力钢筋与非预应力钢筋分别计算，预应力钢筋按设计图规定的预应力钢筋预留孔道长度，区别不同锚具类型分别按下列规定计算：

①低合金钢筋两端采用螺杆锚具时，预应力钢筋按预留孔道长度减 350mm 螺杆另行计算。

②低合金钢筋一端采用墩头插片，另一端螺杆锚具时，预应力钢筋长度按预留孔道长度计算。

③低合金钢筋一端采用墩头插片，另一端采用帮条锚具时，预应力钢筋增加 150mm，两端均用帮条锚具时，预应力钢筋共增加 300mm 计算。

④低合金钢筋采用后张混凝土自锚时，预应力钢筋长度增加 350mm 计算。

（4）电渣压力焊、锥螺纹、套管挤压等接头以“个”计算。预算书中，底板、梁暂按 8m 长（注：2014 年江苏预算定额：按 9m）。一个接头的 50% 计算；柱按自然层每根钢筋 1 个接头计算。结算时应按钢筋实际接头个数计算。

（5）桩顶部破碎混凝土后主筋与底板钢筋焊接分别分为灌注桩、方桩（离心管桩按方桩）以桩的根数计算。每根桩端焊接钢筋根数不调整。

（6）在加工厂制作的铁件（包括半成品铁件）、已弯曲成型钢筋的场外运输按吨计算。各种砌体内的钢筋加固分绑扎、不绑扎按吨计算。

（7）混凝土柱中埋设的钢柱，其制作、安装应按相应的钢结构制作、安装定额执行。

（8）基础中，钢支架、预埋铁件的计算：

①基础中，多层钢筋的型钢支架、垫铁、撑筋、马凳等按已审定的施工组织设计合并用量计算，执行金属结构的钢托架制安定额执行（并扣除定额中的油漆材料费 51.49 元）。现浇楼板中设置的撑筋按已审定的施工组织设计用量与现浇构件钢筋用量合并计算。

②预埋铁件、螺栓按设计图纸以吨计算，执行铁件制安定额。

③预制柱上钢牛腿按铁件以吨计算。

（9）后张法预应力钢丝束、钢绞线束按设计图纸预应力筋的结构长度（即孔道长度）加操作长度之和乘钢材理论质量计算（无粘结钢绞线封油包塑的质量不计算），其操作长度按下列规定计算：

①钢丝束采用镦头锚具时，不论一端张拉或两端张拉均不增加操作长度（即结构长度等于计算长度）。

②钢丝束采用锥形锚具时，一端张拉为 1.0m，两端张拉为 1.6m。

③有粘结钢绞线采用多根夹片锚具时，一端张拉为 0.9m，两端张拉为 1.5m。

④无粘结预应力钢绞线采用单根夹片锚具时，一端张拉为 0.6 米，两端张拉为 0.8 米。

⑤用转角器张拉及特殊张拉的预应力筋，其操作长度应按实计算。

（10）当曲线张拉时，后张法预应力钢丝束、钢绞线计算长度可按直线长度乘下列系数确定：梁高 1.50m 内，乘 1.015；梁高在 1.50m 以上，乘 1.025；10m 以内跨度的梁，当矢高 650mm 以上时，乘 1.02。

（11）后张法预应力钢丝束、钢绞线锚具，按设计规定所穿钢丝或钢绞线的孔数计算（每孔均包括了张拉端和固定端的锚具），波纹管按设计图示以延长米计算。

2. 钢筋直（弯）、弯钩、圆柱、柱螺旋箍筋及其他长度的计算

（1）梁、板为简支，钢筋为 HRB 335、HRB 400 级钢筋时，可按下列规定计算：

①直钢筋净长 $=L-2c$

式中，L 为构件的结构长度；c 为钢筋保护层厚度。

②当弯起钢筋弯起角度为45°时，两端不带直钩的弯起钢筋净长 $=L-2c+2\times0.414H'$；

当弯起钢筋弯起角度为30°时，公式内 $0.414H'$ 改为 $0.268H'$；

当弯起钢筋弯起角度为60°时，公式内 $0.414H'$ 改为 $0.577H'$。

式中，H' 为弯起钢筋的上下层水平钢筋之间的垂直距离。

③当弯起钢筋弯起角度为45°时，两端带直钩的弯起钢筋净长 $=L-2c+2H''+2\times0.414H'$；

当弯起钢筋弯起角度为30°时，公式内 $0.414H'$ 改为 $0.268H'$；

当弯起钢筋弯起角度为60°时，公式内 $0.414H'$ 改为 $0.577H'$。

式中，H'' 为弯起钢筋两端直钩长。

④末端需作90°、135°弯折时，其弯起部分长度按设计尺寸计算。

当①、②、③采用 HPB 300 级钢筋时，除按上述计算长度外，在钢筋末端应设180°弯钩，每只弯钩增加 $6.25d$。

（2）箍筋末端应作135°弯钩，弯钩平直部分的长度，一般不应小于箍筋直径的5倍；对有抗震要求的结构不应小于箍筋直径的10倍。

当平直部分为 $5d$ 时，箍筋长度 $L=(a-2c+2d)\times2+(b-2c+2d)\times2+14d$；

当平直部分为 $10d$ 时，箍筋长度 $L=(a-2c+2d)\times2+(b-2c+2d)\times2+24d$。

式中，a 为构件截面的高；b 为构件截面的宽；c 为纵向钢筋保护层厚度；d 为箍筋直径。

（3）箍筋、板筋排列根数 $=(L-100\text{mm})$ /设计间距 $+1$，但在加密区的根数按设计另增。

公式中，L 为柱、梁、板的净长。柱梁净长计算方法同混凝土，其中柱不扣板厚。板净长指主（次）梁与主（次）梁之间的净长。计算中有小数时，向上舍入（如：4.1取5）。

（4）弯起钢筋终弯点外应留有锚固长度，在受拉区不应小于 $20d$；在受压区不应小于 $10d$。弯起钢筋斜长按下表系数计算（h 为上下层钢筋的垂直高度）。

弯起角度	30°	45°	60°
斜边长度	2h	1.414h	1.155h
底边长度	1.732h	1h	0.575h

（5）圆桩、柱螺旋箍筋长度计算：$L=\sqrt{[(D-2c+2d)\pi]^2+h^2}\times n$

式中，D 代表圆桩、柱直径；c 代表主筋保护层厚度；d 代表箍筋直径；h 代表箍筋间距；n 代表箍筋道数 = 柱、桩中箍筋配置长度 $\div h+1$。

7.2.5 混凝土工程

1. 现浇混凝土工程量的计算规定

（1）混凝土工程量除另有规定者外，均按图示尺寸实体积以立方米计算。不扣除构件内钢

筋、支架、螺栓孔、螺栓、预埋铁件及墙、板中0.3m^2内的孔洞所占体积。留洞所增加工、料不再另增费用。

（2）基础。

①有梁带形混凝土基础，其梁高与梁宽之比在4:1以内的，按有梁式带形基础计算（带形基础梁高是指梁底部到上部的高度）。超过4:1时，其基础底按无梁式带形基础计算，上部按墙计算。

②满堂（板式）基础有梁式（包括反梁）、无梁式，应分别计算，仅带有边肋者，按无梁式满堂基础套用子目。

③设备基础除块体以外，其他类型分别按基础、梁、柱、板、墙等有关规定计算，套相应的项目。

④独立柱基、桩承台：按图示尺寸实体积以立方米算至基础扩大顶面。

⑤杯形基础套用独立柱基项目。杯口外壁高度大于杯口外长边的杯形基础，套“高颈杯形基础”项目。

（3）柱：按图示断面尺寸乘柱高以立方米计算。柱高按下列规定确定：

①有梁板的柱高自柱基上表面（或楼板上表面）算至楼板下表面处（如一根柱的部分断面与板相交，柱高应算至板顶面，但与板重叠部分应扣除）。

注：2014年江苏预算定额：有梁板的柱高自柱基上表面（或楼板上表面）至上一层楼板上表面之间的高度计算，不扣除板厚。

②无梁板的柱高，自柱基上表面（或楼板上表面）至柱帽下表面的高度计算。

③有预制板的框架柱柱高自柱基上表面至柱顶高度计算。

④构造柱按全高计算，应扣除与现浇板、梁相交部分的体积，与砖墙嵌接部分的混凝土体积并入柱身体积内计算。

⑤依附柱上的牛腿，并入相应柱身体积内计算。

（4）梁：按图示断面尺寸乘梁长以立方米计算，梁长按下列规定确定：

①梁与柱连接时，梁长算至柱侧面。

②主梁与次梁连接时，次梁长算至主梁侧面。伸入砖墙内的梁头、梁垫体积并入梁体积内计算。

③圈梁、过梁应分别计算，过梁长度按图示尺寸，图纸无明确表示时，按门窗洞口外围宽另加500mm计算。平板与砖墙上混凝土圈梁相交时，圈梁高应算至板底面。

④依附于梁（包括阳台梁、圈过梁）上的混凝土线条（包括弧形线条）按延长米另行计算（梁宽算至线条内侧）。

⑤现浇挑梁按挑梁计算，其压入墙身部分按圈梁计算；挑梁与单、框架梁连接时，其挑梁应并入相应梁内计算。

⑥花篮梁二次浇捣部分执行圈梁子目。

（5）板：按图示面积乘板厚以立方米计算（梁板交接处不得重复计算）（注：2014年江苏预算定额增加：不扣除单个面积0.3m^2以内的柱、垛以及空洞所占的体积，扣除构件中压型钢板所占的体积）。其中：

①有梁板按梁（包括主、次梁）、板体积之和计算，有后浇板带时，后浇板带（包括主、次

梁）应扣除。

②无梁板按板和柱帽之和计算。

③平板按实体积计算。

④现浇挑檐、天沟与板（包括屋面板、楼板）连接时，以外墙面为分界线，与圈梁（包括其他梁）连接时，以梁外边线为分界线。外墙边线以外或梁外边线以外为挑檐、天沟。

⑤各类板伸入墙内的板头并入板体积内计算。

⑥预制板缝宽度在100mm以上的现浇板缝按平板计算。

⑦后浇墙、板带（包括主、次梁）按设计图纸以立方米计算。

（6）墙：外墙按图示中心线（内墙按净长）乘墙高、墙厚以立方米计算，应扣除门、窗洞口及0.3m^2外的孔洞体积。单面墙垛其突出部分并入墙体体积内计算，双面墙垛（包括墙）按柱计算。弧形墙按弧线长度乘墙高、墙厚计算，地下室墙有后浇墙带时，后浇墙带应扣除。梯形断面墙按上口与下口的平均宽度计算。墙高的确定：

①墙与梁平行重叠，墙高算至梁顶面；当设计梁宽超过墙宽时，梁、墙分别按相应项目计算。

②墙与板相交，墙高算至板底面。

（7）整体楼梯包括休息平台、平台梁、斜梁及楼梯梁，按水平投影面积计算，不扣除宽度小于200mm（注：2014年江苏预算定额改为：500mm）的楼梯井，伸入墙内部分不另增加，楼梯与楼板连接时，楼梯算至楼梯梁外侧面（注：2014年江苏预算定额增加：当现浇楼板无梯梁连接时，以楼梯的最后一个踏步边缘加300mm为界）。圆弧形楼梯包括圆弧形梯段、圆弧形边梁及与楼板连接的平台，按楼梯的水平投影面积计算。

（8）阳台、雨篷，按伸出墙外的板底水平投影面积计算，伸出墙外的牛腿不另计算。水平、竖向悬挑板按立方米计算。

（9）阳台、沿廊栏杆的轴线柱、下嵌、扶手以扶手的长度按延长米计算。混凝土栏板、竖向挑板以立方米计算。栏板的斜长如图纸无规定时，按水平长度乘系数1.18计算。地沟底、壁应分别计算，沟底按基础垫层子目执行。

（10）预制钢筋混凝土框架的梁、柱现浇接头，按设计断面以立方米计算，套用“柱接柱接头”子目。

（11）台阶按水平投影面积以平方米计算，平台与台阶的分界线以最上层台阶的外口增300mm宽度为准，台阶宽以外部分并入地面工程量计算。

2. 现场、加工厂预制混凝土工程量，按以下规定计算：

（1）混凝土工程量均按图示尺寸实体积以立方米计算，扣除圆孔板内圆孔体积，不扣除构件内钢筋、铁件、后张法预应力钢筋灌浆孔及板内小于0.3m^2孔洞面积所占的体积。

（2）预制桩按桩全长（包括桩尖）乘设计桩断面积（不扣除桩尖虚体积）以立方米计算。

（3）混凝土与钢杆件组合的构件，混凝土按构件实体积以立方米计算，钢拉杆按第6章中相应子目执行。

（4）漏空混凝土花格窗、花格芯按外形面积以平方米计算。

（5）天窗架、端壁、檩条、支撑、楼梯、板类及厚度在50mm以内的薄型构件按设计图纸加定额规定的场外运输、安装损耗以立方米计算。

7.2.6 金属结构工程

（1）金属结构制作按图示钢材尺寸以吨计算，不扣除孔眼、切肢、切角、切边的重量，电焊条重量已包括在定额内，不另计算。在计算不规则或多边形钢板重量时均以矩形面积计算。

（2）实腹柱、钢梁、吊车梁、H型钢、T型钢构件按图示尺寸计算，其中钢梁、吊车梁腹板及翼板宽度按图示尺寸每边增加8mm计算。

（3）钢柱制作工程量包括依附于柱上的牛腿及悬臂梁重量；制动梁的制作工程量包括制动梁、制动桁架、制动板重量；墙架的制作工程量包括墙架柱、墙架梁及连接柱杆重量。

（4）天窗挡风架、柱侧挡风板、挡雨板支架制作工程量均按挡风架定额执行。

（5）栏杆是指平台、阳台、走廊和楼梯的单独栏杆。

（6）钢平台、走道应包括楼梯、平台、栏杆合并计算，钢梯子应包括踏步、栏杆合并计算。

（7）钢漏斗制作工程量，矩形按图示分片，圆形按图示展开尺寸，并依钢板宽度分段计算，每段均以其上口长度（圆形以分段展开上口长度）与钢板宽度，按矩形计算，依附漏斗的型钢并入漏斗重量内计算。

（8）晒衣架和钢盖板项目中已包括安装费在内，但未包括场外运输。

（9）钢屋架单榀重量在0.5t以下者，按轻型屋架定额计算。

（10）轻钢檩条、拉杆以设计型号、规格按吨计算（质量=设计长度×理论质量）。

（11）预埋铁件按设计的形体面积、长度乘理论质量计算。

7.2.7 构件运输及安装工程

（1）构件运输、安装工程量计算方法与构件制作工程量计算方法相同（即运输、安装工程量=制作工程量）。但表7-6内构件由于在运输、安装过程中易发生损耗（损耗率见表），工程量按下列规定计算：

$$制作、场外运输工程量=设计工程量\times 1.018$$

$$安装工程量=设计工程量\times 1.01$$

表7-6 预制钢筋混凝土构件场内、外运输及安装损耗率（%）

名称	场外运输	场内运输	安装
天窗架、端壁、桁条、支撑、踏步板、板类及厚度在50mm内薄型构件	0.8	0.5	0.5

（2）加气混凝土板（块）、硅酸盐块运输每立方米折合钢筋混凝土构件体积0.4m³按Ⅱ类构件运输计算。

（3）木门窗运输按门窗洞口的面积（包括框、扇在内）以100mm²计算，带纱扇另增洞口面积的40%计算。

（4）预制构件安装后接头灌缝工程量均按预制钢筋混凝土构件实体积计算，柱与柱基的接头灌缝按单根柱的体积计算。

（5）组合屋架安装，以混凝土实际体积计算，钢拉杆部分不另计算。

7.2.8 木结构工程

（1）门制作、安装工程量按门洞口面积计算。无框厂库房大门、特种门按设计门扇外围面积计算。

（2）木屋架的制作安装工程量，按以下规定计算：

①木屋架不论圆、方木，其制作安装均按设计断面以立方米计算，分别套相应子目，其后配长度及配制损耗已包括在子目内不另外计算（游沿木、风撑、剪刀撑、水平撑、夹板、垫木等木料并入相应屋架体积内）。

②圆木屋架刨光时，圆木按直径增加5mm计算，附属于屋架的夹板、垫木等已并入相应的屋架制作项目中，不另计算：与屋架连接的挑檐木、支撑等工程量并入屋架体积内计算。

③圆木屋架连接的挑檐木、支撑等为方木时，方木部分按矩形檩木计算。

④气楼屋架、马尾折角和正交部分的半屋架应并入相连接的正榀屋架体积内计算。

（3）檩木按立方米计算，简支檩木长度按设计图示中距增加200mm计算，如两端出山，檩条长度算至博风板。连续檩条的长度按设计长度计算，接头长度按全部连续檩木的总体积的5%计算。檩条托木已包括在子目内，不另计算。

（4）屋面木基层，按屋面斜面积计算，不扣除附墙烟囱、风道、风帽底座和屋顶小气窗所占面积，小气窗出檐与木基层重叠部分亦不增加，气楼屋面的屋檐突出部分的面积并入计算。

（5）封檐板按图示檐口外围长度计算，搏风板按水平投影长度乘屋面坡度系数C后，单坡加300mm，双坡加500mm计算。

（6）木楼梯（包括休息平台和靠墙踢脚板）按水平投影面积计算，不扣除宽度小于200mm的楼梯井，伸入墙内部分的面积亦不另计算。

（7）木柱、木梁制作安装均按设计断面竣工木料以立方米计算，其后备长度及配置损耗已包括在子目内。

7.2.9 屋、平、立面防水及保温隔热工程

（1）瓦屋面按图示尺寸的水平投影面积乘以屋面坡度延长系数C（见表7-7）以平方米计算（瓦出线已包括在内），不扣除房上烟囱、风帽底座、风道、屋面小气窗、斜沟等所占面积，屋面小气窗的出檐部分也不增加。

（2）瓦屋面的屋脊、蝴蝶瓦的檐口花边、滴水应另列项目按延长米计算，四坡屋面斜脊长度按图7-1中的“b”乘以隅延长系数D（见表）以延长米计算，山墙泛水长度＝$(A+A')\times C$，瓦穿铁丝、钉铁钉、水泥砂浆粉挂瓦条按每$10m^2$斜面积计算。

表7-7 屋面坡度延长米系数表

坡度比例a/b	角度α	延长系数C	隅延长系数D
1/1	45°	1.4142	1.7321
1/1.5	33°40’	1.2015	1.5620
1/2	26°34’	1.1180	1.5000
1/2.5	21°48’	1.0770	1.4697
1/3	18°26’	1.0541	1.4530

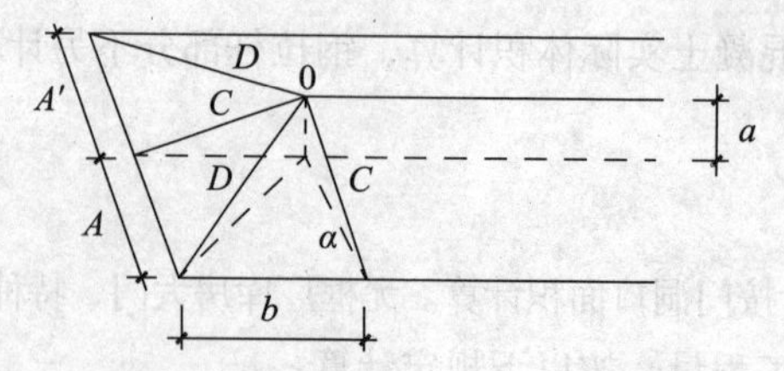

注：屋面坡度大于45°时，按设计斜面积计算。

(3) 彩钢夹芯板、彩钢复合板屋面按实铺面积以平方米计算，支架、槽铝、角铝等均包含在定额内。

(4) 彩板屋脊、天沟、泛水、包角、山头按设计长度以延长米计算，堵头已包含在定额内。

(5) 卷材屋面工程量按以下规定计算。

①卷材屋面按图示尺寸的水平投影面积乘以规定的坡度系数以平方米计算，但不扣除房上烟囱，风帽底座、风道所占面积。女儿墙、伸缩缝、天窗等处的弯起高度按图示尺寸计算并入屋面工程量内；如图纸无规定时，伸缩缝，女儿墙的弯起高度按250mm计算，天窗弯起高度按500mm计算并入屋面工程量内；檐沟、天沟按展开面积并入屋面工程量内。

②油毡屋面均不包括附加层在内，附加层按设计尺寸和层数另行计算；

其他卷材屋面已包括附加层在内，不另行计算：收头、接缝材料已列入定额内。

(6) 刚性屋面，涂膜屋面工程量计算同卷材屋面。

(7) 平、立面防水工程量按以下规定计算：

1) 涂刷油类防水按设计涂刷面积计算。

2) 防水砂浆防水按设计抹灰面积计算、扣除凸出地面的构筑物、设备基础及室内铁道所占的面积。不扣除附墙垛、柱、间壁墙、附墙烟囱及0.3m² 以内孔洞所占面积。

3) 粘贴卷材、布类。

①平面：建筑物地面、地下室防水层按主墙〈承重墙〉间净面积以平方米计算，扣除凸出地面的构筑柱、设备基础等所占面积，不扣除附墙垛、间壁墙、附墙烟囱及0.3m² 以内孔洞所占面积。与墙间连接处在500mm以内者，按展开面积计算并入平面工程量内，超过500mm时，按立面防水层计算。

②立面：墙身防水层按图示尺寸扣除立面孔洞所占面积（0.3m² 以内孔洞不扣）以平方米计算：

③构筑物防水层按实铺面积计算，不扣除03m² 以内孔洞面积。

(8) 伸缩缝、盖缝、止水带按延长米计算，外墙伸缩缝在墙内、外双面填缝者，工程量应按双面计算。

(9) 屋面排水工程量按以下规定计算。

①铁皮排水项目：落水管按檐口滴水处算至设计室外地坪的高度以延长米计算，檐口处伸长部分〈即弯伸长〉、勒脚和泄水口的弯起均不增加，但落水管遇到外墙腰线（需弯起的）按每条腰线增加长度25cm计算。檐沟、天沟均以图示延长米计算。白铁斜沟、泛水长度可按水平长度乘以延长系数或隅延长系数。水斗以个计算。

②玻璃钢、PVC、铸铁落水管、檐沟均按图示尺寸以延长米计算。水斗、女儿墙弯头、铸铁落水口罩（带罩）均按只计算。

③阳台 PVC 管通落水管按只计算。每只阳台出水口至落水管中心线斜长按 lm 计（内含两只 135°弯头，一只异径三通）。

(10) 保温隔热工程量按以下规定计算。

①保温隔热层按隔热材料净厚度〈不包括胶结材料厚度〉乘实铺面积按立方米计算：

②地墙隔热层，按围护结构墙体内净面积计算，不扣除 0.3m² 以内孔洞所占的面积。

③软木、聚苯乙烯泡沫板铺贴平顶以图示长乘宽乘厚的体积以立方米计算：

④屋面架空隔热板、天棚保温（沥青贴软木除外）层，按图示尺寸实铺面积计算。

⑤墙体隔热：外墙按隔热层中心线，内墙按隔热层净长乘图示尺寸的高度（如图纸无注明高度时，则主地坪隔热层起算，带阁楼时算至阁楼板顶面止：无阁楼时则算至檐口）及厚度以立方米计算，应扣除冷藏门洞口和管道穿墙洞口所占的体积。

⑥门口周围的隔热部分，按图示部位，分别套用墙体或地坪的相应定额以立方米计算。

⑦软木、泡沫塑料板铺贴柱帽、梁面，以图示尺寸按立方米计算。

⑧梁头、管道周围及其他零星隔热工程，均按实际尺寸以立方米计算，套用柱帽、梁面定额。

⑨池槽隔热层按图示池槽保温隔热层的长、宽及厚度以立方米计算，其中池壁按墙面计算，池底按地面计算。

⑩包柱隔热层，按图示柱的隔热层中心线的展开长度乘图示尺寸高度及厚度以立方米计算。

7.2.10　防腐耐酸工程

(1) 防腐工程项目应区分不同防腐材料种类及厚度，按设计实铺面积以平方米计算，应扣除凸出地面的构筑物、设备基础所占的面积。砖垛等突出墙面部分，按展开面积计算并入墙面防腐工程量内。

(2) 踢脚板按实铺长度乘以高度按平方米计算，应扣除门洞所占面积并相应增加侧壁展开面积。

(3) 平面砌筑双层耐酸块料时，按单层面积乘系数 2.0 计算。

(4) 防腐卷材接缝附加层收头等工料，已计入定额中，不另行计算。

(5) 烟囱内表面涂抹隔绝层，按筒身内壁的面积计算，并扣除孔洞面积。

7.2.11　楼地面工程

(1) 地面垫层按室内主墙间净面积乘以设计厚度以立方米计算，应扣除凸出地面的构筑物、设备基础、室内铁道、地沟等所占体积，不扣除柱、垛、间壁墙、附墙烟囱及面积在 0.3m² 以内孔洞所占体积，但门洞、空圈、暖气包槽、壁龛的开口部分亦不增加。

(2) 整体面层、找平层均按主墙间净空面积以平方米计算，应扣除凸出地面建筑物、设备基础、地沟等所占面积，不扣除柱、垛、间壁墙、附墙烟囱及面积在 0.3m² 以内的孔洞所占面积，但门洞、空圈、暖气包槽、壁龛的开口部分亦不增加。看台台阶、阶梯教室地面整体面层按展开后的净面积计算。

(3) 地板及块料面层，按图示尺寸实铺面积以平方米计算，应扣除凸出地面的构筑物、设备基础、柱、间壁墙等不做面层的部分，0.3m² 以内的孔洞面积不扣除。门洞、空圈、暖气包槽、壁龛的开口部分的工程量另增并入相应的面层内计算。

（4）楼梯整体面层按楼梯的水平投影面积以平方米计算，包括踏步、踢脚板、中间休息平台、踢脚线、梯板侧面及堵头。楼梯井宽在200mm以内者不扣除，超过200mm者，应扣除其面积，楼梯间与走廊连接的，应算至楼梯梁的外侧。

（5）楼梯块料面层、按展开实铺面积以平方米计算，踏步板、踢脚板、休息平台、踢脚线、堵头工程量应合并计算。

（6）台阶（包括踏步及最上一步踏步口外延300mm）整体面层按水平投影面积以平方米计算：块料面层，按展开（包括两侧）实铺面积以平方米计算。

（7）水泥砂浆、水磨石踢脚线按延长米计算。其洞口、门口长度不予扣除，但洞口、门口、垛、附墙烟囱等侧壁也不增加：块料面层踢脚线，按图示尺寸以实贴延长米计算，门洞扣除，侧壁另加。

（8）多色简单、复杂图案镶贴花岗岩、大理石，按镶贴图案的矩形面积计算。成品拼花石材铺贴按设计图案的面积计算。计算简单、复杂图案之外的面积，扣除简单、复杂图案面积时，也按矩形面积扣除。

（9）楼地面铺设木地板、地毯以实铺面积计算。楼梯地毯压棍安装以套计算。

（10）其他。

①栏杆、扶手、扶手下托板均按扶手的延长米计算，楼梯踏步部分的栏杆与扶手应按水平投影长度乘系数1.18。

②斜坡、散水、蹉蹉均按水平投影面积以平方米计算，明沟与散水连在一起，明沟按宽300mm计算其余为散水，散水、明沟应分开计算。散水、明沟应扣除踏步、斜坡、花台等的长度。

③明沟按图示尺寸以延长米计算。

④地面、石材面嵌金属和楼梯防滑条均按延长米计算。

7.2.12 墙柱面工程

1. 内墙面抹灰

（1）内墙面抹灰面积应扣除门窗洞口和空圈所占的面积，不扣除踢脚线、挂镜线、0.3m² 以内的孔洞和墙与构件交接处的面积：其洞口侧壁和顶面抹灰亦不增加。垛的侧面抹灰面积应并入内墙面工程量内计算。

内墙面抹灰长度，以主墙间的图示净长计算，不扣除间壁所占的面积。其高度确定：不论有无踢脚线，其高度均自室内地坪面或楼面至天棚底面。

（2）石灰砂浆、混合在砂浆粉刷中已包括水泥护角线，不另行计算。

（3）柱和单梁的抹灰按结构展开面积计算，柱与梁或梁与梁接头的面积不予扣除。砖墙中平墙面的混凝土柱、梁等的抹灰（包括侧壁）应并入墙面抹灰工程量内计算。凸出墙面的脸柱、梁面（包括侧壁）抹灰工程量应单独计算，按相应子目执行。

（4）厕所、浴室隔断抹灰工程量，按单面垂直影面积乘系数2.3计算。

2. 外墙抹灰

（1）外墙面抹灰面积按外墙面的垂直投影面积计算，应扣除门窗洞口和空圈所占的面积，不扣除0.3m^2以内的孔洞面积。但门窗洞口、空圈的侧壁、顶面及垛等抹灰，应按结构展开面积并入墙面抹灰中计算。外墙面不同品种砂浆抹灰，应分别计算按相应子目执行。

（2）外墙窗间墙与窗下墙均抹灰，以展开面积计算。

（3）挑沿、天沟、腰线、扶手、单独门窗套、窗台线、压顶等，均以结构尺寸展开面积计算。窗台线与腰线连接时，并入腰线内计算。

（4）外窗台抹灰长度，如设计图纸无规定时，可按窗洞口宽度两边共加20cm计算。窗台展开宽度一砖墙按36cm计算，每增加半砖宽则累增12cm。

单独圈梁抹灰（包括门、窗洞口顶部）、附着在混凝土梁上的混凝土装饰线条抹灰均以展开面积以平方米计算。

（5）阳台、雨篷抹灰按水平投影面积计算。定额中已包括顶面、底面、侧面及牛腿的全部抹灰面积。阳台栏杆、栏板、垂直遮阳板抹灰另列项目计算。栏板以单面垂直投影面积乘系数2.1。

（6）水平遮阳板顶面、侧面抹灰按其水平投影面积乘系数1.5，板底面积并入天棚抹灰内计算。

（7）勾缝按墙面垂直投影面积计算，应扣除墙裙、腰线和挑沿的抹灰面积，不扣除门、窗套、零星抹灰和门、窗洞口等面积，但垛的侧面、门窗洞侧壁和顶面的面积亦不增加。

3. 镶贴块料面层及花岗岩（大理石）板挂贴

（1）内、外墙面，柱梁面，零星项目镶贴块料面层均按块料面层的建筑尺寸（各块料面层+粘贴砂浆厚度=25mm）面积计算。门窗洞口面积扣除，侧壁、附垛贴面应并入墙面工程量中。内墙面腰线花砖按延长米计算。

（2）窗台、腰线、门窗套、天沟、挑檐、盥洗槽、池脚等块料面层镶贴，均以建筑尺寸的展开面积（包括砂浆及块料面层厚度）按零星项目计算。

（3）花岗岩、大理石板砂浆粘贴、挂贴均按面层的建筑尺寸（包括干挂空间、在砂浆、板厚度）展开面积计算。

4. 内墙、柱木装饰及柱包不锈钢镜面

（1）内墙、内墙裙、柱（梁）面的计算：木装饰龙骨、衬板、面层及粘贴切片板按净面积计算，并扣除门、窗洞口及0.3m^2以上的孔洞所占的面积，附墙垛及门、窗侧壁并入墙面工程量内计算。

单独门、窗套按相应章节的相应子目计算。

柱、梁按展开宽度乘以净长计算。

（2）不锈钢镜面、各种装饰板面的计算：方柱、圆柱、方柱包圆柱的面层，按周长乘地面（楼面）至天棚底面的图示高度计算，若地面天棚面有柱帽、底脚时，则高度应从柱脚上表面至柱帽下表面计算。柱帽、柱脚，按面层的展开面积以平方米计算，套柱帽、柱脚子目。

（3）玻璃幕墙以框外围面积计算：幕墙与建筑顶端、两端的封边按图示尺寸以平方米计算，自然层的水平隔离与建筑物的连接按延长米计算（连接层包括上、下镀锌钢板在内）。幕墙上下设计有窗者，计算幕墙面积时，窗面积不扣除，但每10m^2窗面积另增加幕墙框料25kg、人工5工日（幕墙上铝合金窗不再另外计算）。

石材圆柱面按石材面外围周长乘以柱高（应扣除柱墩、帽高度）以平方米计算。石材柱墩、柱帽按结构柱直径加100mm后的周长乘其高度以平方米计算。圆柱腰线按石材面周长计算。

7.2.13 天棚工程

（1）天棚饰面的面积按净面积计算，不扣除间壁墙、检修孔、附墙烟囱、柱垛和管道所占面积，但应扣除独立柱、0.3m² 以上的灯饰面积（石膏板、夹板天棚面层的灯饰面积不扣除）与天棚相连接的窗帘盒面积。

（2）天棚中假梁、折线、叠线等圆弧形、拱形、特殊艺术形式的天棚饰面，均按展开面积计算。

（3）天棚龙骨的面积按主墙间的水平投影面积计算。天棚龙骨的吊筋按每10m² 龙骨面积套相应子目计算。

（4）圆弧形、拱形的天棚龙骨应按其弧形或拱形部分的水平投影面积计算套用复杂型子目，龙骨用量按设计进行调整，人工和机械按复杂型天棚子目乘系数1.8。

（5）本定额天棚每间以在同一平面上为准，设计有圆弧形、拱形时，按其圆弧形、拱形部分的面积：圆弧形面层人工按其相应定额乘系数1.15计算，拱形面层的人工按相应定额乘系数1.5计算。

（6）落铝合金扣板雨篷均按水平投影面积计算。

（7）天棚面抹灰。

①天棚面抹灰按主墙间天棚水平面积计算，不扣除间壁墙、垛、柱、附墙烟囱、检查洞、通风洞、管道等所占的面积。

②密肋梁、井字梁、带梁天棚抹灰面积，按展开面积计算，并入天棚抹灰工程量内。斜天棚抹灰按斜面积计算。

③天棚抹面如抹小圆角者，人工已包括在定额中，材料、机械按附注增加。如带装饰线者，其线分别按三道线以内或五道线以内，以延长米计算（线角的道数以每一个突出的阳角为一道线）。

④楼梯底面、水平遮阳板底面和沿口天棚，并入相应的天棚抹灰工程量内计算。混凝土楼梯、螺旋楼梯的底板为斜板时，按其水平投影面积（包括休息平台）乘系数1.18，底板为锯齿形时（包括预制踏步板），按其水平投影面积乘系数1.5计算。

7.2.14 门窗工程

（1）购入成品的各种铝合金门窗安装，按门窗洞口面积以平方米计算，购入成品的木门扇安装，按购入门扇的净面积计算。

（2）现场铝合金门窗扇制作、安装按门窗洞口面积以平方米计算。

（3）各种卷帘门按洞口高度加600mm乘卷帘门实际宽度的面积计算，卷帘门上有小门时，其卷帘门工程量应扣除小门面积。卷帘门上的小门按扇计算，卷帘门上电动提升装置以套计算，手动装置的材料、安装人工已包括在定额内，不另增加。

（4）无框玻璃门按其洞口面积计算。无框玻璃门中，部分为固定门扇、部分为开启门扇时，工程量应分开计算。无框门上带亮子时，其亮子与固定门扇合并计算。

（5）门窗框上包不锈钢板均按不锈钢板的展开面积以平方米计算，木门扇上包金属面或软包面均以门扇净面积计算。无框玻璃门上亮子与门扇之间的钢骨架横撑（外包不锈钢板），按横撑包不锈钢板的展开面积计算。

（6）门窗扇包镀锌铁皮，按门窗洞口面积以平方米计算；门窗框包镀锌铁皮、钉橡皮条、钉毛毡按图示门窗洞口尺寸以延长米计算。

（7）木门窗框、扇制作、安装工程量按以下规定计算：

①各类木门窗（包括纱门、纱窗）制作、安装工程量均按门窗洞口面积以平方米计算。

②连门窗的工程量应分别计算，套用相应门、窗定额，窗的宽度算至门框外侧。

③普通窗上部带有半圆窗的工程量应按普通窗和半圆窗分别计算，其分界线以普通窗和半圆窗之间的横框上边线为分界线。

④无框窗扇按扇的外围面积计算。

7.2.15 油漆、涂料、裱糊工程

（1）天棚、墙、柱、梁面的喷（刷）涂料和抹灰面乳胶漆，工程量按实喷（刷）面积计算，但不扣除 $0.3m^2$ 以内的孔洞面积。

（2）木材面油漆

各种木材面的油漆工程量按构件的工程量乘相应系数计算，其具体系数如下所示。

①套用单层木门定额的项目工程量乘下列系数（见表7-8）。

表 7-8

项目名称	系数	工程量计算方法
单层木门	1.00	按洞口面积计算
带上亮木门	0.96	
双层（一玻一纱）木门	1.36	
单层全玻门	0.83	
单层半玻门	0.90	
不包括门套的单层门扇	0.81	
凹凸线条几何图案造型单层木门	1.05	
木百叶门	1.50	
半木百叶门	1.25	
厂库房木大门、钢木大门	1.30	
双层（单裁口）木门	2.00	

注：1. 门、窗贴脸、披水条、盖口条的油漆已包括在相应定额内，不予调整。
2. 双扇木门按相应单扇木门项目乘以0.9系数。
3. 厂库房木大门、钢木大门上的钢骨架、零星铁件油漆已包含在系数内，不另计算。

②套用单层木窗定额的项目工程量乘下列系数（见表7-9）。

表 7-9

项目名称	系数	工程量计算方法
单层玻璃窗	1.00	按洞口面积计算
双层（一玻一纱）窗	1.36	
双层（单裁口）窗	2.00	
三层（二玻一纱）窗	2.60	
单层组合窗	0.83	
双层组合窗	1.13	
木百叶窗	1.50	
不包括窗套的单层木窗扇	0.81	

③套用木扶手定额的项目工程量乘下列系数（见表7-10）。

表 7-10

项目名称	系数	工程量计算方法
木扶手（不带托板）	1.00	按延长米
木扶手（带托板）	2.60	
窗帘盒（箱）	2.04	
窗帘棍	0.35	
装饰线缝宽在150mm内	0.35	
装饰线缝宽在150mm外	0.52	
封檐板、顺水板	1.74	

④套用其他木材定额的项目工程量乘下列系数（见表7-11）。

表 7-11

项目名称	系数	工程量计算方法
纤维板、木板、胶合板天棚	1.00	长×宽
木方格吊顶天棚	1.20	
鱼鳞板墙	2.48	
暖气罩	1.28	
木间壁木隔断	1.90	外围面积 长（斜长）×高
玻璃间壁露明墙筋	1.65	
木栅栏、木栏杆（带扶手）	1.82	
零星木装修	1.10	展开面积

⑤套用木墙裙定额的项目工程量乘下列系数（见表7-12）。

表 7-12

项目名称	系数	工程量计算方法
木墙裙	1.00	净长×高
有凹凸、线条几何图案的木墙裙	1.05	

⑥踢脚线按延长米计算，如踢脚线与墙裙油漆材料相同，应合并在墙裙工程量中。

⑦橱、台、柜工程量计算按展开面积计算。零星木装修、梁、柱饰面按展开面积计算。

⑧窗台板、筒子板（门、窗套），不论有无拼花图案和线条均按展开面积计算。

⑨套用木地板定额的项目工程量乘下列系数（见表7-13）。

表 7-13

项目名称	系数	工程量计算方法
木地板	1.00	长×宽
木楼梯（不包括底面）	2.30	水平投影面积

7.2.16 建筑物超高增加费用

（1）建筑物超高费以超过20m部分的建筑面积计算。

注：2014年江苏预算定额：建筑物超高费以超过20m或6层部分的建筑面积计算。

（2）单独装饰工程超高部分人工降效以超过20m部分的人工费分段计算。

注：2014年江苏预算定额：单独装饰工程超高人工降效以超过20m或6层部分的工日分段计算。

7.2.17　脚手架

1. 脚手架工程

注：2014 年江苏预算定额：综合脚手架按建筑面积计算。单位工程中不同层高的建筑面积分别计算。单项脚手架按如下规则计算。

（1）脚手架工程量计算一般规则

①凡砌筑高度超过 1.5m 的砌体均需计算脚手架。

②砌墙脚手架均按墙面（单面）垂直投影面积以平方米计算。

③计算脚手架时，不扣除门、窗洞口、空圈、车辆通道、变形缝等所占面积。

④同一建筑物高度不同时，按建筑物的竖向不同高度分别计算。

（2）砌筑脚手架工程量计算规则

①外墙脚手架按外墙外边线长度（如外墙有挑阳台，则每只阳台计算一个侧面宽度，计入外墙面长度内，二户阳台连在一起的也只算一个侧面）乘以外墙高度以平方米计算。外墙高度指室外设计地坪至檐口（或女儿墙上表面）高度，坡屋面至屋面板下（或椽子顶面）墙中心高度。

②内墙脚手架以内墙净长乘以内墙净高计算。有山尖者算至山尖 1/2 处的高度：有地下室时，自地下室室内地坪至墙顶面高度。

③砌体高度在 3.60m 以内者，套用里脚手架：高度超过 3.60m 者，套用外脚手架。

④山墙自设计室外地坪至山尖 1/2 处高度超过 3.60m 时，该整个外山墙按相应外脚手架计算，内山墙按单排外架子计算。

⑤独立砖（石）柱高度在 3.60m 以内者，脚手架以柱的结构外围周长乘以柱高计算，执行砌墙脚手架里架子：柱高超过 3.60m 者，以柱的结构外围周长加 3.60m 乘以柱高计算，执行砌墙脚手架外架子（单排）。

⑥砌石墙到顶的脚手架，工程量按砌墙相应脚手架乘系数 1.50。

⑦外墙脚手架包括一面抹灰脚手架在内，另一面墙可计算抹灰脚手架。

⑧砖基础自设计室外地坪至垫层（或混凝土基础）上表面的深度超过 1.50m 时，按相应砌墙脚手架执行。

⑨突出屋面部分的烟囱，高度超过 1.50m 时，其脚手架按外围周长加 3.60m 乘以实砌高度按 12m 内单排外脚手架计算。

（3）现浇钢筋混凝土脚手架工程量计算规则

①钢筋混凝土基础自设计室外地坪至垫层上表面的深度超过 1.50m，同时带形基础底宽超过 3.0m、独立基础或满堂基础及大型设备基础的底面面积超过 16m^2 的混凝土浇捣脚手架应按槽、坑土方规定放工作面后的底面面积计算，按高 5m 以内的满堂脚手架相应定额乘以 0.3 系数计算脚手架费用。（注：2014 年江苏预算定额增加：使用泵送混凝土的，浇捣脚手架不得计算。）

②现浇钢筋混凝土独立柱、单梁、墙高度超过 3.60m 应计算浇捣脚手架。柱的浇捣脚手架以柱的结构周长加 3.60m 乘以柱高计算；梁的浇捣脚手架按梁的净长乘以地面（或楼面）至梁顶面的高度计算：墙的浇捣脚手架以墙的净长乘以墙高计算。套柱、梁、墙混凝土浇捣脚手架。

③层高超过 3.60m 的钢筋混凝土框架柱、墙（楼板、屋面板为现浇板）所增加的混凝土

浇捣脚手架费用，以每 $10m^2$ 框架轴线水平投影面积，按满堂脚手架相应子目乘以 0.3 系数执行；层高超过 3.60m 的钢筋险框架柱、梁、墙（楼板、屋面板为预制空心板）所增加的混凝土浇捣脚手架费用，以每 $10m^2$ 框架轴线水平投影面积，按满堂脚手架相应子目乘以 0.4 系数执行。

（5）抹灰脚手架、满堂脚手架工程量计算规则

1）抹灰脚手架：

①钢筋混凝土单梁、柱、墙，按以下规定计算脚手架：

a. 单梁：以梁净长乘以地坪（或楼面）至梁顶面高度计算；

b. 柱：以柱结构外围周长加 3.60m 乘以柱高计算；

c. 墙：以墙净长乘以地坪（或楼面）至板底高度计算。

②墙面抹灰：以墙净长乘以净高计算。

③如有满堂脚手架可以利用时，不再计算墙、柱、梁面抹灰脚手架。

④天棚抹灰高度在 3.60m 以内，按天棚抹灰面（不扣除柱、梁所占的面积）以平方米计算。

2）满堂脚手架：天棚抹灰高度超过 3.60m，按室内净面积计算满堂脚手架，不扣除柱、垛、附墙烟囱所占面积。

①基本层：高度在 8m 以内计算基本层；

②增加层：高度超过 8m，每增加 2m 计算一层增加层，计算式如下：

增加层数 =〔室内净高(m) - 8(m)〕/2(m)

余数在 0.6m 以内，不计算增加层，超过 0.6m，按增加一层计算。

③满堂脚手架高度以室内地坪面（或楼面）至天棚面或屋面板的底面为准（斜的天棚或屋面板按平均高度计算）。室内挑台栏板外侧共享空间的装饰如无满堂脚手架利用时，按地面（或楼面）至顶层栏板顶面高度乘以栏板长度以平方米计算，套相应抹灰脚手架定额。

（6）其他脚手架工程量计算规则：

①高压线防护架按搭设长度以延长米计算。

②金属过道防护棚按搭设水平投影面积以平方米计算。

③斜道、烟囱、水塔、电梯井脚手架区别不同高度以座计算。滑升模板施工的烟囱、水塔，其脚手架费用已包括在滑模计价表内，不另计算脚手架。烟囱内壁抹灰是否搭设脚手架，按施工组织设计规定办理，其费用按相应满堂脚手架执行，人工增加 20% 其余不变。

④高度超过 3.6m 的贮水（油）池，其混凝土浇捣脚手架按外壁周长乘以池的壁高以平方米计算，按池壁混凝土浇捣脚手架项目执行，抹灰者按抹灰脚手架另计。

2. 檐高超过 20m 脚手架材料增加费

建筑物檐高超过 20m，即可计算脚手架材料增加费，建筑物檐高超过 20m，脚手架材料增加费，以建筑物超过 20m 部分建筑面积计算。

注：2014 年江苏预算定额：①综合脚手架，建筑物檐高超过 20m 可计算脚手架材料增加费，建筑物檐高超过 20m，脚手架材料增加费，以建筑物超过 20m 部分建筑面积计算。②单项脚手架，建筑物檐高超过 20m 可计算脚手架材料增加费，建筑物檐高超过 20m，脚手架材料增加费同外墙脚手架计算规则，从设计室外地面起算。

7.2.18　模板工程

（1）现浇混凝土及钢筋混凝土模板工程量，按以下规定计算：

①现浇混凝土及钢筋混凝土模板工程量除另有规定者外，均按混凝土与模板的接触面积以平方米计算。若使用含模量计算模板接触面积者，其工程量 = 构件体积 × 相应项目含模量。

②钢筋混凝土墙、板上单孔面积在 0.3m^2 以内的孔洞，不予扣除，洞侧壁模板不另增加，但突出墙面的侧壁模板应相应增加。单孔面积在 0.3m^2 以外的孔洞，应予扣除，洞侧壁模板面积并入墙、板模板工程量之内计算。

③现浇钢筋混凝土框架分别按柱、梁、墙、板有关规定计算，墙上单面附墙柱并入墙内工程量计算，双面附墙柱按柱计算，但后浇墙、板带的工程量不扣除。

④设备螺栓套孔或设备螺栓分别按不同深度以“个”计算：二次灌浆，按实灌体积以立方米计算。

⑤预制混凝土板间或边补现浇板缝，缝宽在 100mm 以上者，模板按平板定额计算。

⑥构造柱外露均应按图示外露部分计算面积（锯齿形，则按锯齿形最宽面计算模板宽度）构造柱与墙接触面不计算模板面积。

⑦现浇混凝土雨篷、阳台、水平挑板，按图示挑出墙面以外板底尺寸的水平投影面积计算（附在阳台梁上的混凝土线条不计算水平投影面积）。挑出墙外的牛腿及板边模板已包括在内。复式雨篷挑口内侧净高超过 250mm 时，其超过部分按挑檐定额计算（超过部分的含模量按天沟含模量计算）。竖向挑板按 100mm 内墙定额执行。

⑧整体直形楼梯包括楼梯段、中间休息平台、平台梁、斜梁及楼梯与楼板连接的梁，按水平投影面积计算，不扣除小于 200mm（注：2014 年江苏预算定额：500mm）的梯井，伸入墙内部分不另增加。

⑨圆弧形楼梯按楼梯的水平投影面积以平方米计算（包括圆弧形梯段、休息平台、平台梁、斜梁及楼梯与楼板连接的梁）。

⑩楼板后浇带以延长米计算（整板基础的后浇带不包括在内）。

⑪现浇圆弧形构件除定额已注明者外，均按垂直圆弧形的面积计算。

⑫栏杆按扶手的延长米计算，栏板竖向挑板按模板接触面积以平方米计算。扶手、栏板的斜长按水平投影长度乘系数 1.18 计算。

⑬劲性混凝土柱模板，按现浇柱定额执行。

⑭砖侧模分别不同厚度，按实砌面积以平方米计算。

（2）现场预制钢筋混凝土构件模板工程量，按以下规定计算：

①现场预制构件模板工程量，除另有规定者外，均按模板接触面积以平方米计算。若使用含模量计算模板面积者，其工程量 = 构件体积 × 相应项目的含模量。砖地模费用以已包括在定额含量中，不再另行计算。

②漏空花格窗、花格芯按外围面积计算。

③预制桩不扣除桩尖虚体积。

④加工厂预制构件有此项目，而现场预制无此项目，实际在现场预制时模板按加工厂预制模板子目执行。现场预制构件有此项目，加工厂预制构件无此项目，实际在加工厂预制时，其模板按现场预制模板子目执行。

（3）加工厂预制构件的模板，除漏空花格窗、花格芯外，均按构件的体积以立方米计算。

①混凝土构件体积一律按施工图纸的几何尺寸以实体积计算，空腹构件应扣除空腹体积。

②漏空花格窗、花格芯按外围面积计算。

7.2.19 施工排水、降水、深基坑支护

（1）人工土方施工排水不分土壤类别、挖土深度，按挖湿土工程量以立方米计算。

（2）人工挖淤泥、流砂施工排水按挖淤泥、流砂工程量以立方米计算。

（3）基坑、地下室排水按土方基坑的底面积以平方米计算。

（4）强夯法加固地基坑内排水，按强夯法加固地基工程量以平方米计算。

（5）井点降水 50 根为一套，累计根数不足一套者按一套计算，井点使用定额单位为套天，一天按 24 小时计算。井管的安装、拆除以“根”计算。

（6）基坑钢管支撑以坑内的钢立柱、支撑、围檩、活络接头、法兰盘、预埋铁件的合并重量按吨计算。

（7）打、拔钢板桩按设计钢板桩重量以吨计算。

7.2.20 建筑工程垂直运输

（1）建筑物垂直运输机械台班用量，区分不同结构类型、檐口高度（层数）按国家工期定额以日历天计算。

（2）单独装饰工程垂直运输机械台班，区分不同施工机械、垂直运输高度、层数、按定额工日分别计算。

（3）烟囱、水塔、筒仓垂直运输机械台班，以“座”计算。超过定额规定高度时，按每增高 lm 定额项目计算。高度不足 1m，按 1m 计算。

（4）施工塔吊、电梯基础，塔吊及电梯与建筑物连接件，按施工塔吊及电梯的不同型号以“台”计算。

7.3 建筑与装饰工程施工图预算与投标报价编制实例

7.3.1 工程概况与设计说明

工程概况与设计说明详见本书最后附带的工程图纸折页。

7.3.2 工程量计算

1. 建筑面积的计算

工程名称：大桥初级中学综合楼

序 1	项目编码	项目名称	单位	计算式	工程量
		建筑面积	m^2		1 066.45
				(35.2 + 0.24) × (0.12 + 7.6 + 2.04) × 3	1 037.68
				(3.0 + 0.24) × 2.96 × 3	28.771 2

2. 分部分项工程（详见工程量计算书）

表 7-14　工程量计算书

工程名称：综合楼（土建）　　　　　　　　　标段：

序号	位置	名称	子目名称及公式	单位	相同数量	合计
1			建筑工程			
2			A.1 土（石）方工程			
3	010101001001		平整场地 1. 土壤类别：三类土	m^2		359.740
4	1-98		平整场地	$10m^2$		56.886
			(3.0 + 0.24 + 2.0 × 2) × 2.96 + (35.2 + 0.24 + 2.0 × 2) × (9.64 + 0.24 + 2.0 × 2)		1.00	568.858
5	010101003001		挖基础土方 1. 土壤类别：三类土 2. 基础类型：独立 3. 弃土运距：150m	m^3		184.630
6	1-55		人工挖地坑三类干土深 1.5m 内	m^3		237.099
		J-1	(2.9 + 0.6) × (2.9 + 0.6) × (1.2 − 0.3) × 2		1.00	22.050
		J-2	(2.7 + 0.6) × (3.1 + 0.6) × (1.2 − 0.3) × 4		1.00	43.956
		J-3	(2.6 + 0.6) × (3.0 + 0.6) × (1.2 − 0.3) × 4		1.00	41.472
		J-4	(2.3 + 0.6) × (2.9 + 0.6) × (1.2 − 0.3) × 2		1.00	18.270
		J-5	(1.9 + 0.6) × (2.8 + 0.6) × (1.2 − 0.3) × 2		1.00	15.300
		J-6	(2.0 + 0.6) × (3.89 + 0.6) × (1.2 − 0.3) × 2		1.00	21.013
		J-7	(2.1 + 0.6) × (4.2 + 0.6) × (1.2 − 0.3) × 2		1.00	23.328
		J-8	(2.25 + 0.6) × (4.44 + 0.6) × (1.2 − 0.3) × 4		1.00	51.710
7	1 − 92 + [1 − 95] × 2		单（双）轮车运土 150m 内	m^3		237.099
		J-1	(2.9 + 0.6) × (2.9 + 0.6) × (1.2 − 0.3) × 2		1.00	22.050
		J-2	(2.7 + 0.6) × (3.1 + 0.6) × (1.2 − 0.3) × 4		1.00	43.956
		J-3	(2.6 + 0.6) × (3.0 + 0.6) × (1.2 − 0.3) × 4		1.00	41.472
		J-4	(2.3 + 0.6) × (2.9 + 0.6) × (1.2 − 0.3) × 2		1.00	18.270
		J-5	(1.9 + 0.6) × (2.8 + 0.6) × (1.2 − 0.3) × 2		1.00	15.300
		J-6	(2.0 + 0.6) × (3.89 + 0.6) × (1.2 − 0.3) × 2		1.00	21.013
		J-7	(2.1 + 0.6) × (4.2 + 0.6) × (1.2 − 0.3) × 2		1.00	23.328
		J-8	(2.25 + 0.6) × (4.44 + 0.6) × (1.2 − 0.3) × 4		1.00	51.710

（续）

序号	位置	名称	子目名称及公式	单位	相同数量	合计
8	010101003002		挖基础土方 1. 土壤类别：三类土 2. 基础类型：条形 3. 弃土运距：150m	m^3		39.860
9	1-23		人工挖地槽地沟三类干土深1.5m内	m^3		49.852
	C-C，1～10轴		(35.2－1.055×2－2.25×4－2.1×2－2.9×2－0.1－0.3×2×8)×(0.6＋0.3×2)×(1.2－0.3)		1.00	9.925
	D-D，1～10轴		(35.2－1.23×2－2.7×4－2.6×4－0.4×2－0.3×2×7)×(0.6＋0.3×2)×(1.2－0.3)		1.00	7.063
	1-1，10-10，C～D轴		(7.6－1.53－1.35－0.3×2)×(0.6＋0.3×2)×(1.2－0.3)×2		1.00	8.899
	3-3，4-4，C～D轴		(7.6－1.58－1.53－0.3×2)×(0.6＋0.3×2)×(1.2－0.3)×2		1.00	8.402
	6-6，C～D轴		(7.6－1.63－1.6－0.3×2)×(0.6＋0.3×2)×(1.2－0.3)		1.00	4.072
	8-8，9-9，C～D轴		(7.6－1.58－1.45－0.3×2)×(0.6＋0.3×2)×(1.2－0.3)×2		1.00	8.575
	楼梯下		1.35×(0.6＋0.3×2)×(1.1＋0.1－0.3)×2		1.00	2.916
10	1－92＋[1－95]×2		单（双）轮车运土150m内	m^3		49.852
	C-C，1～10轴		(35.2－1.055×2－2.25×4－2.1×2－2.9×2－0.1－0.3×2×8)×(0.6＋0.3×2)×(1.2－0.3)		1.00	9.925
	D-D，1～10轴		(35.2－1.23×2－2.7×4－2.6×4－0.4×2－0.3×2×7)×(0.6＋0.3×2)×(1.2－0.3)		1.00	7.063
	1-1，10-10，C～D轴		(7.6－1.53－1.35－0.3×2)×(0.6＋0.3×2)×(1.2－0.3)×2		1.00	8.899
	3-3，4-4，C～D轴		(7.6－1.58－1.53－0.3×2)×(0.6＋0.3×2)×(1.2－0.3)×2		1.00	8.402
	6-6，C～D轴		(7.6－1.63－1.6－0.3×2)×(0.6＋0.3×2)×(1.2－0.3)		1.00	4.072
	8-8，9-9，C～D轴		(7.6－1.58－1.45－0.3×2)×(0.6＋0.3×2)×(1.2－0.3)×2		1.00	8.575
	楼梯下		1.35×(0.6＋0.3×2)×(1.1＋0.1－0.3)×2		1.00	2.916
11	010103001001		土（石）方回填 1. 土质要求：有机质不超过5% 2. 密实度要求：0.96下 3. 夯填（碾压）：分层夯实 4. 运输距离：150m	m^3		104.320
12	1-1		人工挖一类干土深度在1.5m内	m^3		166.774
	一、总挖土方量				1.00	
			237.09＋49.852		1.00	286.942
	二、扣砖基础				1.00	
	C，1～10轴	J0.6	－(35.2－1.055×2－2.25×4－2.1×2－2.9×2)×(1.1－0.25－0.24＋0.066－0.06)×0.24		1.00	－2.083

（续）

序号	位置	名称	子目名称及公式	单位	相同数量	合计
		J-6	−[(1.1−0.25−0.3−0.24−0.06)×0.1×0.24+(1.1−0.25−0.3−0.24+1.1−0.25−0.24−0.06×2)×(2.0×0.5−0.35×0.5−0.1)×0.5×0.24]×2		1.00	−0.151
		J-8	−[(1.1−0.25−0.35−0.24−0.06)×0.075×0.24+(1.1−0.25−0.35−0.24+1.1−0.25−0.24−0.06×2)×(2.25×0.5−0.35×0.5−0.075)×0.5×0.24]×2×4		1.00	−0.659
		J-1	−[(1.1−0.25−0.25−0.24−0.06)×0.05×0.24+(1.1−0.25−0.25−0.24+1.1−0.25−0.24−0.06×2)×(2.9×0.5−0.35×0.5−0.05)×0.5×0.24]×2×2		1.00	−0.514
		J-7	−[(1.1−0.25−0.3−0.24−0.06)×0.075×0.24+(1.1−0.25−0.3−0.24+1.1−0.25−0.24−0.06×2)×(2.1×0.5−0.35×0.5−0.075)×0.5×0.24]×2×2		1.00	−0.325
	D，1~10轴	J0.6	−(35.2−1.23×2−2.7×4−2.6×4)×(1.1−0.25−0.24+0.066−0.06)×0.24		1.00	−1.706
		J-4	−[(1.1−0.25−0.25−0.24−0.06)×0.05×0.24+(1.1−0.25−0.25−0.24+1.1−0.25−0.24−0.06×2)×(2.3×0.5−0.4×0.5−0.05)×0.5×0.24]×2		1.00	−0.191
		J-2	−[(1.1−0.25−0.3−0.24−0.06)×0.05×0.24+(1.1−0.25−0.3−0.24+1.1−0.25−0.24−0.06×2)×(2.7×0.5−0.4×0.5−0.05)×0.5×0.24]×2×4		1.00	−0.869
		J-3	−[(1.1−0.25−0.3−0.24−0.06)×0.05×0.24+(1.1−0.25−0.3−0.24+1.1−0.25−0.24−0.06×2)×(2.6×0.5−0.4×0.5−0.05)×0.5×0.24]×2×4		1.00	−0.830
	1、10，C~D轴	J0.6	−(7.6−1.35−1.53)×(1.1−0.25−0.24+0.066−0.06)×0.24×2		1.00	−1.396
		J-6	−[(1.1−0.25−0.3−0.24−0.06)×0.05×0.24+(1.1−0.25−0.3−0.24+1.1−0.25−0.24−0.06×2)×(1.35−0.23−0.05)×0.5×0.24]×2		1.00	−0.211
			−(2.04−0.24)×(1.1−0.55−0.3)×0.24×2		1.00	−0.216
		J-4	−[(1.1−0.25−0.25−0.24−0.06)×0.05×0.24+(1.1−0.25−0.25−0.24+1.1−0.25−0.24−0.06×2)×(1.53−0.28−0.05)×0.5×0.24]×2		1.00	−0.252
	3、4，C~D轴	J0.6	−(7.6−1.58−1.53−0.3)×(1.1−0.25−0.24+0.066−0.06)×0.24×2		1.00	−1.239
		J-1	−[(1.1−0.25−0.25−0.24−0.06)×0.05×0.24+(1.1−0.25−0.25−0.24+1.1−0.25−0.24−0.06×2)×(1.53−0.23−0.05)×0.5×0.24]×2		1.00	−0.262

（续）

序号	位置	名称	子目名称及公式	单位	相同数量	合计
		J-3	−[(1.1−0.25−0.3−0.24−0.06)×0.05×0.24+(1.1−0.25−0.3−0.24+1.1−0.25−0.24−0.06×2)×(1.58−0.28−0.05)×0.5×0.24]×2		1.00	−0.246
	6，C～D轴	J0.6	−(7.6−1.63−1.6)×(1.1−0.25−0.24+0.066−0.06)×0.24		1.00	−0.646
		J-8	−[(1.1−0.25−0.35−0.24−0.06)×0.05×0.24+(1.1−0.25−0.35−0.24+1.1−0.25−0.24−0.06×2)×(1.6−0.23−0.05)×0.5×0.24]		1.00	−0.121
		J-2	−[(1.1−0.25−0.3−0.24−0.06)×0.05×0.24+(1.1−0.25−0.3−0.24+1.1−0.25−0.24−0.06×2)×(1.63−0.28−0.05)×0.5×0.24]		1.00	−0.128
	8、9，C～D轴	J0.6	−(7.6−1.58−1.45)×(1.1−0.25−0.24+0.066−0.06)×0.24×2		1.00	−1.351
		J-7	−[(1.1−0.25−0.3−0.24−0.06)×0.05×0.24+(1.1−0.25−0.3−0.24+1.1−0.25−0.24)−0.06×2×(1.45−0.23−0.05)×0.5×0.24]×2		1.00	−1.812
		J-3	−[(1.1−0.25−0.3−0.24−0.06)×0.05×0.24+(1.1−0.25−0.3−0.24+1.1−0.25−0.24−0.06×2)×(1.58−0.28−0.05)×0.5×0.24]×2		1.00	−0.246
	楼梯底层		−1.35×(1.07−0.3−0.15+0.066−0.15)×0.24×2		1.00	−0.347
	三、扣独立基础		−69.19		1.00	−69.190
	四、扣条形基础		−0.49−8.635		1.00	−9.125
	五、扣混凝土垫层		−20.52−4.428		1.00	−24.948
	六、扣框架柱				1.00	
					1.00	
	A轴	KZ-7	−(1.1−0.5−0.3)×0.4×0.4×2		1.00	−0.096
	B轴	KZ-1、KZ-15、KZ-17、KZ-18	−(1.1−0.55−0.3)×0.4×0.4×4		1.00	−0.160
		KZ-4、KZ-10、KZ-13、KZ-14	−(1.1−0.6−0.3)×0.4×0.4×4		1.00	−0.128
	D轴	KZ-3	−(1.1−0.5−0.3)×0.4×0.4		1.00	−0.048
		KZ-6	−(1.1−0.55−0.3)×0.4×0.4		1.00	−0.040
		KZ-9	−[(1.1−0.55−0.3)×0.4×0.4]×2		1.00	−0.080
		KZ-12 <5、7轴>	−(1.1−0.55−0.3)×0.4×0.4×2		1.00	−0.080
		KZ12 <6轴>	−(1.1−0.55−0.3)×0.4×0.4		1.00	−0.040
		KZ-16 <8轴>	−(1.1−0.55−0.3)×0.4×0.4		1.00	−0.040
		KZ-16 <9轴>	−(1.1−0.55−0.3)×0.4×0.4		1.00	−0.040

（续）

序号	位置	名称	子目名称及公式	单位	相同数量	合计
	C轴	KZ-20	-(1.1-0.5-0.3)×0.4×0.4		1.00	-0.048
		KZ-2	-(1.1-0.55-0.3)×0.35×0.35		1.00	-0.031
		KZ-5 <2轴>	-(1.1-0.6-0.3)×0.35×0.35		1.00	-0.025
		KZ-5 <8轴>	-(1.1-0.55-0.3)×0.35×0.35		1.00	-0.031
		KZ-5 <9轴>	-(1.1-0.55-0.3)×0.35×0.35		1.00	-0.031
		KZ-8 <3.4轴>	-(1.1-0.5-0.3)×0.35×0.35×2		1.00	-0.074
		KZ-8 <7轴>	-(1.1-0.55-0.3)×0.35×0.35		1.00	-0.031
		KZ-11 <5轴>	-(1.1-0.6-0.3)×0.35×0.35		1.00	-0.025
		KZ-11 <6轴>	-(1.1-0.6-0.3)×0.35×0.35		1.00	-0.025
		KZ-19	-(1.1-0.55-0.3)×0.35×0.35		1.00	-0.031
					1.00	
					1.00	
					1.00	
13	1-104		基（槽）坑回填土夯填	m^3		166.774
	一、总挖土方量				1.00	
			237.09+49.852		1.00	286.942
	二、扣砖基础				1.00	
	C，1~10轴	J0.6	-(35.2-1.055×2-2.25×4-2.1×2-2.9×2)×(1.1-0.25-0.24+0.066-0.06)×0.24		1.00	-2.083
		J-6	-[(1.1-0.25-0.3-0.24-0.06)×0.1×0.24+(1.1-0.25-0.3-0.24+1.1-0.25-0.24-0.06×2)×(2.0×0.5-0.35×0.5-0.1)×0.5×0.24]×2		1.00	-0.151
		J-8	-[(1.1-0.25-0.35-0.24-0.06)×0.075×0.24+(1.1-0.25-0.35-0.24+1.1-0.25-0.24-0.06×2)×(2.25×0.5-0.35×0.5-0.075)×0.5×0.24]×2×4		1.00	-0.659
		J-1	-[(1.1-0.25-0.25-0.24-0.06)×0.05×0.24+(1.1-0.25-0.25-0.24+1.1-0.25-0.24-0.06×2)×(2.9×0.5-0.35×0.5-0.05)×0.5×0.24]×2×2		1.00	-0.514
		J-7	-[(1.1-0.25-0.3-0.24-0.06)×0.075×0.24+(1.1-0.25-0.3-0.24+1.1-0.25-0.24-0.06×2)×(2.1×0.5-0.35×0.5-0.075)×0.5×0.24]×2×2		1.00	-0.325
	D，1~10轴	J0.6	-(35.2-1.23×2-2.7×4-2.6×4)×(1.1-0.25-0.24+0.066-0.06)×0.24		1.00	-1.706

（续）

序号	位置	名称	子目名称及公式	单位	相同数量	合计
		J-4	−[（1.1−0.25−0.25−0.24−0.06）×0.05×0.24+（1.1−0.25−0.25−0.24+1.1−0.25−0.24−0.06×2）×（2.3×0.5−0.4×0.5−0.05）×0.5×0.24]×2		1.00	−0.191
		J-2	−[（1.1−0.25−0.3−0.24−0.06）×0.05×0.24+（1.1−0.25−0.3−0.24+1.1−0.25−0.24−0.06×2）×（2.7×0.5−0.4×0.5−0.05）×0.5×0.24]×2×4		1.00	−0.869
		J-3	−[（1.1−0.25−0.3−0.24−0.06）×0.05×0.24+（1.1−0.25−0.3−0.24+1.1−0.25−0.24−0.06×2）×（2.6×0.5−0.4×0.5−0.05）×0.5×0.24]×2×4		1.00	−0.830
	1、10，C～D轴	J0.6	−（7.6−1.35−1.53）×（1.1−0.25−0.24+0.066−0.06）×0.24×2		1.00	−1.396
		J-6	−[（1.1−0.25−0.3−0.24−0.06）×0.05×0.24+（1.1−0.25−0.3−0.24+1.1−0.25−0.24−0.06×2）×（1.35−0.23−0.05）×0.5×0.24]×2		1.00	−0.211
			−（2.04−0.24）×（1.1−0.55−0.3）×0.24×2		1.00	−0.216
		J-4	−[（1.1−0.25−0.25−0.24−0.06）×0.05×0.24+（1.1−0.25−0.25−0.24+1.1−0.25−0.24−0.06×2）×（1.53−0.28−0.05）×0.5×0.24]×2		1.00	−0.252
	3、4，C～D轴	J0.6	−（7.6−1.58−1.53−0.3）×（1.1−0.25−0.24+0.066−0.06）×0.24×2		1.00	−1.239
		J-1	−[（1.1−0.25−0.25−0.24−0.06）×0.05×0.24+（1.1−0.25−0.25−0.24+1.1−0.25−0.24−0.06×2）×（1.53−0.23−0.05）×0.5×0.24]×2		1.00	−0.262
		J-3	−[（1.1−0.25−0.3−0.24−0.06）×0.05×0.24+（1.1−0.25−0.3−0.24+1.1−0.25−0.24−0.06×2）×（1.58−0.28−0.05）×0.5×0.24]×2		1.00	−0.246
	6，C～D轴	J0.6	−（7.6−1.63−1.6）×（1.1−0.25−0.24+0.066−0.06）×0.24		1.00	−0.646
		J-8	−[（1.1−0.25−0.35−0.24−0.06）×0.05×0.24+（1.1−0.25−0.35−0.24+1.1−0.25−0.24−0.06×2）×（1.6−0.23−0.05）×0.5×0.24]		1.00	−0.121
		J-2	−[（1.1−0.25−0.3−0.24−0.06）×0.05×0.24+（1.1−0.25−0.3−0.24+1.1−0.25−0.24−0.06×2）×（1.63−0.28−0.05）×0.5×0.24]		1.00	−0.128
	8、9，C～D轴	J0.6	−（7.6−1.58−1.45）×（1.1−0.25−0.24+0.066−0.06）×0.24×2		1.00	−1.351
		J-7	−[（1.1−0.25−0.3−0.24−0.06）×0.05×0.24+（1.1−0.25−0.3−0.24+1.1−0.25−0.24）−0.06×2×（1.45−0.23−0.05）×0.5×0.24]×2		1.00	−1.812

（续）

序号	位置	名称	子目名称及公式	单位	相同数量	合计
		J-3	-[(1.1-0.25-0.3-0.24-0.06)×0.05×0.24+(1.1-0.25-0.3-0.24+1.1-0.25-0.24-0.06×2)×(1.58-0.28-0.05)×0.5×0.24]×2		1.00	-0.246
	楼梯底层		-1.35×(1.07-0.3-0.15+0.066-0.15)×0.24×2		1.00	-0.347
	三、扣独立基础		-69.19		1.00	-69.190
	四、扣条形基础		-0.49-8.635		1.00	-9.125
	五、扣混凝土垫层		-20.52-4.428		1.00	-24.948
	六、扣框架柱				1.00	
					1.00	
	A轴	KZ-7	-(1.1-0.5-0.3)×0.4×0.4×2		1.00	-0.096
	B轴	KZ-1、KZ-15、KZ-17、KZ-18	-(1.1-0.55-0.3)×0.4×0.4×4		1.00	-0.160
		KZ-4、KZ-10、KZ-13、KZ-14	-(1.1-0.6-0.3)×0.4×0.4×4		1.00	-0.128
	D轴	KZ-3	-(1.1-0.5-0.3)×0.4×0.4		1.00	-0.048
		KZ-6	-(1.1-0.55-0.3)×0.4×0.4		1.00	-0.040
		KZ-9	-[(1.1-0.55-0.3)×0.4×0.4]×2		1.00	-0.080
		KZ-12 <5、7轴>	-(1.1-0.55-0.3)×0.4×0.4×2		1.00	-0.080
		KZ12 <6轴>	-(1.1-0.55-0.3)×0.4×0.4		1.00	-0.040
		KZ-16 <8轴>	-(1.1-0.55-0.3)×0.4×0.4		1.00	-0.040
		KZ-16 <9轴>	-(1.1-0.55-0.3)×0.4×0.4		1.00	-0.040
		KZ-20	-(1.1-0.5-0.3)×0.4×0.4		1.00	-0.048
	C轴	KZ-2	-(1.1-0.55-0.3)×0.35×0.35		1.00	-0.031
		KZ-5 <2轴>	-(1.1-0.6-0.3)×0.35×0.35		1.00	-0.025
		KZ-5 <8轴>	-(1.1-0.55-0.3)×0.35×0.35		1.00	-0.031
		KZ-5 <9轴>	-(1.1-0.55-0.3)×0.35×0.35		1.00	-0.031
		KZ-8 <3.4轴>	-(1.1-0.5-0.3)×0.35×0.35×2		1.00	-0.074
		KZ-8 <7轴>	-(1.1-0.55-0.3)×0.35×0.35		1.00	-0.031
		KZ-11 <5轴>	-(1.1-0.6-0.3)×0.35×0.35		1.00	-0.025
		KZ-11 <6轴>	-(1.1-0.6-0.3)×0.35×0.35		1.00	-0.025
		KZ-19	-(1.1-0.55-0.3)×0.35×0.35		1.00	-0.031
					1.00	
					1.00	
					1.00	

（续）

序号	位置	名称	子目名称及公式	单位	相同数量	合计
14	1－92＋[1－95]×2		单（双）轮车运土 150m 内	m^3		166.774
	一、总挖土方量				1.00	
			237.09＋49.852		1.00	286.942
	二、扣砖基础				1.00	
	C，1～10 轴	J0.6	－(35.2－1.055×2－2.25×4－2.1×2－2.9×2)×(1.1－0.25－0.24＋0.066－0.06)×0.24		1.00	－2.083
		J-6	－[(1.1－0.25－0.3－0.24－0.06)×0.1×0.24＋(1.1－0.25－0.3－0.24＋1.1－0.25－0.24－0.06×2)×(2.0×0.5－0.35×0.5－0.1)×0.5×0.24]×2		1.00	－0.151
		J-8	－[(1.1－0.25－0.35－0.24－0.06)×0.075×0.24＋(1.1－0.25－0.35－0.24＋1.1－0.25－0.24－0.06×2)×(2.25×0.5－0.35×0.5－0.075)×0.5×0.24]×2×4		1.00	－0.659
		J-1	－[(1.1－0.25－0.25－0.24－0.06)×0.05×0.24＋(1.1－0.25－0.25－0.24＋1.1－0.25－0.24－0.06×2)×(2.9×0.5－0.35×0.5－0.05)×0.5×0.24]×2×2		1.00	－0.514
		J-7	－[(1.1－0.25－0.3－0.24－0.06)×0.075×0.24＋(1.1－0.25－0.3－0.24＋1.1－0.25－0.24－0.06×2)×(2.1×0.5－0.35×0.5－0.075)×0.5×0.24]×2×2		1.00	－0.325
	D，1～10 轴	J0.6	－(35.2－1.23×2－2.7×4－2.6×4)×(1.1－0.25－0.24＋0.066－0.06)×0.24		1.00	－1.706
		J-4	－[(1.1－0.25－0.25－0.24－0.06)×0.05×0.24＋(1.1－0.25－0.25－0.24＋1.1－0.25－0.24－0.06×2)×(2.3×0.5－0.4×0.5－0.05)×0.5×0.24]×2		1.00	－0.191
		J-2	－[(1.1－0.25－0.3－0.24－0.06)×0.05×0.24＋(1.1－0.25－0.3－0.24＋1.1－0.25－0.24－0.06×2)×(2.7×0.5－0.4×0.5－0.05)×0.5×0.24]×2×4		1.00	－0.869
		J-3	－[(1.1－0.25－0.3－0.24－0.06)×0.05×0.24＋(1.1－0.25－0.3－0.24＋1.1－0.25－0.24－0.06×2)×(2.6×0.5－0.4×0.5－0.05)×0.5×0.24]×2×4		1.00	－0.830
	1、10，C～D 轴	J0.6	－(7.6－1.35－1.53)×(1.1－0.25－0.24＋0.066－0.06)×0.24×2		1.00	－1.396
		J-6	－[(1.1－0.25－0.3－0.24－0.06)×0.05×0.24＋(1.1－0.25－0.3－0.24＋1.1－0.25－0.24－0.06×2)×(1.35－0.23－0.05)×0.5×0.24]×2		1.00	－0.211
			－(2.04－0.24)×(1.1－0.55－0.3)×0.24×2		1.00	－0.216

（续）

序号	位置	名称	子目名称及公式	单位	相同数量	合计
		J-4	-[(1.1-0.25-0.25-0.24-0.06)×0.05×0.24+(1.1-0.25-0.25-0.24+1.1-0.25-0.24-0.06×2)×(1.53-0.28-0.05)×0.5×0.24]×2		1.00	-0.252
	3、4，C~D 轴	J0.6	-(7.6-1.58-1.53-0.3)×(1.1-0.25-0.24+0.066-0.06)×0.24×2		1.00	-1.239
		J-1	-[(1.1-0.25-0.25-0.24-0.06)×0.05×0.24+(1.1-0.25-0.25-0.24+1.1-0.25-0.24-0.06×2)×(1.53-0.23-0.05)×0.5×0.24]×2		1.00	-0.262
		J-3	-[(1.1-0.25-0.3-0.24-0.06)×0.05×0.24+(1.1-0.25-0.3-0.24+1.1-0.25-0.24-0.06×2)×(1.58-0.28-0.05)×0.5×0.24]×2		1.00	-0.246
	6，C~D 轴	J0.6	-(7.6-1.63-1.6)×(1.1-0.25-0.24+0.066-0.06)×0.24		1.00	-0.646
		J-8	-[(1.1-0.25-0.35-0.24-0.06)×0.05×0.24+(1.1-0.25-0.35-0.24+1.1-0.25-0.24-0.06×2)×(1.6-0.23-0.05)×0.5×0.24]		1.00	-0.121
		J-2	-[(1.1-0.25-0.3-0.24-0.06)×0.05×0.24+(1.1-0.25-0.3-0.24+1.1-0.25-0.24-0.06×2)×(1.63-0.28-0.05)×0.5×0.24]		1.00	-0.128
	8、9，C~D 轴	J0.6	-(7.6-1.58-1.45)×(1.1-0.25-0.24+0.066-0.06)×0.24×2		1.00	-1.351
		J-7	-[(1.1-0.25-0.3-0.24-0.06)×0.05×0.24+(1.1-0.25-0.3-0.24+1.1-0.25-0.24)-0.06×2×(1.45-0.23-0.05)×0.5×0.24]×2		1.00	-1.812
		J-3	-[(1.1-0.25-0.3-0.24-0.06)×0.05×0.24+(1.1-0.25-0.3-0.24+1.1-0.25-0.24-0.06×2)×(1.58-0.28-0.05)×0.5×0.24]×2		1.00	-0.246
	楼梯底层		-1.35×(1.07-0.3-0.15+0.066-0.15)×0.24×2		1.00	-0.347
	三、扣独立基础		-69.19		1.00	-69.190
	四、扣条形基础		-0.49-8.635		1.00	-9.125
	五、扣混凝土垫层		-20.52-4.428		1.00	-24.948
	六、扣框架柱				1.00	
					1.00	
	A 轴	KZ-7	-(1.1-0.5-0.3)×0.4×0.4×2		1.00	-0.096
	B 轴	KZ-1、KZ-15、KZ-17、KZ-18	-(1.1-0.55-0.3)×0.4×0.4×4		1.00	-0.160
		KZ-4、KZ-10、KZ-13、KZ-14	-(1.1-0.6-0.3)×0.4×0.4×4		1.00	-0.128
	D 轴	KZ-3	-(1.1-0.5-0.3)×0.4×0.4		1.00	-0.048

（续）

序号	位置	名称	子目名称及公式	单位	相同数量	合计
		KZ-6	-（1.1-0.55-0.3）×0.4×0.4		1.00	-0.040
		KZ-9	-[（1.1-0.55-0.3）×0.4×0.4]×2		1.00	-0.080
		KZ-12 <5、7 轴>	-（1.1-0.55-0.3）×0.4×0.4×2		1.00	-0.080
		KZ12 <6 轴>	-（1.1-0.55-0.3）×0.4×0.4		1.00	-0.040
		KZ-16 <8 轴>	-（1.1-0.55-0.3）×0.4×0.4		1.00	-0.040
		KZ-16 <9 轴>	-（1.1-0.55-0.3）×0.4×0.4		1.00	-0.040
		KZ-20	-（1.1-0.5-0.3）×0.4×0.4		1.00	-0.048
	C 轴	KZ-2	-（1.1-0.55-0.3）×0.35×0.35		1.00	-0.031
		KZ-5 <2 轴>	-（1.1-0.6-0.3）×0.35×0.35		1.00	-0.025
		KZ-5 <8 轴>	-（1.1-0.55-0.3）×0.35×0.35		1.00	-0.031
		KZ-5 <9 轴>	-（1.1-0.55-0.3）×0.35×0.35		1.00	-0.031
		KZ-8 <3.4 轴>	-（1.1-0.5-0.3）×0.35×0.35×2		1.00	-0.074
		KZ-8 <7 轴>	-（1.1-0.55-0.3）×0.35×0.35		1.00	-0.031
		KZ-11 <5 轴>	-（1.1-0.6-0.3）×0.35×0.35		1.00	-0.025
		KZ-11 <6 轴>	-（1.1-0.6-0.3）×0.35×0.35		1.00	-0.025
		KZ-19	-（1.1-0.55-0.3）×0.35×0.35		1.00	-0.031
					1.00	
					1.00	
					1.00	
15			A.3 砌筑工程			
16	010301001001		砖基础 1. 砖品种、规格、强度等级：灰砂砖 240mm×115mm×53mm MU15 2. 基础类型：条形 3. 砂浆强度等级：水泥砂浆 M7.5	m³		16.100
17	3-1		M7.5 直形砖基础	m³		16.100
	C，1～10 轴	J0.6	（35.2-1.055×2-2.25×4-2.1×2-2.9×2）×（1.1-0.25-0.24+0.066）×0.24		1.00	2.286
		J-6	[（1.1-0.25-0.3-0.24）×0.1×0.24+（1.1-0.25-0.3-0.24+1.1-0.25-0.24）×（2.0×0.5-0.35×0.5-0.1）×0.5×0.24]×2		1.00	0.175
		J-8	[（1.1-0.25-0.35-0.24）×0.075×0.24+（1.1-0.25-0.35-0.24+1.1-0.25-0.24）×（2.25×0.5-0.35×0.5-0.075）×0.5×0.24]×2×4		1.00	0.768
		J-1	[（1.1-0.25-0.25-0.24）×0.05×0.24+（1.1-0.25-0.25-0.24+1.1-0.25-0.24）×（2.9×0.5-0.35×0.5-0.05）×0.5×0.24]×2×2		1.00	0.588

（续）

序号	位置	名称	子目名称及公式	单位	相同数量	合计
		J-7	[(1.1 − 0.25 − 0.3 − 0.24) × 0.075 × 0.24 + (1.1 − 0.25 − 0.3 − 0.24 + 1.1 − 0.25 − 0.24) × (2.1 × 0.5 − 0.35 × 0.5 − 0.075) × 0.5 × 0.24] × 2 × 2		1.00	0.376
	D，1 ~ 10 轴	J0.6	(35.2 − 1.23 × 2 − 2.7 × 4 − 2.6 × 4) × (1.1 − 0.25 − 0.24 + 0.066) × 0.24		1.00	1.872
		J-4	[(1.1 − 0.25 − 0.25 − 0.24) × 0.05 × 0.24 + (1.1 − 0.25 − 0.25 − 0.24 + 1.1 − 0.25 − 0.24) × (2.3 × 0.5 − 0.4 × 0.5 − 0.05) × 0.5 × 0.24] × 2		1.00	0.218
		J-2	[(1.1 − 0.25 − 0.3 − 0.24) × 0.05 × 0.24 + (1.1 − 0.25 − 0.3 − 0.24 + 1.1 − 0.25 − 0.24) × (2.7 × 0.5 − 0.4 × 0.5 − 0.05) × 0.5 × 0.24] × 2 × 4		1.00	1.001
		J-3	[(1.1 − 0.25 − 0.3 − 0.24) × 0.05 × 0.24 + (1.1 − 0.25 − 0.3 − 0.24 + 1.1 − 0.25 − 0.24) × (2.6 × 0.5 − 0.4 × 0.5 − 0.05) × 0.5 × 0.24] × 2 × 4		1.00	0.957
	1、10，C ~ D 轴	J0.6	(7.6 − 1.35 − 1.53) × (1.1 − 0.25 − 0.24 + 0.066) × 0.24 × 2		1.00	1.532
		J-6	[(1.1 − 0.25 − 0.3 − 0.24) × 0.05 × 0.24 + (1.1 − 0.25 − 0.3 − 0.24 + 1.1 − 0.25 − 0.24) × (1.35 − 0.23 − 0.05) × 0.5 × 0.24] × 2		1.00	0.244
			(2.04 − 0.24) × (1.1 − 0.55) × 0.24 × 2		1.00	0.475
		J-4	[(1.1 − 0.25 − 0.25 − 0.24) × 0.05 × 0.24 + (1.1 − 0.25 − 0.25 − 0.24 + 1.1 − 0.25 − 0.24) × (1.53 − 0.28 − 0.05) × 0.5 × 0.24] × 2		1.00	0.288
	3、4，C ~ D 轴	J0.6	(7.6 − 1.58 − 1.53 − 0.3) × (1.1 − 0.25 − 0.24 + 0.066) × 0.24 × 2		1.00	1.360
		J-1	[(1.1 − 0.25 − 0.25 − 0.24) × 0.05 × 0.24 + (1.1 − 0.25 − 0.25 − 0.24 + 1.1 − 0.25 − 0.24) × (1.53 − 0.23 − 0.05) × 0.5 × 0.24] × 2		1.00	0.300
		J-3	[(1.1 − 0.25 − 0.3 − 0.24) × 0.05 × 0.24 + (1.1 − 0.25 − 0.3 − 0.24 + 1.1 − 0.25 − 0.24) × (1.58 − 0.28 − 0.05) × 0.5 × 0.24] × 2		1.00	0.283
	6，C ~ D 轴	J0.6	(7.6 − 1.63 − 1.6) × (1.1 − 0.25 − 0.24 + 0.066) × 0.24		1.00	0.709
		J-8	(1.1 − 0.25 − 0.35 − 0.24) × 0.05 × 0.24 + (1.1 − 0.25 − 0.35 − 0.24 + 1.1 − 0.25 − 0.24) × (1.6 − 0.23 − 0.05) × 0.5 × 0.24		1.00	0.141
		J-2	(1.1 − 0.25 − 0.3 − 0.24) × 0.05 × 0.24 + (1.1 − 0.25 − 0.3 − 0.24 + 1.1 − 0.25 − 0.24) × (1.63 − 0.28 − 0.05) × 0.5 × 0.24		1.00	0.147
	8、9，C ~ D 轴	J0.6	(7.6 − 1.58 − 1.45 − 0.3) × (1.1 − 0.25 − 0.24 + 0.066) × 0.24 × 2		1.00	1.386

（续）

序号	位置	名称	子目名称及公式	单位	相同数量	合计
		J-7	[(1.1−0.25−0.3−0.24)×0.05×0.24+(1.1−0.25−0.3−0.24+1.1−0.25−0.24)×(1.45−0.23−0.05)×0.5×0.24]×2		1.00	0.266
		J-3	[(1.1−0.25−0.3−0.24)×0.05×0.24+(1.1−0.25−0.3−0.24+1.1−0.25−0.24)×(1.58−0.28−0.05)×0.5×0.24]×2		1.00	0.283
	楼梯底层		1.35×(1.07−0.3−0.15+0.066)×0.24×2		1.00	0.445
					1.00	
18	010302001001		实心砖墙 1. 砖品种、规格、强度等级：混凝土砖 2. 墙体类型：女儿墙 3. 墙体厚度：240mm 4. 墙体高度：1 540mm 5. 砂浆强度等级、配合比：混合M5.0	m^3		11.010
19	3-29		M5标准砖1砖外墙	m^3		11.014
	10.8m D，1~10轴		(35.2−0.24×18−0.03×2×18)×(1.6−0.06)×0.24		1.00	11.014
20	010302006001		零星砌砖 1. 零星砌砖名称、部位：女儿墙 2. 砂浆强度等级、配合比：混合M5.0	m^3		3.560
21	3-47		M5标准砖小型砌体	m^3		3.559
	10.8m B~D，1、10轴		(2.04+7.6−0.24−0.24×3−0.03×2×3)×0.32×0.24×2		1.00	1.306
	10.8m 1~10，B，轴		(35.2−0.23×2−0.35×6−0.24×11−0.03×2×11)×0.32×0.24		1.00	2.253
22	010302006002		零星砌砖 1. 零星砌砖名称、部位：阳台栏板 2. 砂浆强度等级、配合比：混合M5.0	m^3		8.650
23	3-47		M5标准砖小型砌体	m^3		8.645
	二、三层		(35.2+2.96×2−0.28×2−0.4×8+0.4−0.12−0.12×9−0.03×2×9)×1.0×0.12×2		1.00	8.645
24	010302006003		零星砌砖 1. 零星砌砖名称、部位：砖砌花池 2. 砂浆强度等级、配合比：混合砂浆M5.0	m^3		2.190
25	1-98		平整场地	$10m^2$		0.310
			0.36×[(2.8+1.26+0.24×2)×2−0.2−0.28]		1.00	3.096
26	1-99		地面原土打底夯实	$10m^2$		0.310
			0.36×[(2.8+1.26+0.24×2)×2−0.2−0.28]		1.00	3.096
27	3-47		M5标准砖小型砌体	m^3		2.188
			[0.12×0.36+(0.5−0.12+0.3+0.2)×0.24]×[(2.8+1.26+0.24×2)×2−0.2−0.28]		1.00	2.188

（续）

序号	位置	名称	子目名称及公式	单位	相同数量	合计
28	010302006004		零星砌砖 1. 零星砌砖名称、部位：挡土墙台阶、坡道 2. 砂浆强度等级、配合比：混合 M5.0	m^3		2.980
29	1-98		平整场地	$10m^2$		0.468
	台阶		0.36×(2.96－0.2＋0.24)		1.00	1.080
	坡道		(0.37＋0.065×2)×3.6×2		1.00	3.600
30	1-99		地面原土打底夯实	$10m^2$		0.468
	台阶		0.36×(2.96－0.2＋0.24)		1.00	1.080
	坡道		(0.37＋0.065×2)×3.6×2		1.00	3.600
31	3-47		M5 标准砖小型砌体	m^3		2.981
	台阶		[0.36×0.12＋(0.5－0.12)×0.24＋0.3×0.24]×(2.96－0.2＋0.24)		1.00	0.619
	坡道		[(0.37＋0.065×2)×0.12＋0.37×(0.5－0.12＋0.3×0.5)＋0.24×0.3]×3.6×2		1.00	2.362
32	010304001001		空心砖墙、砌块墙 1. 墙体类型：外墙 2. 墙体厚度：240mm 3. 空心砖、砌块品种、规格、强度等级：淤泥烧结节能保温空心砖≥MU5 240mm×115mm×90mm 4. 砂浆强度等级、配合比：混合砂浆 M5.0	m^3		84.740
33	3-22		M5 淤泥烧结节能保温空心砖 240mm×115mm×90mm 1 砖墙	m^3		84.743
	一层 D1～10 轴		(35.2－0.28×2－0.4×8)×(3.6－0.4)×0.24		1.00	24.146
	1、10，B～C 轴		(2.04－0.24)×(3.6－0.3)×0.24×2		1.00	2.851
	1、10，C～D 轴		(7.6－0.23－0.28)×(3.6－0.7)×0.24×2		1.00	9.869
	扣门窗洞口		(－2.1×1.8×6－2.4×1.8×1)×0.24		1.00	－6.480
	二层 D1～10 轴		(35.2－0.28×2－0.4×8)×(3.6－0.4)×0.24		1.00	24.146
	1、10，C～D 轴		(2.04－0.24)×(3.6－0.3)×0.24×2		1.00	2.851
	1、10，C～D 轴		(7.6－0.23－0.28)×(3.6－0.7)×0.24×2		1.00	9.869
	扣门窗洞口		(－2.1×1.8×6－2.4×1.8×1－1.8×1.5×2)×0.24		1.00	－7.776
	三层 D1～10 轴		(35.2－0.28×2－0.4×8)×(3.6－0.4)×0.24		1.00	24.146
	1、10，B～C 轴		(2.04－0.24)×(3.6－0.3)×0.24×2		1.00	2.851
	1、10，C～D 轴		(7.6－0.23－0.28)×(3.6－0.7)×0.24×2		1.00	9.869
	扣门窗洞口		(－2.1×1.8×6－2.4×1.8×1－1.8×1.5×2)×0.24		1.00	－7.776
	扣窗台板				1.00	
		C-1	－(2.1＋0.15×2)×0.24×0.1×18		1.00	－1.037
		C-2	－(2.4＋0.15×2)×0.24×0.1×3		1.00	－0.194
	扣止水带空调搁板处		－(1.5－0.2)×0.24×0.1×3		1.00	－0.094

（续）

序号	位置	名称	子目名称及公式	单位	相同数量	合计
			-(2.0-0.4)×0.24×0.1×2×3		1.00	-0.230
	扣过梁				1.00	
	一层D，1~3		-(4.2×2-0.28-0.4×1.5)×0.24×0.12		1.00	-0.217
	一层D，4~8		-(4.2×4-0.4×4)×0.24×0.12		1.00	-0.438
	一层D，9~10		-(4.0-0.4×0.5-0.28)×0.24×0.12		1.00	-0.101
	二层、三层同一层		-(0.217+0.438+0.101)×2		1.00	-1.512
					1.00	
					1.00	
34	010304001002		空心砖墙、砌块墙 1. 墙体类型：内墙 2. 墙体厚度：240mm 3. 空心砖、砌块品种、规格、强度等级：淤泥烧结节能保温空心砖≥MU5 240mm×115mm×90mm 4. 砂浆强度等级、配合比：混合砂浆M5.0	m^3		96.700
35	3-22		M5淤泥烧结节能保温空心砖240mm×115mm×90mm 1砖墙	m^3		96.703
	一层C，1~10轴		(35.2-3.0×2-0.23×2-0.35×6)×(3.6-0.4)×0.24		1.00	20.460
	3、4、6、8、9，C~D轴		(7.6-0.23-0.28)×(3.6-0.7)×0.24×5		1.00	24.673
	扣门窗洞口		(-1.0×2.7×7-2.1×1.8×6-1.6×1.8×1)×0.24		1.00	-10.670
	二层C，1~10轴		(35.2-3.0×2-0.23×2-0.35×6)×(3.6-0.4)×0.24		1.00	20.460
	3、4、6、8、9，C~D轴		(7.6-0.23-0.28)×(3.6-0.7)×0.24×5		1.00	24.673
	扣门窗洞口		(-1.0×2.7×7-2.1×1.8×6-1.6×1.8×1)×0.24		1.00	-10.670
	三层C，1~10轴		(35.2-3.0×2-0.23×2-0.35×6)×(3.6-0.4)×0.24		1.00	20.460
	3、4、6、8、9，C~D轴		(7.6-0.23-0.28)×(3.6-0.7)×0.24×5		1.00	24.673
	扣门窗洞口		(-1.0×2.7×7-2.1×1.8×6-1.6×1.8×1)×0.24		1.00	-10.670
	扣楼梯处正负零以上柱		-0.24×0.24×(3.6+1.8)×2×2		1.00	-1.244
	扣楼梯梁1.77m、5.37m	TL2	-(3.0-0.4)×0.24×0.3×2×2		1.00	-0.749
	1.77m、5.37m	TL3	-(2.63-0.28-0.24)×0.24×0.3×2×2×2		1.00	-1.215
	扣窗台板	C-1	-(2.1+0.15×2)×0.24×0.1×18		1.00	-1.037
		C-4	-(1.6+0.15×2)×0.24×0.1×3		1.00	-0.137
	扣过梁				1.00	
	一层C，1~3轴		-(4.2×2-0.23-0.35×1.5)×0.24×0.12		1.00	-0.220
	一层C，4~8轴		-(4.2×4-0.35×4)×0.24×0.12		1.00	-0.444
	一层C，9~10轴		-(4.0-0.35×0.5-0.23)×0.24×0.12		1.00	-0.104
	二层、三层同一层		-(0.22+0.444+0.104)×2		1.00	-1.536
					1.00	
					1.00	
36			A.4 混凝土及钢筋混凝土工程			
37	010401006001		垫层（独立基础下） 1. 混凝土强度等级：C10 2. 混凝土拌和料要求：商品混凝土	m^3		20.520

（续）

序号	位置	名称	子目名称及公式	单位	相同数量	合计
38	2-121		C10 商品混凝土泵送无筋垫层	m^3		20.515
		J-1	(2.9+0.2)×(2.9+0.1×2)×0.1×2		1.00	1.922
		J-2	(2.7+0.2)×(3.1+0.1×2)×0.1×4		1.00	3.828
		J-3	(2.6+0.2)×(3.0+0.1×2)×0.1×4		1.00	3.584
		J-4	(2.3+0.2)×(2.9+0.1×2)×0.1×2		1.00	1.550
		J-5	(1.9+0.2)×(2.8+0.1×2)×0.1×2		1.00	1.260
		J-6	(2.0+0.2)×(3.89+0.1×2)×0.1×2		1.00	1.800
		J-7	(2.1+0.2)×(4.2+0.1×2)×0.1×2		1.00	2.024
		J-8	(2.25+0.2)×(4.44+0.1×2)×0.1×4		1.00	4.547
39	010401002001		独立基础 1. 混凝土强度等级：C25 2. 混凝土拌和料要求：商品混凝土	m^3		69.190
40	5-176		C25 现浇桩承台独立柱基（泵送商品混凝土）	m^3		69.193
		J-1	{2.9×2.9×0.25+0.25/6×[2.9×2.9+(2.9+0.45)×(2.9+0.45)+0.45×0.45]}×2		1.00	5.858
		J-2	{2.7×3.1×0.25+0.3/6×[2.7×3.1+0.5×0.5+(2.7+0.5)×(3.1+0.5)]}×4		1.00	12.398
		J-3	{2.6×3.0×0.25+0.3/6×[2.6×3.0+0.5×0.5+(2.6+0.5)×(3.0+0.5)]}×4		1.00	11.580
		J-4	{2.3×2.9×0.25+0.25/6×[2.3×2.9+0.5×0.5+(2.3+0.5)×(2.9+0.5)]}×2		1.00	4.705
		J-5	{1.9×2.8×0.25+0.25/6×[1.9×2.8+0.5×0.5+(1.9+0.5)×(2.8+0.5)]}×2		1.00	3.784
		J-6	{2.0×3.89×0.25+0.3/6×[2.0×3.89+0.55×2.65+(2.0+0.55)×(3.89+2.65)]}×2		1.00	6.482
		J-7	{2.1×4.2×0.25+0.3/6×[2.1×4.2+2.65×0.5+(2.1+0.5)×(4.2+2.65)]}×2		1.00	7.206
		J-8	{2.25×4.44×0.25+0.35/6×[2.25×4.44+0.5×2.65+(2.25+0.5)×(4.44+2.65)]}×4		1.00	17.180
41	010401006002		垫层（带形基础下） 1. 混凝土强度等级：C10 2. 混凝土拌和料要求：商品混凝土	m^3		4.430
42	2-121		C10 商品混凝土泵送无筋垫层	m^3		4.428
	C，1~10 轴		(35.2-1.055×2-2.25×4-2.1×2-2.9×2-0.1-0.1×2×8)×(0.6+0.1×2)×0.1		1.00	0.991
	D，1~10 轴		(35.2-1.23×2-2.7×4-2.6×4-0.1×2×9)×(0.6+0.1×2)×0.1		1.00	0.779
	1、10，C~D 轴		(7.6-1.35-1.53-0.1×2)×(0.6+0.1×2)×0.1×2		1.00	0.723
	3、4，C~D 轴		(7.6-1.53-1.58-0.1×2)×(0.6+0.1×2)×0.1×2		1.00	0.686
	6，C~D 轴		(7.6-1.6-1.63-0.1×2)×(0.6+0.1×2)×0.1		1.00	0.334

（续）

序号	位置	名称	子目名称及公式	单位	相同数量	合计
	8、9，C～D轴		(7.6－1.45－1.58－0.1×2)×(0.6＋0.1×2)×0.1×2		1.00	0.699
	楼梯下		(0.6＋0.1×2)×1.35×0.1×2		1.00	0.216
43	010401001001		带形基础（楼梯底层踏步下） 1. 混凝土强度等级：C25 2. 混凝土拌和料要求：商品混凝土	m^3		0.490
44	5-171		C25 现浇混凝土条形基础无梁式（泵送商品混凝土）	m^3		0.486
	楼梯底层踏步下		0.6×0.3×1.35×2		1.00	0.486
45	010401001002		带形基础 1. 混凝土强度等级：C25 2. 混凝土拌和料要求：商品混凝土	m^3		8.640
46	5-171		C25 现浇混凝土条形基础无梁式（泵送商品混凝土）	m^3		8.635
	C，1～10轴		(35.2－1.055×2－2.25×4－2.1×2－2.9×2)×0.6×0.25		1.00	2.114
	D，1～10轴		(35.2－1.23×2－2.7×4－2.6×4)×0.6×0.25		1.00	1.731
	1、10，C～D轴		(7.6－1.35－1.53)×0.6×0.25×2		1.00	1.416
	3、4，C～D轴		(7.6－1.53－1.58)×0.6×0.25×2		1.00	1.347
	6，C～D轴		(7.6－1.6－1.63)×0.6×0.25		1.00	0.656
	8、9，C～D轴		(7.6－1.45－1.58)×0.6×0.25×2		1.00	1.371
47	010402001001		矩形柱 1. 柱高度：3.6m内 2. 柱截面尺寸：400mm×400mm 3. 混凝土强度等级：C25 4. 混凝土拌和料要求：商品混凝土	m^3		38.370
48	5-181		C25 现浇矩形柱（泵送商品混凝土）	m^3		37.109
	－1.1～10.8m A轴	KZ-7	[(1.1－0.5＋10.8－0.1×3)×0.4×0.4＋0.08×0.32×0.1×3＋0.08×0.4×0.1×3]×2		1.00	3.587
	－1.1～10.8m B轴	KZ-1、KZ-15、KZ-17、KZ-18	(1.1－0.55＋10.8－0.12×3)×0.4×0.4×4		1.00	7.034
		KZ-4、KZ-10、KZ-13、KZ-14	(1.1－0.6＋10.8－0.12×3)×0.4×0.4×4		1.00	7.002
	－1.1～10.8m D轴	KZ-3	(1.1－0.5＋10.8－0.12×3)×0.4×0.4		1.00	1.766
		KZ-6	(1.1－0.55＋10.8－0.12×2－0.115)×0.4×0.4		1.00	1.759
		KZ-9	[(1.1－0.55＋10.8－0.12×2－0.11)×0.4×0.4＋0.08×0.4×0.12×2]×2		1.00	3.535
		KZ-12 <5、7轴>	(1.1－0.55＋10.8－0.115×2－0.11)×0.4×0.4×2		1.00	3.523
		KZ12 <6轴>	(1.1－0.55＋10.8－0.11×3)×0.4×0.4		1.00	1.763
		KZ-16 <8轴>	(1.1－0.55＋10.8－0.12×2－0.11)×0.4×0.4＋0.08×0.4×0.12×2		1.00	1.768

（续）

序号	位置	名称	子目名称及公式	单位	相同数量	合计
		KZ-16 <9轴>	(1.1－0.55＋10.8－0.15×2－0.115)×0.4×0.4＋0.08×0.4×0.15×2		1.00	1.759
		KZ-20	(1.1－0.5＋10.8－0.15×2－0.12)×0.4×0.4		1.00	1.757
	屋顶构架B轴		0.4×0.4×(1.6－0.15)×8		1.00	1.856
					1.00	
49	010402001002		矩形柱 1. 柱高度：3.6m内 2. 柱截面尺寸：350mm×350mm 3. 混凝土强度等级：C25 4. 混凝土拌和料要求：商品混凝土	m^3		13.890
50	5-181		C25现浇矩形柱（泵送商品混凝土）	m^3		13.466
	－1.1～10.8m C轴	KZ-2	(1.1－0.55＋10.8－0.12×3)×0.35×0.35		1.00	1.346
		KZ-5 <2轴>	(1.1－0.6＋10.8－0.12×2－0.105)×0.35×0.35		1.00	1.342
		KZ-5 <8轴>	(1.1－0.55＋10.8－0.11×2－0.105)×0.35×0.35		1.00	1.351
		KZ-5 <9轴>	(1.1－0.55＋10.8－0.125×2－0.11)×0.35×0.35		1.00	1.346
		KZ-8 <3.4轴>	(1.1－0.5＋10.8－0.11×3)×0.35×0.35×2		1.00	2.712
		KZ-8 <7轴>	(1.1－0.6＋10.8－0.115×2－0.11)×0.35×0.35		1.00	1.343
		KZ-11 <5轴>	(1.1－0.6＋10.8－0.115×2－0.11)×0.35×0.35		1.00	1.343
		KZ-11 <6轴>	(1.1－0.6＋10.8－0.11×3)×0.35×0.35		1.00	1.344
		KZ-19	(1.1－0.55＋10.8－0.15×2－0.12)×0.35×0.35		1.00	1.339
51	010402001003		矩形柱 1. 柱高度：3.6m内 2. 柱截面尺寸：240mm×240mm 3. 混凝土强度等级：C25 4. 混凝土拌和料要求：商品混凝土	m^3		2.270
52	5-181		C25现浇矩形柱（泵送商品混凝土）	m^3		2.272
	楼梯处正负零以上		0.24×0.24×(3.6＋1.8)×2×2		1.00	1.244
	屋顶构架		1.05×0.24×0.24×(11＋3×2)		1.00	1.028
					1.00	
53	010402001004		矩形柱 1. 柱截面尺寸：240mm×240mm＋240mm×30mm 240mm×240mm＋240mm×30mm×2 240mm×240mm＋240mm×30mm×3 240mm×240mm＋240mm×30mm×4 2. 混凝土强度等级：C25 3. 混凝土拌和料要求：商品混凝土	m^3		2.720
54	5-298		C25现浇构造柱（非泵送商品混凝土）	m^3		2.721
	楼梯处正负零以下		(1.1－0.25)×(0.24×0.24＋0.24×0.03×2)×2×2		1.00	0.245
	女儿墙D，1～10轴		(1.6－0.06)×(0.24×0.24＋0.24×0.03×2)×17		1.00	1.885

（续）

序号	位置	名称	子目名称及公式	单位	相同数量	合计
			(1.6 - 0.06) × (0.24 × 0.24 + 0.24 × 0.03) ×2		1.00	0.200
	女儿墙B，1~10轴		0.32×(0.24×0.24+0.24×0.03×2)×11		1.00	0.253
	女儿墙1、10，B~D轴		0.32×(0.24×0.24+0.24×0.03×2)×3×2		1.00	0.138
					1.00	
55	010402001005		矩形柱（阳台栏板处） 1. 柱截面尺寸：120mm × 120mm + 120mm×30mm×2 2. 混凝土强度等级：C25 3. 混凝土拌和料要求：商品混凝土	m^3		0.390
56	5-298		C25现浇构造柱（非泵送商品混凝土）	m^3		0.389
	二、三层阳台栏板处		(0.12×0.12+0.12×0.03×2)×(1.1-0.1)×9×2	m^3	1.00	0.389
57	010403002001		矩形梁 1. 混凝土强度等级：C25 2. 混凝土拌和料要求：商品混凝土	m^3		2.950
58	5-185		C25现浇单梁框架梁连续梁（泵送商品混凝土）	m^3		2.949
	3.57m D，3~4、8~9轴	KL10	(3.0-0.4)×0.24×0.4×2		1.00	0.499
	7.17m D，3~4、8~9轴	KL8	(3.0-0.4)×0.24×0.4×2		1.00	0.499
	屋面构架1、10，B~D轴		(2.04 + 7.6 - 0.12 - 0.12 - 0.03) × 0.24×0.15×2		1.00	0.675
	12.4m B，1~10轴		(35.2+0.24)×0.24×0.15		1.00	1.276
59	010403004001		圈梁（地圈梁） 1. 梁底标高：-0.31m 2. 梁截面：240mm×240mm 3. 混凝土强度等级：C25 4. 混凝土拌和料要求：商品混凝土	m^3		6.440
60	5-187		C25现浇圈梁（泵送商品混凝土）	m^3		6.440
		C-C， 1-10轴	(35.2-0.23×2-0.35×8)×0.24×0.24		1.00	1.840
		D-D， 1-10轴	(35.2-0.28×2-0.4×8)×0.24×0.24		1.00	1.811
		1-1，6-6， 10-10， C-D轴	(7.6-0.23-0.28)×0.24×0.24×3		1.00	1.225
		3-3，4-4， 8-8，9-9， C-D轴	(7.6-0.23-0.28-0.3)×0.24×0.24×4		1.00	1.564
61	010403004002		圈梁（窗台板） 1. 梁截面：240mm×100mm 2. 混凝土强度等级：C25 3. 混凝土拌和料要求：商品混凝土	m^3		2.410
62	5-187		C25现浇圈梁（泵送商品混凝土）	m^3		2.405
		C-1	(2.1+0.15×2)×0.24×0.1×36		1.00	2.074
		C-2	(2.4+0.15×2)×0.24×0.1×3		1.00	0.194
		C-4	(1.6+0.15×2)×0.24×0.1×3		1.00	0.137
63	010403004003		圈梁（止水带） 1. 混凝土强度等级：C25 2. 混凝土拌和料要求：商品混凝土	m^3		0.320
64	5-187		C25现浇圈梁（泵送商品混凝土）	m^3		0.324

（续）

序号	位置	名称	子目名称及公式	单位	相同数量	合计
	空调搁板处		(1.5-0.2)×0.24×0.1×1×3		1.00	0.094
			(2.0-0.4)×0.24×0.1×2×3		1.00	0.230
65	010403005001		过梁 1. 混凝土强度等级：C25 2. 混凝土拌和料要求：商品混凝土	m^3		4.570
66	5-188		C25现浇过梁（泵送商品混凝土）	m^3		4.572
	一层C，1~3轴		(4.2×2-0.23-0.35×1.5)×0.24×0.12		1.00	0.220
	一层C，4~8轴		(4.2×4-0.35×4)×0.24×0.12		1.00	0.444
	一层C，9~10轴		(4.0-0.35×0.5-0.23)×0.24×0.12		1.00	0.104
	一层D，1~3轴		(4.2×2-0.28-0.4×1.5)×0.24×0.12		1.00	0.217
	一层D，4~8轴		(4.2×4-0.4×4)×0.24×0.12		1.00	0.438
	一层D，9~10轴		(4.0-0.4×0.5-0.28)×0.24×0.12		1.00	0.101
	二层、三层同一层		(0.22+0.444+0.104+0.217+0.438+0.101)×2		1.00	3.048
					1.00	
67	010405001001		有梁板（梁） 1. 混凝土强度等级：C25 2. 混凝土拌和料要求：商品混凝土	m^3		53.770
68	5-199		C25现浇有梁板（泵送商品混凝土）	m^3		53.771
	3.57mA，3~4轴	KL7	(3.0-0.2×2)×(0.4-0.1)×0.24		1.00	0.187
	B，1~10轴	KL8	(35.2-0.28×2-0.4×6-0.24×2)×(0.4-0.1)×0.12		1.00	1.143
	C，1~3、4~5、7~8轴	KL9	(4.2×4-0.23-0.35×3.5)×(0.4-0.12)×0.24		1.00	1.031
	C，5~7轴	KL9	(4.2×2-0.35×2)×(0.4-0.11)×0.24		1.00	0.536
	C，3~4、8~9轴	KL9	(3.0-0.35)×(0.4-0.1)×0.24×2		1.00	0.382
	C，9~10轴	KL9	(4.0-0.175-0.23)×(0.4-0.15)×0.24		1.00	0.216
	D，1~3、4~5、7~8轴	KL10	(4.2×4-0.28-0.4×3.5)×(0.4-0.12)×0.24		1.00	1.016
	D，5~7轴	KL10	(4.2×2-0.4×2)×(0.4-0.11)×0.24		1.00	0.529
	D，9~10轴	KL10	(4.0-0.2-0.28)×(0.4-0.15)×0.24		1.00	0.211
	1，B~C轴	KL1	(2.04-0.24)×(0.3-0.1)×0.24		1.00	0.086
	1，C~D轴	KL1	(1.88+5.72-0.23-0.28)×(0.7-0.12)×0.24		1.00	0.987
	2，B~C轴	KL2	(2.04-0.24)×(0.3-0.1)×0.24		1.00	0.086
	2，C~D轴	KL2	(1.88+5.72-0.23-0.28)×(0.7-0.12)×0.24		1.00	0.987
	3、4，A~C轴	KL3	(2.96+2.04-0.2-0.12)×(0.5-0.1)×0.24×2		1.00	0.899
	3、4，C-1/C轴	KL3	(1.88-0.23+0.12)×(0.7-0.11)×0.24×2		1.00	0.501
	3、4，1/C~D轴	KL3	(5.72-0.12-0.28)×(0.7-0.12)×0.24×2		1.00	1.481
	5、7，B~C轴	KL2	(2.04-0.24)×(0.3-0.1)×0.24×2		1.00	0.173
	5、7，C~D轴	KL2	(1.88+5.72-0.23-0.28)×(0.7-0.115)×0.24×2		1.00	1.991

（续）

序号	位置	名称	子目名称及公式	单位	相同数量	合计
	6，B～C轴	KL2	(2.04－0.24)×(0.3－0.1)×0.24		1.00	0.086
	6，C～D轴	KL2	(1.88＋5.72－0.23－0.28)×(0.7－0.11)×0.24		1.00	1.004
	8，B～C轴	KL5	(2.04－0.24)×(0.3－0.1)×0.24		1.00	0.086
	8，C-1/C轴	KL5	(1.88－0.23＋0.12)×(0.7－0.11)×0.24		1.00	0.251
	8，1/C～D轴	KL5	(5.72－0.12－0.28)×(0.7－0.12)×0.24		1.00	0.741
	9，B～C轴	KL5	(2.04－0.24)×(0.3－0.1)×0.24		1.00	0.086
	9，C-1/C轴	KL5	(1.88－0.23＋0.12)×(0.7－0.125)×0.24		1.00	0.244
	9，1/C～D轴	KL5	(5.72－0.12－0.28)×(0.7－0.15)×0.24		1.00	0.702
	10，B～C轴	KL6	(2.04－0.24)×(0.3－0.1)×0.24		1.00	0.086
	10，C～D轴	KL6	(1.88＋5.72－0.23－0.28)×(0.7－0.15)×0.24		1.00	0.936
	7.17mA，3～4轴	KL5	(3.0－0.2×2)×(0.4－0.1)×0.24		1.00	0.187
	B，1～10轴	KL6	(35.2－0.28×2－0.4×6－0.24×2)×(0.4－0.1)×0.12		1.00	1.143
	C，1～3、4～5、7～8轴	KL7	(4.2×4－0.23－0.35×3.5)×(0.4－0.12)×0.24		1.00	1.031
	C，5～7轴	KL7	(4.2×2－0.35×2)×(0.4－0.11)×0.24		1.00	0.536
	C，3～4、8～9轴	KL7	(3.0－0.35)×(0.4－0.1)×0.24×2		1.00	0.382
	C，9～10轴	KL7	(4.0－0.175－0.23)×(0.4－0.15)×0.24		1.00	0.216
	D，1～3、4～5、7～8轴	KL8	(4.2×4－0.28－0.4×3.5)×(0.4－0.12)×0.24		1.00	1.016
	D，5～7轴	KL8	(4.2×2－0.4×2)×(0.4－0.11)×0.24		1.00	0.529
	D，9～10轴	KL8	(4.0－0.2－0.28)×(0.4－0.15)×0.24		1.00	0.211
	1，B～C轴	KL1	(2.04－0.24)×(0.3－0.1)×0.24		1.00	0.086
	1，C～D轴	KL1	(1.88＋5.72－0.23－0.28)×(0.7－0.12)×0.24		1.00	0.987
	2，B～C轴	KL2	(2.04－0.24)×(0.3－0.1)×0.24		1.00	0.086
	2，C～D轴	KL2	(1.88＋5.72－0.23－0.28)×(0.7－0.12)×0.24		1.00	0.987
	3、4，A～C轴	KL3	(2.96＋2.04－0.2－0.12)×(0.5－0.1)×0.24×2		1.00	0.899
	3、4，C-1/C轴	KL3	(1.88－0.23＋0.12)×(0.7－0.11)×0.24×2		1.00	0.501
	3、4，1/C～D轴	KL3	(5.72－0.12－0.28)×(0.7－0.12)×0.24×2		1.00	1.481
	5、7，B～C轴	KL2	(2.04－0.24)×(0.3－0.1)×0.24×2		1.00	0.173
	5、7，C～D轴	KL2	(1.88＋5.72－0.23－0.28)×(0.7－0.115)×0.24×2		1.00	1.991
	6，B～C轴	KL2	(2.04－0.24)×(0.3－0.1)×0.24		1.00	0.086
	6，C～D轴	KL2	(1.88＋5.72－0.23－0.28)×(0.7－0.11)×0.24		1.00	1.004
	8，B～C轴	KL4	(2.04－0.24)×(0.3－0.1)×0.24		1.00	0.086
	8，C-1/C轴	KL4	(1.88－0.23＋0.12)×(0.7－0.11)×0.24		1.00	0.251
	8，1/C～D轴	KL4	(5.72－0.12－0.28)×(0.7－0.12)×0.24		1.00	0.741

（续）

序号	位置	名称	子目名称及公式	单位	相同数量	合计
	9，B～C轴	KL4	(2.04－0.24)×(0.3－0.1)×0.24		1.00	0.086
	9，C-1/C轴	KL4	(1.88－0.23＋0.12)×(0.7－0.125)×0.24		1.00	0.244
	9，1/C～D轴	KL4	(5.72－0.12－0.28)×(0.7－0.15)×0.24		1.00	0.702
	10，B～C轴	KL1	(2.04－0.24)×(0.3－0.1)×0.24		1.00	0.086
	10，C～D轴	KL1	(1.88＋5.72－0.23－0.28)×(0.7－0.15)×0.24		1.00	0.936
	10.8mA，3～4轴	WKL3	(3.0－0.4)×(0.4－0.1)×0.24		1.00	0.187
	B，1～10轴	WKL4	(35.2－0.23×2－0.35×6－0.24×2)×(0.4－0.1)×0.24		1.00	2.316
	C，1～2、9～10轴	WKL4	(4.2＋4.0－0.23×2－0.35)×(0.4－0.11)×0.24		1.00	0.514
	C，2～9轴	WKL4	(35.2－4.2－4.0－0.35×7)×(0.4－0.105)×0.24		1.00	1.738
	D，1～2、9～10轴	WKL4	(4.2＋4.0－0.28×2－0.4)×(0.4－0.12)×0.24		1.00	0.487
	C，2～9轴	WKL4	(35.2－4.2－4.0－0.4×7)×(0.4－0.11)×0.24		1.00	1.684
	1、10，B～C轴	WKL1	(2.04－0.24)×(0.3－0.1)×0.24×2		1.00	0.173
	1、10，C～D轴	WKL1	(7.6－0.23－0.28)×(0.7－0.12)×0.24×2		1.00	1.974
	2、9，B～C轴	WKL1	(2.04－0.24)×(0.3－0.1)×0.24×2		1.00	0.173
	2、9，C～D轴	WKL1	(7.6－0.23－0.28)×(0.7－0.115)×0.24×2		1.00	1.991
	3、4，A～C轴	WKL1	(2.96＋2.04－0.1－0.12－0.24)×(0.5－0.1)×0.24×2		1.00	0.872
	3、4，C～D轴	WKL1	(7.6－0.23－0.28)×(0.7－0.11)×0.24×2		1.00	2.008
	5、6、7、8，B～C轴	WKL1	(2.04－0.24)×(0.3－0.1)×0.24×4		1.00	0.346
	5、6、7、8，C～D轴	WKL1	(7.6－0.23－0.28)×(0.7－0.11)×0.24×4		1.00	4.016
	楼梯处1.77m、5.37m	TL2	(3.0－0.4)×0.24×0.3×2×2		1.00	0.749
	1.77m、5.37m	TL3	(2.63－0.28－0.24)×0.24×0.3×2×2×2		1.00	1.215
					1.00	
69	010405001002		有梁板（板） 1. 板厚度：150mm 2. 混凝土强度等级：C25 3. 混凝土拌和料要求：商品混凝土	m^3		9.900
70	5-199		C25现浇有梁板（泵送商品混凝土）	m^3		9.904
	3.57m C～D，9～10轴		(4.0＋0.24)×(1.88＋5.72＋0.24)×0.15－(1.88＋0.12－0.12)×0.12×0.15		1.00	4.952
	7.17m C～D，9～10轴		(4.0＋0.24)×(1.88＋5.72＋0.24)×0.15－(1.88＋0.12－0.12)×0.12×0.15		1.00	4.952

（续）

序号	位置	名称	子目名称及公式	单位	相同数量	合计
71	010405001003		有梁板（板） 1. 板厚度：120mm 2. 混凝土强度等级：C25 3. 混凝土拌和料要求：商品混凝土	m^3		40.350
72	5-199		C25 现浇有梁板（泵送商品混凝土）	m^3		40.354
	3.57m C～D，1～3 轴		(4.2×2+0.24)×(1.88+5.72+0.24)×0.12-(1.88+0.12-0.12)×0.12×0.12		1.00	8.101
	3.57m C～D，4～5、7～8 轴		[(4.2+0.12)×(1.88+5.72+0.24)×0.12-(1.88+0.12-0.12)×0.12×0.12]×2		1.00	8.074
	7.17m C～D，1～3 轴		(4.2×2+0.24)×(1.88+5.72+0.24)×0.12-(1.88+0.12-0.12)×0.12×0.12		1.00	8.101
	7.17m C～D，4～5、7～8 轴		[(4.2+0.12)×(1.88+5.72+0.24)×0.12-(1.88+0.12-0.12)×0.12×0.12]×2		1.00	8.074
	10.8m C～D，1～2、9～10 轴		(4.2+0.12)×(7.6+0.12)×0.12×2		1.00	8.004
73	010405001004		有梁板（板） 1. 板厚度：110mm 2. 混凝土强度等级：C25 3. 混凝土拌和料要求：商品混凝土	m^3		37.420
74	5-199		C25 现浇有梁板（泵送商品混凝土）	m^3		37.416
	3.57mm C～D，5～7 轴		4.2×2×(1.88+5.72+0.24)×0.11		1.00	7.244
	7.17mm C～D，5～7 轴		4.2×2×(1.88+5.72+0.24)×0.11		1.00	7.244
	10.8mm C～D，2～9 轴		(4.2×5+3.0×2)×(1.88+5.72+0.12)×0.11		1.00	22.928
75	010405001005		有梁板（板） 1. 板厚度：100mm 2. 混凝土强度等级：C25 3. 混凝土拌和料要求：商品混凝土	m^3		26.480
76	5-199		C25 现浇有梁板（泵送商品混凝土）	m^3		26.476
	3.57m A～B，3～4 轴		(3.0+0.24)×(2.96+0.12)×0.1		1.00	0.998
	3.57m B～C，1～10 轴		(35.2+0.24)×(2.04-0.12)×0.1		1.00	6.805
	3.57m C-1/C，3～4，8～9 轴		3.0×(1.88+0.12-0.12)×0.1×2		1.00	1.128
	7.17m A～B，3～4 轴		(3.0+0.24)×(2.96+0.12)×0.1		1.00	0.998
	7.17m B～C，1～10 轴		(35.2+0.24)×(2.04-0.12)×0.1		1.00	6.805
	7.17m C-1/C，3～4，8～9 轴		3.0×(1.88+0.12-0.12)×0.1×2		1.00	1.128
	10.8m A～B，3～4 轴		(3.0+0.24)×2.96×0.1		1.00	0.959
	10.8m B～C，1～10 轴		(35.2+0.24)×(2.04+0.12)×0.1		1.00	7.655
77	010405007001		天沟、挑檐板 1. 混凝土强度等级：C25 2. 混凝土拌和料要求：商品混凝土	m^3		4.510
78	5-209		C25 现浇天檐沟竖向挑板（泵送商品混凝土）	m^3		4.506
	10.8m B，1/6～1/9 轴		(0.62+4.2+3.0+0.62)×[(0.075+0.15)×0.5×0.6+0.66×0.15]		1.00	1.405

（续）

序号	位置	名称	子目名称及公式	单位	相同数量	合计
	10.8m A～B，3～4 轴		2.96×(0.075+0.15)×0.5×0.6×2+(3.0+0.24)×(0.075+0.15)×0.5×0.62+0.6×0.62×(0.075+0.15)×0.5×2		1.00	0.709
	12.4m B，1～10 轴		35.44×(0.075+0.15)×0.5×0.6		1.00	2.392
79	010405008001		雨篷、阳台板（空调搁板） 1. 混凝土标号：C25 2. 混凝土拌和料要求：商品混凝土	m^3		1.070
80	5-206		C25 现浇雨篷复式（泵送商品混凝土）	$10m^2$		0.990
	空调搁板		(1.5+2.0×2)×0.6×3		1.00	9.900
81	010406001001		直形楼梯 1. 混凝土强度等级：C25 2. 混凝土拌和料要求：商品混凝土	m^2		63.150
82	5-203		C25 现浇楼梯直形（泵送商品混凝土）	$10m^2$ 水平投影面积		6.315
			(3.0−0.24)×(2.97+0.24+2.63−0.12)×2×2		1.00	63.149
83	010407001001		其他构件 1. 构件的类型：女儿墙压顶 2. 混凝土强度等级：C20 3. 混凝土拌和料要求：商品混凝土	m^3		1.730
84	5-331		C20 现浇压顶（非泵送商品混凝土）	m^3		1.732
	11.2m B～D，1、10 轴		(2.04+7.6−0.24)×0.24×0.08×2		1.00	0.361
	11.2m 1～10，B，轴		(35.2−0.23×2−0.35×6)×0.24×0.08		1.00	0.627
	12.4m D，1～10 轴		(35.2+0.24)×(0.08+0.06)×0.5×(0.24+0.06)		1.00	0.744
85	010407001002		其他构件 1. 构件的类型：阳台混凝土压顶 2. 构件规格：120×100mm 3. 混凝土强度等级：C20 4. 混凝土拌和料要求：商品混凝土	m^3		0.910
86	5-331		C20 现浇压顶（非泵送商品混凝土）	m^3		0.909
	二、三层		(35.2−0.28×2−0.4×8+2.96×2+0.4+0.12)×0.12×0.1×2		1.00	0.909
87	010407001003		其他构件 1. 构件的类型：混凝土台阶 2. 混凝土强度等级：C15 3. 混凝土拌和料要求：商品混凝土	m^2		19.210
88	1-98		平整场地	$10m^2$		1.921
	A，3～4 轴		(3.0−0.4)×0.3+(3.0−0.12+0.12)×0.3−0.08×0.16−0.16×0.32		1.00	1.616
	B，1～3 轴		(4.2×2−0.23−0.4−0.24−1.26−0.12)×0.3+(4.2×2−0.24−1.26−0.12)×0.3		1.00	3.879

（续）

序号	位置	名称	子目名称及公式	单位	相同数量	合计
	B，4~8 轴		（4.2×4－0.12－0.4×3.5）×0.3＋（4.2×4－0.12－0.4×0.5）×0.3		1.00	9.528
	B，8~10 轴		（3.0＋4.0＋0.05＋0.12）×0.6－0.1×0.35－0.1×0.4×2		1.00	4.187
89	1-99		地面原土打底夯实	$10m^2$		1.921
	A，3~4 轴		（3.0－0.4）×0.3＋（3.0－0.12＋0.12）×0.3－0.08×0.16－0.16×0.32		1.00	1.616
	B，1~3 轴		（4.2×2－0.23－0.4－0.24－1.26－0.12）×0.3＋（4.2×2－0.24－1.26－0.12）×0.3		1.00	3.879
	B，4~8 轴		（4.2×4－0.12－0.4×3.5）×0.3＋（4.2×4－0.12－0.4×0.5）×0.3		1.00	9.528
	B，8~10 轴		（3.0＋4.0＋0.05＋0.12）×0.6－0.1×0.35－0.1×0.4×2		1.00	4.187
90	5-210		C15 现浇台阶（泵送商品混凝土）	$10m^2$ 水平投影面积		1.921
	A，3~4 轴		（3.0－0.4）×0.3＋（3.0－0.12＋0.12）×0.3－0.08×0.16－0.16×0.32		1.00	1.616
	B，1~3 轴		（4.2×2－0.23－0.4－0.24－1.26－0.12）×0.3＋（4.2×2－0.24－1.26－0.12）×0.3		1.00	3.879
	B，4~8 轴		（4.2×4－0.12－0.4×3.5）×0.3＋（4.2×4－0.12－0.4×0.5）×0.3		1.00	9.528
	B，8~10 轴		（3.0＋4.0＋0.05＋0.12）×0.6－0.1×0.35－0.1×0.4×2		1.00	4.187
91	010407002001		散水、坡道（坡道） 1. 垫层材料种类、厚度：200mm 厚的碎砖灌 1∶5 水泥砂浆、100mm 厚混凝土 2. 面层厚度：1∶2 的水泥砂浆 25mm 厚抹出 60mm 宽成深锯齿形表面 3. 混凝土强度等级：C15 4. 混凝土拌和料要求：商品混凝土	m^2		6.120
92	12－173 备注 1		C15 混凝土大门斜坡	$10m^2$ 水平投影面积		0.612
			3.6×（1.5＋0.1×2）		1.00	6.120
93	010416001001		现浇混凝土钢筋种类、规格：ϕ12mm 以内 HPB 300 级钢筋	t		13.079
94	4-1		现浇混凝土构件钢筋 Φ12mm 内 HRB 300 级钢筋	t		13.079
			13.079		1.00	13.079

（续）

序号	位置	名称	子目名称及公式	单位	相同数量	合计
95	010416001002		现浇混凝土钢筋种类、规格：ϕ12mm 以内 HRB 335 级钢筋	t		4.849
96	4-1		现浇混凝土构件钢筋 Φ12mm 内 HPB 335 级钢筋	t		4.849
			4.849		1.00	4.849
97	010416001003		现浇混凝土钢筋种类、规格：ϕ25mm 以内 HRB 335 级钢筋	t		16.972
98	4-2		现浇混凝土构件钢筋 Φ25mm 内 HRB 335 级钢筋	t		16.972
			16.972		1.00	16.972
99	010416001004		现浇混凝土钢筋种类、规格：Φ6 ~ 10mm HRB 400 级钢筋	t		9.514
100	4-2		现浇混凝土构件钢筋 Φ6 ~ 10mm HRB 400 级钢筋	t		9.514
			9.514		1.00	9.514
101	010416001005		现浇混凝土钢筋种类、规格：ϕ12 ~ 22mm HRB 400 级钢筋	t		2.327
102	4-2		现浇混凝土构件钢筋ϕ12 ~ 22mm HRB 400 级钢筋	t		2.327
			2.327		1.00	2.327
103	010416001006		现浇混凝土钢筋种类、规格：冷拔钢丝 ϕ4mm	t		0.486
104	4-4		刚性屋面钢筋	t		0.486
			0.486		1.00	0.486
105	010416001007		现浇混凝土钢筋种类、规格：钢筋加固ϕ12 以内 HPB 300 级钢筋	t		0.782
106	4-25		砌体、板缝内加固钢筋（不绑扎）	t		0.782
			0.782		1.00	0.782
107	010416001008		现浇混凝土钢筋种类、规格：电渣压力焊接头	个		740.000
108	4-28		电渣压力焊	每 10 个接头		74.000
			740		1.00	740.000
109			A.5 厂库房大门、特种门、木结构工程			
110	010503004001		其他木构件 1. 构件名称：上人孔盖板 2. 防护材料种类：镀锌铁皮包面	m^2		0.490
111	17-65		方形木盖板	$10m^2$		0.049
			0.49		1.00	0.490
112	15-325		木材面包镀锌铁皮	$10m^2$ 展开面积		0.091

（续）

序号	位置	名称	子目名称及公式	单位	相同数量	合计
			0.7×0.7+0.1×0.7×4+0.05×0.7×4		1.00	0.910
113			A.6 金属结构工程			
114	010606008001		钢梯 1. 钢材品种、规格：HRB 335 级钢筋 2. 钢梯形式：U 型爬梯 3. 油漆品种、刷漆遍数：防锈漆一遍，调和漆两遍	t		0.035
115	16-260		其他金属面调和漆二遍	t		0.035
			0.035		1.00	0.035
116	6-25		钢梯子制作爬式	t		0.035
			0.035		1.00	0.035
117			A.7 屋面及防水工程			
118	010702001001		屋面卷材防水 1. 卷材品种、规格：聚酯复合防水卷材二层 2. 找平层材料种类及厚度：泡沫混凝土建筑找坡 2% 20mm 厚 1:3 水泥砂浆	m^2		365.800
119	12－15		水泥砂浆找平层（20mm）混凝土或硬基层上	$10m^2$		36.580
	平面		(35.2－0.24)×(9.64－0.24)+(3.0+0.24)×2.96		1.00	338.214
	立面		(35.2－0.24+9.64－0.24)×2×0.3+(3.0+0.24)×0.3		1.00	27.588
					1.00	
120	12－18+［12－19］×10.8		泡沫混凝土找平层 94.0mm	$10m^2$		33.821
	平面		(35.2－0.24)×(9.64－0.24)+(3.0+0.24)×2.96		1.00	338.214
					1.00	
121	9-33		双层 SBS 改性沥青防水卷材热熔满铺法	$10m^2$		36.580
	平面		(35.2－0.24)×(9.64－0.24)+(3.0+0.24)×2.96		1.00	338.214
	立面		(35.2－0.24+9.64－0.24)×2×0.3+(3.0+0.24)×0.3		1.00	27.588
					1.00	
122	010702003001		屋面刚性防水 1. 防水层厚度：40mm 2. 嵌缝材料种类：沥青 3. 混凝土强度等级：C20	m^2		338.210
123	9-72		C20 细石混凝土防水屋面有分格缝 40mm	$10m^2$		33.821
	平面		(35.2－0.24)×(9.64－0.24)+(3.0+0.24)×2.96		1.00	338.214
					1.00	
124	010702004001		屋面排水管 1. 排水管品种、规格、品牌、颜色：PVC 水落管 Φ110PVC 水斗 Φ110 屋面铸铁落水口（带罩）Φ110	m		44.400

（续）

序号	位置	名称	子目名称及公式	单位	相同数量	合计
125	9-188		UPVC 水落管 Φ110	10m		4.440
			(10.8 + 0.3) × 4		1.00	44.400
126	9-190		PVC 水斗 Φ110	10 只		0.400
			4		1.00	4.000
127	9-201		女儿墙铸铁弯头落水口	10 个		0.400
			4		1.00	4.000
128	010703001001		卷材防水（挑檐） 1. 卷材、涂膜品种：聚酯胎卷材 2. 找平层材料品种、厚度：20mm 厚 1:3水泥砂浆	m^2		88.350
129	12 - 15		水泥砂浆找平层（20mm）混凝土或硬基层上	$10m^2$		8.835
	10.8m A ~ B、3 ~ 4 轴	平面	3.24 × 0.62 + 2.96 × 0.6 × 2		1.00	5.561
		侧边	(3.0 + 0.24 + 2.96 × 2 + 0.6 × 2 + 0.62 × 2) × 0.075		1.00	0.870
	10.8m B，1/6 ~ 1/9 轴	平面	8.44 × 1.26		1.00	10.634
		侧边	8.44 × 0.3 + 8.44 × 0.075 + (0.075 + 0.15) × 0.6 × 2 + 0.15 × 0.66 × 2		1.00	3.633
	12.4m B，1 ~ 10 轴	平面	35.44 × (0.6 + 0.24)		1.00	29.770
		侧边	35.44 × (0.075 + 0.6 + 0.24 + 0.15) + (0.075 + 0.15) × 0.5 × 0.6 × 2		1.00	37.879
					1.00	
130	9-32		单层 SBS 改性沥青防水卷材热熔满铺法	$10m^2$		8.835
	10.8m A ~ B、3 ~ 4 轴	平面	3.24 × 0.62 + 2.96 × 0.6 × 2		1.00	5.561
		侧边	(3.0 + 0.24 + 2.96 × 2 + 0.6 × 2 + 0.62 × 2) × 0.075		1.00	0.870
	10.8m B，1/6 ~ 1/9 轴	平面	8.44 × 1.26		1.00	10.634
		侧边	8.44 × 0.3 + 8.44 × 0.075 + (0.075 + 0.15) × 0.6 × 2 + 0.15 × 0.66 × 2		1.00	3.633
	12.4m B，1 ~ 10 轴	平面	35.44 × (0.6 + 0.24)		1.00	29.770
		侧边	35.44 × (0.075 + 0.6 + 0.24 + 0.15) + (0.075 + 0.15) × 0.5 × 0.6 × 2		1.00	37.879
131			A.8 防腐、隔热、保温工程			
132	010803001001		保温隔热屋面 1. 保温隔热部位：屋面 2. 保温隔热方式（内保温、外保温、夹心保温）：外保温 3. 保温隔热材料品种、规格及厚度：挤塑聚苯乙烯泡沫塑料板 40mm 厚 4. 找平层材料种类：20mm 厚 1:3 水泥砂浆（内掺 3% ~5% 防水剂）	m^2		338.210
133	9-216		屋面楼地面保温隔热聚苯乙烯泡沫板	m^3		13.529
	平面		[(35.2 - 0.24) × (9.64 - 0.24) + (3.0 + 0.24) × 2.96] × 0.04		1.00	13.529
134	12 - 16		水泥砂浆找平层（20mm）在填充材料上	$10m^2$		33.821

（续）

序号	位置	名称	子目名称及公式	单位	相同数量	合计
	平面		(35.2 - 0.24) × (9.64 - 0.24) + (3.0 + 0.24) × 2.96		1.00	338.214
					1.00	
135			装饰装修工程			
136			B.1 楼地面工程			
137	020101001001		水泥砂浆楼地面 1. 找平层厚度、砂浆配合比：20mm 厚 1:3 水泥砂浆 2. 面层厚度、砂浆配合比：10mm 厚 1:2水泥砂浆	m^2		579.700
138	12 - 15		水泥砂浆找平层（20mm）混凝土或硬基层上	$10m^2$		57.970
	二层 A ~ B，3 ~ 4 轴		(3.0 - 0.12) × (2.96 - 0.06 + 0.12)		1.00	8.698
	B ~ C，1 ~ 10 轴		(35.2 - 0.24) × 1.8		1.00	62.928
	C-1/C，3 ~ 4、8 ~ 9 轴		(3.0 - 0.24) × 1.88 × 2		1.00	10.378
	C ~ D，1 ~ 3、4 ~ 8、9 ~ 10 轴		(35.2 - 3.0 × 2 - 0.24 × 4) × (7.6 - 0.24)		1.00	207.846
	三层同二层		8.698 + 62.928 + 10.378 + 207.846		1.00	289.850
139	12 - 22 + [12 - 23] × - 2		水泥砂浆楼地面 10mm	$10m^2$		57.970
	二层 A ~ B，3 ~ 4 轴		(3.0 - 0.12) × (2.96 - 0.06 + 0.12)		1.00	8.698
	B ~ C，1 ~ 10 轴		(35.2 - 0.24) × 1.8		1.00	62.928
	C-1/C，3 ~ 4、8 ~ 9 轴		(3.0 - 0.24) × 1.88 × 2		1.00	10.378
	C ~ D，1 ~ 3、4 ~ 8、9 ~ 10 轴		(35.2 - 3.0 × 2 - 0.24 × 4) × (7.6 - 0.24)		1.00	207.846
	三层同二层		8.698 + 62.928 + 10.378 + 207.846		1.00	289.850
140	020102002001		块料楼地面 1. 素土夯实 2. 30mm 厚碎砖夯实 3. 40 抹面、厚 C15 混凝土 4. 210mm 厚泡沫混凝土 5. 40mm 厚 C20 细石混凝土，内配双向 Φ4@150 6. 20mm 厚 1:3 水泥砂浆找平 7. 5mm 厚 1:2 水泥砂浆铺贴 600mm × 600mm 地砖	m^2		312.010
141	1-99		地面原土打底夯实	$10m^2$		31.201
	A ~ B，3 ~ 4 轴		(3.0 - 0.12 + 0.12) × (2.96 - 0.12 + 0.3 × 2 + 0.12 - 0.3 × 2)		1.00	8.880
	B ~ C，1 ~ 10 轴		(35.2 - 0.24) × (2.04 - 0.6)		1.00	50.342
	1/A，8 ~ 10 轴		(3.0 + 4.0 - 0.15 - 0.3 + 0.12 - 0.3 × 2) × 0.6		1.00	3.642
	C ~ D，1 ~ 10 轴		(35.2 - 0.24 × 6) × (7.6 - 0.24) + (3.0 - 0.24) × 0.24 × 2 - 1.35 × 0.24 × 2 <楼梯底层>		1.00	249.150
142	2-111		碎砖干铺垫层	m^3		9.360
			312.014 × 0.03		1.00	9.360
143	2-122		C15 商品混凝土非泵送无筋垫层	m^3		12.481

（续）

序号	位置	名称	子目名称及公式	单位	相同数量	合计
			312.014×0.04		1.00	12.481
144	2-122		泡沫混凝土垫层	m^3		65.523
			312.014×0.21		1.00	65.523
145	12-18		细石混凝土找平层 40mm	$10m^2$		31.201
	A~B，3~4 轴		(3.0-0.12+0.12)×(2.96-0.12+0.3×2+0.12-0.3×2)		1.00	8.880
	B~C，1~10 轴		(35.2-0.24)×(2.04-0.6)		1.00	50.342
	1/A，8~10 轴		(3.0+4.0-0.15-0.3+0.12-0.3×2)×0.6		1.00	3.642
	C~D，1~10 轴		(35.2-0.24×6)×(7.6-0.24)+(3.0-0.24)×0.24×2-1.35×0.24×2 <楼梯底层>		1.00	249.150
146	4-1		现浇混凝土构件钢筋 Φ12mm 内	t		0.412
			312.014×1.32/1 000		1.00	0.412
147	12-94		600mm×600mm 地砖楼地面（水泥砂浆）	$10m^2$		31.201
	A~B，3~4 轴		(3.0-0.12+0.12)×(2.96-0.12+0.3×2+0.12-0.3×2)		1.00	8.880
	B~C，1~10 轴		(35.2-0.24)×(2.04-0.6)		1.00	50.342
	1/A，8~10 轴		(3.0+4.0-0.15-0.3+0.12-0.3×2)×0.6		1.00	3.642
	C~D，1~10 轴		(35.2-0.24×6)×(7.6-0.24)+(3.0-0.24)×0.24×2-1.35×0.24×2 <楼梯底层>		1.00	249.150
148	020105001001		水泥砂浆踢脚线 1. 踢脚线高度：200mm 2. 底层厚度、砂浆配合比：界面处理剂一道，8mm 厚 2:1:8 水泥石灰膏砂浆打底 3. 面层厚度、砂浆配合比：6mm 厚 1:2.5 水泥砂浆	m^2		128.580
149	省补 13-16		刷界面剂	$10m^2$		12.858
	一层 C，1~3 轴		[4.2×2-0.12+0.35×0.5+4.2×2-0.24+(0.35-0.24)×2]×0.2		1.00	3.367
	C，4~8 轴		[4.2×4+0.35+4.2×4-0.24×2+(0.35-0.24)×2×2]×0.2		1.00	6.782
	C，9~10 轴		(4.0+0.35×0.5-0.12+4.0-0.24)×0.2		1.00	1.563
	一层 D，1~10 轴		[35.2-0.24×6+(0.35-0.24)×2×3]×0.2		1.00	6.884
	一层 1、10，B~D 轴		(2.04+7.6-0.24×2)×2×0.2		1.00	3.664
	一层 3、4、8、9，C~D 轴		[7.6×2-0.24+(0.35-0.24)×0.5]×4×0.2		1.00	12.012
	一层 6，C~D 轴		(7.6-0.24)×2×0.2		1.00	2.944
	二层 C，1~3 轴		[4.2×2-0.12+0.35×0.5+4.2×2-0.24+(0.35-0.24)×2]×0.2		1.00	3.367
	C，4~8 轴		[4.2×4+0.35+4.2×4-0.24×2+(0.35-0.24)×2×2]×0.2		1.00	6.782
	C，9~10 轴		(4.0+0.35×0.5-0.12+4.0-0.24)×0.2		1.00	1.563

（续）

序号	位置	名称	子目名称及公式	单位	相同数量	合计
	二层D，1~10轴		[35.2-3.0×2-0.24×4+(0.35-0.24)×2×3]×0.2		1.00	5.780
	二层1、10，B~D轴		(2.04+7.6-0.24×2)×2×0.2		1.00	3.664
	二层3、4、8、9，C~D轴		[7.6-0.24+1.88-0.12+0.12+(0.35-0.24)×0.5]×4×0.2		1.00	7.436
	二层6，C~D轴		(7.6-0.24)×2×0.2		1.00	2.944
	三层同二层		(16.835+33.91+7.815+28.9+18.32+37.18+14.72)×0.2		1.00	31.536
	楼梯间		[(7.6-2.97-1.88)×2+(3.0-0.24)+2.97×1.18×2]×2×2×0.2		1.00	12.215
	走道外侧栏板处				1.00	
	二、三层A，3~4轴		(3.0-0.2×2)×2×0.2		1.00	1.040
	B，1~3轴		(4.2×2-0.12+0.06)×2×0.2		1.00	3.336
	4~10轴		(4.2×4+3.0+4.0-0.12-0.06)×2×0.2		1.00	9.448
	A~B，3、4轴		(2.96+0.12-0.06-0.2)×2×2×0.2		1.00	2.256
150	12-27		水泥砂浆踢脚线	10m		64.292
	一层C，1~3轴		4.2×2-0.12+0.35×0.5+4.2×2-0.24+(0.35-0.24)×2		1.00	16.835
	C，4~8轴		4.2×4+0.35+4.2×4-0.24×2+(0.35-0.24)×2×2		1.00	33.910
	C，9~10轴		4.0+0.35×0.5-0.12+4.0-0.24		1.00	7.815
	一层D，1~10轴		35.2-0.24×6+(0.35-0.24)×2×3		1.00	34.420
	一层1、10，B~D轴		(2.04+7.6-0.24×2)×2		1.00	18.320
	一层3、4、8、9，C~D轴		[7.6×2-0.24+(0.35-0.24)×0.5]×4		1.00	60.060
	一层6，C~D轴		(7.6-0.24)×2		1.00	14.720
	二层C，1~3轴		4.2×2-0.12+0.35×0.5+4.2×2-0.24+(0.35-0.24)×2		1.00	16.835
	C，4~8轴		4.2×4+0.35+4.2×4-0.24×2+(0.35-0.24)×2×2		1.00	33.910
	C，9~10轴		4.0+0.35×0.5-0.12+4.0-0.24		1.00	7.815
	二层D，1~10轴		35.2-3.0×2-0.24×4+(0.35-0.24)×2×3		1.00	28.900
	二层1、10，B~D轴		(2.04+7.6-0.24×2)×2		1.00	18.320
	二层3、4、8、9，C~D轴		[7.6-0.24+1.88-0.12+0.12+(0.35-0.24)×0.5]×4		1.00	37.180
	二层6，C~D轴		(7.6-0.24)×2		1.00	14.720
	三层同二层		16.835+33.91+7.815+28.9+18.32+37.18+14.72		1.00	157.680
	楼梯间		[(7.6-2.97-1.88)×2+(3.0-0.24)+2.97×1.18×2]×2×2		1.00	61.077
	走道外侧栏板处				1.00	
	二、三层A，3~4轴		(3.0-0.2×2)×2		1.00	5.200
	B，1~3轴		(4.2×2-0.12+0.06)×2		1.00	16.680
	4~10轴		(4.2×4+3.0+4.0-0.12-0.06)×2		1.00	47.240
	A~B，3、4轴		(2.96+0.12-0.06-0.2)×2×2		1.00	11.280

（续）

序号	位置	名称	子目名称及公式	单位	相同数量	合计
151	020106003001		水泥砂浆楼梯面 1. 找平层厚度、砂浆配合比：20mm 厚 1:2 水泥砂浆 2. 面层厚度、砂浆配合比：10mm 厚 1:2水泥砂浆	m^2		63.150
152	12-24		水泥砂浆楼梯 $10m^2$ 水平投影面积	$10m^2$		6.315
			(3.0-0.24)×(2.97+0.24+2.63-0.12)×2×2		1.00	63.149
153	020107001001		金属栏杆（空调搁板处） 1. 扶手材料种类、颜色：铸铁金黄色 2. 栏杆材料种类、颜色：铸铁金黄色	m		26.220
154	D00001		成品铸铁栏杆镀金黄色	m		26.220
	空调搁板处		(1.5+2.0×2+0.6×6-0.06×2×3)×3		1.00	26.220
155	020107001002		金属栏杆（屋顶女儿墙上） 1. 栏杆材料种类、规格：不锈钢钢管 ϕ76mm	m		55.200
156	D00002		ϕ76mm 不锈钢钢管装饰栏杆	m		55.200
	屋顶女儿墙上		(2.04+7.6+0.24)×2+35.44		1.00	55.200
157	020107001003		金属扶手带栏杆、栏板（底层坡道处） 1. 扶手材料种类、规格：镜面不锈钢管 Φ76.2mm×1.5mm 2. 栏杆材料种类、规格：镜面不锈钢管 Φ31.8mm×1.2mm 镜面不锈钢管 Φ63.5mm×1.5mm	m		8.400
158	12-158		不锈钢管栏杆不锈钢管扶手	10m		0.840
	底层坡道处		(3.6+0.3×2)×2		1.00	8.400
159	020107002001		硬木扶手带栏杆、栏板 1. 扶手材料种类：硬木 2. 栏杆材料种类：型钢 3. 油漆品种、刷漆遍数：木扶手底油一遍、磁漆一遍、刮腻子调和漆二遍金属面调和漆二遍	m		33.410
160	12-162		型钢栏杆木扶手制作安装	10m		3.341
			[(2.97+0.27)×1.18×4+1.35+0.06]×2		1.00	33.406
161	16-15		木扶手底油一遍、磁漆一遍、刮腻子调和漆二遍	10m		3.341
			[(2.97+0.27)×1.18×4+1.35+0.06]×2		1.00	33.406
162	16-260		其他金属面调和漆二遍	t		0.354
			0.354		1.00	0.354
163	020108002001		块料台阶面 1. 找平层厚度、砂浆配合比：20mm 厚 1:3 水泥砂浆 2. 粘结层材料种类：5mm 厚 1:2 水泥沙浆 3. 面层材料品种、规格、品牌、颜色：地砖 300mm×300mm	m^2		29.310

（续）

序号	位置	名称	子目名称及公式	单位	相同数量	合计
164	12－101		地砖台阶（水泥砂浆）	$10m^2$		2.931
	A，3～4 轴平面		(3.0－0.4)×0.3＋(3.0－0.12＋0.12)×0.3－0.08×0.16－0.16×0.32		1.00	1.616
	侧面		(3.0－0.4)×0.15×2		1.00	0.780
	B，1～3 轴平面		(4.2×2－0.23－0.4－0.24－1.26－0.12)×0.3＋(4.2×2－0.24－1.26－0.12)×0.3		1.00	3.879
	侧面		(4.2×2－0.4－0.28－0.24－1.26－0.12)×0.15×2		1.00	1.830
	B，4～8 轴平面		(4.2×4－0.12－0.4×3.5)×0.3＋(4.2×4－0.12－0.4×0.5)×0.3		1.00	9.528
	侧面		(4.2×4－0.12－0.4×3.5)×0.15×2		1.00	4.584
	B，8～10 轴平面		(3.0＋4.0＋0.05＋0.12)×0.6－0.1×0.35－0.1×0.4×2		1.00	4.187
	侧面		(3.0×4.0＋0.15＋0.12＋0.6－0.4＋0.6－0.4)×0.15＋(3.0＋4.0－0.15＋0.12－0.3)×0.15		1.00	2.901
165	020109004001		水泥砂浆零星项目工程部位：空调搁板	m^2		9.900
166	13-20		阳台、雨篷抹水泥砂浆	$10m^2$ 水平投影面积		0.990
	空调搁板		(1.5＋2.0×2)×0.6×3		1.00	9.900
167			B.2 墙、柱面工程			
168	020201001001		墙面一般抹灰 1. 墙体类型：外墙 2. 底层厚度、砂浆配合比：3mm 厚 NALC 防水界面剂、防裂钢丝网一道 3. 面层厚度、砂浆配合比：8mm 厚1:3 聚合物砂浆 1 或 2 遍	m^2		464.880
169	省补 13－22		专用界面砂浆混凝土墙面	$10m^2$		46.488
	北立面		(35.44－0.4×10)×(0.3＋10.8＋1.6＋0.02－0.4×3)		1.00	362.189
			<扣门窗洞口>－(2.1×1.8×6×3＋2.4×1.8×1×3＋1.8×1.5×2×2)＋<加门窗洞口侧边>(2.1＋1.8)×2×0.12×6×3＋(2.4＋1.8)×2×0.12×1×3＋(1.8＋1.5)×2×0.12×2×2		1.00	－68.760
	东西立面		(2.04－0.24)×(0.3＋10.8＋0.4－0.3×3)×2＋(7.6－0.23－0.28)×(0.3＋10.8＋0.4－0.7×3)×2		1.00	171.452
					1.00	
170	省补 13－26		热镀锌钢丝网	$10m^2$		46.488
	北立面		(35.44－0.4×10)×(0.3＋10.8＋1.6＋0.02－0.4×3)		1.00	362.189

（续）

序号	位置	名称	子目名称及公式	单位	相同数量	合计
			<扣门窗洞口> −（2.1×1.8×6×3+2.4×1.8×1×3+1.8×1.5×2×2）+<加门窗洞口侧边>（2.1+1.8）×2×0.12×6×3+（2.4+1.8）×2×0.12×1×3+（1.8+1.5）×2×0.12×2×2		1.00	−68.760
	东西立面		（2.04−0.24）×（0.3+10.8+0.4−0.3×3）×2+（7.6−0.23−0.28）×（0.3+10.8+0.4−0.7×3）×2		1.00	171.452
					1.00	
171	省补 13−27		8mm 厚聚合物砂浆 1 或 2 遍	$10m^2$		46.488
	北立面		（35.44−0.4×10）×（0.3+10.8+1.6+0.02−0.4×3）		1.00	362.189
			<扣门窗洞口> −（2.1×1.8×6×3+2.4×1.8×1×3+1.8×1.5×2×2）+<加门窗洞口侧边>（2.1+1.8）×2×0.12×6×3+（2.4+1.8）×2×0.12×1×3+（1.8+1.5）×2×0.12×2×2		1.00	−68.760
	东西立面		（2.04−0.24）×（0.3+10.8+0.4−0.3×3）×2+（7.6−0.23−0.28）×（0.3+10.8+0.4−0.7×3）×2		1.00	171.452
					1.00	
172	020201001002		墙面一般抹灰 1. 墙体类型：内墙 2. 底层厚度、砂浆配合比：刷界面剂一道、防裂钢丝网一道 15mm 厚 1∶3 水泥砂浆 3. 面层厚度、砂浆配合比：10mm 厚 1∶2水泥砂浆	m^2		1492.360
173	省补 13−17		刷界面剂	$10m^2$		149.236
	一层 C，1~3、4~10 轴		（35.2−0.24−3.0×2+0.35×2）×（3.6−0.1）		1.00	103.810
			（4.2×2−0.23−0.35×1.5）×（3.6−0.12）		1.00	26.605
			（4.2×2−0.35×2）×（3.6−0.12）		1.00	26.796
			（4.2×2−0.35×2）×（3.6−0.11）		1.00	26.873
			（4.0−0.35×0.5−0.23）×（3.6−0.15）		1.00	12.403
			<扣门窗洞口> −（1.0×2.7×7+2.1×1.8×6+1.6×1.8×1）×2		1.00	−88.920
	一层 D，1~10 轴		（4.2×4−0.28−0.4×3.5）×（3.6−0.12）		1.00	52.618
			（4.2×2−0.4×2）×（3.6−0.11）		1.00	26.524
			（3.0−0.4）×3.6×2		1.00	18.720
			（4.0−0.2−0.28）×（3.6−0.15）		1.00	12.144
			<扣门窗洞口> −（2.1×1.8×6+2.4×1.8×1）		1.00	−27.000

（续）

序号	位置	名称	子目名称及公式	单位	相同数量	合计
	一层1，B～D轴		(2.04－0.24)×(3.6－0.1)＋(7.6－0.23－0.28)×(3.6－0.12)		1.00	30.973
	一层3、4、8，C～D轴		[(7.6－0.23－0.28)×(3.6－0.12)＋(1.88－0.23＋0.12)×(3.6－0.1)＋(5.72－0.12－0.28)×3.6]×3		1.00	150.061
	一层6，C～D轴		(7.6－0.23－0.28)×(3.6－0.11)×2		1.00	49.488
	一层9，C～D轴		(1.88－0.23＋0.12)×(3.6－0.1)＋(5.72－0.12－0.28)×3.6＋(7.6－0.23－0.28)×(3.6－0.15)		1.00	49.808
	一层10，C～D轴		(2.04－0.24)×(3.6－0.1)＋(7.6－0.23－0.28)×(3.6－0.15)		1.00	30.761
	二层C，1～3、4～10轴		(35.2－0.24－3.0×2＋0.35×2)×(3.6－0.1)		1.00	103.810
			(4.2×2－0.23－0.35×1.5)×(3.6－0.12)		1.00	26.605
			(4.2×2－0.35×2)×(3.6－0.12)		1.00	26.796
			(4.2×2－0.35×2)×(3.6－0.11)		1.00	26.873
			(4.0－0.35×0.5－0.23)×(3.6－0.15)		1.00	12.403
			<扣门窗洞口>－(1.0×2.7×7＋2.1×1.8×6＋1.6×1.8×1)×2		1.00	－88.920
	二层D，1～10轴		(4.2×4－0.28－0.4×3.5)×(3.6－0.12)		1.00	52.618
			(4.2×2－0.4×2)×(3.6－0.11)		1.00	26.524
			(3.0－0.4)×3.6×2		1.00	18.720
			(4.0－0.2－0.28)×(3.6－0.15)		1.00	12.144
			<扣门窗洞口>－(2.1×1.8×6＋2.4×1.8×1＋1.8×1.5×2)		1.00	－32.400
	二层1，B～D轴		(2.04－0.24)×(3.6－0.1)＋(7.6－0.23－0.28)×(3.6－0.12)		1.00	30.973
	二层3、4、8，C～D轴		[(7.6－0.23－0.28)×(3.6－0.12)＋(1.88－0.23＋0.12)×(3.6－0.1)＋(5.72－0.12－0.28)×3.6]×3		1.00	150.061
	二层6，C～D轴		(7.6－0.23－0.28)×(3.6－0.11)×2		1.00	49.488
	二层9，C～D轴		(1.88－0.23＋0.12)×(3.6－0.1)＋(5.72－0.12－0.28)×3.6＋(7.6－0.23－0.28)×(3.6－0.15)		1.00	49.808
	二层10，C～D轴		(2.04－0.24)×(3.6－0.1)＋(7.6－0.23－0.28)×(3.6－0.15)		1.00	30.761
	三层C，1～3、4～10轴		(35.2－0.24－3.0×2＋0.35×2)×(3.6－0.1)		1.00	103.810
			(4.2＋4.0－0.23×2－0.35)×(3.6－0.12)		1.00	25.717
			(4.2×5－0.35×5)×(3.6－0.11)		1.00	67.183
			<扣门窗洞口>－(1.0×2.7×7＋2.1×1.8×6＋1.6×1.8×1)×2		1.00	－88.920

（续）

序号	位置	名称	子目名称及公式	单位	相同数量	合计
	三层D，1～10轴		(4.2+4.0-0.28×2-0.4)×(3.6-0.12)		1.00	25.195
			(4.2×5+3.0×2-0.4×7)×(3.6-0.11)		1.00	84.458
			<扣门窗洞口>-(2.1×1.8×6+2.4×1.8×1+1.8×1.5×2)		1.00	-32.400
	三层1、10，B～D轴		[(2.04-0.24)×(3.6-0.1)+(7.6-0.23-0.28)×(3.6-0.12)]×2		1.00	61.946
	三层3、4、6、8、9，C～D轴		(7.6-0.23-0.28)×(3.6-0.11)×5×2		1.00	247.441
174	省补13-26		热镀锌钢丝网	$10m^2$		149.236
	一层C，1～3、4～10轴		(35.2-0.24-3.0×2+0.35×2)×(3.6-0.1)		1.00	103.810
			(4.2×2-0.23-0.35×1.5)×(3.6-0.12)		1.00	26.605
			(4.2×2-0.35×2)×(3.6-0.12)		1.00	26.796
			(4.2×2-0.35×2)×(3.6-0.11)		1.00	26.873
			(4.0-0.35×0.5-0.23)×(3.6-0.15)		1.00	12.403
			<扣门窗洞口>-(1.0×2.7×7+2.1×1.8×6+1.6×1.8×1)×2		1.00	-88.920
	一层D，1～10轴		(4.2×4-0.28-0.4×3.5)×(3.6-0.12)		1.00	52.618
			(4.2×2-0.4×2)×(3.6-0.11)		1.00	26.524
			(3.0-0.4)×3.6×2		1.00	18.720
			(4.0-0.2-0.28)×(3.6-0.15)		1.00	12.144
			<扣门窗洞口>-(2.1×1.8×6+2.4×1.8×1)		1.00	-27.000
	一层1，B～D轴		(2.04-0.24)×(3.6-0.1)+(7.6-0.23-0.28)×(3.6-0.12)		1.00	30.973
	一层3、4、8，C～D轴		[(7.6-0.23-0.28)×(3.6-0.12)+(1.88-0.23+0.12)×(3.6-0.1)+(5.72-0.12-0.28)×3.6]×3		1.00	150.061
	一层6，C～D轴		(7.6-0.23-0.28)×(3.6-0.11)×2		1.00	49.488
	一层9，C～D轴		(1.88-0.23+0.12)×(3.6-0.1)+(5.72-0.12-0.28)×3.6+(7.6-0.23-0.28)×(3.6-0.15)		1.00	49.808
	一层10，C～D轴		(2.04-0.24)×(3.6-0.1)+(7.6-0.23-0.28)×(3.6-0.15)		1.00	30.761
	二层C，1～3、4～10轴		(35.2-0.24-3.0×2+0.35×2)×(3.6-0.1)		1.00	103.810
			(4.2×2-0.23-0.35×1.5)×(3.6-0.12)		1.00	26.605
			(4.2×2-0.35×2)×(3.6-0.12)		1.00	26.796
			(4.2×2-0.35×2)×(3.6-0.11)		1.00	26.873
			(4.0-0.35×0.5-0.23)×(3.6-0.15)		1.00	12.403

（续）

序号	位置	名称	子目名称及公式	单位	相同数量	合计
			<扣门窗洞口>－(1.0×2.7×7＋2.1×1.8×6＋1.6×1.8×1)×2		1.00	－88.920
	二层D，1～10轴		(4.2×4－0.28－0.4×3.5)×(3.6－0.12)		1.00	52.618
			(4.2×2－0.4×2)×(3.6－0.11)		1.00	26.524
			(3.0－0.4)×3.6×2		1.00	18.720
			(4.0－0.2－0.28)×(3.6－0.15)		1.00	12.144
			<扣门窗洞口>－(2.1×1.8×6＋2.4×1.8×1＋1.8×1.5×2)		1.00	－32.400
	二层1，B～D轴		(2.04－0.24)×(3.6－0.1)＋(7.6－0.23－0.28)×(3.6－0.12)		1.00	30.973
	二层3、4、8，C～D轴		[(7.6－0.23－0.28)×(3.6－0.12)＋(1.88－0.23＋0.12)×(3.6－0.1)＋(5.72－0.12－0.28)×3.6]×3		1.00	150.061
	二层6，C～D轴		(7.6－0.23－0.28)×(3.6－0.11)×2		1.00	49.488
	二层9，C～D轴		(1.88－0.23＋0.12)×(3.6－0.1)＋(5.72－0.12－0.28)×3.6＋(7.6－0.23－0.28)×(3.6－0.15)		1.00	49.808
	二层10，C～D轴		(2.04－0.24)×(3.6－0.1)＋(7.6－0.23－0.28)×(3.6－0.15)		1.00	30.761
	三层C，1～3、4～10轴		(35.2－0.24－3.0×2＋0.35×2)×(3.6－0.1)		1.00	103.810
			(4.2＋4.0－0.23×2－0.35)×(3.6－0.12)		1.00	25.717
			(4.2×5－0.35×5)×(3.6－0.11)		1.00	67.183
			<扣门窗洞口>－(1.0×2.7×7＋2.1×1.8×6＋1.6×1.8×1)×2		1.00	－88.920
	三层D，1～10轴		(4.2＋4.0－0.28×2－0.4)×(3.6－0.12)		1.00	25.195
			(4.2×5＋3.0×2－0.4×7)×(3.6－0.11)		1.00	84.458
			<扣门窗洞口>－(2.1×1.8×6＋2.4×1.8×1＋1.8×1.5×2)		1.00	－32.400
	三层1、10，B～D轴		[(2.04－0.24)×(3.6－0.1)＋(7.6－0.23－0.28)×(3.6－0.12)]×2		1.00	61.946
	三层3、4、6、8、9，C～D轴		(7.6－0.23－0.28)×(3.6－0.11)×5×2		1.00	247.441
175	13-12		砖内墙面墙裙抹水泥砂浆	10m²		149.236
	一层C，1～3、4～10轴		(35.2－0.24－3.0×2＋0.35×2)×(3.6－0.1)		1.00	103.810
			(4.2×2－0.23－0.35×1.5)×(3.6－0.12)		1.00	26.605
			(4.2×2－0.35×2)×(3.6－0.12)		1.00	26.796
			(4.2×2－0.35×2)×(3.6－0.11)		1.00	26.873
			(4.0－0.35×0.5－0.23)×(3.6－0.15)		1.00	12.403
			<扣门窗洞口>－(1.0×2.7×7＋2.1×1.8×6＋1.6×1.8×1)×2		1.00	－88.920

（续）

序号	位置	名称	子目名称及公式	单位	相同数量	合计
	一层D，1~10轴		(4.2×4−0.28−0.4×3.5)×(3.6−0.12)		1.00	52.618
			(4.2×2−0.4×2)×(3.6−0.11)		1.00	26.524
			(3.0−0.4)×3.6×2		1.00	18.720
			(4.0−0.2−0.28)×(3.6−0.15)		1.00	12.144
			<扣门窗洞口>−(2.1×1.8×6+2.4×1.8×1)		1.00	−27.000
	一层1，B~D轴		(2.04−0.24)×(3.6−0.1)+(7.6−0.23−0.28)×(3.6−0.12)		1.00	30.973
	一层3、4、8，C~D轴		[(7.6−0.23−0.28)×(3.6−0.12)+(1.88−0.23+0.12)×(3.6−0.1)+(5.72−0.12−0.28)×3.6]×3		1.00	150.061
	一层6，C~D轴		(7.6−0.23−0.28)×(3.6−0.11)×2		1.00	49.488
	一层9，C~D轴		(1.88−0.23+0.12)×(3.6−0.1)+(5.72−0.12−0.28)×3.6+(7.6−0.23−0.28)×(3.6−0.15)		1.00	49.808
	一层10，C~D轴		(2.04−0.24)×(3.6−0.1)+(7.6−0.23−0.28)×(3.6−0.15)		1.00	30.761
	二层C，1~3、4~10轴		(35.2−0.24−3.0×2+0.35×2)×(3.6−0.1)		1.00	103.810
			(4.2×2−0.23−0.35×1.5)×(3.6−0.12)		1.00	26.605
			(4.2×2−0.35×2)×(3.6−0.12)		1.00	26.796
			(4.2×2−0.35×2)×(3.6−0.11)		1.00	26.873
			(4.0−0.35×0.5−0.23)×(3.6−0.15)		1.00	12.403
			<扣门窗洞口>−(1.0×2.7×7+2.1×1.8×6+1.6×1.8×1)×2		1.00	−88.920
	二层D，1~10轴		(4.2×4−0.28−0.4×3.5)×(3.6−0.12)		1.00	52.618
			(4.2×2−0.4×2)×(3.6−0.11)		1.00	26.524
			(3.0−0.4)×3.6×2		1.00	18.720
			(4.0−0.2−0.28)×(3.6−0.15)		1.00	12.144
			<扣门窗洞口>−(2.1×1.8×6+2.4×1.8×1+1.8×1.5×2)		1.00	−32.400
	二层1，B~D轴		(2.04−0.24)×(3.6−0.1)+(7.6−0.23−0.28)×(3.6−0.12)		1.00	30.973
	二层3、4、8，C~D轴		[(7.6−0.23−0.28)×(3.6−0.12)+(1.88−0.23+0.12)×(3.6−0.1)+(5.72−0.12−0.28)×3.6]×3		1.00	150.061
	二层6，C~D轴		(7.6−0.23−0.28)×(3.6−0.11)×2		1.00	49.488
	二层9，C~D轴		(1.88−0.23+0.12)×(3.6−0.1)+(5.72−0.12−0.28)×3.6+(7.6−0.23−0.28)×(3.6−0.15)		1.00	49.808
	二层10，C~D轴		(2.04−0.24)×(3.6−0.1)+(7.6−0.23−0.28)×(3.6−0.15)		1.00	30.761

（续）

序号	位置	名称	子目名称及公式	单位	相同数量	合计
	三层C，1~3、4~10轴		(35.2-0.24-3.0×2+0.35×2)×(3.6-0.1)		1.00	103.810
			(4.2+4.0-0.23×2-0.35)×(3.6-0.12)		1.00	25.717
			(4.2×5-0.35×5)×(3.6-0.11)		1.00	67.183
			〈扣门窗洞口〉-(1.0×2.7×7+2.1×1.8×6+1.6×1.8×1)×2		1.00	-88.920
	三层D，1~10轴		(4.2+4.0-0.28×2-0.4)×(3.6-0.12)		1.00	25.195
			(4.2×5+3.0×2-0.4×7)×(3.6-0.11)		1.00	84.458
			〈扣门窗洞口〉-(2.1×1.8×6+2.4×1.8×1+1.8×1.5×2)		1.00	-32.400
	三层1、10，B~D轴		[(2.04-0.24)×(3.6-0.1)+(7.6-0.23-0.28)×(3.6-0.12)]×2		1.00	61.946
	三层3、4、6、8、9，C~D轴		(7.6-0.23-0.28)×(3.6-0.11)×5×2		1.00	247.441
176	020201001003		墙面一般抹灰 1. 墙体类型：1 600mm高女儿墙内侧 2. 底层厚度、砂浆配合比：12mm厚1:3水泥砂浆 3. 面层厚度、砂浆配合比：8mm厚1:2.5水泥砂浆	m^2		53.840
177	13-12		砖内墙面墙裙抹水泥砂浆	$10m^2$		5.384
	D，1~10轴		(35.2-0.24)×(1.6-0.06)		1.00	53.838
178	020202001001		柱面一般抹灰（室外冷桥部位） 1. 专用界面砂浆一道（防水） 2. 25mm厚挤塑聚苯乙烯泡沫塑料板 3. 防裂钢丝网一道 4. 8mm厚聚合物砂浆	m^2		140.680
179	省补13-22		专用界面砂浆	$10m^2$		14.068
	D，1~10轴	梁	(35.2-0.28×2-0.4×8)×0.4×3		1.00	37.728
		柱	(10.8+0.3)×0.4×10		1.00	44.400
	1、10，B~D	梁	(2.04-0.24)×0.3×2×3+(7.6-0.23-0.28)×0.7×2×3		1.00	33.018
		柱	(10.8+0.3)×(0.4×2+0.35)×2		1.00	25.530
180	省补9-5		聚苯乙烯挤塑板厚度25	$10m^2$		14.068
	D，1~10轴	梁	(35.2-0.28×2-0.4×8)×0.4×3		1.00	37.728
		柱	(10.8+0.3)×0.4×10		1.00	44.400
	1、10，B~D	梁	(2.04-0.24)×0.3×2×3+(7.6-0.23-0.28)×0.7×2×3		1.00	33.018
		柱	(10.8+0.3)×(0.4×2+0.35)×2		1.00	25.530
					1.00	
181	省补13-26		防裂钢丝网	$10m^2$		14.068
	D，1~10轴	梁	(35.2-0.28×2-0.4×8)×0.4×3		1.00	37.728
		柱	(10.8+0.3)×0.4×10		1.00	44.400
	1、10，B~D	梁	(2.04-0.24)×0.3×2×3+(7.6-0.23-0.28)×0.7×2×3		1.00	33.018

（续）

序号	位置	名称	子目名称及公式	单位	相同数量	合计
		柱	(10.8+0.3)×(0.4×2+0.35)×2		1.00	25.530
					1.00	
182	省补 13-27		8mm 厚聚合物砂浆 1 或 2 遍	$10m^2$		14.068
	D，1～10 轴	梁	(35.2−0.28×2−0.4×8)×0.4×3		1.00	37.728
		柱	(10.8+0.3)×0.4×10		1.00	44.400
	1、10，B～D 轴	梁	(2.04−0.24)×0.3×2×3+(7.6−0.23−0.28)×0.7×2×3		1.00	33.018
		柱	(10.8+0.3)×(0.4×2+0.35)×2		1.00	25.530
					1.00	
183	020202001002		柱面一般抹灰（屋顶构架柱、梁） 1. 柱体类型：混凝土柱 2. 底层厚度、砂浆配合比：12mm 厚 1:3 水泥砂浆 3. 面层厚度、砂浆配合比：8mm 厚 1:2.5 水泥砂浆	m^2		57.120
184	13-29		矩形混凝土柱、梁面抹水泥砂浆	$10m^2$		5.712
	B，1～10 轴	柱	(1.6−0.15)×0.4×4×8+0.24×4×1.05×11		1.00	29.648
		梁下口	(35.2−0.28×2−0.4×6−0.24×11)×0.24		1.00	7.104
	1、10，B～D 轴	柱	1.05×0.24×4×3×2		1.00	6.048
		梁	(2.04+7.6−0.24)×(0.24+0.15)×2×2−0.24×0.24×3×2		1.00	14.318
185	020202001003		柱面一般抹灰（室外独立柱） 1. 底层厚度、砂浆配合比：12mm 厚 1:3 水泥砂浆 2. 面层厚度、砂浆配合比：8mm 厚 1:2.5 水泥砂浆	m^2		172.500
186	13-29		矩形混凝土柱、梁面抹水泥砂浆	$10m^2$		17.250
	一层 A，3 轴		0.4×4×(0.3+3.6−0.1)−(0.4×0.5−0.12)×0.3−0.3×0.15−(0.4−0.3)×0.3		1.00	5.981
	A，4 轴		0.4×4×(0.3+3.6−0.1)−0.3×0.15−(0.4−0.3)×0.3−0.3×0.3+(0.4×3−0.4−0.12)×0.1		1.00	5.983
	一层 B，1 轴		0.4×3×(0.3+3.6−0.1)−0.3×0.15−(0.4−0.24)×0.3+(0.4×3−0.12)×0.1		1.00	4.575
	B，2、5、6、7 轴		[0.4×4×(0.3+3.6−0.1)−0.3×0.15×2−0.4×0.3]×4+(0.4×3−0.12×2)×0.1×4		1.00	23.864
	B，8 轴		0.4×4×(0.3+3.6−0.1)−0.3×0.15−(0.4−0.3)×0.5×0.3−0.4×0.3×2+(0.4×3−0.12×2)×0.1		1.00	5.876
	B，9 轴		0.4×4×(3.6−0.1)+(0.4×3−0.12×2)×0.1		1.00	5.696
	B，10 轴		0.4×4×(0.3+3.6−0.1)−0.3×0.15−(0.4−0.3)×0.3−0.4×0.3−(0.4−0.24)×0.3+(0.4×3−0.12)×0.1		1.00	5.945

（续）

序号	位置	名称	子目名称及公式	单位	相同数量	合计
	二层 A，3、4 轴		[0.4×4×(3.6－0.1)+(0.4×3－0.4－0.12)×0.1]×2		1.00	11.336
	二层 B，1 轴		[0.4×3×(0.3+3.6－0.1)－0.3×0.15－(0.4－0.24)×0.3]+(0.4×3－0.12)×0.1		1.00	4.575
	B，2、5、6、7 轴		[0.4×4×(0.3+3.6－0.1)－0.3×0.15×2－0.4×0.3]×4+(0.4×3－0.12×2)×0.1×4		1.00	23.864
	B，8 轴		0.4×4×(0.3+3.6－0.1)－0.3×0.15－(0.4－0.3)×0.5×0.3－0.4×0.3×2+(0.4×3－0.12×2)×0.1		1.00	5.876
	B，9 轴		0.4×4×(3.6－0.1)+(0.4×3－0.12×2)×0.1		1.00	5.696
	B，10 轴		0.4×4×(0.3+3.6－0.1)－0.3×0.15－(0.4－0.3)×0.3－0.4×0.3－(0.4－0.24)×0.3+(0.4×3－0.12)×0.1		1.00	5.945
	三层同二层		11.336+4.575+23.864+5.876+5.696+5.945		1.00	57.292
					1.00	
187	020202001004		柱面一般抹灰（室内柱面） 1. 柱体类型：混凝土柱 2. 底层厚度、砂浆配合比：刷界面剂一道防裂钢丝网一道 15mm 厚 1:3 水泥砂浆 3. 面层厚度、砂浆配合比：10mm 厚 1:2水泥砂浆	m^2		91.070
188	省补 13－16		刷界面剂混凝土面	$10m^2$		9.107
	一层 C，1 轴		(0.35×2－0.24×2)×(3.6－0.12)		1.00	0.766
	C，2 轴		(0.35×3－0.24×2)×(3.6－0.12)		1.00	1.984
	C，3、4、8 轴		(0.35×3－0.24×2)×(3.6－0.11)×3		1.00	5.968
	C，6 轴		(0.35×3－0.24×3)×(3.6－0.11)		1.00	1.152
	C，5、7 轴		(0.35×3－0.24×2)×(3.6－0.115)×2		1.00	3.973
	C，9 轴		(0.35×3－0.24×2)×(3.6－0.125)		1.00	1.981
	C，10 轴		(0.35×2－0.24×2)×(3.6－0.15)		1.00	0.759
	D，1 轴		(0.4×2－0.24×2)×(3.6－0.12)		1.00	1.114
	D，2 轴		(0.4×3－0.24×2)×(3.6－0.12)		1.00	2.506
	D，3、4、8 轴		(0.4×3－0.24×3)×(3.6－0.12×0.5)×3		1.00	5.098
	D，5、7 轴		(0.4×3－0.24×2)×(3.6－0.115)×2		1.00	5.018
	D，6 轴		(0.4×3－0.24×3)×(3.6－0.11)		1.00	1.675
	D，9 轴		(0.4×3－0.24×3)×(3.6－0.15×0.5)		1.00	1.692
	D，10 轴		(0.4×2－0.24×2)×(3.6－0.15)		1.00	1.104
	二层同一层		0.766+1.984+5.968+1.152+3.973+1.981+0.759+1.114+2.506+5.098+5.018+1.675+1.692+1.104		1.00	34.790

（续）

序号	位置	名称	子目名称及公式	单位	相同数量	合计
	三层C，1、10轴		(0.4×2－0.24×2)×(3.6－0.12)×2		1.00	2.227
	C，2轴		(0.4×3－0.24×2)×(3.6－0.115)		1.00	2.509
	C，3、4、8、9轴		(0.4×3－0.24×2)×(3.6－0.11)×4		1.00	10.051
	C，5、7轴		(0.4×3－0.24×2)×(3.6－0.11)×2		1.00	5.026
	C，6轴		(0.4×3－0.24×3)×(3.6－0.11)		1.00	1.675
					1.00	
					1.00	
					1.00	
					1.00	
189	省补13－26		热镀锌钢丝网	$10m^2$		9.107
	一层C，1轴		(0.35×2－0.24×2)×(3.6－0.12)		1.00	0.766
	C，2轴		(0.35×3－0.24×2)×(3.6－0.12)		1.00	1.984
	C，3、4、8轴		(0.35×3－0.24×2)×(3.6－0.11)×3		1.00	5.968
	C，6轴		(0.35×3－0.24×3)×(3.6－0.11)		1.00	1.152
	C，5、7轴		(0.35×3－0.24×2)×(3.6－0.115)×2		1.00	3.973
	C，9轴		(0.35×3－0.24×2)×(3.6－0.125)		1.00	1.981
	C，10轴		(0.35×2－0.24×2)×(3.6－0.15)		1.00	0.759
	D，1轴		(0.4×2－0.24×2)×(3.6－0.12)		1.00	1.114
	D，2轴		(0.4×3－0.24×2)×(3.6－0.12)		1.00	2.506
	D，3、4、8轴		(0.4×3－0.24×3)×(3.6－0.12×0.5)×3		1.00	5.098
	D，5、7轴		(0.4×3－0.24×2)×(3.6－0.115)×2		1.00	5.018
	D，6轴		(0.4×3－0.24×3)×(3.6－0.11)		1.00	1.675
	D，9轴		(0.4×3－0.24×3)×(3.6－0.15×0.5)		1.00	1.692
	D，10轴		(0.4×2－0.24×2)×(3.6－0.15)		1.00	1.104
	二层同一层		0.766＋1.984＋5.968＋1.152＋3.973＋1.981＋0.759＋1.114＋2.506＋5.098＋5.018＋1.675＋1.692＋1.104		1.00	34.790
	三层C，1、10轴		(0.4×2－0.24×2)×(3.6－0.12)×2		1.00	2.227
	C，2轴		(0.4×3－0.24×2)×(3.6－0.115)		1.00	2.509
	C，3、4、8、9轴		(0.4×3－0.24×2)×(3.6－0.11)×4		1.00	10.051
	C，5、7轴		(0.4×3－0.24×2)×(3.6－0.11)×2		1.00	5.026
	C，6轴		(0.4×3－0.24×3)×(3.6－0.11)		1.00	1.675
					1.00	
					1.00	
					1.00	
					1.00	
190	13-29		矩形混凝土柱、梁面抹水泥砂浆	$10m^2$		9.107
	一层C，1轴		(0.35×2－0.24×2)×(3.6－0.12)		1.00	0.766
	C，2轴		(0.35×3－0.24×2)×(3.6－0.12)		1.00	1.984
	C，3、4、8轴		(0.35×3－0.24×2)×(3.6－0.11)×3		1.00	5.968
	C，6轴		(0.35×3－0.24×3)×(3.6－0.11)		1.00	1.152
	C，5、7轴		(0.35×3－0.24×2)×(3.6－0.115)×2		1.00	3.973
	C，9轴		(0.35×3－0.24×2)×(3.6－0.125)		1.00	1.981
	C，10轴		(0.35×2－0.24×2)×(3.6－0.15)		1.00	0.759

（续）

序号	位置	名称	子目名称及公式	单位	相同数量	合计
	D，1 轴		(0.4×2－0.24×2)×(3.6－0.12)		1.00	1.114
	D，2 轴		(0.4×3－0.24×2)×(3.6－0.12)		1.00	2.506
	D，3、4、8 轴		(0.4×3－0.24×3)×(3.6－0.12×0.5)×3		1.00	5.098
	D，5、7 轴		(0.4×3－0.24×2)×(3.6－0.115)×2		1.00	5.018
	D，6 轴		(0.4×3－0.24×3)×(3.6－0.11)		1.00	1.675
	D，9 轴		(0.4×3－0.24×3)×(3.6－0.15×0.5)		1.00	1.692
	D，10 轴		(0.4×2－0.24×2)×(3.6－0.15)		1.00	1.104
	二层同一层		0.766＋1.984＋5.968＋1.152＋3.973＋1.981＋0.759＋1.114＋2.506＋5.098＋5.018＋1.675＋1.692＋1.104		1.00	34.790
	三层 C，1、10 轴		(0.4×2－0.24×2)×(3.6－0.12)×2		1.00	2.227
	C，2 轴		(0.4×3－0.24×2)×(3.6－0.115)		1.00	2.509
	C，3、4、8、9 轴		(0.4×3－0.24×2)×(3.6－0.11)×4		1.00	10.051
	C，5、7 轴		(0.4×3－0.24×2)×(3.6－0.11)×2		1.00	5.026
	C，6 轴		(0.4×3－0.24×3)×(3.6－0.11)		1.00	1.675
					1.00	
					1.00	
					1.00	
					1.00	
191	020203001001		零星项目一般抹灰 1. 抹灰部位：400mm 高女儿墙内侧 2. 底层厚度、砂浆配合比：12mm 厚1:3 水泥砂浆 3. 面层厚度、砂浆配合比：8mm 厚1:2 水泥砂浆	m^2		21.500
192	13-24		零星项目抹水泥砂浆	$10m^2$		2.150
	B，1～10 轴		(35.2－0.24)×0.4		1.00	13.984
	1、10，B～D 轴		(9.64－0.24)×0.4×2		1.00	7.520
193	020203001002		零星项目一般抹灰 1. 抹灰部位：混凝土压顶 2. 底层厚度、砂浆配合比：12mm 厚1:3水泥砂浆 3. 面层厚度、砂浆配合比：8mm 厚1:2 水泥砂浆	m^2		26.250
194	13-21		单独门窗套、窗台、压顶抹水泥砂浆	$10m^2$		2.625
	B，1～10 轴		(35.2－0.23×2－0.35×6－0.24×11)×0.24		1.00	7.200
	D，1～10 轴		(35.2＋0.24)×(0.24＋0.06×3)		1.00	14.885
	1、10，B～D 轴		(9.64－0.24－0.24×3)×0.24×2		1.00	4.166
195	020203001003		零星项目一般抹灰 1. 抹灰部位：阳台栏板外侧 2. 底层厚度、砂浆配合比：12mm 厚1:3水泥砂浆 3. 面层厚度、砂浆配合比：8mm 厚1:2 水泥砂浆	m^2		92.100

（续）

序号	位置	名称	子目名称及公式	单位	相同数量	合计
196	13-23		遮阳板栏板抹水泥砂浆	10m²		9.210
	二、三层		(35.2+2.96×2-4.2-3.0-0.28×2-0.4×6+0.4-0.12-0.12×9+0.03×2×9)×(1.1+0.4)×2		1.00	92.100
197	020203001004		零星项目一般抹灰 1. 抹灰部位：阳台栏板内侧 2. 底层厚度、砂浆配合比：12mm 厚 1:3水泥砂浆 3. 面层厚度、砂浆配合比：8mm 厚1:2水泥砂浆	m²		82.460
198	13-23		遮阳板、栏板抹水泥砂浆	10m²		8.246
	二、三层		(35.2+2.96×2-0.28×2-0.4×6+0.12-0.4×2)×1.1×2		1.00	82.456
					1.00	
199	020203001005		零星项目一般抹灰 1. 抹灰部位：阳台栏板压顶 2. 底层厚度、砂浆配合比：12mm 厚 1:3水泥砂浆 3. 面层厚度、砂浆配合比：8mm 厚1:2水泥砂浆	m²		7.280
200	13-21		单独门窗套、窗台、压顶抹水泥砂浆	10m²		0.728
	二、三层		(35.2+2.96×2-4.2-3.9-0.28×2-0.4×6+0.4-0.12)×0.12×2		1.00	7.282
201	020203001006		零星项目一般抹灰 1. 抹灰部位：台阶、坡道处挡土墙 2. 底层厚度、砂浆配合比：12mm 厚 1:3水泥砂浆 3. 面层厚度、砂浆配合比：8mm 厚1:2水泥砂浆	m²		9.260
202	13-24		零星项目抹水泥砂浆	10m²		0.926
	台阶		(0.1+0.3+0.24)×(2.96-0.2+0.24)-(1.5+0.1×2)×0.3		1.00	1.410
	坡道		(0.1+0.3×0.5+0.3×2+0.24)×3.6×2		1.00	7.848
					1.00	
203	020206003001		块料零星项目 1. 柱、墙体类型：阳台栏板外侧 2. 底层厚度、砂浆配合比：12mm 厚 1:3水泥砂浆 3. 粘结层厚度、材料种类：5mm 厚 1:0.1:2.5混合砂浆 4. 挂贴方式：粘贴 5. 面层材料品种、规格、品牌、颜色：七彩面砖152mm×152mm	m²		20.740
204	13-111		零星项目砂浆粘贴瓷砖152mm×152mm	10m²		2.074
	二、三层		(4.2+3.0-0.4×2)×(1.1+0.4+0.12)×2		1.00	20.736

（续）

序号	位置	名称	子目名称及公式	单位	相同数量	合计
205	020206003002		块料零星项目 1. 柱、墙体类型：花池 2. 底层厚度、砂浆配合比：12mm 厚 1∶3水泥砂浆 3. 粘结层厚度、材料种类：5mm 厚 1∶0.1∶2.5混合砂浆 4. 挂贴方式：粘贴 5. 面层材料品种、规格、品牌、颜色：100mm×200mm 面砖白色	m²		2.750
206	13-111		零星项目砂浆粘贴瓷砖 100mm×200mm	10m²		0.275
			(0.2×2+0.24)×(2.8+1.26+0.24)		1.00	2.752
					1.00	
207			B.3 天棚工程			
208	020301001001		天棚抹灰 1. 基层类型：混凝土 2. 抹灰厚度、材料种类：批白水泥腻子	m²		1 191.470
209	16-301		天棚面满批腻子两遍	10m²		119.147
	一层天棚 3～4，A～B 轴		(3.0+0.12)×2.96+<加下挂梁>(3.0-0.4)×(0.4×2-0.1)+<加下挂梁>(2.96-0.2)×(0.5×2-0.1)×2		1.00	16.023
	1～10，B～C 轴		(35.2-0.24)×(2.04-0.12)+<加下挂梁>(35.2-0.24)×(0.4-0.1)+<加下挂梁>(2.04-0.24)×(0.3×2-0.1×2)×8		1.00	83.371
	1～3，C～D 轴		(4.2×2-0.24)×(7.6-0.24)+<加下挂梁>(7.6-0.23-0.28)×(0.7×2-0.12×2)		1.00	68.282
	3～4、8～9，C～D 轴		[(3.0-0.24)×(1.88-0.12+0.12)+<加下挂梁>(3.0-0.35)×(0.4×2-0.1×2)]×2		1.00	13.558
	4～8，C～D 轴		(4.2×4-0.24×2)×(7.6-0.24)+<加下挂梁>(7.6-0.23-0.28)×(0.7×4-0.11×2-0.12×2)		1.00	136.706
	9～10，C～D 轴		(4.0-0.24)×(7.6-0.24)		1.00	27.674
	二层天棚同一层		16.023+83.371+68.282+13.558+136.706+27.674		1.00	345.614
	三层天棚 3～4，A～B 轴		(3.0+0.12)×2.96+<加下挂梁>(3.0-0.4)×(0.4×2-0.1)+<加下挂梁>(2.96-0.2)×(0.5×2-0.1)×2		1.00	16.023
	1～10，B～C 轴		(35.2-0.24)×(2.04-0.12)+<加下挂梁>(35.2-0.24)×(0.4-0.1)+<加下挂梁>(2.04-0.24)×(0.3×2-0.1×2)×8		1.00	83.371
	1～3，C～D 轴		(4.2×2-0.24)×(7.6-0.24)+<加下挂梁>(7.6-0.23-0.28)×(0.7×2-0.12-0.11)		1.00	68.353

（续）

序号	位置	名称	子目名称及公式	单位	相同数量	合计
	3～4、8～9，C～D 轴		[(3.0－0.24)×7.6＋<加下挂梁>(3.0－0.35)×(0.4×2－0.1－0.11)]×2		1.00	45.079
	4～8，C～D 轴		(4.2×4－0.24×2)×(7.6－0.24)＋<加下挂梁>(7.6－0.23－0.28)×(0.7×4－0.11×4)		1.00	136.848
	9～10，C～D 轴		(4.0－0.24)×(7.6－0.24)		1.00	27.674
	挑檐板天棚 10.8mB，1/6～1/9 轴		(0.62＋4.2＋3.0＋0.62)×(0.605＋0.66)		1.00	10.677
	挑檐板天棚 10.8mA～B，3～4 轴		2.96×2×0.605＋3.24×0.625＋0.605×0.625×2		1.00	6.363
	挑檐板天棚 12.4mB，1～10 轴		35.44×0.605		1.00	21.441
	楼梯天棚		63.15×1.18		1.00	74.517
	空调搁板天棚		(1.5＋2.0×2)×0.6×3		1.00	9.900
210			B.4 门窗工程			
211	020401003001		实木装饰门 1. 门类型：成品实木门（含门套） 2. 框截面尺寸、单扇面积：1 000mm×2 700mm	樘		21.000
212	D00011		成品实木门	樘		21.000
		M－1	7×3		1.00	21.000
213	020406001001		金属推拉窗 1. 窗类型：塑钢中空玻璃推拉窗 2. 框材质、外围尺寸：塑钢 80 系列 3. 玻璃品种、厚度、五金材料、品种、规格：中空玻璃 5mm＋9mm＋5mm	m^2		168.480
214	D00005		塑钢中空玻璃推拉窗	m^2		168.480
		C-1	2.1×1.8×36		1.00	136.080
		C-2	2.4×1.8×3		1.00	12.960
		C-3	1.8×1.5×4		1.00	10.800
		C-4	1.6×1.8×3		1.00	8.640
215	020406009001		金属格栅窗 1. 窗类型：防盗栅 2. 框材质、外围尺寸：不锈钢钢管	m^2		57.960
216	D00008		防盗栅	m^2		57.960
		C-1	2.1×1.8×6×2		1.00	45.360
		C-2	2.4×1.8		1.00	4.320
		C-3	1.8×1.5×2		1.00	5.400
		C-4	1.6×1.8×1		1.00	2.880
217			B.5 油漆、涂料、裱糊工程			
218	020507001001		刷喷涂料 1. 基层类型：混凝土、砖 2. 刮腻子要求：刮防水腻子 1 遍或 2 遍 3. 涂料品种、刷喷遍数：外墙涂料	m^2		907.840
219	D00009		外墙涂料	m^2		907.841
	外墙面抹灰		464.88		1.00	464.880
	外墙柱梁面冷桥部位		140.68		1.00	140.680
	构架柱梁 B，1～10 轴	柱	(1.6－0.15)×0.4×2×8＋0.24×1×1.05×11		1.00	12.052

（续）

序号	位置	名称	子目名称及公式	单位	相同数量	合计
	构架柱梁1、10，B～D轴	梁下口	(35.2－0.28×2－0.4×6－0.24×11)×0.24		1.00	7.104
		柱	1.05×0.24×1×3×2		1.00	1.512
		梁	(2.04＋7.6－0.24)×(0.24＋0.15)×2×2－0.24×0.24×3×2		1.00	14.318
	室外独立柱一层A，3轴		0.4×4×(0.3＋3.6－0.1)－(0.4×0.5－0.12)×0.3－0.3×0.15－(0.4－0.3)×0.3		1.00	5.981
	A，4轴		0.4×4×(0.3＋3.6－0.1)－0.3×0.15－(0.4－0.3)×0.3－0.3×0.3＋(0.4×3－0.4－0.12)×0.1		1.00	5.983
	一层B，1轴		0.4×3×(0.3＋3.6－0.1)－0.3×0.15－(0.4－0.24)×0.3＋(0.4×3－0.12)×0.1		1.00	4.575
	B，2、5、6、7轴		[0.4×4×(0.3＋3.6－0.1)－0.3×0.15×2－0.4×0.3]×4＋(0.4×3－0.12×2)×0.1×4		1.00	23.864
	B，8轴		0.4×4×(0.3＋3.6－0.1)－0.3×0.15－(0.4－0.3)×0.5×0.3－0.4×0.3×2＋(0.4×3－0.12×2)×0.1		1.00	5.876
	B，9轴		0.4×4×(3.6－0.1)＋(0.4×3－0.12×2)×0.1		1.00	5.696
	B，10轴		0.4×4×(0.3＋3.6－0.1)－0.3×0.15－(0.4－0.3)×0.3－0.4×0.3－(0.4－0.24)×0.3＋(0.4×3－0.12)×0.1		1.00	5.945
	二层A，3、4轴		[0.4×4×(3.6－0.1)＋(0.4×3－0.4－0.12)×0.1]×2		1.00	11.336
	二层B，1轴		0.4×3×(0.3＋3.6－0.1)－0.3×0.15－(0.4－0.24)×0.3＋(0.4×3－0.12)×0.1		1.00	4.575
	B，2、5、6、7轴		[0.4×4×(0.3＋3.6－0.1)－0.3×0.15×2－0.4×0.3]×4＋(0.4×3－0.12×2)×0.1×4		1.00	23.864
	B，8轴		0.4×4×(0.3＋3.6－0.1)－0.3×0.15－(0.4－0.3)×0.5×0.3－0.4×0.3×2＋(0.4×3－0.12×2)×0.1		1.00	5.876
	B，9轴		0.4×4×(3.6－0.1)＋(0.4×3－0.12×2)×0.1		1.00	5.696
	B，10轴		0.4×4×(0.3＋3.6－0.1)－0.3×0.15－(0.4－0.3)×0.3－0.4×0.3－(0.4－0.24)×0.3＋(0.4×3－0.12)×0.1		1.00	5.945
	三层同二层		11.336＋4.575＋23.864＋5.876＋5.696＋5.945		1.00	57.292
	扣阳台栏板与柱交界处		－1.1×0.12×9×2		1.00	－2.376
	挑檐板侧边10.8m B，1/6～1/9轴		(0.62＋4.2＋3.0＋0.62)×0.075＋[(0.075＋0.15)×0.5×0.6＋0.66×0.15]×2		1.00	0.966
	10.8m A～B，3～4轴		(2.96＋0.74＋3.0＋0.72×2＋2.96＋0.74)×0.075		1.00	0.888

（续）

序号	位置	名称	子目名称及公式	单位	相同数量	合计
	12.4m B，1 ~ 10 轴		35.44 × 0.075 + (0.075 + 0.15) × 0.5 × 0.6 × 2		1.00	2.793
	阳台栏板侧边二、三层		(35.2 + 2.96 × 2 − 4.2 − 3.0 − 0.28 × 2 − 0.4 × 4 − 0.12 − 0.4 × 2) × (1.1 + 0.4) × 2		1.00	92.520
					1.00	
220	020507001002		刷喷涂料 1. 基层类型：混凝土 2. 涂料品种、刷喷遍数：磁性涂料	m^2		2 934.410
221	D00010		磁性涂料	m^2		2 934.411
	一、内墙面				1.00	
	一层 C，1 ~ 3、4 ~ 10 轴		(35.2 − 0.24 − 3.0 × 2 + 0.35 × 2) × (3.6 − 0.1)		1.00	103.810
			(4.2 × 2 − 0.23 − 0.35 × 1.5) × (3.6 − 0.12)		1.00	26.605
			(4.2 × 2 − 0.35 × 2) × (3.6 − 0.12)		1.00	26.796
			(4.2 × 2 − 0.35 × 2) × (3.6 − 0.11)		1.00	26.873
			(4.0 − 0.35 × 0.5 − 0.23) × (3.6 − 0.15)		1.00	12.403
			<扣门窗洞口> − (1.0 × 2.7 × 7 + 2.1 × 1.8 × 6 + 1.6 × 1.8 × 1) × 2		1.00	−88.920
			<加门窗洞口侧边> [(1.0 + 2.7 × 2) × 7 + (2.1 + 1.8) × 2 × 6 + (1.6 + 1.8) × 2 × 1] × 0.1 × 2		1.00	19.680
	一层 D，1 ~ 10 轴		(4.2 × 4 − 0.28 − 0.4 × 3.5) × (3.6 − 0.12)		1.00	52.618
			(4.2 × 2 − 0.4 × 2) × (3.6 − 0.11)		1.00	26.524
			(3.0 − 0.4) × 3.6 × 2		1.00	18.720
			(4.0 − 0.2 − 0.28) × (3.6 − 0.15)		1.00	12.144
			<扣门窗洞口> − (2.1 × 1.8 × 6 + 2.4 × 1.8 × 1)		1.00	−27.000
			<加门窗洞口侧边> [(2.1 + 1.8) × 2 × 6 + (2.4 + 1.8) × 2 × 1] × 0.1		1.00	5.520
	一层 1，B ~ D 轴		(2.04 − 0.24) × (3.6 − 0.1) + (7.6 − 0.23 − 0.28) × (3.6 − 0.12)		1.00	30.973
	一层 3、4、8，C ~ D 轴		[(7.6 − 0.23 − 0.28) × (3.6 − 0.12) + (1.88 − 0.23 + 0.12) × (3.6 − 0.1) + (5.72 − 0.12 − 0.28) × 3.6] × 3		1.00	150.061
	一层 6，C ~ D 轴		(7.6 − 0.23 − 0.28) × (3.6 − 0.11) × 2		1.00	49.488
	一层 9，C ~ D 轴		(1.88 − 0.23 + 0.12) × (3.6 − 0.1) + (5.72 − 0.12 − 0.28) × 3.6 + (7.6 − 0.23 − 0.28) × (3.6 − 0.15)		1.00	49.808
	一层 10，C ~ D 轴		(2.04 − 0.24) × (3.6 − 0.1) + (7.6 − 0.23 − 0.28) × (3.6 − 0.15)		1.00	30.761
	二层 C，1 ~ 3、4 ~ 10 轴		(35.2 − 0.24 − 3.0 × 2 + 0.35 × 2) × (3.6 − 0.1)		1.00	103.810
			(4.2 × 2 − 0.23 − 0.35 × 1.5) × (3.6 − 0.12)		1.00	26.605

（续）

序号	位置	名称	子目名称及公式	单位	相同数量	合计
			(4.2×2－0.35×2)×(3.6－0.12)		1.00	26.796
			(4.2×2－0.35×2)×(3.6－0.11)		1.00	26.873
			(4.0－0.35×0.5－0.23)×(3.6－0.15)		1.00	12.403
			<扣门窗洞口>－(1.0×2.7×7＋2.1×1.8×6＋1.6×1.8×1)×2		1.00	－88.920
			<加门窗洞口侧边>［(1.0＋2.7×2)×7＋(2.1＋1.8)×2×6＋(1.6＋1.8)×2×1］×0.1		1.00	9.840
	二层D，1～10轴		(4.2×4－0.28－0.4×3.5)×(3.6－0.12)		1.00	52.618
			(4.2×2－0.4×2)×(3.6－0.11)		1.00	26.524
			(3.0－0.4)×3.6×2		1.00	18.720
			(4.0－0.2－0.28)×(3.6－0.15)		1.00	12.144
			<扣门窗洞口>－(2.1×1.8×6＋2.4×1.8×1＋1.8×1.5×2)		1.00	－32.400
			<加门窗洞口侧边>［(2.1＋1.8)×2×6＋(2.4＋1.8)×2×1＋(1.8＋1.5)×2×2］×0.1		1.00	6.840
	二层1，B～D轴		(2.04－0.24)×(3.6－0.1)＋(7.6－0.23－0.28)×(3.6－0.12)		1.00	30.973
	二层3、4、8，C～D轴		［(7.6－0.23－0.28)×(3.6－0.12)＋(1.88－0.23＋0.12)×(3.6－0.1)＋(5.72－0.12－0.28)×3.6］×3		1.00	150.061
	二层6，C～D轴		(7.6－0.23－0.28)×(3.6－0.11)×2		1.00	49.488
	二层9，C～D轴		(1.88－0.23＋0.12)×(3.6－0.1)＋(5.72－0.12－0.28)×3.6＋(7.6－0.23－0.28)×(3.6－0.15)		1.00	49.808
	二层10，C～D轴		(2.04－0.24)×(3.6－0.1)＋(7.6－0.23－0.28)×(3.6－0.15)		1.00	30.761
	三层C，1～3、4～10轴		(35.2－0.24－3.0×2＋0.35×2)×(3.6－0.1)		1.00	103.810
			(4.2＋4.0－0.23×2－0.35)×(3.6－0.12)		1.00	25.717
			(4.2×5＋3.0×2－0.35×7)×(3.6－0.11)		1.00	85.680
			<扣门窗洞口>－(1.0×2.7×7＋2.1×1.8×6＋1.6×1.8×1)×2		1.00	－88.920
			<加门窗洞口侧边>［(1.0＋2.7×2)×7＋(2.1＋1.8)×2×6＋(1.6＋1.8)×2×1］×0.1		1.00	9.840
	三层D，1～10轴		(4.2＋4.0－0.28×2－0.4)×(3.6－0.12)		1.00	25.195
			(4.2×5＋3.0×2－0.4×7)×(3.6－0.11)		1.00	84.458
			<扣门窗洞口>－(2.1×1.8×6＋2.4×1.8×1＋1.8×1.5×2)		1.00	－32.400

（续）

序号	位置	名称	子目名称及公式	单位	相同数量	合计
			<加门窗洞口侧边>[(2.1+1.8)×2×6+(2.4+1.8)×2×1+(1.8+1.5)×2×2]×0.1		1.00	6.840
	三层1、10，B~D轴		[(2.04−0.24)×(3.6−0.1)+(7.6−0.23−0.28)×(3.6−0.12)]×2		1.00	61.946
	三层3、4、6、8、9，C~D轴		(7.6−0.23−0.28)×(3.6−0.11)×5×2		1.00	247.441
	二、室内柱面		91.07		1.00	91.070
	三、阳台栏板内侧边		(35.2+2.96×2−0.28×2−0.4×6+0.12−0.4×2)×1.1×2		1.00	82.456
	四、室内外天棚面		1 191.47		1.00	1 191.470
222			通用措施项目			
223			现场安全文明施工费	项		1.000
224			基本费	项		1.000
225			考评费	项		1.000
226			奖励费	项		1.000
227			夜间施工费	项		1.000
228			冬雨季施工费	项		1.000
229			已完工程及设备保护费	项		1.000
230			临时设施费	项		1.000
231			材料与设备检验试验费	项		1.000
232			赶工措施费	项		1.000
233			工程按质论价	项		1.000
234			专业工程措施项目			
235			住宅工程分户验收费	项		1.000
236			通用措施项目			
237	CS00011		二次搬运费	项		1.000
238	CS00012		大型机械设备进出场及安拆费	项		1.000
239	14038−1		淮安市−塔式起重机 25kN·m 场外运输费用	次		1.000
			1		1.00	1.000
240	14039−1		淮安市−塔式起重机 25kN·m 组装拆卸费用	次		1.000
			1		1.00	1.000
241	淮补 22−1		塔吊基础塔式起重机起重能力在 25t·m 以内	台		1.000
			1		1.00	1.000
242	CS00013		施工排水费	项		1.000
243	CS00014		施工降水费	项		1.000
244	CS00015		地上、地下设施，建筑物的临时保护设施费	项		1.000
245	CS00016		特殊条件下施工增加费	项		1.000
246			专业工程措施项目			
247	CS01002		脚手架	项		1.000
248	19-1		砌墙脚手架里架子高 3.60m 内	$10m^2$		56.416

（续）

序号	位置	名称	子目名称及公式	单位	相同数量	合计
	一层C，1～10轴		(35.2－3.0×2－0.23×2－0.35×6)×(3.6－0.4)		1.00	85.248
	3、4、6、8、9，C～D轴		(7.6－0.23－0.28)×(3.6－0.7)×5		1.00	102.805
	二层C，1～10轴		(35.2－3.0×2－0.23×2－0.35×6)×(3.6－0.4)		1.00	85.248
	3、4、6、8、9，C～D轴		(7.6－0.23－0.28)×(3.6－0.7)×5		1.00	102.805
	三层C，1～10轴		(35.2－3.0×2－0.23×2－0.35×6)×(3.6－0.4)		1.00	85.248
	3、4、6、8、9，C～D轴		(7.6－0.23－0.28)×(3.6－0.7)×5		1.00	102.805
249	19-2		砌墙脚手架外架子单排高12m内	$10m^2$		108.489
			(35.44＋9.64＋0.24)×2×(0.3＋10.8＋0.4)＋35.44×(1.6－0.4)		1.00	1084.888
					1.00	
					1.00	
250	19～10		抹灰脚手架高3.60m内	$10m^2$		193.208
	一层C，1～3、4～10轴		(35.2－0.24－3.0×2＋0.35×2)×(3.6－0.1)		1.00	103.810
			(4.2×2－0.24)×(3.6－0.12)		1.00	28.397
			(4.2×2－0.24)×(3.6－0.12)		1.00	28.397
			(4.2×2－0.24)×(3.6－0.11)		1.00	28.478
			(4.0－0.24)×(3.6－0.15)		1.00	12.972
	一层D，1～10轴		(4.2×4－0.24×2)×(3.6－0.12)		1.00	56.794
			(4.2×2－0.24)×(3.6－0.11)		1.00	28.478
			(3.0－0.24)×3.6×2		1.00	19.872
			(4.0－0.24)×(3.6－0.15)		1.00	12.972
	一层1，B～D轴		(2.04－0.24)×(3.6－0.1)＋(7.6－0.24)×(3.6－0.12)		1.00	31.913
	一层3、4、8，C～D轴		[(7.6－0.24)×(3.6－0.12)＋7.6×(3.6－0.1)]×3		1.00	156.638
	一层6，C～D轴		(7.6－0.24)×(3.6－0.11)×2		1.00	51.373
	一层9，C～D轴		7.6×3.6＋(7.6－0.24)×(3.6－0.15)		1.00	52.752
	一层10，C～D轴		(2.04－0.24)×(3.6－0.1)＋(7.6－0.24)×(3.6－0.15)		1.00	31.692
	二层C，1～3、4～10轴		(35.2－0.24－3.0×2＋0.35×2)×(3.6－0.1)		1.00	103.810
			(4.2×2－0.24)×(3.6－0.12)		1.00	28.397
			(4.2×2－0.24)×(3.6－0.12)		1.00	28.397
			(4.2×2－0.24)×(3.6－0.11)		1.00	28.478
			(4.0－0.24)×(3.6－0.15)		1.00	12.972
	二层D，1～10轴		(4.2×4－0.24×2)×(3.6－0.12)		1.00	56.794
			(4.2×2－0.24)×(3.6－0.11)		1.00	28.478
			(3.0－0.24)×3.6×2		1.00	19.872
			(4.0－0.24)×(3.6－0.15)		1.00	12.972
	二层1，B～D轴		(2.04－0.24)×(3.6－0.1)＋(7.6－0.24)×(3.6－0.12)		1.00	31.913

（续）

序号	位置	名称	子目名称及公式	单位	相同数量	合计
	二层3、4、8，C~D轴		[(7.6-0.24)×(3.6-0.12)　+7.6×3.6]×3		1.00	158.918
	二层6，C~D轴		(7.6-0.24)×(3.6-0.11)×2		1.00	51.373
	二层9，C~D轴		7.6×3.6+(7.6-0.24)×(3.6-0.15)		1.00	52.752
	二层10，C~D轴		(2.04-0.24)×(3.6-0.1)+(7.6-0.24)×(3.6-0.15)		1.00	31.692
	三层C，1~3、4~10轴		(35.2-0.24-3.0×2+0.35×2)×(3.6-0.1)		1.00	103.810
			(4.2+4.0-0.24×2)×(3.6-0.12)		1.00	26.866
			(4.2×5-0.24×2)×(3.6-0.11)		1.00	71.615
	三层D，1~10轴		(4.2+4.0-0.24)×(3.6-0.12)		1.00	27.701
			(4.2×5+3.0×2-0.24×5)×(3.6-0.11)		1.00	90.042
	三层1、10，B~D轴		[(2.04-0.24)×(3.6-0.1)+(7.6-0.24)×(3.6-0.12)]×2		1.00	63.826
	三层3、4、6、8、9，C~D轴		(7.6-0.24)×(3.6-0.11)×5×2		1.00	256.864
251			混凝土、钢筋混凝土模板及支架	项		1.000
252	20-1		混凝土垫层	$10m^2$		2.052
			20.515		1.00	20.515
253	20-11		各种柱基、桩承台复合木模板	$10m^2$		12.178
			121.779 7		1.00	121.780
254	20-1		混凝土垫层	$10m^2$		0.443
			4.428		1.00	4.428
255	20-3		无梁式带形基础复合木模板	$10m^2$		0.122
			1.215		1.00	1.215
256	20-3		无梁式带形基础复合木模板	$10m^2$		0.639
			6.389 9		1.00	6.390
257	20-26		矩形柱复合木模板	$10m^2$		49.466
			494.663		1.00	494.663
258	20-26		矩形柱复合木模板	$10m^2$		17.950
			179.501 8		1.00	179.502
259	20-26		矩形柱复合木模板	$10m^2$		3.029
			30.285 8		1.00	30.286
260	20-31		构造柱复合木模板	$10m^2$		3.020
			30.203 1		1.00	30.203
261	20-31		构造柱复合木模板	$10m^2$		0.432
			4.317 9		1.00	4.318
262	20-35		挑梁、单梁、连续梁、框架梁复合木模板	$10m^2$		2.560
			25.597 3		1.00	25.597
263	20-41		圈梁、地坑支撑梁复合木模板	$10m^2$		5.365
			53.645 2		1.00	53.645
264	20-41		圈梁、地坑支撑梁复合木模板	$10m^2$		2.003
			20.033 7		1.00	20.034
265	20-41		圈梁、地坑支撑梁复合木模板	$10m^2$		0.270

（续）

序号	位置	名称	子目名称及公式	单位	相同数量	合计
			2.698 9		1.00	2.699
266	20-43		过梁复合木模板	$10m^2$		5.486
			54.864		1.00	54.864
267	20-59		现浇板厚度 20cm 内复合木模板	$10m^2$		43.393
			433.932		1.00	433.932
268	20-59		现浇板厚度 20cm 内复合木模板	$10m^2$		7.993
			79.925 3		1.00	79.925
269	20-59		现浇板厚度 20cm 内复合木模板	$10m^2$		32.566
			325.656 8		1.00	325.657
270	20-59		现浇板厚度 20cm 内复合木模板	$10m^2$		30.195
			301.947 1		1.00	301.947
271	20-57		现浇板厚度 10cm 内复合木模板	$10m^2$		28.329
			283.293 2		1.00	283.293
272	20-85		檐沟小型构件木模板	$10m^2$		11.792
			117.922		1.00	117.922
273	20-74		复式雨篷复合木模板	$10m^2$ 水平投影面积		0.990
			9.9		1.00	9.900
274	20-70		楼梯复合木模板	$10m^2$ 水平投影面积		6.315
			63.149		1.00	63.149
275	20-90		压顶复合木模板	$10m^2$		1.923
			19.2252		1.00	19.225
276	20-90		压顶复合木模板	$10m^2$		1.009
			10.0899		1.00	10.090
277	20-78		台阶	$10m^2$ 水平投影面积		1.921
			19.21		1.00	19.210
278	CS01003		垂直运输机械	项		1.000
279	22-8 备注 2		现浇框架檐口高度 20m 以内 6 层（塔式起重机施工）	天		120.000
			120		1.00	120.000

7.3.3 施工图预算与投标报价实例文件（见表 7-15 ~ 表 7-35）

工程量清单综合单价分析表是本节的核心部分，也是工程造价实践的重点和难点，详见实例文件中的表 7-17。

表 7-15

投 标 总 价

招　　标　　人：________________

工　程　名　称：综合楼

投标总价（小写）：1 543 607.76

（大写）：壹佰伍拾肆万叁仟陆佰零柒圆柒角陆分

投　　标　　人：________________

（单位盖章）

法定代表人
或其授权人：________________

（签字或盖章）

编　　制　　人：________________

（造价人员签字盖专用章）

编制时间：2013 年 11 月 28 日

编制说明

一、工程概况

1. 建筑面积928.20m^2；工程特征：矩形；层数：三层；结构类型：框架结构。

2. 计划工期：120日历天。

3. 工程质量要求：合格。

4. 施工现场实际情况：具备三通一平的施工场地要求。

二、工程招标和分包范围

1. 招标范围：土建工程。

2. 分包范围：水电安装工程

三、工程量清单编制依据

1. 设计图纸。

2. 《建设工程工程量清单计价规范》（GB 50500—2008）、《江苏省建筑装饰工程计价表》（2004年版）、《江苏省建设工程费用定额》（2009年版）及省市工程造价管理部门颁发的有关文件、规定。

3. 材料单价执行2013年8月份《盐城工程造价信息》公布的指导价及信息价。

四、费用取费

1. 分部分项费用：

（1）工程类别：按三类工程取费。

（2）人工工资单价参照苏建函价〔2013〕549号文执行。

2. 措施项目费部分：

（1）现场安全文明施工措施费，按2009年《江苏省建设工程费用定额》计取基本费、奖励费及考评费。

（2）临时设施费用：按2.2%计取。

（3）材料与设备检验试验费：按0.2%计取。

（4）大型机械设备进出场及安拆费：执行《计价表》。

（5）混凝土模板：执行《计价表》，按混凝土含模量折算。

（6）脚手架：按图纸和《计价表》的计算规则计取。

（7）垂直运输机械费：按《计价表》计算规则计取。

（8）施工排水、施工降水费用：未计算。

3. 规费、税金：

（1）工程排污费暂未计算。

（2）社会保障费：按3%计取。

（3）住房公积金：土建按0.5%计取。

（4）税金：按3.413%计取。

五、其他说明

1. 塔吊按1台25t·m计算。

2. 独立费价格按市场价计算。

表7-16 工程项目投标报价汇总表

工程名称：综合楼

序号	单项工程名称	金额（元）	其中		
			暂估价（元）	安全文明施工费（元）	规费（元）
1	综合楼	1 543 607.76	25 242.01	40 413.25	51 868.60
合计		1 543 607.76	25 242.01	40 413.25	51 868.60

表7-17 单项工程投标报价汇总表

工程名称：综合楼

序号	单位工程名称	金额（元）	其中		
			暂估价（元）	安全文明施工费（元）	规费（元）
1	综合楼（土建）	1 543 607.76	25 242.01	40 413.25	51 868.60
合计		1 543 607.76	25 242.01	40 413.25	51 868.60

表 7-18　规费、税金清单计价表

工程名称：综合楼（土建）　　　　　　　　　　　　　标段：

序号	项目名称	计算基础	费率（%）	金额（元）
1	规费		100.000	51 868.60
1.1	工程排污费	分部分项工程费 + 措施项目费 + 其他项目费	0.100	1 440.79
1.2	建筑安全监督管理费	分部分项工程费 + 措施项目费 + 其他项目费		
1.3	社会保障费	分部分项工程费 + 措施项目费 + 其他项目费	3.000	43 223.84
1.4	住房公积金	分部分项工程费 + 措施项目费 + 其他项目费	0.500	7 203.97
2	税金	分部分项工程费 + 措施项目费 + 其他项目费 + 规费	3.413	50 944.59
		合　计		102 813.19

表7-19 单位工程投标报价汇总表

工程名称：综合楼（土建） 标段：

序号	汇总内容	金额（元）	其中：暂估价（元）
1	分部分项工程量清单计价合计	1 092 250.05	8 257.21
1.1	A.1土（石）方工程	36 919.10	
1.2	A.3砌筑工程	92 298.93	
1.3	A.4混凝土及钢筋混凝土工程	463 136.42	
1.4	A.5厂库房大门、特种门、木结构工程	108.82	
1.5	A.6金属结构工程	318.12	
1.6	A.7屋面及防水工程	69 550.77	
1.7	A.8防腐、隔热、保温工程	38 038.48	
1.8	B.1楼地面工程	109 503.09	7 610.14
1.9	B.2墙、柱面工程	130 694.15	647.07
1.10	B.3天棚工程	8 876.45	
1.11	B.4门窗工程	75 818.40	
1.12	B.5油漆、涂料、裱糊工程	66 987.32	
2	措施项目清单计价合计	295 863.57	
2.1	现场安全文明施工	40 413.25	
3	其他项目清单计价合计	52 680.95	
3.1	暂列金额	35 000.00	
3.2	专业工程暂估价	16 984.80	
3.3	计日工		
3.4	总承包服务费	696.15	
4	规费	51 868.60	
5	税金	50 944.59	
	投标报价合计=1+2+3+4+5	1 543 607.76	8 257.21

表 7-20　措施项目清单与计价表（一）

工程名称：综合楼（土建）　　　　　　　　标段：

序号	项目名称	计算基础	费率（%）	金额（元）
	通用措施项目			66 627. 25
1	现场安全文明施工			40 413. 25
1. 1	基本费	工程量清单计价	2. 200	24 029. 50
1. 2	考评费	工程量清单计价	1. 100	12 014. 75
1. 3	奖励费	工程量清单计价	0. 400	4 369. 00
2	夜间施工	工程量清单计价		
3	冬雨季施工	工程量清单计价		
4	已完工程及设备保护	工程量清单计价		
5	临时设施	工程量清单计价	2. 200	24 029. 50
6	材料与设备检验试验	工程量清单计价	0. 200	2 184. 50
7	赶工措施	工程量清单计价		
8	工程按质论价	工程量清单计价		
	专业工程措施项目			
9	住宅工程分户验收	工程量清单计价		
合　计				66 627. 25

表 7-21　措施项目清单与计价表（二）

工程名称：综合楼（土建）　　　　　　　　标段：

序号	项目名称	金额（元）
	通用措施项目	19 058. 84
1	二次搬运	
2	大型机械设备进出场及安拆	19 058. 84
3	施工排水	
4	施工降水	
5	地上、地下设施，建筑物的临时保护设施	
6	特殊条件下施工增加	
	专业工程措施项目	210 177. 48
7	脚手架	15 905. 82
8	混凝土、钢筋混凝土模板及支架	136 749. 66
9	垂直运输机械	57 522. 00
合　计		229 236. 32

表 7-22 措施项目清单费用分析表

工程名称：综合楼（土建）　　　　标段：

序号	2	项目名称	大型机械设备进出场及安拆	计量单位	项

清单综合单价组成明细													
定额编号	定额名称	定额单位	数量	单价					合价				
				人工费	材料费	机械费	管理费	利润	人工费	材料费	机械费	管理费	利润
14038-1	淮安市-塔式起重机 25kN · m 场外运输费用	次	1	592.5	54	6 173.31	0	0	592.5	54	6 173.31	0	0
14039-1	淮安市-塔式起重机 25kN · m 组装拆卸费	次	1	2 765	66.4	2 300.27	0	0	2 765	66.4	2 300.27	0	0
淮补 22-1	塔吊基础塔式起重机起重能力在 25t · m 以内	台	1	2 209.02	3 632.34	327.49	634.13	304.38	2 209.02	3 632.34	327.49	634.13	304.38
综合人工工日		小计							5 566.52	3 752.74	8 801.07	634.13	304.38
70.06 工日		未计价材料费							0				
清单项目综合单价									19 058.84				

	主要材料名称、规格、型号	单位	数量	单价（元）	合价（元）	暂估单价（元）	暂估合价（元）
材料费	砂（黄砂）	t	1.450 4	82.00	118.93		
	中砂	t	5.274 8	82.00	432.53		
	碎石 5 ~ 40mm	t	11.602 1	102.00	1 183.41		
	水泥 42.5 级	kg	2 606.459 1	0.33	860.13		
	复合木模板 18mm	m^2	3.564	42.00	149.69		
	型钢	t	0.019 1	4 648.00	88.78		
	钢筋（综合）	t	0.170 3	3 950.00	672.69		
	钢支撑（钢管）	kg	2.916	4.30	12.54		
	电焊条	kg	1.504	8.00	12.03		
	镀锌铁丝 22 号	kg	1.192 6	5.80	6.92		
	对拉螺栓（止水螺栓）	kg	2.592	4.75	12.31		
	零星卡具	kg	1.182 6	4.80	5.68		
	铁钉	kg	2.916	4.78	13.94		

明细	防锈漆(铁红)	kg	0.055 1	12.50	0.69		
	油漆溶剂油	kg	0.007 6	5.18	0.04		
	PVC 管 Φ20mm	m	4.212	3.30	13.90		
	塑料薄膜	m^2	1.295 4	0.86	1.11		
	水	m^3	7.257 5	3.32	24.09		
	氧气	m^3	0.790 8	2.47	1.95		
	乙炔气	m^3	0.343 6	20.00	6.87		
	回库修理、保养费	元	1.798 2	1.00	1.80		
	其他材料费	元	12.310 7	1.00	12.31		
	草袋子	片	20	1.00	20.00		
	镀锌铁丝 $D4.0$	kg	14	5.80	81.20		
	螺栓	个	28	0.30	8.40		
	其他材料费			—	10.80	—	
	材料费小计			—	3 752.74	—	

序号	7	项目名称	脚手架	计量单位	项

清单综合单价组成明细

定额编号	定额名称	定额单位	数量	单价					合价				
				人工费	材料费	机械费	管理费	利润	人工费	材料费	机械费	管理费	利润
19-1	砌墙脚手架里架子高 3.60m 内	$10m^2$	56.415 9	8.14	3.89	0.94	2.27	1.09	459.23	219.46	53.03	128.06	61.49
19-2	砌墙脚手架外架子单排高 12m 内	$10m^2$	108.488 8	52.61	49.55	7.06	14.92	7.16	5 707.6	5 375.62	765.93	1 618.65	776.78
19-10	抹灰脚手架高 3.60m 内	$10m^2$	193.208	0.63	1.68	0.94	0.39	0.19	121.72	324.59	181.62	75.35	36.71
综合人工工日		小计							6 288.55	5 919.67	1 000.58	1 822.06	874.98
79.61 工日		未计价材料费							0				
清单项目综合单价									15 905.82				

（续）

	主要材料名称、规格、型号	单位	数量	单价（元）	合价（元）	暂估单价（元）	暂估合价（元）
材料费明细	周转木材	m^3	0.893 1	2 250.00	2 009.48		
	毛竹	根	13.0187	11.00	143.21		
	脚手钢管	kg	387.305	3.85	1 490.74		
	底座	个	1.084 9	6.00	6.51		
	扣件	个	61.838 6	3.40	210.25		
	镀锌铁丝 8 号	kg	158.393 6	5.80	918.68		
	工具式金属脚手	kg	48.626 3	4.70	228.54		
	其他材料费	元	912.998 9	1.00	913.00		
	其他材料费			—	0.74	—	
	材料费小计			—	5 919.67	—	

序号	8	项目名称	混凝土、钢筋混凝土模板及支架	计量单位	项

清单综合单价组成明细

定额编号	定额名称	定额单位	数量	单价					合价				
				人工费	材料费	机械费	管理费	利润	人工费	材料费	机械费	管理费	利润
20-1	混凝土垫层	$10m^2$	2.051 5	330.22	135.61	12.56	85.7	41.13	677.45	278.2	25.77	175.81	84.38
20-11	各种柱基、桩承台复合木模板	$10m^2$	12.1779 7	199.87	122.96	12.9	53.19	25.53	2 434.01	1 497.4	157.1	647.75	310.9
20-1	混凝土垫层	$10m^2$	0.442 8	330.22	135.61	12.56	85.7	41.13	146.22	60.05	5.56	37.95	18.21
20-3	无梁式带形基础复合木模板	$10m^2$	0.121 5	184.07	114.08	7.56	47.91	23	22.36	13.86	0.92	5.82	2.79
20-3	无梁式带形基础复合木模板	$10m^2$	0.638 99	184.07	114.08	7.56	47.91	23	117.62	72.9	4.83	30.61	14.7
20-26	矩形柱复合木模板	$10m^2$	49.466 3	254.38	132.18	15.34	67.43	32.37	12 583.2	6 538.46	758.81	3 335.51	1 601.22
20-26	矩形柱复合木模板	$10m^2$	17.950 18	254.38	132.18	15.34	67.43	32.37	4 566.17	2 372.65	275.36	1 210.38	581.05
20-26	矩形柱复合木模板	$10m^2$	3.028 576	254.38	132.18	15.34	67.43	32.37	770.41	400.32	46.46	204.22	98.04
20-31	构造柱复合木模板	$10m^2$	3.020 31	317.58	115.63	9.33	81.73	39.23	959.19	349.24	28.18	246.85	118.49
20-31	构造柱复合木模板	$10m^2$	0.431 79	317.58	115.63	9.33	81.73	39.23	137.13	49.93	4.03	35.29	16.94
20-35	挑梁、单梁、连续梁、框架梁复合木模板	$10m^2$	2.559 732	251.22	178.57	20.81	68.01	32.64	643.06	457.09	53.27	174.09	83.55
20-41	圈梁、地坑支撑梁复合木模板	$10m^2$	5.364 52	194.34	135.85	10.28	51.16	24.55	1 042.54	728.77	55.15	274.45	131.7
20-41	圈梁、地坑支撑梁复合木模板	$10m^2$	2.003 365	194.34	135.85	10.28	51.16	24.55	389.33	272.16	20.59	102.49	49.18

20-41	圈梁、地坑支撑梁复合木模板	10m²	0.269 892	194.34	135.85	10.28	51.16	24.55	52.45	36.66	2.77	13.81	6.63
20-43	过梁复合木模板	10m²	5.486 4	275.71	145.92	12.58	72.07	34.59	1512.66	800.58	69.02	395.4	189.77
20-59	现浇板厚度 20cm 内复合木模板	10m²	43.393 2	209.35	149.22	20.73	57.52	27.61	9 084.37	6 475.13	899.54	2 495.98	1 198.09
20-59	现浇板厚度 20cm 内复合木模板	10m²	7.992 528	209.35	149.22	20.73	57.52	27.61	1 673.24	1 192.65	165.69	459.73	220.67
20-59	现浇板厚度 20cm 内复合木模板	10m²	32.565 68	209.35	149.22	20.73	57.52	27.61	6817.62	4 859.45	675.09	1 873.18	899.14
20-59	现浇板厚度 20cm 内复合木模板	10m²	30.194 71	209.35	149.22	20.73	57.52	27.61	6 321.26	4 505.65	625.94	1 736.8	833.68
20-57	现浇板厚度 10cm 内复合木模板	10m²	28.329 32	174.59	144.14	18.7	48.32	23.19	4 946.02	4 083.39	529.76	1 368.87	656.96
20-85	檐沟小型构件木模板	10m²	11.792 2	290.72	355.9	15.29	76.5	36.72	3 428.23	4 196.84	180.3	902.1	433.01
20-74	复式雨篷复合木模板	10m² 水平投影面积	0.99	437.66	235.5	39.07	119.18	57.21	433.28	233.15	38.68	117.99	56.64
20-70	楼梯复合木模板	10m² 水平投影面积	6.314 9	671.5	333.47	71.82	185.83	89.2	4 240.46	2 105.83	453.54	1 173.5	563.29
20-90	压顶复合木模板	10m²	1.922 52	228.31	131.17	16.5	61.2	29.38	438.93	252.18	31.72	117.66	56.48
20-90	压顶复合木模板	10m²	1.008 99	228.31	131.17	16.5	61.2	29.38	230.36	132.35	16.65	61.75	29.64
20-78	台阶	10m² 水平投影面积	1.921	137.46	82.7	7.09	36.14	17.35	264.06	158.87	13.62	69.42	33.33
综合人工工日			小计						63 931.7	42 123.8	5 138.35	17 267.4	8 288.48
809.26 工日			未计价材料费						0				
清单项目综合单价									136 749.66				

（续）

	主要材料名称、规格、型号	单位	数量	单价（元）	合价（元）	暂估单价（元）	暂估合价（元）
材料费明细	周转木材	m^3	2.192 9	2 250.00	4 934.03		
	复合木模板 18mm	m^2	583.178 2	42.00	24 493.48		
	钢支撑（钢管）	kg	1 363.943 4	4.30	5 864.96		
	镀锌铁丝 8 号	kg	7.185	5.80	41.67		
	镀锌铁丝 22 号	kg	9.498 3	5.80	55.09		
	零星卡具	kg	424.266 7	4.80	2 036.48		
	铁钉	kg	292.035 5	4.78	1 395.93		
	组合钢模板	kg	19.737 4	4.80	94.74		
	回库修理、保养费	元	436.487 3	1.00	436.49		
	其他材料费	元	2 770.912 1	1.00	2 770.91		
	其他材料费			—	-0.02	—	
	材料费小计			—	42 123.76	—	

序号	9	项目名称	垂直运输机械	计量单位	项

清单综合单价组成明细

定额编号	定额名称	定额单位	数量	单价					合价				
				人工费	材料费	机械费	管理费	利润	人工费	材料费	机械费	管理费	利润
22-8 备注 2	现浇框架檐口高度 20m 以内 6 层（塔式起重机施工）	天	120	0	0	349.89	87.47	41.99	0	0	41 986.8	10 496.4	5 038.8
综合人工工日				小计					0	0	41 986.8	10 496.4	5 038.8
工日				未计价材料费					0				
清单项目综合单价									57 522				

	主要材料名称、规格、型号	单位	数量	单价（元）	合价（元）	暂估单价（元）	暂估合价（元）
材料费明细	其他材料费			—		—	
	材料费小计			—		—	

表7-23　其他项目清单与计价汇总表

工程名称：综合楼（土建）　　　　标段：

序号	项目名称	计量单位	金额（元）	备注
1	暂列金额	项	35 000.00	
2	暂估价		16 984.80	
2.1	材料暂估价			
2.2	专业工程暂估价	项	16 984.80	
3	计日工			
4	总承包服务费		696.15	
	合　计		52 680.95	

表7-24　暂列金额明细表

工程名称：综合楼（土建）　　　　标段：

序号	项目名称	计量单位	暂定金额（元）	备注
1	暂列金额	项	35 000.00	
	合　计		35 000.00	

表7-25　专业工程暂估价表

工程名称：综合楼（土建）　　　　标段：

序号	工程名称	工程内容	金额（元）	备注
1	成品玻璃黑板1 200mm×4 000mm	18块×850元/块	15 300.00	
2	门窗配合费	$168.48m^2 \times 10$元/m^2	1 684.80	
	合　计		16 984.80	

表7-26　材料暂估价格表

工程名称：综合楼（土建）　　　　标段：

序号	材料编码	材料名称	规格、型号等要求	单位	数量	单价（元）	合价（元）	备注
1	204018	七彩面砖	152mm×152mm	百块	9.435	34.00	320.79	
2	204020	瓷砖	100mm×200mm	百块	1.431	228.00	326.27	
3	204054	同质地砖	300mm×300mm	块	342.869	2.35	805.74	
4	204056	同质地砖	600mm×600mm	块	904.841	7.52	6 804.40	
	合计						8 257.20	

表 7-27 计日工表

工程名称：综合楼（土建）　　　　　　　　　　标段：

序号	项目名称	单位	暂定数量	综合单价	合价
一	人工				
1					
2					
人工小计					
二	材料				
1					
2					
材料小计					
三	施工机械				
1					
2					
施工机械小计					
总　计					

表 7-28 总承包服务费计价表

工程名称：综合楼（土建）　　　　　　　　　　标段：

序号	项目名称	项目价值（元）	服务内容	费率（%）	金额（元）
1	发包人发包专业工程	23 205.05	水电安装工程	3.000	696.15
合计					696.15

表 7-29 分部分项工程量清单与计价表

工程名称：综合楼（土建）　　　　　　　　　　标段：

序号	项目编码	项目名称	项目特征描述	计量单位	工程量	金额（元）		
						综合单价	合价	其中：暂估价
		A.1 土（石）方工程						
1	010101001001	平整场地	1. 土壤类别：三类土	m^2	359.740	9.14	3 288.02	
2	010101003001	挖基础土方	1. 土壤类别：三类土 2. 基础类型：独立 3. 弃土运距：150m	m^3	184.630	100.52	18 559.01	
3	010101003002	挖基础土方	1. 土壤类别：三类土 2. 基础类型：条形 3. 弃土运距：150m	m^3	39.860	90.29	3 598.96	
4	010103001001	土（石）方回填	1. 土质要求：有机质不超过5% 2. 密实度要求：0.96 下 3. 夯填（碾压）：分层夯实 4. 运输距离：150m	m^3	104.320	109.98	11 473.11	

（续）

序号	项目编码	项目名称	项目特征描述	计量单位	工程量	金额（元）		
						综合单价	合价	其中：暂估价
			分部小计				36 919.10	
			A.3　砌筑工程					
5	010301001001	砖基础	1. 砖品种、规格、强度等级：灰砂砖240mm×115mm×53mm MU15 2. 基础类型：条形 3. 砂浆强度等级：水泥砂浆M7.5	m^3	16.100	447.80	7 209.58	
6	010302001001	实心砖墙	1. 砖品种、规格、强度等级：混凝土砖 2. 墙体类型：女儿墙 3. 墙体厚度：240mm 4. 墙体高度：1 540mm 5. 砂浆强度等级、配合比：混合M5.0	m^3	11.010	483.18	5 319.81	
7	010302006001	零星砌砖	1. 零星砌砖名称、部位：女儿墙 2. 砂浆强度等级、配合比：混合M5.0	m^3	3.560	561.59	1 999.26	
8	010302006002	零星砌砖	1. 零星砌砖名称、部位：阳台栏板 2. 砂浆强度等级、配合比：混合M5.0	m^3	8.650	561.45	4 856.54	
9	010302006003	零星砌砖	1. 零星砌砖名称、部位：砖砌花池 2. 砂浆强度等级、配合比：混合砂浆M5.0	m^3	2.190	571.06	1 250.62	
10	010302006004	零星砌砖	1. 零星砌砖名称、部位：挡土墙台阶、坡道 2. 砂浆强度等级、配合比：混合M5.0	m^3	2.980	572.86	1 707.12	
			本页小计				59 262.03	
11	010304001001	空心砖墙、砌块墙	1. 墙体类型：外墙 2. 墙体厚度：240mm 3. 空心砖、砌块品种、规格、强度等级：淤泥烧结节能保温空心砖≥MU5 240mm×115mm×90mm 4. 砂浆强度等级、配合比：混合砂浆M5.0	m^3	84.740	385.56	32 672.35	
12	010304001002	空心砖墙、砌块墙	1. 墙体类型：内墙 2. 墙体厚度：240 3. 空心砖、砌块品种、规格、强度等级：淤泥烧结节能保温空心砖≥MU5 240mm×115mm×90mm 4. 砂浆强度等级、配合比：混合砂浆M5.0	m^3	96.700	385.56	37 283.65	

（续）

序号	项目编码	项目名称	项目特征描述	计量单位	工程量	金额（元）		
						综合单价	合价	其中：暂估价
			分部小计				92 298.93	
			A.4 混凝土及钢筋混凝土工程					
13	010401006001	垫层（独立基础下）	1. 混凝土强度等级：C10 2. 混凝土拌和料要求：商品混凝土	m^3	20.520	467.95	9 602.33	
14	010401002001	独立基础	1. 混凝土强度等级：C25 2. 混凝土拌和料要求：商品混凝土	m^3	69.190	487.91	33 758.49	
15	010401006002	垫层（带形基础下）	1. 混凝土强度等级：C10 2. 混凝土拌和料要求：商品混凝土	m^3	4.430	467.84	2 072.53	
16	010401001001	带形基础（楼梯底层踏步下）	1. 混凝土强度等级：C25 2. 混凝土拌和料要求：商品混凝土	m^3	0.490	485.45	237.87	
17	010401001002	带形基础	1. 混凝土强度等级：C25 2. 混凝土拌和料要求：商品混凝土	m^3	8.640	489.16	4 226.34	
18	010402001001	矩形柱	1. 柱高度：3.6m 内 2. 柱截面尺寸：400mm×400mm 3. 混凝土强度等级：C25 4. 混凝土拌和料要求：商品混凝土	m^3	38.370	528.33	20 272.02	
19	010402001002	矩形柱	1. 柱高度：3.6m 内 2. 柱截面尺寸：350mm×350mm 3. 混凝土强度等级：C25 4. 混凝土拌和料要求：商品混凝土	m^3	13.890	529.61	7 356.28	
			本页小计				147 481.86	
20	010402001003	矩形柱	1. 柱高度：3.6m 内 2. 柱截面尺寸：240mm×240mm 3. 混凝土强度等级：C25 4. 混凝土拌和料要求：商品混凝土	m^3	2.270	546.77	1 241.17	
21	010402001004	矩形柱	1. 柱截面尺寸：240mm×240mm + 240mm × 30mm 240mm×240mm+240mm×30mm×2 240mm×240mm+240mm×30mm×3 240×240mm+240mm×30mm×4mm 2. 混凝土强度等级：C25 3. 混凝土拌和料要求：商品混凝土	m^3	2.720	642.91	1 748.72	

（续）

序号	项目编码	项目名称	项目特征描述	计量单位	工程量	金额（元）		
						综合单价	合价	其中：暂估价
22	010402001005	矩形柱（阳台栏板处）	1. 柱截面尺寸：120mm×120mm+120mm×30mm×2 2. 混凝土强度等级：C25 3. 混凝土拌和料要求：商品混凝土	m^3	0.390	641.04	250.01	
23	010403002001	矩形梁	1. 混凝土强度等级：C25 2. 混凝土拌和料要求：商品混凝土	m^3	2.950	528.71	1559.69	
24	010403004001	圈梁（地圈梁）	1. 梁底标高：-0.31m 2. 梁截面：240mm×240mm 3. 混凝土强度等级：C25 4. 混凝土拌和料要求：商品混凝土	m^3	6.440	552.03	3 555.07	
25	010403004002	圈梁（窗台板）	1. 梁截面：240mm×100mm 2. 混凝土强度等级：C25 3. 混凝土拌和料要求：商品混凝土	m^3	2.410	550.89	1327.64	
26	010403004003	圈梁（止水带）	1. 混凝土强度等级：C25 2. 混凝土拌和料要求：商品混凝土	m^3	0.320	558.92	178.85	
27	010403005001	过梁	1. 混凝土强度等级：C25 2. 混凝土拌和料要求：商品混凝土	m^3	4.570	577.94	2641.19	
28	010405001001	有梁板（梁）	1. 混凝土强度等级：C25 2. 混凝土拌和料要求：商品混凝土	m^3	53.770	521.01	28014.71	
			本页小计				40517.05	
29	010405001002	有梁板（板）	1. 板厚度：150mm 2. 混凝土强度等级：C25 3. 混凝土拌和料要求：商品混凝土	m^3	9.900	521.21	5 159.98	
30	010405001003	有梁板（板）	1. 板厚度：120mm 2. 混凝土强度等级：C25 3. 混凝土拌和料要求：商品混凝土	m^3	40.350	521.04	21 023.96	
31	010405001004	有梁板（板）	1. 板厚度：110mm 2. 混凝土强度等级：C25 3. 混凝土拌和料要求：商品混凝土	m^3	37.420	520.95	19 493.95	
32	010405001005	有梁板（板）	1. 板厚度：100mm 2. 混凝土强度等级：C25 3. 混凝土拌和料要求：商品混凝土	m^3	26.480	520.94	13 794.49	

（续）

序号	项目编码	项目名称	项目特征描述	计量单位	工程量	金额（元）		
						综合单价	合价	其中：暂估价
33	010405007001	天沟、挑檐板	1. 混凝土强度等级：C25 2. 混凝土拌和料要求：商品混凝土	m^3	4.510	593.17	2 675.20	
34	010405008001	雨篷、阳台板（空调搁板）	1. 混凝土标号：C25 2. 混凝土拌和料要求：商品混凝土	m^3	1.070	586.93	628.02	
35	010406001001	直形楼梯	1. 混凝土强度等级：C25 2. 混凝土拌和料要求：商品混凝土	m^2	63.150	115.59	7 299.51	
36	010407001001	其他构件	1. 构件的类型：女儿墙压顶 2. 混凝土强度等级：C20 3. 混凝土拌和料要求：商品混凝土	m^3	1.730	565.98	979.15	
37	010407001002	其他构件	1. 构件的类型：阳台混凝土压顶 2. 构件规格：120mm×100mm 3. 混凝土强度等级：C20 4. 混凝土拌和料要求：商品混凝土	m^3	0.910	564.69	513.87	
38	010407001003	其他构件	1. 构件的类型：混凝土台阶 2. 混凝土强度等级：C15 3. 混凝土拌和料要求：商品混凝土	m^2	19.210	90.19	1 732.55	
			本页小计				73 300.68	
39	010407002001	散水、坡道（坡道）	1. 垫层材料种类、厚度：200mm厚的碎砖灌1:5水泥砂浆、100mm厚混凝土 2. 面层厚度：1:2的水泥砂浆25mm厚抹出60mm宽成深锯齿形表面 3. 混凝土强度等级：C15 4. 混凝土拌和料要求：商品混凝土	m^2	6.120	111.77	684.03	
40	010416001001	现浇混凝土钢筋	1. 种类、规格：ϕ12mm以内HPB 300级钢筋	t	13.079	5 691.86	74 443.84	
41	010416001002	现浇混凝土钢筋	1. 种类、规格：ϕ12mm以内HRB 335级钢筋	t	4.849	5 589.86	27 105.23	
42	010416001003	现浇混凝土钢筋	1. 种类、规格：ϕ25mm以内HRB 335级钢筋	t	16.972	5 003.98	84 927.55	
43	010416001004	现浇混凝土钢筋	1. 种类、规格：Φ6～10mm HRB 440级钢筋	t	9.514	5 207.98	49 548.72	

（续）

序号	项目编码	项目名称	项目特征描述	计量单位	工程量	金额（元）		
						综合单价	合价	其中：暂估价
44	010416001005	现浇混凝土钢筋	1. 种类、规格：ϕ12～22mm HRB 400级钢筋	t	2.327	5 156.98	12 000.29	
45	010416001006	现浇混凝土钢筋	1. 种类、规格：冷拔钢丝ϕ4mm	t	0.486	6 276.15	3 050.21	
46	010416001007	现浇混凝土钢筋	1. 种类、规格：钢筋加固ϕ12以内HPB 330级钢筋	t	0.782	6 502.51	5 084.96	
47	010416001008	现浇混凝土钢筋	1. 种类、规格：电渣压力焊接头	个	740.000	20.20	14 948.00	
			分部小计				463 136.42	
			A.5 厂库房大门、特种门、木结构工程					
48	010503004001	其他木构件	1. 构件名称：上人孔盖板 2. 防护材料种类：白铁皮包面	m²	0.490	222.09	108.82	
			分部小计				108.82	
			A.6 金属结构工程					
49	010606008001	钢梯	1. 钢材品种、规格：HRB 335级钢筋 2. 钢梯形式：U型爬梯 3. 油漆品种、刷漆遍数：防锈漆一遍，调和漆两遍	t	0.035	9 089.16	318.12	
			分部小计				318.12	
			A.7 屋面及防水工程					
50	010702001001	屋面卷材防水	1. 卷材品种、规格：聚酯复合防水卷材二层 2. 找平层材料种类及厚度：泡沫混凝土建筑找坡2% 20mm厚1∶3水泥砂浆	m²	365.800	131.43	48 077.09	
			本页小计				320 296.86	
51	010702003001	屋面刚性防水	1. 防水层厚度：40mm 2. 嵌缝材料种类：沥青 3. 混凝土强度等级：C20	m²	338.210	41.59	14 066.15	
52	010702004001	屋面排水管	1. 排水管品种、规格、品牌、颜色：PVC水落管Φ110mm PVC水斗Φ110mm屋面铸铁落水口（带罩）Φ110mm	m	44.400	36.50	1 620.60	
53	010703001001	卷材防水（挑檐）	1. 卷材、涂膜品种：聚酯胎卷材 2. 找平层材料品种、厚度：20mm厚1∶3水泥砂浆	m²	88.350	65.50	5 786.93	

（续）

序号	项目编码	项目名称	项目特征描述	计量单位	工程量	金额（元）		
						综合单价	合价	其中：暂估价
			分部小计				69 550.77	
			A.8 防腐、隔热、保温工程					
54	010803001001	保温隔热屋面	1. 保温隔热部位：屋面 2. 保温隔热方式（内保温、外保温、夹心保温）：外保温 3. 保温隔热材料品种、规格及厚度：挤塑聚苯乙烯泡沫塑料板40mm厚 4. 找平层材料种类：20mm厚1∶3水泥砂浆（内掺3%～5%防水剂）	m^2	338.210	112.47	38 038.48	
			分部小计				38 038.48	
			B.1 楼地面工程					
55	020101001001	水泥砂浆楼地面	1. 找平层厚度、砂浆配合比：20mm厚1∶3水泥砂浆 2. 面层厚度、砂浆配合比：10mm厚1∶2水泥砂浆	m^2	579.700	24.40	14 144.68	
56	020102002001	块料楼地面	1. 素土夯实 2. 30mm厚碎砖夯实 3. 40mm厚C15混凝土 4. 210mm厚泡沫混凝土 5. 40mm厚C20细石混凝土，内配双向ϕ4@150 6. 20mm厚1∶3水泥砂浆找平 7. 5mm厚1∶2水泥砂浆铺贴600mm×600mm地砖	m^2	312.010	178.61	55 728.11	6 804.40
57	020105001001	水泥砂浆踢脚线	1. 踢脚线高度：200mm 2. 底层厚度、砂浆配合比：界面处理剂一道，8mm厚2∶1∶8水泥石灰膏砂浆打底 3. 面层厚度、砂浆配合比：6mm厚1∶2.5水泥砂浆	m^2	128.580	64.68	8316.55	
			本页小计				137 701.50	6 804.40
58	020106003001	水泥砂浆楼梯面	1. 找平层厚度、砂浆配合比：20mm厚1∶2水泥砂浆 2. 面层厚度、砂浆配合比：10mm厚1∶2水泥砂浆	m^2	63.150	84.75	5 351.96	
59	020107001001	金属栏杆（空调搁板处）	1. 扶手材料种类、颜色：铸铁金黄色 2. 栏杆材料种类、颜色：铸铁金黄色	m	26.220	120.00	3 146.40	

（续）

序号	项目编码	项目名称	项目特征描述	计量单位	工程量	金额（元）		
						综合单价	合价	其中：暂估价
60	020107001002	金属栏杆（屋顶女儿墙上）	1. 栏杆材料种类、规格：不锈钢管φ76mm	m	55.200	145.00	8 004.00	
61	020107001003	金属扶手带栏杆、栏板（底层坡道处）	1. 扶手材料种类、规格：镜面不锈钢管 Φ76.2mm×1.5mm 2. 栏杆材料种类、规格：镜面不锈钢管 Φ31.8mm×1.2 镜面不锈钢管 Φ63.5mm×1.5mm	m	8.400	404.55	3 398.22	
62	020107002001	硬木扶手带栏杆、栏板	1. 扶手材料种类：硬木 2. 栏杆材料种类：型钢 3. 油漆品种、刷漆遍数：木扶手底油一遍、磁漆一遍、刮腻子调和漆二遍金属面调和漆二遍	m	33.410	216.59	7 236.27	
63	020108002001	块料台阶面	1. 找平层厚度、砂浆配合比：20mm 厚 1∶3 水泥砂浆 2. 粘结层材料种类：5mm 厚 1∶2 水泥砂浆 3. 面层材料品种、规格、品牌、颜色：地砖 300mm×300mm	m^2	29.310	106.88	3 132.65	805.74
64	020109004001	水泥砂浆零星项目	1. 工程部位：空调搁板	m^2	9.900	105.48	1 044.25	
			分部小计				109 503.09	7 610.14
		B.2	墙、柱面工程					
65	020201001001	墙面一般抹灰	1. 墙体类型：外墙 2. 底层厚度、砂浆配合比：3mm 厚 NALC 防水界面剂防裂钢丝网一道 3. 面层厚度、砂浆配合比：8mm 厚 1∶3 聚合物砂浆 1 或 2 遍	m^2	464.880	42.32	19 673.72	
66	020201001002	墙面一般抹灰	1. 墙体类型：内墙 2. 底层厚度、砂浆配合比：刷界面剂一道防裂钢丝网一道 15mm 厚1∶3水泥砂浆 3. 面层厚度、砂浆配合比：10mm 厚 1∶2 水泥砂浆	m^2	1 492.360	49.33	73 618.12	
			本页小计				124 605.59	805.74
67	020201001003	墙面一般抹灰	1. 墙体类型：1 600mm 高女儿墙内侧 2. 底层厚度、砂浆配合比：12mm 厚 1∶3 水泥砂浆 3. 面层厚度、砂浆配合比：8mm 厚 1∶2.5 水泥砂浆	m^2	53.840	23.47	1 263.62	

（续）

序号	项目编码	项目名称	项目特征描述	计量单位	工程量	金额（元）		
						综合单价	合价	其中：暂估价
68	020202001001	柱面一般抹灰（室外冷桥部位）	1. 专用界面砂浆一道（防水） 2. 25mm 厚挤塑聚苯乙烯泡沫塑料板 3. 防裂钢丝网一道 4. 8mm 厚聚合物砂浆	m^2	140.680	67.59	9 508.56	
69	020202001002	柱面一般抹灰（屋顶构架柱、梁）	1. 柱体类型：混凝土柱 2. 底层厚度、砂浆配合比：12mm 厚 1:3 水泥砂浆 3. 面层厚度、砂浆配合比：8mm 厚 1:2.5 水泥砂浆	m^2	57.120	32.05	1 830.70	
70	020202001003	柱面一般抹灰（室外独立柱）	1. 底层厚度、砂浆配合比：12mm 厚 1:3 水泥砂浆 2. 面层厚度、砂浆配合比：8mm 厚 1:2.5 水泥砂浆	m^2	172.500	32.06	5 530.35	
71	020202001004	柱面一般抹灰（室内柱面）	1. 柱体类型：混凝土柱 2. 底层厚度、砂浆配合比：刷界面剂一道防裂钢丝网一道 15mm 厚1:3水泥砂浆 3. 面层厚度、砂浆配合比：10mm 厚 1:2 水泥砂浆	m^2	91.070	57.68	5 252.92	
72	020203001001	零星项目一般抹灰	1. 抹灰部位：400mm 高女儿墙内侧 2. 底层厚度、砂浆配合比：12mm 厚 1:3 水泥砂浆 3. 面层厚度、砂浆配合比：8mm 厚 1:2 水泥砂浆	m^2	21.500	42.35	910.53	
73	020203001002	零星项目一般抹灰	1. 抹灰部位：混凝土压顶 2. 底层厚度、砂浆配合比：12mm 厚 1:3 水泥砂浆 3. 面层厚度、砂浆配合比：8mm 厚 1:2 水泥砂浆	m^2	26.250	81.35	2 135.44	
74	020203001003	零星项目一般抹灰	1. 抹灰部位：阳台栏板外侧 2. 底层厚度、砂浆配合比：12mm 厚 1:3 水泥砂浆 3. 面层厚度、砂浆配合比：8mm 厚 1:2 水泥砂浆	m^2	92.100	40.29	3 710.71	
			本页小计				30 142.83	
75	020203001004	零星项目一般抹灰	1. 抹灰部位：阳台栏板内侧 2. 底层厚度、砂浆配合比：12mm 厚 1:3 水泥砂浆 3. 面层厚度、砂浆配合比：8mm 厚 1:2 水泥砂浆	m^2	82.460	40.28	3 321.49	

（续）

序号	项目编码	项目名称	项目特征描述	计量单位	工程量	金额（元）		
						综合单价	合价	其中：暂估价
76	020203001005	零星项目一般抹灰	1. 抹灰部位：阳台栏板压顶 2. 底层厚度、砂浆配合比：12mm 厚 1:3 水泥砂浆 3. 面层厚度、砂浆配合比：8mm 厚 1:2 水泥砂浆	m^2	7.280	81.38	592.45	
77	020203001006	零星项目一般抹灰	1. 抹灰部位：台阶、坡道处挡土墙 2. 底层厚度、砂浆配合比：12mm 厚 1:3 水泥砂浆 3. 面层厚度、砂浆配合比：8mm 厚 1:2 水泥砂浆	m^2	9.260	42.32	391.88	
78	020206003001	块料零星项目	1. 柱、墙体类型：阳台栏板外侧 2. 底层厚度、砂浆配合比：12mm 厚 1:3 水泥砂浆 3. 粘结层厚度、材料种类：5mm 厚 1:0.1:2.5 混合砂浆 4. 挂贴方式：粘贴 5. 面层材料品种、规格、品牌、颜色：七彩面砖 152mm × 152mm	m^2	20.740	113.65	2 357.10	320.79
79	020206003002	块料零星项目	1. 柱、墙体类型：花池 2. 底层厚度、砂浆配合比：12mm 厚 1:3 水泥砂浆 3. 粘结层厚度、材料种类：5mm 厚 1:0.1:2.5 混合砂浆 4. 挂贴方式：粘贴 5. 面层材料品种、规格、品牌、颜色：100mm × 200mm 面砖白色	m^2	2.750	216.93	596.56	326.28
			分部小计				130 694.15	647.07
			B.3 天棚工程					
80	020301001001	天棚抹灰	1. 基层类型：混凝土 2. 抹灰厚度、材料种类：批白水泥腻子	m^2	1 191.470	7.45	8 876.45	
			分部小计				8 876.45	
			B.4 门窗工程					
			本页小计				16 135.93	647.07
81	020401003001	实木装饰门	1. 门类型：成品实木门（含门套） 2. 框截面尺寸、单扇面积：1 000mm × 2 700mm	樘	21.000	950.00	19 950.00	

（续）

序号	项目编码	项目名称	项目特征描述	计量单位	工程量	金额（元）		
						综合单价	合价	其中：暂估价
82	020406001001	金属推拉窗	1. 窗类型：塑钢中空玻璃推拉窗 2. 框材质、外围尺寸：塑钢80系列 3. 玻璃品种、厚度、五金材料、品种、规格：中空玻璃5mm+9mm+5mm	m^2	168.480	280.00	47 174.40	
83	020406009001	金属格栅窗	1. 窗类型：防盗栅 2. 框材质、外围尺寸：不锈钢钢管	m^2	57.960	150.00	8 694.00	
			分部小计				75 818.40	
		B.5 油漆、涂料、裱糊工程						
84	020507001001	刷喷涂料	1. 基层类型：混凝土、砖 2. 刮腻子要求：刮防水腻子1或2遍 3. 涂料品种、刷喷遍数：外墙涂料	m^2	907.840	35.00	31 774.40	
85	020507001002	刷喷涂料	1. 基层类型：混凝土 2. 涂料品种、刷喷遍数：磁性涂料	m^2	2 934.410	12.00	35 212.92	
			分部小计				66 987.32	
			本页小计				142 805.72	
			合　计				1 092 250.05	8 257.21

表 7-30　工程量清单综合单价分析表

工程名称：综合楼（土建）　　　　　　　　　　标段：

项目编码		010101001001		项目名称		平整场地			计量单位			m^2	
清单综合单价组成明细													
定额编号	定额名称	定额单位	数量	单价					合价				
				人工费	材料费	机械费	管理费	利润	人工费	材料费	机械费	管理费	利润
1-98	平整场地	$10m^2$	0.158 13	42.18			10.55	5.06	6.67			1.67	0.80
综合人工工日		小 计							6.67			1.67	0.80
0.09 工日		未计价材料费											
清单项目综合单价									9.14				
材料费明细	主要材料名称、规格、型号					单位	数量		单价（元）	合价（元）	暂估单价（元）	暂估合价（元）	
	其他材料费								—		—		
	材料费小计								—		—		
项目编码		010101003001		项目名称		挖基础土方			计量单位			m^3	
清单综合单价组成明细													
定额编号	定额名称	定额单位	数量	单价					合价				
				人工费	材料费	机械费	管理费	利润	人工费	材料费	机械费	管理费	利润
1-55	人工挖地坑三类干土深1.5m内	m^3	1.284 185	37.74			9.44	4.53	48.47			12.12	5.82

（续）

项目编码		010101003001		项目名称			挖基础土方		计量单位			m³	
清单综合单价组成明细													
定额编号	定额名称	定额单位	数量	单价					合价				
				人工费	材料费	机械费	管理费	利润	人工费	材料费	机械费	管理费	利润
1-92+[1-95]×2	单(双)轮车运土150m内	m³	1.284185	19.38			4.85	2.33	24.89			6.23	2.99
综合人工工日		小计							73.36			18.35	8.81
0.99工日		未计价材料费											
清单项目综合单价									100.52				

材料费明细	主要材料名称、规格、型号	单位	数量	单价（元）	合价（元）	暂估单价（元）	暂估合价（元）
	其他材料费			—		—	
	材料费小计			—		—	

项目编码		010101003002		项目名称			挖基础土方		计量单位			m³	
清单综合单价组成明细													
定额编号	定额名称	定额单位	数量	单价					合价				
				人工费	材料费	机械费	管理费	利润	人工费	材料费	机械费	管理费	利润
1-23	人工挖地槽地沟三类干土深1.5m内	m³	1.250677	33.30			8.33	4.00	41.65			10.42	5.00
1-92+[1-95]×2	单(双)轮车运土150m内	m³	1.250677	19.38			4.85	2.33	24.24			6.07	2.91
综合人工工日		小计							65.89			16.49	7.91
0.89工日		未计价材料费											
清单项目综合单价									90.29				

材料费明细	主要材料名称、规格、型号	单位	数量	单价（元）	合价（元）	暂估单价（元）	暂估合价（元）
	其他材料费			—		—	
	材料费小计			—		—	

项目编码		010103001001		项目名称			土（石）方回填		计量单位			m³	
清单综合单价组成明细													
定额编号	定额名称	定额单位	数量	单价					合价				
				人工费	材料费	机械费	管理费	利润	人工费	材料费	机械费	管理费	利润
1-1	人工挖一类干土深度在1.5m内	m³	1.598677	8.88			2.22	1.07	14.20			3.55	1.71
1-104	基(槽)坑回填土夯填	m³	1.598677	20.72		1.23	5.49	2.63	33.12		1.97	8.78	4.20
1-92+[1-95]×2	单(双)轮车运土150m内	m³	1.598677	19.39			4.85	2.33	31.00			7.75	3.72
综合人工工日		小计							78.32		1.97	20.08	9.63
1.06工日		未计价材料费											
清单项目综合单价									109.98				

材料费明细	主要材料名称、规格、型号	单位	数量	单价（元）	合价（元）	暂估单价（元）	暂估合价（元）
	其他材料费			—		—	
	材料费小计			—		—	

（续）

项目编码	010301001001	项目名称	砖基础	计量单位	m^3

清单综合单价组成明细

定额编号	定额名称	定额单位	数量	单价					合价				
				人工费	材料费	机械费	管理费	利润	人工费	材料费	机械费	管理费	利润
3-1	M7.5 直形砖基础	m^3	1	90.06	316.57	5.73	23.95	11.49	90.06	316.57	5.73	23.95	11.49
综合人工工日		小计							90.06	316.57	5.73	23.95	11.49
1.14 工日		未计价材料费											
清单项目综合单价									447.80				

材料费明细	主要材料名称、规格、型号	单位	数量	单价（元）	合价（元）	暂估单价（元）	暂估合价（元）
	中砂	t	0.390	82.00	31.95		
	MU15 灰砂砖 240mm×115mm×53mm	百块	5.220	51.00	266.22		
	水泥 42.5 级	kg	53.966	0.33	17.81		
	水	m^3	0.177	3.32	0.59		
	其他材料费			—		—	
	材料费小计			—	316.57	—	

项目编码	010302001001	项目名称	实心砖墙	计量单位	m^3

清单综合单价组成明细

定额编号	定额名称	定额单位	数量	单价					合价				
				人工费	材料费	机械费	管理费	利润	人工费	材料费	机械费	管理费	利润
3-29	M5 标准砖 1 砖外墙	m^3	1.000 363	109.02	325.96	5.61	28.66	13.76	109.06	326.08	5.61	28.67	13.76
综合人工工日		小计							109.06	326.08	5.61	28.67	13.76
1.38 工日		未计价材料费											
清单项目综合单价									483.18				

材料费明细	主要材料名称、规格、型号	单位	数量	单价（元）	合价（元）	暂估单价（元）	暂估合价（元）
	中砂	t	0.377	82.00	30.90		
	石灰膏	m^3	0.019	265.00	4.96		
	标准砖 240mm×115mm×53mm	百块	5.362	51.00	273.46		
	水泥 42.5 级	kg	47.585	0.33	15.70		
	周转木材	m^3	0.000	2 250.00	0.45		
	铁钉	kg	0.002	4.78	0.01		
	水	m^3	0.177	3.32	0.59		
	其他材料费			—	0.01	—	
	材料费小计			—	326.08	—	

项目编码	010302006001	项目名称	零星砌砖	计量单位	m^3

清单综合单价组成明细

定额编号	定额名称	定额单位	数量	单价					合价				
				人工费	材料费	机械费	管理费	利润	人工费	材料费	机械费	管理费	利润
3-47	M5 标准砖小型砌体	m^3	0.999 719	167.48	325.44	5.01	43.12	20.70	167.43	325.35	5.01	43.11	20.69
综合人工工日		小计							167.43	325.35	5.01	43.11	20.69
2.12 工日		未计价材料费											
清单项目综合单价									561.59				

（续）

材料费明细	主要材料名称、规格、型号	单位	数量	单价（元）	合价（元）	暂估单价(元)	暂估合价(元)
材料费明细	中砂	t	0.340	82.00	27.85		
	石灰膏	m^3	0.017	265.00	4.48		
	标准砖 240mm×115mm×53mm	百块	5.459	51.00	278.38		
	水泥 42.5 级	kg	42.610	0.33	14.06		
	水	m^3	0.172	3.32	0.57		
	其他材料费			—	0.01	—	
	材料费小计			—	325.35		

项目编码	010302006002	项目名称	零星砌砖	计量单位	m^3

清单综合单价组成明细

定额编号	定额名称	定额单位	数量	单价					合价				
				人工费	材料费	机械费	管理费	利润	人工费	材料费	机械费	管理费	利润
3-47	M5 标准砖小型砌体	m^3	0.999 422	167.48	325.44	5.01	43.12	20.70	167.38	325.25	5.01	43.10	20.69
综合人工工日				小计					167.38	325.25	5.01	43.10	20.69
2.12 工日				未计价材料费									
清单项目综合单价									561.45				

材料费明细	主要材料名称、规格、型号	单位	数量	单价（元）	合价（元）	暂估单价(元)	暂估合价(元)
材料费明细	中砂	t	0.340	82.00	27.84		
	石灰膏	m^3	0.017	265.00	4.48		
	标准砖 240mm×115mm×53mm	百块	5.457	51.00	278.30		
	水泥 42.5 级	kg	42.597	0.33	14.06		
	水	m^3	0.172	3.32	0.57		
	其他材料费			—		—	
	材料费小计			—	325.25	—	

项目编码	010302006003	项目名称	零星砌砖	计量单位	m^3

清单综合单价组成明细

定额编号	定额名称	定额单位	数量	单价					合价				
				人工费	材料费	机械费	管理费	利润	人工费	材料费	机械费	管理费	利润
1-98	平整场地	$10m^2$	0.141 37	42.18			10.55	5.06	5.96			1.49	0.72
1-99	地面原土打底夯实	$10m^2$	0.141 37	7.40		1.12	2.13	1.02	1.05		0.16	0.30	0.14
3-47	M5 标准砖小型砌体	m^3	0.999 087	167.48	325.44	5.01	43.12	20.70	167.33	325.14	5.01	43.08	20.68
综合人工工日				小计					174.34	325.14	5.17	44.87	21.54
2.21 工日				未计价材料费									
清单项目综合单价									571.06				

材料费明细	主要材料名称、规格、型号	单位	数量	单价（元）	合价（元）	暂估单价(元)	暂估合价(元)
材料费明细	中砂	t	0.339	82.00	27.83		
	石灰膏	m^3	0.017	265.00	4.48		
	标准砖 240mm×115mm×53mm	百块	5.455	51.00	278.21		
	水泥 42.5 级	kg	42.583	0.33	14.05		
	水	m^3	0.172	3.32	0.57		
	其他材料费			—		—	
	材料费小计			—	325.14	—	

（续）

项目编码	010302006004	项目名称	零星砌砖	计量单位	m^3

清单综合单价组成明细

定额编号	定额名称	定额单位	数量	单价					合价				
				人工费	材料费	机械费	管理费	利润	人工费	材料费	机械费	管理费	利润
1-98	平整场地	$10m^2$	0.157 047	42.18			10.55	5.06	6.62			1.66	0.79
1-99	地面原土打底夯实	$10m^2$	0.157 047	7.40		1.12	2.13	1.02	1.16		0.18	0.33	0.16
3-47	M5 标准砖小型砌体	m^3	1.000 336	167.48	325.44	5.01	43.12	20.70	167.54	325.55	5.01	43.13	20.71
综合人工工日		小计							175.32	325.55	5.19	45.12	21.66
2.23 工日		未计价材料费											
清单项目综合单价									572.86				

	主要材料名称、规格、型号	单位	数量	单价（元）	合价（元）	暂估单价（元）	暂估合价（元）
材料费明细	中砂	t	0.340	82.00	27.86		
	石灰膏	m^3	0.017	265.00	4.48		
	标准砖 240mm×115mm×53mm	百块	5.462	51.00	278.55		
	水泥 42.5 级	kg	42.636	0.33	14.07		
	水	m^3	0.172	3.32	0.57		
	其他材料费			—	0.02	—	
	材料费小计			—	325.55	—	

项目编码	010304001001	项目名称	空心砖墙、砌块墙	计量单位	m^3

清单综合单价组成明细

定额编号	定额名称	定额单位	数量	单价					合价				
				人工费	材料费	机械费	管理费	利润	人工费	材料费	机械费	管理费	利润
3-22	M5 淤泥烧结节能保温空心砖 240mm×115mm×90mm 1 砖墙	m^3	1.000 035	89.27	257.22	4.41	23.42	11.24	89.27	257.23	4.41	23.42	11.24
综合人工工日		小计							89.27	257.23	4.41	23.42	11.24
1.13 工日		未计价材料费											
清单项目综合单价									385.56				

	主要材料名称、规格、型号	单位	数量	单价（元）	合价（元）	暂估单价（元）	暂估合价（元）
材料费明细	中砂	t	0.298	82.00	24.43		
	石灰膏	m^3	0.015	265.00	3.92		
	标准砖 240mm×115mm×53mm	百块	0.150	51.00	7.65		
	淤泥烧结节能保温空心砖 240mm×115mm×90mm	百块	3.360	62.00	208.33		
	水泥 42.5 级	kg	37.371	0.33	12.33		
	水	m^3	0.173	3.32	0.57		
	其他材料费			—		—	
	材料费小计			—	257.23	—	

（续）

项目编码	010304001002	项目名称	空心砖墙、砌块墙	计量单位	m^3

清单综合单价组成明细

定额编号	定额名称	定额单位	数量	单价					合价				
				人工费	材料费	机械费	管理费	利润	人工费	材料费	机械费	管理费	利润
3-22	M5 淤泥烧结节能保温空心砖 240mm×115mm×90mm 1 砖墙	m^3	1.000 031	89.27	257.22	4.41	23.42	11.24	89.27	257.23	4.41	23.42	11.24
综合人工工日		小计							89.27	257.23	4.41	23.42	11.24
1.13 工日		未计价材料费											
清单项目综合单价									385.56				

材料费明细	主要材料名称、规格、型号	单位	数量	单价（元）	合价（元）	暂估单价（元）	暂估合价（元）
	中砂	t	0.298	82.00	24.43		
	石灰膏	m^3	0.015	265.00	3.92		
	标准砖 240mm×115mm×53mm	百块	0.150	51.00	7.65		
	淤泥烧结节能保温空心砖 240mm×115mm×90mm	百块	3.360	62.00	208.33		
	水泥 42.5 级	kg	37.371	0.33	12.33		
	水	m^3	0.173	3.32	0.57		
	其他材料费			—		—	
	材料费小计			—	257.23	—	

项目编码	010401006001	项目名称	垫层（独立基础下）	计量单位	m^3

清单综合单价组成明细

定额编号	定额名称	定额单位	数量	单价					合价				
				人工费	材料费	机械费	管理费	利润	人工费	材料费	机械费	管理费	利润
2-121	C10 商品混凝土泵送无筋垫层	m^3	0.999 756	37.92	397.86	13.31	12.81	6.15	37.91	397.76	13.31	12.81	6.15
综合人工工日		小计							37.91	397.76	13.31	12.81	6.15
0.48 工日		未计价材料费											
清单项目综合单价									467.95				

材料费明细	主要材料名称、规格、型号	单位	数量	单价（元）	合价（元）	暂估单价（元）	暂估合价（元）
	商品混凝土 C10（泵送）	m^3	1.015	390.00	395.77		
	水	m^3	0.530	3.32	1.76		
	泵管摊销费	元	0.250	1.00	0.25		
	其他材料费			—	-0.02	—	
	材料费小计			—	397.76	—	

项目编码	010401002001	项目名称	独立基础	计量单位	m^3

清单综合单价组成明细

定额编号	定额名称	定额单位	数量	单价					合价				
				人工费	材料费	机械费	管理费	利润	人工费	材料费	机械费	管理费	利润
5-176	C25 现浇桩承台独立柱基（泵送商品混凝土）	m^3	1.000 043	23.70	437.50	13.08	9.20	4.41	23.70	437.52	13.08	9.20	4.41
综合人工工日		小计							23.70	437.52	13.08	9.20	4.41
0.30 工日		未计价材料费											
清单项目综合单价									487.91				

（续）

	主要材料名称、规格、型号	单位	数量	单价（元）	合价（元）	暂估单价（元）	暂估合价（元）
材料费明细	商品混凝土 C25（泵送）粒径≤20mm	m^3	1.020	425.00	433.50		
	塑料薄膜	m^2	0.810	0.86	0.70		
	水	m^3	0.920	3.32	3.05		
	泵管摊销费	元	0.250	1.00	0.25		
	其他材料费			—	0.02	—	
	材料费小计			—	437.52	—	

项目编码	010401006002	项目名称	垫层（带形基础下）	计量单位	m^3

清单综合单价组成明细

定额编号	定额名称	定额单位	数量	单价					合价				
				人工费	材料费	机械费	管理费	利润	人工费	材料费	机械费	管理费	利润
2-121	C10 商品混凝土泵送无筋垫层	m^3	0.999 549	37.92	397.86	13.31	12.81	6.15	37.90	397.68	13.30	12.80	6.15
综合人工工日		小计							37.90	397.68	13.30	12.80	6.15
0.48 工日		未计价材料费											
清单项目综合单价									467.84				

	主要材料名称、规格、型号	单位	数量	单价（元）	合价（元）	暂估单价（元）	暂估合价（元）
材料费明细	商品混凝土 C10（泵送）	m^3	1.015	390.00	395.66		
	水	m^3	0.530	3.32	1.76		
	泵管摊销费	元	0.250	1.00	0.25		
	其他材料费			—	0.01	—	
	材料费小计			—	397.68	–	

项目编码	010401001001	项目名称	带形基础（楼梯底层踏步下）	计量单位	m^3

清单综合单价组成明细

定额编号	定额名称	定额单位	数量	单价					合价				
				人工费	材料费	机械费	管理费	利润	人工费	材料费	机械费	管理费	利润
5-171	C25 现浇混凝土条形基础无梁式（泵送商品混凝土）	m^3	0.991 837	23.70	439.06	13.08	9.20	4.41	23.51	435.48	12.97	9.12	4.37
综合人工工日		小计							23.51	435.48	12.97	9.12	4.37
0.30 工日		未计价材料费											
清单项目综合单价									485.45				

	主要材料名称、规格、型号	单位	数量	单价（元）	合价（元）	暂估单价（元）	暂估合价（元）
材料费明细	商品混凝土 C25（泵送）	m^3	1.012	425.00	429.97		
	塑料薄膜	m^2	1.716	0.86	1.48		
	水	m^3	1.141	3.32	3.79		
	泵管摊销费	元	0.248	1.00	0.25		
	其他材料费			—	-0.01	—	
	材料费小计			—	435.48	—	

（续）

项目编码	010401001002	项目名称	带形基础	计量单位	m^3

清单综合单价组成明细

定额编号	定额名称	定额单位	数量	单价					合价				
				人工费	材料费	机械费	管理费	利润	人工费	材料费	机械费	管理费	利润
5-171	C25 现浇混凝土条形基础无梁式（泵送商品混凝土）	m^3	0.999 421	23.70	439.06	13.08	9.20	4.41	23.69	438.81	13.07	9.19	4.41
综合人工工日		小计							23.69	438.81	13.07	9.19	4.41
0.30 工日		未计价材料费											
清单项目综合单价									489.16				

材料费明细	主要材料名称、规格、型号	单位	数量	单价（元）	合价（元）	暂估单价（元）	暂估合价（元）
	商品混凝土 C25（泵送）	m^3	1.019	425.00	433.25		
	塑料薄膜	m^2	1.729	0.86	1.49		
	水	m^3	1.149	3.32	3.82		
	泵管摊销费	元	0.250	1.00	0.25		
	其他材料费			—			
	材料费小计			—	438.81	—	

项目编码	010402001001	项目名称	矩形柱	计量单位	m^3

清单综合单价组成明细

定额编号	定额名称	定额单位	数量	单价					合价				
				人工费	材料费	机械费	管理费	利润	人工费	材料费	机械费	管理费	利润
5-181	C25 现浇矩形柱（泵送商品混凝土）	m^3	0.967 136	60.04	434.83	21.31	20.34	9.76	58.07	420.54	20.61	19.67	9.44
综合人工工日		小计							58.07	420.54	20.61	19.67	9.44
0.74 工日		未计价材料费											
清单项目综合单价									528.33				

材料费明细	主要材料名称、规格、型号	单位	数量	单价（元）	合价（元）	暂估单价（元）	暂估合价（元）
	中砂	t	0.044	82.00	3.60		
	水泥 42.5 级	kg	16.700	0.33	5.51		
	商品混凝土 C25（泵送）粒径≤20mm	m^3	0.958	425.00	406.94		
	塑料薄膜	m^2	0.271	0.86	0.23		
	水	m^3	1.218	3.32	4.04		
	泵管摊销费	元	0.232	1.00	0.23		
	其他材料费			—	-0.01	—	
	材料费小计			—	420.54	—	

项目编码	010402001002	项目名称	矩形柱	计量单位	m^3

清单综合单价组成明细

定额编号	定额名称	定额单位	数量	单价					合价				
				人工费	材料费	机械费	管理费	利润	人工费	材料费	机械费	管理费	利润
5-181	C25 现浇矩形柱(泵送商品混凝土)	m^3	0.969 474	60.04	434.83	21.31	20.34	9.76	58.21	421.56	20.66	19.72	9.46
综合人工工日		小计							58.21	421.56	20.66	19.72	9.46
0.74 工日		未计价材料费											
清单项目综合单价									529.61				

（续）

	主要材料名称、规格、型号	单位	数量	单价（元）	合价（元）	暂估单价（元）	暂估合价（元）
材料费明细	中砂	t	0.044	82.00	3.61		
	水泥 42.5 级	kg	16.740	0.33	5.52		
	商品混凝土 C25（泵送）粒径≤20mm	m^3	0.960	425.00	407.92		
	塑料薄膜	m^2	0.272	0.86	0.23		
	水	m^3	1.221	3.32	4.05		
	泵管摊销费	元	0.233	1.00	0.23		
	其他材料费			—			
	材料费小计			—	421.56	—	

项目编码	010402001003	项目名称	矩形柱	计量单位	m^3

清单综合单价组成明细

定额编号	定额名称	定额单位	数量	单价 人工费	单价 材料费	单价 机械费	单价 管理费	单价 利润	合价 人工费	合价 材料费	合价 机械费	合价 管理费	合价 利润
5-181	C25 现浇矩形柱（泵送商品混凝土）	m^3	1.000 881	60.04	434.83	21.31	20.34	9.76	60.09	435.21	21.33	20.36	9.77
综合人工工日		小计							60.09	435.21	21.33	20.36	9.77
0.76 工日		未计价材料费											
清单项目综合单价									546.77				

	主要材料名称、规格、型号	单位	数量	单价（元）	合价（元）	暂估单价（元）	暂估合价（元）
材料费明细	中砂	t	0.045	82.00	3.72		
	水泥 42.5 级	kg	17.282	0.33	5.70		
	商品混凝土 C25（泵送）	m^3	0.991	425.00	421.13		
	塑料薄膜	m^2	0.280	0.86	0.24		
	水	m^3	1.260	3.32	4.18		
	泵管摊销费	元	0.240	1.00	0.24		
	其他材料费			—		—	
	材料费小计			—	435.21	—	

项目编码	010402001004	项目名称	矩形柱	计量单位	m^3

清单综合单价组成明细

定额编号	定额名称	定额单位	数量	单价 人工费	单价 材料费	单价 机械费	单价 管理费	单价 利润	合价 人工费	合价 材料费	合价 机械费	合价 管理费	合价 利润
5-298	C25 现浇构造柱（非泵送商品混凝土）	m^3	1.000 368	157.21	424.48	2.06	39.82	19.11	157.27	424.64	2.06	39.83	19.12
综合人工工日		小计							157.27	424.64	2.06	39.83	19.12
1.99 工日		未计价材料费											
清单项目综合单价									642.91				

	主要材料名称、规格、型号	单位	数量	单价（元）	合价（元）	暂估单价（元）	暂估合价（元）
材料费明细	中砂	t	0.045	82.00	3.72		
	水泥 42.5 级	kg	17.273	0.33	5.70		
	商品混凝土 C25（非泵送）	m^3	0.990	415.00	411.02		
	塑料薄膜	m^2	0.230	0.86	0.20		
	水	m^3	1.210	3.32	4.02		
	其他材料费			—	-0.02	—	
	材料费小计			—	424.64	—	

（续）

项目编码	010402001005	项目名称	矩形柱（阳台栏板处）	计量单位	m^3

清单综合单价组成明细

定额编号	定额名称	定额单位	数量	单价					合价				
				人工费	材料费	机械费	管理费	利润	人工费	材料费	机械费	管理费	利润
5-298	C25 现浇构造柱(非泵送商品混凝土)	m^3	0.997 436	157.21	424.48	2.06	39.82	19.11	156.81	423.39	2.05	39.72	19.06
综合人工工日		小计							156.81	423.39	2.05	39.72	19.06
1.98 工日		未计价材料费											
清单项目综合单价									641.04				

材料费明细	主要材料名称、规格、型号	单位	数量	单价（元）	合价（元）	暂估单价（元）	暂估合价（元）
	中砂	t	0.045	82.00	3.71		
	水泥 42.5 级	kg	17.223	0.33	5.68		
	商品混凝土 C25(非泵送)	m^3	0.988	415.00	409.81		
	塑料薄膜	m^2	0.229	0.86	0.20		
	水	m^3	1.206	3.32	4.00		
	其他材料费			—	-0.01	—	
	材料费小计			—	423.39	—	

项目编码	010403002001	项目名称	矩形梁	计量单位	m^3

清单综合单价组成明细

定额编号	定额名称	定额单位	数量	单价					合价				
				人工费	材料费	机械费	管理费	利润	人工费	材料费	机械费	管理费	利润
5-185	C25 现浇单梁框架梁连续梁(泵送商品混凝土)	m^3	0.999 661	44.24	440.02	20.62	16.22	7.78	44.23	439.87	20.61	16.21	7.78
综合人工工日		小计							44.23	439.87	20.61	16.21	7.78
0.56 工日		未计价材料费											
清单项目综合单价									528.71				

材料费明细	主要材料名称、规格、型号	单位	数量	单价（元）	合价（元）	暂估单价（元）	暂估合价（元）
	商品混凝土 C25(泵送)	m^3	1.020	425.00	433.37		
	塑料薄膜	m^2	1.270	0.86	1.09		
	水	m^3	1.560	3.32	5.18		
	泵管摊销费	元	0.250	1.00	0.25		
	其他材料费			—	-0.02	—	
	材料费小计			—	439.87	—	

项目编码	010403004001	项目名称	圈梁（地圈梁）	计量单位	m^3

清单综合单价组成明细

定额编号	定额名称	定额单位	数量	单价					合价				
				人工费	材料费	机械费	管理费	利润	人工费	材料费	机械费	管理费	利润
5-187	C25 现浇圈梁(泵送商品混凝土)	m^3	1	60.04	441.52	20.62	20.17	9.68	60.04	441.52	20.62	20.17	9.68
综合人工工日		小计							60.04	441.52	20.62	20.17	9.68
0.76 工日		未计价材料费											
清单项目综合单价									552.03				

（续）

	主要材料名称、规格、型号	单位	数量	单价（元）	合价（元）	暂估单价（元）	暂估合价（元）
材料费明细	商品混凝土 C25（泵送）粒径≤20mm	m^3	1.020	425.00	433.50		
	塑料薄膜	m^2	2.200	0.86	1.89		
	水	m^3	1.770	3.32	5.88		
	泵管摊销费	元	0.250	1.00	0.25		
	其他材料费			—		—	
	材料费小计			—	441.52	—	

项目编码	010403004002	项目名称	圈梁（窗台板）	计量单位	m^3

清单综合单价组成明细

定额编号	定额名称	定额单位	数量	单价					合价				
				人工费	材料费	机械费	管理费	利润	人工费	材料费	机械费	管理费	利润
5-187	C25 现浇圈梁（泵送商品混凝土）	m^3	0.997 925	60.04	441.52	20.62	20.17	9.68	59.92	440.60	20.58	20.13	9.66
综合人工工日				小计					59.92	440.60	20.58	20.13	9.66
0.76 工日				未计价材料费									
清单项目综合单价									550.89				

	主要材料名称、规格、型号	单位	数量	单价（元）	合价（元）	暂估单价（元）	暂估合价（元）
材料费明细	商品混凝土 C25（泵送）	m^3	1.018	425.00	432.61		
	塑料薄膜	m^2	2.195	0.86	1.89		
	水	m^3	1.766	3.32	5.86		
	泵管摊销费	元	0.250	1.00	0.25		
	其他材料费			—	-0.01	—	
	材料费小计			—	440.60	—	

项目编码	010403004003	项目名称	圈梁（止水带）	计量单位	m^3

清单综合单价组成明细

定额编号	定额名称	定额单位	数量	单价					合价				
				人工费	材料费	机械费	管理费	利润	人工费	材料费	机械费	管理费	利润
5-187	C25 现浇圈梁（泵送商品混凝土）	m^3	1.012 5	60.04	441.52	20.62	20.17	9.68	60.79	447.04	20.88	20.42	9.80
综合人工工日				小计					60.79	447.04	20.88	20.42	9.80
0.77 工日				未计价材料费									
清单项目综合单价									558.92				

	主要材料名称、规格、型号	单位	数量	单价（元）	合价（元）	暂估单价（元）	暂估合价（元）
材料费明细	商品混凝土 C25（泵送）	m^3	1.033	425.00	438.94		
	塑料薄膜	m^2	2.228	0.86	1.92		
	水	m^3	1.792	3.32	5.95		
	泵管摊销费	元	0.253	1.00	0.25		
	其他材料费			—	-0.02	—	
	材料费小计			—	447.04	—	

（续）

项目编码	010403005001	项目名称	过梁	计量单位	m^3

清单综合单价组成明细

定额编号	定额名称	定额单位	数量	单价					合价				
				人工费	材料费	机械费	管理费	利润	人工费	材料费	机械费	管理费	利润
5-188	C25 现浇过梁（泵送商品混凝土）	m^3	1.000 438	78.21	442.28	20.62	24.71	11.86	78.24	442.47	20.63	24.72	11.87
综合人工工日		小计							78.24	442.47	20.63	24.72	11.87
0.99 工日		未计价材料费											
清单项目综合单价									577.94				

材料费明细	主要材料名称、规格、型号	单位	数量	单价（元）	合价（元）	暂估单价（元）	暂估合价（元）
	商品混凝土 C25（泵送）	m^3	1.020	425.00	433.67		
	塑料薄膜	m^2	2.201	0.86	1.89		
	水	m^3	2.001	3.32	6.64		
	泵管摊销费	元	0.250	1.00	0.25		
	其他材料费			—	0.02	—	
	材料费小计			—	442.47	—	

项目编码	010405001001	项目名称	有梁板（梁）	计量单位	m^3

清单综合单价组成明细

定额编号	定额名称	定额单位	数量	单价					合价				
				人工费	材料费	机械费	管理费	利润	人工费	材料费	机械费	管理费	利润
5-199	C25 现浇有梁板（泵送商品混凝土）	m^3	1.000 019	34.76	444.82	20.85	13.90	6.67	34.76	444.83	20.85	13.90	6.67
综合人工工日		小计							34.76	444.83	20.85	13.90	6.67
0.44 工日		未计价材料费											
清单项目综合单价									521.01				

材料费明细	主要材料名称、规格、型号	单位	数量	单价（元）	合价（元）	暂估单价（元）	暂估合价（元）
	商品混凝土 C25（泵送）	m^3	1.020	425.00	433.50		
	塑料薄膜	m^2	5.030	0.86	4.33		
	水	m^3	2.030	3.32	6.74		
	泵管摊销费	元	0.250	1.00	0.25		
	其他材料费			—	0.01	—	
	材料费小计			—	444.83	—	

项目编码	010405001002	项目名称	有梁板（板）	计量单位	m^3

清单综合单价组成明细

定额编号	定额名称	定额单位	数量	单价					合价				
				人工费	材料费	机械费	管理费	利润	人工费	材料费	机械费	管理费	利润
5-199	C25 现浇有梁板（泵送商品混凝土）	m^3	1.000 404	34.76	444.82	20.85	13.90	6.67	34.77	445.00	20.86	13.91	6.67
综合人工工日		小计							34.77	445.00	20.86	13.91	6.67
0.44 工日		未计价材料费											
清单项目综合单价									521.21				

（续）

	主要材料名称、规格、型号	单位	数量	单价（元）	合价（元）	暂估单价（元）	暂估合价（元）
材料费明细	商品混凝土 C25（泵送）	m^3	1.020	425.00	433.67		
	塑料薄膜	m^2	5.032	0.86	4.33		
	水	m^3	2.031	3.32	6.74		
	泵管摊销费	元	0.250	1.00	0.25		
	其他材料费			—	0.01	—	
	材料费小计			—	445.00	—	

项目编码	010405001003	项目名称	有梁板（板）	计量单位	m^3

清单综合单价组成明细

定额编号	定额名称	定额单位	数量	单价					合价				
				人工费	材料费	机械费	管理费	利润	人工费	材料费	机械费	管理费	利润
5-199	C25 现浇有梁板（泵送商品混凝土）	m^3	1.000 099	34.76	444.82	20.85	13.90	6.67	34.76	444.86	20.85	13.90	6.67
综合人工工日		小计							34.76	444.86	20.85	13.90	6.67
0.44 工日		未计价材料费											
清单项目综合单价									521.04				

	主要材料名称、规格、型号	单位	数量	单价（元）	合价（元）	暂估单价（元）	暂估合价（元）
材料费明细	商品混凝土 C25（泵送）	m^3	1.020	425.00	433.54		
	塑料薄膜	m^2	5.031	0.86	4.33		
	水	m^3	2.030	3.32	6.74		
	泵管摊销费	元	0.250	1.00	0.25		
	其他材料费			—		—	
	材料费小计			—	444.86	—	

项目编码	010405001004	项目名称	有梁板（板）	计量单位	m^3

清单综合单价组成明细

定额编号	定额名称	定额单位	数量	单价					合价				
				人工费	材料费	机械费	管理费	利润	人工费	材料费	机械费	管理费	利润
5-199	C25 现浇有梁板（泵送商品混凝土）	m^3	0.999 893	34.76	444.82	20.85	13.90	6.67	34.76	444.77	20.85	13.90	6.67
综合人工工日		小计							34.76	444.77	20.85	13.90	6.67
0.44 工日		未计价材料费											
清单项目综合单价									520.95				

	主要材料名称、规格、型号	单位	数量	单价（元）	合价（元）	暂估单价（元）	暂估合价（元）
材料费明细	商品混凝土 C25（泵送）	m^3	1.020	425.00	433.46		
	塑料薄膜	m^2	5.030	0.86	4.33		
	水	m^3	2.030	3.32	6.74		
	泵管摊销费	元	0.250	1.00	0.25		
	其他材料费			—	-0.01	—	
	材料费小计			—	444.77	—	

（续）

项目编码		010405001005		项目名称		有梁板（板）			计量单位			m³	
清单综合单价组成明细													
定额编号	定额名称	定额单位	数量	单价					合价				
				人工费	材料费	机械费	管理费	利润	人工费	材料费	机械费	管理费	利润
5-199	C25 现浇有梁板（泵送商品混凝土）	m³	0.999 849	34.76	444.82	20.85	13.90	6.67	34.75	444.75	20.85	13.90	6.67
综合人工工日		小计							34.75	444.75	20.85	13.90	6.67
0.44 工日		未计价材料费											
清单项目综合单价									520.94				
材料费明细	主要材料名称、规格、型号				单位	数量		单价（元）	合价（元）	暂估单价（元）	暂估合价（元）		
	商品混凝土 C25（泵送）				m³	1.020		425.00	433.42				
	塑料薄膜				m²	5.029		0.86	4.33				
	水				m³	2.030		3.32	6.74				
	泵管摊销费				元	0.250		1.00	0.25				
	其他材料费							—	0.01	—			
	材料费小计							—	444.75	—			

项目编码		010405007001		项目名称		天沟、挑檐板			计量单位			m³	
清单综合单价组成明细													
定额编号	定额名称	定额单位	数量	单价					合价				
				人工费	材料费	机械费	管理费	利润	人工费	材料费	机械费	管理费	利润
5-209	C25 现浇天檐沟竖向挑板（泵送商品混凝土）	m³	0.999 113	72.68	447.93	33.70	26.60	12.77	72.62	447.53	33.67	26.58	12.76
综合人工工日		小计							72.62	447.53	33.67	26.58	12.76
0.92 工日		未计价材料费											
清单项目综合单价									593.17				
材料费明细	主要材料名称、规格、型号				单位	数量		单价（元）	合价（元）	暂估单价（元）	暂估合价（元）		
	商品混凝土 C25（泵送）				m³	1.019		425.00	433.12				
	塑料薄膜				m²	6.914		0.86	5.95				
	水				m³	2.478		3.32	8.23				
	泵管摊销费				元	0.250		1.00	0.25				
	其他材料费							—	-0.02	—			
	材料费小计							—	447.53	—			

项目编码		010405008001		项目名称		雨篷、阳台板（空调搁板）			计量单位			m³	
清单综合单价组成明细													
定额编号	定额名称	定额单位	数量	单价					合价				
				人工费	材料费	机械费	管理费	利润	人工费	材料费	机械费	管理费	利润
5-206	C25 现浇雨篷复式（泵送商品混凝土）	10m²	0.925 234	70.31	486.80	37.40	26.93	12.93	65.05	450.40	34.60	24.92	11.96
综合人工工日		小计							65.05	450.40	34.60	24.92	11.96
0.82 工日		未计价材料费											
清单项目综合单价									586.93				

（续）

	主要材料名称、规格、型号	单位	数量	单价（元）	合价（元）	暂估单价（元）	暂估合价（元）
材料费明细	商品混凝土 C25（泵送）	m^3	1.033	425.00	438.86		
	塑料薄膜	m^2	5.089	0.86	4.38		
	水	m^3	2.091	3.32	6.94		
	泵管摊销费	元	0.250	1.00	0.25		
	其他材料费			—	-0.03	—	
	材料费小计			—	450.40	—	

项目编码	010406001001	项目名称	直形楼梯	计量单位	m^2

清单综合单价组成明细

定额编号	定额名称	定额单位	数量	单价					合价				
				人工费	材料费	机械费	管理费	利润	人工费	材料费	机械费	管理费	利润
5-203	C25 现浇楼梯直形（泵送商品混凝土）	$10m^2$ 水平投影面积	0.099 998	121.66	894.58	69.20	47.72	22.90	12.17	89.46	6.92	4.77	2.29
综合人工工日				小计					12.17	89.46	6.92	4.77	2.29
0.15 工日				未计价材料费									
清单项目综合单价									115.59				

	主要材料名称、规格、型号	单位	数量	单价（元）	合价（元）	暂估单价（元）	暂估合价（元）
材料费明细	商品混凝土 C25（泵送）	m^3	0.207	425.00	87.98		
	塑料薄膜	m^2	0.550	0.86	0.47		
	水	m^3	0.289	3.32	0.96		
	泵管摊销费	元	0.051	1.00	0.05		
	其他材料费			—		—	
	材料费小计			—	89.46	—	

项目编码	010407001001	项目名称	其他构件	计量单位	m^3

清单综合单价组成明细

定额编号	定额名称	定额单位	数量	单价					合价				
				人工费	材料费	机械费	管理费	利润	人工费	材料费	机械费	管理费	利润
5-331	C20 现浇压顶（非泵送商品混凝土）	m^3	1.001 156	97.96	431.11		24.49	11.76	98.07	431.61		24.52	11.77
综合人工工日				小计					98.07	431.61		24.52	11.77
1.24 工日				未计价材料费									
清单项目综合单价									565.98				

	主要材料名称、规格、型号	单位	数量	单价（元）	合价（元）	暂估单价（元）	暂估合价（元）
材料费明细	商品混凝土 C20（非泵送）粒径≤20mm	m^3	1.021	405.00	413.59		
	塑料薄膜	m^2	9.141	0.86	7.86		
	水	m^3	3.064	3.32	10.17		
	其他材料费			—	-0.01	—	
	材料费小计			—	431.61	—	

（续）

项目编码	010407001002	项目名称	其他构件	计量单位	m^3

清单综合单价组成明细

定额编号	定额名称	定额单位	数量	单价					合价				
				人工费	材料费	机械费	管理费	利润	人工费	材料费	机械费	管理费	利润
5-331	C20 现浇压顶(非泵送商品混凝土)	m^3	0.998 901	97.96	431.11		24.49	11.76	97.85	430.64		24.46	11.75
综合人工工日		小计							97.85	430.64		24.46	11.75
1.24 工日		未计价材料费											
清单项目综合单价									564.69				

材料费明细	主要材料名称、规格、型号	单位	数量	单价(元)	合价(元)	暂估单价(元)	暂估合价(元)
	商品混凝土 C20(非泵送)粒径≤20mm	m^3	1.019	405.00	412.65		
	塑料薄膜	m^2	9.120	0.86	7.84		
	水	m^3	3.057	3.32	10.15		
	其他材料费			—		—	
	材料费小计			—	430.64	—	

项目编码	010407001003	项目名称	其他构件	计量单位	m^2

清单综合单价组成明细

定额编号	定额名称	定额单位	数量	单价					合价				
				人工费	材料费	机械费	管理费	利润	人工费	材料费	机械费	管理费	利润
1-98	平整场地	$10m^2$	0.1	42.18			10.55	5.06	4.22			1.06	0.51
1-99	地面原土打底夯	$10m^2$	0.1	7.40		1.12	2.13	1.02	0.74		0.11	0.21	0.10
5-210	C15 现浇台阶(泵送商品混凝土)	$10m^2$ 水平投影面积	0.1	77.42	652.03	54.31	32.93	15.81	7.74	65.20	5.43	3.29	1.58
综合人工工日		小计							12.70	65.20	5.54	4.56	2.19
0.17 工日		未计价材料费											
清单项目综合单价									90.19				

材料费明细	主要材料名称、规格、型号	单位	数量	单价(元)	合价(元)	暂估单价(元)	暂估合价(元)
	商品混凝土 C15(泵送)	m^3	0.164	390.00	63.88		
	塑料薄膜	m^2	0.620	0.86	0.53		
	水	m^3	0.225	3.32	0.75		
	泵管摊销费	元	0.041	1.00	0.04		
	其他材料费			—		—	
	材料费小计			—	65.20	—	

项目编码	010407002001	项目名称	散水、坡道（坡道）	计量单位	m^2

清单综合单价组成明细

定额编号	定额名称	定额单位	数量	单价					合价				
				人工费	材料费	机械费	管理费	利润	人工费	材料费	机械费	管理费	利润
12-173 备注 1	C15 混凝土大门斜坡	$10m^2$ 水平投影面积	0.1	359.45	607.53	12.94	93.10	44.69	35.95	60.75	1.29	9.31	4.47
综合人工工日		小计							35.95	60.75	1.29	9.31	4.47
0.46 工日		未计价材料费											
清单项目综合单价									111.77				

（续）

	主要材料名称、规格、型号	单位	数量	单价（元）	合价（元）	暂估单价（元）	暂估合价（元）
材料费明细	中砂	t	0.111	82.00	9.08		
	碎石 5～16mm	t	0.023	102.10	2.35		
	碎石 5～20mm	t	0.099	102.00	10.07		
	碎石 5～40mm	t	0.251	102.00	25.60		
	水泥 42.5 级	kg	39.150	0.33	12.92		
	草袋子 1m×0.7m	m^2	0.245	1.43	0.35		
	水	m^3	0.118	3.32	0.39		
	其他材料费			—	-0.01	—	
	材料费小计			—	60.75	—	

项目编码	010416001001	项目名称	现浇混凝土钢筋	计量单位	t

清单综合单价组成明细

定额编号	定额名称	定额单位	数量	单价 人工费	单价 材料费	单价 机械费	单价 管理费	单价 利润	合价 人工费	合价 材料费	合价 机械费	合价 管理费	合价 利润
4-1	现浇混凝土构件钢筋 Φ12mm 内	t	1	#######	#######	95.27	274.84	131.92	#######	#######	95.27	274.84	131.92
综合人工工日 12.71 工日		小计							#######	#######	95.27	274.84	131.92
		未计价材料费											
清单项目综合单价									5 691.86				

	主要材料名称、规格、型号	单位	数量	单价（元）	合价（元）	暂估单价（元）	暂估合价（元）
材料费明细	Φ12mm 以内 HPB300 级钢筋	t	1.020	4 050.00	4 131.00		
	电焊条	kg	1.860	8.00	14.88		
	镀锌铁丝 22 号	kg	6.850	5.80	39.73		
	水	m^3	0.040	3.32	0.13		
	其他材料费			—		—	
	材料费小计			—	4 185.74	—	

项目编码	010416001002	项目名称	现浇混凝土钢筋	计量单位	t

清单综合单价组成明细

定额编号	定额名称	定额单位	数量	单价 人工费	单价 材料费	单价 机械费	单价 管理费	单价 利润	合价 人工费	合价 材料费	合价 机械费	合价 管理费	合价 利润
4-1	现浇混凝土构件钢筋 Φ12mm 内	t	1	#######	#######	95.27	274.84	131.92	#######	#######	95.27	274.84	131.92
综合人工工日 12.71 工日		小计							#######	#######	95.27	274.84	131.92
		未计价材料费											
清单项目综合单价									5 589.86				

	主要材料名称、规格、型号	单位	数量	单价（元）	合价（元）	暂估单价（元）	暂估合价（元）
材料费明细	Φ12mm 以内 HRB335 级钢筋	t	1.020	3 950.00	4 029.00		
	电焊条	kg	1.860	8.00	14.88		
	镀锌铁丝 22 号	kg	6.850	5.80	39.73		
	水	m^3	0.040	3.32	0.13		
	其他材料费			—		—	
	材料费小计			—	4 083.74	—	

（续）

项目编码	010416001003	项目名称			现浇混凝土钢筋		计量单位		t				
清单综合单价组成明细													
定额编号	定额名称	定额单位	数量	单价					合价				
				人工费	材料费	机械费	管理费	利润	人工费	材料费	机械费	管理费	利润
4-2	现浇混凝土构件钢筋 Φ25mm 内	t	1	504. 81	#######	142. 13	161. 74	77. 63	504. 81	#######	142. 13	161. 74	77. 63
综合人工工日		小计							504. 81	#######	142. 13	161. 74	77. 63
6. 39 工日		未计价材料费											
清单项目综合单价									5 003. 98				

材料费明细	主要材料名称、规格、型号	单位	数量	单价（元）	合价（元）	暂估单价（元）	暂估合价（元）
	Φ25mm 以内 HRB335 级钢筋	t	1. 020	3 950. 00	4 029. 00		
	电焊条	kg	9. 620	8. 00	76. 96		
	镀锌铁丝 22 号	kg	1. 950	5. 80	11. 31		
	水	m³	0. 120	3. 32	0. 40		
	其他材料费				—		—
	材料费小计			—	4 117. 67	—	

项目编码	010416001004	项目名称			现浇混凝土钢筋		计量单位		t				
清单综合单价组成明细													
定额编号	定额名称	定额单位	数量	单价					合价				
				人工费	材料费	机械费	管理费	利润	人工费	材料费	机械费	管理费	利润
4-2	现浇混凝土构件钢筋 Φ6 ~ 10mmHRB400 级钢筋	t	1	504. 81	#######	142. 13	161. 74	77. 63	504. 81	#######	142. 13	161. 74	77. 63
综合人工工日		小计							504. 81	#######	142. 13	161. 74	77. 63
6. 39 工日		未计价材料费											
清单项目综合单价									5 207. 98				

材料费明细	主要材料名称、规格、型号	单位	数量	单价（元）	合价（元）	暂估单价（元）	暂估合价（元）
	Φ6 ~ 10mm HRB400 级钢筋	t	1. 020	4 150. 00	4 233. 00		
	电焊条	kg	9. 620	8. 00	76. 96		
	镀锌铁丝 22 号	kg	1. 950	5. 80	11. 31		
	水	m³	0. 120	3. 32	0. 40		
	其他材料费				—		—
	材料费小计			—	4 321. 67	—	

项目编码	010416001005	项目名称			现浇混凝土钢筋		计量单位		t				
清单综合单价组成明细													
定额编号	定额名称	定额单位	数量	单价					合价				
				人工费	材料费	机械费	管理费	利润	人工费	材料费	机械费	管理费	利润
4-2	现浇混凝土构件钢筋 Φ12 ~ 22mmHRB400 级钢筋	t	1	504. 81	#######	142. 13	161. 74	77. 63	504. 81	#######	142. 13	161. 74	77. 63
综合人工工日		小计							504. 81	#######	142. 13	161. 74	77. 63
6. 39 工日		未计价材料费											
清单项目综合单价									5 156. 98				

（续）

	主要材料名称、规格、型号	单位	数量	单价（元）	合价（元）	暂估单价（元）	暂估合价（元）
材料费明细	Φ12～22mm HRB400 级钢筋	t	1.020	4 100.00	4 182.00		
	电焊条	kg	9.620	8.00	76.96		
	镀锌铁丝 22 号	kg	1.950	5.80	11.31		
	水	m^3	0.120	3.32	0.40		
	其他材料费			—		—	
	材料费小计			—	4 270.67	—	

项目编码	010416001006	项目名称	现浇混凝土钢筋	计量单位	t

清单综合单价组成明细

定额编号	定额名称	定额单位	数量	单价					合价				
				人工费	材料费	机械费	管理费	利润	人工费	材料费	机械费	管理费	利润
4-4	刚性屋面钢筋	t	1	#######	#######	51.36	360.24	172.92	#######	#######	51.36	360.24	172.92
综合人工工日		小计							#######	#######	51.36	360.24	172.92
17.59 工日		未计价材料费											
清单项目综合单价									6 276.15				

	主要材料名称、规格、型号	单位	数量	单价（元）	合价（元）	暂估单价（元）	暂估合价（元）
材料费明细	冷拔钢丝 Φ4mm	t	1.020	4 150.00	4 233.00		
	镀锌铁丝 22 号	kg	11.900	5.80	69.02		
	其他材料费			—		—	
	材料费小计			—	4 302.02	—	

项目编码	010416001007	项目名称	现浇混凝土钢筋	计量单位	t

清单综合单价组成明细

定额编号	定额名称	定额单位	数量	单价					合价				
				人工费	材料费	机械费	管理费	利润	人工费	材料费	机械费	管理费	利润
4-25	砌体、板缝内加固钢筋（不绑扎）	t	1	#######	#######	57.02	432.76	207.72	#######	#######	57.02	432.76	207.72
综合人工工日		小计							#######	#######	57.02	432.76	207.72
21.19 工日		未计价材料费											
清单项目综合单价									6 502.51				

	主要材料名称、规格、型号	单位	数量	单价（元）	合价（元）	暂估单价（元）	暂估合价（元）
材料费明细	Φ12mm 以内 HPB300 级钢筋	t	1.020	4 050.00	4 131.00		
	其他材料费			—		—	
	材料费小计			—	4 131.00	—	

项目编码	010416001008	项目名称	现浇混凝土钢筋	计量单位	个

清单综合单价组成明细

定额编号	定额名称	定额单位	数量	单价					合价				
				人工费	材料费	机械费	管理费	利润	人工费	材料费	机械费	管理费	利润
4-28	电渣压力焊	每10个接头	0.1	90.06	9.25	50.73	35.20	16.89	9.01	0.93	5.07	3.52	1.69
综合人工工日		小计							9.01	0.93	5.07	3.52	1.69
0.11 工日		未计价材料费											
清单项目综合单价									20.20				

（续）

	主要材料名称、规格、型号	单位	数量	单价（元）	合价（元）	暂估单价（元）	暂估合价（元）
材料费明细	Φ25mm 以内 HRB335 级钢筋	t	0.000	3 950.00	0.40		
	电焊条	kg	−0.151	8.00	−1.21		
	焊剂	kg	0.435	3.33	1.45		
	石棉板	m^2	0.020	4.47	0.09		
	水	m^3	−0.002	3.32	−0.01		
	其他材料费	元	0.128	1.00	0.13		
	其他材料费			—	0.08	—	
	材料费小计			—	0.93	—	

项目编码	010503004001	项目名称	其他木构件	计量单位	m^2

清单综合单价组成明细

定额编号	定额名称	定额单位	数量	单价 人工费	单价 材料费	单价 机械费	单价 管理费	单价 利润	合价 人工费	合价 材料费	合价 机械费	合价 管理费	合价 利润
17-65	方形木盖板	$10m^2$	0.1	206.64	#######	6.84	53.37	25.62	20.66	106.03	0.68	5.34	2.56
15-325	木材面包镀锌铁皮	$10m^2$ 展开面积	0.185 714	129.56	289.76		32.39	15.55	24.06	53.81		6.02	2.89
综合人工工日		小计							44.72	159.84	0.68	11.36	5.45
0.55 工日		未计价材料费											
清单项目综合单价									222.09				

	主要材料名称、规格、型号	单位	数量	单价（元）	合价（元）	暂估单价（元）	暂估合价（元）
材料费明细	普通成材	m^3	0.055	1 900.00	104.69		
	镀锌铁皮 26 号	m^2	1.987	27.00	53.65		
	铁钉	kg	0.314	4.78	1.50		
	其他材料费			—		—	
	材料费小计			—	159.84	—	

项目编码	010606008001	项目名称	钢梯	计量单位	t

清单综合单价组成明细

定额编号	定额名称	定额单位	数量	单价 人工费	单价 材料费	单价 机械费	单价 管理费	单价 利润	合价 人工费	合价 材料费	合价 机械费	合价 管理费	合价 利润
16-260	其他金属面调和漆二遍	t	1	162.36	86.80		40.59	19.48	162.36	86.80		40.59	19.48
6-25	钢梯子制作爬式	t	1	#######	#######	#######	652.38	313.14	#######	#######	#######	652.38	313.14
综合人工工日		小计							#######	#######	#######	692.97	332.62
20.88 工日		未计价材料费											
清单项目综合单价									9 089.16				

	主要材料名称、规格、型号	单位	数量	单价（元）	合价（元）	暂估单价（元）	暂估合价（元）
材料费明细	型钢	t	1.050	4 648.00	4 880.40		
	电焊条	kg	24.990	8.00	199.92		
	调和漆	kg	6.320	13.00	82.16		
	防锈漆（铁红）	kg	5.800	12.50	72.50		
	油漆溶剂油	kg	2.160	5.18	11.19		
	白布	m^2	0.030	4.66	0.14		
	砂纸	张	3.000	0.36	1.08		
	氧气	m^3	3.080	2.47	7.61		
	乙炔气	m^3	1.340	20.00	26.80		
	其他材料费	元	9.900	1.00	9.90		
	其他材料费			—		—	
	材料费小计			—	5 291.70	—	

（续）

项目编码		010702001001		项目名称			屋面卷材防水			计量单位		m²	
清单综合单价组成明细													
定额编号	定额名称	定额单位	数量	单价					合价				
				人工费	材料费	机械费	管理费	利润	人工费	材料费	机械费	管理费	利润
12-15	水泥砂浆找平层（20mm）混凝土或硬基层上	10m²	0.100001	55.30	54.28	4.77	15.02	7.21	5.53	5.43	0.48	1.50	0.72
12－18＋[12－19]×10.8	泡沫混凝土找平层94.0mm	10m²	0.092459	137.77	83.05	10.47	37.06	17.79	12.74	7.68	0.97	3.43	1.64
9－33	双层SBS改性沥青防水卷材热熔满铺法	10m²	0.100001	76.63	808.05		19.16	9.20	7.66	80.81		1.92	0.92
综合人工工日			小计						25.93	93.92	1.45	6.85	3.28
0.33工日			未计价材料费										
清单项目综合单价									131.43				

	主要材料名称、规格、型号	单位	数量	单价（元）	合价（元）	暂估单价（元）	暂估合价（元）
材料费明细	中砂	t	0.033	82.00	2.67		
	水泥42.5级	kg	30.133	0.33	9.94		
	钢压条	kg	0.052	4.65	0.24		
	钢钉	kg	0.003	12.94	0.04		
	石油液化气	kg	0.104	4.00	0.42		
	APP及SBS基层处理剂	kg	0.355	4.60	1.63		
	SBS封口油膏	kg	0.110	7.50	0.83		
	SBS聚酯胎乙烯膜卷材厚度3mm	m²	2.350	33.00	77.55		
	氢氧化钠	kg	0.006	2.38	0.01		
	水	m³	0.079	3.32	0.26		
	水胶	kg	0.031	4.28	0.13		
	松香	kg	0.017	5.13	0.09		
	其他材料费	元	0.100	1.00	0.10		
	其他材料费			—	0.01	—	
	材料费小计			—	93.92	—	

项目编码		010702003001		项目名称			屋面刚性防水			计量单位		m²	
清单综合单价组成明细													
定额编号	定额名称	定额单位	数量	单价					合价				
				人工费	材料费	机械费	管理费	利润	人工费	材料费	机械费	管理费	利润
9-72	C20细石混凝土防水屋面有分格缝40mm	10m²	0.100001	159.58	191.05	4.43	41.00	19.68	15.96	19.11	0.44	4.10	1.97
综合人工工日			小计						15.96	19.11	0.44	4.10	1.97
0.20工日			未计价材料费										
清单项目综合单价									41.59				

（续）

	主要材料名称、规格、型号	单位	数量	单价（元）	合价（元）	暂估单价（元）	暂估合价（元）
材料费明细	细砂	t	0.003	82.00	0.25		
	中砂	t	0.029	82.00	2.35		
	碎石 5 ~ 16mm	t	0.049	102.10	5.03		
	水泥 42.5 级	kg	16.322	0.33	5.39		
	周转木材	m^3	0.000	2 250.00	0.23		
	铁钉	kg	0.005	4.78	0.02		
	石油沥青油毡 350 号	m^2	1.050	2.50	2.63		
	高强 APP 嵌缝膏	kg	0.369	8.17	3.01		
	水	m^3	0.061	3.32	0.20		
	其他材料费			—		—	
	材料费小计			—	19.11	—	

项目编码	010702004001	项目名称	屋面排水管	计量单位	m

清单综合单价组成明细

定额编号	定额名称	定额单位	数量	单价					合价				
				人工费	材料费	机械费	管理费	利润	人工费	材料费	机械费	管理费	利润
9-188	UPVC 水落管 Φ110mm	10m	0.1	36.34	213.98		9.09	4.36	3.63	21.40		0.91	0.44
9-190	PVC 水斗 Φ110mm	10 只	0.009 009	30.02	243.48		7.51	3.60	0.27	2.19		0.07	0.03
9-201	女儿墙铸铁弯头落水口	10 个	0.009 009	144.57	639.03		36.14	17.35	1.30	5.76		0.33	0.16
综合人工工日		小计							5.20	29.35		1.31	0.63
0.07 工日		未计价材料费											
清单项目综合单价									36.50				

	主要材料名称、规格、型号	单位	数量	单价（元）	合价（元）	暂估单价（元）	暂估合价（元）
材料费明细	铸铁弯头出水口	套	0.091	63.27	5.76		
	UPVC 束接 Φ110mm	只	0.366	4.18	1.53		
	塑料抱箍（UPVC）Φ110mm	副	1.152	3.52	4.05		
	塑料水斗（UPVC 水斗）Φ110mm	只	0.092	15.96	1.47		
	塑料弯头（UPVC）Φ110mm 135°	只	0.057	8.17	0.47		
	增强塑料水管（UPVC 水管）Φ110mm	m	1.020	15.60	15.91		
	胶水	kg	0.020	7.98	0.16		
	其他材料费			—		—	
	材料费小计			—	29.35	—	

项目编码	010703001001	项目名称	卷材防水（挑檐）	计量单位	m^2

清单综合单价组成明细

定额编号	定额名称	定额单位	数量	单价					合价				
				人工费	材料费	机械费	管理费	利润	人工费	材料费	机械费	管理费	利润
12-15	水泥砂浆找平层（20mm）混凝土或硬基层上	$10m^2$	0.099 997	55.30	54.28	4.77	15.02	7.21	5.53	5.43	0.48	1.50	0.72
9-32	单层 SBS 改性沥青防水卷材热熔满铺法	$10m^2$	0.099 997	57.67	439.37		14.42	6.92	5.77	43.94		1.44	0.69
综合人工工日		小计							11.30	49.37	0.48	2.94	1.41
0.14 工日		未计价材料费											
清单项目综合单价									65.50				

（续）

	主要材料名称、规格、型号	单位	数量	单价（元）	合价（元）	暂估单价（元）	暂估合价（元）
材料费明细	中砂	t	0.033	82.00	2.67		
	水泥 42.5 级	kg	8.241	0.33	2.72		
	钢压条	kg	0.052	4.65	0.24		
	钢钉	kg	0.003	12.94	0.04		
	石油液化气	kg	0.052	4.00	0.21		
	APP 及 SBS 基层处理剂	kg	0.355	4.60	1.63		
	SBS 封口油膏	kg	0.062	7.50	0.47		
	SBS 聚酯胎乙烯膜卷材厚度 3mm	m^2	1.250	33.00	41.25		
	水	m^3	0.012	3.32	0.04		
	其他材料费	元	0.100	1.00	0.10		
	其他材料费			—		—	
	材料费小计			—	49.37	—	

项目编码	010803001001	项目名称	保温隔热屋面	计量单位	m^2

清单综合单价组成明细

定额编号	定额名称	定额单位	数量	单价					合价				
				人工费	材料费	机械费	管理费	利润	人工费	材料费	机械费	管理费	利润
9-216	屋面楼地面保温隔热聚苯乙烯泡沫板	m^3	0.040 002	361.03	#######		90.26	43.32	14.44	74.59		3.61	1.73
12-16	水泥砂浆找平层（20mm）在填充材料上	$10m^2$	0.100 001	69.52	77.35	6.09	18.90	9.07	6.95	7.74	0.61	1.89	0.91
综合人工工日			小计						21.39	82.33	0.61	5.50	2.64
0.27 工日			未计价材料费										
清单项目综合单价									112.47				

	主要材料名称、规格、型号	单位	数量	单价（元）	合价（元）	暂估单价（元）	暂估合价（元）
材料费明细	中砂	t	0.041	82.00	3.35		
	水泥 42.5 级	kg	10.323	0.33	3.41		
	木柴	kg	0.428	0.35	0.15		
	汽油	kg	2.332	9.89	23.06		
	石油沥青 30 号	kg	4.669	5.25	24.51		
	聚苯乙烯泡沫板	m^3	0.041	640.00	26.11		
	石棉粉	kg	0.240	0.68	0.16		
	防水剂	kg	0.620	1.52	0.94		
	煤	kg	0.860	0.68	0.58		
	水	m^3	0.014	3.32	0.05		
	其他材料费			—	0.01	—	
	材料费小计			—	82.33	—	

项目编码	020101001001	项目名称	水泥砂浆楼地面	计量单位	m^2

清单综合单价组成明细

定额编号	定额名称	定额单位	数量	单价					合价				
				人工费	材料费	机械费	管理费	利润	人工费	材料费	机械费	管理费	利润
12-15	水泥砂浆找平层（20mm）混凝土或硬基层上	$10m^2$	0.1	55.30	54.28	4.77	15.02	7.21	5.53	5.43	0.48	1.50	0.72

（续）

项目编码	020101001001	项目名称	水泥砂浆楼地面	计量单位	m²

清单综合单价组成明细

定额编号	定额名称	定额单位	数量	单价					合价				
				人工费	材料费	机械费	管理费	利润	人工费	材料费	机械费	管理费	利润
12-22 + [12-23] × -2	水泥砂浆楼地面10mm	10m²	0.1	52.93	31.74	2.39	13.83	6.64	5.29	3.17	0.24	1.38	0.66
综合人工工日		小计							10.82	8.60	0.72	2.88	1.38
0.14工日		未计价材料费											
清单项目综合单价									24.40				

材料费明细	主要材料名称、规格、型号	单位	数量	单价（元）	合价（元）	暂估单价（元）	暂估合价（元）
	中砂	t	0.047	82.00	3.86		
	水泥42.5级	kg	13.812	0.33	4.56		
	水	m³	0.053	3.32	0.18		
	其他材料费			—		—	
	材料费小计			—	8.60	—	

项目编码	020102002001	项目名称	块料楼地面	计量单位	m²

清单综合单价组成明细

定额编号	定额名称	定额单位	数量	单价					合价				
				人工费	材料费	机械费	管理费	利润	人工费	材料费	机械费	管理费	利润
1-99	地面原土打底夯实	10m²	0.100 001	7.40		1.12	2.13	1.02	0.74		0.11	0.21	0.10
2-111	碎砖干铺垫层	m³	0.029 999	42.18	77.18	1.31	10.87	5.22	1.27	2.32	0.04	0.33	0.16
2-122	C15商品混凝土非泵送无筋垫层	m³	0.040 002	59.25	387.36	1.06	15.08	7.24	2.37	15.50	0.04	0.60	0.29
2-122	泡沫混凝土垫层	m³	0.210 003	59.25	173.16	1.06	15.08	7.24	12.44	36.36	0.22	3.17	1.52
12-18	细石混凝土找平层40mm	10m²	0.100 001	69.52	129.22	4.56	18.52	8.89	6.95	12.92	0.46	1.85	0.89
4-1	现浇混凝土构件钢筋Φ12mm内	t	0.00 132	#######	#######	95.27	274.84	131.92	1.33	5.53	0.13	0.36	0.17
12-94	600mm×600mm地砖楼地面（水泥砂浆）	10m²	0.100 001	289.46	301.06	3.52	73.25	35.16	28.95	30.11	0.35	7.33	3.52
综合人工工日		小计							54.05	102.74	1.35	13.85	6.65
0.67工日		未计价材料费											
清单项目综合单价									178.61				

材料费明细	主要材料名称、规格、型号	单位	数量	单价（元）	合价（元）	暂估单价（元）	暂估合价（元）
	中砂	t	0.069	82.00	5.63		
	碎石5～16mm	t	0.049	102.10	5.03		
	炉（矿）渣	m³	0.002	45.00	0.09		
	碎砖	t	0.050	45.00	2.23		
	同质地砖600mm×600mm	块	2.900			7.52	21.81

（续）

材料费明细	白水泥					kg	0.100		0.81	0.08			
	水泥 42.5 级					kg	134.645		0.33	44.43			
	商品混凝土 C15（非泵送）					m^3	0.041		380.00	15.43			
	锯（木）屑					m^3	0.006		10.45	0.06			
	Φ 12mm 以内 HPB300 级钢筋					t	0.001		4 050.00	5.27			
	电焊条					kg	0.003		8.00	0.02			
	镀锌铁丝 22 号					kg	0.009		5.80	0.05			
	合金钢切割锯片					片	0.003		54.00	0.14			
	棉纱头					kg	0.010		10.71	0.11			
	氢氧化钠					kg	0.030		2.38	0.07			
	水					m^3	0.208		3.32	0.69			
	水胶					kg	0.149		4.28	0.64			
	松香					kg	0.081		5.13	0.42			
	其他材料费					元	0.360		1.00	0.36			
	其他材料费								—	0.18	—		
	材料费小计								—	80.93	—		21.81
项目编码		020105001001		项目名称		水泥砂浆踢脚线			计量单位		m^2		
清单综合单价组成明细													
定额编号	定额名称	定额单位	数量	单价					合价				
				人工费	材料费	机械费	管理费	利润	人工费	材料费	机械费	管理费	利润
省补 13-16	刷界面剂	10m^2	0.100 002	21.33	14.33		5.33	2.56	2.13	1.43		0.53	0.26
12-27	水泥砂浆踢脚线	10m	0.500 013	37.92	67.38	0.95	9.72	4.66	18.96	33.69	0.48	4.86	2.33
综合人工工日 0.27 工日		小计							21.09	35.12	0.48	5.39	2.59
		未计价材料费											
清单项目综合单价									64.68				
材料费明细	主要材料名称、规格、型号					单位	数量		单价（元）	合价（元）	暂估单价（元）		暂估合价（元）
	中砂					t	0.186		82.00	15.24			
	水泥 42.5 级					kg	55.264		0.33	18.24			
	界面剂（混凝土面）					kg	1.290		1.10	1.42			
	水					m^3	0.069		3.32	0.23			
	其他材料费								—	-0.01	—		
	材料费小计								—	35.12	—		
项目编码		020106003001		项目名称		水泥砂浆楼梯面			计量单位		m^2		
清单综合单价组成明细													
定额编号	定额名称	定额单位	数量	单价					合价				
				人工费	材料费	机械费	管理费	利润	人工费	材料费	机械费	管理费	利润
12-24	水泥砂浆楼梯 10m^2 水平投影面积	10m^2	0.099 998	526.14	114.31	8.95	133.77	64.21	52.61	11.43	0.89	13.38	6.42
综合人工工日 0.67 工日		小计							52.61	11.43	0.89	13.38	6.42
		未计价材料费											
清单项目综合单价									84.75				

（续）

材料费明细	主要材料名称、规格、型号	单位	数量	单价（元）	合价（元）	暂估单价（元）	暂估合价（元）
	中砂	t	0.055	82.00	4.52		
	水泥 42.5 级	kg	20.269	0.33	6.69		
	水	m^3	0.067	3.32	0.22		
	其他材料费			—		—	
	材料费小计			—	11.43	—	

项目编码	020107001001	项目名称	金属栏杆（空调搁板处）	计量单位	m

清单综合单价组成明细

定额编号	定额名称	定额单位	数量	单价					合价				
				人工费	材料费	机械费	管理费	利润	人工费	材料费	机械费	管理费	利润
D00001	成品铸铁栏杆镀金黄色	m	1		120.00					120.00			
综合人工工日		小计								120.00			
工日		未计价材料费											
清单项目综合单价									120.00				

材料费明细	主要材料名称、规格、型号	单位	数量	单价（元）	合价（元）	暂估单价（元）	暂估合价（元）
	成品铸铁栏杆镀金黄色	m	1.000	120.00	120.00		
	其他材料费			—		—	
	材料费小计			—	120.00	—	

项目编码	020107001002	项目名称	金属栏杆（屋顶女儿墙上）	计量单位	m

清单综合单价组成明细

定额编号	定额名称	定额单位	数量	单价					合价				
				人工费	材料费	机械费	管理费	利润	人工费	材料费	机械费	管理费	利润
D00002	Φ76mm 不锈钢钢管装饰栏杆	m	1		145.00					145.00			
综合人工工日		小计								145.00			
工日		未计价材料费											
清单项目综合单价									145.00				

材料费明细	主要材料名称、规格、型号	单位	数量	单价（元）	合价（元）	暂估单价（元）	暂估合价（元）
	Φ76mm 不锈钢钢管装饰栏杆	m	1.000	145.00	145.00		
	其他材料费			—		—	
	材料费小计			—	145.00	—	

项目编码	020107001003	项目名称	金属扶手带栏杆、栏板（底层坡道处）	计量单位	m

清单综合单价组成明细

定额编号	定额名称	定额单位	数量	单价					合价				
				人工费	材料费	机械费	管理费	利润	人工费	材料费	机械费	管理费	利润
12-158	不锈钢管栏杆不锈钢管扶手	10m	0.1	569.08	#######	195.52	191.15	91.75	56.91	299.79	19.55	19.12	9.18
综合人工工日		小计							56.91	299.79	19.55	19.12	9.18
0.69 工日		未计价材料费											
清单项目综合单价									404.55				

（续）

	主要材料名称、规格、型号	单位	数量	单价（元）	合价（元）	暂估单价（元）	暂估合价（元）
材料费明细	镜面不锈钢管 Φ31.8mm×1.2mm	m	5.693	20.72	117.96		
	镜面不锈钢管 Φ63.5mm×1.5mm	m	1.060	51.80	54.91		
	镜面不锈钢管 Φ76.2mm×1.5mm	m	1.060	62.41	66.15		
	不锈钢盖 Φ63	只	5.771	4.20	24.24		
	不锈钢焊丝 1Cr18Ni9Ti	kg	0.143	47.70	6.82		
	钨棒	kg	0.058	380.00	22.04		
	环氧树脂 618	kg	0.150	27.40	4.11		
	氩气	m^3	0.403	8.84	3.56		
	其他材料费			—		—	
	材料费小计			—	299.79	—	

项目编码	020107002001	项目名称	硬木扶手带栏杆、栏板	计量单位	m

清单综合单价组成明细

定额编号	定额名称	定额单位	数量	单价					合价				
				人工费	材料费	机械费	管理费	利润	人工费	材料费	机械费	管理费	利润
12-162	型钢栏杆木扶手制作安装	10m	0.099988	668.30	681.92	330.66	249.74	119.88	66.82	68.18	33.06	24.97	11.99
16-15	木扶手底油一遍磁漆一遍刮腻子调和漆二遍	10m	0.099988	54.12	8.83		13.53	6.49	5.41	0.88		1.35	0.65
16-260	其他金属面调和漆二遍	t	0.010596	162.36	86.80		40.59	19.48	1.72	0.92		0.43	0.21
综合人工工日		小计							73.95	69.98	33.06	26.75	12.85
0.90 工日		未计价材料费											
清单项目综合单价									216.59				

	主要材料名称、规格、型号	单位	数量	单价（元）	合价（元）	暂估单价（元）	暂估合价（元）
材料费明细	硬木成材	m^3	0.010	2 250.00	21.38		
	扁钢 -30×4～50×5	kg	4.779	4.65	22.21		
	圆钢 Φ15～24mm	kg	5.438	4.05	22.03		
	电焊条	kg	0.250	8.00	2.00		
	木螺钉	百只	0.104	5.50	0.57		
	醇酸磁漆	kg	0.020	22.00	0.44		
	调和漆	kg	0.067	13.00	0.87		
	酚醛清漆各色	kg	0.002	15.50	0.03		
	酚醛无光调和漆（底漆）	kg	0.048	6.65	0.32		
	油漆溶剂油	kg	0.018	5.18	0.09		
	石膏粉 325 目	kg	0.005	1.25	0.01		
	白布	m^2	0.001	4.66	0.01		
	砂纸	张	0.082	0.36	0.03		
	醇酸漆稀释剂 X6	kg	0.001	6.94	0.01		
	其他材料费			—	-0.02	—	
	材料费小计			—	69.98	—	

（续）

项目编码	020108002001		项目名称		块料台阶面			计量单位			m²		
清单综合单价组成明细													
定额编号	定额名称	定额单位	数量	单价					合价				
				人工费	材料费	机械费	管理费	利润	人工费	材料费	机械费	管理费	利润
12-101	地砖台阶（水泥砂浆）	10m²	0.099 983	501.84	361.44	14.60	129.11	61.97	50.18	36.14	1.46	12.91	6.20
综合人工工日		小计							50.18	36.14	1.46	12.91	6.20
0.61工日		未计价材料费											
清单项目综合单价									106.88				

	主要材料名称、规格、型号	单位	数量	单价（元）	合价（元）	暂估单价（元）	暂估合价（元）
材料费明细	中砂	t	0.040	82.00	3.28		
	同质地砖300mm×300mm	块	11.698			2.35	27.49
	白水泥	kg	0.100	0.81	0.08		
	水泥42.5级	kg	12.597	0.33	4.16		
	锯（木）屑	m³	0.006	10.45	0.06		
	合金钢切割锯片	片	0.009	54.00	0.49		
	棉纱头	kg	0.010	10.71	0.11		
	水	m³	0.034	3.32	0.11		
	其他材料费	元	0.360	1.00	0.36		
	其他材料费			—		—	
	材料费小计			—	8.65	—	27.49

项目编码	020109004001		项目名称		水泥砂浆零星项目			计量单位			m²		
清单综合单价组成明细													
定额编号	定额名称	定额单位	数量	单价					合价				
				人工费	材料费	机械费	管理费	利润	人工费	材料费	机械费	管理费	利润
13-20	阳台雨篷抹水泥砂浆	10m²水平投影面积	0.1	647.01	151.25	12.53	164.89	79.14	64.70	15.13	1.25	16.49	7.91
综合人工工日		小计							64.70	15.13	1.25	16.49	7.91
0.82工日		未计价材料费											
清单项目综合单价									105.48				

	主要材料名称、规格、型号	单位	数量	单价（元）	合价（元）	暂估单价（元）	暂估合价（元）
材料费明细	中砂	t	0.075	82.00	6.13		
	石灰膏	m³	0.005	265.00	1.35		
	水泥42.5级	kg	22.232	0.33	7.34		
	纸筋	kg	0.194	0.68	0.13		
	801胶	kg	0.015	2.00	0.03		
	水	m³	0.042	3.32	0.14		
	其他材料费			—	0.01	—	
	材料费小计			—	15.13	—	

（续）

项目编码		020201001001		项目名称		墙面一般抹灰			计量单位			m²	
清单综合单价组成明细													
定额编号	定额名称	定额单位	数量	单价					合价				
				人工费	材料费	机械费	管理费	利润	人工费	材料费	机械费	管理费	利润
省补13-22	专用界面砂浆混凝土墙面	10m²	0.1	17.38	28.42		4.35	2.09	1.74	2.84		0.44	0.21
省补13-26	热镀锌钢丝网	10m²	0.1	53.72	117.11	4.12	14.46	6.94	5.37	11.71	0.41	1.45	0.69
省补13-27	8mm厚聚合物砂浆1或2遍	10m²	0.1	81.37	60.14	2.03	20.85	10.01	8.14	6.01	0.20	2.09	1.00
综合人工工日			小计						15.25	20.56	0.61	3.98	1.90
0.19工日			未计价材料费										
清单项目综合单价									42.32				

材料费明细	主要材料名称、规格、型号	单位	数量	单价（元）	合价（元）	暂估单价（元）	暂估合价（元）
	细砂	t	0.001	82.00	0.08		
	中砂	t	0.009	82.00	0.71		
	水泥42.5级	kg	3.598	0.37	1.33		
	钢板网（钢丝网）0.8mm	m²	1.100	7.00	7.70		
	镀锌铁丝U型卡	只	1.400	0.10	0.14		
	合金钢钻头一字型	个	0.049	19.00	0.93		
	塑料膨胀螺栓 $\Phi10$	百套	0.049	60.00	2.94		
	1:3聚合物砂浆	kg	2.580	1.69	4.35		
	专用界面剂	kg	0.662	3.60	2.38		
	水	m³	0.002	3.32	0.01		
	其他材料费			—	-0.01	—	
	材料费小计			—	20.56	—	

项目编码		020201001002		项目名称		墙面一般抹灰			计量单位			m²	
清单综合单价组成明细													
定额编号	定额名称	定额单位	数量	单价					合价				
				人工费	材料费	机械费	管理费	利润	人工费	材料费	机械费	管理费	利润
省补13-17	刷界面剂	10m²	0.1	19.75	19.04		4.94	2.37	1.98	1.90		0.49	0.24
省补13-26	热镀锌钢丝网	10m²	0.1	53.72	117.11	4.12	14.46	6.94	5.37	11.71	0.41	1.45	0.69
13-12	砖内墙面墙裙抹水泥砂浆	10m²	0.1	121.66	77.05	5.25	31.73	15.23	12.17	7.71	0.53	3.17	1.52
综合人工工日			小计						19.52	21.32	0.94	5.11	2.45
0.25工日			未计价材料费										
清单项目综合单价									49.33				

（续）

	主要材料名称、规格、型号	单位	数量	单价（元）	合价（元）	暂估单价（元）	暂估合价（元）
材料费明细	中砂	t	0.042	82.00	3.48		
	水泥 42.5 级	kg	12.645	0.33	4.17		
	钢板网（钢丝网）0.8mm	m^2	1.100	7.00	7.70		
	镀锌铁丝 U 型卡	只	1.400	0.10	0.14		
	合金钢钻头一字型	个	0.049	19.00	0.93		
	塑料膨胀螺栓 Φ10	百套	0.049	60.00	2.94		
	界面剂（加气混凝土面）	kg	1.714	1.10	1.89		
	水	m^3	0.022	3.32	0.07		
	其他材料费			—		—	
	材料费小计			—	21.32	—	

项目编码	020201001003	项目名称	墙面一般抹灰	计量单位	m^2

清单综合单价组成明细

定额编号	定额名称	定额单位	数量	单价 人工费	单价 材料费	单价 机械费	单价 管理费	单价 利润	合价 人工费	合价 材料费	合价 机械费	合价 管理费	合价 利润
13-12	砖内墙面墙裙抹水泥砂浆	$10m^2$	0.099 996	121.66	60.87	5.25	31.73	15.23	12.17	6.09	0.52	3.17	1.52
综合人工工日		小计							12.17	6.09	0.52	3.17	1.52
0.15 工日		未计价材料费											
清单项目综合单价									23.47				

	主要材料名称、规格、型号	单位	数量	单价（元）	合价（元）	暂估单价（元）	暂估合价（元）
材料费明细	中砂	t	0.035	82.00	2.88		
	水泥 42.5 级	kg	9.566	0.33	3.16		
	水	m^3	0.015	3.32	0.05		
	其他材料费			—		—	
	材料费小计			—	6.09	—	

项目编码	020202001001	项目名称	柱面一般抹灰（室外冷桥部位）	计量单位	m^2

清单综合单价组成明细

定额编号	定额名称	定额单位	数量	单价 人工费	单价 材料费	单价 机械费	单价 管理费	单价 利润	合价 人工费	合价 材料费	合价 机械费	合价 管理费	合价 利润
省补 13-22	专用界面砂浆	$10m^2$	0.099 997	17.38	28.42		4.35	2.09	1.74	2.84		0.43	0.21
省补 9-5	聚苯乙烯挤塑板厚度 25	$10m^2$	0.099 997	63.20	166.40		15.80	7.58	6.32	16.64		1.58	0.76
省补 13-26	防裂钢丝网	$10m^2$	0.099 997	53.72	117.11	4.12	14.46	6.94	5.37	11.71	0.41	1.45	0.69
省补 13-27	8mm 厚聚合物砂浆 1 或 2 遍	$10m^2$	0.099 997	81.37	60.14	2.03	20.85	10.01	8.14	6.01	0.20	2.08	1.00
综合人工工日		小计							21.57	37.20	0.61	5.54	2.66
0.27 工日		未计价材料费											
清单项目综合单价									67.59				

（续）

	主要材料名称、规格、型号	单位	数量	单价（元）	合价（元）	暂估单价（元）	暂估合价（元）
材料费明细	细砂	t	0.001	82.00	0.08		
	中砂	t	0.009	82.00	0.71		
	FWB 聚苯乙烯挤塑板	m^3	0.026	640.00	16.64		
	水泥 42.5 级	kg	3.598	0.37	1.33		
	钢板网（钢丝网）0.8mm	m^2	1.100	7.00	7.70		
	镀锌铁丝 U 型卡	只	1.400	0.10	0.14		
	合金钢钻头一字型	个	0.049	19.00	0.93		
	塑料膨胀螺栓 $\Phi10$	百套	0.049	60.00	2.94		
	1:3 聚合物砂浆	kg	2.580	1.69	4.35		
	专用界面剂	kg	0.662	3.60	2.38		
	水	m^3	0.002	3.32	0.01		
	其他材料费			—	-0.01	—	
	材料费小计			—	37.20	—	

项目编码	020202001002	项目名称	柱面一般抹灰（屋顶构架柱、梁）	计量单位	m^2

清单综合单价组成明细

定额编号	定额名称	定额单位	数量	单价					合价				
				人工费	材料费	机械费	管理费	利润	人工费	材料费	机械费	管理费	利润
13-29	矩形混凝土柱梁面抹水泥砂浆	$10m^2$	0.099 996	181.70	64.22	5.37	46.77	22.45	18.17	6.42	0.54	4.68	2.24
综合人工工日		小计							18.17	6.42	0.54	4.68	2.24
0.23 工日		未计价材料费											
清单项目综合单价									32.05				

	主要材料名称、规格、型号	单位	数量	单价（元）	合价（元）	暂估单价（元）	暂估合价（元）
材料费明细	中砂	t	0.036	82.00	2.94		
	水泥 42.5 级	kg	10.369	0.33	3.42		
	801 胶	kg	0.008	2.00	0.02		
	水	m^3	0.015	3.32	0.05		
	其他材料费			—	-0.01	—	
	材料费小计			—	6.42	—	

项目编码	020202001003	项目名称	柱面一般抹灰（室外独立柱）	计量单位	m^2

清单综合单价组成明细

定额编号	定额名称	定额单位	数量	单价					合价				
				人工费	材料费	机械费	管理费	利润	人工费	材料费	机械费	管理费	利润
13-29	矩形混凝土柱梁面抹水泥砂浆	$10m^2$	0.100 002	181.70	64.22	5.37	46.77	22.45	18.17	6.42	0.54	4.68	2.25
综合人工工日		小计							18.17	6.42	0.54	4.68	2.25
0.23 工日		未计价材料费											
清单项目综合单价									32.06				

（续）

	主要材料名称、规格、型号	单位	数量	单价（元）	合价（元）	暂估单价（元）	暂估合价（元）
材料费明细	中砂	t	0.036	82.00	2.94		
	水泥 42.5 级	kg	10.370	0.33	3.42		
	801 胶	kg	0.008	2.00	0.02		
	水	m^3	0.015	3.32	0.05		
	其他材料费			—	-0.01	—	
	材料费小计			—	6.42	—	

项目编码	020202001004	项目名称	柱面一般抹灰（室内柱面）	计量单位	m^2

清单综合单价组成明细

定额编号	定额名称	定额单位	数量	单价					合价				
				人工费	材料费	机械费	管理费	利润	人工费	材料费	机械费	管理费	利润
省补 13-16	刷界面剂混凝土面	$10m^2$	0.099 998	21.33	14.33		5.33	2.56	2.13	1.43		0.53	0.26
省补 13-26	热镀锌钢丝网	$10m^2$	0.099 998	53.72	117.11	4.12	14.46	6.94	5.37	11.71	0.41	1.45	0.69
13-29	矩形混凝土柱梁面抹水泥砂浆	$10m^2$	0.099 998	181.70	80.76	5.37	46.77	22.45	18.17	8.08	0.54	4.68	2.24
综合人工工日		小计							25.67	21.22	0.95	6.66	3.19
0.33 工日		未计价材料费											
清单项目综合单价									57.68				

	主要材料名称、规格、型号	单位	数量	单价（元）	合价（元）	暂估单价（元）	暂估合价（元）
材料费明细	中砂	t	0.043	82.00	3.53		
	水泥 42.5 级	kg	13.530	0.33	4.46		
	钢板网（钢丝网）0.8mm	m^2	1.100	7.00	7.70		
	镀锌铁丝 U 型卡	只	1.400	0.10	0.14		
	合金钢钻头一字型	个	0.049	19.00	0.93		
	塑料膨胀螺栓 $\Phi10$	百套	0.049	60.00	2.94		
	界面剂（混凝土面）	kg	1.290	1.10	1.42		
	801 胶	kg	0.008	2.00	0.02		
	水	m^3	0.021	3.32	0.07		
	其他材料费			—	0.01	—	
	材料费小计			—	21.22	—	

项目编码	020203001001	项目名称	零星项目一般抹灰	计量单位	m^2

清单综合单价组成明细

定额编号	定额名称	定额单位	数量	单价					合价				
				人工费	材料费	机械费	管理费	利润	人工费	材料费	机械费	管理费	利润
13-24	零星项目抹水泥砂浆	$10m^2$	0.100 019	259.91	60.35	5.01	66.23	31.79	26.00	6.04	0.50	6.62	3.18
综合人工工日		小计							26.00	6.04	0.50	6.62	3.18
0.33 工日		未计价材料费											
清单项目综合单价									42.35				

（续）

材料费明细	主要材料名称、规格、型号	单位	数量	单价（元）	合价（元）	暂估单价（元）	暂估合价（元）
	中砂	t	0.033	82.00	2.67		
	水泥 42.5 级	kg	10.054	0.33	3.32		
	801 胶	kg	0.004	2.00	0.01		
	水	m^3	0.015	3.32	0.05		
	其他材料费			—	-0.01	—	
	材料费小计			—	6.04	—	

项目编码	020203001002	项目名称	零星项目一般抹灰	计量单位	m^2

清单综合单价组成明细

定额编号	定额名称	定额单位	数量	单价					合价				
				人工费	材料费	机械费	管理费	利润	人工费	材料费	机械费	管理费	利润
13-21	单独门窗套窗台压顶抹水泥砂浆	$10m^2$	0.100 004	539.57	66.41	5.73	136.33	65.44	53.96	6.64	0.57	13.63	6.54
综合人工工日		小计							53.96	6.64	0.57	13.63	6.54
0.68 工日		未计价材料费											
清单项目综合单价									81.35				

材料费明细	主要材料名称、规格、型号	单位	数量	单价（元）	合价（元）	暂估单价（元）	暂估合价（元）
	中砂	t	0.036	82.00	2.98		
	水泥 42.5 级	kg	10.948	0.33	3.61		
	水	m^3	0.015	3.32	0.05		
	其他材料费			—		—	
	材料费小计			—	6.64	—	

项目编码	020203001003	项目名称	零星项目一般抹灰	计量单位	m^2

清单综合单价组成明细

定额编号	定额名称	定额单位	数量	单价					合价				
				人工费	材料费	机械费	管理费	利润	人工费	材料费	机械费	管理费	利润
13-23	遮阳板栏板抹水泥砂浆	$10m^2$	0.1	244.90	60.38	5.01	62.48	29.99	24.49	6.04	0.50	6.25	3.00
综合人工工日		小计							24.49	6.04	0.50	6.25	3.00
0.31 工日		未计价材料费											
清单项目综合单价									40.29				

材料费明细	主要材料名称、规格、型号	单位	数量	单价（元）	合价（元）	暂估单价（元）	暂估合价（元）
	中砂	t	0.032	82.00	2.61		
	水泥 42.5 级	kg	10.193	0.33	3.36		
	801 胶	kg	0.008	2.00	0.02		
	水	m^3	0.015	3.32	0.05		
	其他材料费			—		—	
	材料费小计			—	6.04	—	

（续）

项目编码	020203001004	项目名称	零星项目一般抹灰	计量单位	m^2

清单综合单价组成明细													
定额编号	定额名称	定额单位	数量	单价					合价				
				人工费	材料费	机械费	管理费	利润	人工费	材料费	机械费	管理费	利润
13-23	遮阳板栏板抹水泥砂浆	$10m^2$	0.099 995	244.90	60.38	5.01	62.48	29.99	24.49	6.04	0.50	6.25	3.00
综合人工工日		小计							24.49	6.04	0.50	6.25	3.00
0.31工日		未计价材料费											
清单项目综合单价									40.28				

材料费明细	主要材料名称、规格、型号	单位	数量	单价（元）	合价（元）	暂估单价（元）	暂估合价（元）
	中砂	t	0.032	82.00	2.61		
	水泥42.5级	kg	10.192	0.33	3.36		
	801胶	kg	0.008	2.00	0.02		
	水	m^3	0.015	3.32	0.05		
	其他材料费			—		—	
	材料费小计			—	6.04	—	

项目编码	020203001005	项目名称	零星项目一般抹灰	计量单位	m^2

清单综合单价组成明细													
定额编号	定额名称	定额单位	数量	单价					合价				
				人工费	材料费	机械费	管理费	利润	人工费	材料费	机械费	管理费	利润
13-21	单独门窗套窗台压顶抹水泥砂浆	$10m^2$	0.100 027	539.57	66.41	5.73	136.33	65.44	53.97	6.64	0.57	13.64	6.55
综合人工工日		小计							53.97	6.64	0.57	13.64	6.55
0.68工日		未计价材料费											
清单项目综合单价									81.38				

材料费明细	主要材料名称、规格、型号	单位	数量	单价（元）	合价（元）	暂估单价（元）	暂估合价（元）
	中砂	t	0.036	82.00	2.98		
	水泥42.5级	kg	10.951	0.33	3.61		
	水	m^3	0.015	3.32	0.05		
	其他材料费					—	
	材料费小计			—	6.64	—	

项目编码	020203001006	项目名称	零星项目一般抹灰	计量单位	m^2

清单综合单价组成明细													
定额编号	定额名称	定额单位	数量	单价					合价				
				人工费	材料费	机械费	管理费	利润	人工费	材料费	机械费	管理费	利润
13-24	零星项目抹水泥砂浆	$10m^2$	0.099 978	259.91	60.35	5.01	66.23	31.79	25.99	6.03	0.50	6.62	3.18
综合人工工日		小计							25.99	6.03	0.50	6.62	3.18
0.33工日		未计价材料费											
清单项目综合单价									42.32				

（续）

	主要材料名称、规格、型号	单位	数量	单价（元）	合价（元）	暂估单价（元）	暂估合价（元）
材料费明细	中砂	t	0.033	82.00	2.67		
	水泥 42.5 级	kg	10.050	0.33	3.32		
	801 胶	kg	0.004	2.00	0.01		
	水	m^3	0.015	3.32	0.05		
	其他材料费			—	-0.02	—	
	材料费小计			—	6.03	—	

项目编码	020206003001	项目名称	块料零星项目	计量单位	m^2

清单综合单价组成明细

定额编号	定额名称	定额单位	数量	单价 人工费	单价 材料费	单价 机械费	单价 管理费	单价 利润	合价 人工费	合价 材料费	合价 机械费	合价 管理费	合价 利润
13-111	零星项目砂浆粘贴瓷砖 152mm×152mm	$10m^2$	0.099 981	668.30	211.29	7.23	168.88	81.06	66.82	21.12	0.72	16.88	8.10
综合人工工日				小计					66.82	21.12	0.72	16.88	8.10
0.81 工日				未计价材料费									
清单项目综合单价									113.65				

	主要材料名称、规格、型号	单位	数量	单价（元）	合价（元）	暂估单价（元）	暂估合价（元）
材料费明细	中砂	t	0.030	82.00	2.48		
	石灰膏	m^3	0.000	265.00	0.05		
	七彩面砖 152mm×152mm	百块	0.455			34.00	15.47
	白水泥	kg	0.170	0.81	0.14		
	水泥 42.5 级	kg	8.448	0.33	2.79		
	棉纱头	kg	0.011	10.71	0.12		
	801 胶	kg	0.004	2.00	0.01		
	水	m^3	0.020	3.32	0.07		
	其他材料费			—	-0.01	—	
	材料费小计			—	5.65	—	15.47

项目编码	020206003002	项目名称	块料零星项目	计量单位	m^2

清单综合单价组成明细

定额编号	定额名称	定额单位	数量	单价 人工费	单价 材料费	单价 机械费	单价 管理费	单价 利润	合价 人工费	合价 材料费	合价 机械费	合价 管理费	合价 利润
13-111	零星项目砂浆粘贴瓷砖 100mm×200mm	$10m^2$	0.100 073	668.30	#######	7.23	168.88	81.06	66.88	124.31	0.72	16.90	8.11
综合人工工日				小计					66.88	124.31	0.72	16.90	8.11
0.82 工日				未计价材料费									
清单项目综合单价									216.93				

	主要材料名称、规格、型号	单位	数量	单价（元）	合价（元）	暂估单价（元）	暂估合价（元）
材料费明细	中砂	t	0.030	82.00	2.48		
	石灰膏	m^3	0.000	265.00	0.05		
	瓷砖 100mm×200mm	百块	0.520			228.00	118.65
	白水泥	kg	0.170	0.81	0.14		
	水泥 42.5 级	kg	8.456	0.33	2.79		
	棉纱头	kg	0.011	10.71	0.12		
	801 胶	kg	0.004	2.00	0.01		
	水	m^3	0.020	3.32	0.07		
	其他材料费			—		—	
	材料费小计			—	5.66	—	118.65

（续）

项目编码	020301001001	项目名称	天棚抹灰	计量单位	m^2								
清单综合单价组成明细													
定额编号	定额名称	定额单位	数量	单价					合价				
				人工费	材料费	机械费	管理费	利润	人工费	材料费	机械费	管理费	利润
16-301	天棚面满批腻子二遍	$10m^2$	0.1	44.28	13.79		11.07	5.31	4.43	1.38		1.11	0.53
综合人工工日		小计							4.43	1.38		1.11	0.53
0.05 工日		未计价材料费											
清单项目综合单价									7.45				

材料费明细	主要材料名称、规格、型号	单位	数量	单价（元）	合价（元）	暂估单价（元）	暂估合价（元）
	滑石粉	kg	0.300	0.45	0.14		
	白水泥	kg	0.150	0.81	0.12		
	清油	kg	0.035	9.95	0.35		
	大白粉	kg	0.300	0.48	0.14		
	801 胶	kg	0.090	2.00	0.18		
	羧甲基纤维素	kg	0.020	4.56	0.09		
	其他材料费	元	0.360	1.00	0.36		
	其他材料费			—		—	
	材料费小计			—	1.38	—	

项目编码	020401003001	项目名称	实木装饰门	计量单位	樘								
清单综合单价组成明细													
定额编号	定额名称	定额单位	数量	单价					合价				
				人工费	材料费	机械费	管理费	利润	人工费	材料费	机械费	管理费	利润
D00011	成品实木门	樘	1		950.00					950.00			
综合人工工日		小计								950.00			
工日		未计价材料费											
清单项目综合单价									950.00				

材料费明细	主要材料名称、规格、型号	单位	数量	单价（元）	合价（元）	暂估单价（元）	暂估合价（元）
	成品实木门	樘	1.000	950.00	950.00		
	其他材料费			—		—	
	材料费小计			—	950.00	—	

项目编码	020406001001	项目名称	金属推拉窗	计量单位	m^2								
清单综合单价组成明细													
定额编号	定额名称	定额单位	数量	单价					合价				
				人工费	材料费	机械费	管理费	利润	人工费	材料费	机械费	管理费	利润
D00005	塑钢中空玻璃推拉窗	m^2	1		280.00					280.00			
综合人工工日		小计								280.00			
工日		未计价材料费											
清单项目综合单价									280.00				

（续）

材料费明细	主要材料名称、规格、型号	单位	数量	单价（元）	合价（元）	暂估单价（元）	暂估合价（元）
	塑钢中空玻璃推拉窗	m^2	1.000	280.00	280.00		
	其他材料费			—		—	
	材料费小计			—	280.00	—	

项目编码	020406009001	项目名称	金属格栅窗	计量单位	m^2

清单综合单价组成明细

定额编号	定额名称	定额单位	数量	单价					合价				
				人工费	材料费	机械费	管理费	利润	人工费	材料费	机械费	管理费	利润
D00008	防盗栅	m^2	1		150.00					150.00			
综合人工工日		小计								150.00			
工日		未计价材料费											
清单项目综合单价									150.00				

材料费明细	主要材料名称、规格、型号	单位	数量	单价（元）	合价（元）	暂估单价（元）	暂估合价（元）
	防盗栅	m^2	1.000	150.00	150.00		
	其他材料费			—		—	
	材料费小计			—	150.00	—	

项目编码	020507001001	项目名称	刷喷涂料	计量单位	m^2

清单综合单价组成明细

定额编号	定额名称	定额单位	数量	单价					合价				
				人工费	材料费	机械费	管理费	利润	人工费	材料费	机械费	管理费	利润
D00009	外墙涂料	m^2	1.000 001		35.00					35.00			
综合人工工日		小计								35.00			
工日		未计价材料费											
清单项目综合单价									35.00				

材料费明细	主要材料名称、规格、型号	单位	数量	单价（元）	合价（元）	暂估单价（元）	暂估合价（元）
	外墙涂料	m^2	1.000	35.00	35.00		
	其他材料费			—		—	
	材料费小计			—	35.00	—	

项目编码	020507001002	项目名称	刷喷涂料	计量单位	m^2

清单综合单价组成明细

定额编号	定额名称	定额单位	数量	单价					合价				
				人工费	材料费	机械费	管理费	利润	人工费	材料费	机械费	管理费	利润
D00010	磁性涂料	m^2	1		12.00					12.00			
综合人工工日		小计								12.00			
工日		未计价材料费											
清单项目综合单价									12.00				

材料费明细	主要材料名称、规格、型号	单位	数量	单价（元）	合价（元）	暂估单价（元）	暂估合价（元）
	磁性涂料	m^2	1.000	12.00	12.00		
	其他材料费			—		—	
	材料费小计			—	12.00	—	

表 7-31　发包人供应材料一览表

工程名称：综合楼（土建）　　　　　　　　　　　　标段：

序号	材料编码	材料名称	规格、型号等要求	单位	数量	单价(元)	合价(元)	备注
	合计							

表 7-32　承包人供应主要材料一览表

工程名称：综合楼（土建）　　　　　　　　　　　　标段：

序号	材料编码	材料名称	规格、型号等要求	单位	数量	单价（元）	合价(元)	备注
1	ZC0001	螺帽 Φ25		个	16.000			
2	101010	砂（黄砂）		t	1.450	82.00	118.93	
3	101021	细砂		t	1.654	82.00	135.64	
4	101022	中砂		t	286.121	82.00	2 3461.90	
5	102040	碎石 5～16mm		t	32.191	102.10	3 286.72	
6	102041	碎石 5～20mm		t	0.604	102.00	61.58	
7	102042	碎石 5～40mm		t	13.138	102.00	1 340.10	
8	105002	滑石粉		kg	357.442	0.45	160.85	
9	105012	石灰膏		m^3	3.241	265.00	858.94	
10	106013	炉（矿）渣		m^3	0.608	45.00	27.38	
11	201008	MU15 灰砂砖 240mm × 115mm × 53mm		百块	84.042	51.00	4 286.14	
12	201008	标准砖 240mm × 115mm × 53mm		百块	181.109	51.00	9 236.54	
13	201016	淤泥烧结节能保温空心砖	240mm × 115mm × 90mm	百块	609.659	62.00	3 7798.83	
14	201043	碎砖		t	15.444	45.00	694.98	
15	207082	FWB 聚苯乙烯挤塑板		m^3	3.658	640.00	2 340.86	
16	301002	白水泥		kg	216.846	0.81	174.78	
17	301023	水泥	42.5 级	kg	##########	0.33	3 8984.27	
18	301026	水泥	42.5 级	kg	2 178.794	0.37	806.15	

（续）

序号	材料编码	材料名称	规格、型号等要求	单位	数量	单价（元）	合价(元)	备注
19	303063	商品混凝土 C15（非泵送）		m^3	12.668	380.00	4 813.92	
20	303064	商品混凝土 C20（非泵送）粒径≤20mm		m^3	2.694	405.00	1 090.99	
21	303065	商品混凝土 C25（非泵送）		m^3	3.079	415.00	1 277.74	
22	303079	商品混凝土 C10（泵送）		m^3	25.317	390.00	9 873.67	
23	303080	商品混凝土 C15（泵送）		m^3	3.147	3 90.00	1 227.17	
24	303082	商品混凝土 C25(泵送）		m^3	212.060	425.00	90 125.42	
25	401029	普通成材		m^3	0.027	1 900.00	51.30	
26	401031	硬木成材		m^3	0.317	2 250.00	714.15	
27	401035	周转木材		m^3	3.122	2 250.00	7 024.50	
28	405015	复合木模板 18mm		m^2	586.742	42.00	24 643.17	
29	406002	毛竹		根	13.019	11.00	143.21	
30	407007	锯（木）屑		m^3	2.048	10.45	21.40	
31	407012	木柴		kg	144.760	0.35	50.67	
32	501009	扁钢	−30×4～50×5	kg	159.681	4.65	742.20	
33	501114	型钢		t	0.056	4 648.00	2 59.82	
34	502018	Φ6～10mm HRB400 级钢筋		t	9.704	4 150.00	40 272.85	
35	502018	钢筋（综合）		t	0.170	3 950.00	672.69	
36	502018	Φ12～22mm HRB400 级钢筋		t	2.374	4 100.00	9 731.35	
37	502018	Φ12mm 以内 HRB335 级钢筋		t	4.946	3 950.00	19 536.70	
38	502018	Φ25mm 以内 HRB335 级钢筋		t	17.400	3 950.00	6 8730.79	
39	502018	Φ12mm 以内 HPB300 级钢筋		t	14.558	4 050.00	58 961.52	
40	502086	冷拔钢丝	Φ4mm	t	0.496	4 150.00	2 057.16	
41	502112	圆钢 Φ15～24mm		kg	181.695	4.05	735.87	
42	503079	镀锌铁皮 26 号		m^2	0.974	27.00	26.29	
43	503138	钢板网（钢丝网）	0.8mm	m^2	2 407.881	7.00	16 855.17	
44	503152	钢压条		kg	23.616	4.65	109.77	
45	503326	镀锌铁丝 U 型卡		只	3 064.576	0.10	306.46	
46	504098	钢支撑（钢管）		kg	1 366.859	4.30	5 877.50	
47	504177	脚手钢管		kg	387.305	3.85	1 490.74	
48	504199	镜面不锈钢管 Φ31.8mm×1.2mm		m	47.821	20.72	990.86	
49	504206	镜面不锈钢管 Φ63.5mm×1.5mm		m	8.904	51.80	461.23	
50	504209	镜面不锈钢管 Φ76.2mm×1.5mm		m	8.904	62.41	555.70	
51	505655	铸铁弯头出水口		套	4.040	63.27	255.61	
52	507042	底座		个	1.085	6.00	6.51	

（续）

序号	材料编码	材料名称	规格、型号等要求	单位	数量	单价（元）	合价（元）	备注
53	507108	扣件		个	61.839	3.40	210.25	
54	508009	不锈钢盖 Φ63mm		只	48.476	4.20	203.60	
55	509003	不锈钢焊丝 1Cr18Ni9Ti		kg	1.201	47.70	57.30	
56	509006	电焊条		kg	210.284	8.00	1 682.27	
57	509012	焊剂		kg	321.900	3.33	1 071.93	
58	510122	镀锌铁丝 8 号		kg	165.579	5.80	960.36	
59	510127	镀锌铁丝 22 号		kg	198.289	5.80	1 150.08	
60	510165	合金钢切割锯片		片	1.044	54.00	56.36	
61	510168	合金钢钻头	一字型	个	107.260	19.00	2 037.94	
62	511205	对拉螺栓（止水螺栓）		kg	2.592	4.75	12.31	
63	511213	钢钉		kg	1.362	12.94	17.63	
64	511366	零星卡具		kg	425.449	4.80	2 042.16	
65	511421	木螺钉		百只	3.474	5.50	19.11	
66	511533	铁钉		kg	296.819	4.78	1 418.79	
67	511999	塑料膨胀螺栓 Φ10mm		百套	107.260	60.00	6 435.61	
68	513109	工具式金属脚手		kg	48.626	4.70	228.54	
69	513252	钨棒		kg	0.487	380.00	185.14	
70	513287	组合钢模板		kg	19.737	4.80	94.74	
71	601021	醇酸磁漆		kg	0.668	22.00	14.70	
72	601031	调和漆		kg	2.459	13.00	31.96	
73	601036	防锈漆（铁红）		kg	0.258	12.50	3.23	
74	601041	酚醛清漆各色		kg	0.067	15.50	1.04	
75	601043	酚醛无光调和漆（底漆）		kg	1.604	6.65	10.66	
76	601125	清油		kg	41.702	9.95	414.93	
77	603030	汽油		kg	788.741	9.89	7 800.65	
78	603045	油漆溶剂油		kg	0.684	5.18	3.54	
79	603050	石油液化气		kg	42.637	4.00	170.55	
80	603061	1:3 聚合物砂浆		kg	1 562.337	1.69	2 632.54	
81	604032	石油沥青 30 号		kg	1 578.970	5.25	8 289.59	
82	604038	石油沥青油毡 350 号		m²	355.125	2.50	887.81	
83	605014	PVC 管 Φ20mm		m	4.212	3.30	13.90	
84	605024	UPVC 束接 Φ110mm		只	16.246	4.18	67.91	
85	605110	聚苯乙烯泡沫板		m³	13.800	640.00	8 831.74	
86	605154	塑料抱箍（UPVC）Φ110mm		副	51.144	3.52	180.03	
87	605155	塑料薄膜		m²	1 074.633	0.86	924.18	
88	605280	塑料水斗（UPVC 水斗）Φ110mm		只	4.080	15.96	65.12	
89	605291	塑料弯头（UPVC）	Φ110mm 135°	只	2.531	8.17	20.68	
90	605356	增强塑料水管（UPVC 水管）Φ110mm		m	45.288	15.60	706.49	
91	607018	石膏粉 325 目		kg	0.167	1.25	0.21	
92	607025	石棉板		m²	14.800	4.47	66.16	
93	607045	石棉粉		kg	81.174	0.68	55.20	
94	608003	白布		m²	0.045	4.66	0.21	
95	608049	草袋子 1m×0.7m		m²	1.499	1.43	2.14	

（续）

序号	材料编码	材料名称	规格、型号等要求	单位	数量	单价（元）	合价(元)	备注
96	608110	棉纱头		kg	3. 672	10. 71	39. 32	
97	608144	砂纸		张	2. 837	0. 36	1. 02	
98	608191	纸筋		kg	1. 925	0. 68	1. 31	
99	609028	醇酸漆稀释剂 X6		kg	0. 033	6. 94	0. 23	
100	609032	大白粉		kg	357. 442	0. 48	171. 57	
101	609041	防水剂		kg	209. 642	1. 52	318. 66	
102	610001	APP 及 SBS 基层处理剂		kg	161. 223	4. 60	741. 63	
103	610016	SBS 封口油膏		kg	45. 716	7. 50	342. 87	
104	610019	SBS 聚脂胎乙烯膜卷材厚度 3mm		m²	970. 069	33. 00	32 012. 26	
105	610039	高强 APP 嵌缝膏		kg	124. 801	8. 17	1 019. 62	
106	610136	界面剂（混凝土面）		kg	283. 350	1. 10	311. 97	
107	610137	界面剂（加气混凝土面）		kg	2 557. 902	1. 10	2 816. 25	
108	610139	专用界面剂		kg	400. 879	3. 60	1 443. 16	
109	612008	环氧树脂 618		kg	1. 260	27. 40	34. 52	
110	613003	801 胶		kg	111. 766	2. 00	223. 53	
111	613098	胶水		kg	0. 907	7. 98	7. 24	
112	613145	煤		kg	290. 874	0. 68	197. 79	
113	613178	氢氧化钠		kg	11. 570	2. 38	27. 54	
114	613206	水		m³	831. 023	3. 32	2 759. 00	
115	613210	水胶		kg	57. 854	4. 28	247. 61	
116	613214	松香		kg	31. 407	5. 13	161. 12	
117	613219	羧甲基纤维素		kg	23. 830	4. 56	108. 66	
118	613242	氩气		m³	3. 385	8. 84	29. 93	
119	613249	氧气		m³	0. 899	2. 47	2. 22	
120	613253	乙炔气		m³	0. 391	20. 00	7. 81	
121	901021	泵管摊销费		元	90. 053	1. 00	90. 05	
122	901114	回库修理、保养费		元	438. 286	1. 00	438. 29	
123	901167	其他材料费		元	4 388. 509	1. 00	4 388. 51	
124	918179	草袋子		片	20. 000	1. 00	20. 00	
125	918180	镀锌铁丝	D4. 0mm	kg	14. 000	5. 80	81. 20	
126	918182	螺栓		个	28. 000	0. 30	8. 40	
127	D00001	成品铸铁栏杆镀金黄色		m	26. 220	120. 00	3 146. 40	
128	D00002	Φ76mm 不锈钢钢管装饰栏杆		m	55. 200	145. 00	8 004. 00	
129	D00005	塑钢中空玻璃推拉窗		m²	168. 480	280. 00	47 174. 40	
130	D00008	防盗栅		m²	57. 960	150. 00	8 694. 00	
131	D00009	外墙涂料		m²	907. 841	35. 00	31 774. 44	
132	D00010	磁性涂料		m²	2 934. 411	12. 00	35 212. 93	
133	D00011	成品实木门		樘	21. 000	950. 00	19 950. 00	
134	303 082. 2	商品混凝土 C25（泵送）	粒径≤20mm	m³	127. 215	425. 00	54 066. 33	
	合计						798 623. 77	

表7-33　人工价差表

工程名称：综合楼（土建）　　标段：

人工编号	人工名称	人工工日	人工单价	定额价	单位价差	差价合计
10	木工（一类工）	33.323	82.00	28.00	54.00	1 799.43
10	泥工（一类工）	147.218	82.00	28.00	54.00	7 949.79
10	油漆工（一类工）	67.315	82.00	28.00	54.00	3 634.99
20	电焊工（二类工）	1.316	79.00	26.00	53.00	69.75
20	防腐保温工（二类工）	61.828	79.00	26.00	53.00	3 276.86
000020	防水工（二类工）	110.251	79.00	26.00	53.00	5 843.32
000020	钢筋工（二类工）	529.237	79.00	26.00	53.00	28 049.58
000020	混凝土工（二类工）	252.444	79.00	26.00	53.00	13 379.55
000020	脚手架工（二类工）	79.610	79.00	26.00	53.00	4 219.33
000020	模板工（二类工）	812.566	79.00	26.00	53.00	43 066.01
000020	泥工（二类工）	1 267.613	79.00	26.00	53.00	67 183.47
000020	运输工（二类工）	41.000	79.00	26.00	53.00	2 173.00
000030	泥工（三类工）	6.371	74.00	24.00	50.00	318.56
000030	人工挖土工（三类工）	382.608	74.00	24.00	50.00	19 130.38
	合价					200 094.01

表7-34　材料价差表

工程名称：综合楼（土建）　　标段：

材料编号	材料名称	单位	材料用量	现行价格	定额价	单位价差	差价合计
101010	砂（黄砂）	t	1.450	82.00	33.00	49.00	71.07
101021	细砂	t	1.654	82.00	28.00	54.00	89.32
101022	中砂	t	286.121	82.00	38.00	44.00	12 589.31
102040	碎石5~16mm	t	32.191	102.10	27.80	74.30	2 391.83
102041	碎石5~20mm	t	0.604	102.00	35.60	66.40	40.09
102042	碎石5~40mm	t	13.138	102.00	35.10	66.90	878.95
105012	石灰膏	m^3	3.241	265.00	108.00	157.00	508.88
106013	炉（矿）渣	m^3	0.608	45.00	28.50	16.50	10.04
201008	MU15 灰砂砖 240mm×115mm×53mm	百块	84.042	51.00	21.42	29.58	2 485.96
201008	标准砖 240mm×115mm×53mm	百块	181.109	51.00	21.42	29.58	5 357.19
201016	淤泥烧结节能保温空心砖 240mm×115mm×90mm	百块	609.659	62.00	34.00	28.00	17 070.44
201043	碎砖	t	15.444	45.00	27.55	17.45	269.50
207082	FWB 聚苯乙烯挤塑板	m^3	3.658	640.00	1 200.00	-560.00	-2 048.26
301002	白水泥	kg	216.846	0.81	0.58	0.23	49.01
301023	水泥42.5级	kg	118 134.164	0.33	0.28	0.05	5 906.71
301026	水泥42.5级	kg	2 178.794	0.37	0.33	0.04	87.15
303063	商品混凝土C15（非泵送）	m^3	12.668	380.00	246.00	134.00	1 697.54

（续）

材料编号	材料名称	单位	材料用量	现行价格	定额价	单位价差	差价合计
303064	商品混凝土 C20（非泵送）粒径≤20mm	m^3	2.694	405.00	257.00	148.00	398.68
303065	商品混凝土 C25（非泵送）	m^3	3.079	415.00	268.00	147.00	452.60
303079	商品混凝土 C10（泵送）	m^3	25.317	390.00	251.00	139.00	3 519.08
303080	商品混凝土 C15（泵送）	m^3	3.147	390.00	258.00	132.00	415.35
303082	商品混凝土 C25(泵送)	m^3	212.060	425.00	280.00	145.00	30 748.67
303082.2	商品混凝土 C25(泵送) 粒径≤20mm	m^3	127.215	425.00	280.00	145.00	18 446.16
401029	普通成材	m^3	0.027	1 900.00	1 599.00	301.00	8.13
401031	硬木成材	m^3	0.317	2 250.00	2 449.00	-199.00	-63.16
401035	周转木材	m^3	3.122	2 250.00	1 249.00	1 001.00	3 125.12
405015	复合木模板 18mm	m^2	586.742	42.00	24.00	18.00	10 561.36
406002	毛竹	根	13.019	11.00	9.50	1.50	19.53
501009	扁钢 -30mm×4mm ~50mm ×5mm	kg	159.681	4.65	3.00	1.65	263.15
501114	型钢	t	0.056	4 648.00	3 000.00	1 648.00	92.12
502018	Φ12 ~22mm HRB400 级钢	t	2.374	4 100.00	2 800.00	1 300.00	3 085.55
502018	Φ12mm 以内 HRB335 级钢筋	t	4.946	3 950.00	2 800.00	1 150.00	5 687.90
502018	Φ12mm 以内 HPB300 级钢筋	t	14.558	4 050.00	2 800.00	1 250.00	18 198.00
502018	Φ25mm 以内 HRB335 级钢筋	t	17.400	3 950.00	2 800.00	1 150.00	20 010.23
502018	Φ6 ~10mm HRB400 级钢筋	t	9.704	4 150.00	2 800.00	1 350.00	13 100.81
502018	钢筋（综合）	t	0.170	3 950.00	2 800.00	1 150.00	195.85
502086	冷拔钢丝 Φ4mm	t	0.496	4 150.00	3 000.00	1 150.00	570.06
502112	圆钢 Φ15 ~24mm	kg	181.695	4.05	2.80	1.25	227.12
503079	镀锌铁皮 26 号	m^2	0.974	27.00	19.95	7.05	6.86
503138	钢板网（钢丝网）0.8mm	m^2	2 407.881	7.00	4.18	2.82	6 790.23
503152	钢压条	kg	23.616	4.65	3.00	1.65	38.92
504098	钢支撑（钢管）	kg	1 366.859	4.30	3.10	1.20	1 640.23
504177	脚手钢管	kg	387.305	3.85	3.10	0.75	290.09
509006	电焊条	kg	210.284	8.00	3.60	4.40	925.25
510122	镀锌铁丝 8 号	kg	165.579	5.80	3.55	2.25	372.55
510127	镀锌铁丝 22 号	kg	198.289	5.80	3.90	1.90	376.75
510165	合金钢切割锯片	片	1.044	54.00	61.75	-7.75	-8.09
511213	钢钉	kg	1.362	12.94	6.37	6.57	8.95
511366	零星卡具	kg	425.449	4.80	3.80	1.00	425.45
511533	铁钉	kg	296.819	4.78	3.60	1.18	350.25
513109	工具式金属脚手	kg	48.626	4.70	3.40	1.30	63.21
513287	组合钢模板	kg	19.737	4.80	4.00	0.80	15.79
601021	醇酸磁漆	kg	0.668	22.00	16.22	5.78	3.86
601031	调和漆	kg	2.459	13.00	8.00	5.00	12.29

（续）

材料编号	材料名称	单位	材料用量	现行价格	定额价	单位价差	差价合计
601036	防锈漆（铁红）	kg	0.258	12.50	6.00	6.50	1.68
601041	酚醛清漆各色	kg	0.067	15.50	8.00	7.50	0.50
601125	清油	kg	41.702	9.95	10.64	-0.69	-28.77
603030	汽油	kg	788.741	9.89	3.81	6.08	4 795.54
603045	油漆溶剂油	kg	0.684	5.18	3.33	1.85	1.27
603061	1:3 聚合物砂浆	kg	1 562.337	1.69	9.00	-7.32	-11 428.50
604032	石油沥青 30 号	kg	1 578.970	5.25	2.00	3.25	5 131.65
604038	石油沥青油毡 350 号	m^2	355.125	2.50	2.96	-0.46	-163.36
605014	PVC 管 Φ20mm	m	4.212	3.30	1.90	1.40	5.90
605110	聚苯乙烯泡沫板	m^3	13.800	640.00	316.35	323.65	4 466.24
605356	增强塑料水管（UPVC 水管）Φ110mm	m	45.288	15.60	21.44	-5.84	-264.48
607018	石膏粉 325 目	kg	0.167	1.25	0.45	0.80	0.13
608003	白布	m^2	0.045	4.66	3.42	1.24	0.06
608110	棉纱头	kg	3.672	10.71	6.00	4.71	17.29
608144	砂纸	张	2.837	0.36	1.02	-0.66	-1.87
608191	纸筋	kg	1.925	0.68	0.50	0.18	0.35
610019	SBS 聚酯胎乙烯膜卷材厚度 3mm	m^2	970.069	33.00	22.00	11.00	10 670.75
610136	界面剂（混凝土面）	kg	283.350	1.10	1.10	0.00	0.28
610137	界面剂（加气混凝土面）	kg	2 557.902	1.10	1.20	-0.10	-253.23
613145	煤	kg	290.874	0.68	0.39	0.29	84.35
613206	水	m^3	831.023	3.32	2.80	0.52	432.13
613253	乙炔气	m^3	0.391	20.00	8.93	11.07	4.32
918180	镀锌铁丝 D4.0mm	kg	14.000	5.80	3.65	2.15	30.10
	合价						201 331.95

表 7-35　机械用材差表

工程名称：综合楼（土建）　　　　　　　　标段：

材料编号	材料名称	现行价格	单位	用量	单价	单位价差	差价合计
20	二类工（机械用）	79.00	工日	397.390	26.00	53.00	21 061.67
603002	柴油（机械用）	8.89	kg	440.893	3.28	5.61	2 473.41
603030	汽油（机械用）	9.89	kg	410.276	3.81	6.08	2 494.48
707009	电（机械用）	0.94	kw·h	11 119.208	0.75	0.19	2 112.65
	合价						28 142.21

Chapter 8

第8章

工程造价综合例题

内容提要

本章主要介绍了工程造价中的重点和难点方面的综合例题。这些例题是造价实践中常遇到的项目，也是造价员考试中的常见题型的代表。

学习目标

学习完本章之后，要求学生掌握工程造价中的重点和难点方面的综合例题，为学生在校期间能够顺利考取造价员资格打下基础。

本章例题的计量，全国高校学生均可学习，计价是按照江苏地区的计价定额编制的，其他省份的同学可以结合本省的计价定额进行重新计价。

习题一 如图8-1所示，某单位传达室基础平面图和剖面图。根据地质勘探报告，土壤类别为三类，无地下水。该工程设计室外地坪标高为－0.30m，室内地坪标高为±0.00m，防潮层标高－0.06m，防潮层做法为C20抗渗混凝土P10以内，防潮层以下用M7.5水泥砂浆砌标准砖基础，防潮层以上为多孔砖墙身，C20钢筋混凝土条形基础，混凝土构造柱截面尺寸240mm×

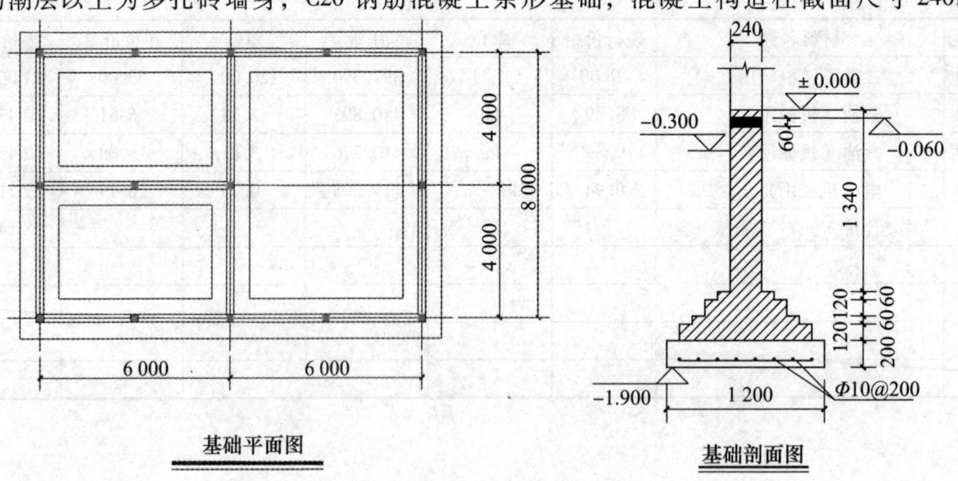

图8-1 某单位传达室基础平面图和剖面图

240mm，从钢筋混凝土条形基础中伸出。请按江苏 2004 年计价表规定计算土方人工开挖、混凝土基础、砖基础、防潮层、模板工程量，并套用计价表相应子目。（模板按含模量计算）

解：工程量计算表和工程预算表见表 8-1 和表 8-2。

表 8-1　（一）工程量计算表

序号	项目名称	计算公式	计量单位	数量
1	人工挖基槽	[(12.00+8.00)×2+6.20+4.20]×1/2×(1.80+2.856)×1.60 = 187.73 (m^3)	m^3	187.73
2	混凝土无梁式条基	[(12.00+8.00)×2+6.80+4.80]×1.20×0.20 = 12.384 (m^3)	m^3	12.384
3	砖基础	[(12.00+8.00)×2+7.76+5.76]×0.24×(1.58+0.525) = 53.52×0.24×2.105 = 27.038 (m^3) （注：0.525 为大放脚的折加高度，大放脚的折加高度在各省市的预算定额或计价表中均可查阅） 扣：0.24×0.24×1.58×14 = −1.274 (m^3) 0.24×0.03×1.58×(10×2+4×3) = −0.364 (m^3)	m^3	25.40
4	混凝土防潮层	(53.52−0.24×14−0.03×32)×0.24 = 49.20×0.24 = 11.808 (m^2)	m^2	11.808
5	模板	12.384×0.74 = 9.16 (m^2)	m^2	9.16
6	模板	11.808×0.06×8.33 = 5.90 (m^2)	m^2	5.90

注：以上 6 个项目，江苏 2004 年计价表和 2014 年计价定额计算规则相同。

表 8-2　（二）工程预算表

序号	定额编号	项目名称	计量单位	数量	综合单价
1	1−24	人工挖三类干土深度 3m 内	m^3	187.73	16.77
2	5−2	C20 混凝土无梁式条形基础	m^3	12.384	222.38
3	3−1 换	M7.5 水泥砂浆砖基础	m^3	25.400	186.21
4	3−43	C20 抗渗混凝土 P10 以内（防潮层 6cm 厚）	$10m^2$	1.181	149.36
5	20−2 或 20−3	混凝土无梁式条形基础模板	$10m^2$	0.916	202.05 或 159.96
6	20−40 或 20−41	混凝土防潮层模板	$10m^2$	0.590	198.51 或 180.39

习题二　某单独招标打桩工程，断面及示意如图 8-2 所示，设计静力压预应力圆形管桩 75 根，设计桩长 18m(9m+9m)，桩外径 400mm，壁厚 35mm，自然地面标高 −0.45m，桩顶标高 −2.1m，螺栓加焊接接桩，管桩接桩接点周边设计用钢板，根据当地地质条件不需要使用桩尖，成品管桩市场信息价为 2 500 元/m^3。本工程人工单价、除成品管桩外其他材料单价、机械台班单价按计价表执行不调整，企业管理费费率 7%，利润费率 5%，机械进退场费为 6 500 元，检验试验费费率 0.2%，临时设施费费率 1.0%，安全文明施工措施费按 1.8%，工程排污费费率 1‰，建筑安全监督管理费费率 1.9‰，社会保障费费率 1.2%，公积金费率 0.22%，税金费率 3.44%，其他未列项目暂不计取，应建设单位要求管桩场内运输按定额考虑。请根据上述条件按《建设工程工程量清单计价规范》（2008 年版）列出工程量清单（桩计量单位按“根”），并根据工程量清单按江苏省 2004 计价表和

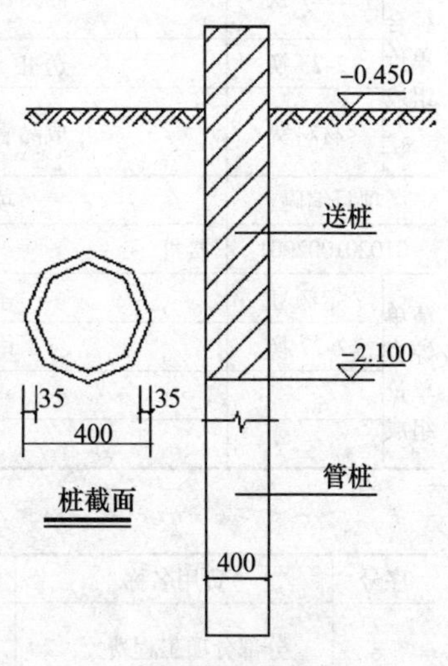

图 8-2　静力压预应力管桩

2009 年费用定额的规定计算打桩工程总造价。（π 取值 3.14；按计价表规则计算送桩工程量时，需扣除管桩空心体积。）

解：各计算表格见表 8-3 至表 8-6。

表 8-3 （一）分部分项工程量清单

清单编码	项目名称	项目特征	计量单位	数量
010201001001 010301001001	预制钢筋混凝土桩	1. 预制钢筋混凝土成品管桩 2. 桩长 18m，75 根 3. 送桩 1.65m	根	75
010201002001	接桩	螺栓加焊接接桩	个（根）	75

注：2013 年清单中的接桩已经包含在预制桩中，不再单列项目。项目编码中，上面的为 2008 年清单编码，下面的为 2013 年清单编码。

表 8-4 （二）计价表工程量计算表

序号	项目名称	计算公式	计量单位	数量
1	压桩	3.14 × (0.2 × 0.2 − 0.165 × 0.165) × 18 × 75	m^3	54.153
2	送桩	(2.1 − 0.45 + 0.5) × 3.14 × (0.2 × 0.2 − 0.165 × 0.165) × 75	m^3	6.468
3	接桩		个（根）	75
4	成品管桩	3.14 × (0.2 × 0.2 − 0.165 × 0.165) × 18 × 75(54.153 × 1.01)	m^3	54.153 (54.695)

注：以上项目，江苏 2004 年计价表和 2014 年计价定额计算规则相同。

表 8-5 （三）分部分项工程量清单综合单价分析

	项目编码	项目名称	计量单位	工程数量	综合单价	合价
	010201001001	预制钢筋混凝土桩	根	75	1 989.99 (1 990.00)	149 249.25 (149 250.00)
清单综合单价组成	定额号	子目名称	单位	数量	单价	合价
	2-21 换	静力压预制桩	m^3	54.153	230.99 (205.99)	12 508.80 (11 154.98)
	2-23 换	送桩	m^3	6.468	209.92	1 357.76
	材料费	成品管桩	m^3	54.153 (54.695)	2 500	135 382.50 (136 737.5)
	项目编码	项目名称	计量单位	工程数量	综合单价	合价
	010201002001	接桩	个	75	53.74	4 030.50
清单综合单价组成	定额号	子目名称	单位	数量	单价	合价
	2-27 换	电焊接桩	个	75	53.74	4 030.50

表 8-6 （四）工程计价程序表

序号	费用名称	计算公式	金额
一	分部分项工程费	149 249.25 + 4 030.50(149 250.00 + 4 030.50)	153 279.75 (153 280.50)
二	措施项目费	2 759.03 + 1 532.80 + 306.56 + 6 500 (2 759.05 + 1 532.81 + 306.56 + 6 500)	11 098.40 (11 098.42)

（续）

序号	费用名称	计算公式	金额
1	安全文明施工措施费	(一) ×1.8%	2 759.04 (2 759.05)
2	临时设施费	(一) ×1%	1 532.80 (1 532.81)
3	检验试验费	(一) ×0.2%	306.56 (306.56)
4	机械进退场费	6 500	6 500
三	其他项目费		0
四	规费	1 +2 +3 +4	2 810.73 (2 810.88)
1	工程排污费	[(一) +(二) +(三)] ×1‰	164.38 (164.38)
2	建筑安全监督管理费	[(一) +(二) +(三)] ×1.9‰	312.18 (312.32)
3	社会保障费	[(一) +(二) +(三)] ×1.2%	1 972.54 (1 972.55)
4	公积金	[(一) +(二) +(三)] ×0.22%	361.63 (361.63)
五	税金	[(一) +(二) +(三) +(四)] ×3.44%	5 751.30 (5 751.33)
六	工程造价	(一) +(二) +(三) +(四) +(五)	172 940.18 (172 941.13)

换算分析：

2-21 换静力压预制桩

人工费：13.01

材料费：0.01 ×(2 500 −1 425) +31.29 =42.04

机械费：155.69

管理费：11.81

利润：8.44

单价：230.99

2-23 换送桩

人工费：14.40

材料费：13.29

机械费：161.16

管理费：12.29

利润：8.78

单价：209.92

2-27 换电焊接桩（注 2）

人工费：0

材料费：40.53

机械费：11.79

管理费：0.83

利润：0.59

单价：53.74

习题三 某加油库平面如图8-3至图8-6所示，三类工程，全现浇框架结构，柱、梁、板混凝土均为非泵送现场搅拌，C25混凝土，模板采用复合木模板。（柱：500mm×500mm，L1梁：300×550mm，L2梁：300mm×500mm；现浇板厚：100mm。轴线尺寸为柱和梁中心线尺寸。）要求：

（1）按《建设工程工程量清单计价规范》（2008年版）编制柱、梁、板的混凝土分部分项工程量清单以及模板、脚手架措施项目清单。

（2）按2008年清单计价规范和江苏省2004年计价表计算柱、梁、板的混凝土、模板（按接触面积）和浇捣脚手架的清单综合单价（人工、材料、机械单价均按2004年计价表中的价格取定，不调整）。其他未说明的，按计价表执行。

（3）已知暂估价中材料暂估价合计为5 000元，工程排污费费率0.1%，建筑安全监督管理费费率0.19%，安全文明施工措施费费率按省级文明工地标准足额计取，社会保障费费率、公积金费率执行2009年费用定额，税金费率3.44%，请按2009年费用定额计价程序计算工程预算造价。（其他未列项目不计取）

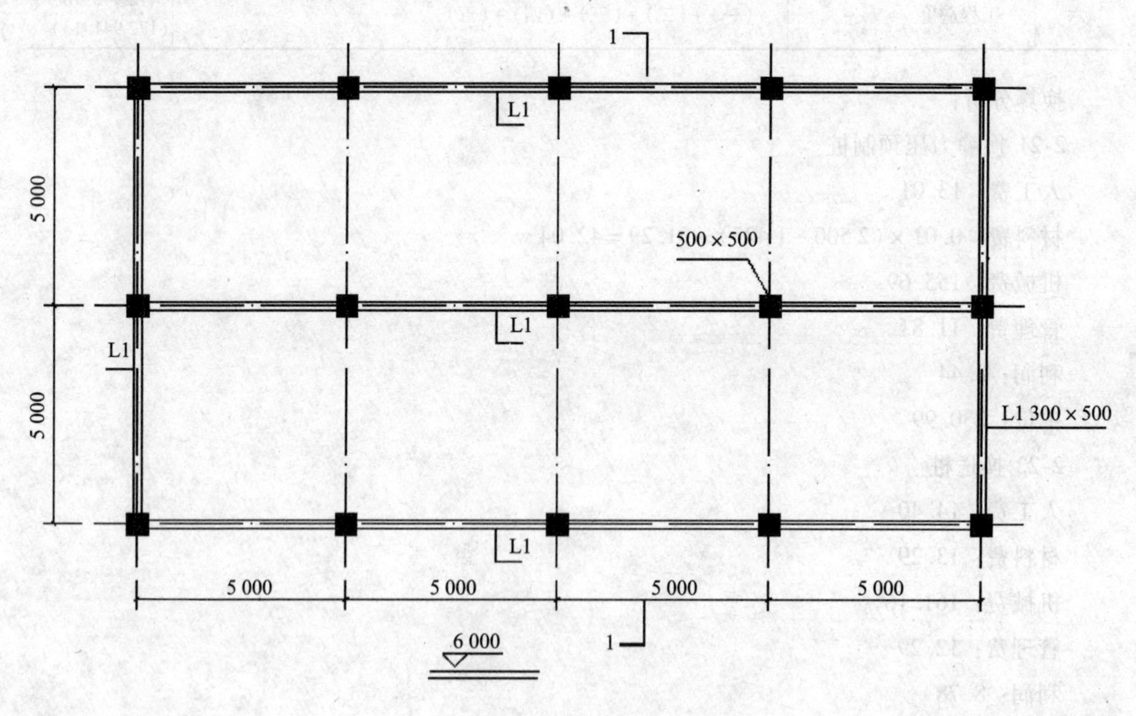

图8-3 加油库平面图

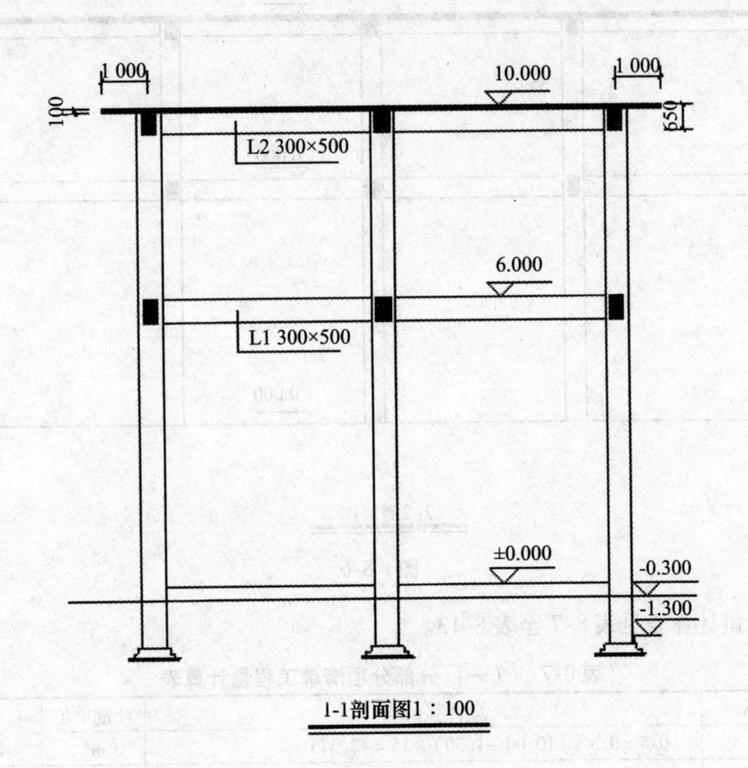

1-1剖面图1：100

图　8-4

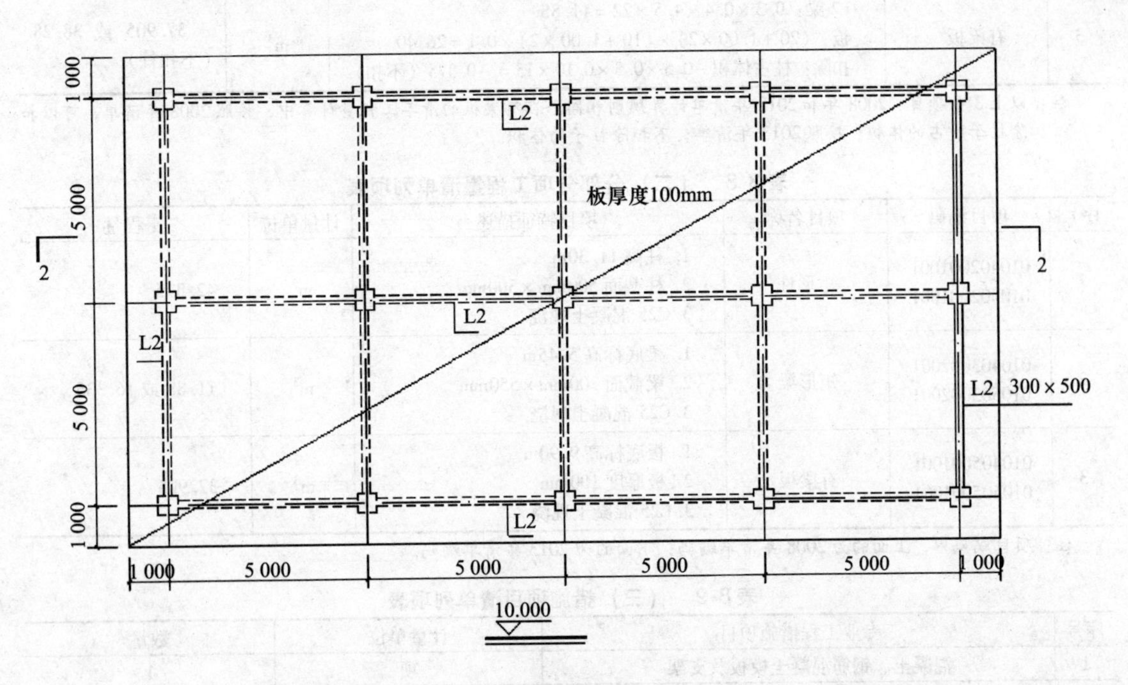

图　8-5

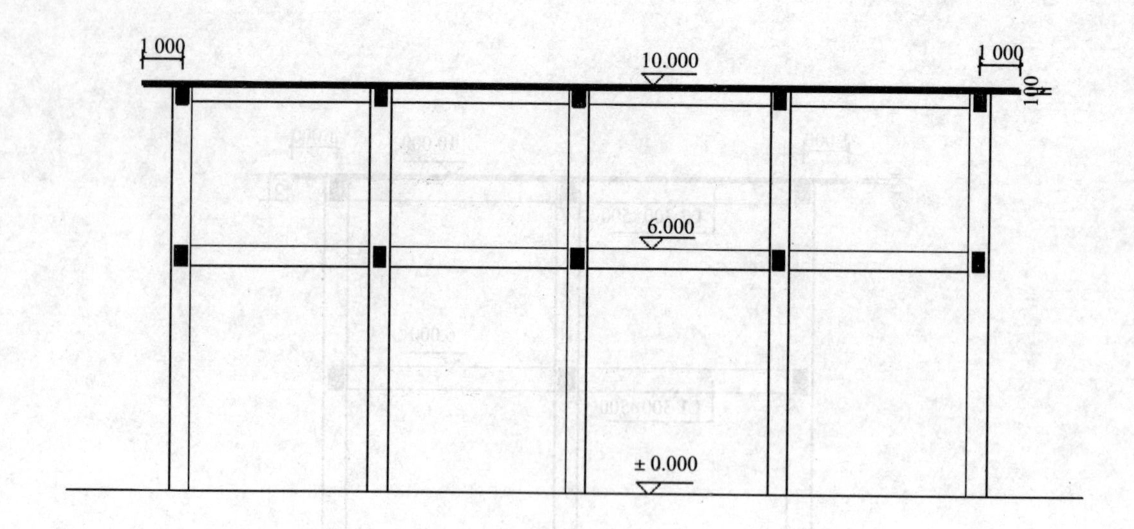

2-2剖面图

图 8-6

解：各工程量计算表见表8-7至表8-13。

表8-7 （一）分部分项清单工程量计算表

序号	项目名称	计算公式	计量单位	数量
1	矩形柱	0.5×0.5×(10.00+1.30)×15=42.375	m^3	42.375
2	矩形梁	L1梁：0.3×0.55×4.50×16=11.88 或 0.3×0.55×4.50×22=16.335	m^3	11.88或16.335
3	有梁板	L2梁：0.3×0.4×4.5×22=11.88 板：(20+1.00×2)×(10+1.00×2)×0.1=26.40 扣除：柱占体积-0.5×0.5×0.10×15=-0.375（不扣）	m^3	37.905 或 38.28（不扣柱）

注：以上3个项目，2008年和2013年清单计算规则相同。在有梁板的清单工程量计算中，按照2008年清单，可以扣除柱子所占的体积；按照2013年清单，不扣除柱子的体积。

表8-8 （二）分部分项工程量清单列项表

序号	项目编码	项目名称	项目特征描述	计量单位	工程量
1	010402001001 010502001001	矩形柱	1. 柱高11.30m 2. 柱截面500mm×500mm 3. C25混凝土现浇	m^3	42.375
2	010403002001 010503002001	矩形梁	1. 梁底标高5.45m 2. 梁截面300mm×550mm 3. C25混凝土现浇	m^3	11.88或16.335
3	010405001001 010505001001	有梁板	1. 板底标高9.90m 2. 板厚度100mm 3. C25混凝土现浇	m^3	37.905

注：项目编码中，上面的为2008年清单编码，下面的为2013年清单编码。

表8-9 （三）措施项目清单列项表

序号	专业工程措施项目	计量单位	数量
1	混凝土、钢筋混凝土模板及支架	项	1
2	浇捣脚手架	项	1

表 8-10　（四）计价表工程量计算表

序号	项目名称	计算公式	计量单位	数量
1	矩形柱	0.5×0.5×(9.90+1.30)×15=42.00	m^3	42.00
2	矩形梁	同清单量	m^3	11.88 或 16.335
3	有梁板	同清单不扣柱的量	m^3	38.28
序号	项目名称	计算公式	计量单位	数量
1	矩形柱模板	4×0.5×(9.90+1.30)×15=336.00 扣除： L1 梁头：0.3×0.55×(2×13+3×2)= -5.28 或 0.3×0.55×16×2= -5.28 L2 梁头：0.3×0.4×(2×4+3×8+4×3)= -5.28 或 0.3×0.4×22×2= -5.28 解二　L1 梁头 0.3×0.55×22×2= -7.26	m^2	325.44 或 323.46
2	矩形梁模板	L1 梁：(0.3+2×0.55)×4.50×16=100.80 或（0.3+2×0.55）×4.50×22=138.60	m^2	100.80 或 138.60
3	有梁板模板	计算方法 1： L2 梁：(0.3+2×0.4)×4.50×22=108.90 板底：12.00×22.00=264 板边：(12.00+22.00)×2×0.10=6.80 扣除：梁 0.3×4.50×22= -29.70 柱：0.5×0.5×15= -3.75 计算方法 2： L2 梁：2×0.4×4.50×22=79.20 板底：12.00×22.00=264 板边：(12.00+22.00)×2×0.10=6.80 扣除：柱：0.5×0.5×15= -3.75	m^2	346.25
4	框架浇捣脚手	10.00×20.00=200	m^2	200

表 8-11　（五）分部分项工程量清单综合单价分析表

项目编码		项目名称	计量单位	工程数量	综合单价	合价
010402001001		矩形柱	m^3	42.375	280.80	11 898.90
清单综合单价	定额号	子目名称	单位	数量	单价	合价
	5-13 换	矩形柱	m^3	42.00	283.31	11 899.02
项目编码		项目名称	计量单位	工程数量	综合单价	合价
010403002001		矩形梁	m^3	11.88	252.92	3 111.33
清单综合单价	定额号	子目名称	单位	数量	单价	合价
	5-18 换	矩形梁	m^3	11.88	252.92	3 111.33
项目编码		项目名称	计量单位	工程数量	综合单价	合价
010405001003		有梁板	m^3	37.905 (38.28)	263.62 (261.04)	9 992.52
清单综合单价	定额号	子目名称	单位	数量	单价	合价
	5-32 换	有梁板	m^3	38.28	261.04	9 992.61

表8-12 （六）专业工程措施项目工程量清单综合单价分析表

项目编码		项目名称	计量单位	工程数量	综合单价	合价
混凝土、钢筋混凝土模板及支架			项	1	18 857.43	18 857.43
清单综合单价组成	定额号	子目名称	单位	数量	单价	合价
	20-26 换	矩形柱模板	$10m^2$	32.544	254.38	8 278.54
	20-35 换	矩形梁模板	$10m^2$	10.08	288.43	2 907.37
	20-57 换	有梁板模板	$10m^2$	34.625	221.56	7 671.52
项目编码		项目名称	计量单位	工程数量	综合单价	合价
脚手架			项	1	580.00	580.00
清单综合单价组成	定额号	子目名称	单位	数量	单价	合价
	19－8×0.3	满堂脚手架	$10m^2$	20.00	23.74	474.80
	19－9×0.3	满堂脚手架增 2m	$10m^2$	20.00	5.26	105.20

表8-13 （七）工程造价计算程序表

序号	费用名称	计算公式	金额（元）
一	分部分项工程费	11 898.90＋3 004.69＋9 992.52	24 896.11
二	措施项目费		20 433.27
1	安全文明施工措施费 4%	（一）×4%	995.84
2	专业工程措施费	18 857.43＋580.00	19 437.43
三	其他项目费		
1	材料暂定价	5 000	5 000
四	规费		1 717.99
1	工程排污费 0.1%	[（一）＋（二）＋（三）]×0.1%	45.33
2	建筑安全监督管理费 0.19%	[（一）＋（二）＋（三）]×0.19%	86.13
3	社会保障费 3%	[（一）＋（二）＋（三）]×3%	1 359.88
4	住房公积金 0.5%	[（一）＋（二）＋（三）]×0.5%	226.65
五	税金	[（一）＋（二）＋（三）＋（四）]×3.44%	1 618.43
六	工程造价	（一）＋（二）＋（三）＋（四）＋（五）	48 665.80

习题四 某市一学院舞蹈教室，木地板楼面，木龙骨与现浇楼板用 M8mm×80mm 膨胀螺栓固定@400mm×800mm，不设木垫块。做法如图 8-7 所示，面积 $328m^2$。硬木踢脚线设计长度 90m，毛料断面 120mm×20mm，钉在砖墙上，润油粉、刮腻子、聚氨酯清漆三遍。请按 2008 年清单计价规范和江苏 2004 年计价表规定，编制该教室木地板楼面工程的分部分项工程工程量清单及其相应的综合单价。（未说明的按计价表规定不做调整）

图 8-7 木地板做法

解：工程量清单及综合单价见表 8-14 至表 8-16。

表 8-14　（一）分部分项工程工程量清单

序号	项目编码	项目名称	项目特征	单位	数量（列简要计算过程）
1	020104002001 011104001001	木地板	1. 60mm × 60mm 木龙骨，400mm 中距，50mm × 50mm 横撑，中距 800mm 2. M8mm × 80mm 膨胀螺栓固定@ 400mm × 800mm 3. 18mm 细木工板，单面砂皮 4. 免刨免漆实木地板	m^2	328
2	020105006001 011105005001	木质踢脚线	1. 高度 120mm 2. 20 厚毛料 3. 聚氨酯清漆三遍	m^2	90 × 0. 12 = 10. 8

注：以上项目，2008 年和 2013 年计算规则相同，项目编码中，上面的为 2008 年清单编码，下面的为 2013 年清单编码。

表 8-15　（二）套用计价表子目综合单价计算表

计价表编号	子目名称	单位	数量	综合单价（列简要计算过程）（元）	合价(元)
12-125 换	铺设木楞及细木工板	$10m^2$	32. 8	872. 95 + 0. 95 × 1. 02 × 10/0. 4 × 0. 8 + 0. 4 × 8. 14 × 1. 37 + (60 × 60/60 × 50 − 1) × 0. 082 × 1 599 + 10. 5 × 32. 69 − 10. 5 × 55 − 0. 02 × 1 599 = 667. 68	21 899. 90
12-129	免刨免漆地板	$10m^2$	32. 8	2 362. 43	6 6487. 70
小计					88 387. 6
12-137	硬木踢脚线制作安装	100m	0. 9	1 165. 41 − 0. 33 × (1 − 120/150) × 2 449 = 1 003. 78	903. 40
16-106	踢脚线聚氨酯清漆三遍	10m	9	39. 04	351. 36
小计					1 254. 76

表 8-16　（三）分部分项工程量清单综合单价

项目名称	计算公式	综合单价（元）
木地板	88 348. 24/328	269. 47
木质踢脚线	1 254. 76/10. 8	116. 18

习题五　某室内大厅大理石楼面由装饰一级企业施工，如图 8-8 所示，做法：20mm 厚1:3水泥砂浆找平，8mm 厚 1:1 水泥砂浆粘贴大理石面层，贴好后酸洗打蜡。人工 50 元/工日，红色大

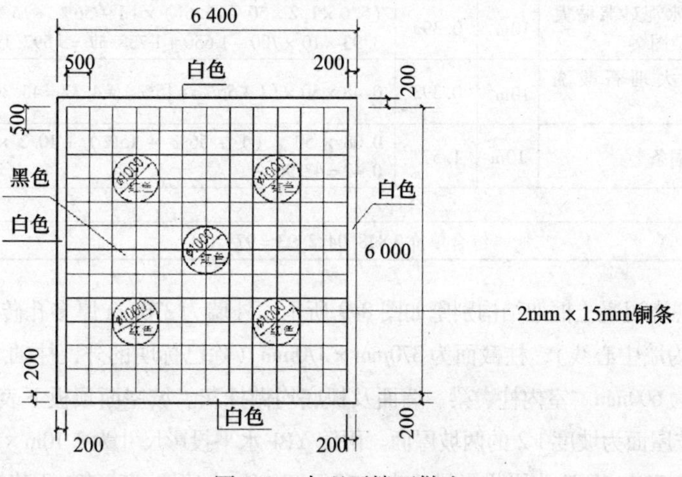

图 8-8　大理石楼面做法

理石 700 元/m^2（图案由规格 500mm×500mm 石材做成），其余材料价格按照计价表，沿红色大理石边缘四周镶嵌 2mm×15mm 铜条（计入红色大理石清单项目综合单价中）。

（1）按照江苏 2004 年计价表有关规定列项计算工程量；

（2）按照 2008 年清单计价规范要求列项、计算清单工程量，并描述项目特征；

（3）进行红色图案大理石楼面分部分项工程清单综合单价计算。

解：工程量及报价见表 8-17 至表 8-19。

表 8-17　（一）根据计价表计算规则计算工程量

序号	项目名称	计量单位	工程量	计算公式
1	楼面水泥砂浆贴大理石（白）	m^2	4.96	6.4×6.4－6.0×6.0
2	楼面水泥砂浆普通贴大理石（黑）	m^2	36.00	6.0×6.0－5＝31
3	楼面水泥砂浆复杂镶贴大理石	m^2	5.00	1.0×1.0×5

注：以上 3 个项目中，江苏 2004 年计价表和 2014 年计价定额计算规则相同。

表 8-18　（二）工程量清单编制

序号	项目编码	项目名称	项目特征	计量单位	工程数量
1	020102001001 011102001001	大理石楼面	1. 1:3 水泥砂浆找平层 20mm 厚 2. 1:1 水泥砂浆粘结层 8mm 厚 3. 白色大理石面层，规格石材 500mm×500mm 4. 酸洗打蜡	m^2	6.4×6.4－6×6＝4.96
2	020102001002 011102001002	大理石楼面	1. 1:3 水泥砂浆找平层 20mm 厚 2. 1:1 水泥砂浆粘结层 8mm 厚 3. 黑色大理石面层，规格石材 500mm×500mm 4. 酸洗打蜡	m^2	6×6－3.14×0.5×0.5×5＝32.08
3	020102001003 011102001003	大理石楼面	1. 1:3 水泥砂浆找平层 20mm 厚 2. 1:1 水泥砂浆粘结层 8mm 厚 3. 红色大理石面层，复杂图案，规格石材 500mm×500mm 4. 酸洗打蜡 5. 镶嵌 2mm×15mm 铜条	m^2	3.14×0.5×0.5×5＝3.93

注：以上项目，2008 年和 2013 年计算规则相同，项目编码中，上面的为 2008 年清单编码，下面的为 2013 年清单编码。

表 8-19　（三）室内红色图案大理石楼面工程量清单报价的编制

计价表编号	项目名称	单位	数量	单价计算	合价
12-63 换	楼面水泥砂浆贴大理石复杂图案	$10m^2$	0.393	(5.6×1.2×50＋16.61)×(1＋56%＋15%)＋5/3.93×10×700－1 650＋1 738.37＝9 597.19	3 742.9
12-121 换	楼面大理石酸洗打蜡	$10m^2$	0.393	0.48×50×(1＋56%＋15%)＋4.32＝45.36	17.69
12-115 换	镶嵌铜条	10m	1.57	0.08×50×(1＋56%＋15%)＋10.2×3.5＋0.42＝42.96	67.45
合计					3 828.04
综合单价 3 828.04/3.93＝974.06					

习题六　某现浇混凝土框架结构别墅如图 8-9 所示，外墙为 370mm 厚多孔砖，内墙为 240mm 厚多孔砖（内墙轴线为墙中心线），柱截面为 370mm×370mm（除已标明的外，柱轴线为柱中心线），板厚为 100mm，梁高为 600mm。室内柱、梁、墙面及板底均做抹灰。坡屋面顶板下表面至楼面的净高的最大值为 4.24m，坡屋面为坡度 1:2 的两坡屋面。雨篷 YP1 水平投影尺寸为 2.10m×3.00m，YP2 水平投影尺寸为 1.50m×11.55m，YP3 水平投影尺寸为 1.50m×3.90m。请按《建筑工程建筑面积计算规范》

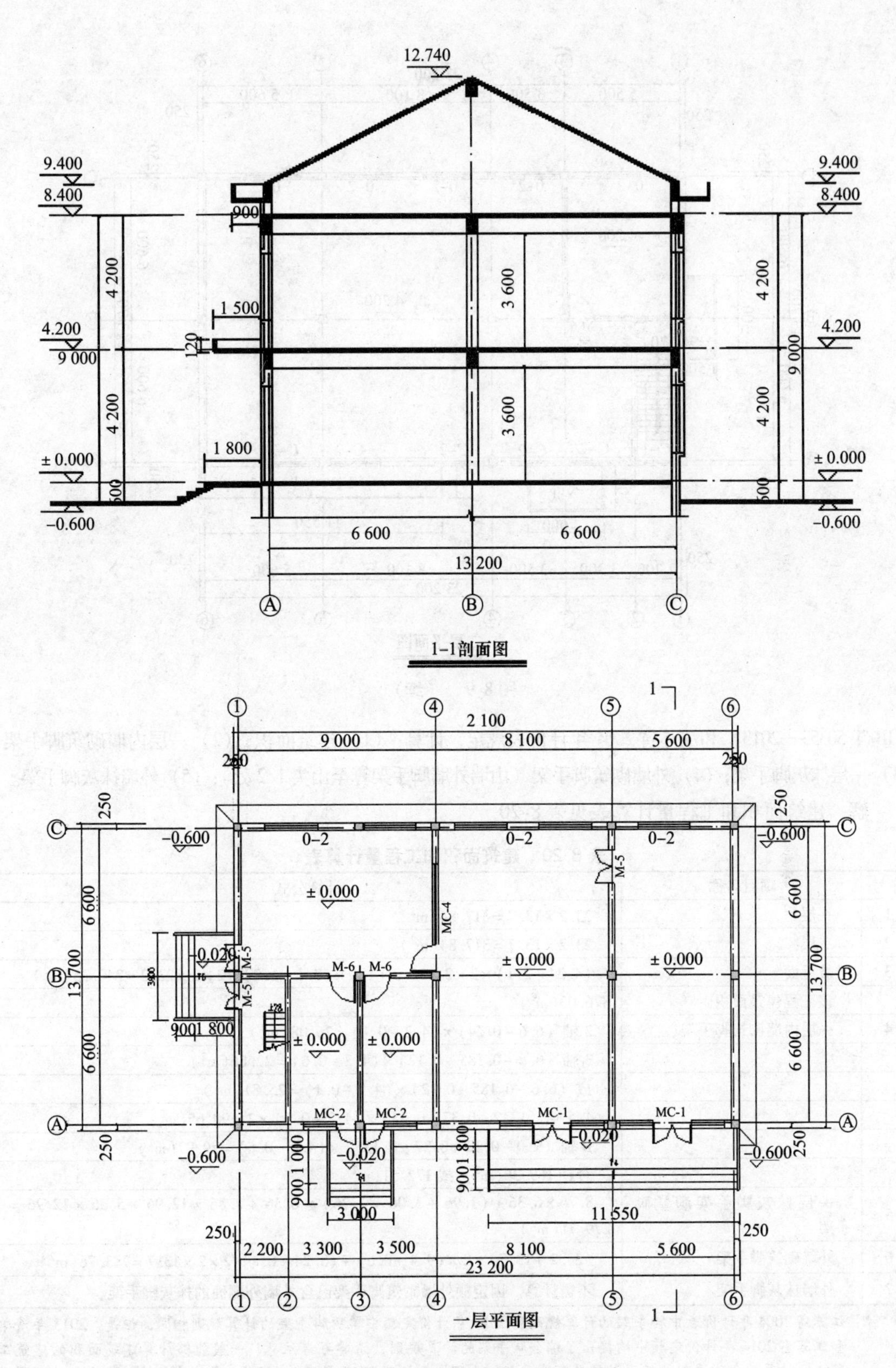

图 8-9　框架结构别墅剖面图和立面图

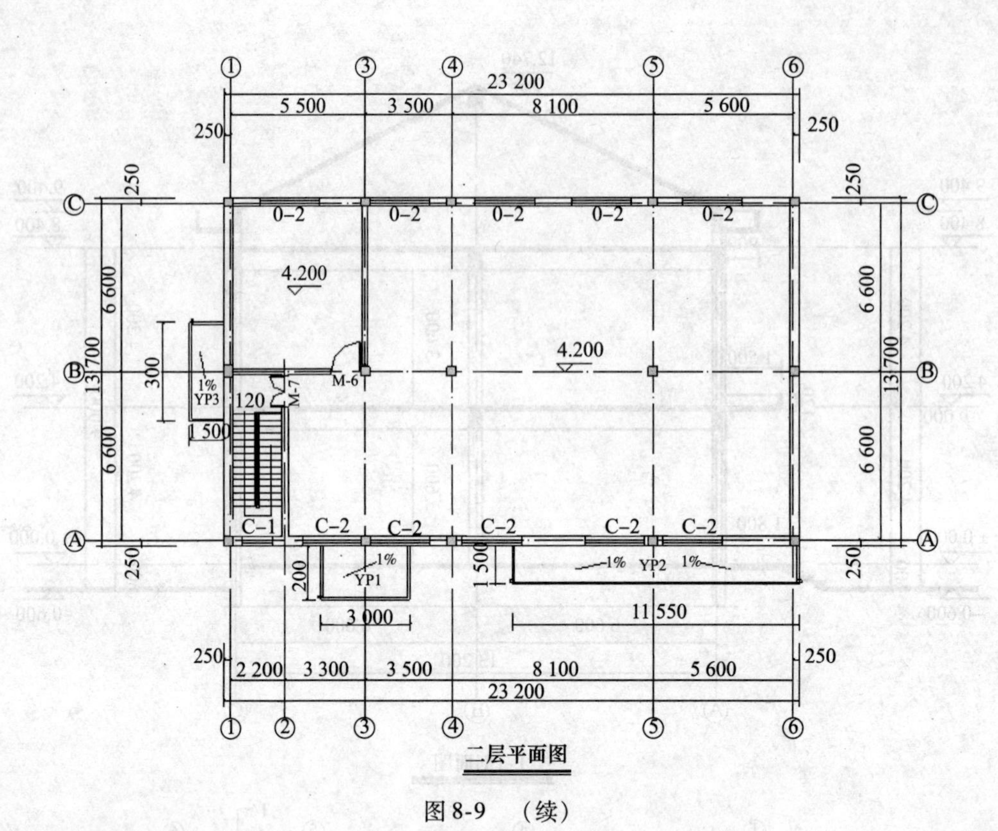

图 8-9 （续）

（GB/T 50353—2013）和江苏省2004年计价表规定，计算：（1）建筑面积；（2）一层内墙砌筑脚手架；（3）一层抹灰脚手架；（4）外墙砌筑脚手架（山墙外墙脚手架算至山尖1/2处）；（5）外墙抹灰脚手架。

解：建筑面积和工程量计算表见表 8-20。

表 8-20 建筑面积和工程量计算表

序号	项目名称	计算公式
1	一层	23.2×13.7=317.84(m^2)
2	二层	23.2×13.7=317.84(m^2)
3	坡屋面	(4.24−2.1)×2×2×23.2+1/2×(2.1−1.2)×2×2×23.2=240.35(m^2)
	该工程建筑面积	876.03(m^2)
4	一层内墙砌筑脚手架	2 轴 (6.6−0.24)×(4.2−0.1)=26.08(m^2)
		3 轴 (6.6−0.185−0.12)×(4.2−0.6)=22.66(m^2)
		或 (6.6−0.185−0.12)×(4.2−0.1)=25.81(m^2)
		4/5 轴 (13.2−0.37−0.24)×(4.2−0.6)×2=90.65(m^2)
		B 轴 (9.0−0.12—0.37−0.185)×(4.2−0.6)=29.97(m^2)
		合计 169.36(m^2) 或 172.51(m^2)
5	一层抹灰脚手架满堂脚手架	8.76×6.36+(1.96+3.06+3.26)×6.36+7.86×12.96+5.36×12.96=279.71(m^2)
6	外墙砌筑脚手架	(23.2+13.7)×2×(9.4+0.6)+(3.24+0.1)/2×2×13.7=783.76(m^2)
7	外墙抹灰脚手架	不需计算。因定额外墙砌筑脚手架已含外墙外侧面的抹灰脚手架。

注：江苏省2004年计价表中脚手架的计算规则和2014年计价定额中单项脚手架的计算规则相同，但是，2013年清单和江苏省2014年计价定额中均提出了综合脚手架的计算规则，请学习者注意！一般能够计算建筑面积的建筑工程，就计算综合脚手架，不再计算单项脚手架。上题中，按照2013年清单和2014年计价定额，脚手架的计算就一项综合脚手架，数量876.03m^2。

参考文献

[1] 高群，张素菲．建设工程招投标与合同管理实务［M］．北京：机械工业出版社，2010.

[2] 高群．房地产投资分析［M］．北京：机械工业出版社，2013.

[3] 羊雅芳，胡君芬．浅析工程量清单计价在招投标中的应用［J］．建筑经济，2010，2：72-73.

[4] 刘富勤，陈德方．工程量清单的编制与投标报价［M］．北京：北京大学出版社，2010.

[5] 谢鹏杨．关于工程建设工程量清单招投标分析［J］．电子制作，2013，21：204

[6] 吕忠标．工程项目全面造价管理问题及对策探讨［J］．现代商贸工业，2010，6：53-54.

[7] 杜趁娅．施工组织设计编制对工程造价的影响［J］．四川建材，2011，37（5）：227-228.

[8] 马永军．工程造价确定与控制［M］．北京：机械工业出版社，2009.

[9] 韩春林．房屋建筑中加强造价控制管理的措施探讨［J］．科技创新导报，2009，30：36.

[10] 陈莹，温志坚．全面造价管理的研究与应用［J］．科学之友，2011（10）：120-121.

[11] 高群．房地产经济学［M］．北京：机械工业出版社，2013.

[12] 杜贵成．建筑工程合同管理［M］．北京：化学工业出版社，2012.

[13] 李惠强．建筑工程施工组织［M］．北京：高等教育出版社，2008.

[14] 李和笙，王圣．工程施工投标指南［M］．北京：中国电力出版社，2010

[15] 严心娥．土木工程施工［M］．北京：北京大学出版社，2010.

[16] 中国国家标准．GB 50500—2008 建设工程工程量清单计价规范［S］．北京：中国计划出版社，2008.

[17] 中国国家标准．GB 50500—2008 建设工程工程量清单计价规范［S］．北京：中国计划出版社，2013.

[18] 江苏省建设厅．江苏省建筑与装饰工程计价表［M］．北京：知识产权出版社，2004.

[19] 江苏省建设厅．江苏省建筑与装饰工程计价定额［M］．南京：江苏凤凰科学技术出版社，2014.

[20] 南京市工程造价信息网 http://www.njszj.cn/ZJWeb/StdCategory.aspx？CategoryID = 644973bf-d22f-44ef-b8d5-b9917c93f083.

普通高等院校
经济管理类应用型规划教材

课程名称	书号	书名、作者及出版时间	定价
商务策划管理	978-7-111-34375-2	商务策划原理与实践（强海涛）（2011年）	34
管理学	978-7-111-35694-3	现代管理学（蒋国平）（2011年）	34
管理沟通	978-7-111-35242-6	管理沟通（刘晖）（2011年）	27
管理沟通	978-7-111-47354-1	管理沟通（王凌峰）（2014年）	30
职业规划	978-7-111-42813-8	大学生体验式生涯管理（陆丹）（2013年）	35
职业规划	978-7-111-40191-9	大学生职业生涯规划与学业指导（王哲）（2012年）	35
心理健康教育	978-7-111-39606-2	现代大学生心理健康教育（王哲）（2012年）	29
概率论和数理统计	978-7-111-26974-8	应用概率统计（彭美云）（2009年）	27
概率论和数理统计	978-7-111-28975-3	应用概率统计学习指导与习题选解（彭美云）（2009年）	18
大学生礼仪	即将出版	商务礼仪实务教程（刘砺）（2015年）	30
国际贸易英文函电	978-7-111-35441-3	国际商务函电双语教程（董金铃）（2011年）	28
国际贸易实习	978-7-111-36269-2	国际贸易实习教程（宋新刚）（2011年）	28
国际贸易实务	978-7-111-37322-3	国际贸易实务（陈启虎）（2012年）	32
国际贸易实务	978-7-111-42495-6	国际贸易实务（孟海樱）（2013年）	35
国际贸易理论与实务	978-7-111-49351-8	国际贸易理论与实务（第2版）（孙勤）（2015年）	35
国际贸易理论与实务	978-7-111-33778-2	国际贸易理论与实务（吕靖烨）（2011年）	29
国际金融理论与实务	978-7-111-39168-5	国际金融理论与实务（缪玉林 朱旭强）（2012年）	32
会计学	978-7-111-31728-9	会计学（李立新）（2010年）	36
会计学	978-7-111-42996-8	基础会计学（张献英）（2013年）	35
金融学（货币银行学）	978-7-111-38159-4	金融学（陈伟鸿）（2012年）	35
金融学（货币银行学）	978-7-111-49566-6	金融学（第2版）（董金玲）（2015年）	35
金融学（货币银行学）	978-7-111-30153-0	金融学（精品课）（董金玲）（2010年）	30
个人理财	978-7-111-47911-6	个人理财（李燕）（2014年）	39
西方经济学学习指导	978-7-111-41637-1	西方经济学概论学习指南与习题册（刘平）（2013年）	22
西方经济学（微观）	978-7-111-48165-2	微观经济学（刘平）（2014年）	25
西方经济学（微观）	978-7-111-39441-9	微观经济学（王文寅）（2012年）	32
西方经济学（宏观）	978-7-111-43987-5	宏观经济学（葛敏）（2013年）	29
西方经济学（宏观）	978-7-111-43294-4	宏观经济学（刘平）（2013年）	25
西方经济学（宏观）	978-7-111-42949-4	宏观经济学（王文寅）（2013年）	35
西方经济学	978-7-111-40480-4	西方经济学概论（刘平）（2012年）	35
统计学	978-7-111-48630-5	统计学（第2版）（张兆丰）（2014年）	35
统计学	978-7-111-45966-8	统计学原理（宫春子）（2014年）	35
经济法	978-7-111-47546-0	经济法（第2版）（葛恒云）（2014年）	35
计量经济学	978-7-111-42076-7	计量经济学基础（ 张兆丰 ）（2013年）	35
财经应用文写作	978-7-111-42715-5	财经应用文写作（刘常宝）（2013年）	30
市场营销学（营销管理）	978-7-111-46806-6	市场营销学（李海廷）（2014年）	35
市场营销学（营销管理）	978-7-111-48755-5	市场营销学（肖志雄）（2015年）	35
公共关系学	978-7-111-39032-9	公共关系理论与实务（刘晖）（2012年）	25
公共关系学	978-7-111-47017-5	公共关系学（管玉梅）（2014年）	30
管理信息系统	978-7-111-42974-6	管理信息系统（李少颖）（2013年）	30
管理信息系统	978-7-111-38400-7	管理信息系统：理论与实训（袁红清）（2012年）	35

21世纪高等院校专业课系列

课程名称	书号	书名、作者及出版时间	定价
计算机财务管理	978-7-111-48648-0	公司理财：Excel建模指南（张周）（2014年）	35
财务会计	978-7-111-36072-8	财务会计（第2版）（赵书和）（2011年）	38
财务管理（公司理财）学习指导	978-7-111-30619-1	现代公司理财习题集（姚益龙）（2010年）	38
企业管理	978-7-111-39908-7	现代企业管理（第2版）（周荣辅）（2012年）	35
管理学	978-7-111-33846-8	管理学（王关义）（2011年）	29
管理学	978-7-111-24832-3	管理学：企业的视角（纪成君）（2008年）	28
高级运筹学	978-7-111-24349-6	高级运筹学（马良）（2008年）	30
国际商法	978-7-111-45452-6	国际商法（第2版）（宁烨）（2014年）	35
国际贸易实务	978-7-111-49471-3	国际贸易实务（李雁玲）（2015年）	30
国际贸易理论与实务	978-7-111-39640-6	国际贸易理论与实务（第3版）（卓骏）（2012年）	39
国际经济合作	978-7-111-45488-5	国际经济合作（第2版）（赵永宁）（2014年）	35
审计学	978-7-111-32015-9	审计学（第2版）（刘建军）（2010年）	35
管理会计	978-7-111-37238-7	现代管理会计（第2版）（宋效中）（2012年）	38
投资银行学	978-7-111-24899-6	投资银行学（张志元）（2009年）	36
金融业务综合实验	即将出版	保险类业务综合实验教程（周建胜）（2015年）	55
金融业务综合实验	978-7-111-49043-2	投资类业务综合实验教程（周建胜）（2015年）	30
金融业务综合实验	即将出版	银行类业务综合实验教程（周建胜）（2015年）	35
金融工程	978-7-111-30979-6	金融工程（李飞）（2010年）	38
保险学	978-7-111-25494-2	保险学（黄守坤）（2009年）	36
保险学	978-7-111-30080-9	保险学（王海艳）（2010年）	30
（证券）投资学	978-7-111-29863-2	投资学（朱相平）（2010年）	38
西方经济学（微观）	978-7-111-32919-0	经济学原理（微观）（佟琼）（2011年）	36
西方经济学（微观）	978-7-111-44040-6	微观经济学（第2版）（高扬）（2013年）	35
西方经济学（宏观）	978-7-111-48264-2	宏观经济学（第2版）（周清杰）（2014年）	35
西方经济学（宏观）	978-7-111-36957-8	经济学原理（宏观）（佟琼）（2012年）	29
西方经济学	978-7-111-33476-7	经济学基础（第2版）（李士金）（2011年）	26
统计学	978-7-111-42075-0	统计学（卢小广）（2013年）	35
国际经济关系学	978-7-111-27371-4	国际经济关系学概论（周林）（2009年）	30
财政学	978-7-111-27276-2	财政学（第2版）（李友元）（2009年）	36
组织行为学	978-7-111-33919-9	组织行为学（李爱梅）（2011年）	29.8
品牌管理	978-7-111-27809-2	品牌管理（沈铖）（2009年）	32
服务营销学	978-7-111-39417-4	服务营销学（聂元昆）（2012年）	35
物流经济学	即将出版	物流经济学（第2版）（舒辉）（2015年）	35

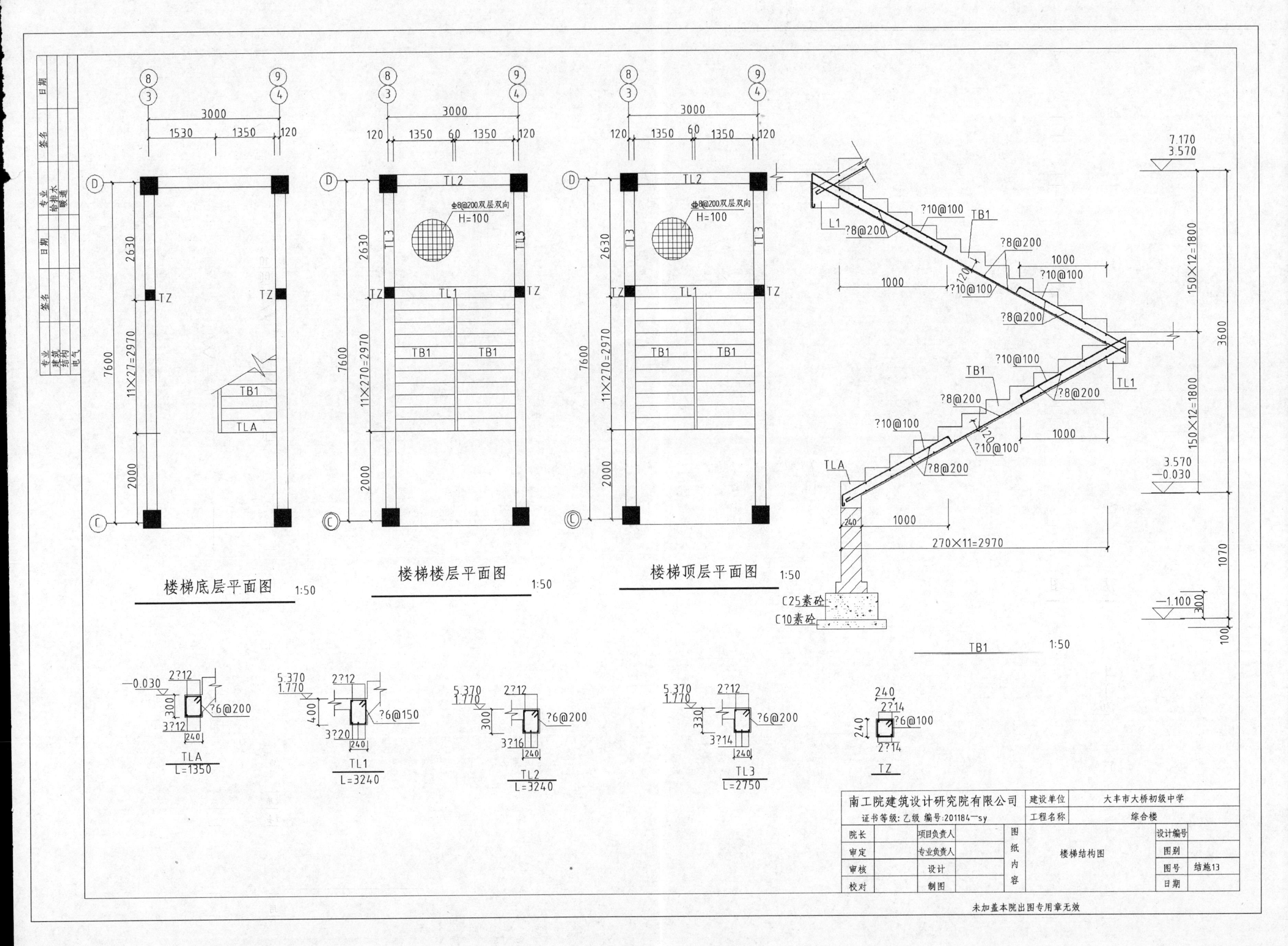
楼梯底层平面图 1:50
楼梯楼层平面图 1:50
楼梯顶层平面图 1:50
TB1 1:50
TLA L=1350
TL1 L=3240
TL2 L=3240
TL3 L=2750
TZ
南工院建筑设计研究院有限公司
证书等级：乙级 编号:201184—sy
建设单位 大丰市大桥初级中学
工程名称 综合楼
楼梯结构图
图号 结施13
未加盖本院出图专用章无效

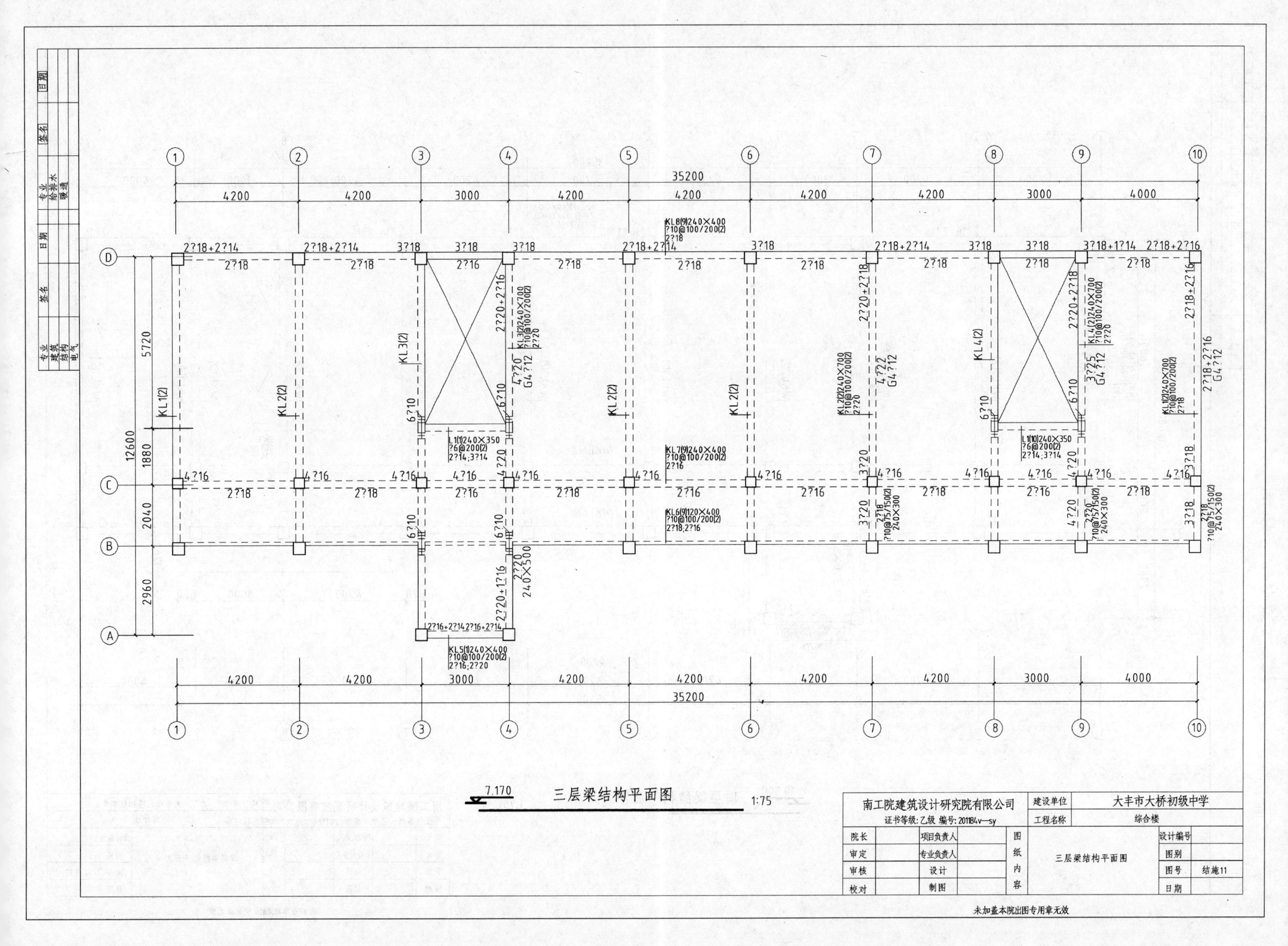

三层梁结构平面图
1:75
7.170
35200
4200
3000
4000
12600
5720
1880
2040
2960
KL8(9)240×400
?10@100/200(2)
2?18
KL7(9)240×400
?10@100/200(2)
2?16
KL6(9)120×400
?10@100/200(2)
2?18;2?16
KL5(1)240×400
?10@100/200(2)
2?16;2?20
L1(1)240×350
?6@200(2)
2?14;3?14
KL1(2)
KL2(2)
KL3(2)
KL4(2)
240×500
南工院建筑设计研究院有限公司
证书等级: 乙级 编号: 201184v—sy
建设单位
大丰市大桥初级中学
工程名称
综合楼
院长
项目负责人
审定
专业负责人
审核
设计
校对
制图
图纸内容
三层梁结构平面图
设计编号
图别
图号
结施11
日期
未加盖本院出图专用章无效
专业
建筑
结构
电气
给排水
暖通
签名
日期

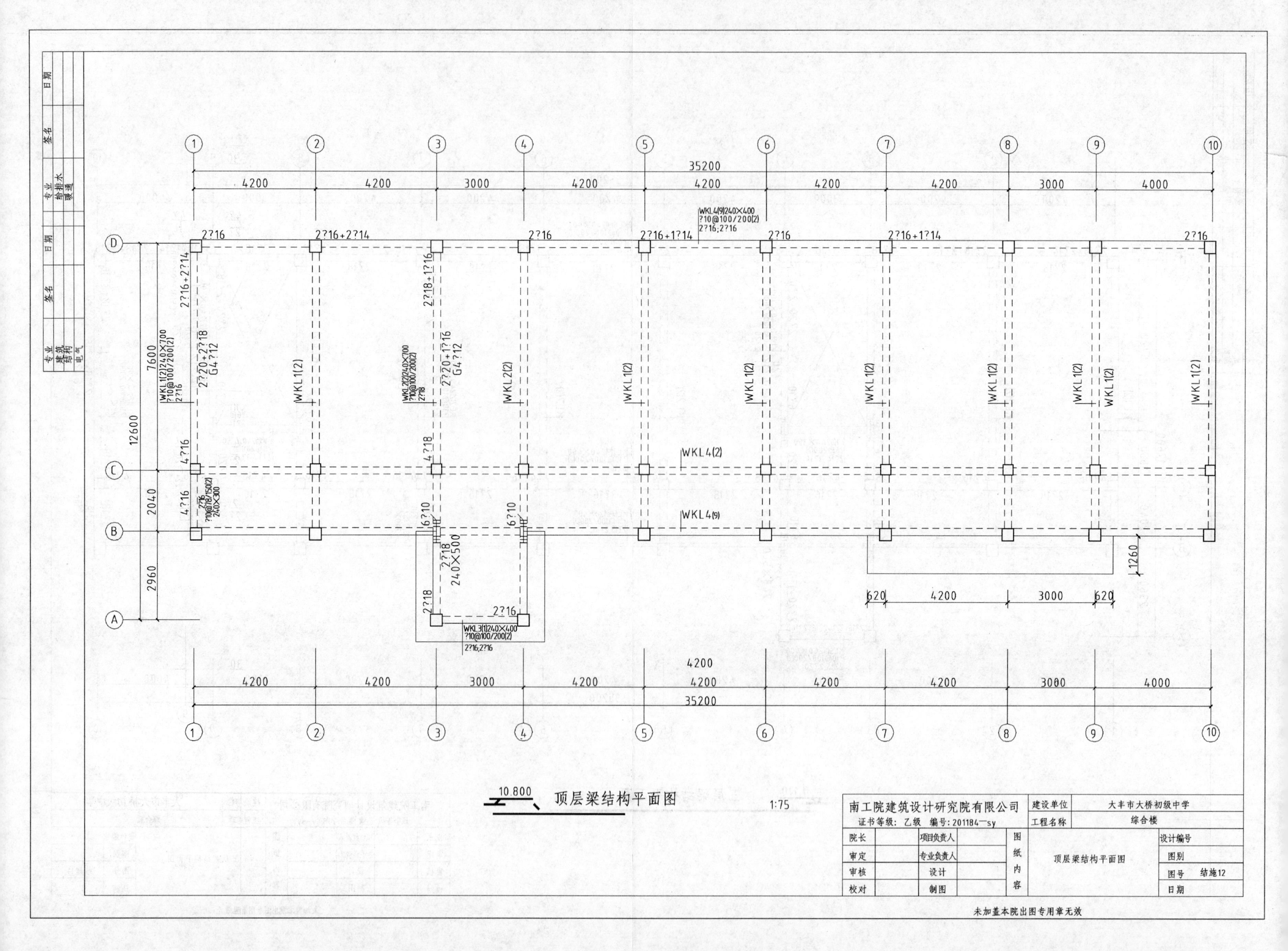

顶层梁结构平面图
1:75
10.800
35200
4200
3000
4000
WKL4(9)240×400
WKL1(2)
WKL2(2)
WKL4(2)
WKL4(9)
WKL3(1)240×400
240×500
12600
7600
2040
2960
1260
620
南工院建筑设计研究院有限公司
证书等级：乙级 编号：201184—sy
建设单位
大丰市大桥初级中学
工程名称
综合楼
院长
项目负责人
审定
专业负责人
审核
设计
校对
制图
图纸内容
顶层梁结构平面图
设计编号
图别
图号
结施12
日期
未加盖本院出图专用章无效

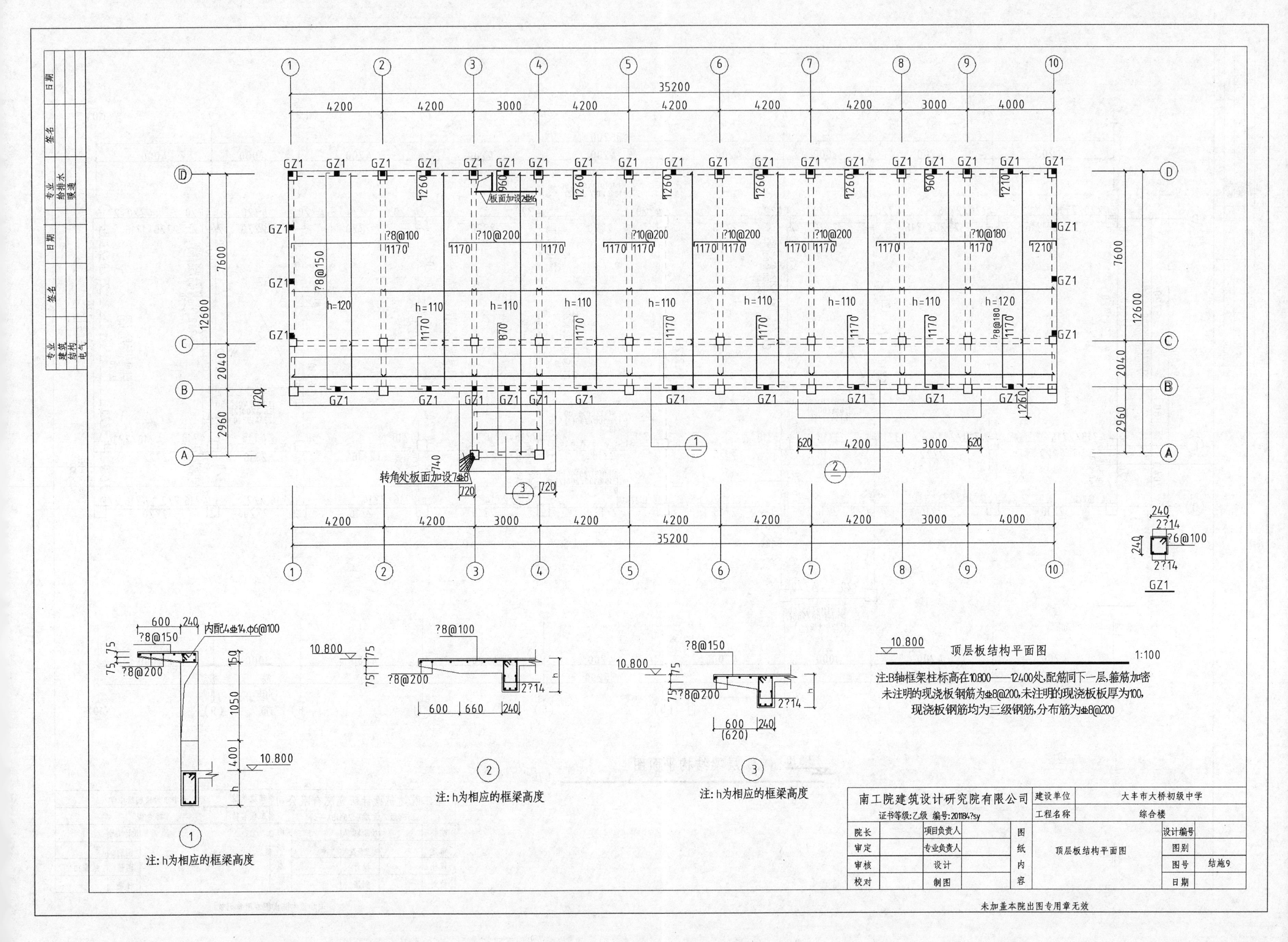

顶层板结构平面图 1:100
注:B轴框架柱标高在10.800——12.400处,配筋同下一层,箍筋加密
未注明的现浇板钢筋为⌀8@200,未注明的现浇板板厚为100,
现浇板钢筋均为三级钢筋,分布筋为⌀8@200
转角处板面加设7⌀8
板面加设2⌀16
GZ1
注:h为相应的框梁高度
内配4⌀14 ϕ6@100
南工院建筑设计研究院有限公司
证书等级:乙级
建设单位 大丰市大桥初级中学
工程名称 综合楼
院长 项目负责人
审定 专业负责人
审核 设计
校对 制图
图纸内容 顶层板结构平面图
设计编号
图别
图号 结施9
日期
未加盖本院出图专用章无效

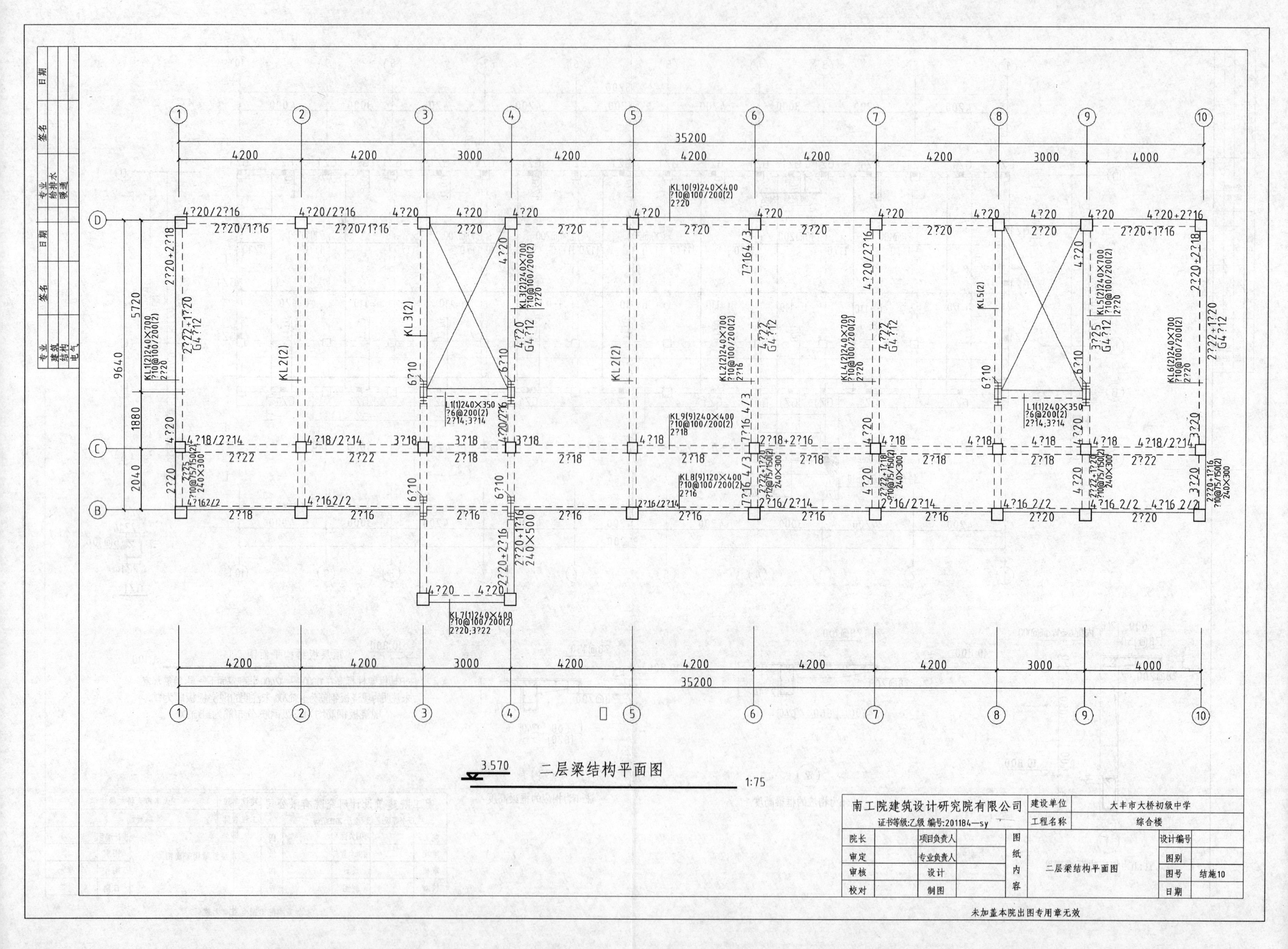
二层梁结构平面图
1:75
3.570
35200
4200
4200
3000
4200
4200
4200
4200
3000
4000
9640
5720
1880
2040
KL10(9)240×400
KL9(9)240×400
KL8(9)120×400
KL7(1)240×400
KL1(2)240×700
KL2(2)240×700
KL3(2)240×700
KL4(2)240×700
KL5(2)240×700
KL6(2)240×700
L1(1)240×350
南工院建筑设计研究院有限公司
证书等级:乙级 编号:201184—sy
建设单位
大丰市大桥初级中学
工程名称
综合楼
院长
项目负责人
审定
专业负责人
审核
设计
校对
制图
图纸内容
二层梁结构平面图
设计编号
图别
图号
结施10
日期
未加盖本院出图专用章无效

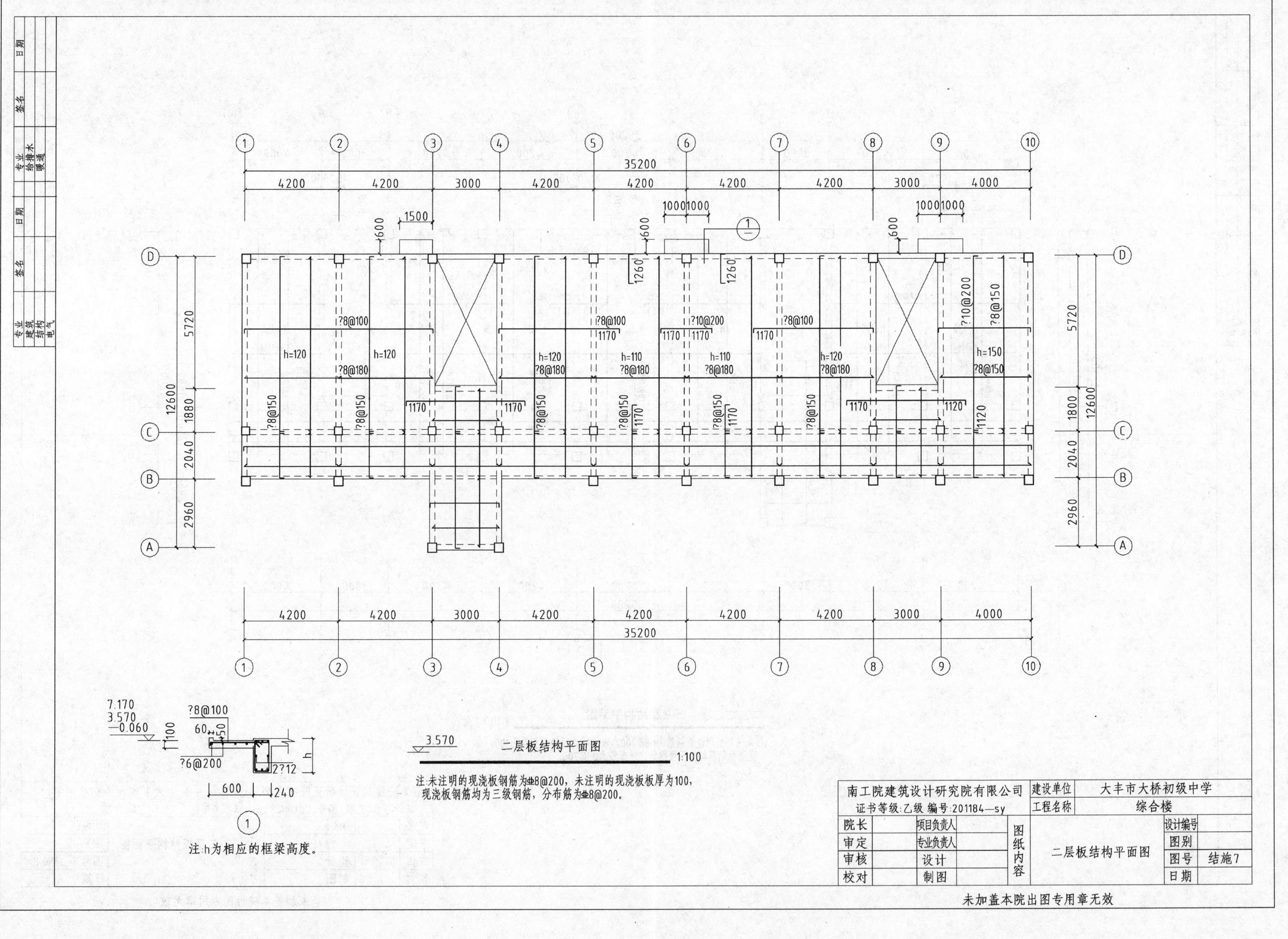

二层板结构平面图 1:100

注:未注明的现浇板钢筋为⌀8@200，未注明的现浇板板厚为100，现浇板钢筋均为三级钢筋，分布筋为⌀8@200。

南工院建筑设计研究院有限公司				建设单位	大丰市大桥初级中学	
证书等级:乙级 编号:201184—sy				工程名称	综合楼	
院长		项目负责人		图纸内容	二层板结构平面图	设计编号	
审定		专业负责人				图别	
审核		设计				图号	结施7
校对		制图				日期	

未加盖本院出图专用章无效

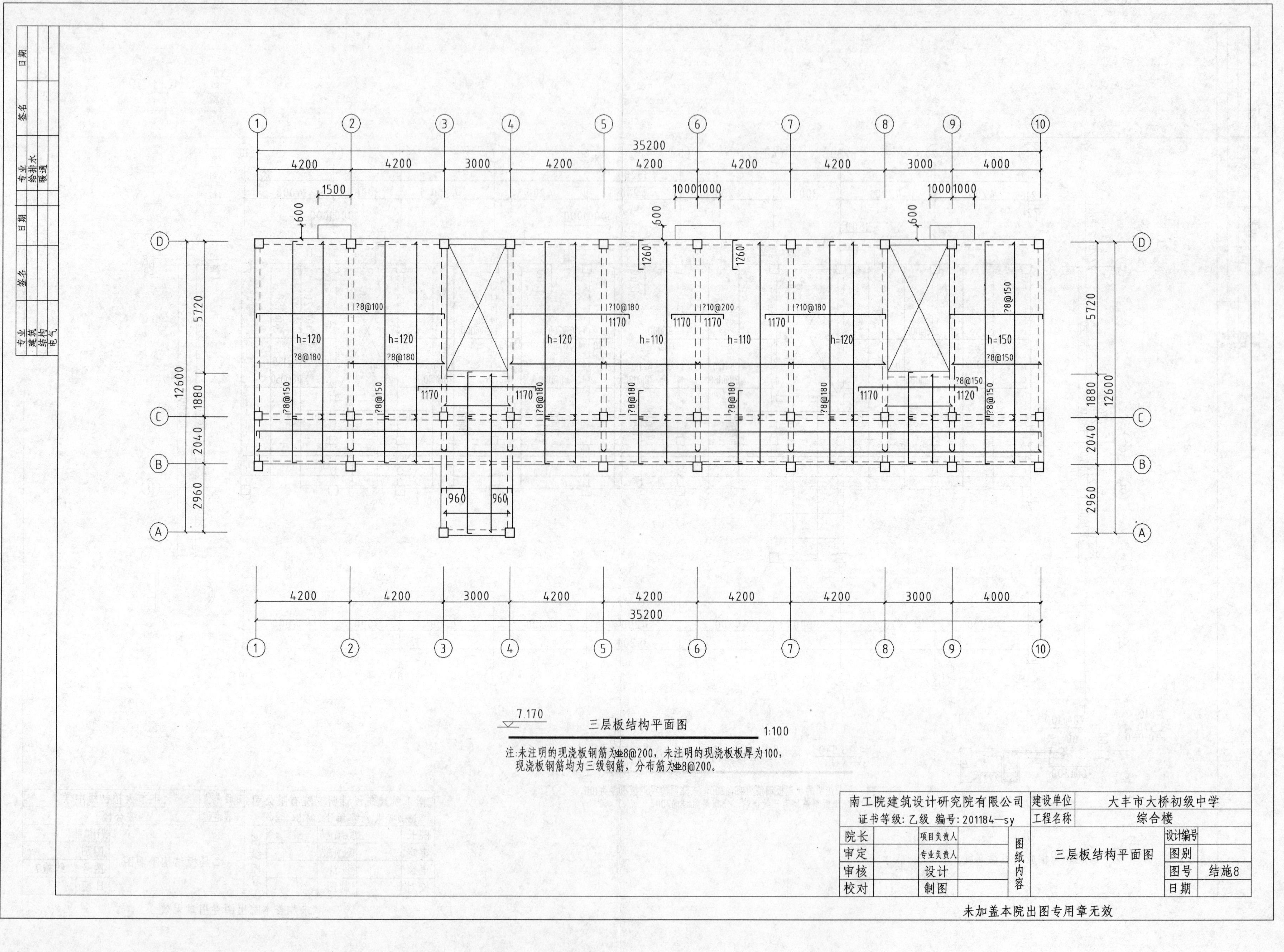
三层板结构平面图 1:100
7.170
注:未注明的现浇板钢筋为⌀8@200，未注明的现浇板板厚为100，
现浇板钢筋均为三级钢筋，分布筋为⌀8@200。
南工院建筑设计研究院有限公司
证书等级：乙级 编号：201184—sy
建设单位 大丰市大桥初级中学
工程名称 综合楼
院长 项目负责人
审定 专业负责人
审核 设计
校对 制图
图纸内容 三层板结构平面图
设计编号
图别
图号 结施8
日期
未加盖本院出图专用章无效

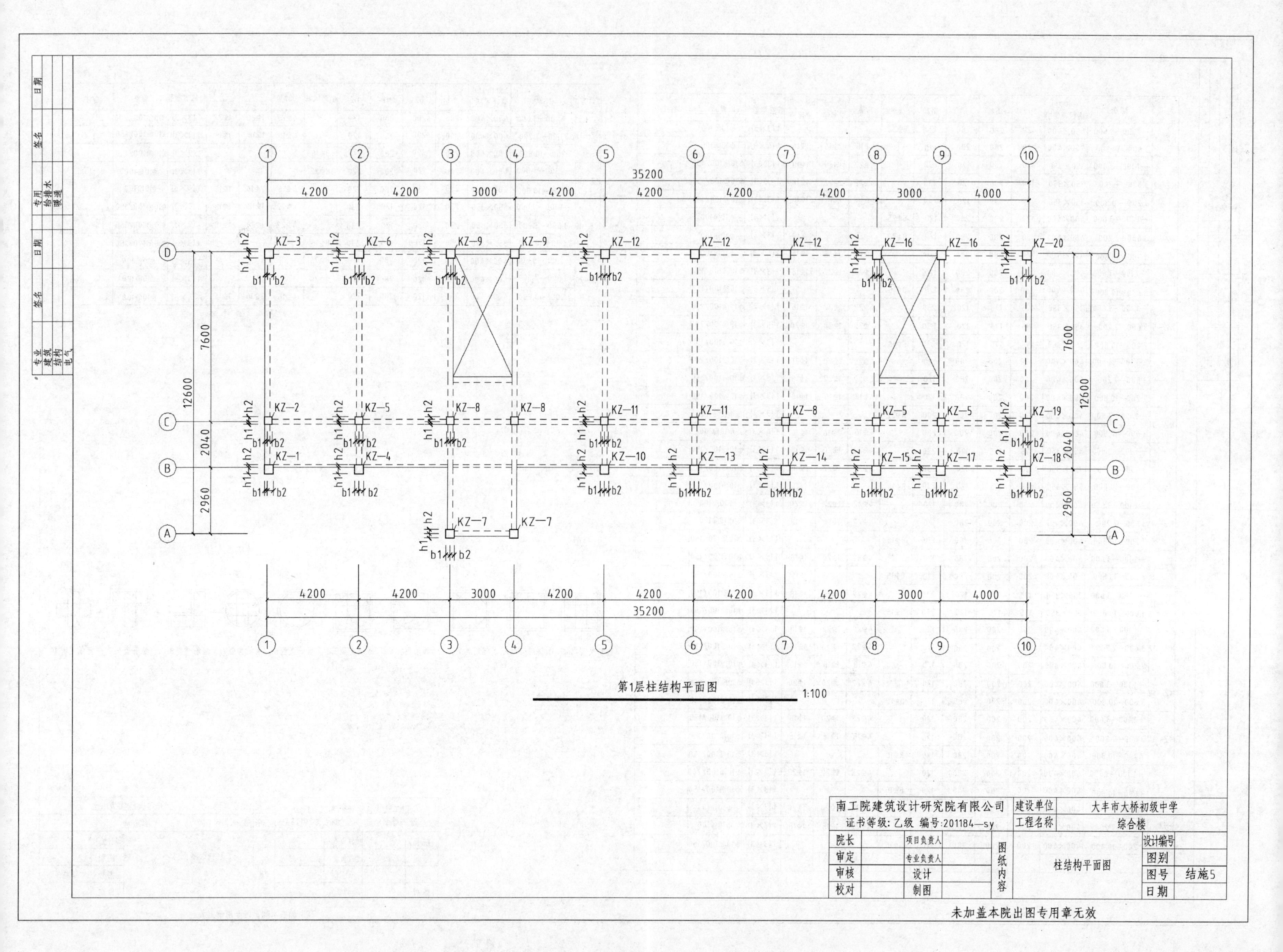

第1层柱结构平面图
1:100
35200
4200
3000
4000
12600
7600
2040
2960
KZ-1
KZ-2
KZ-3
KZ-4
KZ-5
KZ-6
KZ-7
KZ-8
KZ-9
KZ-10
KZ-11
KZ-12
KZ-13
KZ-14
KZ-15
KZ-16
KZ-17
KZ-18
KZ-19
KZ-20
南工院建筑设计研究院有限公司
证书等级:乙级 编号:201184—sy
建设单位
大丰市大桥初级中学
工程名称
综合楼
院长
项目负责人
审定
专业负责人
审核
设计
校对
制图
图纸内容
柱结构平面图
设计编号
图别
图号
结施5
日期
未加盖本院出图专用章无效

日期	签名	专业
		给排水
		暖通

日期	签名	专业
		建筑
		结构
		电气

柱号	标高	bxh(bixhi)(圆柱直径D)	b1	b2	h1	h2	全部纵筋	角筋	b边一侧中部筋	h边一侧中部筋	箍筋类型号	箍筋	备注
KZ—1	—1.100—3.600	400×400	120	280	280	120	8Φ22				1.(3×3)	ф10@100	
	3.600—10.800	400×400	120	280	280	120		4Φ16	2Φ16	1Φ16	1.(4×3)	ф10@100	
KZ—2	—1.100—3.600	350×350	120	230	120	230		4Φ22	1Φ20	1Φ18	1.(3×3)	ф10@100/150	
	3.600—7.200	350×350	120	230	120	230		4Φ22	1Φ22	1Φ18	1.(3×3)	ф10@100/150	
	7.200—10.800	350×350	120	230	120	230		4Φ18	1Φ16	1Φ16	1.(3×3)	ф10@100/150	
KZ—3	—1.100—3.600	400×400	120	280	280	120	8Φ25				1.(3×3)	ф10@100	
	3.600—7.200	400×400	120	280	280	120	8Φ22				1.(3×3)	ф10@100	
	7.200—10.800	400×400	120	280	280	120		4Φ16	2Φ16	1Φ16	1.(4×3)	ф10@100	
KZ—4	—1.100—3.600	400×400	200	200	280	120		4Φ22	1Φ22	1Φ18	1.(3×3)	ф10@100/150	
	3.600—10.800	400×400	200	200	280	120	8Φ16				1.(3×3)	ф10@100/150	
KZ—5	—1.100—3.600	350×350	175	175	120	230		4Φ22	1Φ22	1Φ18	1.(3×3)	ф10@100/150	
	3.600—7.200	350×350	175	175	120	230		4Φ25	1Φ20	1Φ20	1.(3×3)	ф10@100/200	
	7.200—10.800	350×350	175	175	120	230	8Φ16				1.(3×3)	ф10@100/150	
KZ—6	—1.100—3.600	400×400	200	200	280	120		4Φ25	1Φ20	1Φ20	1.(3×3)	ф10@100/200	
	3.600—7.200	400×400	200	200	280	120		4Φ22	1Φ22	1Φ18	1.(3×3)	ф10@100/150	
	7.200—10.800	400×400	200	200	280	120		4Φ18	1Φ16	1Φ16	1.(3×3)	ф10@100/150	
KZ—7	—1.100—3.600	400×400	200	200	200	200	8Φ22				1.(3×3)	ф10@100	
	3.600—10.800	400×400	200	200	200	200		4Φ16	2Φ16	1Φ16	1.(4×3)	ф10@100	
KZ—8	—1.100—3.600	350×350	175	175	120	230		4Φ22	1Φ20	1Φ18	1.(3×3)	ф10@100/150	
	3.600—7.200	350×350	175	175	120	230		4Φ22	1Φ22	1Φ18	1.(3×3)	ф10@100/150	
	7.200—10.800	350×350	175	175	120	230	8Φ16				1.(3×3)	ф10@100/150	
KZ—9	—1.100—3.600	400×400	200	200	280	120		4Φ22	1Φ22	1Φ20	1.(3×3)	ф10@100	
	3.600—7.200	400×400	200	200	280	120		4Φ22	1Φ18	1Φ18	1.(3×3)	ф10@100	
	7.200—10.800	400×400	200	200	280	120	8Φ16				1.(3×3)	ф10@100/150	
KZ—10	—1.100—3.600	400×400	200	200	280	120		4Φ22	1Φ20	1Φ18	1.(3×3)	ф10@100/150	
	3.600—10.800	400×400	200	200	280	120	8Φ16				1.(3×3)	ф10@100/150	
KZ—11	—1.100—3.600	350×350	175	175	120	230		4Φ22	1Φ22	1Φ18	1.(3×3)	ф10@100/150	
	3.600—10.800	350×350	175	175	120	230	8Φ16				1.(3×3)	ф10@100/150	
KZ—12	—1.100—3.600	400×400	200	200	280	120		4Φ22	1Φ22	1Φ18	1.(3×3)	ф10@100/150	
	3.600—7.200	400×400	200	200	280	120		4Φ22	1Φ20	1Φ18	1.(3×3)	ф10@100/150	
	7.200—10.800	400×400	200	200	280	120		4Φ18	1Φ16	1Φ16	1.(3×3)	ф10@100/150	
KZ—13	—1.100—3.600	400×400	200	200	280	120		4Φ22	1Φ20	1Φ20	1.(3×3)	ф10@100/200	
	3.600—10.800	400×400	200	200	280	120	8Φ16				1.(3×3)	ф10@100/150	
KZ—14	—1.100—3.600	400×400	200	200	280	120		4Φ22	1Φ20	1Φ18	1.(3×3)	ф10@100/150	
	3.600—7.200	400×400	200	200	280	120		4Φ18	1Φ16	1Φ16	1.(3×3)	ф10@100/150	
	7.200—10.800	400×400	200	200	280	120	8Φ16				1.(3×3)	ф10@100/150	
KZ—15	—1.100—3.600	400×400	200	200	280	120		4Φ22	1Φ20	1Φ22	1.(3×3)	ф10@100/200	
	3.600—10.800	400×400	200	200	280	120	8Φ16				1.(3×3)	ф10@100/150	
KZ—16	—1.100—3.600	400×400	200	200	280	120		4Φ22	1Φ20	1Φ20	1.(3×3)	ф10@100	
	3.600—7.200	400×400	200	200	280	120		4Φ22	1Φ18	1Φ18	1.(3×3)	ф10@100	
	7.200—10.800	400×400	200	200	280	120	8Φ16				1.(3×3)	ф10@100/150	

柱号	标高	bxh(bixhi)(圆柱直径D)	b1	b2	h1	h2	全部纵筋	角筋	b边一侧中部筋	h边一侧中部筋	箍筋类型号	箍筋	备注
KZ—17	—1.100—3.600	400×400	200	200	280	120		4Φ22	1Φ20	1Φ22	1.(3×3)	Φ10@100/200	
	3.600—7.200	400×400	200	200	280	120		4Φ18	1Φ16	1Φ16	1.(3×3)	Φ10@100/150	
	7.200—10.800	400×400	200	200	280	120	8Φ16				1.(3×3)	Φ10@100/150	
KZ—18	—1.100—3.600	400×400	280	120	280	120	8Φ22				1.(3×3)	Φ10@100	
	3.600—10.800	400×400	280	120	280	120		4Φ16	2Φ16	1Φ16	1.(4×3)	Φ10@100	
KZ—19	—1.100—3.600	350×350	230	120	120	230		4Φ22	1Φ18	1Φ18	1.(3×3)	Φ10@100/150	
	3.600—7.200	350×350	230	120	120	230		4Φ22	1Φ20	1Φ18	1.(3×3)	Φ10@100/150	
	7.200—10.800	350×350	230	120	120	230	8Φ16				1.(3×3)	Φ10@100/150	
KZ—20	—1.100—3.600	400×400	280	120	280	120	8Φ25				1.(3×3)	Φ10@100	
	3.600—7.200	400×400	280	120	280	120	8Φ20				1.(3×3)	Φ10@100	
	7.200—10.800	400×400	280	120	280	120		4Φ16	2Φ16	1Φ16	1.(4×3)	Φ10@100	

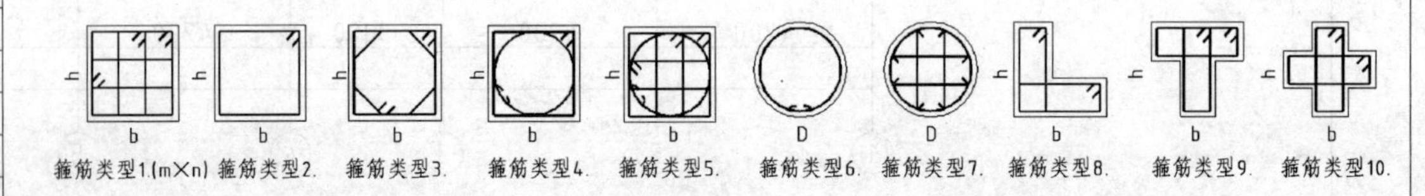

箍筋类型1.(m×n) 箍筋类型2. 箍筋类型3. 箍筋类型4. 箍筋类型5. 箍筋类型6. 箍筋类型7. 箍筋类型8. 箍筋类型9. 箍筋类型10.

南工院建筑设计研究院有限公司 证书等级：乙级　编号：201184-sy				建设单位	大丰市大桥初级中学		
				工程名称	综合楼		
院长		项目负责人		图纸内容	柱配筋图	设计编号	
审定		专业负责人				图别	
审核		设计				图号	结施6
校对		制图				日期	

未加盖本院出图专用章无效

结构设计总说明（三）

8. 填充墙

1）填充墙、平面位置见建筑图，不得随意更改。

2）当首层填充墙下无基础梁或结构板时，墙下应做基础，基础作法详见图十六。

3）砌体填充墙应沿框架柱高每500mm配置25拉筋，拉筋伸入填充墙内长度8、9度抗震设防时沿全长布置，6、7度抗震设防时伸入墙内长度不小于墙长的1/5，且不小于700mm，拉筋错入框架内不小于200。墙高大于4m时，设钢筋混凝土带，墙长大于5m时墙顶与框架梁底采用可拿连接及填充墙与框架梁柱连接构造详苏G9408。

4）当砌体填充墙长度大于层高2倍时应按建施图表示的位置设置钢筋混凝土构造柱，构造柱配筋见图十七，构造柱上下端楼层500mm高度范围内，箍筋间距加密到@100。构造柱与楼面相交处在施工楼面时应留出相应插筋，见图十八。构造柱钢筋绑完后，应先砌墙，后浇注混凝土，在构造柱处，墙体中应留好拉结筋。浇注构造柱混凝土前，应将柱根处杂物清理干净，并用压力水，冲洗，然后才能浇注混凝土。

5）填充墙应在主题结构施工完毕后，由上而下逐层砌筑，或将填充墙砌筑至梁、板底附近，最后再由上而下按下述第(7)条要求完成。

6）填充墙洞口过梁可根据建施图纸的洞口尺寸按图十九及过梁表选用，当洞口紧贴柱或钢筋混凝土墙时，过梁改为现浇。施工主体结构时，应按相应的梁配筋，在柱(墙)内预留插筋，见6之(3)。现浇过梁截面、配筋见下表，L=洞宽+2×300。

门窗洞口宽度		≤900	900~1500	1500~2500	2500~3000	3000~4000
断面b×h		240×60	240×120	240×180	240×240	240×300
配置	①			210	210	212
	②	38	310	312	314	316
				6@200	6@150	6@150

L≥4000应在过梁中部设240×240吊柱，配416，6@150，主筋应焊接接长，具体作法详见苏G01-2003。

当门窗洞顶离结构梁高度小于过梁高度时，如图二十所示。

7）填充墙砌至板，梁底附近后，应待砌体沉实后再用斜砌法把下部砌体与上部板、梁间用砌块逐块敲紧填实，构造柱顶采用干硬性混凝土捻实。

9. 后浇带

1）后浇带位置见各层结构平面图。

2）后浇带部位的构件钢筋不截断，且增设不少于原配筋15%的附加钢筋，伸入后浇带两侧各1000mm，后浇带示意图见图二十一。

3）后浇带采用比相应结构部位高一级的微膨胀混凝土浇注。当后浇带浇为减少混凝土施工过程的温度应力时，后浇带的保留时间不少于两个月，当后浇带是为调整结构不均匀沉降而设置时，后浇带中的混凝土应在两侧结构单元沉降基本稳定后再浇注。施工期间后浇带两侧构件应妥善支撑，以确保构件和结构整体在施工阶段的承载能力和稳定性，可在后浇带两侧砌五皮砖，灌水养护不得少于15天。后浇带具体作法详见苏G01-2003。

10．楼梯平面图中楼梯梁及楼梯立柱在主梁搁置处两侧设置6@50附加箍筋(d为主梁箍筋)

11．高度不于500小于1500的女儿墙中设置240×240立柱，间距不大于3000，具体位置详见平面图，竖筋为412，箍筋为6@200。

12．预埋件

所有钢筋混凝土构件均应按各工种的要求，如建筑吊顶、门窗、栏杆管道吊架等设置预埋件，各工种应配合土建施工，将需要的埋件留全。

十．其他

1．本工程图示尺寸以毫米(mm)为单位，标高以米(m)为单位。

2．梁柱编号仅对本层有效，各层梁编号互不通用

3．水箱梁及相关构件需待水箱选型确定后，由施工方及时通知设计人员复核调整

4．幕墙、网架以及轻钢雨篷等外饰构件等需与专业施工单位配合事前预埋埋件

5．本工程应按照《建筑变形测量规程》(JGJ/T8-97)进行沉降观测，如发现有大于0.2%的不均匀沉降立即通知设计人员，主体及竣工验收时须向我院提供完整的沉降观测记录。

6．防雷接地做法详见电施图。

7．设备定货与土建关系:

电梯定货必须符合本图所提供的电梯井道尺寸，门洞尺寸以及建筑图纸的电梯机房设计。门洞边的预留孔洞、电梯机房楼板、检修吊钩等，需待电梯定货后，经核实无误后方能施工。

8．凡施工及验收规范、规程及标准，以对建筑物所有材料规格，施工要求及验收规则等有说明不再重复，君按有关现行规范、规程及标准执行。

9．所有涉及到图纸的修改一律以我院出具加盖出图专用章的设计修改通知的修改图纸为准，当某张图纸修改后重新出图时，则在图纸编号后加脚标A，再次修改的图纸加脚标B··,后出的图全图替代原图。

十一．构件代号:

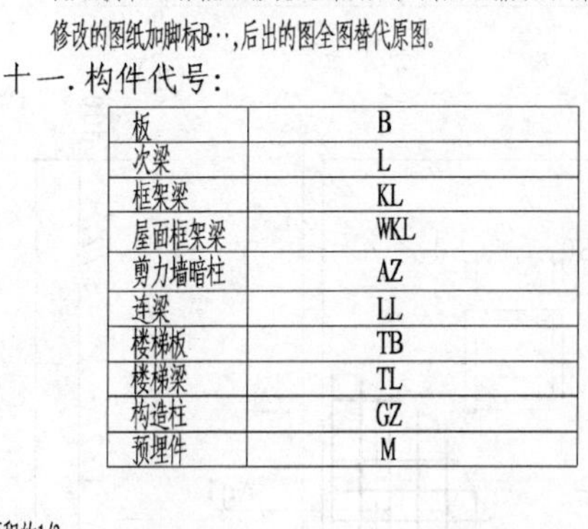

板	B
次梁	L
框架梁	KL
屋面框架梁	WKL
剪力墙暗柱	AZ
连梁	LL
楼梯板	TB
楼梯梁	TL
构造柱	GZ
预埋件	M

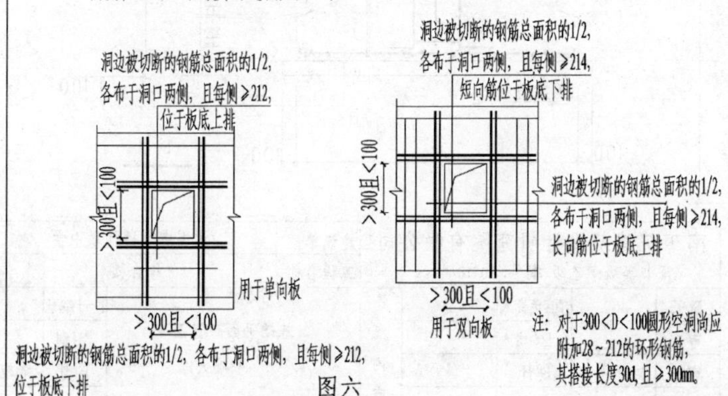

图六

图七

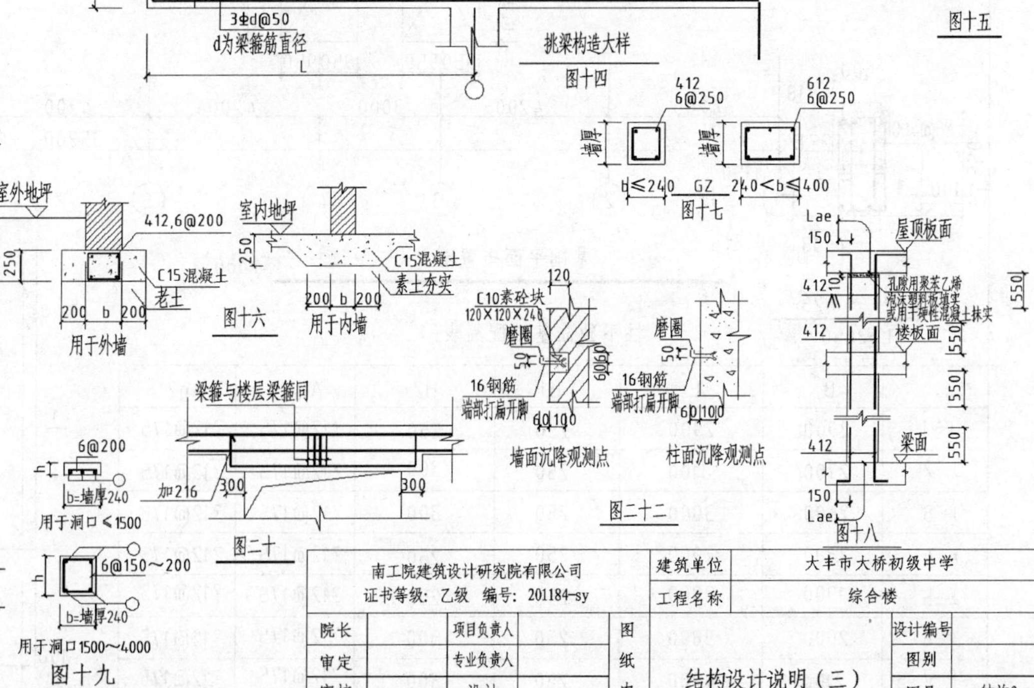

梁孔加固大样

图八

主次梁相交处梁面钢筋

图九

十字梁相交处梁立面钢筋

十字梁相交处梁平面钢筋

图十

图十一

图十二

边梁高度大雨悬臂梁高时构造

图十三

挑梁构造大样

图十四

图十五

南工院建筑设计研究院有限公司 证书等级：乙级　编号：201184-sy				建筑单位	大丰市大桥初级中学	
				工程名称	综合楼	
院长		项目负责人		图纸内容	结构设计说明（三）	设计编号
审定		专业负责人				图别
审核		设计				图号 结施3
校对		制图				日期

未加盖本院出图专用章无效

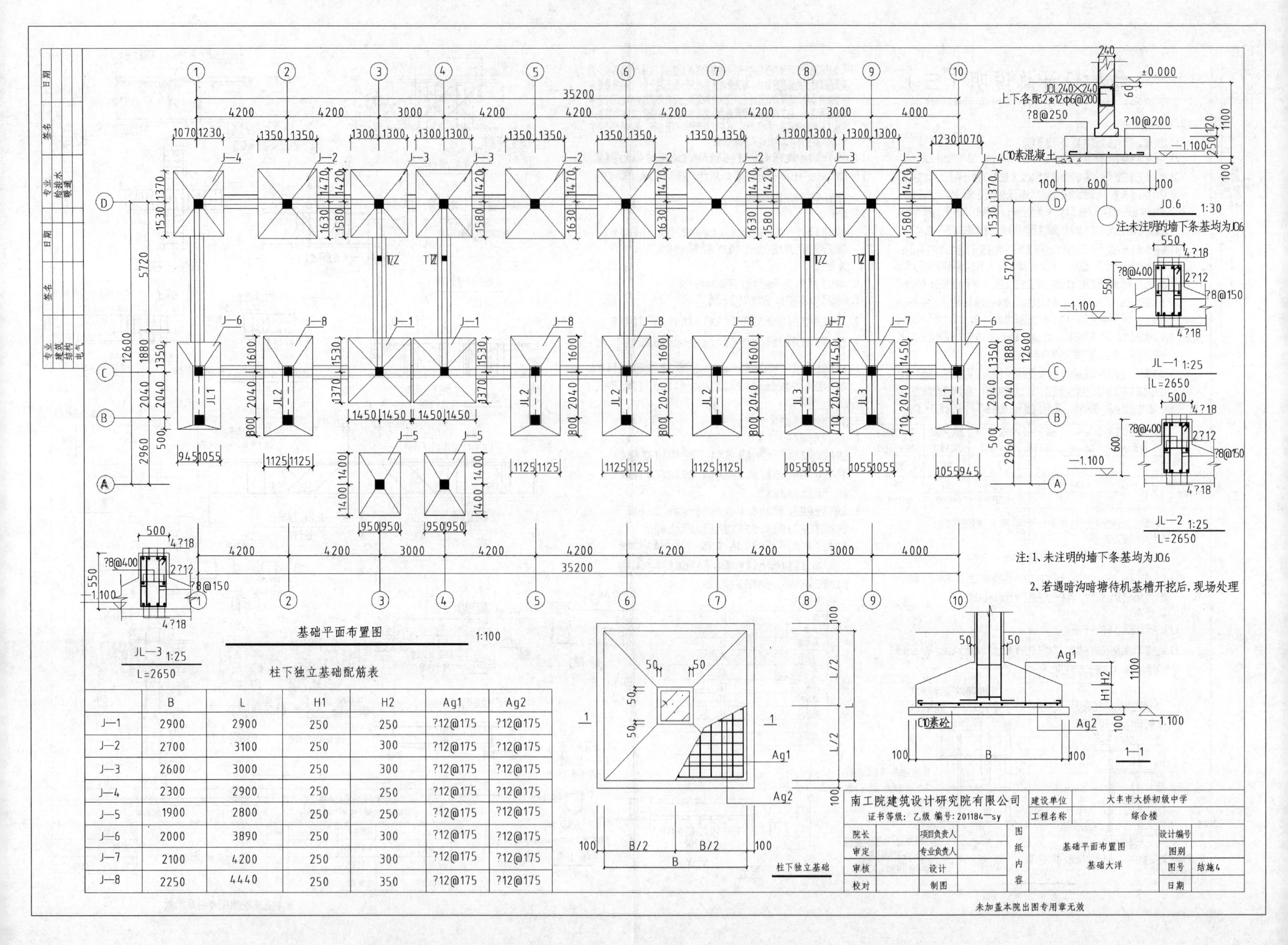

柱下独立基础配筋表

	B	L	H1	H2	Ag1	Ag2
J—1	2900	2900	250	250	?12@175	?12@175
J—2	2700	3100	250	300	?12@175	?12@175
J—3	2600	3000	250	300	?12@175	?12@175
J—4	2300	2900	250	250	?12@175	?12@175
J—5	1900	2800	250	250	?12@175	?12@175
J—6	2000	3890	250	300	?12@175	?12@175
J—7	2100	4200	250	300	?12@175	?12@175
J—8	2250	4440	250	350	?12@175	?12@175

结构设计总说明(一)

一. 总则

本结构设计总说明与结构施工图以及国家结构标准图集《03G101-1》组成本工程结构设计文件的基本内容，当三者内容有重复时，首先以结构图为准，其次须符合结构设计总说明，构造详图及本说明未详的内容按图集《03G101-1》执行。

二. 设计概况

1. 本工程位于大丰市大桥镇，工程用途：综合楼
   建筑层数三层。
2. 结构体系：框架结构，抗震设防类别：乙类。地面粗糙度：B类
3. 抗震设防烈度：7度，设计基本地震加速度值：0.15g，设计地震分组为：第一组。
   结构的抗震等级：按二级计算，按一级设置抗震构造措施；节点构造按9度区采用。
4. 结构的安全等级：二级，建筑物耐火等级：二级，结构设计使用年限五十年。
5. 地基基础设计等级：丙级，场地土类别Ⅲ，无液化土层。
6. 地下室防水等级：
7. 场地的工程地质及地下水条件：
   1) 依据的岩土工程勘察资料详见大丰室建筑设计院有限公司提供勘察报告2010-073。
   1) 地下水：
   场区内地下水埋藏条件为潜水，
   本场区地下水对混凝土无腐蚀性，对钢筋
   混凝土中钢筋在干湿交替时呈弱腐蚀性，长期浸水时无腐蚀性，对钢结构具弱腐蚀性。

三. 标高

1. 本工程相对标高±0.000相当于假定高程3.00米。
2. 除注明外，本工程边准层中一般楼面(厅，室等)结构标高比建筑标高降低30mm，屋面结构标高一般同建筑标高，否则另行说明。
3. 卫生间、厨房、阳台等结构面标高比一般楼面标高降低30mm。

四. 本工程设计遵循的标准、规范、规程

1. 国家有关规范：
   1) 《建筑结构可靠度设计统一标准》(GB50068-2001)
   2) 《建筑结构荷载规范》(GB50009-2001)
   3) 《混凝土结构设计规范》(GB50010-2002)
   4) 《建筑抗震设计规范》[GB50011-2001(2008年版)]
   5) 《砌体结构设计规范》(GB50003-2001)
   6) 《建筑地基基础设计规范》(GB50007-2002)
   7) 《建筑桩基技术规范》(JGJ94-2008)

五. 本工程设计计算所采用的计算程序：中国建筑科学研究院PKPM系列软件。

六. 荷载

1. 设计采用的均布活荷载标准值

楼面用途	办公室	楼梯	走道	活动室	屋面(不上人)
活荷载(KN/M2)	2.0	2.5	2.5	2.5	0.5
楼面用途					
活荷载(KN/M2)					

2. 本工程栏杆水平荷载采用1.0KN/M。
3. 基本风压：0.4KN/M2。
4. 基本雪压：0.3KN/M2。
5. 当施工中荷载超过设计使用荷载时，施工单位应采取必要的措施，以免损坏结构的正常承载能力，在使用过程中未经技术鉴定或设计许可，不得改变结构用途和使用环境不得随意增加荷载及砌任何墙体。

七. 地基基础

1. 本工程采用柱下独立基础，基础底标高-1.200m，基础底土为第2号土层粘质粉土，基槽开挖至基地标高以上200mm时，应进行普遍钎探，并通知地质勘察、监理、设计等有关单位共同验槽，确定持力层准确无误后，方可进行下一道工序。
2. 基槽开挖及回填要求：
   1) 基坑开挖应有详细的施工组织设计，开挖过程中应采取有效措施组织好基坑排水，以及防止地面雨水流入。
   2) 深基坑开挖应呀个按照规范施工程序，采取有效措施做好边坡支护和深基坑降水工作，保证正常施工，同时应防止因降低地下水位对周围建筑物产生不利影响。
   3) 机械开挖时控制好开挖深度，窗200-300毫米的土层。在施工底板前，人工清理至设计标高，并及时浇捣混凝土垫层。基坑开挖后，如局部基底设计标高未达持力层，应挖至持力层，再用级配砂石分层夯至基底设计标高。
   4) 基础墙砌完后，应在两侧同时回填土，均匀对称进行并分层夯实。
   夯实后的于容重不得小于16Kn/m2，填土的有机质不超过5%。
3. 本工程应进行沉降观测，沉降观测点(见图二十二)位置：角点，周边每隔15米，观察内容：施工期间每施工完一层读一次，主体结构封顶后每隔两个月读一次，竣工后第一年一季度一次，以后半年一次直至稳定(连续两次半年沉降量不超过2mm)。

八. 主要结构材料

1. 混凝土(预制构件另详)

部位 / 构件	±0.000以下	部位 / 构件	±0.000以上
柱	C25	柱	C25
条基及独基	C25	梁	C25
基础垫层	C10	板	C25

注：梁、柱节点处的混凝土强度登记不宜低于柱的混凝土强度等级；当柱的梁的混凝土强度等级相差>5Mpa时，施工时应采取专门措施，确保节点区(柱边1.5倍梁高范围内)混凝土强度等级不低于柱的混凝土等级。

2. 钢材：1)钢筋：Ⅰ级圆钢用表示--HPB235(fy=210N/mm2)
   Ⅱ级变形钢筋用表示--HRB335(fy=300N/mm2)
   Ⅲ级变形钢筋用表示--HRB400(fy=360N/mm2)
   注：普通钢筋的抗拉强度实测值与屈服轻度的实测值的比值不应小于1.25；且钢筋的屈实测值不应小于9%。
   服强度实测值与强度标准值的比值不应大于1.3，且钢筋在量最大拉力下总伸长率
   钢筋的强度标准值应具有不小于90%的保证率
   钢筋的检验方法应符合现行国家标准GB50204的规定
   2) 型钢、钢板、钢管、螺栓、吊钩：当未注明时均采用Q235-B，不得采用冷拉钢筋加工
   注：所有钢材必须符合国家建筑用钢标准，并经抽样检验合格后方可使用。
3. 焊条：
   1) 电弧焊所采用的焊条，其性能应符合现行国家标准《碳钢焊条》GB5117或《低合金钢焊条》GB5118的规定。
   2) 钢筋帮条焊或搭接焊：Ⅰ、Ⅱ级钢采用E43；Ⅲ级钢采用E50。
   3) 预埋件穿孔塞焊：锚筋为Ⅰ级钢时采用E43；锚筋为Ⅱ级钢时采用E50。

图纸目录

序号	图纸内容	图纸编号	图号
1	图纸目录 结构设计说明(一)	结施1	2#
2	结构设计说明(二)	结施2	2#
3	结构设计说明(三)	结施3	2#
4	基础平面布置图、基础大样	结施4	2#
5	柱结构平面图	结施5	2#
6	柱配筋图	结施6	2#
7	二层现浇板配筋图	结施7	2#
8	三层现浇板配筋图	结施8	2#
9	顶层板结构平面图	结施9	2#
10	二层梁配筋图	结施10	2#
11	三层梁配筋图	结施11	2#
12	顶层梁配筋图	结施12	2#
13	楼梯结构图	结施13	2#
选用图集	《混凝土结构施工图平面整体表示方法制图规则和构造详图》03G101-1 《建筑物抗震构造详图》苏G02-2004 《建筑结构常用节点图集》苏G01-2003 《钢筋混凝土桩承台》苏G05-2005		

4. 未在本条中说明的均按现行《钢筋焊接及验收规程》JGJ18-96执行。
4. 砌体填充墙：

砌体部位		砌块名称	墙厚	砌块强度等级	砂浆类型	砂浆强度等级	荷载限值Kn/m2	备注
±0.000以下		灰砂砖	240	≥Mu15	水泥砂浆	M7.5	5.24	1.轻质砌块干燥收缩率不超过0.5MM/M 2.载荷限值中合粉面刷层重量
±0.000以上	外围护墙及240墙	热泥烧结节能保温空心砖	240	≥Mu5	混合砂浆	M5.0	4.0	
	120墙	热泥烧结节能保温空心砖	240	≥Mu5	混合砂浆	M5.0	2.5	

九. 钢筋混凝土结构构造

本工程采用过件标准图《混凝土结构施工图平面整体表示方法制图规则和构造详图03G101-1》的表示方法。施工图中未注明的构造要求应按找标准图的有关要求执行。

南工院建筑设计研究院有限公司		建设单位	大丰市大桥初级中学		
证书等级：乙级　编号：201184-sy		工程名称	综合楼		
院长	项目负责人	图纸内容	图纸目录 结构设计说明(一)	设计编号	
审定	专业负责人			图别	
审核	设计			图号	结施1
校对	制图			日期	

未加盖本院出图专用章无效

专业	建筑	结构	电气
签名			
日期			

专业	给排水	暖通
签名		
日期		

结构设计总说明（二）

1. 混凝土保护层：主筋混凝土保护层厚度不应小于钢筋的公称直径，且应符合下列要求

环境类别		板墙			梁			柱		
		≤C20	C20~C45	≥C50	≤C20	C20~C45	≥C50	≤C20	C20~C45	≥C50
一		20	15	15	30	25	25	30	30	30
二	a	-	20	20	-	30	30	-	30	30
	b	-	25	20	-	35	30	-	35	30
环境类别一		室内正常环境（±0.000以上）								
环境类别二	a	室内潮湿环境（浴室等）								
	b	露天环境、与水或土壤直接接触的环境（±0.000以下或水箱内壁等）								

基础有垫层时为40mm，无垫层时为70mm。

各类环境中混凝土应符合混凝土结构规范3.4节的要求。

有防火要求的建筑物，其保护层厚度尚应符合国家现行有关防火规范的规定。

2. 钢筋锚固搭接表：

a）受拉钢筋锚固长度La

钢筋类别 \ 混凝土强度	C20	C25	C30	C35	≥C40	备注
HPB235	32d	28d	25d	22d	20d	1.d>25mm时，锚固长度应乘以修正系数1.1。2.锚固长度最低不应小于250mm。
HRB335	40d	35d	30d	28d	25d	
HRB400	46d	40d	36d	35d	30d	

b）抗震设防区纵向钢筋锚固长度LaE

抗震等级	一二级	三级	四级	备注
LaE	1.15La	1.05La	1.01a	

c）纵向钢筋搭接长度Ll=ξLa LlE=ξLa　　（ξ为纵向钢筋搭接长度修正系数）

纵向钢筋搭接接头面积百分率	≤25	50	100	备注
ξ	1.2	1.4	1.6	搭接长度最低不应小于300mm

注：受拉钢筋搭接长度不应小于300mm，受压钢筋搭接长度不应小于200mm。

3. 钢筋接头形式及要求：

1）框架梁、框架柱、剪力墙暗柱主筋优先采用机械连接或焊接，其余构件当受力钢筋直径<22时，可采用绑扎连接。

2）接头位置宜设置在受力较小处，在同一根钢筋上宜少设接头。

3）受力钢筋接头的位置应相互错开，当采用机械接头时，在任一35d且不小于500mm区段内，和当采用绑扎搭接接头时，在任一1.3倍搭接长度的区段内，有接头的受力钢筋面面积占受力钢筋总截面面积的百分绿应符合下表要求：

接头形式	接头数量
机械连接或焊接	≤50%
绑扎连接	≤25%

4. 现浇钢筋混凝土板

除具体施工图中有特别规定者外，现浇钢筋混凝土板的施工应符合以下要求：

1）板的底部钢筋伸入支座长度应≥5d，且应伸入到支座中心线。

2）板的边支座和中间支座板顶标高不同时，负筋在梁或墙内的锚固应满足受拉钢筋最小锚固长度La。

3）双向板的底部钢筋，段跨钢筋置于下排，长跨钢筋置于上排。

4）当板底与梁底平时，板的下部钢筋伸入梁内须弯折后置于梁的下部纵向钢筋之上。

5）现浇板底标高高于梁顶处，节点大样见图1。

6）连续不等高现浇板支座负筋锚固大样见图2。

7）结构平面中板面负筋长度起止见图3。

8）厨房和卫生间四周墙体上设混凝土止水带，做法见详图4。

9）板上孔洞应预留，一般结构平面图中只表示出洞口尺寸≥300mm的孔洞，施工时公工种必须根据各专业图纸配合土建预留全部孔洞，不得后凿。当孔洞尺寸≥300mm时，洞边不再另加钢筋，板内外钢筋由洞边绕过，不得截断见图5。当洞口尺寸>300mm时，需在洞边设边梁或暗梁，按平面图示出的要求施工，当平面图未交代时，一般按图六加筋，加筋的长度为单向板受力方向或双向板的两个方向沿跨度通长，并锚入支座≥5d，且应伸入到支座中心线，单向板非受力方向的洞口加筋长度为洞口宽加两侧各40d，且应放置在受力钢筋之上。

10）板内分布钢筋，除注明者外见下表：

楼板厚度	≤C20	110~140	150~170	180~200	200~220
分布钢筋	6@200	8@200	8@150	10@250	10@200

11）对于外露的现浇钢筋混凝土女儿墙、挂板、栏板、檐口等构件，当其水平直线长度超过12m时，应按图七设置伸缩缝。伸缩缝间距≤12m。

12）施工时应采取可靠措施确保现浇板中上下层钢筋位置准确。

13）现浇板中板面无筋处设6@150双向。板中留管时，管道应居中设置，管道间净距不得小于100mm。

14）楼板上后砌隔墙的位置应严格遵守建筑施工图，不可随意砌筑。

5. 钢筋混凝土梁：

1）梁内箍筋除单肢箍外，其余采用封闭形式，并作成135度，纵向钢筋为多排时，应增加直线段弯钩在两排或三排钢筋以下弯折。

2）梁内第一根箍筋距柱边或梁边50mm起。

3）主梁内在次梁作用处，箍筋应贯通布置，凡未在次梁两侧注明箍筋者，均在次梁两侧各设3组箍筋，箍筋肢数、直径同梁箍筋，间距50mm。次梁吊筋在装配筋图中表示。

4）主次梁高度相同时，次梁的下部纵向钢筋应置于主梁下部纵向钢筋之上。

5）梁的纵向钢筋需要设置接头时，底部钢筋应在距支座1/3跨度范围内接头，上部钢筋应在跨中1/3跨度范围内接头。

6）设备专业管道不得在梁中垂直穿过，需在梁中水平穿过时，洞口应位于梁跨度1/3-1/4区段，且应避开次梁作用位置，多排孔并列时，孔心距不得小于2.5倍梁宽，具体位置由设计人员协商确定，做法见图八。

7）主次梁相交处钢筋见图九。

8）十字梁相交处钢筋见图十。

9）单根次聚集中力作用处附加钢筋见图十一。

10）2-3根次梁集中力作用处附加钢筋见图十二。

11）次梁高度大于悬臂梁高时构造见图十三。

12）所有悬挑构件均必须在构件混凝土强度达到100%后，方可拆除底模，挑梁节点详见图十四。

13）梁跨度大于或等于4m时，模板按跨度的0.2%起拱；悬臂梁按悬臂长度的0.4%起拱，其拱高度不小于20mm。

14）框架梁梁端箍筋加密区长度和加密区箍筋的最大间距及最小肢距

抗震等级	箍筋加密区长度	箍筋最大间距	箍筋最大肢距
一	2h 500	h/4 6d 100	≤200 ≤20d
二	1.5h 500	h/4 8d 100	≤250 ≤20d
三	1.5h 500	h/4 8d 150	≤250 ≤20d
四	1.5h 500	h/4 8d 150	≤300
注	取最大值h为梁截面高度	取较小值d为梁纵筋最小直径	取较小值d为梁箍筋最小直径未满足时加单肢箍

当施工图中对此未注明或未满足时应按此要求加密箍筋间距或肢距

15）当施工图中仅画出梁断面而未注明梁端箍筋的处理时，其上下钢筋均应按规定锚入支座

16）梁的其他构造要求及平面表示法见国际设计图集《03G101-1》。

6. 钢筋混凝土柱

1）柱子箍筋一般为复合箍，除拉结钢筋外均采用封闭形式，并做成135°弯钩，直钩长度为10d。

2）柱应按建筑施工图中填充墙的位置预留拉结筋。

3）柱与现浇过梁、圈梁连接处，在柱内应预留插铁，插铁伸出柱外皮长度为1.2La（LaE），锚入柱内长度为La（LaE）

4）框架柱钢筋及截面尺寸变化时的构造要求见国标《03G101-1》。

5）框架柱纵向钢筋构造应满足下列要求：

a. 纵向钢筋总数为4根时可在同一截面连接，多于4根时同一界面钢筋的接头不宜多于总根数的50%。

b. 纵向钢筋的连接下列情况下采用机械连接或等强连接：

一、二及抗震等级在柱全长范围内

三级抗震等级底层柱

三、四级抗震等级柱纵筋直径d>22时

6）框架柱箍筋加密区的箍筋最大间距及最小肢距：

抗震等级	箍筋最大间距	箍筋最大肢距
一	6d 100	≤200
二	8d 100	≤250 ≤20d(取小值)
三	8d 150柱根100	≤250 ≤20d(取小值)
四	8d 150柱根100	≤300
注	取较小值d为梁纵筋最小直径	d为柱箍筋直径的较大值至少使主筋隔一块有箍筋及柱筋约束

当施工图中对此未注明或未满足时应按此要求加密箍筋间距或肢距

7. 当柱混凝土强度等级高于梁混凝土一个等级是，梁柱节点处混凝土可随梁混凝土强度等级浇筑。当柱混凝土强度等级高于梁混凝土两个等级时，梁柱节点处混凝土应按柱混凝土强度等级浇筑。此时，应先浇筑的高等级混凝土，然后再浇筑梁的低等级混凝土。也可以同时浇注，当应特别注意，不应使低等级混凝土扩散到高等级混凝土的结构部位中去，以确保高强混凝土结构质量。柱高等级混凝土浇筑范围见图十五。

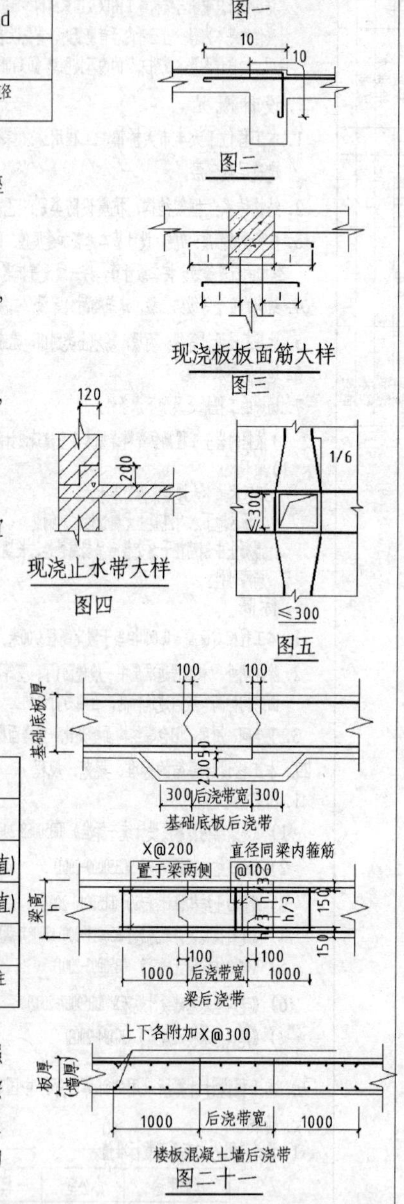

南工院建筑设计研究院有限公司 证书等级：乙级　编号：201184-sy					建设单位	大丰市大桥初级中学		
					工程名称	综合楼		
院长		项目负责人		图纸内容	结构设计说明（二）		设计编号	
审定		专业负责人					图别	
审核		设计					图号	结施2
校对		制图					日期	

未加盖本院出图专用章无效

日期　签名　专业 给排水 暖通　日期　签名　专业 建筑 结构 电气

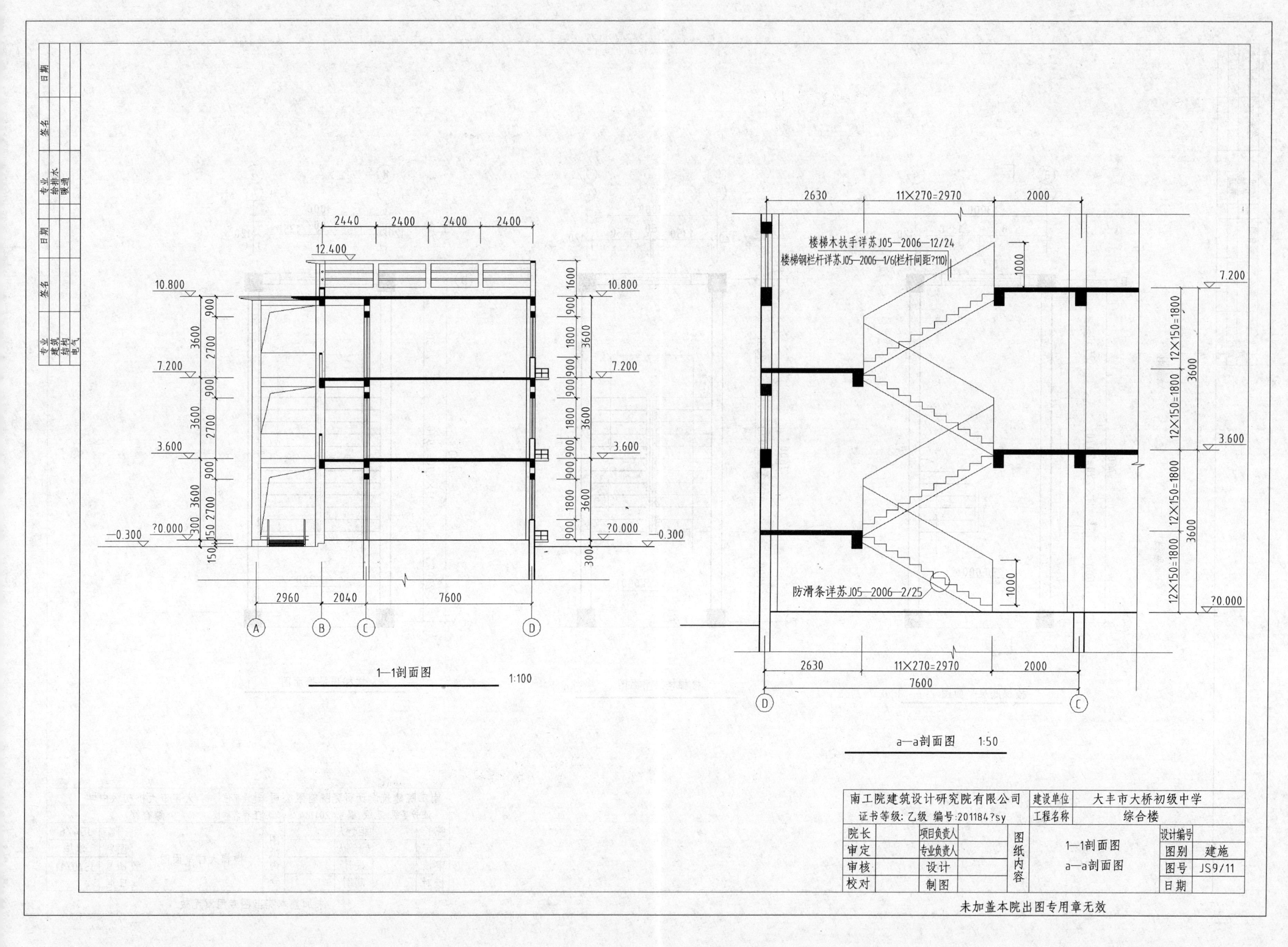
1—1剖面图 1:100
a—a剖面图 1:50
楼梯木扶手详苏J05—2006—12/24
楼梯钢栏杆详苏J05—2006—1/6(栏杆间距?110)
防滑条详苏J05—2006—2/25
南工院建筑设计研究院有限公司
证书等级: 乙级 编号:201184?sy
建设单位 大丰市大桥初级中学
工程名称 综合楼
院长 项目负责人
审定 专业负责人
审核 设计
校对 制图
图纸内容 1—1剖面图 a—a剖面图
设计编号
图别 建施
图号 JS9/11
日期
未加盖本院出图专用章无效

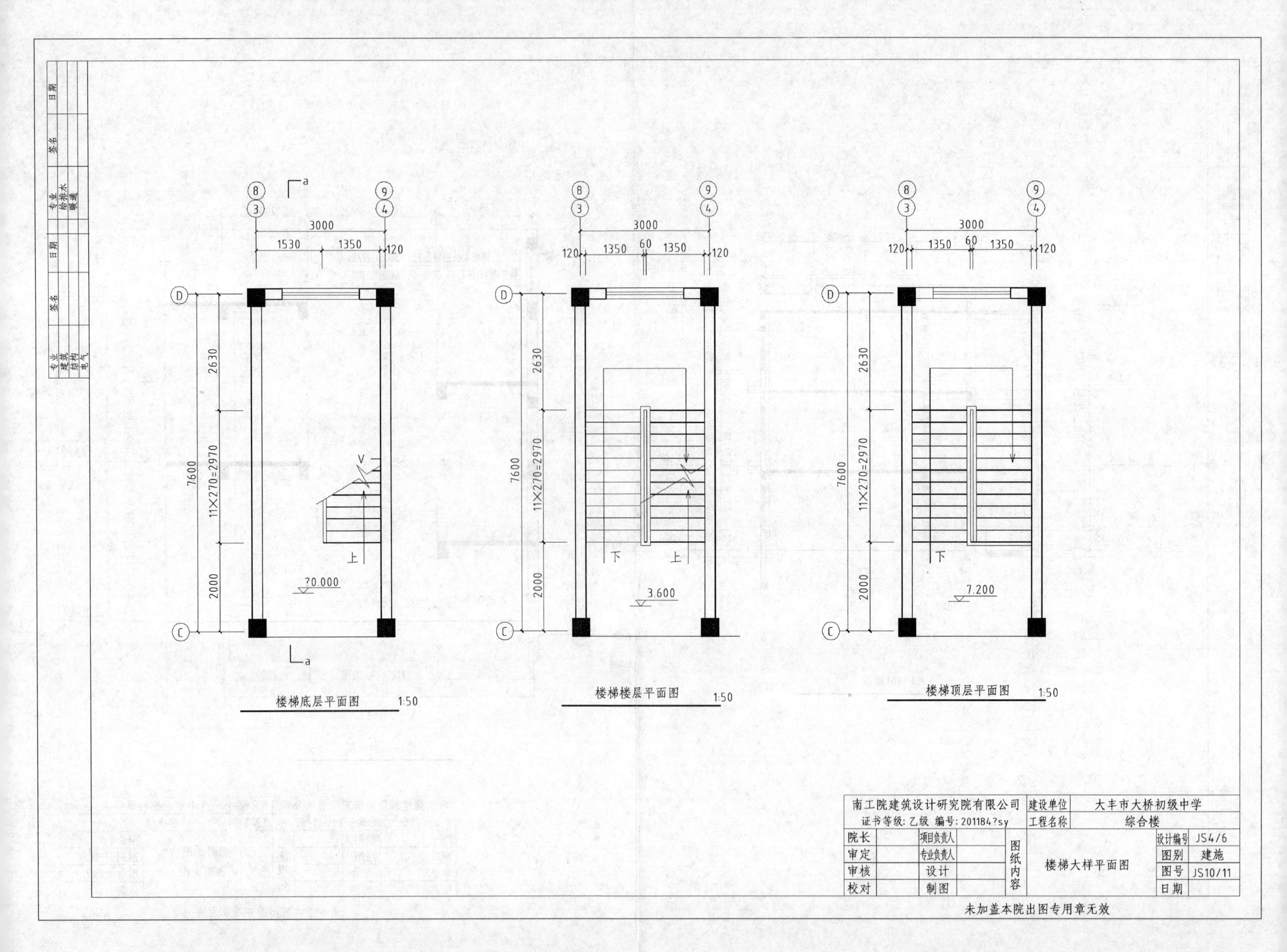
楼梯底层平面图 1:50
楼梯楼层平面图 1:50
楼梯顶层平面图 1:50
3000
1530
1350
120
60
7600
2630
11×270=2970
2000
上
下
?0.000
3.600
7.200
南工院建筑设计研究院有限公司
证书等级: 乙级 编号: 201184?sy
建设单位
大丰市大桥初级中学
工程名称
综合楼
院长
项目负责人
审定
专业负责人
审核
设计
校对
制图
图纸内容
楼梯大样平面图
设计编号 JS4/6
图别 建施
图号 JS10/11
日期
未加盖本院出图专用章无效
专业
建筑
结构
电气
给排水
暖通
签名
日期

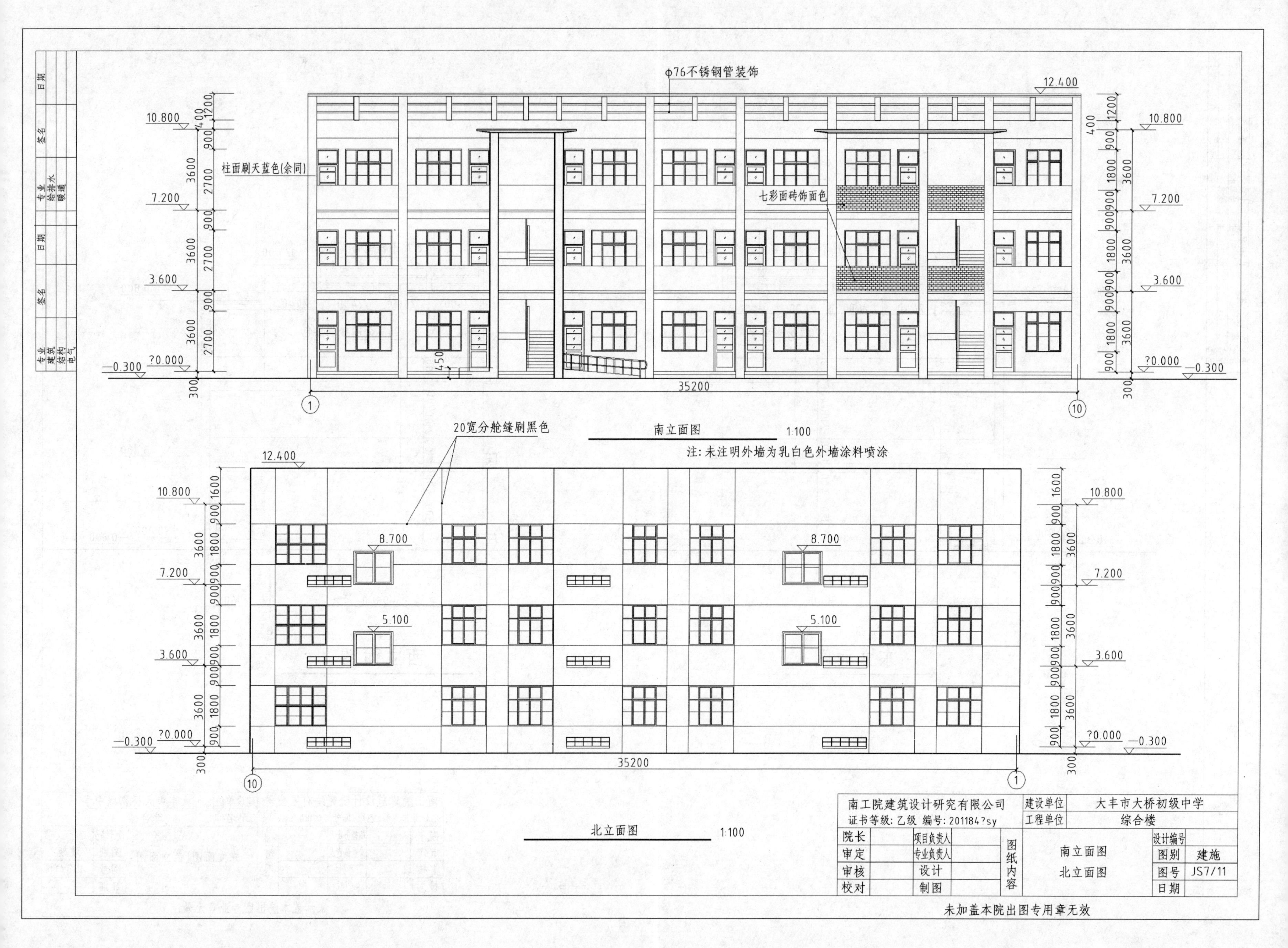

φ76不锈钢管装饰
柱面刷天蓝色(余同)
七彩面砖饰面色
12.400
10.800
7.200
3.600
?0.000
-0.300
35200
南立面图 1:100
注:未注明外墙为乳白色外墙涂料喷涂
20宽分舱缝刷黑色
8.700
5.100
北立面图 1:100
南工院建筑设计研究有限公司
证书等级:乙级 编号:201184?sy
建设单位 大丰市大桥初级中学
工程单位 综合楼
院长 项目负责人
审定 专业负责人
审核 设计
校对 制图
图纸内容 南立面图 北立面图
设计编号
图别 建施
图号 JS7/11
日期
未加盖本院出图专用章无效

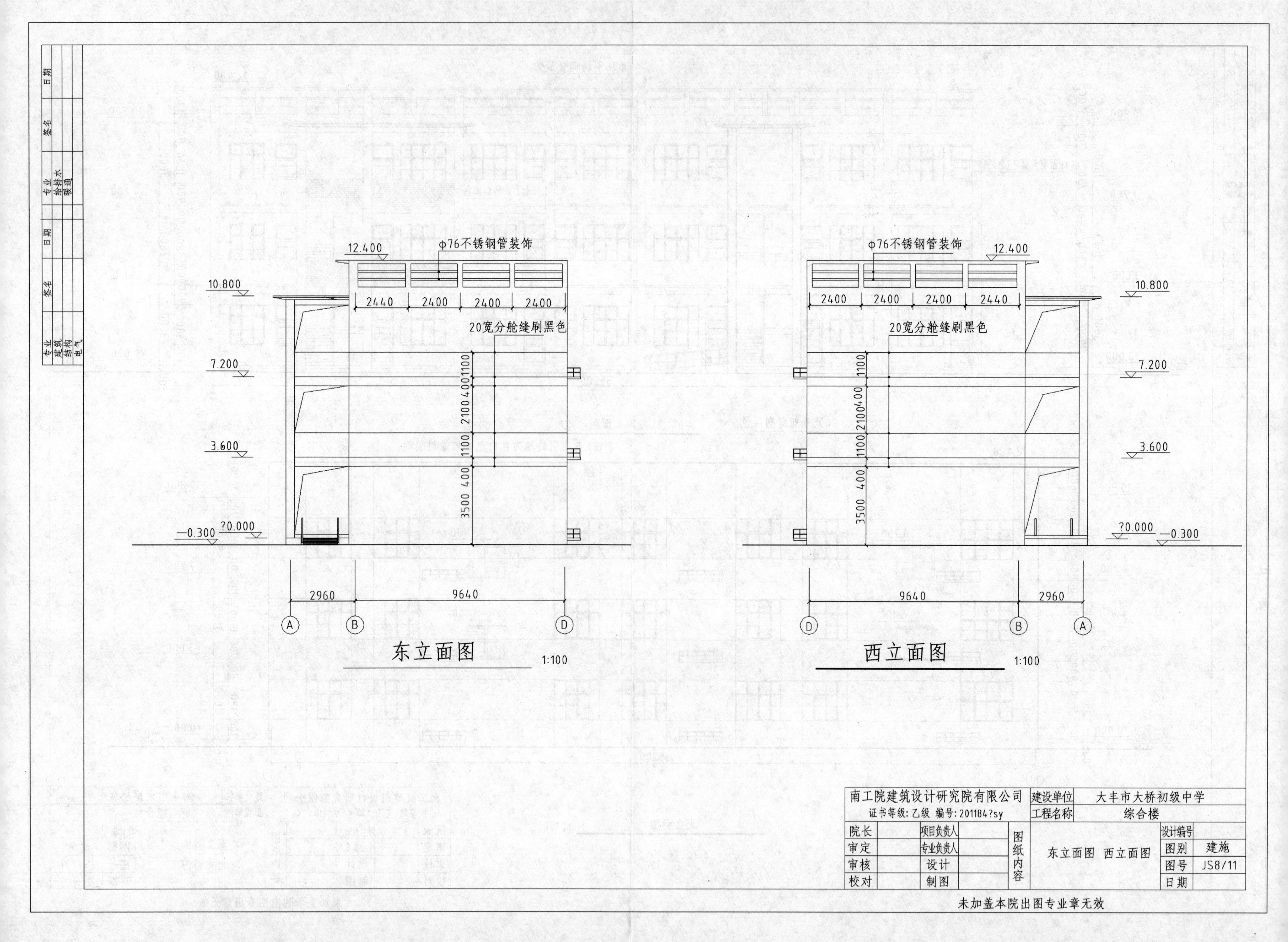

φ76不锈钢管装饰
12.400
10.800
7.200
3.600
-0.300
?0.000
2440
2400
20宽分舱缝刷黑色
1100
400
2100
3500
2960
9640
A
B
D
东立面图
1:100
西立面图
1:100
南工院建筑设计研究院有限公司
证书等级：乙级 编号：201184?sy
建设单位
大丰市大桥初级中学
工程名称
综合楼
院长
审定
审核
校对
项目负责人
专业负责人
设计
制图
图纸内容
东立面图 西立面图
设计编号
图别
建施
图号
JS8/11
日期
未加盖本院出图专业章无效
专业
建筑
结构
电气
给排水
暖通
签名
日期

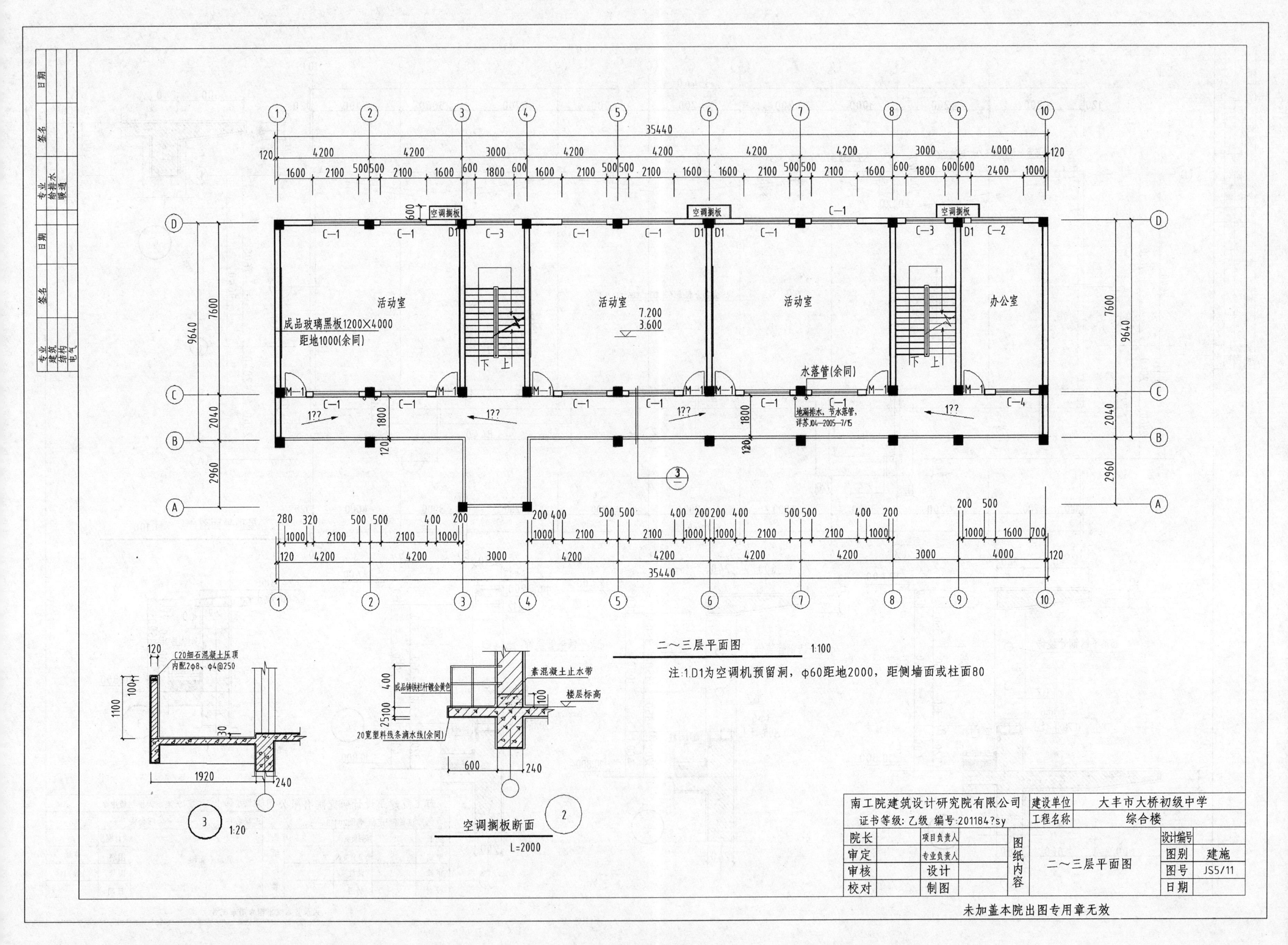
二～三层平面图 1:100
注:1.D1为空调机预留洞，φ60距地2000，距侧墙面或柱面80
活动室
活动室
活动室
办公室
成品玻璃黑板1200×4000
距地1000(余同)
水落管(余同)
空调搁板
空调搁板断面
L=2000
1:20
南工院建筑设计研究院有限公司
建设单位
大丰市大桥初级中学
工程名称
综合楼
二～三层平面图
图别
建施
图号
JS5/11
未加盖本院出图专用章无效

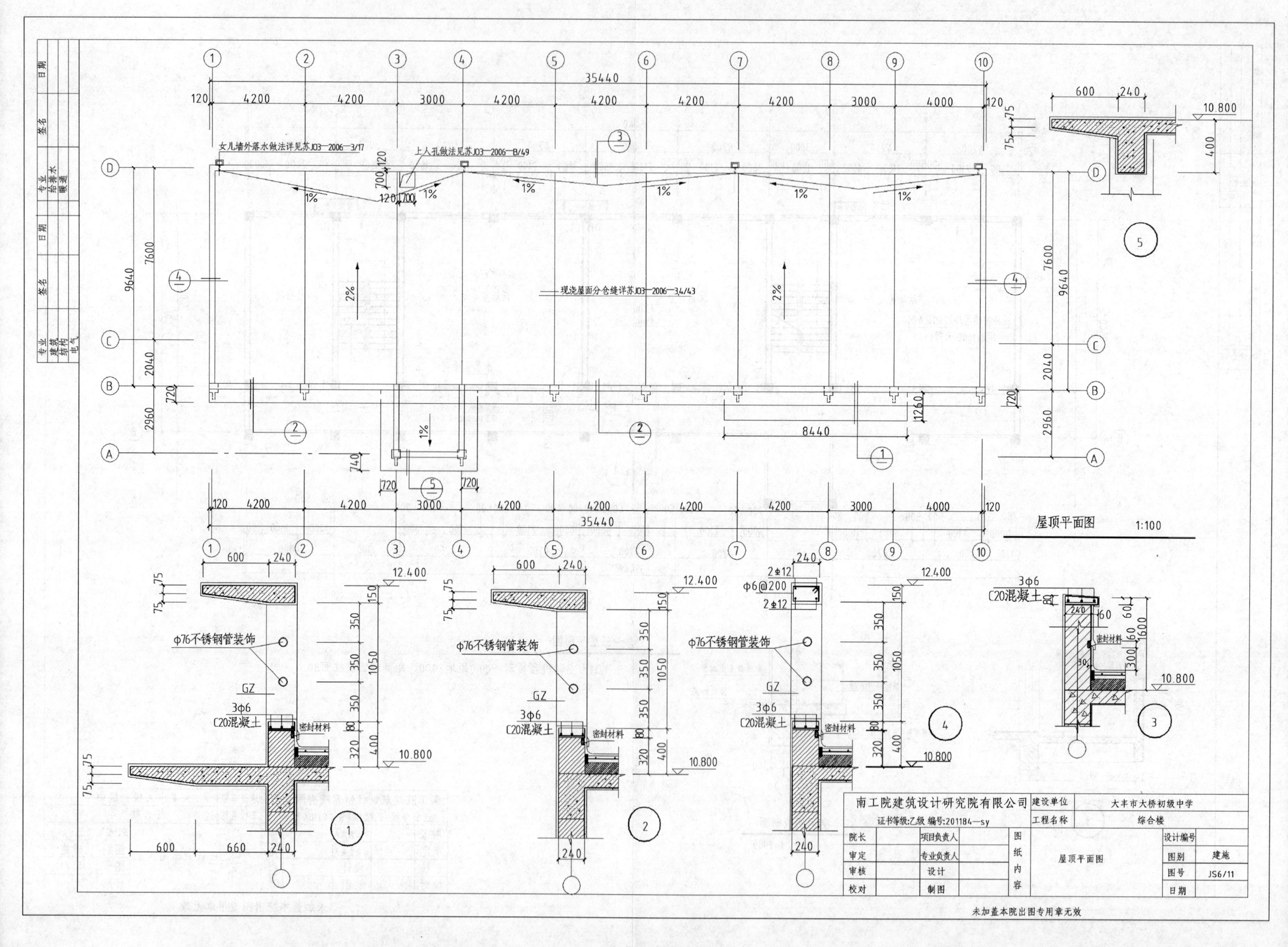
屋顶平面图 1:100
女儿墙外落水做法详见苏J03—2006—3/17
上人孔做法见苏J03—2006—B/49
现浇屋面分仓缝详苏J03—2006—3,4/43
φ76不锈钢管装饰
GZ
3φ6
C20混凝土
密封材料
2φ12
φ6@200
南工院建筑设计研究院有限公司
证书等级:乙级 编号:201184—sy
建设单位 大丰市大桥初级中学
工程名称 综合楼
院长
项目负责人
审定
专业负责人
审核
设计
校对
制图
图纸内容
屋顶平面图
设计编号
图别 建施
图号 JS6/11
日期
未加盖本院出图专用章无效

建筑施工图总说明(二)

7.5 门窗立面图为设计的立面分格图，其外包尺寸为门窗洞口尺寸。制作门窗时应按实际洞口尺寸留安装缝隙;
7.6 外墙粉刷与外门窗洞口尺寸及外门窗尺寸关系详见苏C1-2006第1页表1;
7.7 门窗立樘：(除注明者外)窗、双面弹簧门及推拉门立樘均位于墙体居中位置，平开门、单面弹簧门立樘位于开启方向一侧;
7.8 门窗用材要求:
a. 铝合金窗的型材壁厚不得小于1.4mc，门的型材壁厚不得小于2mc;
b. 塑料门窗的型材必须选用与共相匹配的热镀锌增强型钢，型钢壁厚应满足规范和设计要求，但不小于2.2mc;
c. 选用五金配件的型号、规格和性能应符合国家现行标准和有关规定要求，并与门窗相匹配。平开门窗的铰链或撑杆等应选用不锈钢或铜等金属材料。推拉窗必须有防脱落装置，平开门应设置磁碰或共它开启后的固定设施;
7.9 外门窗防水要求：外门窗洞口与铝合金窗框间的四周空隙采用膨胀式聚氨酯枪式泡沫填缝剂(又称建筑摩丝)灌缝，或预留门窗洞口与窗框间的四周空隙用聚合物砂浆嵌填密室;
7.10 所有窗台低于900cm的窗户均设护窗栏杆，高度为从楼地面起1:50，具体位置及做法见相应图纸，凸窗护窗栏杆具体位置及做法将相应图纸;
7.11 所有门窗上部过梁、圈梁或连系统详见结施，均需按门窗要求埋预埋件，或用膨胀螺钉固定;
7.12 防火门窗、防火卷帘门为专业厂家定型产品，耐火极限应满足《建筑设计防火规范》的要求;
防火门应具有的功能：a. 自闭；b. 双扇门能顺序关闭；c. 常开门在火灾时能自闭并有信号反馈；d. 门两侧均能手动开启。

8 内外装修工程

8.1 室内外装修做法，除本说明交待者外，其余详见“11工程做法”及有关设计图纸;
8.2 墙面分格线设在每层的窗顶标高处四周转通，墙面分格线和滴水线都用塑料嵌条;
8.3 外墙防水要求：山墙用C2厚2.5水泥砂浆打底，加5b防水剂，(砼墙外先刷素水泥浆一道);
8.4 室内墙柱阳角均须做小圆角，当采用出S水泥砂浆护角线时,R=20，每边宽50，高2m;
8.5 突出墙面的阳台、雨篷、腰线、挑檐、挑窗台等其下部必须做好滴水线，其上部与墙面交角处做成半径50的圆角。窗台外侧应抹出坡面，坡度为3%;
8.6 外墙上所有脚手架洞，栏杆、金属支架与墙面交接处及各种专业管道留洞等，均应填补密室，并在面层相应部位用
8.7 承包商进行二次设计的轻钢结构、装饰物等，经确认后还向建筑设计单位提供预埋件的设置要求;
8.8 外装修选用的各项材料，其材质、规格、颜色等，均由施工单位提供样板，经建设和设计单位确认后进行封样，并据此验收;
8.9 本次内装修不包括二次室内装修。工程在装修时不得破坏原有结构体系。同时应符合《建筑设计防火规范》和《建筑内部装修设计防火规范》;
8.10 一般抹灰凡未注明质量要求者为普通抹灰;
8.11 釉面砖、无釉面砖等饰面砖，应表面光洁、质地坚固、色泽一致，共性能指标应符合现行国家标准的规定，吸水率不大于10%;
8.12 凡有吊顶房间，墙柱粉刷或装饰面仅做到吊顶标高以上100处;
8.13 各类管线灯具等必须严格控制标高，以保证今后使用要求和有利于二次装修的进行;
8.14 内装修选用的各项材料，其材质、规格、颜色等，均由施工单位提供样板，经建设和设计单位确认后进行封样，并据此验收。

9 油漆涂料工程

9.1 本装修均为刷底油一道，腻子刮平打磨，调和漆两道；金属制品均先用红丹打底，再做油漆二度;
9.2 楼梯扶手栏杆，阳台扶手及窗栏杆等钢构件均刷防锈底漆一道，腻子刮平打磨，磁漆二道;
9.3 各种预埋在墙或柱内的木、铁件需做防腐、防锈处理；木构件满涂防腐水柏油二道，金属构件先用红丹打底，再做防锈油漆二度;
9.4 凡木构件与砌体接触部分或不露面部分，均应满涂水柏油;
9.5 所有钢结构部位均须按《建筑设计防火规范》二级耐火等级的有关要求涂刷防火涂料，具体规定如下:
钢柱，耐火极限不应少于2.50h；钢梁，耐火极限不应少于1.5h；屋顶承重构件，耐火极限不应2.00h;
9.6 各种油漆涂料均由施工单位制作样板，经确认后进行封样，并据此进行验收。

10 室外工程

10.1 外挑檐、雨篷、室外台阶、坡道、散水、窗井、排水明沟或散水带明沟、庭院围墙、围墙门(指住宅首层小院部落)等工程做法见图纸。

11 施工中注意事项

11.1 设计中采用标准图，通用图，重复使用图纸，均应按各设计图纸的有关要求施工;
11.2 所有排气井、管道井、加压通风井、新风管井内壁和砌边用1:2.5水泥砂浆抹光，在施工中不得将砖、灰砂、杂物等掉入井内;
11.3 卫生洁具、成品隔断由建设单位与设计单位商定，并应与施工配合；灯具、送回风口等影响美观的器具须经建设单位与设计单位确认样品后，方可批量加工、安装;
11.4 每层疏散楼梯及电梯厅处，均需在醒目位置设置楼层标志。首层通向地下室的楼梯入口处应标志‘往地下室’字样，以免疏散人员误入地下室;
11.5 冬季施工或在特殊条件下施工，应按有关规定，采用相应措施，以保证工程安全、质量要求;
11.6 施工时，必须与结构、给排水、采暖、通风、空调、电气、动力等专业图纸密切配合，注意预埋件、预留洞、槽位置的准确性，减少或避免事后打洞，影响施工质量和进度;
11.7 所有建筑、结构的地沟预留孔洞、预埋件及水、电、暖预埋管道，施工时应与有关单位(专业)密切配合，并按图施工，不得后凿洞及后埋管道;
11.8 本图对下列位置未做详细交代，有待建设单位(或用户)委托专业公司设计或工程承包：室外工程，园林绿化，屋顶花园，室内二次装修，玻璃幕墙等;
11.9 施工过程中，均应按国家现行的施工及验收规范进行施工及验收，并应严格做好隐蔽工程的检查和验收记录。

12 建筑防火与总图设计

12.1 设计依据：《建筑设计防火规范》GB50015-2006
《村镇建筑设计防火规范》GB139-90
12.2 建筑防火分区：本建筑满足一个防火分区的要求;
12.3 总图防火
防火间距：本建筑为独立。见总平面图，已满足防火规范要求。
12.4 消防车道
建筑物按消防规定设置消防车道，消防车道宽，消防车道内侧道路边缘至建筑物外墙不应小于3m,
消防车道转弯半径为12m，合用城市干道时转弯半径≥9m，坡度≤75，消防车道通过建筑物时门洞净宽≥1m，净高≥1m，消防车道路荷载30T/m;
12.4 总图设计说明
a. 基地高程
本工程基地高程由规划文件确定，建筑室内标高80.000，相当于假定高程3.000m,室内外高差0。30m,室外地坪相当于假定高程2.700m;
b. 总平面建、构筑物定位
本建、构筑物以测量地形图坐标定位，建筑物以轴线定位，道路，管线以中心线定路;
本建筑物以相对尺寸定位，坐标零点为基地假定零点位。建筑物以轴线定位，道路，管线以中心线定位;
c. 基地排水
结合本地区自然地形，基地建筑物为平坡式布置，有紧接基地边界线建筑时，基地主排水方向坡度≥20%，场地地面雨水，排放不得向相邻地方排泄雨水。基地中绿地和渗水路面就地渗下，铺装路面和建筑物雨水经雨水管(暗沟)向城市排水管网排泄地面水。

13 建筑热环境与节能设计

13.1 本工程为公建建筑，属性夏热冬冷地区，按《公共建筑节能设计标准》GB50289-2005
执行热环境与节能设计。
a. 本建筑体型系数：0.33
b. 建筑窗墙比：东向0，西向0，南向0.34，北向0.23;
c. 相应遮阳系数：南向0.2
d. 外墙平均传热系数0.911(m/min)
e. 平屋面传热系数0.59(r/min)
f. 外挑楼板传热系数0.92(r/min)　g. 地面传热阻1.35(m/kim)

13.2 节能设计做法
a. 外门窗选用：所有朝向均采用06J607-1-14页80系列B型透明5+9空气-5透明塑钢中空玻璃，传热阻R=12.2
b. 外墙自保温：采用240厚加气混凝土砌块,做法详见“14工程做法”
外墙冷桥处理：采用25厚挤塑聚苯乙烯泡沫塑料板，具体做法详见“7工程做法”
c. 屋面保温：采用40厚挤塑聚苯乙烯泡沫塑料板，具体做法详见“11工程做法”
d. 外挑楼板保温：采用30厚挤塑聚苯乙烯泡沫塑料板，具体做法详见“11工程做法”
e. 地面保温：采用210厚泡沫混凝土，具体做法详见“11工程做法”
f. 外遮阳做法：南、东、西向设遮阳，做法详图集06H506-1-3/B11，面积不小于窗洞面积，遮阳率达到80%;

14 工程做法

14.1 屋面做法
a. 40后细石混凝土，内配?@150钢筋网片;
b. 保温层选用40厚挤塑保温板。
c. 20厚1:3水泥砂浆找平(掺3~5%防水剂);
d. 聚酯复合防水卷材二层
e. 20厚1:3水泥砂浆找平层;
f. 泡沫混凝土建筑找坡2%
g. 100厚现浇钢筋混凝土屋面;

14.2 外墙做法
涂料外墙(外墙面砖饰面详苏J01-2005-126)
a. 弹性涂料面层;
b. 刮防水腻子1-2遍;
c. 8厚1:3聚合物砂浆1-2遍;
d. 防裂钢丝网一道;
e. 3厚MALC防水界面剂;
f. 240厚加气砼砌块墙;
g. 25厚1:3水泥砂浆粉面;
冷桥处理详见建施2梁柱与墙体连接节点详图。

14.3 地面:
a. 地面装修面层
b. 20厚1:3水泥砂浆，压实抹光;
c. 40厚C20细石混凝土，内配双向?@150钢筋网片(分格缝处应断开)，粉平压光;
d. 210厚泡沫混凝土;
e. 40厚C15砼;
f. 30厚碎石或碎砖夯实;
g. 素土夯实。

14.4 楼面做法
水泥楼面
a. 20厚1:2水泥砂浆面层;
a. 20厚1:3水泥砂浆找平层;
c. 现浇钢筋混凝土楼板;

14.5 内墙做法
涂料墙面
a. 刷内墙涂料;
b. 10厚1:2水泥砂浆抹面;
c. 15厚1:3水泥砂浆打底;
d. 防裂钢丝网一道;
e. 刷界面处理剂一道;
f. 加气砼砌块墙;

14.6 顶棚做法
涂料顶棚(用于除卫生间外所有房间)
a. 刷平顶涂料;
b. 6厚1:2.5水泥砂浆粉面;
c. 6厚1:3水泥砂浆打底;
d. 刷素水泥砂浆一道;
e. 现浇钢筋混凝土楼板;
卫生间吊顶，装修时考虑

14.7 踢脚做法
水泥踢脚(用于所有房间，高200mm)
a. 6厚1:2.5水泥砂浆;
b. 8厚2:1:8水泥石灰膏砂浆打底;
c. 刷界面处理剂一道;
d. 加气砼砌块墙;

南工院建筑设计研究院有限公司					建设单位	大丰市大桥初级中学	
证书等级：乙级　编号：201184-sy					工程名称	综合楼	
院长		项目负责人		图纸内容	建筑施工图总说明（一）	设计编号	
审定		专业负责人				图别	
审核		设计				图号	JS3/11
校对		制图				日期	

未加盖本院出图专用章无效

专业	签名	日期
给排水 暖通		
建筑 结构 电气		

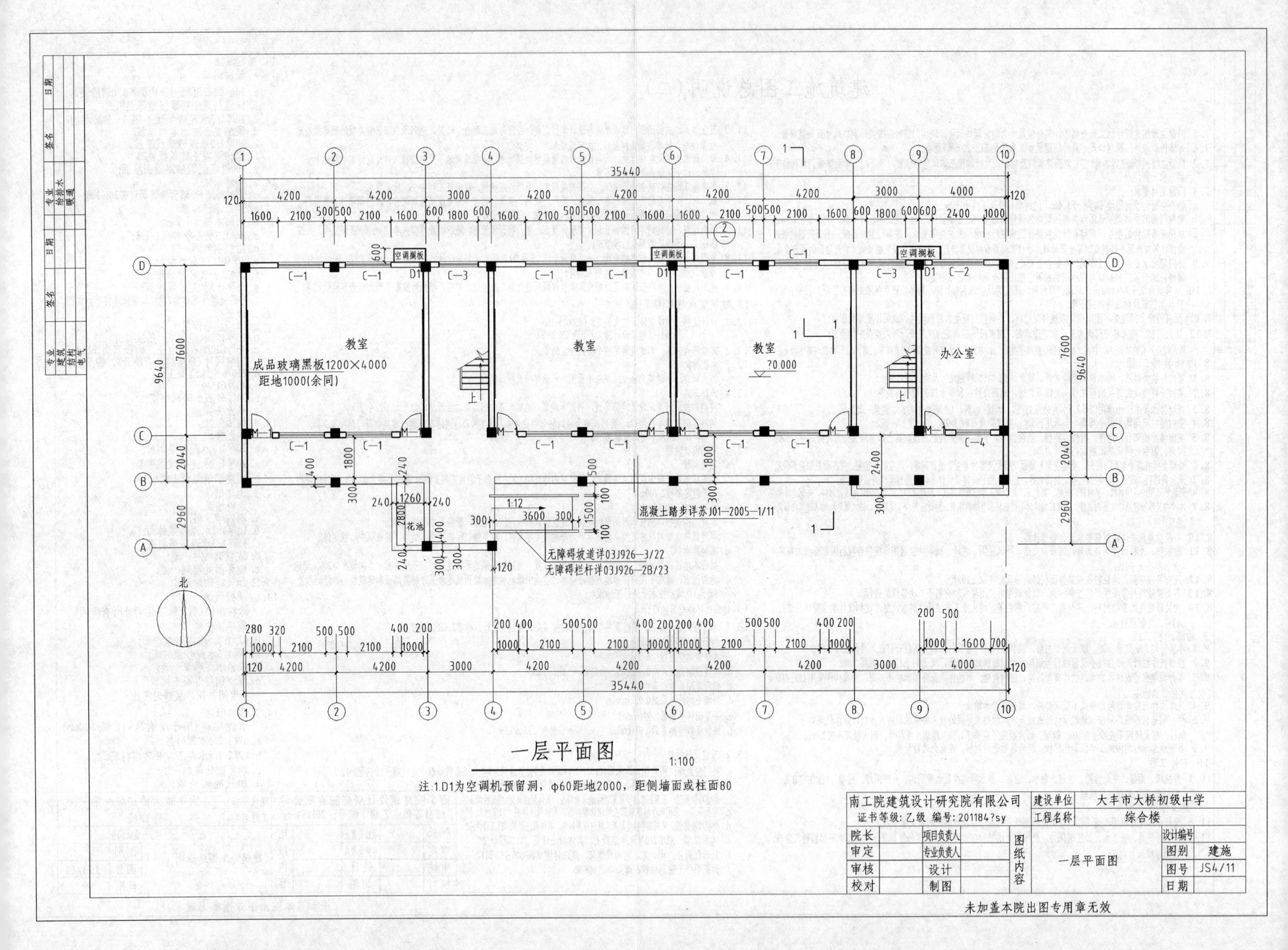

教室
教室
教室
办公室
成品玻璃黑板1200×4000
距地1000(余同)
空调搁板
混凝土踏步详苏J01—2005—1/11
无障碍坡道详03J926—3/22
无障碍栏杆详03J926—2B/23
花池
35440
北
一层平面图
1:100
注:1.D1为空调机预留洞，φ60距地2000，距侧墙面或柱面80
南工院建筑设计研究院有限公司
建设单位
大丰市大桥初级中学
工程名称
综合楼
院长
审定
审核
校对
项目负责人
专业负责人
设计
制图
图纸内容
一层平面图
图别
建施
图号
JS4/11
日期
未加盖本院出图专用章无效

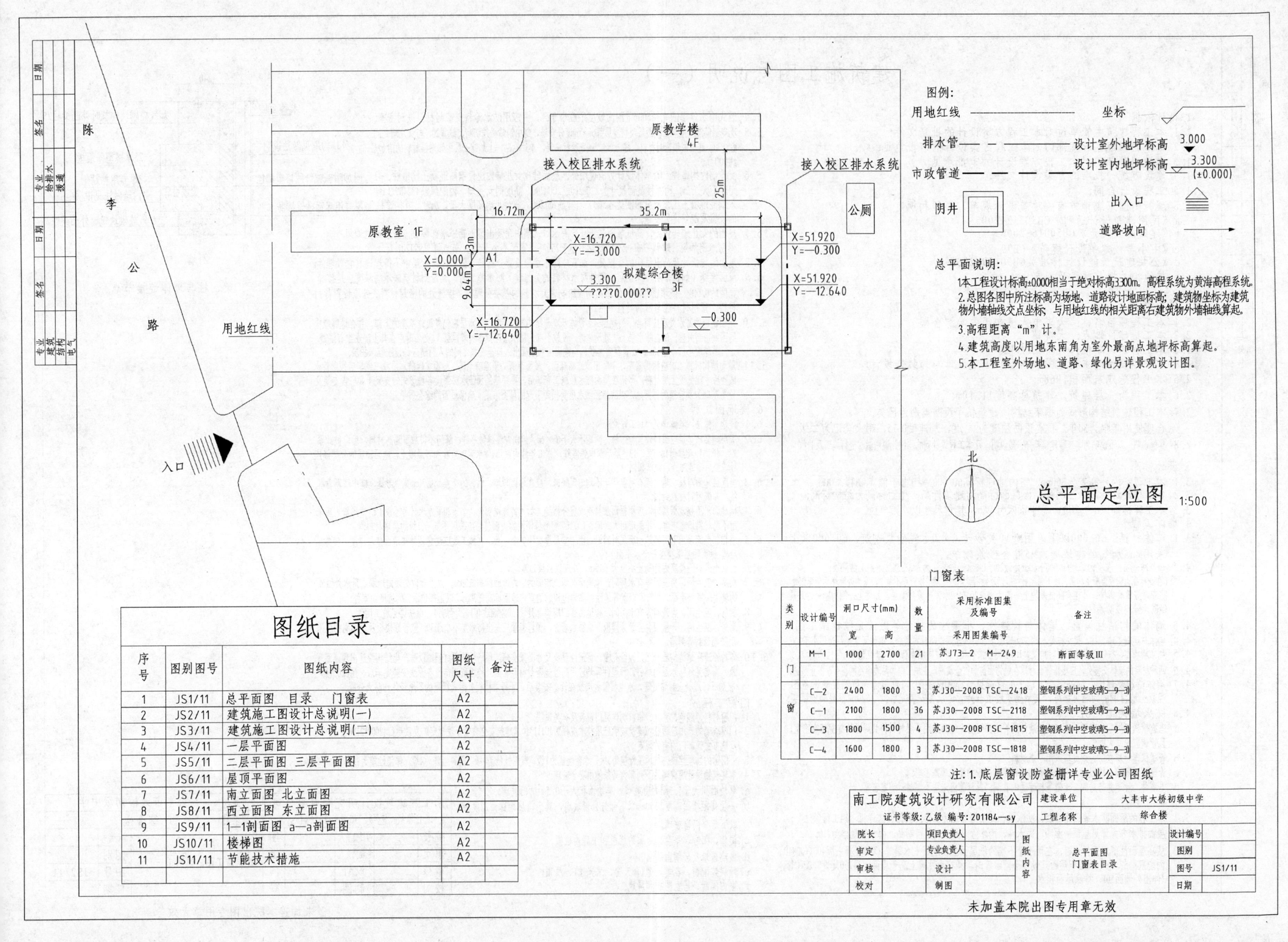

图纸目录

序号	图别图号	图纸内容	图纸尺寸	备注
1	JS1/11	总平面图 目录 门窗表	A2	
2	JS2/11	建筑施工图设计总说明(一)	A2	
3	JS3/11	建筑施工图设计总说明(二)	A2	
4	JS4/11	一层平面图	A2	
5	JS5/11	二层平面图 三层平面图	A2	
6	JS6/11	屋顶平面图	A2	
7	JS7/11	南立面图 北立面图	A2	
8	JS8/11	西立面图 东立面图	A2	
9	JS9/11	1—1剖面图 a—a剖面图	A2	
10	JS10/11	楼梯图	A2	
11	JS11/11	节能技术措施	A2	

门窗表

类别	设计编号	洞口尺寸(mm)		数量	采用标准图集及编号	备注
		宽	高		采用图集编号	
门	M—1	1000	2700	21	苏J73—2 M—249	断面等级Ⅲ
窗	C—2	2400	1800	3	苏J30—2008 TSC—2418	塑钢系列(中空玻璃5—9—3)
	C—1	2100	1800	36	苏J30—2008 TSC—2118	塑钢系列(中空玻璃5—9—3)
	C—3	1800	1500	4	苏J30—2008 TSC—1815	塑钢系列(中空玻璃5—9—3)
	C—4	1600	1800	3	苏J30—2008 TSC—1818	塑钢系列(中空玻璃5—9—3)

注：1. 底层窗设防盗栅详专业公司图纸

南工院建筑设计研究有限公司 证书等级：乙级 编号：201184—sy				建设单位	大丰市大桥初级中学	
				工程名称	综合楼	
院长		项目负责人		图纸内容	总平面图 门窗表目录	设计编号
审定		专业负责人				图别
审核		设计				图号 JS1/11
校对		制图				日期

未加盖本院出图专用章无效

建筑施工图总说明（一）

专业	签名	日期
建筑		
结构		
电气		

专业	签名	日期
给排水		
暖通		

1 设计依据

1.1 本工程建设主管单位对本工程方案设计的批复文件；

1.2 本地城市规划管理部门对本工程方案设计的审批意见；

1.3 本地消防部门对本工程方案设计的审批意见；

1.4 建设方统一批准的方案设计文件；

1.5 工程设计合同；

1.6 现行的国家或地方有关建筑设计规范、规程和规定。

a《民用建筑设计通则》CB50352-2005

b《建筑防火规范》CB50016-2006

c《中小学校建筑设计规范》CB99-86

d《公共建筑节能设计标准》CB50189-2005

e 其他相关规范规程及规定

2 项目概况

2.1 本工程项目名称：大丰市大桥初级中学综合楼

2.2 本工程建设地点：大桥镇

2.3 本工程建设单位：大桥初级中学

2.4 本工程设计的主要范围和内容：土建设计与外装饰设计；

2.5 本工程总建筑面积1068m；

2.6 本工程为三层建筑，建筑总高度11.10m；

2.7 本工程建筑结构形式为框架结构，建筑抗争设防类别为已类，合理使用年限为50年；抗震设防烈度为　度，加速度0.15，耐火登记为二级。

2.8 其他说明：以下说明为本工程建筑部分一般说明，凡本工程设计到的均照此说明做法进行施工及验收

3 设计标高

3.1 本工程室内外高差为300mm，室内地坪标高60.000，相当于假定高程3.00m。

3.2 本工程设计标高除注明外，楼层面标高为建筑标高，屋面标高为结构标高；

3.3 本工程标高以n为单位，总平面尺寸以n，其它尺寸以　为单位。

4 墙体工程

4.1 墙体材料：60.000以下采用Mn10灰砂砖，4.0水泥砂浆砌筑，60.000以上采用Mu5加气砼砌块砖，M5混合砂浆砌筑。

4.2 墙身防潮层：在室内地坪60.000下60cm处做20厚1:2水泥砂浆（内加3～5%防水剂）防潮层；（在此标高为钢筋混凝土构造，或下为砌石构造以及特别说明的防潮措施时可不做），室内外地坪标高变化处防潮层应重叠搭接，并在有高低差埋上一侧的墙身20厚1:2水泥砂浆防潮层，如埋上一侧为室外，还应做防水涂料或防潮材料

4.3 墙体的构造柱设置、墙体与构造柱、框架柱的拉结等做法见结构施工图。

4.4 墙体与混凝土墙、柱、梁交接处，均应在墙面上加钉钢丝网以防抹灰裂缝，钢丝网宽度每边不小于300；

4.5 凡立墙墙面、柱、阳角及门洞转角处做1:2水泥砂浆护角，厚度同墙面粉刷，每边宽50，与门同高；

4.6 两种材料的墙体交接处，应根据饰面材质在做饰面前加钉金属网或在施工中加贴玻璃丝网格布，防止裂缝；

4.7 墙体留洞及封堵：钢筋混凝土墙上的留洞见结施和设备图；1砌筑墙顶留洞见建设备图；混凝土墙留洞的封堵见结施，其余砌筑墙留洞待管道设备安装完后，用C20细石混凝土填实；

4.8 防火墙构造注明：

a 当有输送可燃气体和甲、乙、丙类液体的管道穿过防火墙应采用不燃材料将共周围的缝隙填塞密室，且管道应设防火阀；

b 管道保温材料在防火墙处应采用不燃材料；

c 管道穿过隔墙、楼板时、应采用不燃材料将其周围的缝隙填塞密室；

d 电缆井、管道井与房间、走道等相连通的孔洞，其缝隙应采用不燃材料填塞密室。

5 屋面工程

5.1 本工程的屋面防水等级为Ⅱ级，防水层合理使用年限为15年；具体做法详见“14工程做法”；

5.2 屋面排水方式详见屋顶平面图，雨水斗、雨水管采用C250塑料制品，雨水管规格为?10；

5.3 从高屋面往低屋面排水时，在雨水管下端的低屋面上设混凝土水簸箕（C20混凝土板400X+00N40，内配双向5?）。小面积屋面只设一个雨水管时，须在女儿墙上高于屋面面层250处设？0PVC管(伸出外墙面50)，排除屋面积水。

5.4 竖式雨水口周围直径500m范围内坡度不应小于5%，并应用防水涂料或密封材料嵌封密室；

5.5 现浇钢筋混凝土屋面板面层及整浇层每6m×6m设分仓缝，缝中钢筋必须切断，缝宽20，与女儿墙之间留缝30，缝内嵌填密封材料，缝上加铺300宽卷材一层，单边粘贴，上加铺一层胎体增强材料的附加层，约900宽；

5.6 女儿墙内构造柱：除单体设计另有说明外，屋面砖砌女儿墙内应设钢筋混凝土构造柱，且间距不大于3m，构造柱截面尺寸为220M210或200M200，高度同女儿墙，内配纵筋4?2 (8?2)（伸入钢筋混凝土压顶及屋面圈梁各500），箍筋?@?200，当女儿墙高度大于1.2m时，其构造柱的设置及配筋详见设施；

5.7 屋面的女儿墙转折处，高低屋面转折处，雨水口，阴阳角及出屋面管道根部等重点防水部位均须做防水附加层，增做一布一涂，卷起不小于250高，宽度不小于500，节点详见99J201-1；

5.8 屋面的转折处及凸出结构的交接处，细石砼防水层应设置分格缝。细石砼防水层中不得埋设其它预埋件；

5.9 屋面接缝（如找平层，保护层，刚性防水材料的分格缝）防水施工时，其密封材料嵌填的深度应是接缝宽度的0.6倍。嵌填密封材料的基面均应涂刷密封材料的基层处理剂，接缝处的密封材料底部应设置背衬材料，背衬材料应与密封材料不粘连；

5.10 屋面设施的防水处理应符合下列规定：a.设施基座与结构层相连时，防水层应包裹设施基座的上部，并在地脚螺栓周围做密封处理；B.在防水层上放置设施时，设施下部的防水层应做卷材增强层，必要时应在其上浇注细石混凝土，其厚度不应小于50mm；c.需经常维护的设施周围和屋面出入口至设施之间的人行道应铺设刚性保护层；

5.11 屋面结构板施工时应振捣密室，不能出现蜂窝麻面。屋面留洞必须准确无误，屋面柔性防水层施工完毕后须做蓄水试验后才能铺设上层材料。严禁在屋面防水层施工完毕后，再穿越屋面防水层架设各种形式的支架（如广告支架及设备基础）及管道的再穿越，以防屋面防水层受损而引起的屋面渗漏，确保屋面的综合质量。

6 楼地面工程

6.1 楼地面做法，具体详见“14工程做法”；

6.2 底层地面砼垫层应纵横设置伸缩缝，间距不大于6m×6m。纵向伸缩缝做平缝，缝间不得放置隔离材料，而应彼此紧贴。横向伸缩缝做10cm宽、13垫层后深电锯假缝，施工毕缝内嵌填1:2水泥砂浆和细石混凝土，地面面层的分隔缝应与通垫层缩缝对齐，做法相同；

6.3 当底层地面与柱、墙之间有可能产生不均匀沉降时，应在地面与墙、柱、的交接处留20cm宽变形缝，缝中填沥青麻丝，并嵌密封材料封顶；

6.4 楼地面采用整浇棉层时，应根据面层材料设置分格缝（如无特殊说明外，小于20平方米时可不设）；变形缝内应采用不燃材料填塞密室，并保证耐火时间≥1.00h。变形缝两侧的表面装修应采用不低于31级的装修材料；

6.5 当相邻房间采用不同楼地面面层材料时，由于垫层厚度不完全一致，在施工是应注意调整楼地面垫层厚度，使施工后楼 地面面层保持在一个水平面上；

6.6 公共出入口门处室内外高差不应大于15cm，并应以斜坡过渡；

6.7 厨房、卫生间、盥洗间等有水房间，地面标高均比相邻的室内地面标高低30cm，以上部位必须向地漏或落水处做5%的坡度；室外走廊、平台、台阶等地面标高均比相邻的室内地面标高低30cm，以上部位做5%的坡度向室外；

6.8 厨房、卫生间、盥洗间等有水房间，楼地面在四周墙身处设150砼翻边(门洞处除外)，做法详见施工图；

6.9 厨房、卫生间、开敞烟台竖管穿楼板加设防水套管，预埋套管应高出防水层不小于30；竖管穿楼板及地漏周围应采用防漏密封膏封堵；

6.10 各种管道穿越结构层时必须预留孔懂，留洞位置及尺寸必须准确，现场尽量不打洞，以防产生结构裂缝出现渗漏现象。需要穿越防水层的螺钉、预埋件等均应用高性能密封材料密封。楼板留洞待设备管线安装完毕后，用C20微膨胀细石，混凝土封堵密室，水电暖管井必须在设备安装后，于每层楼板处耐火极限的不燃烧体作防火分隔。

7 门窗工程

7.1 门窗材料、颜色、系列、框料均详见门窗表及有关说明；

7.2 门窗玻璃的选用应遵照《建筑玻璃应用技术规程》JGJ113和《建筑安全玻璃管理规定》发改运行[2003]2116号，及地方主管部门的有关规定；

7.3 外门窗的物理性能：抗风压性能为3级，水密性能为1级，气密性能为4级，隔声性能为4级，保温性能为7级；

7.4 本建筑物设计用玻璃的下列部位必须使用安全玻璃：

a. 单块面积大于1.5m²的窗玻璃，单块面积大于0.5m²的门玻璃；

b. 一层处距楼面高度1200mm以下部分外窗玻璃，其余楼层距露面高度9mm以下部分门窗玻璃；

c. 楼梯、阳台、平台、走廊的栏板和中庭内栏板；

d. 玻璃幕墙及轻钢雨篷；

e. 倾斜装配窗、各类天棚(含天窗、采光顶)、吊顶；

f. 室内隔断、居室围护和屏风；

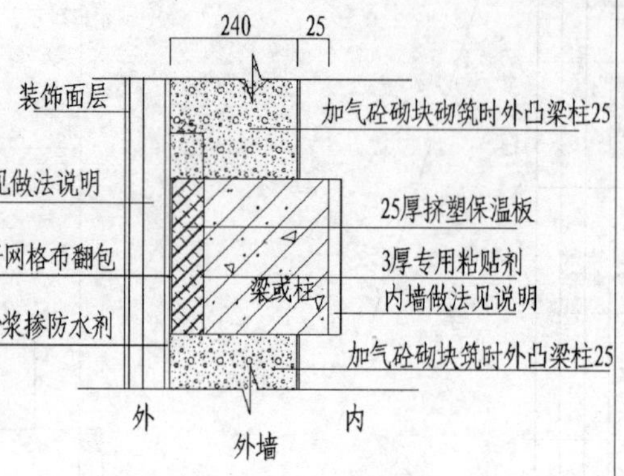

240　25

装饰面层

加气砼砌块砌筑时外凸梁柱25

外墙粉刷见做法说明

25厚挤塑保温板

附加耐碱玻纤网格布翻包

3厚专用粘贴剂

梁或柱

内墙做法见说明

3厚专用界面砂浆掺防水剂

加气砼砌块筑时外凸梁柱25

外　内

外墙

梁、柱与墙体连接节点

南工院建筑设计研究院有限公司				建设单位	大丰市大桥初级中学	
证书等级：乙级　编号：201184-sy				工程名称	综合楼	
院长	项目负责人		图纸内容	建筑施工图总说明（一）	设计编号	
审定	专业负责人				图别	
审核	设计				图号	JS2/11
校对	制图				日期	

未加盖本院出图专用章无效